2023
我国水生动物重要疫病状况分析

2023 ANALYSIS OF MAJOR AQUATIC ANIMAL DISEASES IN CHINA

农业农村部渔业渔政管理局
Bureau of Fisheries, Ministry of Agriculture and Rural Affairs

全国水产技术推广总站
National Fisheries Technology Extension Center

中国农业出版社
北 京

编 写 说 明

一、《2023 我国水生动物重要疫病状况分析》以正式出版年份标序。其内容和数据起讫日期为 2022 年 1 月 1 日至 2022 年 12 月 31 日。

二、本书所称疾病，是指水生动物受各种生物性和非生物性因素的作用，而导致正常生命活动紊乱甚至死亡的异常生命活动过程。

本书所称疫病，是指传染病，包括寄生虫病。

本书所称新发病，是指未列入我国法定疫病名录，近年在我国新确认发生，且对水产养殖产业造成严重危害，并造成一定程度的经济损失和社会影响，需要及时预防、控制的疾病。

三、内容和全国统计数据中，均未包括香港特别行政区、澳门特别行政区和台湾省。

四、读者若对本书有建议和意见，请与全国水产技术推广总站联系。

前　　言

　　为全面掌握我国水生动物疾病发生及流行状况，为政府决策提供支撑，2022 年，农业农村部继续组织开展"全国水产养殖动植物疾病测报"，实施《2022 年国家水生动物疫病监测计划》（以下简称《计划》）。全国共设置测报工作监测点 4 257 个，监测面积近 27.5 万 hm²，约占全国水产养殖面积的 4%，监测到发病养殖种类 67 种。《计划》针对鲤春病毒血症等重要水生动物疫病进行专项监测，对传染性皮下和造血组织坏死病等有关病害开展调查，采集样品 3 093 份，检测鱼虾约 46 万尾，并组织各省（自治区、直辖市）有关部门及首席专家对监测结果进行了分析，对发病趋势进行了研判，编写了《2023 我国水生动物重要疫病状况分析》。本书分综合篇和地方篇两部分，综合篇主要收录了全国水生动物病情综述和各首席专家对 13 种重要水生动物疫病的状况分析；地方篇收录了 29 个省（自治区、直辖市）和新疆生产建设兵团的分析报告。本书是全面反映全国 2022 年水生动物病害发生情况的权威资料，对各地开展水生动物病害风险评估、对策研究具有重要参考价值。

　　本书的出版，得到了各位首席专家及各地水产技术推广部门、水生动物疫病预防控制机构的大力支持，也离不开各级疫病监测信息采集分析人员的无私奉献，在此一并致以诚挚的感谢！

编　者

2023 年 8 月

目　　录

综合篇

2022 年全国水生动物病情综述

由于水产绿色健康养殖技术推广"五大行动"的推进以及水产苗种产地检疫制度的全面实施，2022 年水生动物病害发生面积和造成的经济损失相比 2021 年有所减少。但是，2022 年由于受气候、水环境变化以及诸多其他因素的影响，我国主要水产养殖品种的重要疫病依旧严重，新发疫病的威胁仍然存在。2022 年，我国水产养殖因病害造成的经济损失约 517 亿元（人民币，全书同），比 2021 年减少 22 亿元，约占渔业产值的 3.4%。

一、2022 年我国水生动物病情概况

（一）发生疾病的养殖种类

根据全国水产养殖动植物疾病测报结果，2022 年 79 种养殖种类进行了监测，监测到发病的养殖种类有 67 种。包括鱼类 41 种、虾类 9 种、蟹类 3 种、贝类 8 种、藻类 2 种、两栖/爬行类 3 种、棘皮动物类 1 种，主要的养殖鱼类和虾类都监测到疾病（表 1）。

表 1　2022 年全国监测到发病的养殖种类（种）

类别		种类	数量
淡水	鱼类	青鱼、草鱼、鲢、鳙、鲤、鲫、鳊、泥鳅、鲇、鮰、黄颡鱼、鲑、鳟、河鲀、短盖巨脂鲤、长吻鮠、黄鳝、鳜、鲈、乌鳢、罗非鱼、鲟、鳗鲡、鲮、倒刺鲃、鲌、笋壳鱼、白斑狗鱼、光唇鱼、马口鱼、金鱼、锦鲤	32
	虾类	罗氏沼虾、日本沼虾、克氏原螯虾、凡纳滨对虾、澳洲岩龙虾	5
	蟹类	中华绒螯蟹	1
	贝类	河蚌	1
	两栖/爬行类	龟、鳖、大鲵	3
海水	鱼类	鲈、鲆、大黄鱼、河鲀、石斑鱼、鲷、半滑舌鳎、卵形鲳鲹、鮸	9
	虾类	凡纳滨对虾、斑节对虾、中国明对虾、脊尾白虾	4
	蟹类	梭子蟹、拟穴青蟹	2
	贝类	牡蛎、鲍、螺、蛤、扇贝、蛏、蚶	7
	藻类	海带、紫菜	2
	其他类	海参	1
合计			67

（二）主要疾病

淡水鱼类监测到的主要疾病有：鲤春病毒血症、草鱼出血病、传染性造血器官坏死病、锦鲤疱疹病毒病、传染性脾肾坏死病、鲫造血器官坏死病、鲤浮肿病、鳗鲡疱疹病毒病、传染性胰脏坏死病、细菌性败血症、链球菌病、小瓜虫病、黏孢子虫病、水霉病等。

虾蟹类监测到的主要疾病有：白斑综合征、传染性皮下和造血组织坏死病、十足目虹彩病毒病、急性肝胰腺坏死病、虾肝肠胞虫病和梭子蟹肌孢虫病等。

贝类监测到的主要疾病有：牡蛎疱疹病毒病、鲍脓疱病、三角帆蚌气单胞菌病等。

两栖、爬行类监测到的主要疾病有：鳖腮腺炎病、蛙脑膜炎败血症、鳖溃烂病、红底板病等。

（三）主要养殖方式的发病情况

2022年监测的主要养殖模式有海水池塘、海水网箱、海水工厂化、淡水池塘、淡水网箱和淡水工厂化。从不同养殖方式的发病情况看，平均发病面积率约14.3%，和2021年基本持平。其中，海水池塘养殖和海水工厂化养殖发病面积率仍然维持在较低水平；但是，淡水池塘养殖和淡水工厂化养殖发病面积率却仍然居高不下；海水网箱养殖和淡水网箱养殖的发病面积率与上一年相比降幅较大（图1）。

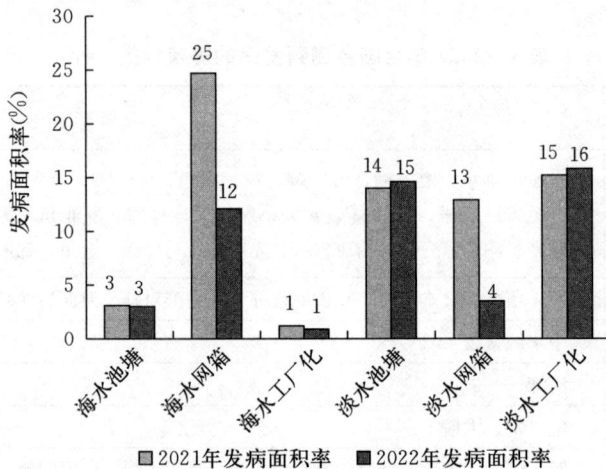

图1　主要养殖方式的发病面积率

（四）经济损失情况

2022年，我国水产养殖因疾病造成的测算经济损失约517亿元，约占水产养殖总产值的4.1%，约占渔业产值的3.4%，比2021年减少了22亿元。

但是疾病依然是水产养殖产业发展的主要瓶颈。2022年，虾肝肠胞虫病、十足目虹彩病毒病以及对虾玻璃苗弧菌病、中华绒螯蟹"牛奶病"等新发病对甲壳类养殖造成较大危害，草鱼出血病、鲫造血器官坏死病、病毒性神经坏死病、石斑鱼虹彩病毒病等对鱼类养殖造成较大危害。另外，草鱼、黄颡鱼、斑点叉尾鲖、对虾等主要养殖品种均发生不同规模疫情；山东养殖海带出现大规模病烂现象造成了较大的经济损失。

在疾病造成的经济损失中，甲壳类损失最大，为 168 亿元，约占 32.5%；鱼类损失 135 亿元，约占 26.1%；贝类损失 148 亿元，约占 28.6%；其他水生动物损失 33 亿元，约占 6.4%；海带等水生植物损失 33 亿元，约占 6.4%。主要养殖种类测算经济损失情况如下：

（1）甲壳类　因疾病造成测算经济损失较大的主要有：中华绒螯蟹 66 亿元、凡纳滨对虾 54 亿元、罗氏沼虾 21 亿元、斑节对虾 9 亿元、克氏原螯虾 9 亿元、锯缘青蟹 5 亿元、梭子蟹 4 亿元。2022 年除十足目虹彩病毒病引起罗氏沼虾发病，造成较高的死亡率外，总体而言，甲壳类的测算经济损失与 2021 年相比略有下降。

（2）鱼类　因疾病造成测算经济损失较大的主要有：草鱼 19 亿元、鲈 15 亿元、石斑鱼 13 亿元、鳗鲡 12 亿元、鲫 9 亿元、鳜 8 亿元、黄颡鱼 8 亿元、鲥 8 亿元、鲤 7 亿元、鲢 7 亿元、大黄鱼 6 亿元、罗非鱼 6 亿元、卵形鲳鲹 5 亿元、乌鳢 4 亿元、黄鳝 3 亿元、鲴 2 亿元、鲟和鲑鳟 2 亿元、鲆鲽类 1 亿元。2022 年除卵形鲳鲹、鳗鲡等少数品种因病经济损失有所增加外，大部分鱼类养殖品种测算经济损失比 2021 年略有下降。

（3）贝类　因疾病造成测算经济损失较大的主要有：牡蛎 56 亿元、蛏 21 亿元、扇贝 19 亿元、鲍 19 亿元、蛤 17 亿元、螺 10 亿元、蚶 5 亿元、贻贝 1 亿元。2022 年除蛏发病造成较高的死亡率外，总体而言，贝类的测算经济损失比 2021 年略有下降。

（4）其他水生动物　因疾病造成测算经济损失较大的主要有：海参 27 亿元、鳖 5 亿元、龟 1 亿元。总体而言，贝类测算经济损失与 2021 年持平。

另外，水生植物因疾病造成测算经济损失较大的主要有：海带 25 亿元、紫菜 8 亿元。2021 年末，山东荣成养殖海带首次出现大规模病烂现象，造成荣成海带产量减少80% 以上，造成较大经济损失。2022 年末，江苏连云港养殖紫菜首次出现大规模不出苗、烂苗现象，连云区、徐圩新区 90% 以上紫菜养殖海域受损，预计也将对 2023 年紫菜产量和产值产生较大影响。

二、2023 年发病趋势分析

2023 年，农业农村部将深入贯彻党中央决策部署，围绕保障水产品稳定安全供给的目标任务，进一步落实《全国动植物保护能力提升工程建设规划（2017—2025 年）》，不断健全完善水生动物疫病防控体系，严格水产苗种生产监管，督导落实水产苗种产地检疫制度，开展国家重要水生动物疫病监测预警、应急防控、风险评估和净化处理，推进无规定水生动物疫病苗种场创建与评估，从源头降低疾病发生和传播风险，多措并举保障水生动物生物安全、水产养殖生产安全和水产品质量安全。

总体上，由于我国重要疫病专项监测覆盖面不足、现有水生动物疫苗种类较为有限、养殖者生物安全意识不强和防护能力参差不齐等问题依然存在，再加上自然灾害以及恶劣天气的影响，2023年水生动植物疫病防控形势依然严峻，局部地区仍有可能出现突发疫情。特别是在春季，我国大部分区域养殖淡水鱼未开口吃食，鱼体营养及能量持续消耗，同时随着温度上升，水体中病原微生物的活力会逐渐增强，可能造成部分养殖淡水鱼类出现"越冬综合征"。大口黑鲈、黄颡鱼等养殖品种仍有可能出现细菌性、病毒性疾病高发现象，导致经济损失。十足目虹彩病毒病、白斑综合征、玻璃苗弧菌病等疾病仍有可能对甲壳类养殖品种造成较大危害。

2022 年鲤春病毒血症状况分析

深圳海关　深圳技术大学

（温智清　孙　洁　刘　莛　吴　江　郑晓聪　贾　鹏）

一、前言

鲤春病毒血症（Spring viraemia of carp，SVC），是由鲤春病毒血症病毒（Spring viraemia of carp virus，SVCV）引起的急性、出血性的病毒性疾病。世界动物卫生组织（World organization for animal health，WOAH）将其列入《水生动物疫病名录》，我国将其列为《一、二、三类动物疫病病种名录》二类动物疫病，《中华人民共和国进境动物检疫疫病名录》二类传染病。

从 2005 年至今，我国已经对 SVC 开展了 18 年的连续监测，累计监测场点 7 683 个，抽样 12 050 批次，SVC 阳性样品 442 批次。通过持续监测，掌握了我国不同省（自治区、直辖市）鲤科鱼类养殖场 SVCV 流行和病原感染情况，为我国主管部门向 WOAH 或联合国粮食及农业组织（Food and agriculture organization，FAO）亚太水产养殖网络中心（Network of aquaculture centers in Asia‑Pacific，NACA）通报 SVC 疫情提供了科学依据，基本明确了 SVC 在我国的分布、病毒毒力、基因型、易感宿主、传播路径以及对我国养殖业可能造成的潜在风险和危害等情况，保障了我国鲤科鱼类（特别是观赏鱼）国际贸易健康发展。

二、2022 年 SVC 监测实施情况

（一）监测范围

2022 年，SVC 监测计划范围为北京、天津、河北、山西、内蒙古、辽宁、吉林、上海、江苏、江西、山东、河南、湖北、湖南、重庆、四川、陕西、宁夏、新疆和新疆生产建设兵团，共 19 个省（自治区、直辖市）和新疆生产建设兵团的 145 个县 201 个乡（镇），基本覆盖全国鲤科鱼类养殖区域。与 2021 年相比，监测的省份、县及乡（镇）的数量基本持平，其中山西和新疆生产建设兵团是时隔两年后再次纳入监测。

（二）监测点的类型和分布

参与监测的 19 个省（自治区、直辖市）和新疆生产建设兵团共设置 5 大类，262 个监测点，包括国家级原良种场 4 个、省级原良种场 53 个、苗种场 66 个、观赏鱼养殖场 32 个、成鱼养殖场 107 个，各级苗种场的占比达 46.9%（图 1），相比往年有所上

升。在所有监测点中，往年监测点有 37 个，往年监测结果阳性的监测点有 23 个。

在所有参与监测的省份中，江西省的监测点最为丰富，涉及了五种不同类型的养殖场；河北、江苏、山东、四川和陕西 5 省份的监测点类型较为多样，涉及了四种不同类型的监测点，包括了除国家级原良种场外的全部养殖场类型；天津、上海、河南、湖南、新疆 5 省份涉及了三种类型监测点；其他省份的监测点都较为单一（图 2）。北京、内蒙古以及新疆生产建设兵团仅在成鱼养殖场或观赏鱼养殖场布点监测。在监测样品数量有限的条件下，建议采样尽量覆盖各级苗种场。通过对苗种检测，确保苗种安全，预防 SVCV 随苗种在不同地区间传播，更能体现监测的价值意义。

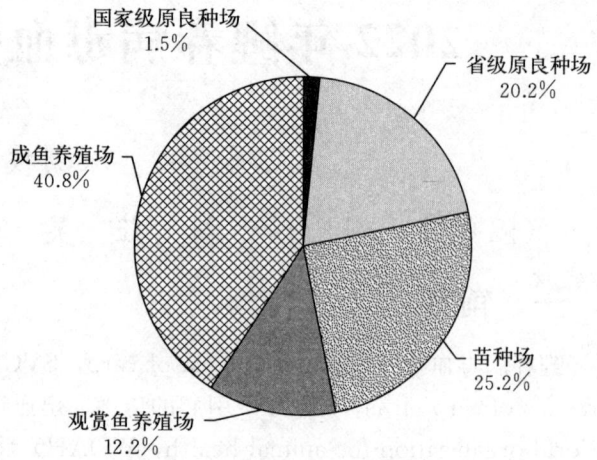

图 1　2022 年不同类型监测点占比情况

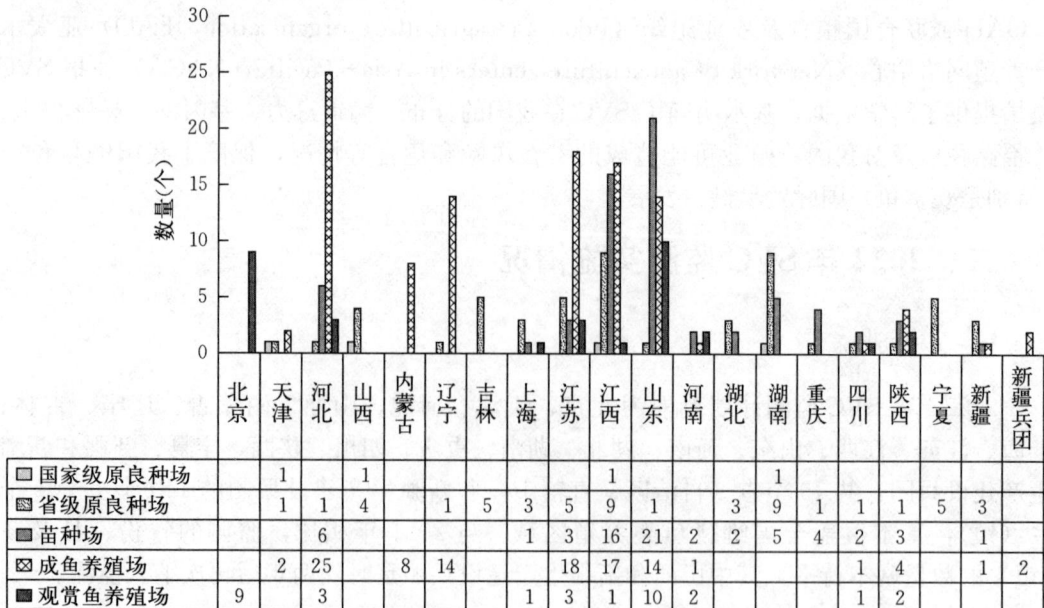

	北京	天津	河北	山西	内蒙古	辽宁	吉林	上海	江苏	江西	山东	河南	湖北	湖南	重庆	四川	陕西	宁夏	新疆	新疆兵团
国家级原良种场		1		1						1				1						
省级原良种场		1	1	4		1	5	3	5	9	1		3	9	1	1	1	5	3	
苗种场			6					1	3	16	21	2	2	5	4	2	3		1	
成鱼养殖场		2	25		8	14			18	17	14	1					1	4		2
观赏鱼养殖场	9		3						1	3	1	10	2				1	2		

图 2　2022 年各省份不同类型监测点数量

（三）各省份监测任务完成情况

2022 年，SVC 监测计划在 19 个省（自治区、直辖市）和新疆生产建设兵团采集样品 210 份，截止到 2022 年 12 月 31 日，实际完成监测样品 280 份。受新冠肺炎疫情影响，河南和新疆生产建设兵团未能完成计划采样任务，河南实际完成 5 批样品采样（计划采样 10 批），新疆生产建设兵团实际完成 3 批样品采样（计划采样 5 批）。江西、山东、陕西 3 省份以及内蒙古超额完成任务，其他省（自治区、直辖市）完成全部计划采样任务（图 3）。

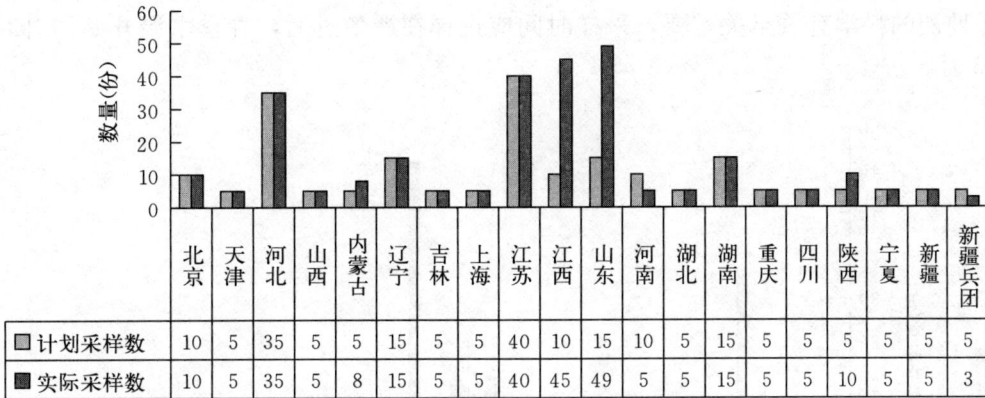

	北京	天津	河北	山西	内蒙古	辽宁	吉林	上海	江苏	江西	山东	河南	湖北	湖南	重庆	四川	陕西	宁夏	新疆	新疆兵团
■ 计划采样数	10	5	35	5	5	15	5	5	40	10	15	10	5	15	5	5	5	5	5	5
■ 实际采样数	10	5	35	5	8	15	5	5	40	45	49	5	5	15	5	5	10	5	5	3

图 3　2022 年各省份 SVC 监测样品完成情况

（四）监测种类/品种

2022 年监测样品包括鲤、锦鲤、草鱼、鲫、金鱼、鲢、鳙、鳊、洛氏鱥共 9 个品种。其中鲤占 59.3%、锦鲤占 12.9%、草鱼占 12.1%、鲫占 7.1%、金鱼占 2.9%、鲢占 2.9%、鳙占 1.4%、鳊占 1.1%、洛氏鱥占 0.4%。SVCV 宿主广泛，包括鲤、鲢、鳙和草鱼等经济鱼类，也包括锦鲤和斑马鱼等观赏鱼类，其中鲤科鱼类最为易感。因此对 SVC 进行监测时，应首选鲤和锦鲤，以及杂交鲤，其次选择鲤与鲫的杂交品种及其他鲤科鱼类，如鲫、金鱼、草鱼、鳙和鲢。

（五）监测点养殖模式

2022 年，北京和山东的监测点除了淡水池塘养殖模式以外，还包括淡水工厂化养殖模式，其余省份均为单一的淡水池塘养殖模式。全年监测的 280 份样品中，淡水工厂化养殖模式样品 20 份，淡水池塘养殖模式样品 260 份，占样品总数的 92.9%。目前我国水产养殖现状以传统的淡水池塘养殖模式为主，但和往年相比，淡水工厂化养殖模式监测点数量有所上升。监测结果显示，无论是池塘养殖还是工厂化养殖，均不能完全避免 SVCV 感染。但工厂化养殖模式可以更为精准地为养殖水生动物提供营养和生长所需条件，还能更有效地控制病原传播，是未来水产养殖发展趋势。

（六）采样水温

SVC 通常发生春季。在寒冷的冬季后，水温开始回升，当水温升高到 11～17 ℃时鱼的发病率及死亡率最高，尤其幼鱼最为明显。当水温低于 10 ℃很少发病，水温超过 22 ℃时，死亡率降低，尤其是成鱼。所以采样应选择在春季，水温 11～17 ℃时进行，一般不高于 20 ℃。2022 年采集的 280 份样品中，在适宜水温 11～20 ℃温度条件下采样 127 份，占比 45.4%，超半数样品没有在适宜的水温条件下进行采样（图 4）。12 个省（自治区、直辖市）有采样时间安排在天气炎热、水温过高的 6—10 月，共采样 149 份，占样品总数的 53.2%，其中 25 ℃以上高水温条件下采样 29 份。适宜的水温对于保证样品监测的科学有效至关重要，采样时间应选择在严冬过后，春季水温开始回升时的 3—5 月。

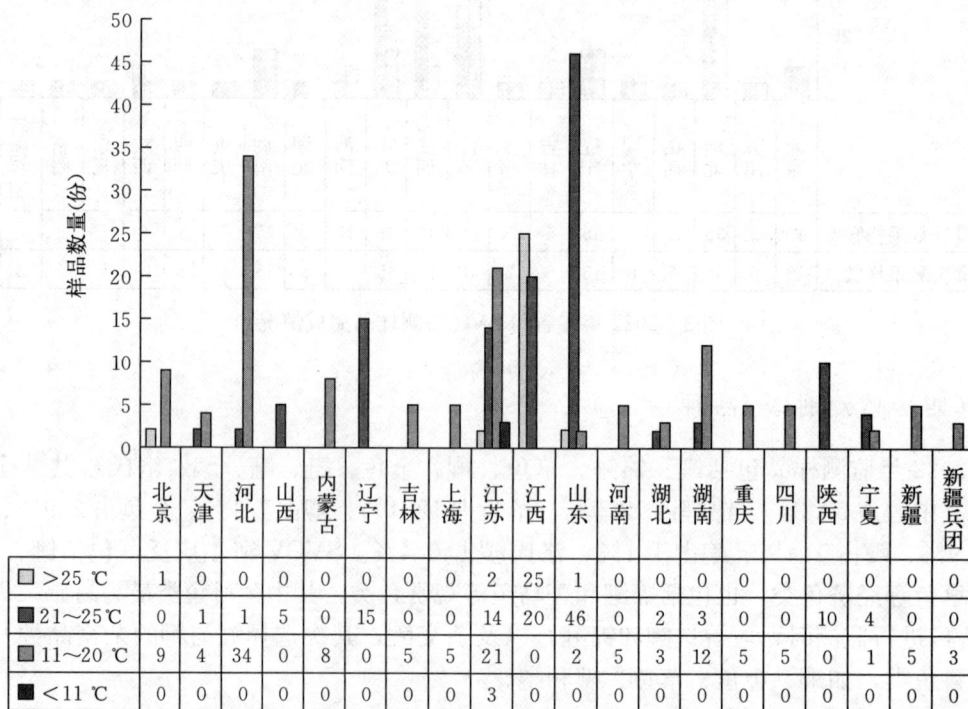

	北京	天津	河北	山西	内蒙古	辽宁	吉林	上海	江苏	江西	山东	河南	湖北	湖南	重庆	四川	陕西	宁夏	新疆	新疆兵团
□ >25 ℃	1	0	0	0	0	0	0	0	2	25	1	0	0	0	0	0	0	0	0	0
■ 21～25 ℃	0	1	1	5	0	15	0	0	14	20	46	0	2	3	0	0	10	4	0	0
▨ 11～20 ℃	9	4	34	0	8	0	5	5	21	0	2	5	3	12	5	5	0	1	5	3
■ <11 ℃	0	0	0	0	0	0	0	0	3	0	0	0	0	0	0	0	0	0	0	0

图 4　2022 各省份采样样品水温分布情况

（七）采样规格

2022 年绝大多数样品采用体长作为规格指标，提供体重数据的样品进行了体长估算，从统计结果来看，148 份样品采样规格在 5 cm 以下，超过了样品总数的 50%（52.9%），相比 2021 年有进一步提升；58 份样品采样规格为 6～10 cm，占样品总数的 20.7%。2022 年各省份采集的样品主要以苗种或夏花（规格小于 10 cm）等苗期样品为主（图 5），符合监测优先采集苗种的要求。

（八）检测单位分布情况

2022 年，共 16 个单位参与了 SVC 监测样品的检测工作，其中省级疫控中心（推广系

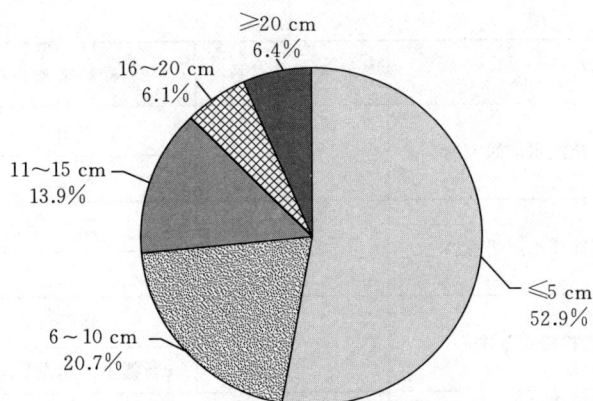

图 5　2022 年采样样品规格分布

统）9 个，承担检测样品 160 份，占总样品量的 57.1％；科研院所 5 个，承担检测样品 107 份，占总样品量的 38.2％；海关技术中心 2 个，承担检测样品 13 份，占总样品量的 4.6％。不同检测单位承担检测任务量和委托检测等情况见表 1。所有参与的检测机构均通过全国水产技术推广总站组织的相关疫病检验检测能力验证，确保检测结果准确有效。

表 1　2022 年不同检测单位承担检测任务量及检测情况（份）

检测单位	检测样品总数	样品来源	各省份送样数
江苏省水生动物疫病预防控制中心	40	江苏	40
江西省水产技术推广站	45	江西	45
河北省水产技术推广总站	30	河北	30
湖南省畜牧水产技术推广站	10	湖南	10
辽宁省水产技术推广站	10	辽宁	10
重庆市水生动物疫病预防控制中心	10	四川	5
		重庆	5
北京市水产技术推广站	5	北京	5
吉林省水产技术推广总站	5	吉林	5
上海市水产技术推广站	5	上海	5
山东省淡水渔业研究院	44	山东	44
中国检验检疫科学研究院	23	内蒙古	8
		北京	5
		山西	5
		天津	5
中国水产科学研究院黑龙江水产研究所	20	陕西	10
		辽宁	5
		河北	5

11

（续）

检测单位	检测样品总数	样品来源	各省份送样数
中国水产科学研究院长江水产研究所	10	河南	5
		湖北	5
中国水产科学研究院珠江水产研究所	10	湖南	5
		宁夏	5
深圳海关动植物检验检疫技术中心	8	新疆	5
		新疆生产建设兵团	3
中国海关科学技术研究中心	5	山东	5

三、2022 年 SVC 监测结果分析

（一）2022 年阳性监测点类型

2022 年检出 1 个阳性监测养殖场点，该阳性监测养殖场点类型为省级原良种场，国家级原良种场、苗种场、观赏鱼养殖场、成鱼养殖场均未检出（图 6）。SVC 监测都为主动监测，采集样品为无症状鱼类，且半数以上省份的采样数量较少（5 份），不排除监测结果存在偶然性。

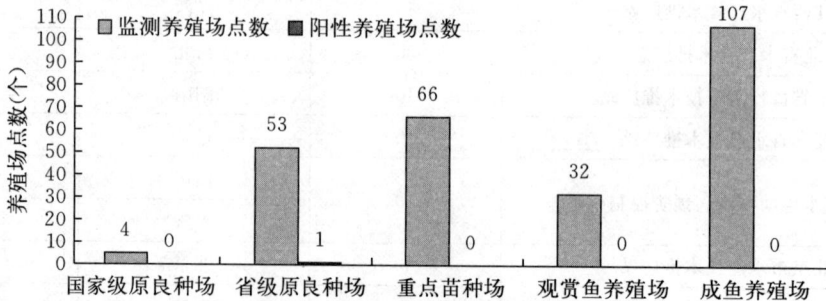

图 6　2022 年不同类型监测点 SVC 阳性检出情况

2017—2022 年，我国已在 25 个国家级原良种场、174 个省级原良种场、432 个重点苗种场中开展监测。连续五年监测结果为阴性养殖场中，国家级原良种场 4 个，省级原良种场 2 个；连续四年监测结果为阴性的养殖场中，国家级原良种场 3 个，省级原良种场 7 个，苗种场 7 个；连续三年检测结果为阴性的养殖场中，国家级原良种场 4 个，省级原良种场 18 个，苗种场 9 个；连续两年监测结果为阴性的养殖场中，国家级原良种场 5 个，省级原良种场 52 个，苗种场 81 个。随着各级苗种场制度和管理的不断完善，以及国家推进健康养殖体系和水产苗种检疫制度，我国水产养殖行业防疫水平不断提高，疫病发生率下降显著。

（二）2022 年阳性检出区域

2022 年在山西省永济市水产良种站检出 1 批次阳性样品。这是山西省自 2017 年参与监测以来，首次有阳性样品检出。2017 年从 9 省（自治区、直辖市）的 27 个乡镇检出了阳性样品；2018 年从 11 省（自治区、直辖市）的 18 个乡镇检出了阳性样品；2019 年从 8 省（自治区、直辖市）的 22 个乡镇检出了阳性样品；2020 年从 9 省（自治区、直辖市）的 30 个乡镇检出了阳性样品；2021 年则从湖北省武汉市江夏区检出了阳性样品（表 2）。2021 年、2022 年连续两年仅在一个区域内检出 SVCV。这可能与新冠肺炎疫情的影响有一定关系：首先，航空等运输途径需要出具货物核酸检测阴性证明，导致水产苗种、锦鲤等观赏鱼跨地区运输受限。其次，出于疫情防控需要，区域内人员流动性降低，养殖场相互交叉污染的概率下降。最后，疫情之下，养殖户不仅提升了新冠肺炎防控意识，同时也提升了鱼类养殖场疫病防控意识，不允许跨养殖场用网拉网捕鱼，或者为了降低新冠肺炎感染风险，养殖户自己拉网捕鱼。另一方面，疫情还促使养殖户对饲料生物安全要求提高。

表 2　2017—2022 年 SVCV 主要分布区域以及阳性监测点数量（个）

年份	浙江	四川	北京	黑龙江	江苏	河北	新疆兵团	新疆	上海	陕西	河南	辽宁	湖南	宁夏	内蒙古	山东	天津	湖北	山西
2017	1	1	0	1	1	0	/	0	3	0	9	1	0	0	0	7	0	3	0
2018	0	0	1	3	1	0	2	0	1	1	0	4	1	3	2	0	0	2	0
2019	0	0	0	8	1	1	1	1	0	0	0	0	0	0	2	0	0	4	0
2020	0	0	0	0	0	0	/	/	0	1	4	2	2	1	1	3	6	10	/
2021	0	0	0	0	0	0	0	0	0	0	0	0	0	0	0	0	0	1	/
2022	0	0	0	0	0	0	0	0	0	0	0	0	0	0	0	0	0	0	1

注："/"，未纳入监测。

（三）2022 年阳性样品信息

2022 年在 1 批无症状鲤苗种中检出 SVCV，规格为 3 cm，采样水温 24 ℃，采用淡水池塘养殖模式（表 3）。根据往年监测结果，鲤和锦鲤感染 SVCV 的风险较高，阳性样品未出现明显病症，分析认为阳性样品存在潜伏感染的现象，带毒而不发病。

表 3　2022 年 SVC 阳性样品信息

省份	监测点名称	养殖方式	采样日期	水温	pH	品种	规格	检测单位
山西	永济市水产良种站	淡水池塘	2022 年 5 月 16 日	24 ℃	7.8	鲤	3 cm	中国检验检疫科学研究院

（四）2022 年阳性样品基因型分析

2022 年共计监测到 SVCV 阳性毒株 1 个，获得有效基因序列 1 个。基于 SVCV *G* 基因（507 nt）片段，使用 MEGA X 生物学软件，Neighbor joining 模型 Kimura 2 - parameter 方法，对 2022 年检出的 1 株 SVCV 分离株进行基因型分析（图 7）。结果表明，该毒株属于 Ia 基因亚型，为我国主要流行基因亚型毒株。

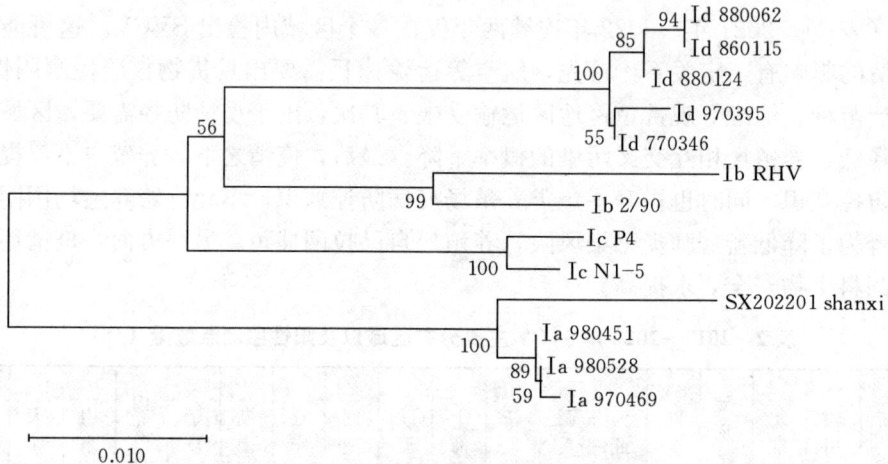

图 7　2022 年度 SVCV 分离株基因型分析（Neighbor joining）

四、风险分析及建议

（一）养殖品种风险分析

2005—2022 年共监测到阳性样品 442 个，其中鲤占 70.6％（312/442）、锦鲤占 12.0％（53/442）、金鱼占 8.0％（35/442）、鲫占 5.2％（23/442）、草鱼占 1.8％（8/442）、鲢占 1.4％（6/442）、鳙占 0.5％（2/442），其他品种占 0.7％（3/442）。鲤的阳性检出要远远大于其他品种，其养殖感染风险较高。锦鲤和金鱼等高价值观赏鱼类在我国大部分地区均有养殖场，同时具有跨省跨地区运输的特点，其发病鱼或隐性感染者将成为 SVC 的传染源，病毒传播风险极高。同时，混养模式在我国较为常见，鳙、鲢和团头鲂等品种鱼类隐性带毒情况也需要关注。一旦携带病原，将成为不可忽视的传染源，病毒暴露和扩散传播风险极高。

（二）不同类型养殖场风险分析

2017—2020 年监测结果显示，省级原良种场、苗种场、观赏鱼养殖场和成鱼养殖场每年均有阳性样品检出。2021 和 2022 年连续两年仅在原良种场中检出阳性样品，提示我国苗种场的生物安保体系有待进一步提升，SVCV 通过原良种场和苗种场传出并扩散的风险较高。苗种场污染 SVC，将对我国鱼类种质资源存量以及优良亲本和苗种供应战略保障造成极大危险，造成的社会和经济损失后果风险极高。另外，基于糖蛋白基因的遗传进化分析表明，相似的 SVCV 毒株在重庆、江西、湖北、河南间相互传播，进一步预示 SVCV 通过苗种传播。在现有技术条件下，加强苗种检疫是防控 SVC 的主要有效方式，应强化对苗种场进行监管、检疫。

成鱼养殖场主要以生产食用性鱼为主，水生动物多数直接进入消费市场，SVCV 通过成鱼传播的风险较低。但成鱼养殖场大多是半开放养殖水域，未经处理的成鱼养殖场污水、器具等传播 SVCV 的风险不容忽视。

（三）水温与 SVC 的流行关系

SVC 的暴发主要受到水温的影响，水温在 11~17 ℃时，SVCV 的感染力最强，也是病毒复制的最适宜水温，极易感染鲤科鱼类且能造成高达 90% 的死亡率。2017—2022 年监测出的 111 份阳性样品中，在适宜水温下检出 77 份，占比 69.4%，在其他水温范围内检出 34 份，占比 30.6%，以上阳性样品均是从无症状鱼中检出。2022 年有 54.7% 的样品采样水温不在适宜水温范围，可能会对监测结果造成一定影响。在样品数有限的条件下，应尽量在适宜的水温下进行采样，有针对性地提高监测质量。

（四）样品规格和 SVCV 阳性率的关系

在 2017—2022 年中监测到的 111 份阳性样品中，规格在 0~10 cm 的样品为 73 个，占比为 65.8%；其他规格样品 38 份，占比 34.2%。监测出的阳性样品主要以苗种和夏花等苗期样品为主，越小的鱼越易被感染。相关研究也表明通常 1 岁龄以下幼鱼最易感染 SVCV，出现临床症状而发病。2022 年依然有 26.4% 的样品规格在 10 cm 以上，采样有待进一步规范，以此提高监测的有效性。

（五）SVC 在我国的地理分布

我国已在 23 个省（自治区、直辖市）和新疆生产建设兵团开展了 SVC 监测，在参加监测的省份中，仅青海和广西未监测到阳性样品。根据历年的监测结果，SVC 主要分布在我国东北的辽宁和黑龙江；华北的天津、河北和内蒙古；西北的陕西、宁夏和新疆；华中的河南、湖南和湖北。2014 年江苏、2016 年新疆和 2018 年辽宁的有限区域内发生 SVC 疫情，发病动物主要为食用鲤等鲤科鱼类。虽然近年来全国未发生 SVC 疫情，但我国幅员辽阔，不同地区的养殖条件、气候变化差异较大，SVC 暴发的风险依然较高。

（六）SVCV 中国株基因型

以 SVCV 糖蛋白基因（G）为基础进行遗传进化分析，可将其分为四个亚型（Ia、Ib、Ic 和 Id）。Ia 基因型（又称亚洲型）主要分布于英国、中国、美国和加拿大。Ib 和 Ic 基因型主要分布于摩尔多瓦、乌克兰和俄罗斯。而 Id 型则主要分布于英国、德国和澳大利亚。2022 年监测到的 SVCV 阳性样品，基因型分析表明该毒株属于 Ia 基因亚型，为我国主要 SVCV 流行基因亚型毒株。Ia 基因亚型毒株在我国鲤科鱼类养殖体系分布广泛，但不同毒株致病力不同。2004 年江苏、2016 年新疆和 2018 年辽宁的 SVC 疫情，其毒株基因型为 Ia 基因亚型，造成的死亡率有所差异。2020 年我国首次从天津的两个养殖场的鲤样品中监测出 Id 基因亚型 SVCV 毒株，该毒株的致死率为 60%～90%，属于高致病性力毒株。通过系统发育树分析可以发现，来自同一省份或地区的阳性样品，其同源性比不同地区更高一些，这一现象仍需要大量的流行病学和基因数据来研究证实。

（七）各省份对 SVC 阳性养殖场采取的控制措施

近年的监测都有阳性样品检出，但各省份均未报道发生 SVC 疫情，显示通过多年的监测，对 SVC 的防控取得一定成效。对于阳性样品，各省级水产技术推广站对阳性结果进行确认后，及时报告至省级渔业行政主管部门，行政主管部门指导地方相关部门人员对阳性场开展处置工作，对苗种来源、流行病学等信息开展调查。

为了防止病原扩散，对阳性养殖场采取隔离措施，禁止养殖场水生动物移动；对养殖场水体、器械、池塘和场地实施严格的封闭消毒措施，严禁未经消毒处理的水体排出场外；对被污染水生动物进行无害化处理；对阳性养殖场采取持续监控。部分省份水产技术推广站制定了《鲤春病毒血症防控技术建议》，并下发全省各级水产防疫部门，加强防控意识。

五、监测中存在的问题及建议

（一）强化对 SVC 阳性养殖场的监管

1. 加强对阳性养殖场的处置　SVCV 的传播主要依靠鱼类的排泄物和体表黏液，也可通过一些寄生虫作为媒介来实现。离体后 SVCV 对外界环境具有一定抵抗力，当水温为 4～10 ℃时，SVCV 在河水中可存活 30 d 以上，而在淤泥中甚至可以存活 42 d 之久。由于强大的感染能力，对于有阳性检出的养殖场，只有将整个养殖环境彻底消杀，才能完全阻断 SVCV 的传播。通常，当养殖场被 SVCV 污染后，养殖户会更换鲢、草鱼等品种进行养殖。根据目前监测结果，草鱼和鲢等品种是 SVCV 的携带者。如果不能对被污染养殖场进行彻底无害化处理，仅更换养殖品种，无法达到根除 SVCV 的目的。因此，一旦养殖池塘被污染，清塘并进行消毒处理是根除 SVCV 的有效手段。但在实际处理过程中缺乏可执行的操作细则，以及存在经费补偿政策规定不明确等问题，多数无法采取扑杀等无害化处理措施，应加强监督执法力度并尽快出台相关管理办法。

2. 及时查清阳性养殖场的流行病学信息　对于检出的阳性养殖场应按照相关要求及时开展流行病学调查，查明阳性监测场点种苗来源和去向，以便进行溯源和关联性分析。通过追溯病原发生的源头，及时阻止病原进一步传播，发挥疫病监测积极作用，有利于水产养殖健康发展。

3. 加强阳性养殖场后续跟踪监测 对有阳性样品检出的监测点进行连续监测,可以对阳性养殖场采取的处置措施效果进行评估,为 SVC 的发生、发展以及消灭处置积累数据,具有重要的现实意义。由于样品数有限以及监测点的布置上欠考虑等因素,难以覆盖各级苗种场以及上一年有阳性检出的养殖场,会导致无法评估上一年度所采取措施的有效性,流行病学数据出现断裂的结果。无特殊情况(如养殖场不再开展养殖活动)的条件下,建议各采样单位应当坚持对已检出阳性样品的养殖场开展持续监测。连续两年监测结果均为阴性,方可进行调整,对于连续多年监测结果为阴性的养殖场,下一年度可采取减少采样数量和采样种类等措施。

(二)优化采样数量分配

2021 和 2022 年半数以上的省份监测样品数仅有 5 份,采样数量过少,覆盖率偏低。如湖北 2017—2021 年连续五年均有阳性样品检出,2020 年有 10 个阳性养殖监测点,当年监测点阳性检出率高达 47.6%,但 2021 和 2022 年的采样样品数均只有 5 个,远远无法覆盖所有阳性监测点。而江苏在 2017—2022 年间,每年的采样数量均为 40 份左右,仅在 2017 和 2018 年各有一个阳性样品检出。建议适当增加样品总数或对采样数量分配进行优化,对苗种场和大型养殖场较多的省份,尤其是往年持续监测出阳性的省份,应适当增加一些采样数量。

(三)科学合理安排采样

可能受新冠肺炎疫情对工作开展的影响,部分省份未能科学合理地安排采样,导致采样水温过高,监测点设置过于集中。合理的采样,保证样品的科学性,对监测结果有较大的影响。采样应尽量选择在冬春交替时节,避免在 6—10 月水温过高时进行。在监测点的选择上,应选择苗种场以及上一年度有阳性样品检出的养殖场,对于阳性样品检出养殖场应开展连续两年以上的监测。在样品数有限的情况下,对于连续三年以上监测阴性的养殖场,可暂缓安排采样,保障监测点布局更广泛合理,更有利于摸清区域内 SVCV 流行情况。

(四)适当扩大采样品种范围

根据往年的监测结果,在草鱼、鲢、鳙和团头鲂中检出阳性样品,建议继续对其进行监测。另外,虹鳟、罗非鱼和鲇等作为 SVCV 潜在的易感宿主,包括野生鱼类应该逐步纳入监测采样范围,有助于丰富 SVC 流行病学信息。

(五)加强苗种场监测,提高苗种质量管理

鲜活水产品流通交易日益频繁,大大增加了病原传播的机会,这也是病害种类逐渐增多的原因。通过加强监测,对苗种场状况进行全面、系统的评估,防止病原随苗种带入或盲目引进带病苗种,减少疾病流行。通过制定水产苗种良好生产操作管理规范,对苗种实行产地溯源制度,不断加强对苗种疫病的检疫,加强苗种质量监管;引导教育养殖户自觉主动检疫引入苗种，建立苗种隔离池，建立水产苗种管理档案，从源头抓起，控制和减少病害流行。

（六）SVCV、CEV 和 KHV 共感染现象需要关注

与 SVCV 一样，鲤浮肿病毒（CEV）和锦鲤疱疹病毒（KHV）的易感宿主主要为鲤和锦鲤，是具有高传染性、高发病率和高死亡率的鱼类病毒，已给我国鲤科鱼类养殖业造成严重经济损失。在对以往 SVC 监测阳性样品进行回顾性检测时发现，部分样品存在 SVCV 和 CEV、SVCV 和 KHV 共感染的现象，这将对疫情防控提出新的挑战。

（七）快速检测平台应用和免疫防控技术储备

加强现场快速检测、便携式诊断设备和快速检测试剂盒的评价和推广应用，提升基层监测点检测手段。加强 SVC 被动监测的力度，及时掌握发病信息，以便采取及时有效的控制措施。对我国流行的 Ia 基因型的分化进行深入解析，对新疆致病株的毒力做进一步确定。同时，结合国外流行的 SVCV 致病毒株的其他基因型序列，研发储备具有较好防控效果的口服或者浸泡疫苗，为开展 SVCV 的免疫或者非免疫无疫区建设，以及我国 SVCV 的净化打下基础。

2022 年锦鲤疱疹病毒病状况分析

江苏省水生动物疫病预防控制中心

（张朝晖　刘肖汉　方　苹　袁　锐　陈　静

郭　闯　吴亚锋　王晶晶　唐嘉芠）

一、前言

锦鲤疱疹病毒病（Koi hepesvirus disease，KHVD），世界动物卫生组织将其列入《水生动物疫病名录》，我国将其列入《一、二、三类动物疫病病种名录》二类动物疫病。易感宿主主要是鲤和锦鲤，是一种具有高传染性、高发病率和高死亡率的鱼类病毒性疾病。KHVD 流行范围广、危害大，曾给世界多个国家的鲤及锦鲤养殖业造成严重的经济损失。

为及时了解我国 KHVD 发病流行情况并有效控制该病的发生和蔓延，农业农村部从 2014 年开始已连续 9 年下达了 KHVD 监测与防治项目。项目下达后，各承担单位能够按照监测实施方案的要求，认真组织实施，较好地完成了年度目标和任务。

二、各省份 KHVD 监测实施情况

（一）各省份监测情况分析

2022 年，KHVD 疫病监测共采集样品 243 份，各省份监测情况如图 1 所示。其中，共检出阳性样品 3 例，分别是天津 2 例、广东 1 例。共设置监测养殖场点 223 个，其中国家级原良种场 3 个，未检出阳性；省级原良种场 35 个，未检出阳性；重点苗种场 43 个，未检出阳性；观赏鱼养殖场 47 个，检出 1 个阳性，检出率为 2.1%；成鱼养殖场 95 个，检出 2 个阳性，检出率为 2.1%；无引育种中心来源样品。与 2021 年相比，监测点、监测样品数有所增加，而 KHV 阳性率有所下降。

各省份监测任务完成情况如图 1 所示，2022 年，开展 KHVD 的监测地区有北京、天津、河北、内蒙古、辽宁、吉林、黑龙江、江苏、安徽、江西、山东、湖南、广东、重庆、四川、陕西共 16 个省（自治区、直辖市）。其中，北京、天津、河北、内蒙古、辽宁、吉林、黑龙江、江苏、安徽、江西、山东、四川、重庆等 13 个省（自治区、直辖市）连续九年参加 KHVD 监测；广西近五年未参加 KHVD 监测，其余年份均参加了 KHVD 监测；广东自 2017 年参加 KHVD 监测以来，已连续七年进行 KHVD 的监测；陕西则是近年来首次参与 KHVD 监测。综上表明，随着 KHVD 监测地区的不断调整与完善，监测网已经基本覆盖全国锦鲤和鲤主要养殖区。

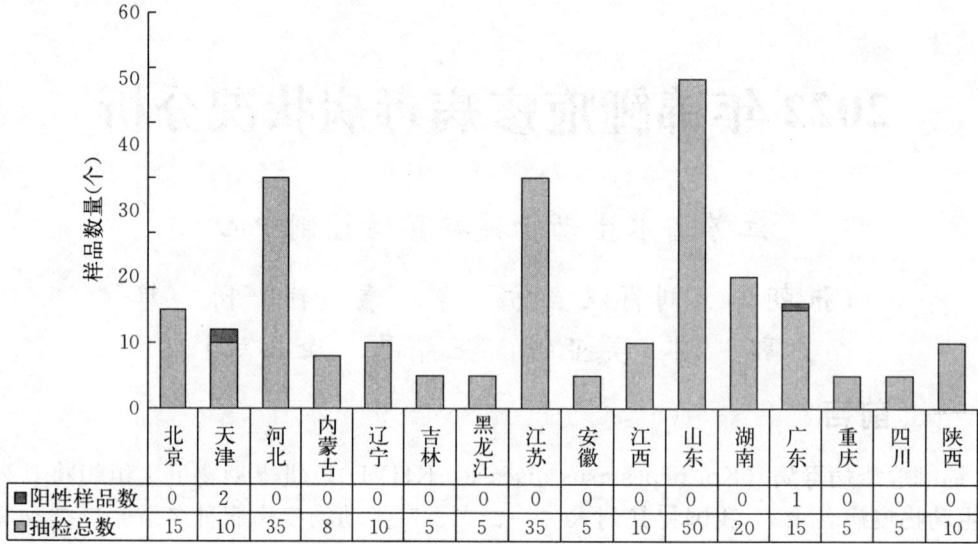

	北京	天津	河北	内蒙古	辽宁	吉林	黑龙江	江苏	安徽	江西	山东	湖南	广东	重庆	四川	陕西
■阳性样品数	0	2	0	0	0	0	0	0	0	0	0	0	1	0	0	0
■抽检总数	15	10	35	8	10	5	5	35	5	10	50	20	15	5	5	10

图1　各省份检测任务完成情况

　　各省份监测点设置分布情况如图2所示，共有13个省（自治区、直辖市）至少对一种类型的苗种场开展监测，其中河北、辽宁等11个省（自治区、直辖市）对省级以上的原良种场进行了监测。2022年度仅有3个省（自治区、直辖市）未对任意一种苗种场开展苗种监测；相较于往年，开展苗种监测的地区数量有了较大提升。分析认为，经过多年的重要疫病监测以及苗种场监测重要性的宣传，绝大多数省份均能够将国家级原良种场、省级原良种场、苗种场等纳入监测点；个别省份未能将重点苗种场纳入监测点，可能与部分苗种场的经营变化有关。

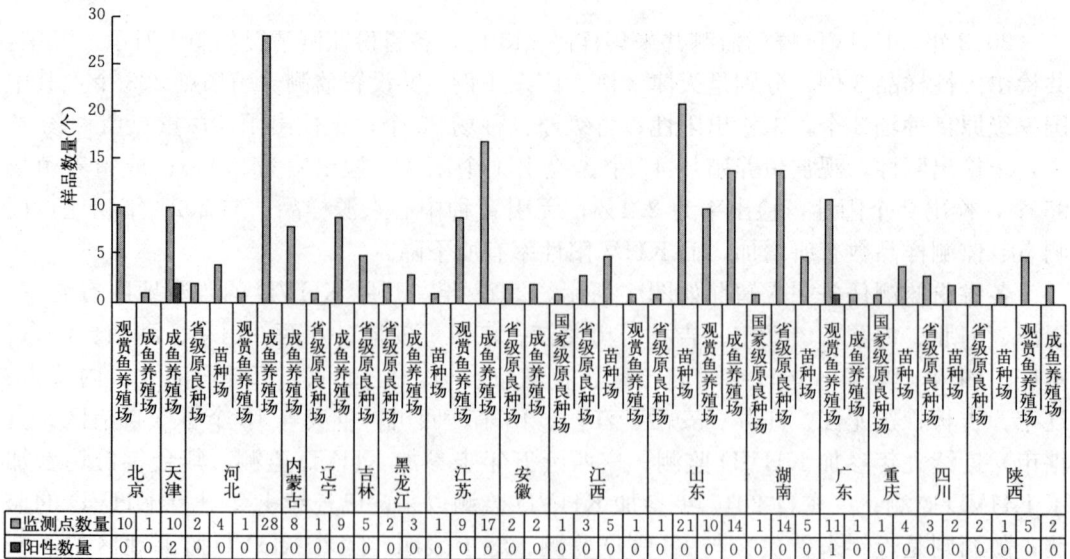

图2　各省份监测点设置情况

20

（二）养殖模式分析

2022 年度各省份不同养殖模式样品监测情况如图 3 所示，北京、安徽、山东、广东、陕西五省（直辖市）的监测点除了淡水池塘养殖以外，还包括淡水工厂化养殖模式，其余省份监测点均是单一池塘养殖模式，这也与各省份的养殖传统有关。各类养殖模式监测样品数如下：淡水工厂化养殖监测样品 38 个，而淡水池塘养殖监测样品为205 个，占到总样品数的 84.8%，所有阳性样品均来自池塘养殖模式。分析认为，由于淡水工厂化养殖模式的监测样本较少，因此不能完全反映该养殖模式的 KHV 感染风险，从近几年的监测结果看，无论是池塘养殖还是工厂化养殖，均不能完全避免 KHV感染，感染风险最大的养殖模式依然是淡水池塘养殖。

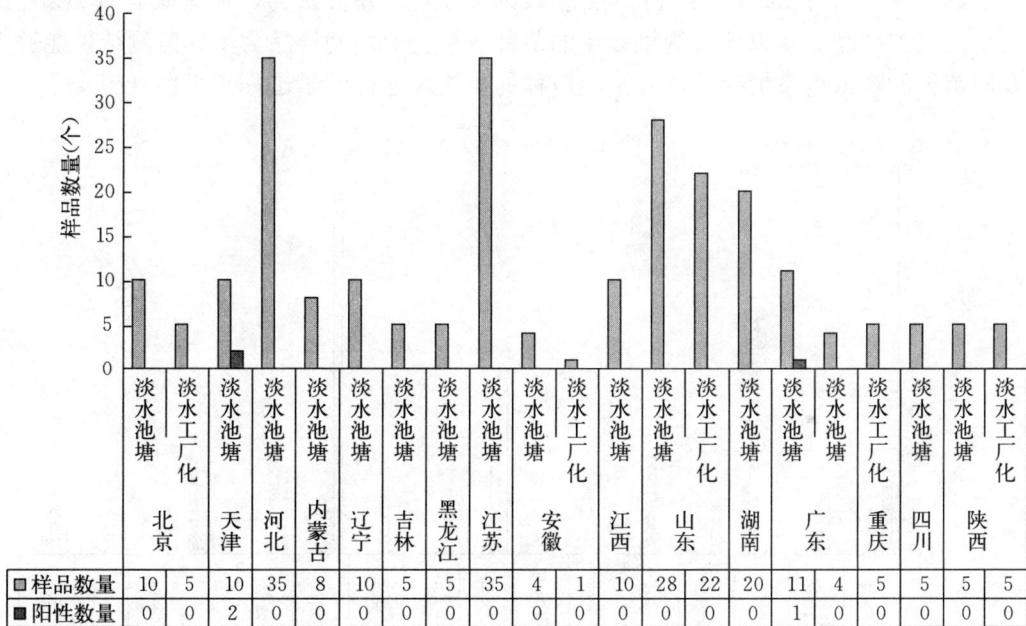

	北京		天津	河北	内蒙古	辽宁	吉林	黑龙江	江苏	安徽		江西	山东		湖南	广东		重庆	四川	陕西	
	淡水池塘	淡水工厂化	淡水池塘	淡水池塘	淡水池塘	淡水池塘	淡水池塘	淡水池塘	淡水池塘	淡水池塘	淡水工厂化	淡水池塘	淡水池塘	淡水工厂化	淡水池塘	淡水池塘	淡水工厂化	淡水池塘	淡水池塘	淡水池塘	淡水工厂化
样品数量	10	5	10	35	8	10	5	5	35	4	1	10	28	22	20	11	4	5	5	5	5
阳性数量	0	0	2	0	0	0	0	0	0	0	0	0	0	0	0	1	0	0	0	0	0

图 3　各省份不同养殖模式样品监测情况

（三）采样水温

锦鲤疱疹病毒病的发生与诸多因素有关，如病毒的毒力、鱼体的生理状态、养殖密度、养殖环境（水温、水质等）。其中，水温是最关键的环境因素之一，因此采样水温对于 KHVD 的监测至关重要。根据 KHVD 的采样要求，采样需要尽可能集中在水温15～30 ℃进行。2022 年，几乎所有地区采集样品时的水温均在有效水温内，在 15～20 ℃ 水温条件下采集的样品占 11.1%；在 21～25 ℃ 水温条件下采集的样品占 60.1%；在 26～30 ℃ 水温条件下采集的样品占 28.4%。分析认为，适合的水温对于保证样品监测的科学有效至关重要，在 KHV 最有可能大量增殖的 20～30 ℃ 水温条件下的采样量占 88.5%，说明当前的采样水温能够符合 KHVD 监测要求。

（四）采样规格

近年来，随着水生动物监测体系的不断完善，监测网络信息填报越发翔实，2022年所有监测样品信息均记录有样品规格大小。与往年一样，绝大多数样品采用体长作为规格指标，有少量样品使用了体重作为规格指标，为了统一规格指标以便统计，本分析统一采用了样品体长（cm）作为规格指标（提供体重数据的样品进行了体长估算）。从统计结果来看，2022年，KHVD采样规格主要集中在10 cm以下，共计159个，占到样品总数的65.4%。其中5 cm下的样品共有99个，约占样品总数的40.7%；6～10 cm的样品有60个，约占样品总数的24.7%；11～15 cm的样品有32个，约占样品总数的13.2%；16～20 cm的样品有30个，约占样品总数的12.3%；20 cm以上大小的样品数最少，共计22个，约占样品总数的9.1%。分析认为，从采集样品规格看，各省份的监测样品主要以体长规格较小的苗种或夏花等苗期样品为主，监测结果能够更多反映苗种的病毒携带情况，优先采集苗种的监测理念得到了进一步贯彻（图4）。

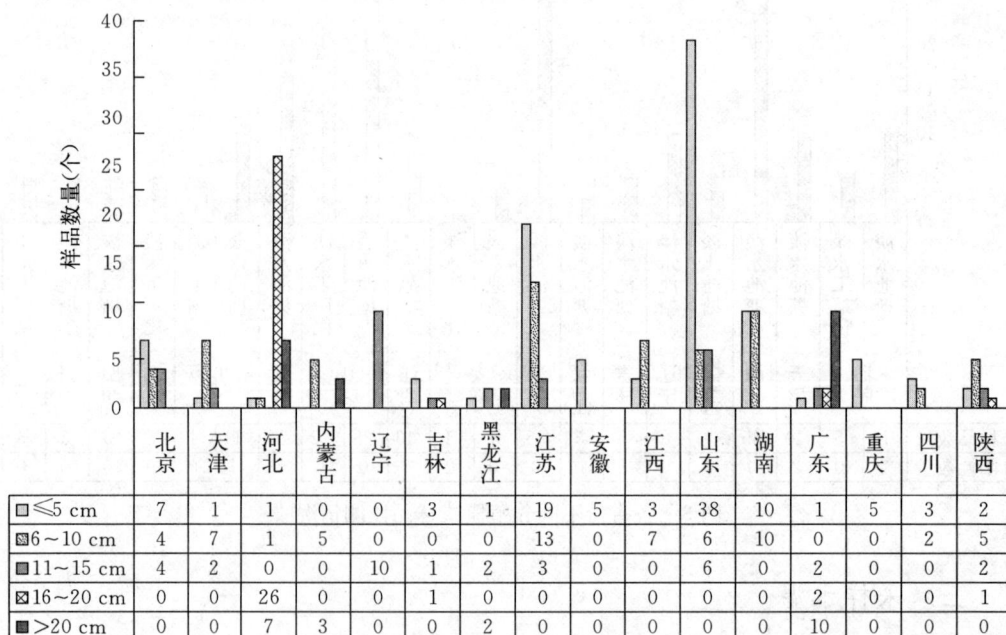

	北京	天津	河北	内蒙古	辽宁	吉林	黑龙江	江苏	安徽	江西	山东	湖南	广东	重庆	四川	陕西
≤5 cm	7	1	1	0	0	3	1	19	5	3	38	10	1	5	3	2
6～10 cm	4	7	1	5	0	0	0	13	0	7	6	10	0	0	2	5
11～15 cm	4	2	0	0	10	1	2	3	0	0	6	0	2	0	0	2
16～20 cm	0	0	26	0	0	1	0	0	0	0	0	0	2	0	0	1
>20 cm	0	0	7	3	0	0	2	0	0	0	0	0	10	0	0	0

图4　2022年各省份采样规格分布

（五）检测单位

按照监测实施工作的要求，全年采集、检测的样品为243份，2022年的监测实施时间为4—12月，大多数样品集中在4—10月采集，覆盖了所有可能发病的时间点。采样和调查工作由各省（自治区、直辖市）负责，检测工作由具有KHV检测资质的实验室负责，确保了检测结果的有效性和可靠性。本年度参与KHV样品检测的单位有：北京市水产技术推广站、中国检验检疫科学研究院、天津市动物疫病预防控制中心、河北省水产技术推广总站、中国水产科学研究院黑龙江水产研究所、辽宁省水产技术推广站、吉林省水产技术推广总站、江苏省水生动物疫病预防控制中心、上海海洋大学水生动物病原库、中国水产科学研究院长江水产研究所、江西省农业技术推广中心、山东省淡水渔业研究院、湖南省畜牧水产事务中心、中国水产科学研究院珠江水产研究所、广东省动物疫病预防控制中心、重庆市水生动物疫病预防控制中心、陕西省水产研究与技术推广总站。参与检测单位涵盖了高校、科研院所、省级水产技术推广机构和水生动物疫病预防控制中心。与往年相比，越来越多的省级水产技术推广机构和水生动物疫病预防控制中心参与到样品检测中，全国水生动物防疫体系建设不断完善，检测能力得到进一步提升，能够不断适应水生动物防疫工作的需求。

三、监测结果分析

（一）阳性监测点分布

16 个省（自治区、直辖市）共设置监测养殖场点 223 个，检出阳性 3 个，阳性养殖场点检出率为 1.30％。其中，国家级原良种场 3 个，未检出阳性；省级原良种场 35 个，未检出阳性；苗种场 43 个，未检出阳性；观赏鱼养殖场 47 个，检出 1 个阳性，检出率是 2.1％；成鱼养殖场 95 个，检出 2 个阳性，检出率为 2.1％；无引育种中心来源样品。相比 2021 年，2022 年 KHVD 监测点数量明显增多，监测点阳性率则有所下降，其中，观赏鱼养殖场、成鱼养殖场均检出阳性。从 2022 年的 KHV 监测结果来看，观赏鱼养殖场和成鱼养殖场的 KHV 阳性率非常接近，表明两种养殖场具有相似的阳性感染风险，提示我们苗种场的监测可以在一定程度上从源头阻断病原的传播，但是并不能完全阻断 KHVD 的流行。在养殖过程中，还需要进一步的科学管理，以控制 KHVD 的流行和传播。

（二）KHV 阳性分布情况

2022 年，全国 16 个省（自治区、直辖市）共采集样品 243 份，检出阳性样品 3 个，阳性样品检出率为 1.23％。3 个阳性样品的全国分布分别是天津 2 个、广东 1 个。

检出阳性的 2 个省份（天津、广东）的阳性样品检出率分别为 20％、6.7％，监测点阳性检出率分别是 20％、8.3％。其中，天津是第二次检出 KHV 阳性，广东已经是第四次检出 KHV 阳性。自 2014 年全国开展 KHVD 监测以来，全国已有 14 个省（自治区、直辖市）检出 KHV 阳性。检出 KHV 阳性次数最多的是北京和广东，均已检出 4 次 KHV 阳性；其次是河北和安徽，共检出 3 次 KHV 阳性；检出 2 次 KHV 阳性的省份分别是江苏、山东、四川、湖南、天津；广西、上海、浙江、辽宁、吉林等则检出过 1 次 KHV 阳性；KHV 阳性检出区域几乎全部覆盖全国锦鲤和鲤主要养殖区域。近年来，KHV 连续监测呈现出一个特点，便是上一年度检出阳性的省份，下一年度一般不会再检出阳性，也就是近三年，不会出现连续两年以上检出 KHV 阳性的地区。分析认为，经过连续多年的重要疫病监测，无论是监测单位还是养殖主体都越来越重视这项工作，病毒性疾病"预防为主、防控结合"的科学方针也越发深入人心。因此，对相关苗种进行及时的跟踪监测，有利于将 KHV 控制在极小的范围内，避免 KHVD 的大规模暴发。

（三）阳性样品分析

2022 年全国 KHVD 样品监测种类主要是鲤和锦鲤，阳性品种全部都是锦鲤，全年从锦鲤中共计检出 KHV 阳性 3 例，锦鲤品种阳性检出率为 3.7％（3/82）。分析认为，我国幅员辽阔，不同养殖区域的主养品种不同，一些地区以鲤养殖为主，另一些区域以锦鲤养殖为主。根据往年监测结果，鲤和锦鲤均具有感染 KHV 的风险，综合阳性数量、阳性检出率、阳性分布区域来看，锦鲤的 KHVD 流行风险明显高于鲤。

2022 年检出阳性样品的养殖模式全部是淡水池塘养殖。阳性样品规格较小，体长全部集中在 3～8 cm，均处在苗期，虽然检出 KHV 阳性，但均未发病，说明养殖过程中的科学管理可以有效抑制病毒的大量繁殖，从而实现"带毒不发病"。

KHV 的感染具有季节性，即在 18～28 ℃会引起高死亡率，而低于 13 ℃或高于 30 ℃便较少发病，故而水温等气候因子是该病暴发的一个主要诱发因素。从 2022 年的阳性样品采样水温来看，温度主要在 22～27 ℃，正是容易引起 KHVD 暴发的最适宜温度范围，然而阳性样品均未出现明显病症。分析认为，阳性样品存在潜伏感染的现象，即带毒不发病的情况。然而，对于检出 KHV 阳性的苗期样品，应引起足够重视，除了做好日常的消杀工作外，还需进一步的跟踪监测。

（四）阳性样品基因型

利用锦鲤疱疹病毒的 *TK*（胸苷激酶）保守基因进行基因的分型是目前 KHV 基因分型的一种方法。根据这种分型，KHV 主要分为欧洲株（以色列株和美国株也被归类到欧洲株）和亚洲株（日本及其他东南亚地区），目前在我国较为流行的株型主要是KHV‐A1（亚洲株）型。

将各检测单位提供的测序结果利用 MEGA6.0 软件建立进化树分析。分析认为，经 NCBI 比对，所有 KHV 阳性与 KHV 亚洲株均有着 99％的同源性，可以说明各个阳性之间亲缘关系很近，未出现明显变异。2015 年以来检出的 KHV 阳性，均为 KHV 亚洲株，所有 KHV 阳性与亚洲株亲缘关系十分相近。值得注意的是，虽然所有阳性毒株均为亚洲株，但是依然有一些亲疏远近，如 2017 年山东一株阳性和 2018 年三株辽宁阳性亲缘关系更近；2019 年北京一株阳性在单独的一支上，其他 KHV 阳性则聚在一起，说明即使都属于 KHV 亚洲株，但是不同省份阳性间依然有一定的亲疏。此外，各省份的样品呈现出区域同源性更强的特点，即来自一个省份同一年检出的阳性基本聚在一起，表明其同源性更强，例如河北、广东、辽宁、天津、安徽、四川等各地检出的阳性毒株就几乎全部聚集在一起，显示出极高的同源性，这可能与养殖场的就地引种以及共用一个水系有关，病毒的传播过程可能与水系密切相关。

虽然近年来的 KHV 阳性均为亚洲株，但是我国曾在 2011 年监测到一株 KHV 阳性毒株，经鉴定为欧洲株。因此无论是欧洲株还是亚洲株，均具有在我国传播的风险。开展 KHV 的监测，及时进行分子流行病学调查，有助于分析我国 KHV 毒株的起源，摸清其流行、传播规律，从而为防控 KHVD 提供技术支撑。

四、风险分析及建议

（一）不同类型监测点风险分析

设置不同类型的监测点（国家级原良种场、省级原良种场、重点苗种场、观赏鱼养殖场、成鱼养殖场），对其进行相关疫病的跟踪监测，根据监测结果，可以分析出不同类型监测点感染风险，从而对疫病的防控产生重要的指导意义。九年来，共设置不同类型监测点 3 047 个，检出阳性监测点 69 个，阳性率为 2.3%，近九年各个类型养殖场点的 KHV 阳性检出率如图 5 所示，国家级原良种场仅在 2015 年检出过阳性，其余年份均未检出阳性；省级原良种场在 2015、2016 和 2021 年均检出过阳性，其余年份未检出阳性；成鱼养殖场除了 2014、2018、2019 年未检出过阳性，其余年份均检出阳性；重点苗种场除了 2018、2019、2020、2022 年未检出阳性，其余年份均检出阳性；观赏鱼养殖场每年均有阳性检出，且阳性率通常要高于其他类型养殖场点。分析认为，无论哪一种类型的养殖场，都无法完全避免感染 KHV。相比其他类型的养殖场，观赏鱼养殖场感染风险最高，其次是成鱼养殖场和苗种场，国家级原良种场、省级原良种场感染风险相对较低一些，但是也曾多次检出阳性。由于苗种场一旦携带病毒，会通过市场流通造成进一步的传播感染，因此苗种场的感染风险不容忽视，需要持续加强监测。

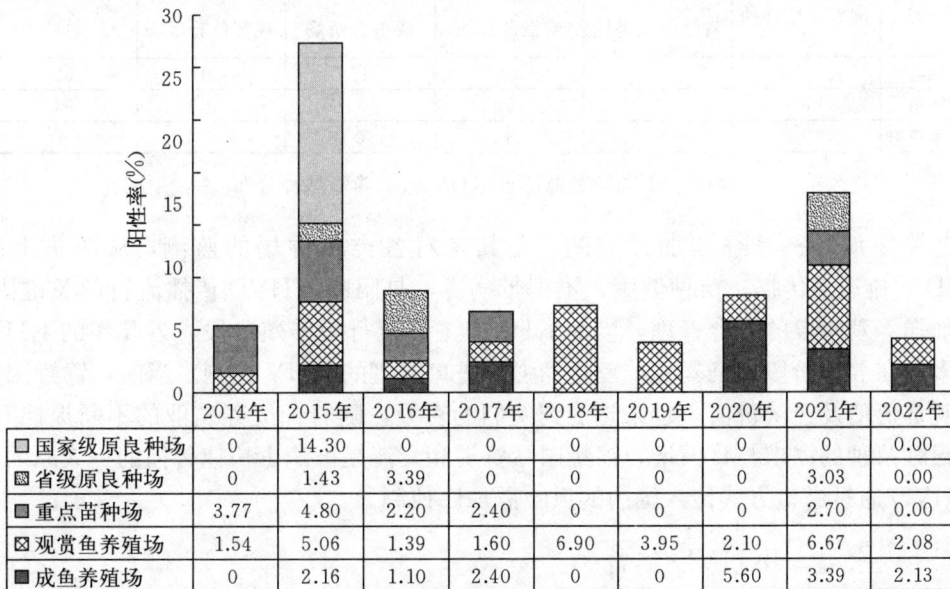

	2014年	2015年	2016年	2017年	2018年	2019年	2020年	2021年	2022年
□ 国家级原良种场	0	14.30	0	0	0	0	0	0	0.00
▨ 省级原良种场	0	1.43	3.39	0	0	0	0	3.03	0.00
▦ 重点苗种场	3.77	4.80	2.20	2.40	0	0	0	2.70	0.00
⊠ 观赏鱼养殖场	1.54	5.06	1.39	1.60	6.90	3.95	2.10	6.67	2.08
■ 成鱼养殖场	0	2.16	1.10	2.40	0	0	5.60	3.39	2.13

图 5　近九年不同类型监测点 KHV 阳性率

（二）养殖品种风险点及防控建议

综合 2014—2022 年的监测结果来看，共检出阳性样品 86 个，其中锦鲤样品为 62 个，鲤样品为 21 个，禾花鲤 3 个；锦鲤所占比重最大，达到 72.1%，其次是鲤，为 24.4%，禾花鲤占比最小，为 3.5%。此外，分析五种不同的监测点中各养殖品种的阳性检出情况可以发现（图 6），包括国家级原良种场在内的各种类型监测点中均有锦鲤感染 KHV，截至 2022 年，来源于国家级原良种场中的鲤还未检出过 KHV 阳性。因此，对于苗种来说，锦鲤依然是 KHV 感染的最主要风险品种，而鲤及其普通变种的感染风险也始终存在，不容忽视。总体而言，锦鲤的阳性检出率要远远大于其他养殖品种，其养殖感染风险无疑是最大的。KHV 目前公认的敏感宿主就是锦鲤和鲤及其普通变种，研究表明，包括金鱼在内的多种淡水鱼类也可能成为 KHV 的携带者，但还没有致病的报道或相关研究证明，因此我国 KHVD 目前的最主要防控重点仍然是锦鲤，各种类型的养殖场点均存在感染 KHV 的风险。

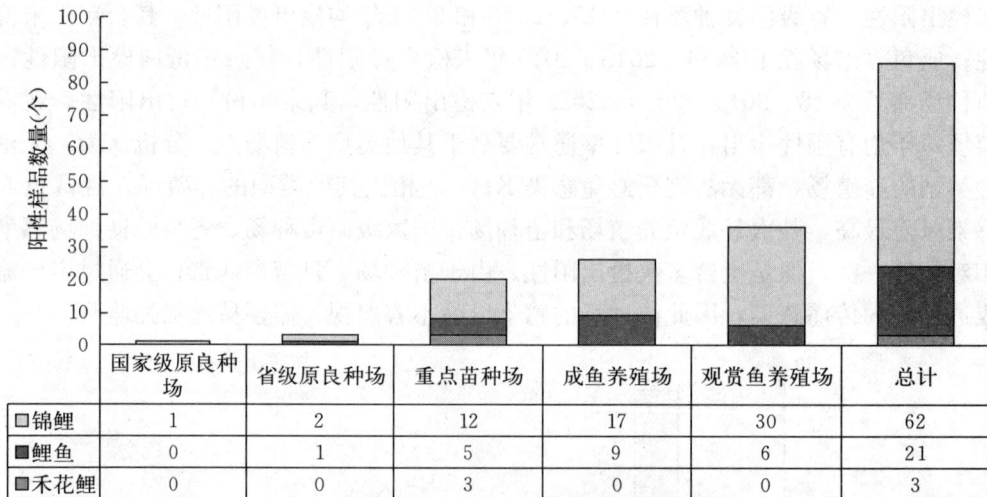

	国家级原良种场	省级原良种场	重点苗种场	成鱼养殖场	观赏鱼养殖场	总计
□锦鲤	1	2	12	17	30	62
■鲤鱼	0	1	5	9	6	21
▤禾花鲤	0	0	3	0	0	3

图 6　不同类型监测点 KHV 感染养殖品种分布

防控建议：一是继续加强监测，尤其是对各类苗种场的监测，从源头上防止 KHVD 的流通性传播，苗种健康、不携带病毒，是阻断 KHVD 传播流行的关键因素；二是加强养殖阶段的综合管理，当前 KHVD 主要流行于养殖阶段，近几年的 KHV 阳性也多是在养殖阶段感染暴发；三是加强对进口锦鲤的 KHV 检测。当前，锦鲤因其出众的观赏价值及经济价值，越来越受到人们的喜爱，随着锦鲤养殖业的不断提档升级，进口锦鲤苗种的需求与日俱增，锦鲤国际贸易和交流是该病毒快速传播的一大原因，因此 KHVD 通过进口方式传入国内的风险需加以控制。

（三）水温与 KHVD 流行关系

锦鲤疱疹病毒存在潜伏感染现象，由该病毒引起的锦鲤疱疹病毒病通常发病于初夏及秋季，低温冬春季一般不发病，发病水温主要集中在 18～30 ℃，低于 10 ℃ 或高于 30 ℃，病毒不复制或病毒量很低，不会引起病害，当恢复至适宜温度时，病鱼会重新出现临床症状，导致死亡。因此，密切关注阳性样品养殖场的水温，分析主要发病水温，可以为锦鲤疱疹病毒病采取预防措施提供科学的时间依据。近年的监测结果显示，2016—2022 年共检出 KHV 阳性 62 例，其中水温在 21～25 ℃ 以及 26～30 ℃ 时所检出的 KHV 阳性样本最多，分别达 26 个、27 个，占所有阳性样品比例分别达到 41.94%、43.55%；30 ℃ 以上阳性样品较少，有 5 个阳性，占 8.06%；15～20 ℃ 水温区间内的 KHV 阳性样品最少，仅有 4 个阳性，占 6.45%。以上监测数据表明，21～30 ℃ 水温区间内的 KHV 阳性样品占比较高，与 KHV 国内外研究结果高度吻合。分析认为，当水温来到 20 ℃ 以上时或者水温从 30 ℃ 开始下降时，KHV 感染、发病风险骤增，需在发病水温到来前一个月就及时做好科学预防，保持鱼体健康，提高鱼体免疫力，以应对可能的 KHV 等感染风险。

（四）养殖区域风险点

全国已经连续九年开展 KHV 监测，2022 年共有 2 个省份检出 KHV 阳性，分别是广东、天津。目前有北京、辽宁、河北、山东、江苏、安徽、四川、上海、浙江、湖南、广西、广东、天津、吉林等共计 14 个省（自治区、直辖市）检出 KHV 阳性。其中北京和广东均有 4 个监测年度检测出阳性；河北、安徽则有 3 次检出阳性；江苏、四川、山东、湖南等地有 2 次检出阳性。以上监测结果表明，KHV 检出阳性区域已经覆盖全国所有锦鲤和鲤主养区，目前依然是零星发现，未形成大规模、连片疫情，KHV 风险可控；从区域上看，京津冀、广东、安徽、四川、江苏等地区依旧是 KHVD 防控的重点区域。

纵观 KHV 阳性检出区域的变化趋势（图 7），2015、2016 年 KHV 阳性检出省份曾

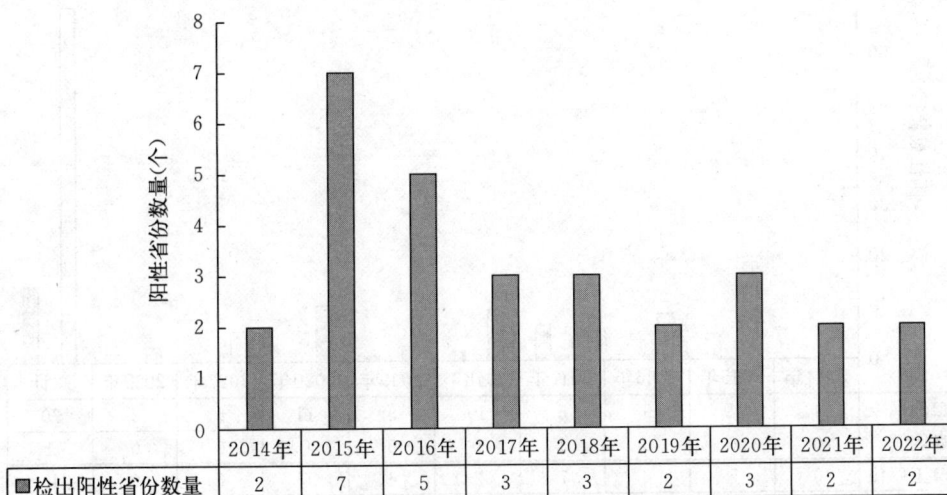

	2014年	2015年	2016年	2017年	2018年	2019年	2020年	2021年	2022年
检出阳性省份数量	2	7	5	3	3	2	3	2	2

图 7　KHV 阳性检出区域变化趋势分析

达 5～7 个，其余年份，KHV 阳性检出省份稳定在 3 个左右，主要发生在锦鲤和鲤养殖较为集中的区域，如东北、华北鲤主养区，华南、华东的锦鲤主养区。分析认为，经过九年的连续跟踪监测，全国几乎所有的锦鲤和鲤养殖省份均已检出过 KHV 阳性，虽然未形成大规模的疫情，但是点状分布或已普遍存在，而且由于曾出现过同一年多达 7 个省份检出 KHV 阳性的情况，因此，KHVD 仍然有随时暴发的可能性，需要重点对苗种场和检出阳性区域进行持续的跟踪监测，防止扩散，防患于未然。

防控建议：一是做好阳性养殖场点苗种溯源调查，对于苗种来源、流通去向，需要继续跟踪监测，密切关注 KHV 流行情况，必要时，应及时切断带毒苗种的市场流通，对检出阳性品种，要及时进行无害化处理或者净化，控制疫情或阳性样品的扩散、流通；二是做好日常生产管理，以防为主，对于连续检出阳性的养殖场点要采取严格的消毒措施，如污染的水、包装物、运载工具、养殖操作工具等要定期消毒，进入场地的交通工具和人员也需要进行消毒处理，每个池塘的生产用具不要混用，经常用优质消毒剂进行消毒。在易发病前期，定期对池埂进行消毒，切断病原的传播途径，养殖过程中，有针对性地进行免疫增强剂的拌饲投喂，增强养殖鱼体的免疫力。

（五）养殖模式风险点

从连续九年的监测结果来看（图 8），池塘养殖模式仍然是锦鲤和鲤的最主要养殖模式，86 个阳性样品中，共有 70 个为池塘养殖模式，该养殖模式检出阳性的数量明显高于其他养殖模式，因此池塘单养这种传统养殖模式对于锦鲤或鲤而言确实有比较高的 KHV 感染风险；而工厂化养殖作为目前逐渐兴起的一种养殖模式，也不能完全隔绝 KHV 的感染，2015、2017、2018、2019 年分别检出 5 个、7 个、2 个和 1 个来自工厂化养殖的阳性样品；网箱养殖样品也曾检出过 1 个阳性。以上结果表明，无论哪种单养

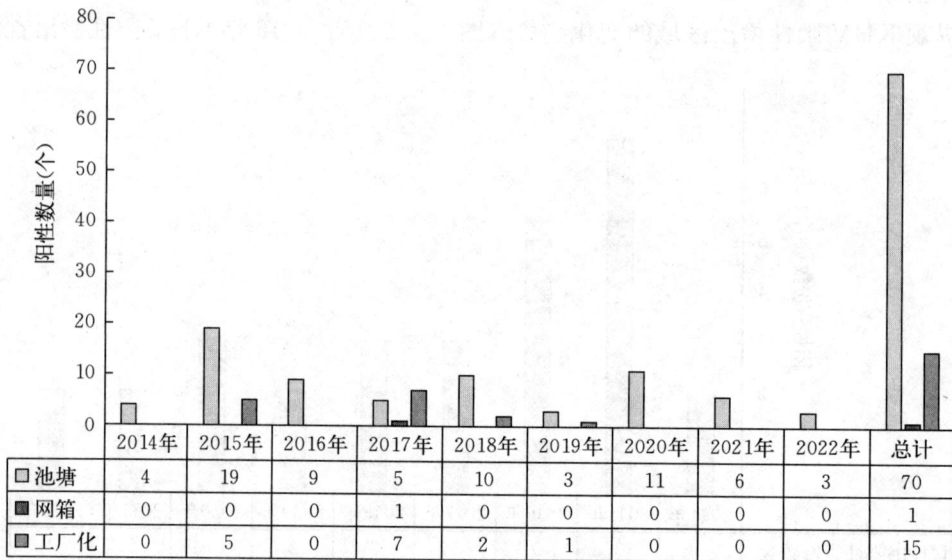

	2014年	2015年	2016年	2017年	2018年	2019年	2020年	2021年	2022年	总计
池塘	4	19	9	5	10	3	11	6	3	70
网箱	0	0	0	1	0	0	0	0	0	1
工厂化	0	5	0	7	2	1	0	0	0	15

图 8 近七年全国阳性样品养殖模式

模式，均不能完全隔绝 KHV 的感染；池塘养殖模式检出的阳性数量相对较多，主要是因为目前采集的样品中绝大多数来自该养殖模式。值得注意的是，近三年的工厂化养殖模式的监测样品在逐渐增多的情形下未检出 KHV 阳性，在一定程度上表明，该养殖模式在防控 KHVD 方面可能具有一定的优势。

防控建议：适当降低养殖密度，改单养为混养，在一定程度上可以有效阻断 KHV 的大面积感染，避免更多损失。目前的研究表明，KHVD 只在锦鲤、鲤及其普通变种发病，尚未见金鱼、草鱼等其他品种感染 KHV 并发病的报道，因此适当混养对 KHV 不敏感的养殖品种，降低鲤和锦鲤养殖密度，可以作为一种有效的防控策略；由于 KHV 对水温较为敏感，具备先进温控系统的工厂化养殖模式可以通过提高或降低水温的方式来避免 KHVD 的感染暴发，虽然该方法成本较高，目前还未能普及生产应用，但是对于名贵锦鲤的养殖，不失为一种较好的选择；连续监测阳性且发病的养殖场，需要对养殖用水及其用具进行彻底的消毒处理，在保证苗种不携带病毒的情况下，做好养殖过程中的科学管理。

（六）苗种来源风险点

苗种来源的风险控制，对于杜绝、切断 KHVD 的传染、流行具有重大意义。对 2022 年检出阳性养殖场的流行病学调查数据进行分析，发现天津和广东阳性养殖场点分别是成鱼养殖场和观赏鱼养殖场，但并未发病，在该年度的监测中也并未发现其他养殖场暴发 KHVD。说明阳性养殖场点在检出 KHV 阳性后进行了及时的消杀处理，阻断了 KHV 的传播。分析认为，当前最主要的风险点在于检出 KHV 阳性并对外销售，在一个或多个地区流通的苗种，有可能造成局部的 KHVD 的暴发和扩散。

防控建议：一是做好苗种监测工作，建议尽可能将本辖区内各级涉及锦鲤或鲤养殖的原良种场纳入监测点，从源头上控制 KHVD 的传播风险。二是对于自繁自育的养殖场来说，要加强种苗生产的管理，对于种苗要坚持做好前期的隔离暂养工作。在隔离期间，一方面进行健康状况的观察，另一方面及时向当地水产检疫部门进行申报检疫，检疫合格后，再进行正式养殖；如检疫不合格，或者检疫结果携带病原，应按照国家相关规定，对检疫品种进行无害化处理或者净化，避免流通带来的 KHVD 传播与扩散。三是检出 KHV 阳性苗种场的地区，如果已经发生苗种的流通，需要密切关注其流向，并做好相关的追踪检疫工作。

（七）基因型风险点

从近年的监测结果来看，当前流行于我国的 KHV 株型主要是亚洲株。这表明，不同地区 KHV 的毒株在病毒的起源进化及分类上的差异性微乎其微。通过系统发育树可以明显地观察到一个现象，即来自同一年份、同一省份或地区的阳性样品，其同源性也要比不同地区不同年份的更高一些，这可能与苗种来源相近、水系相似有关。当然，由于当前获得的 KHV 阳性测序数据较少，且 KHV 基因分型研究还不够完善，因此关于不同地区 KHV 基因型的差异还需要大量的流行病学和基因数据来研究证实，而这些不同基因型毒株差异的鉴定对于疫苗的筛选和引进也具有重要的意义。

五、存在的主要问题及建议

重要疫病监测一直以来是水生动物疫病预防控制的重要措施和主要内容，可在第一时间内发现疫病，并且及时进行预防，有效控制疫病的发生和发展，避免出现各类疫病大规模流行，促进我国水产养殖业的可持续健康发展。农业农村部从 2014 年开始已经连续九年下达了 KHVD 监测项目，项目下达后各承担单位均能够按照监测实施方案的要求和相关会议精神，认真组织实施，较好地完成了年度目标和任务，监测数据越来越全面、及时、完整，为 KHVD 的防控提供了较为翔实的数据支撑，但也还存在一些问题，当前的主要问题表现在以下几个方面：

1. 监测数据的完整性还有待加强 从各省份提供的监测数据汇总来看，所有省份都能严格按照要求填报各项监测数据，但是也存在一些共性问题，即流行病学调查相关数据的填写并不完整，如养殖方式、采样水温、样品规格、发病死亡情况等基础数据，造成相关的分析难以进行，尤其是阳性监测点流行病学调查数据，如详细的养殖场地点、养殖场面积、养殖水温、死亡率、苗种来源（自繁自育还是引种，引种的来源）、造成的损失、处理措施（用药情况）、苗种销售去向等对于风险分析和评估意义重大。建议各单位在平时的监测工作中就做好数据的填写保存工作，以免造成工作量过于集中而导致的漏填、错填等错误发生。

2. 加强后续跟踪监测 针对已检出过阳性的监测点进行连续跟踪监测，对于掌握 KHV 的分布情况及流行趋势具有重要意义。从监测点的设置来看，部分省（自治区、直辖市）未能对往年检出阳性的养殖场开展连续的跟踪监测，因此 KHV 的流行趋势未能得到最全面的反映，其潜在的传播风险分析由于未能连续跟踪监测而缺乏必要的数据支撑。建议各监测单位如无特殊情况（如养殖场因为各种原因而不再开展养殖活动），还是应当坚持对已检出阳性样品的养殖场开展持续监测，在年初制订监测计划时，尽可能将往年的 KHV 阳性监测点纳入常规监测点中，尤其是一些国家级、省级的良种场，或者是重点苗种场，应当纳入每年的监测计划中。

3. 监测点设置较少 2022 年 KHV 监测点数量相比 2021 年明显增多，增幅达 40%，但仍然远低于 2014—2020 年度的监测点数量。有 10 个省（自治区、直辖市）仅设有 10 个或 10 个以下的监测点，监测点和采样数量仍然较少，还不能覆盖主要苗种场点和大型养殖场点，也不能完全客观地反映出 KHV 的感染和携带情况。锦鲤作为目前比较受广大消费者喜爱的观赏鱼品种之一，养殖规模不断增加、经济价值日益显著，但是养殖过程中也会出现一些疾病，其中最严重的之一当属锦鲤疱疹病毒病。建议适当增加经费支持，以增加监测点的设置，尤其是往年监测出 KHV 阳性的省份，监测点的设置尽量能够覆盖全省（自治区、直辖市）的重要苗种和主要养殖场点。

4. 部分检测单位未能严格按照检测标准（SC/T 7212.1—2011）进行测序，测序数据不完整 做好阳性样品的测序工作可以为我国 KHV 基因型的分类及时空分布研究提供数据支撑，也为我国 KHV 起源和进化研究提供重要依据。目前已发现的流行于我国的 KHV 基因型变异及分布情况还没能完全掌握，从 2014 年开始的全国 KHVD 监测可以为基因型的时空分布提供更多的流行病学调查数据，然而当前 KHVD 的监测关于这方面的数据还不够完整，有些单位未能严格按照检测标准同时对 *TK* 基因和 *SPH* 基因进行测序，而是只进行 *SPH* 基因的测序，缺乏 *TK* 基因的测序结果。建议各单位保存好阳性样品（−80 ℃保存），或将阳性样品集中至指定的实验室进行保存，并且对阳性样品及时、正确测序，从而做好测序的数据归档工作，为 KHV 基因型调查研究打下坚实的基础。

5. 阳性养殖场点的处理还不到位　KHVD 作为我国二类动物疫病，一旦发生，需要进行隔离、扑杀、销毁、消毒以及无害化处理等控制、扑灭措施，县级以上地方人民政府应根据需要组织有关部门和单位对相关养殖场按照规定进行处理。但由于涉及经费补偿等具体操作过程中的一些问题，很难对相关养殖场进行扑杀或无害化处理，很多控制措施的执行大打折扣，存在着病毒进一步传播扩散的风险。

2022 年鲫造血器官坏死病状况分析

中国水产科学研究院长江水产研究所

（许　晨　刘文枝　周　勇　范玉顶　曾令兵）

一、前言

鲫造血器官坏死病（Crucian carp hematopoietic necrosis）是一种由鲤疱疹病毒Ⅱ型（Cyprinid herpesvirus Ⅱ，CyHV－2）感染鲫和金鱼导致的一种特异性病毒性传染病。该病致死率高，对宿主的致死率可达 90% 以上，严重威胁我国鲫养殖业发展，我国将其列为《一、二、三类动物疫病病种名录》二类动物疫病。

自 2015 年农业部首次开展 CyHV－2 的专项监测工作以来，监测范围从最初的 9个省（自治区、直辖市）到 2022 年的 14 个省（自治区、直辖市），监测省份范围覆盖了我国鲫主要养殖地区，并且监测省份在近五年稳定在 14 个左右。同时近五年的实际监测样品数分别为 2018 年监测样品 407 份、2019 年监测样品 242 份、2020 年监测样品292 份、2021 年监测样品 132 份、2022 年监测样品 205 份。这些监测样品为连续跟踪监测我国鲫主养区鲫造血器官坏死病在全国范围内的流行情况，研究疾病发生的规律提供一个连续稳定的数据支撑。

为了继续跟踪监测鲫造血器官坏死病在我国的流行情况，保障我国鲫养殖业的持续健康发展。2022 年，农业农村部继续将 CyHV－2 感染引起的鲫造血器官坏死病纳入《国家水生动物疫病监测计划》方案，通过整理与分析 2022 年各监测省份的上报数据，了解 CyHV－2 在 14 个省份的监测实施情况，最后将 2015—2022 年八年的监测数据进行比较分析，对连续八年监测结果的发病规律进行总结，以及在全年样品监测过程中存在的问题给予相关建议，初步形成 2022 年 CyHV－2 国家监测分析报告。

二、各省份开展 CyHV－2 疫病的监测情况

（一）2018—2022 年参加省份、乡镇数和监测点分布

全国已经连续八年开展 CyHV－2 监测。最近五年的 CyHV－2 监测情况见图 1、图 2。2022 年，CyHV－2 的监测省份与 2021 年相比，省份少了吉林省，即覆盖范围包括北京、天津、河北、上海、江苏、浙江、安徽、江西、山东、河南、湖北、湖南、重庆和四川 14 个省（直辖市）涉及 118 个区县 158 个乡镇。

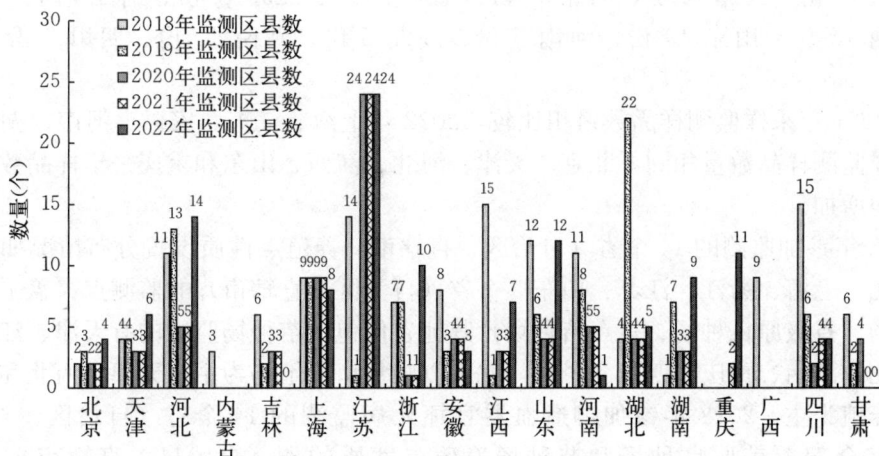

图 1　2018—2022 年参加 CyHV-2 监测的区县数

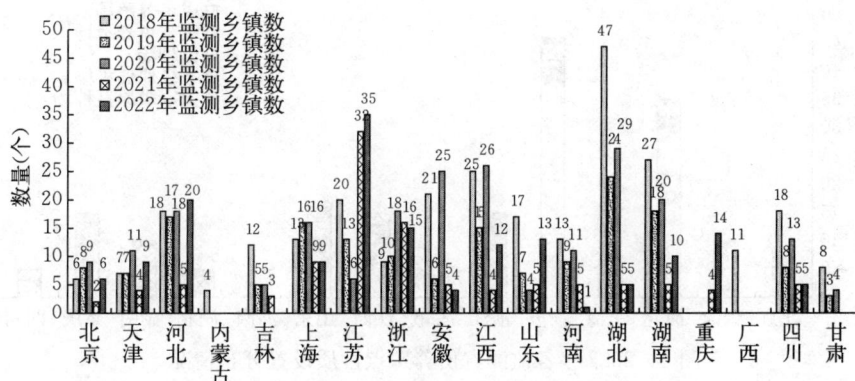

图 2　2018—2022 年参加 CyHV-2 监测的乡镇数

（二）2018—2022 年监测省份不同养殖场类型情况

按照《国家水生动物疫病监测计划》采样要求，监测点包括辖区内鲫的国家级和省级原良种场，常规测报点中的重点苗种场、观赏鱼养殖场及成鱼养殖场。2022 年，鲫造血器官坏死病监测任务中 14 省（自治区、直辖市）共设置监测养殖点 200 个。其中，国家级原良种场 5 个（2.5%）、省级原良种场 29 个（14.5%）、重点苗种场 51 个（25.5%）、观赏鱼养殖场 10 个（5%）、成鱼养殖场 105 个（52.5%）。与 2021 年的统计结果相比，2022 年国家级原良种场、省级原良种场、重点苗种场比例有所下降，观赏鱼养殖场和成鱼养殖场比例有所上升。

（三）2018—2022 年各省份监测采样数量

2022 年 CyHV-2 疫病监测的 14 个省（自治区、直辖市）共采集样品 205 份。其中，北京 10 份、天津 10 份、河北 35 份、上海 10 份、江苏 46 份、浙江 15 份、安徽 5 份、江西 15 份、山东 19 份、河南 5 份、湖北 5 份、湖南 10 份、四川 5 份和重庆 15 份。

与 2021 年采样监测样品数量相比较，2022 年上海、江苏、安徽、河南、湖北和四川的采样监测样品数量相同，北京、天津、河北、江西、山东和重庆采集样品数量都不同程度地增加。

2022 年参加监测的 14 个省（自治区、直辖市）养殖点性质设置分布情况如图 3 所示，河北、上海、浙江、江苏、山东 5 个省（自治区、直辖市）的监测点覆盖了国家级原良种场、省级原良种场、重点苗种场，其他省份包括苗种场监测的有天津、江西、河南、湖北、湖南、重庆和四川 7 个省，北京以观赏鱼养殖场为主，天津、河北和江苏则以成鱼养殖为主。2022 年参加鲫造血器官坏死病监测的 14 个省（自治区、直辖市）中，能够全部覆盖原良种场和苗种场养殖点性质的省（自治区、直辖市）比例为 64.3%（9/14），主要以成鱼场或观赏鱼场为监测点的比例为 28.6%（4/14）。

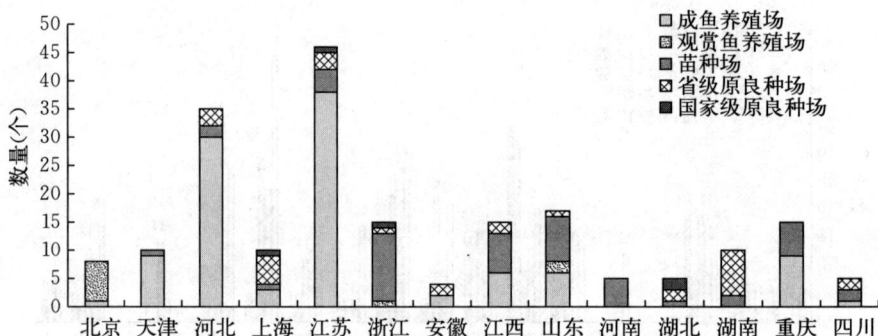

图 3 2022 年各监测省份养殖点性质设置分布情况

从 2018—2022 年参加监测省份养殖点性质分布来看，该监测范围基本能够对 CyHV-2 进行全面的跟踪监测。此外，2022 年除了北京主要以观赏鱼养殖场为监测点外，天津、河北和江苏 3 个省主要以成鱼养殖为主，而其余有 10 个省份覆盖了国家级原良种场、省级原良种场、重点苗种场，通过加强对各主养鲫省份的苗种场进行重点监测和检测，降低苗种携带病毒的概率。

（四）采样品种和采样条件

2022 年鲫造血器官坏死病的监测样本品种包括鲫、金鱼和草金鱼。其中鲫数量最多，为 190 份，约占 92.7%（190/205）；金鱼监测数量为 13 份，约占 6.3%（13/205）；草金鱼监测数量为 2 份，约占 1.0%（2/205）。与 2018—2021 年五年监测的鱼类品种类别相比有所下降，2022 年监测样品未涉及其他养殖品种，这使得在监测 CyHV-2 过程中能够有针对性地对鲫造血器官坏死病进行监测，避免不易感的品种过多，对整体的监测精准性有所影响。

三、2022 年 CyHV-2 监测结果分析

（一）阳性检出情况及区域分布分析

2022 年 CyHV-2 疫病监测的 14 个省（自治区、直辖市）共采集样品 205 份，检出阳性样品 3 份，平均阳性样品检出率为 1.5%，其中阳性样品分布分别是北京 1 份（10.0%），河北 1 份（2.9%），江苏 1 份（2.2%）（图 4）。

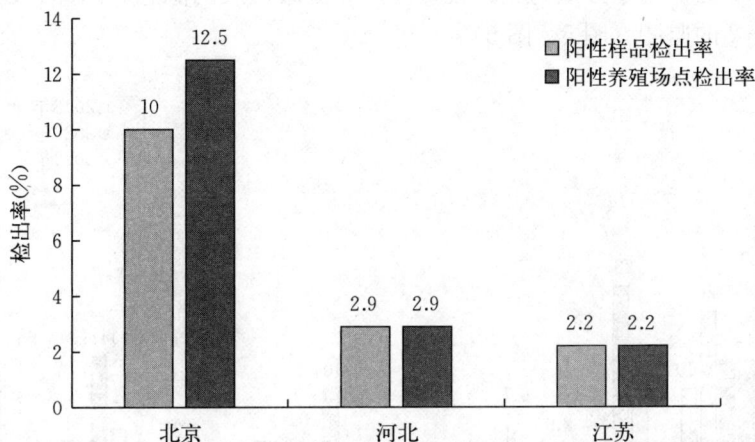

图 4 2022 年 3 个阳性省份的阳性养殖场点检出率和阳性样品检出率

2018—2021 年度 CyHV-2 平均阳性样品检出率为 5.2%、5.4%、3.8% 和 1.5%。2022 年与 2018—2021 年相比，平均阳性检出率持续下降。监测结果统计显示，北京在七年监测过程中每年均能检测出阳性样本；河北 2018—2021 年间连续检测出阳性样本，在 2022 年样品监测过程中也检测出阳性样本；湖北在 2018—2021 年间连续检测出阳性样本，在 2022 年样品监测过程中尚未检测出阳性样本。

与 2018—2021 年相比，2022 年 CyHV-2 疫病监测省份为 14 个省（自治区、直辖市），从 2015 年的 9 个省扩大到 2021 年的 15 个省份、2022 年的 14 个省份，阳性省份数量有所变化。此外，通过对 CyHV-2 易感宿主鲫和金鱼的主要养殖省份连续监测，发现北京近年连续检测出 CyHV-2 阳性样品，说明 CyHV-2 仍然是上述鲫主养区域的主要疾病，需进一步加强疾病监测与防控工作。

（二）不同类型监测点的阳性检出分析

2022 年，在全国 14 个省（自治区、直辖市）200 个监测点共采集样品 205 批次，检出阳性样品 3 批次，平均阳性样品检出率为 1.5%。在 200 个监测养殖点中，国家级原良种场 5 个，未检测出阳性；省级原良种场 29 个，未检测出阳性；重点苗种场 51 个，未检测出阳性；观赏鱼养殖场 10 个，1 个阳性，检出率 10%；成鱼养殖场 105 个，2 个阳性，检出率 1.9%。其中，观赏鱼养殖场的阳性检出率 10%＞成鱼养殖场 1.9%＞

国家级原良种场 0＝省级原良种场 0＝重点苗种场 0。2022 年国家级原良种场、省级原良种场、重点苗种场均未检测出阳性样本，与往年相比，以上养殖场的阳性率在下降，这为控制鲫造血器官坏死病的蔓延和疾病净化提供基础支撑，建议继续加大对鲫和金鱼原良种场的监测和监管。在苗种方面有效控制疾病发生，可对防止 CyHV‐2 的继续蔓延和苗种带毒广泛传播起到关键作用。与 2021 年相比，观赏鱼阳性检出率也有所下降（2021 年 16.7％，2022 年 9％）。尽管观赏鱼不作为我国的主要食用经济鱼类，但是观赏鱼携带 CyHV‐2 病毒，在运输或售卖过程中可能对养殖鲫 CyHV‐2 传播产生影响，而且 CyHV‐2 高检出率亦成为我国观赏鱼产业健康发展的隐患。因此，建议重视对观赏鱼 CyHV‐2 的监测（图 5、图 6）。

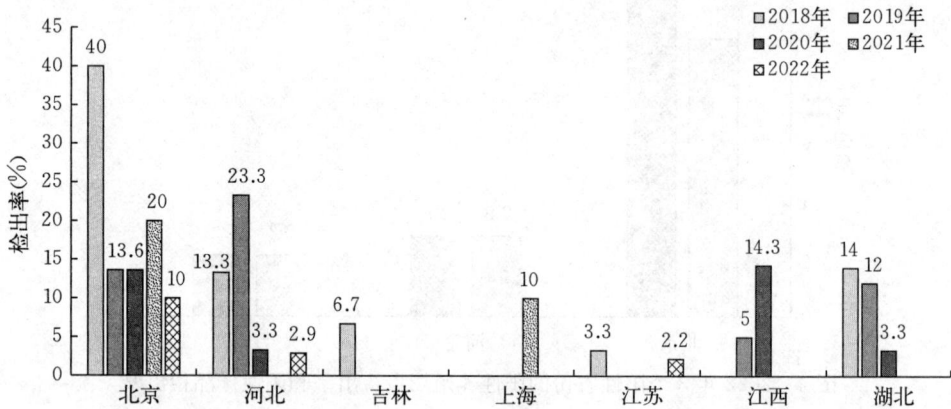

图 5　2018—2022 年 CyHV‐2 各省份平均阳性检出率监测情况

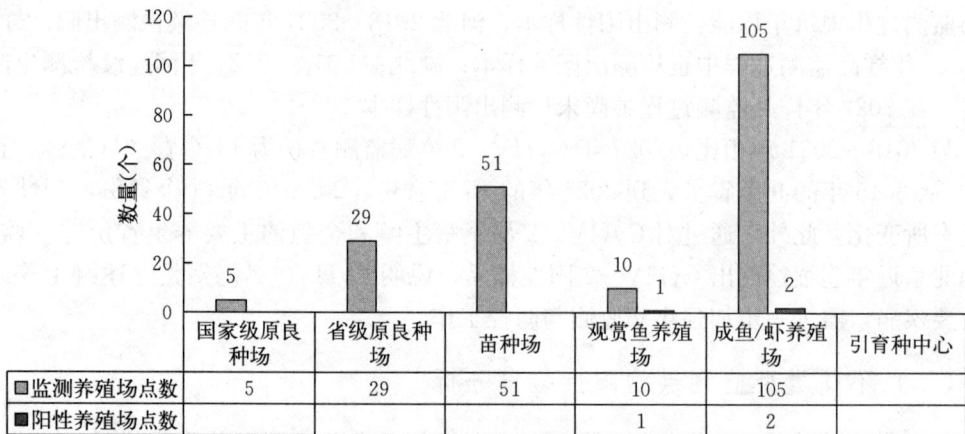

	国家级原良种场	省级原良种场	苗种场	观赏鱼养殖场	成鱼/虾养殖场	引育种中心
监测养殖场点数	5	29	51	10	105	
阳性养殖场点数				1	2	

图 6　2022 年 CyHV‐2 各种类型养殖场点的平均阳性检出情况

（三）易感宿主及比较分析

2022 年鲫造血器官坏死病的监测养殖品种有鲫、金鱼和草金鱼，阳性样本的检出品种均为鲫和金鱼。在 CyHV-2 的监测过程中，发现阳性样本主要集中在该病原的易感宿主中，即鲫、金鱼及其他变种。在 2015 和 2016 年样本监测过程中，出现一些省份在其他品种鱼类中检测出阳性样本的情况，如锦鲤、鲤和兴国红鲤，但是由于这几个品种的采样量较少，没有统计学规律，具体是由于 CyHV-2 感染宿主范围扩大还是由于在监测过程某些环节出现问题，还有待大量的确凿数据进行验证（图 7）。

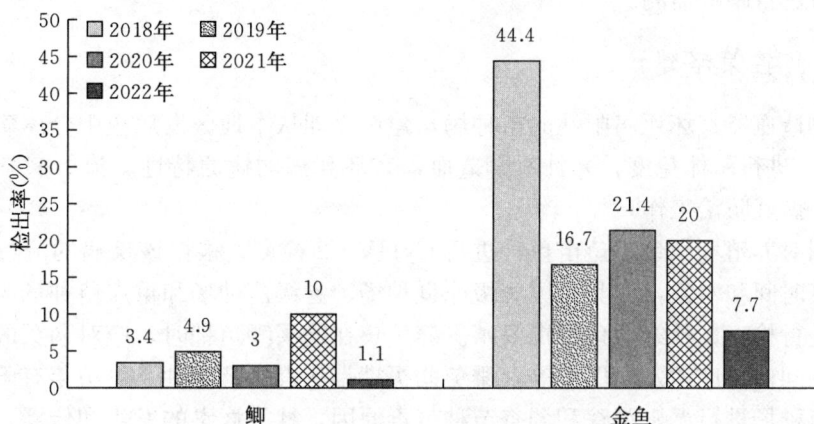

图 7　2018—2022 年各种监测品种阳性检出率

四、CyHV-2 疫病风险分析及建议

（一）我国 CyHV-2 易感宿主

通过近五年（2018—2022 年）对我国鲫主养区省份鲫造血器官坏死病的跟踪监测，结果表明 CyHV-2 的阳性样本主要集中在鲫和金鱼品种。2022 年在鲫和金鱼养殖品种内均检出了阳性样品。但是，将同一品种阳性样品检出率比较发现，2022 年金鱼阳性样品检出率（7.7%）要显著高于鲫阳性样品检出率（1.1%），说明我国养殖的金鱼仍处于 CyHV-2 较高感染期。与 2021 年的监测结果相比较，2022 年金鱼的阳性样品检出率有所下降，但整体的阳性率还是较高，这表明我国观赏鱼养殖场 CyHV-2 病害还需要多加关注，应持续重视及加强我国观赏鱼养殖场的健康管理和日常检测。

（二）不同养殖场类型传播 CyHV-2 分析

2022 年 CyHV-2 监测过程中发现国家级原良种场、省级原良种场和重点苗种场均未检测出阳性样品。健康苗种是鲫养殖的基础和关键，能从源头上切断疾病的传播。近年连续监测的数据结果显示，国家级原良种场、省级原良种场阳性样品的检测率逐渐降低，说明鲫造血器官坏死病的监测工作对我国鲫的健康养殖起着促进和推动作用。

（三）CyHV-2 区域流行特征分析

2022 年参与监测的 14 个省份中，有 3 个检出了阳性样品，其中包括我国观赏鱼养殖场北京和成鱼养殖场河北和江苏。2022 年度，我国鲫主养区湖北未检测出阳性样本。由于北京是我国观赏鱼主养区域之一，建议将北京持续纳入监测省份。对于湖北而言，为了防止由于采样抽样与检测等原因导致阳性样本漏检，建议有关单位下一年应继续对以上两省份进行跟踪监测。

（四）防控策略建议

对于鲫造血器官坏死病阳性的苗种场，建议立即从本地区发病鱼中分离病毒，研制"自家疫苗"进行鱼体免疫，并针对鲫造血器官坏死病的病原特性、流行病学特征、养殖环境等，做好防治工作。

要定期对养殖场亲鱼、鱼苗鱼种进行 CyHV-2 检疫。根据该疾病的流行和暴发季节选择检疫时间和对象，尤其是国家级原良种场、省级苗种场和重点苗种场应定期对亲鱼和苗种进行检疫，杜绝亲鱼带毒繁殖。养殖户在购买鲫鱼种时，应对购买的鲫鱼种进行检疫或询问苗种产地发病历史等，避免购买携带病毒的鲫苗种。对历年有阳性样品检出记录的苗种场进行严密跟踪和调查苗种带毒原因，杜绝病毒的发生和传播；此外，要重视养殖水环境的水质质量和底质改良，保持健康的养殖水环境对避免疾病的发生起着至关重要的作用。在日常管理中建议定期投喂天然植物抗病毒药物，调节鱼体的免疫力，增强其对病原生物感染的抵抗力。在鲫饲料中适量添加多种维生素、免疫多糖制剂以及肠道微生态制剂等，可明显改善鱼体的代谢环境，提高鱼体健康水平和抗应激能力。当该病流行和暴发时应对所有病死鲫应采取深埋、集中消毒、焚烧等无公害化处理，避免病原进一步传播。对所有涉及疫病池塘水体、患病鱼体的操作工具应采用高浓度高锰酸钾、碘制剂消毒处理，切忌将患病池塘水体排入沟渠，避免因滥用药物而导致死亡数量急剧上升。

五、监测工作存在的问题及建议

（一）存在的问题

本项目在 2022 年较好完成了所负责的监测工作和数据的及时上报，但在监测工作中也仍然存在着一些问题。例如，2022 年我国鲫造血器官坏死病的监测省份数量保持不变，但是每个省份的监测样本数量均有大幅度下降的趋势，由此可能导致阳性样本漏检，影响当年的监测结果。此外，缺乏连续三年监测阳性养殖点的翔实记录，使得在分析报告中较难对疾病流行趋势与干预措施效果进行详细的比较分析。在监测过程中还有个别省份缺乏对苗种场的监测。

（二）建议

建议增加我国鲫主养区的监测采样数量。加强对阳性养殖场的连续监测，并且建议在国家水生动物疫病监测信息管理系统中加注连续监测养殖点以及连续阳性养殖点的栏目，以便于将来进行统计和分析。建议监测采样单位合理安排采样时间，尽量将采样时间分布在 6—8 月。建议各省份采样范围尽量包含苗种场，为防控的第一道防线做好保障工作。建议检测单位将全年阳性检测样本进行测序分析，掌握我国 CyHV－2 主要的流行株，为将来 CyHV－2 的免疫防控奠定基础。

2022 年草鱼出血病状况分析

中国水产科学研究院珠江水产研究所

（王　庆　莫绪兵　尹纪元　王英英　李莹莹
张德锋　任　燕　石存斌）

一、前言

草鱼（*Ctenopharyngodon idellus*）隶属鲤形目鲤科草鱼属，与青鱼、鲢、鳙并称我国四大家鱼，是我国最重要的淡水鱼养殖经济鱼类。由草鱼呼肠孤病毒（Grass carp reovirus，GCRV）引起的草鱼出血病（Grass carp hemorrhagic disease，GCHD）对我国养殖草鱼的危害严重。我国将 GCHD 列入《一、二、三类动物疫病病种名录》中的二类动物疫病，2015 年农业部将 GCHD 列入《国家水生动物疫病监测计划》。2021 年农业农村部颁布了水产行业标准《草鱼出血病监测技术规范》（SC/T 7023—2021），进一步规范了草鱼出血病监测工作，提高了监测数据的准确性。通过连续多年的专项检测，逐渐摸清了我国 GCHD 的主要流行趋势，为该疫病的全面防控提供了流行病学依据。

为了掌握草鱼出血病在我国的流行情况，2015—2022 年，已经连续 8 年对我国草鱼出血病开展疫情监测。本分析报告将整理和分析 2022 年各省份上报的监测数据，对全国监测结果进行分析，并给予相关建议。连续数年的疫情监测为摸清草鱼出血病的本底情况、渔民疫情防控、切断疫病流行提供了基础数据。

二、主要内容概述

2022 年，监测计划中全国有 17 个省（自治区、直辖市）参加草鱼出血病监测工作，包括天津、河北、内蒙古、上海、江苏、浙江、安徽、江西、山东、河南、湖北、湖南、广西、重庆、四川、贵州、宁夏，监测样品计划数共计 215 份。截止到 2022 年 12 月 31 日，一共完成监测样品 243 份（图 1）。

三、2022 年草鱼出血病监测实施情况

（一）监测点的分布和类型

2022 年，在全国 17 个省（自治区、直辖市）开展草鱼出血病监测，覆盖了我国草鱼主要养殖地区。共在 133 个区县 184 个乡镇的 239 个监测场点开展监测，每个省份涉及的县和乡镇数如图 2 所示。与 2021 年相比较，2022 年草鱼出血病监测覆盖省份虽减

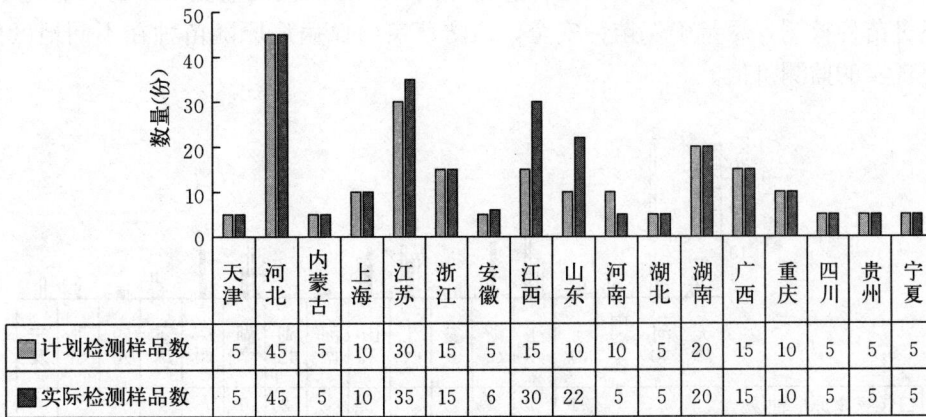

	天津	河北	内蒙古	上海	江苏	浙江	安徽	江西	山东	河南	湖北	湖南	广西	重庆	四川	贵州	宁夏
计划检测样品数	5	45	5	10	30	15	5	15	10	10	5	20	15	10	5	5	5
实际检测样品数	5	45	5	10	35	15	6	30	22	5	5	20	15	10	5	5	5

图 1　2022 年各省份草鱼出血病监测样品的完成情况

少两个，但监测覆盖的区县数、乡镇数、监测点数都有增加，监测区县数增加 5.56%，监测乡镇数增加 18.71%，监测场点数增加 28.49%。

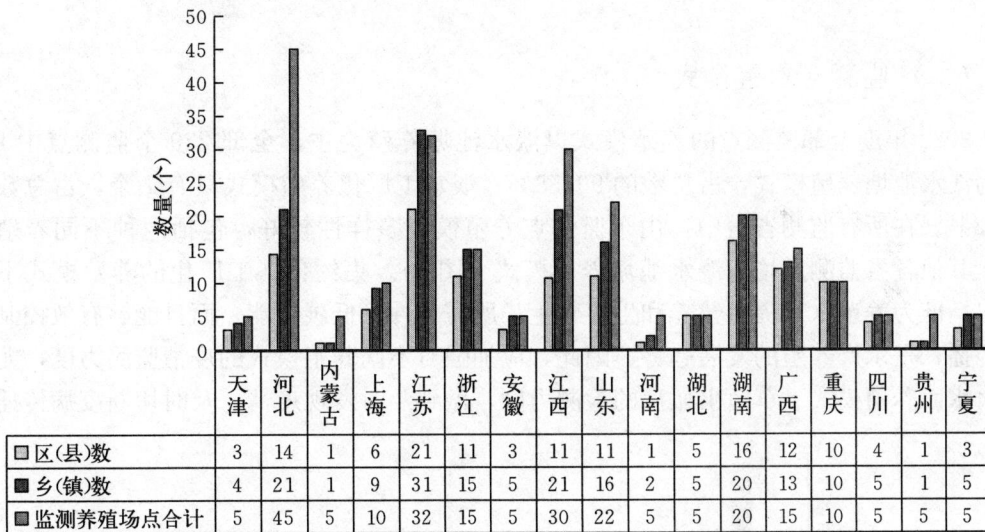

	天津	河北	内蒙古	上海	江苏	浙江	安徽	江西	山东	河南	湖北	湖南	广西	重庆	四川	贵州	宁夏
区(县)数	3	14	1	6	21	11	3	11	11	1	5	16	12	10	4	1	3
乡(镇)数	4	21	1	9	31	15	5	21	16	2	5	20	13	10	5	1	5
监测养殖场点合计	5	45	5	10	32	15	5	30	22	5	5	20	15	10	5	5	5

图 2　2022 年参加草鱼出血病检测的区县、乡镇和检测点数量

在 239 个监测养殖场中，国家级原良种场 6 个，占监测点的 2.51%；省级原良种场 56 个，占监测点的 23.43%；苗种场 76 个，占监测点的 31.80%；成鱼养殖场 100 个，占监测点的 41.84%；观赏鱼养殖场 1 个，占监测点的 0.42%（图 3）。其中，上海、江苏和湖北的监测点类型最为丰富，涉及了 4 种不同类型的监测点类型；河北、浙江、江西、山东、湖南和四川涉及了 3 种不同的类型。

草鱼出血病主要危害对象为当年草鱼苗种，2 龄草鱼即使携带病毒，也多呈隐性感染，虽然具有传染性，但是病毒载量低，容易出现漏检的情况。在监测样品数量减少的情况下，应尽量对苗种场当年草鱼苗种进行监测，一方面提高监测结果的可靠性，另一方面通过苗种检测，尽量确保苗种安全，预防草鱼出血病病原随苗种在不同地区传播，具有更现实的监测价值。

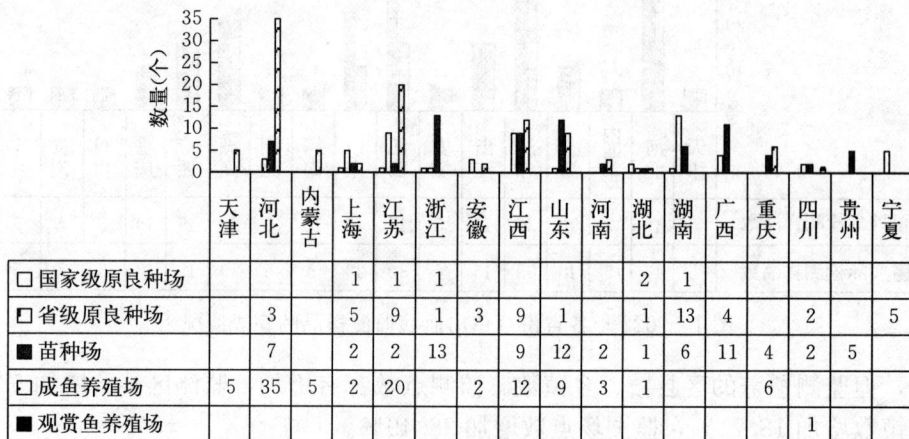

	天津	河北	内蒙古	上海	江苏	浙江	安徽	江西	山东	河南	湖北	湖南	广西	重庆	四川	贵州	宁夏
□ 国家级原良种场				1	1	1					2	1					
▨ 省级原良种场		3		5	9	1	3	9	1		1	13	4		2		5
■ 苗种场		7		2	2	13		9	12	2	1	6	11	4	2	5	
□ 成鱼养殖场	5	35	5	2	20		2	12	9	3	1			6			
■ 观赏鱼养殖场															1		

图 3　2022 年每个省份不同类型监测点数量

（二）监测点养殖模式

2022 年度全部监测点的养殖模式以淡水池塘养殖为主，全部 239 个监测点中 238 个为淡水池塘养殖模式，占总数的 99.58%；淡水工厂化养殖模式只有 1 个，占总数的 0.42%。在所有监测省份中，山东监测点养殖模式多样性较好，包括两种不同养殖模式；其他各省监测点均为淡水池塘养殖模式（图 4）。集约化、工厂化的养殖模式不仅可以精准为养殖水产提供营养和生存、生长所需条件，低碳节能，而且能够有效控制病原传播，是水产养殖的发展趋势。因此，应加强对不同养殖模式的疫情监测力度，尤其是大水面养殖模式下草鱼出血病的检测力度，做到及时发现疫情，及时切断疫病传播。

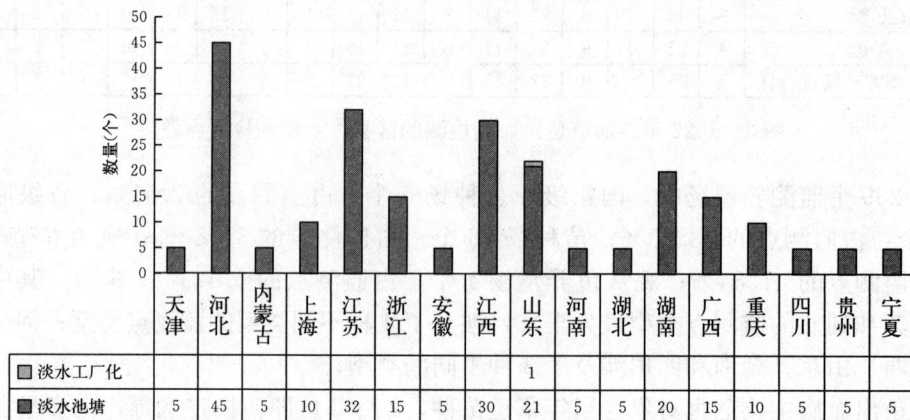

	天津	河北	内蒙古	上海	江苏	浙江	安徽	江西	山东	河南	湖北	湖南	广西	重庆	四川	贵州	宁夏
▨ 淡水工厂化									1								
■ 淡水池塘	5	45	5	10	32	15	5	30	21	5	5	20	15	10	5	5	5

图 4　2022 年监测点养殖模式

（三）采样品种

2022 年度采样品种以草鱼为主，在全部监测样品中，草鱼样品有 240 份，占全部样品的 98.77%，青鱼样品有 3 份，占全部样品 1.23%，这 3 份青鱼样品均在江苏采集（图 5）。草鱼和青鱼都是草鱼呼肠孤病毒的敏感宿主，江苏在完成既定任务的前提下，尽量兼顾了敏感宿主采集种类，可以进一步了解草鱼出血病在不同敏感宿主中的携带或感染情况。

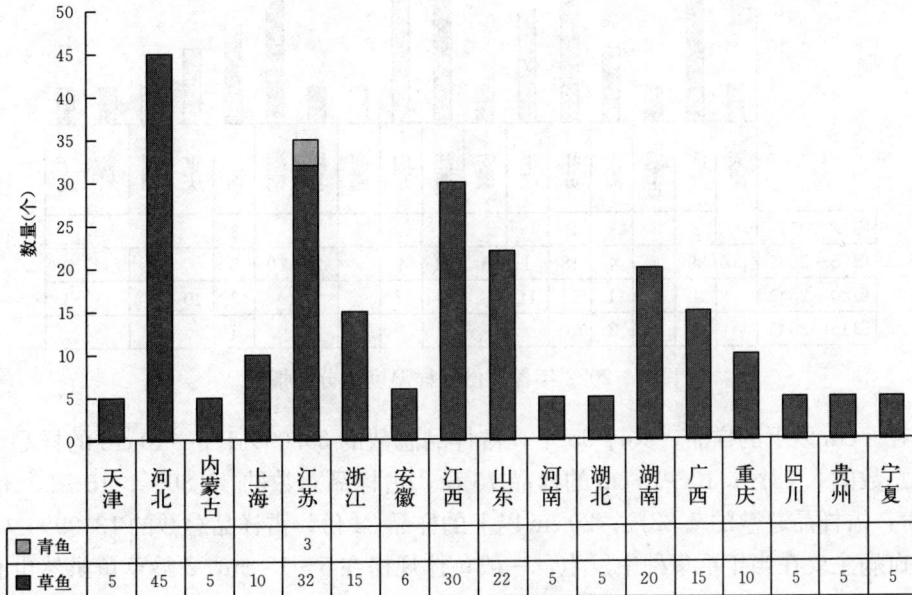

	天津	河北	内蒙古	上海	江苏	浙江	安徽	江西	山东	河南	湖北	湖南	广西	重庆	四川	贵州	宁夏
青鱼					3												
草鱼	5	45	5	10	32	15	6	30	22	5	5	20	15	10	5	5	5

图 5　2022 年各省份采样品种和采样数量

（四）采样水温

按照草鱼出血病的采样要求，采样在春、夏、秋季进行，水温在 22～30 ℃，最好在 25～28 ℃采样。2022 年度采集的 243 份样品均记录了采样时的水温，所有样品采集时温度均不低于 15 ℃。其中在 15～20 ℃温度条件下采集的样品 11 个，占 4.53%；在 20～25 ℃温度条件下采集的样品 75 个，占 30.86%；在 25～30 ℃温度条件下采集的样品 141 个，占 58.02%；30 ℃以上采集的样品 16 个，占 6.58%。各省样品采集时温度统计结果表明，江苏、上海、湖北等省（直辖市）部分样品采样温度偏低，不是草鱼出血病易感温度，今后应注意采样季节，提高监测结果有效性（图 6）。

（五）采样规格

2022 年所有监测采集样品均记录有样品规格，其中大多数样品采用体长作为规格指标，部分样品是以体重作为规格指标，为了便于统计，一律以样品体长的平均值作为规格指标（提供体重数据的样品进行了体长估算）。从记录的数据来看，2022 年草鱼出血病采

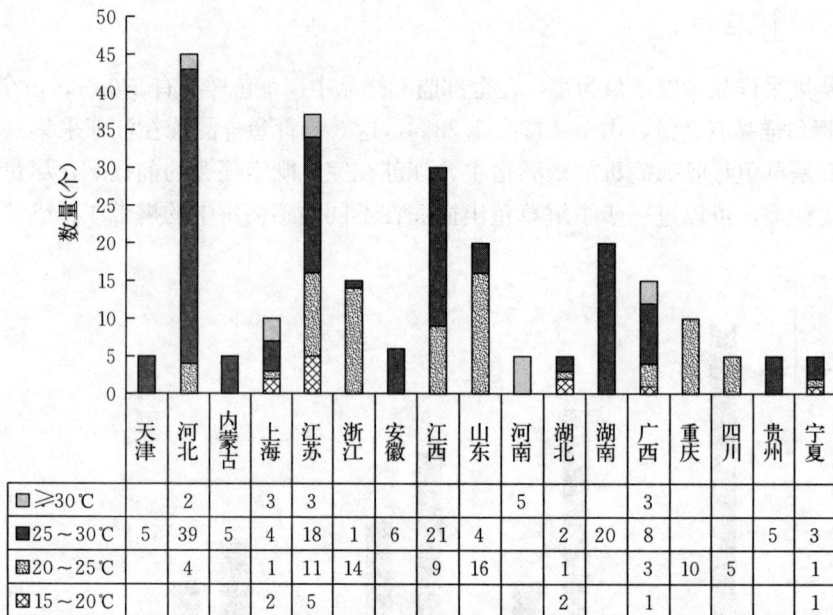

	天津	河北	内蒙古	上海	江苏	浙江	安徽	江西	山东	河南	湖北	湖南	广西	重庆	四川	贵州	宁夏
□≥30℃		2		3	3					5		3					
■25~30℃	5	39	5	4	18	1	6	21	4		2	20	8			5	3
▨20~25℃		4		1	11	14		9	16		1		3	10	5		1
⊠15~20℃				2	5						2		1				1

图 6 2022 年各省份采样温度的分布情况

样规格在 5 cm 以下的样品，共计 95 个，占样品总数的 39.09%；5~10 cm 的样品 20 个，占样品总数的 8.23%；10~15 cm 的样品 75 份，占样品总数的 30.86%；15~20 cm 的样品 19 份，占样品总数的 7.82%；20 cm 以上的样品 34 份，占样品总数的 13.99%（图 7）。草鱼出血病主要在当年草鱼种中发生，一般鱼体规格在 5~15 cm，2 龄草鱼虽然也有发病但一般不会大规模暴发，因此样品规格尽量选择 20 cm 以下草鱼，提高病原的检出率。

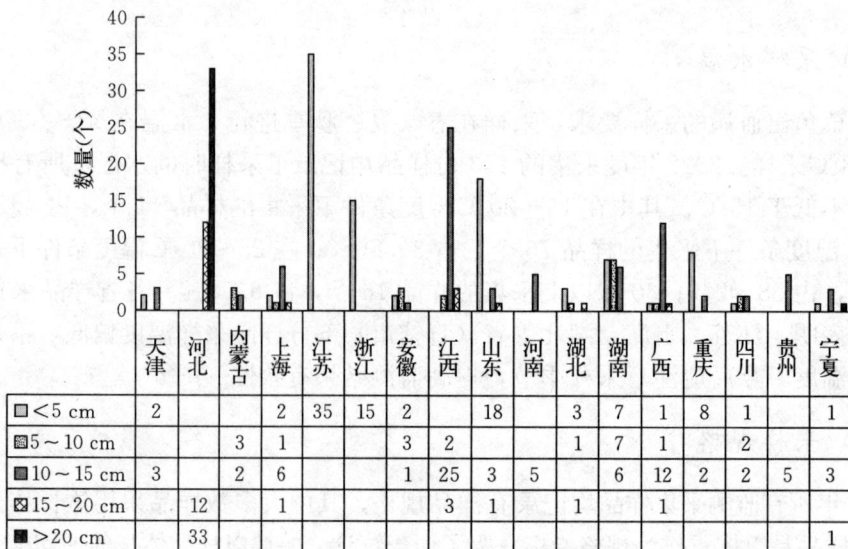

	天津	河北	内蒙古	上海	江苏	浙江	安徽	江西	山东	河南	湖北	湖南	广西	重庆	四川	贵州	宁夏
□<5 cm	2			2	35	15	2		18		3	7	1	8	1		1
▨5~10 cm			3	1			3	2			1	7	1		2		
■10~15 cm	3		2	6			1	25	3	5		6	12	2	2	5	3
⊠15~20 cm		12		1				3	1		1		1				
■>20 cm		33															1

图 7 2022 年各省份采样规格分布

（六）检测单位

2022 年参与样品检测任务的单位包括河北省水产技术推广总站、江苏省水生动物疫病预防控制中心、中国水产科学研究院珠江水产研究所、江西省农业技术推广中心、山东省淡水渔业研究院、中国水产科学研究院长江水产研究所、浙江省淡水水产研究所、湖南省畜牧水产事务中心、重庆市水生动物疫病预防控制中心、中国检验检疫科学研究院、上海市水产技术推广站、广西渔业病害防治环境监测和质量检验中心、中国海关科学技术研究中心和中国水产科学研究院黑龙江水产研究所，共计 14 家单位。检测单位分别来自出入境检验检疫系统、科研院所和推广系统，所有参与检测机构均通过农业农村部组织的相关疫病检测能力验证，确保检测结果准确有效（图 8）。

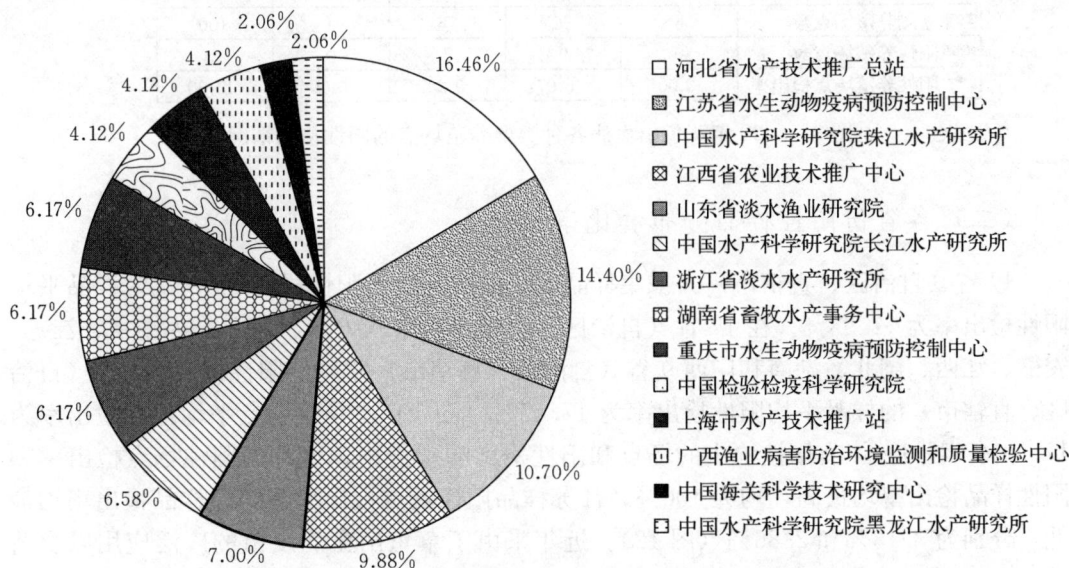

图 8　2022 年参与样品检测工作的单位及监测样品数量占比

四、2022 年检测结果分析

（一）各类型监测点数量和阳性占比率

在 17 个省（自治区、直辖市）共设置监测养殖场点 239 个，检出阳性 29 个，养殖场点平均阳性检出率为 12.13%。在 239 个监测养殖场中，国家级原良种场 6 个，无检出；省级原良种场 56 个，9 个阳性，检出率 16.07%；苗种场 76 个，7 个阳性，检出率 9.21%；成鱼养殖场 100 个，13 个阳性，检出率 13.00%；观赏鱼养殖场 1 个，无检出（图 9）。

与 2021 年相比，虽然各类型监测点数有所增加，但相比 2020 年都相应减少。在样品和监测点数量减少的情况下，建议优先考虑采集国家级、省级原良种场和苗种场草鱼样品，苗种安全对草鱼出血病防控具有更重要的意义，尤其应加大国家级和省级原良种场的监测，逐渐通过对优质良种场草鱼出血病持续的监测实现区域内草鱼出血病病原净化。

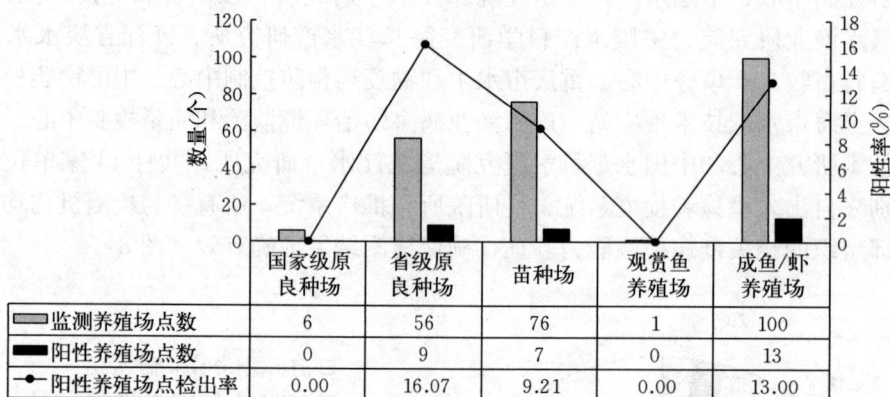

	国家级原良种场	省级原良种场	苗种场	观赏鱼养殖场	成鱼/虾养殖场
监测养殖场点数	6	56	76	1	100
阳性养殖场点数	0	9	7	0	13
阳性养殖场点检出率	0.00	16.07	9.21	0.00	13.00

图 9　2022 年草鱼出血病各种类型养殖场点的阳性检出情况

（二）各省份阳性样品分布和比率

17 省（自治区、直辖市）共采集样品 243 批次，检出阳性样品 29 批次，样品平均阳性检出率为 11.93%。在 17 省（自治区、直辖市）中，天津、河北、内蒙古、江苏、安徽、江西、湖北、湖南和广西 9 省（自治区、直辖市）监测到阳性样品，9 省（自治区、直辖市）的样品平均阳性检出率为 17.47%（图 10）。养殖场点平均阳性检出率为 17.90%（图 11）。有阳性检出的场点和阳性检出的省份中，内蒙古阳性场点检出率和阳性样品检出率均最高，均为 100%，江苏样品阳性场点检出率和阳性样品检出率均最低，分别为 3.13% 和 2.86%（图 12）。近年来由于草鱼出血病疫苗的广泛应用以及苗种产地检疫政策的落地实施，我国草鱼出血病疫情得到有效控制，这也反映在我国的湖北、江苏、江西等草鱼主养地区的阳性场点检出率和阳性样品检出率均较低；而内蒙古

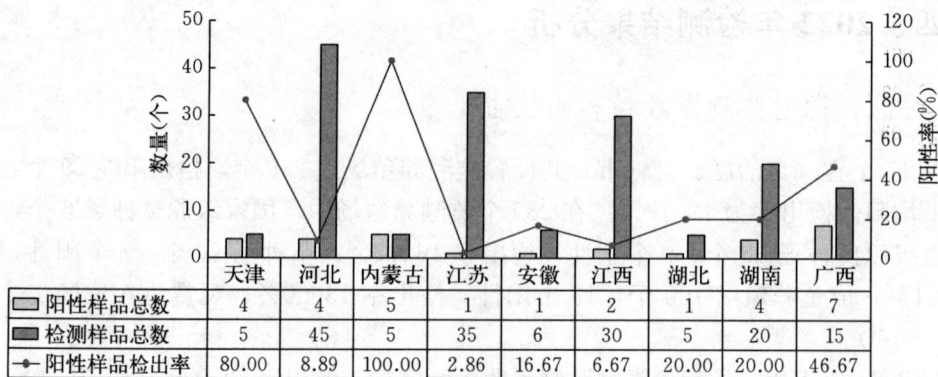

	天津	河北	内蒙古	江苏	安徽	江西	湖北	湖南	广西
阳性样品总数	4	4	5	1	1	2	1	4	7
检测样品总数	5	45	5	35	6	30	5	20	15
阳性样品检出率	80.00	8.89	100.00	2.86	16.67	6.67	20.00	20.00	46.67

图 10　2022 年各省份阳性样品检出情况

和天津两个北方地区阳性率与往年相比波动性较大，对该检测结果全国水产技术推广总站和首席专家单位专门开展跟踪调研。一方面这两个省份样品数量比较少，检测结果与实际流行情况存在一定偏差；另一方面，两省份均不是我国草鱼主养地区，主要依靠从其他省份购买草鱼苗种进行养殖。其中，内蒙古 5 个采样点的草鱼苗种均购自同一家公司，天津 5 个采样点地理位置较近，样品存在同质性。因此建议加强苗种产地检疫制度落地实施，避免由于苗种携带病原，导致苗种流通过程中病原扩散；同时合理布局采样点数量，使监测结果能够真实反映草鱼出血病在我国的实际发生情况。

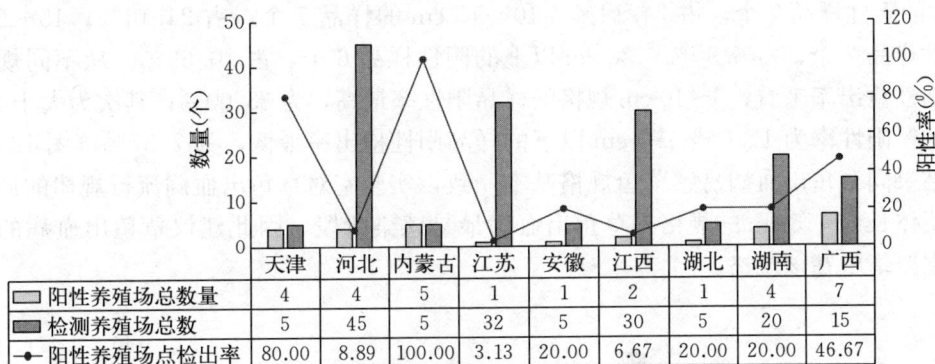

	天津	河北	内蒙古	江苏	安徽	江西	湖北	湖南	广西
阳性养殖场总数量	4	4	5	1	1	2	1	4	7
检测养殖场总数	5	45	5	32	5	30	5	20	15
阳性养殖场点检出率	80.00	8.89	100.00	3.13	20.00	6.67	20.00	20.00	46.67

图 11　2022 年各省份阳性养殖场点检出情况

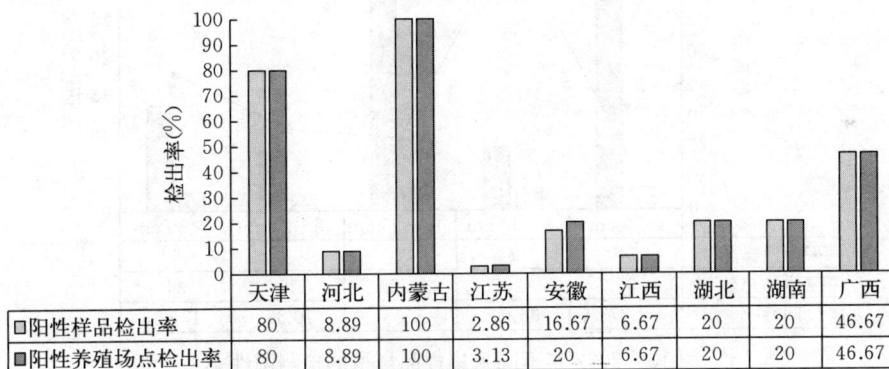

	天津	河北	内蒙古	江苏	安徽	江西	湖北	湖南	广西
阳性样品检出率	80	8.89	100	2.86	16.67	6.67	20	20	46.67
阳性养殖场点检出率	80	8.89	100	3.13	20	6.67	20	20	46.67

图 12　2022 年阳性样品检出省份样品和养殖场点的阳性率

（三）阳性样品的水温分布

2022 年共检测出 29 个阳性样品，所有检测阳性样品都清晰记录了采样时的水温，阳性样品的记录水温绝大部分在 20 ℃以上。其中，25～30 ℃水温的检出样品最多，为 26 个，占阳性样品 89.66%；20～25 ℃水温检出阳性样品 2 个，占阳性样品 6.90%；≤20 ℃检出阳性样品 1 个，占阳性样品总数的 3.45%。按照草鱼出血病的采样要求，采样在春、夏、秋季进行，水温在 22～30 ℃，最好在 25～28 ℃采样。绝大多数监测阳性样品的采集水温均在推荐样品采集温度下获得，其中 20～30 ℃监测到的阳性样品占阳性样品总数的 96.55%，阳性样品的监测结果与草鱼出血病的流行病学特征一致。

对草鱼出血病长期的流行病学调查结果表明，低于 20 ℃ 的水温不是草鱼呼肠孤病毒复制的理想温度条件，携带病毒的草鱼体内病毒载量下降，容易出现漏检现象，因此应强调样品采集的科学性，尽量在平均水温能够持续 1 周左右时间维持在 20 ℃ 以上时进行样品采集。

（四）阳性样品的规格分布

2022 年阳性样品共计 29 份。其中，5 cm 以下的阳性样品有 7 份，占 24.14%；5～10 cm 的阳性样品 7 个，占 24.14%；10～15 cm 的样品 7 个，占 24.14%；15～20 cm 的阳性样品 2 个，占 6.90%；20 cm 以上的阳性样品 6 个，占 20.69%。从不同规格样品的阳性检出率来看，5～10 cm 规格的样品阳性率最高，为 35.00%；其次为大于 20 cm 规格的，阳性率为 17.65%；5 cm 以下的样品阳性检出率最低，为 7.37%（图 13）。该检测结果同草鱼出血病易感草鱼规格基本一致，实验室对草鱼出血病流行规律的调查结果表明体长 5～15 cm 的规格是草鱼出血病最易感染阶段，因此建议草鱼出血病的监测规格主要集中在该规格。

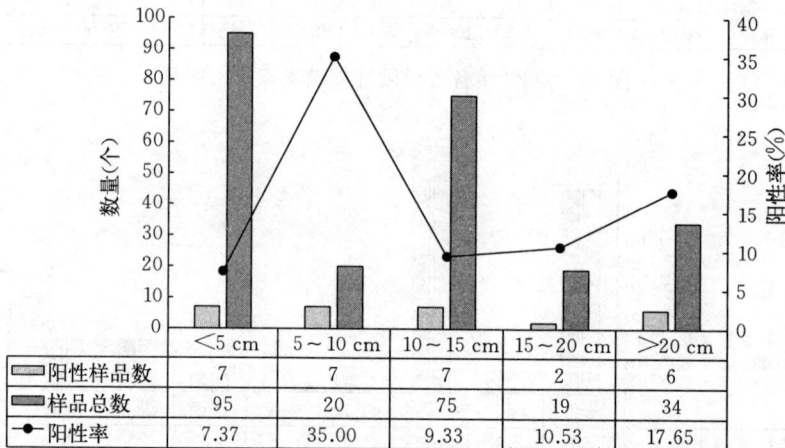

	＜5 cm	5～10 cm	10～15 cm	15～20 cm	＞20 cm
阳性样品数	7	7	7	2	6
样品总数	95	20	75	19	34
阳性率	7.37	35.00	9.33	10.53	17.65

图 13　2022 年不同采集样品规格的检测阳性率

（五）阳性样品的地区分布

2022 年检出的阳性样品分布在天津（4 个）、河北（4 个）、内蒙古（5 个）、江苏（1 个）、安徽（1 个）、江西（2 个）、湖北（1 个）、湖南（4 个）和广西（7 个）等 9 省（自治区、直辖市）。目前我国养殖草鱼苗种繁育主要在广东和湖北两省，其他地区在引进苗种的过程中可能因为苗种携带病原而引起草鱼出血病区域流行，连续数年广东和湖北均有草鱼出血病检出，因此加强苗种产地检疫，防止草鱼出血病随苗种流通发生区域间传播是预防该疫病在我国流行的有效措施。此外，天津和内蒙古阳性率偏高，分别为100% 和 80%。建议更合理地规划样品数量分配，既要保证主养地区监测数据的准确性，也要避免同质化采样点重复监测造成的浪费。

五、2015—2022 年监测情况对比

（一）采样规模和完成情况

2022 年计划完成样品数 215 份，实际完成样品数 243 份，执行率 113.02%。2016—2022 均超额完成了年初制订的采样任务。

从采样点的设置来看，2015 年内蒙古完成度不理想，可能与所处地理位置以及水产养殖现状有关。2016—2018 年停止在内蒙古进行草鱼出血病检测。2017 年新增加了贵州和宁夏，进一步扩大了监测范围。2018 年没有增加监测省份，调整监测布局，增加覆盖了对草鱼主要养殖省份广东的监测，同时也提高了江西、安徽等草鱼主要养殖省份的检测量，使监测范围的布局更加合理。2019 年在 2018 年的基础上再次进行了调整，增加了河北的检测量。2020 年草鱼出血病与 2019 年采样点分布基本一致。2021 年减少了北京市草鱼出血病监测，调减了所有监测省份的监测样品数量，同时为了使监测结果更加准确可靠，河北、上海、江苏、湖北、湖南、广东等 6 省（直辖市）通过超额完成监测任务的方式，增加了样品监测数量（图 14）。

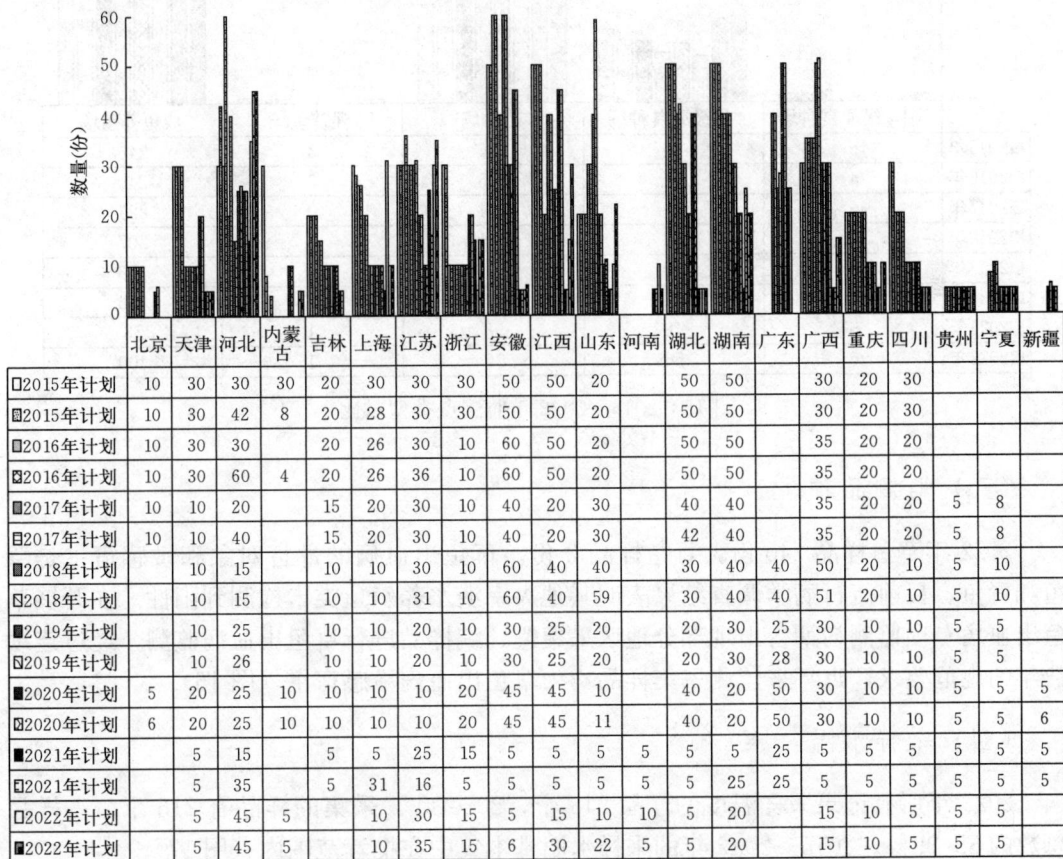

	北京	天津	河北	内蒙古	吉林	上海	江苏	浙江	安徽	江西	山东	河南	湖北	湖南	广东	广西	重庆	四川	贵州	宁夏	新疆
2015年计划	10	30	30	30	20	30	30	30	50	50	20		50	50			30	20	30		
2015年完成	10	30	42	8	20	28	30	30	50	50	20		50	50			30	20	30		
2016年计划	10	30	30		20	26	30	10	60	50			50	50			35	20			
2016年完成	10	30	60	4	20	26	36		60	50			50	50			35	20			
2017年计划	10	10	20		15	20	30		40	20			40	40			35	20		5	8
2017年完成	10	10	40		15	20	30		40	20			42	40			35	20		5	8
2018年计划		10	15		10	10	30		60	40	40		30	40	40	50	20	10		5	10
2018年完成		10	15		10	10	31		60	40	59		30	40	40	51	20	10		5	10
2019年计划		10	25		10	10	20		30	25			20	30	25	30	10	10		5	5
2019年完成		10	26		10	10	20		30	25			20	30	28	30	10	10		5	5
2020年计划	5	20	25	10	10	10	20		45	45	10		40	30	50	30	10	10		5	5
2020年完成	6	20	25	10	10	10	20		45	45	11		40	30	50	30	10	10		5	6
2021年计划		5	15		5	25	15	5	5	5	5	5		25	5		5	5		5	5
2021年完成		5	35		5	31	16	5	5	5	5			25	5		5	5	5	5	5
2022年计划		5	45	5		10	30	15	5	15	10	10	20			15	10			5	5
2022年完成		5	45	5		10	35	15	6	30	22	5	20			15	10			5	5

图 14 2015—2022 年采样规模和完成情况对比

（二）监测点的类型

2022年共设置监测点239个，相比2021年有大幅增加，为确保我国水产苗种质量安全提供了有力保障。草鱼是我国最大宗的淡水养殖品种之一，每年为我国居民提供稳定安全的优质动物蛋白。因此，确保稳定草鱼产量，对稳定我国国计民生具有重要意义。持续开展草鱼重要病害专项监测、加强草鱼苗种产地检疫是稳定我国草鱼生产的重要措施。在监测数量总体减少的情况下，建议优先对国家级原良种场、省级原良种场和苗种场的样品开展监测，适当减少成鱼养殖场和观赏鱼养殖场的监测数量；建议对广东、江西等草鱼主要苗种生产地区持续加强草鱼出血病专项监测（图15）。

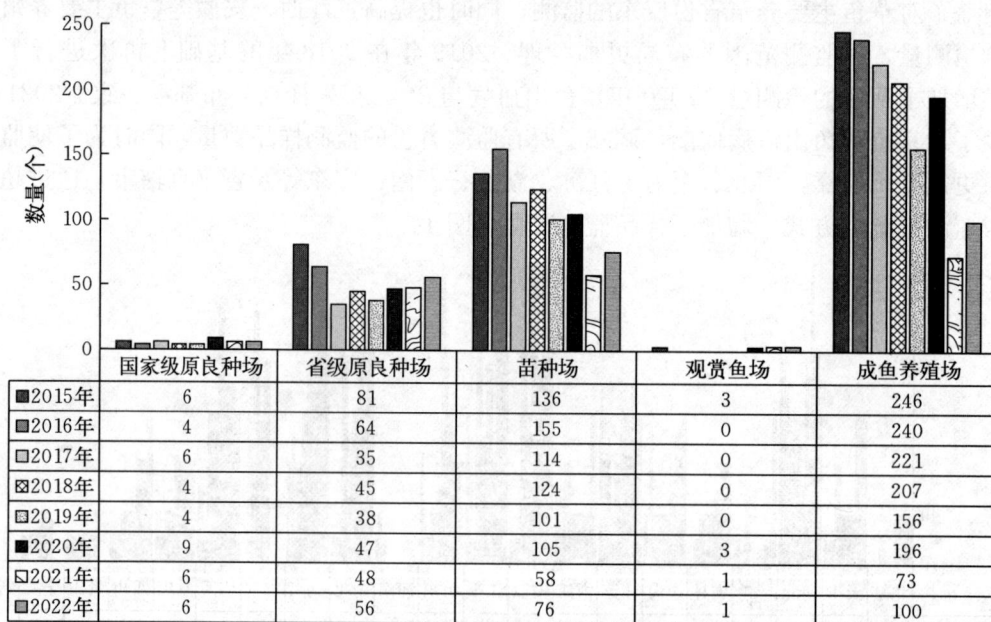

	国家级原良种场	省级原良种场	苗种场	观赏鱼场	成鱼养殖场
■2015年	6	81	136	3	246
■2016年	4	64	155	0	240
□2017年	6	35	114	0	221
⊠2018年	4	45	124	0	207
□2019年	4	38	101	0	156
■2020年	9	47	105	3	196
□2021年	6	48	58	1	73
▦2022年	6	56	76	1	100

图15　2015—2022年监测点类型对比

（三）监测品种

2022年草鱼样品240份，青鱼样品3份。草鱼出血病的危害对象和敏感宿主是草鱼和青鱼，目前流行病学调查结果表明其他大宗淡水养殖鱼类未检测到阳性。在开展草鱼出血病专项监测初期曾出现部分地区采集鲤、鳊样品进行草鱼出血病监测，经过连续数年的规范要求，近年来监测采集样品均为草鱼出血病敏感宿主（图16）。

（四）采样水温

2022年所有记录采样温度的样品243个，20～30 ℃采集的样品有216个，占样品总数的88.89％。2015—2022年的采样水温基本集中在推荐范围内（图17）。

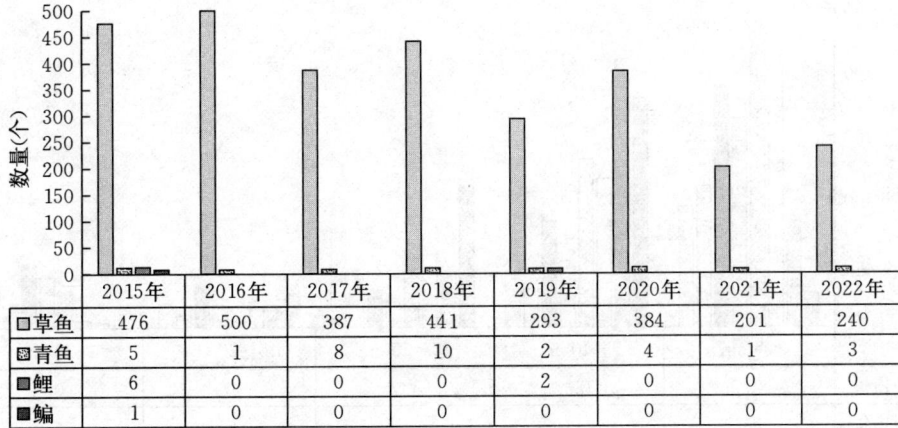

	2015年	2016年	2017年	2018年	2019年	2020年	2021年	2022年
草鱼	476	500	387	441	293	384	201	240
青鱼	5	1	8	10	2	4	1	3
鲤	6	0	0	0	2	0	0	0
鳊	1	0	0	0	0	0	0	0

图 16 2015—2022 年采样品种对比

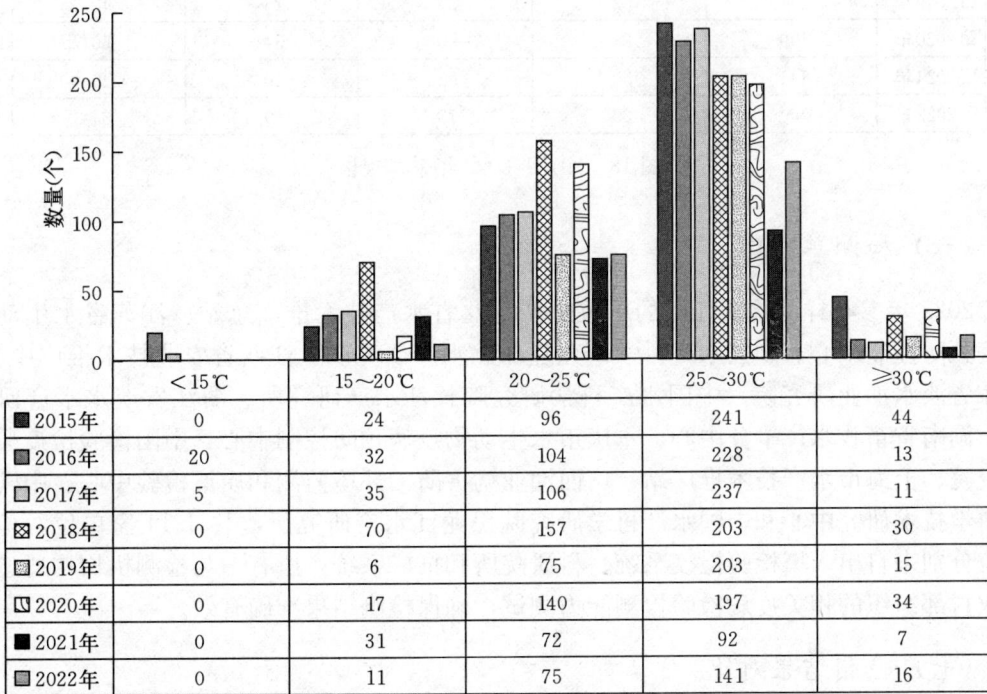

	<15℃	15～20℃	20～25℃	25～30℃	≥30℃
2015年	0	24	96	241	44
2016年	20	32	104	228	13
2017年	5	35	106	237	11
2018年	0	70	157	203	30
2019年	0	6	75	203	15
2020年	0	17	140	197	34
2021年	0	31	72	92	7
2022年	0	11	75	141	16

图 17 2015—2022 年采样水温对比

（五）采样规格

2022 年草鱼出血病采样规格主要集中在 5 cm 以下的样品，共计 95 份，占 39.09％；其次为 10～15 cm，75 份，占 30.86％；5～10 cm，20 份，占 8.23％；15～20 cm，19 份，占 7.82％；20 cm 以上的 34 份，占 13.99％（图 18）。

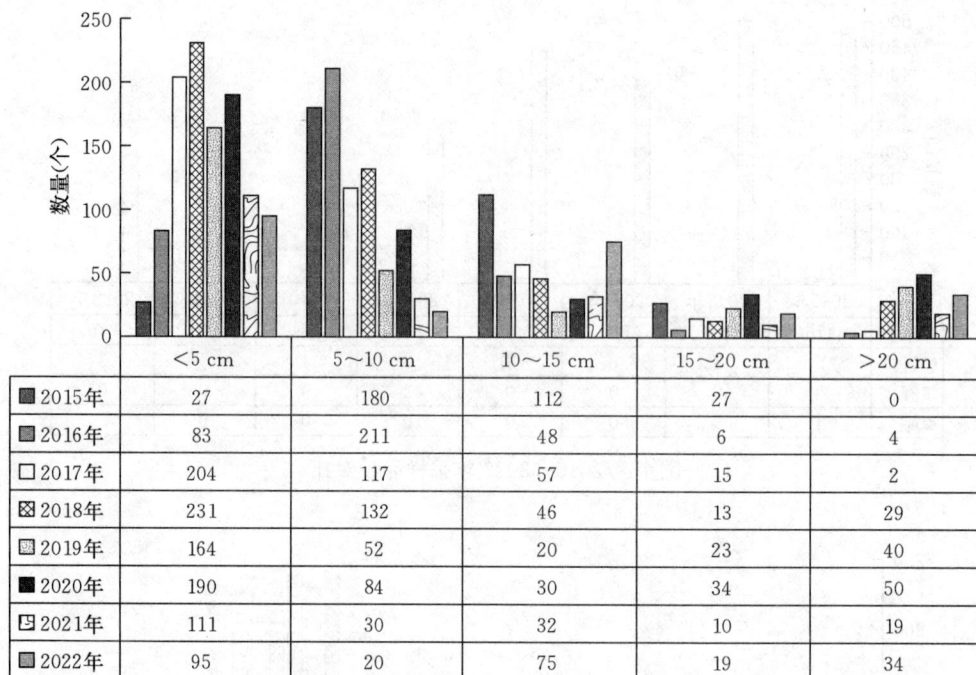

	<5 cm	5～10 cm	10～15 cm	15～20 cm	>20 cm
■2015年	27	180	112	27	0
■2016年	83	211	48	6	4
□2017年	204	117	57	15	2
⊠2018年	231	132	46	13	29
▦2019年	164	52	20	23	40
■2020年	190	84	30	34	50
▣2021年	111	30	32	10	19
▨2022年	95	20	75	19	34

图18　2015—2022年采样规格

（六）检测单位

2022年参与样品检测任务的单位包括河北省水产技术推广总站、江苏省水生动物疫病预防控制中心、中国水产科学研究院珠江水产研究所、江西省农业技术推广中心、山东省淡水渔业研究院、中国水产科学研究院长江水产研究所、浙江省淡水水产研究所、湖南省畜牧水产事务中心、重庆市水生动物疫病预防控制中心、中国检验检疫科学研究院、上海市水产技术推广站、广西渔业病害防治环境监测和质量检验中心、中国海关科学技术研究中心和中国水产科学研究院黑龙江水产研究所，共计14家单位，检测单位分别来自出入境检验检疫系统、科研院所和推广系统，所有参与检测机构均通过农业农村部组织的相关疫病检验检测能力测试，确保检测结果准确有效。

（七）检测结果对比

1. 阳性监测点　2022年，在17个省（自治区、直辖市）共设置监测场点239个，有阳性样品检出监测场点29个，养殖场点平均阳性检出率为12.13％。与2021年相比，2022年草鱼出血病监测场点数量有大幅增加，场点平均阳性检出率出现小幅波动，主要因为部分非草鱼主养省份多个关联养殖场同时检出阳性，因此建议合理分配各个省份监测点数量和地点。国家级良种场2022年没有检出阳性，为近三年来首次，其他类型监测点阳性率近五年波动不大（图19、图20）。

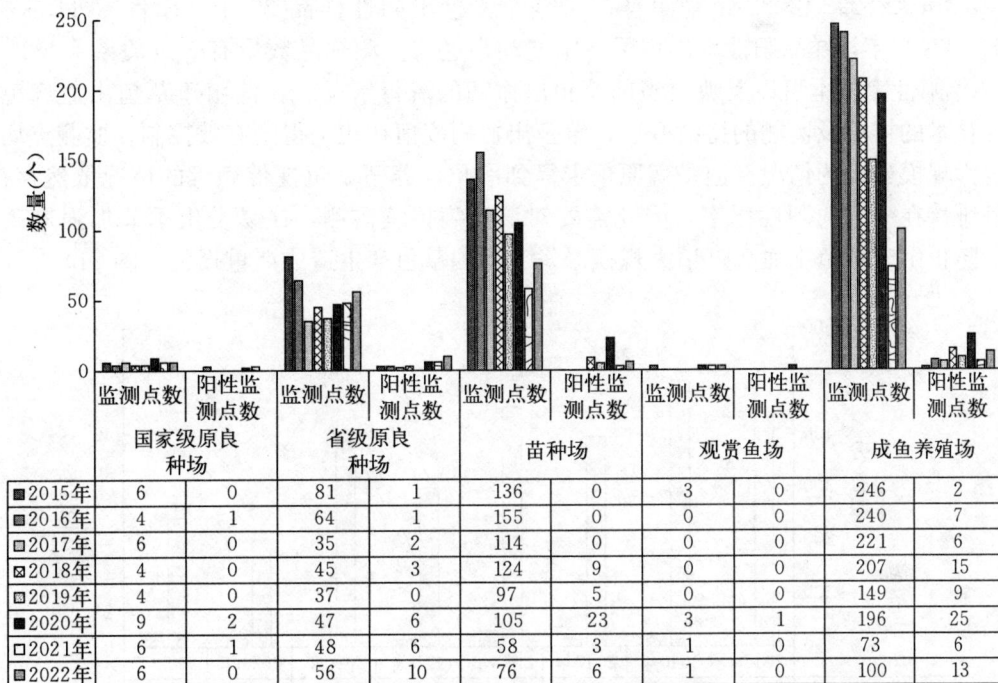

	国家级原良种场		省级原良种场		苗种场		观赏鱼场		成鱼养殖场	
	监测点数	阳性监测点数	监测点数	阳性监测点数	监测点数	阳性监测点数	监测点数	阳性监测点数	监测点数	阳性监测点数
2015年	6	0	81	1	136	0	3	0	246	2
2016年	4	1	64	1	155	0	0	0	240	7
2017年	6	0	35	2	114	0	0	0	221	6
2018年	4	0	45	3	124	9	0	0	207	15
2019年	4	0	37	0	97	5	0	0	149	9
2020年	9	2	47	6	105	23	3	1	196	25
2021年	6	1	48	6	58	3	1	0	73	6
2022年	6	0	56	10	76	6	1	0	100	13

图 19　2015—2022 年监测点和阳性监测点对比

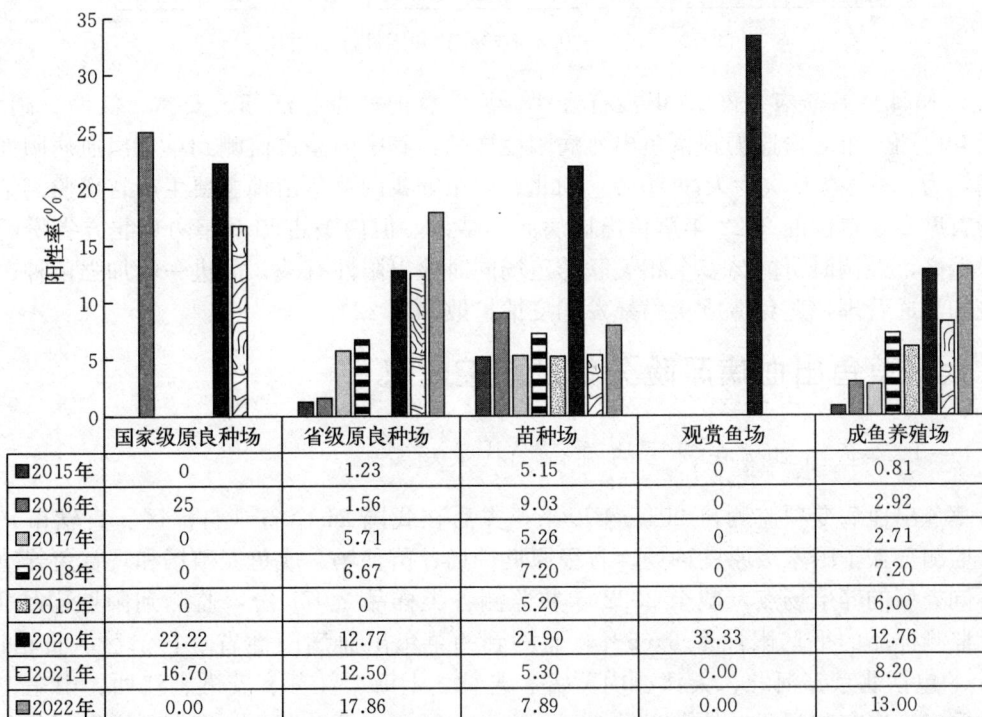

	国家级原良种场	省级原良种场	苗种场	观赏鱼场	成鱼养殖场
2015年	0	1.23	5.15	0	0.81
2016年	25	1.56	9.03	0	2.92
2017年	0	5.71	5.26	0	2.71
2018年	0	6.67	7.20	0	7.20
2019年	0	0	5.20	0	6.00
2020年	22.22	12.77	21.90	33.33	12.76
2021年	16.70	12.50	5.30	0.00	8.20
2022年	0.00	17.86	7.89	0.00	13.00

图 20　2015—2022 年监测点阳性率对比

2. 阳性样品 2022 年采集样品 243 个，检出阳性样品 29 个，阳性率 11.93%。2020—2022 年，样品阳性率出现了一定波动，这与监测样品数量有一定关系。2020 和 2022 年阳性率基本可以反映出当前草鱼出血病的流行情况。目前由于草鱼出血病免疫防控技术的推广及监测的持续开展，草鱼出血病疫情在我国得到有效控制，监测点均未发生大规模暴发的情况。但是病原仍未得到净化，养殖草鱼携带病毒的情况依然存在，而且维持在一定的阳性比率，因此需要对该疫病持续监测，在易发生季节加强养殖管理，防止由于草鱼出血病疫情大规模暴发对我国草鱼产生造成严重损失（图 21）。

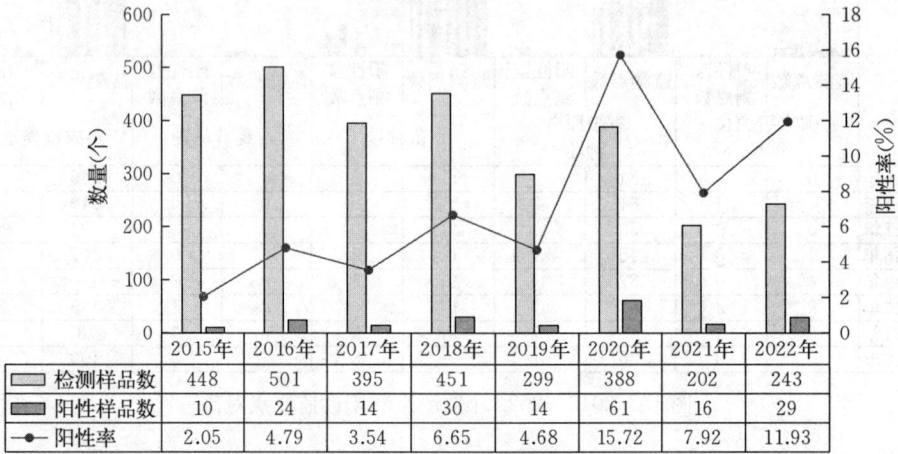

	2015年	2016年	2017年	2018年	2019年	2020年	2021年	2022年
检测样品数	448	501	395	451	299	388	202	243
阳性样品数	10	24	14	30	14	61	16	29
阳性率	2.05	4.79	3.54	6.65	4.68	15.72	7.92	11.93

图 21 2015—2022 年样品数和阳性样品对比

3. 阳性样品分布 2022 年共有天津、河北、内蒙古、江苏、安徽、江西、湖北、湖南和广西 9 个省份监测到草鱼出血病阳性样品，其中内蒙古监测到草鱼出血病阳性率最高，为 100%，其次为天津 80%。湖北、广东等我国草鱼苗种主要生产省份监测结果接近首席专家单位的 2022 年草鱼出血病流调结果，但内蒙古和天津两个北方省份的阳性率偏高，经调研可能与多个相关联养殖场同时检出阳性有关，需进一步加强苗种产地检疫和流通管理，避免造成疾病暴发和疫情扩散（图 22）。

六、草鱼出血病风险分析及防控建议

（一）草鱼出血病在我国的流行现状及趋势

草鱼出血病专项监测自 2015 年以来，先后在我国 21 个省（自治区、直辖市）开展，监测覆盖了国家级原良种场、省级原良种场、苗种场、成鱼养殖场和观赏鱼养殖场等不同类型的养殖场点，截至 2022 年共监测各类样品 2 977 份，监测到阳性样品 198 份，监测样品的平均阳性率 6.65%，监测到的草鱼出血病阳性省（自治区、直辖市）14 个，包括北京、河北、天津、内蒙古、吉林、上海、江苏、安徽、江西、山东、湖北、重庆、广东和广西。其中，天津、上海、安徽、江西、湖北、广东和广西等草鱼主要养殖地区监测到阳性发生情况均在 4 次及以上，而北京、吉林、河北、山东、重庆等

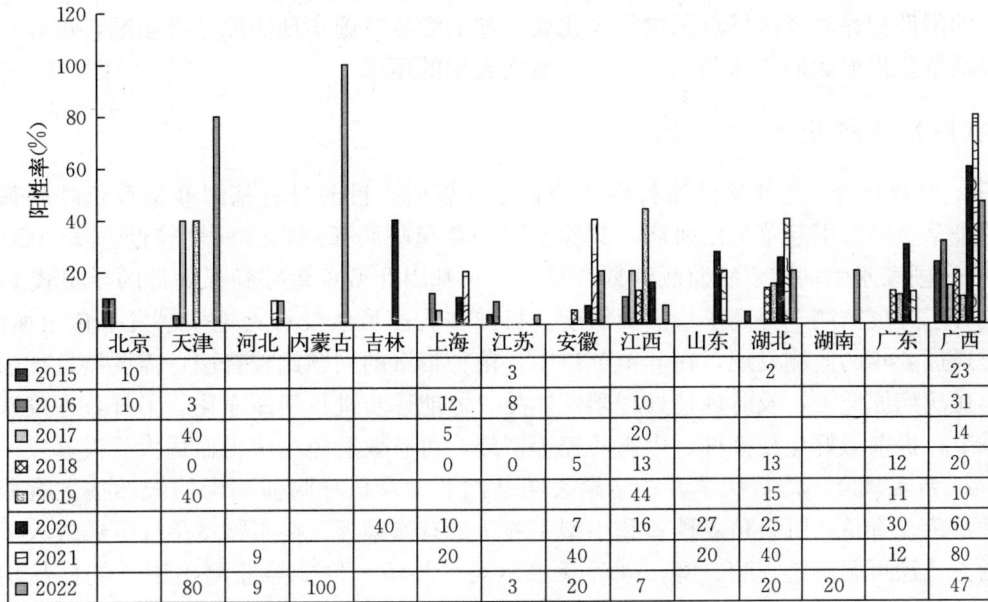

年份	北京	天津	河北	内蒙古	吉林	上海	江苏	安徽	江西	山东	湖北	湖南	广东	广西
2015	10						3				2			23
2016	10	3				12	8		10					31
2017		40				5			20					14
2018		0				0	0	5	13		13		12	20
2019		40							44		15		11	10
2020					40	10		7	16	27	25		30	60
2021		9				20			40	20	40		12	80
2022		80	9	100			3	20	7		20	20		47

图 22 2015—2022 年阳性检出省份的对比

地区也有零星报道草鱼出血病的发生。监测结果表明，草鱼出血病在我国南方草鱼的主养地区长期存在，推测在我国北方地区随苗种携带病原传播主要呈现散在发生的情况。得益于连续 8 年的草鱼出血病专项监测，加上苗种产地检疫的落地实施，以及草鱼出血病免疫防控技术的应用，近年来我国未发生严重的草鱼出血病疫情。

（二）易感染宿主

自然情况下，基因Ⅱ型草鱼呼肠孤病毒可感染养殖草鱼、青鱼并导致发病，死亡率最高可达 70%～80%。在实验室条件下通过人工的方式还可感染鲢、鳙、鲫、鲤等淡水鱼类。草鱼和青鱼是我国大宗淡水养殖品种，也是长江和珠江流域的本土鱼种。2015—2022 年监测的阳性样品全部来自草鱼，其中很大一部分监测阳性样品来自苗种。目前草鱼苗种在我国流通频繁，同时也是每年对长江、珠江水域渔业资源增殖放流的主要鱼类品种，因此该疫病在养殖水域和天然水域中均存在较大传播风险，要持续对草鱼和青鱼两个敏感宿主开展疫情专项监测，推广苗种产地检疫。

（三）防控措施及成效

目前对草鱼出血病的有效防控措施主要包括免疫接种和监测阻断。草鱼出血病疫苗的研发和应用历史悠久，养殖户目前主要通过商品化弱毒疫苗和自制土法疫苗进行免疫防控，但由于病原生物学特性复杂，疫苗研发周期长，自制土法疫苗存在安全隐患等诸多问题，目前已有的疫苗还远不能满足市场需求。病原的持续监测和苗种产地检疫对该病防控起到了积极作用，每年通过国家和省级草鱼出血病专项监测计划及苗种产地检疫，以及在第三方检测机构进行的病原检测，在疫病暴发前及时发现病原，对监测和检测到的阳性样品和发病场点采取无害化处理和消毒等措施实现病原精准阻断，可以尽可能降低草鱼出血病的传播和减少草鱼出血病发生的概率。

（四）风险分析

1. 病原风险 近年来的流行病学调查结果表明，目前只有基因Ⅱ型草鱼呼肠孤病毒感染草鱼能够引起草鱼出血病，其他基因型草鱼呼肠孤病毒致病性较低。从 2020 年开始，《国家水生动物疫病监测计划》采用针对基因Ⅱ型草鱼呼肠孤病毒的半巢式 PCR 检测方法开展监测，提高了检测灵敏度。目前在我国虽然没有大规模暴发草鱼出血病，但是通过 8 年的监测发现，在养殖草鱼中，苗种带毒的问题比较普遍，需要持续加强草鱼出血病病原监测，及时规范处理阳性样品，才能逐步进行病原净化。另外，在疫病高发季节，提前做好免疫接种、生态防控等措施，可有效避免草鱼出血病大规模暴发。

2. 宿主风险 流行病学调查结果表明基因Ⅱ型草鱼呼肠孤病毒的天然宿主有养殖品种草鱼、青鱼，野杂鱼麦穗鱼和小型实验鱼稀有鮈鲫等，在实验室条件下通过人工感染的方式还可感染鲢、鳙、鲫、鲤等淡水鱼类。2015—2022 年监测出阳性的样品均为草鱼苗种。草鱼是我国最大宗的淡水鱼养殖品种之一，苗种在我国大部分养殖区域流通频繁，因此存在病原随苗种在不同草鱼养殖地区传播，以及随增殖放流苗种进入天然水域的风险。应对我国流通苗种开展规范严格的苗种产地检疫，避免草鱼出血病病原随苗种在养殖和野生草鱼、青鱼等宿主间传播。

3. 管理风险 通过长期的监测，基本摸清了草鱼出血病流行季节、易感品种、易感规格等重要参数，以及可能诱导草鱼出血病暴发的养殖密度、氨氮/亚硝酸盐浓度、溶解氧等环境因素。因此在草鱼主要养殖地区流行季节要加强草鱼养殖管理，勤测水质，可以通过降低养殖密度、加开增氧机、使用微生态制剂等措施，改善草鱼养殖环境，尽可能降低草鱼出血病发生。有条件的情况下，苗种应及时接种疫苗，并且接种至少要在高峰期前 2 个月完成，才能提供有效保护。

（五）存在的问题与建议

农业农村部从 2015 年开始，连续 8 年对草鱼出血病开展专项监测。在农业农村部、全国水产技术推广总站、专家团队等组织和领导下，在各有关省份渔业渔政主管部门和具体项目承担单位积极配合下，有效利用国家水生动物疫病监测信息管理系统，2022年较好完成了年度的目标和任务，为草鱼出血病的防控提供了较为准确可靠的基础信息，但也存在一些问题。

1. 科学布局采样点 近两年由于新冠肺炎疫情影响，监测样品数量减少可能会导致监测结果出现一定偏差。在监测样品总数一定的情况下，建议按照我国草鱼养殖产量布局监测点。首先要保证广东、湖南、湖北等草鱼苗种供应地区的监测点数量，尤其是国家级原良种场、省级原良种场等重点苗种场的监测，优先确保草鱼苗种安全，减少病原随苗种在不同省份间传播；其次应增加江西、江苏、广西等草鱼主养地区的监测点数量，掌握草鱼出血病在我国流行的本底情况，为草鱼出血病科学防治提供数据支撑；适当调减非草鱼主养地区的监测样品数量，这些地区草鱼主要通过购买其他地区苗种开展养殖，部分监测点经溯源均来自相同苗种企业，监测结果也一样，容易影响对草鱼出血病流行趋势的判断。

2. 避免样品漏检情况　监测规范中规定优先采集具有典型症状的样品，但是在实际生产中为了避免病原传播，苗种一旦出现出血、体色发黑等症状，养殖场管理人员都会立即采取处理措施，因此监测样品均为表面健康的样品。健康苗种虽然也携带病原，但病毒载量较低，很容易出现漏检的情况。而且，草鱼出血病主要发生在小规格草鱼且水温 25～30 ℃时，若采集的样品为非易感阶段草鱼，或在非易感水温采样，也存在漏检的可能。

3. 开发精准检测技术和现场快检产品　从 2020 年开始，国家监测计划采用针对基因Ⅱ型草鱼呼肠孤病毒的半巢式 PCR 检测方法开展监测，进一步提高了检测灵敏性。但是半巢式 PCR 检测方法对检测操作人员和实验室条件均有一定要求，由于需要两轮核酸扩增，检测耗时较长。针对半巢式 PCR 中存在的问题，草鱼出血病首席专家单位进一步优化条件，建立了草鱼出血病 Taqman RT - PCR 方法，连续两年对全国各地草鱼出血病样品同时开展监测，与半巢式 PCR 检测结果符合率 100％。此外，目前缺少现场快速诊断试剂，通过感官判断往往容易出现漏检、错检情况，通过快速诊断试剂盒进行现场快速筛查将是苗种产地检疫的有力补充。

4. 规范苗种产地检疫，加强阳性养殖场的连续监测　自 2015 年以来，连续 8 年草鱼出血病专项监测的开展，为摸清我国草鱼出血病发生的本底情况，切断草鱼出血病病原传播发挥了重要作用。规范实施苗种产地检疫，可确保草鱼出血病苗种产地检疫结果可靠有效。此外，对阳性场点需开展连续监测，记录阳性样品的处置、苗种引进检疫情况等信息。对于监测阳性场点的草鱼苗种应开展溯源流调工作，追溯病原发生的源头，阻止病原的进一步传播，通过专项监测工作的开展将草鱼出血病给我国渔业生产带来的损失降到最低水平。

2022年传染性造血器官坏死病状况分析

北京市水产技术推广站

（王静波　徐立蒲　王　姝　张　文　吕晓楠

曹　欢　王小亮　王　澎　江育林）

一、前言

传染性造血器官坏死病（Infectious haematopoietic necrosis，IHN）是由弹状病毒科传染性造血器官坏死病毒（IHNV）引起的传染性疾病，常发生于虹鳟养殖场。世界动物卫生组织（WOAH）将其列为必须申报的动物疫病。我国将其列为《一、二、三类动物疫病病种名录》二类动物疫病并作为水产苗种产地检疫对象，农业部自2011年起每年组织对IHN实施专项监测。

二、主要内容概述

2022年，对我国11个省（自治区、直辖市）40个县（区）62个乡（镇）的117个养殖场（监测点）实施了IHN的监测。根据上报监测数据，形成了2022年传染性造血器官坏死病分析报告。内容主要包括：①对2022年收集到的全国IHN的监测数据进行分析，对发病趋势和疫情风险进行研判，提出相应的防控建议。②对2022年全国IHN监测工作的执行情况进行评估，并提出相应的监测工作建议。

三、2022年IHN监测实施情况

（一）参加省份及完成情况

2022年的监测省份包括北京、河北、辽宁、吉林、黑龙江、山东、云南、陕西、甘肃、青海和新疆11个省（自治区、直辖市），涉及40个县（区）62个乡（镇）（表1、图1）。监测对象主要是虹鳟和鲑。监测省份（自治区、直辖市）数量较2021年多1个（因疫情2021年陕西未采样，故未列入监测省份）；监测活动覆盖的县（区）和乡（镇）数量较2021年分别增加7个和12个。

2022年IHN监测点117个，较2021年增加34个监测点（表2）。原因是虽然国家监测任务在逐年减少，由2021年的65份下调到2022年的55份，但是省级监测任务在逐年增加，由2021年的30份增加到85份（河北30份、辽宁15份、青海40份）。合计140份。

2022年IHN国家及省级监测计划任务数量为140份，实际完成143份。与年初计划相比，青海少检测 2 份样品，陕西多检测 5 份样品（补 2021 年因疫情未完成的样品），其余 9 个省份均按照监测计划要求完成了任务。

需要指出的是除了河北、青海、辽宁及陕西这四个省外，其他省份样品份数仅仅 5 份，5 份样品因覆盖率有限会导致监测结果与实际情况偏差较大。

表 1   2011—2022 年参加 IHN 国家监测的省份

省份	2011 年	2012 年	2013 年	2014 年	2015 年	2016 年	2017 年	2018 年	2019 年	2020 年	2021 年	2022 年
河北	√	√	√	√	√	√	√	√	√	√	√	√
甘肃	√	√	√	√	√	√	√	√	√	√	√	√
辽宁	√	√	√	√	√	√	√	√	√	√	√	√
山东	—	—	—	—	√	√	√	√	√	√	√	√
北京	—	—	—	—	—	√	√	√	√	√	√	√
青海	—	—	—	—	—	—	√	√	√	√	√	√
四川	—	—	—	—	—	—	√	√	√	√	√	√
吉林	—	—	—	√	√	√	√	√	√	√	√	√
湖南	—	—	—	√	√	√	—	—	—	—	—	—
陕西	—	—	—	√	√	√	√	√	√	√	未送	√
新疆	—	—	—	—	√	√	√	√	√	√	√	√
云南	—	—	—	—	—	—	√	√	√	√	√	√
新疆兵团	—	—	—	—	—	—	未送	未送	—	—	—	—
黑龙江	—	—	—	—	—	—	—	√	√	√	√	√
贵州	—	—	—	—	—	—	—	—	—	—	—	—

注："√"表示参加；"—"表示未参加。

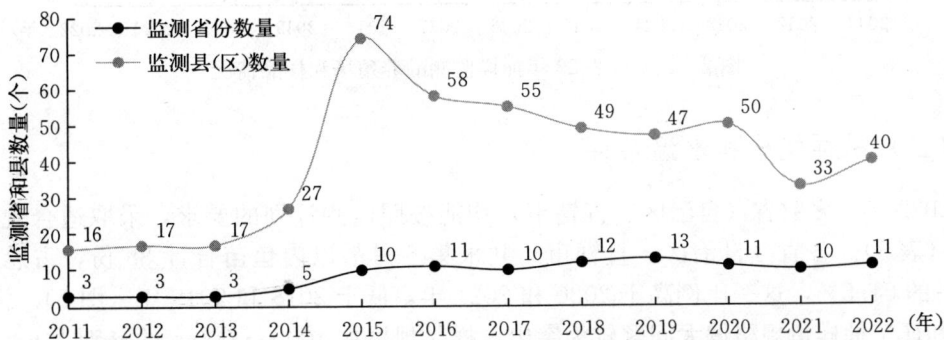

图 1   2011—2022 年抽样监测省（自治区、直辖市）和县（区）情况

表2 2022年各省份IHN监测任务数量以及完成情况（个）

项目	河北	甘肃	青海	辽宁	山东	陕西	云南	吉林	新疆	北京	黑龙江	合计
监测任务数量	5 (30)	5	5 (40)	5 (15)	5	5	5	5	5	5	5	55 (85)
完成抽样数量	35	5	43	20	5	10	5	5	5	5	5	143
监测养殖场数量	35	3	24	20	5	10	5	5	4	4	2	117

注：括号外数量为国家监测计划数量，括号内数量为省级监测计划数量。

（二）养殖场类型

2022年监测点设置包括国家级原良种场2个、省级原良种场9个、引育种中心1个、重点苗种场13个、成鱼养殖场92个（图2、图3和图4）。其中，国家级、省级原良种场、引育种中心和苗种场为25个，占全部抽样养殖场的百分率为21.2%，此百分率低于2017—2021年。

由于原良种场或重点苗种场的病毒传播风险远远高于成鱼养殖场，因此原良种场或重点苗种场抽样数量还需进一步加大。

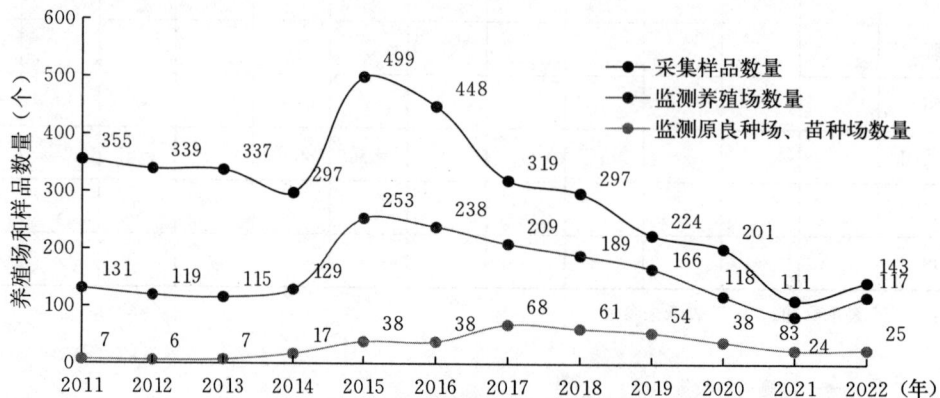

图2 2011—2022年抽样监测的养殖场和样品情况

（三）采样规格和水温条件

2022年，多数省（自治区、直辖市）均能按照监测计划的要求，采取适合规格的样品（表3）。各省（自治区、直辖市）共采集6月龄以内鱼苗合计88份，占总数量143份的61.5%，这一比例高于2020和2021年，低于2018和2019年（图5）。河北、青海和辽宁抽样鱼规格偏大问题较为突出，样品规格在100~3 000 g的分别占62.9%、51.2%和50%。其中在6月龄以内采样的88份样品中检出12份阳性，在大于6月龄的

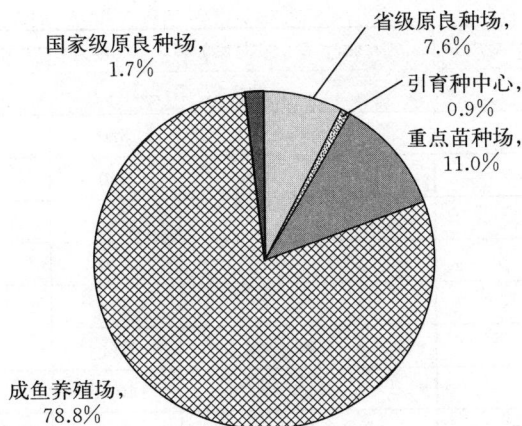

图 3　2022 年不同类型监测点占比情况

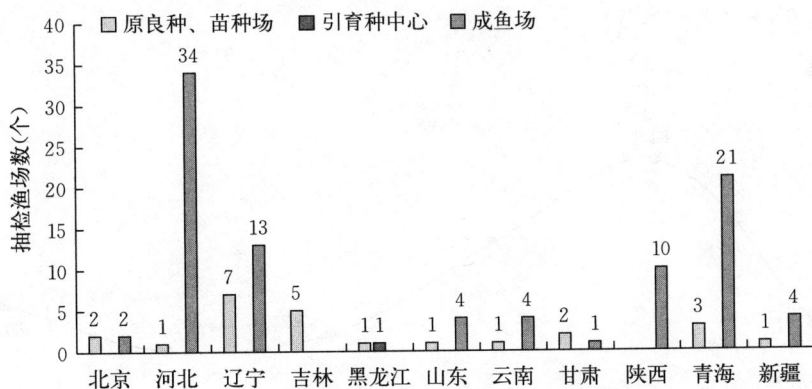

图 4　2022 各省（自治区、直辖市）抽检渔场情况

55 份样品中检出 1 份阳性。如采集样品规格不在要求范围内，送样鱼规格较大将很难满足每份样品 150 尾的要求，且漏检率会增高，将使得监测结果的可信度降低。

2022 年，多数样品均能按照监测计划要求的水温采样。在水温低于 15 ℃采集的 107 份样品中检出 9 份阳性，阳性检出率 8.4%；在 16～18 ℃采集的 24 份样品检出 4 份阳性，阳性检出率 16.7%；在 19～20 ℃采集的 12 份样品中未检出阳性。正常情况下，鱼体内病毒含量会随温度升高而下降，因而会对监测结果有一定影响，分析辽宁在水温 17.5 ℃采集的 4 份阳性样品，鱼体内病毒含量还未降至最低。

表 3　2022 年各地区抽样鱼规格、水温对应总样本数及阳性样本数（份）

省份	1～15 cm（6 月龄内）	＞16 cm（大于 6 月龄）	＜15 ℃	16～18 ℃	19～20 ℃
	抽样数/阳性数				
北京	5/0	—	5/0	—	—
河北	13/5	22/1	35/6	—	—
辽宁	10/4	10/0	—	10/4	10/0

(续)

省份	1～15 cm (6月龄内)	>16 cm (大于6月龄)	<15℃	16～18℃	19～20℃
	抽样数/阳性数				
吉林	5/0	—	5/0	—	—
黑龙江	5/0	—	5/0	—	—
山东	5/0	—	—	5/0	—
云南	5/0	—	5/0	—	—
陕西	10/2	—	6/2	2/0	2/0
甘肃	4/1	1/0	5/1	—	—
青海	21/0	22/0	40/0	3/0	—
新疆	5/0	—	1/0	4/0	—
合计	88/12	55/1	107/9	24/4	12/0

注："—"表示未有样本。

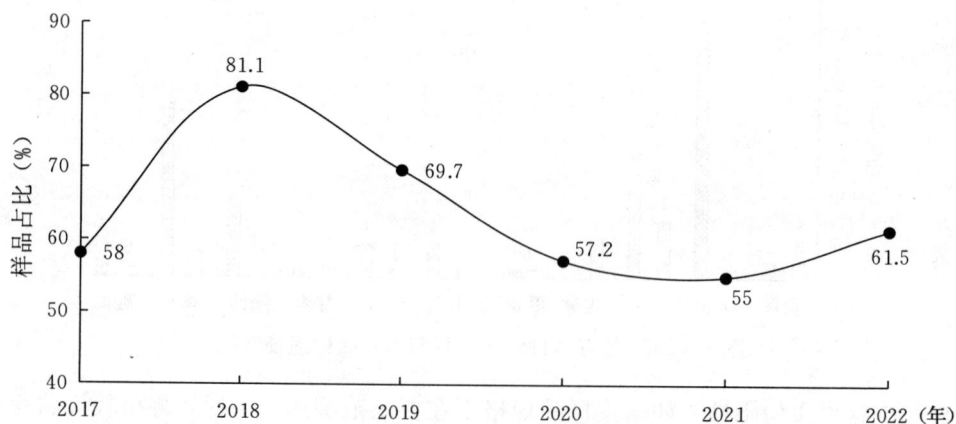

图5 2017—2022年各省（自治区、直辖市）抽检6月龄以内鱼苗样品占比

（四）监测品种

2022年采集虹鳟样品137份，占总抽样数量143份的95.8%，其中13份检出阳性；鲑样品6份，检测结果均为阴性。虹鳟是IHNV主要易感品种，也是我国主要的鲑鳟养殖品种，其他鲑鳟类感染IHNV后虽然没有高致病率，但也可能会携带IHNV成为病毒携带者，并扩散传播。

（五）每份样品数量

按照国家水生动物疫病监测计划，每份样品数量应达到150尾鱼。这是为了使检测可信度达到95%以上所需要的数量，是有科学依据的。2022年，除青海和辽宁外，其他9省（自治区、直辖市）送检样品数量均符合要求，每份150尾，占总样品数量的

56.6%（81/143），低于 2021 年的 73%。青海省 43 份样品中有 42 份数量均不足 150 尾，数量在 5~80 尾。每份样品尾数不足，造成监测结果失真，即易造成假阴性，这个状况急需改变。

（六）样品状态

采集样品要求活体运输至检测实验室。但 2022 年甘肃和云南 2 省所有样品分别为冰冻和冰鲜；辽宁 20 份样品中 10 份为冰鲜，陕西 10 份样品中 4 份冰冻，青海 43 份样品中 3 份冰鲜。上述省份中除甘肃 1 份样品为发病鱼，有症状，检出阳性外，其他所送冷冻或冰鲜样品均未检出阳性。

（七）养殖模式

我国鲑鳟养殖主要为淡水水源，养殖与苗种繁育采用流水、工厂化和淡水网箱养殖模式；近年在山东等沿海还出现了海水深网箱养殖。2022 年在流水、工厂化和淡水网箱养殖模式中均检测到阳性，这也提示我们 IHNV 的防控形势依然严峻。

（八）实验室检测情况

2022 年，共有 8 个实验室承担了 IHN 监测样品的检测工作，各实验室承担检测情况见表 4。承担检测任务量占前 3 位的实验室分别为青海省渔业环境监测站、中国水产科学研究院黑龙江水产研究所和河北水产技术推广总站。他们承担检测任务量分别占总样品量的 27.9%、26.6% 和 21%。中国水产科学研究院黑龙江水产研究所检出 7 份阳性样品，河北省水产技术推广总站检出 6 份阳性样品。

表 4　2022 年不同实验室承担检测任务量及检测情况

检测单位名称	样品来源省份、检测数量、检测到的阳性数量	承担检测样品总数、检测到阳性样品数
青海省渔业环境监测站	青海，检测 40 份，其中阳性 0 份	承担样品总数 40 份，占全国总数量的 27.9%；未检出阳性
中国水产科学研究院黑龙江水产研究所	辽宁，检测 10 份，其中阳性 4 份 陕西，检测 10 份，其中阳性 2 份 甘肃，检测 5 份，其中阳性 1 份 河北，检测 5 份，其中阳性 0 份 黑龙江，检测 5 份，其中阳性 0 份 青海，检测 3 份，其中阳性 0 份	承担样品总数 38 份，占全国总数量的 26.6%；检出 7 份阳性
河北省水产技术推广总站	河北，检测 30 份，其中阳性 6 份	承担样品总数 30 份，占全国总数量的 21%；检出 6 份阳性
辽宁省水产技术推广站	辽宁，检测 10 份，其中阳性 0 份	承担样品总数 10 份，占全国总数量的 7%；未检出阳性

检测单位名称	样品来源省份、检测数量、检测到的阳性数量	承担检测样品总数、检测到阳性样品数
深圳海关动植物检验检疫技术中心	云南，检测 5 份，其中阳性 0 份 新疆，检测 5 份，其中阳性 0 份	承担样品总数 10 份，占全国总数量的 7%；未检出阳性
北京市水产技术推广站	北京，检测 5 份，其中阳性 0 份	承担样品总数 5 份，占全国总数量的 3.5%；未检出阳性
吉林省水产技术推广总站	吉林，检测 5 份，其中阳性 0 份	承担样品总数 5 份，占全国总数量的 3.5%；未检出阳性
中国海关科学技术研究中心	山东，检测 5 份，其中阳性 0 份	承担样品总数 5 份，占全国总数量的 3.5%；未检出阳性

四、2022 年 IHN 监测结果

（一）检出率

2022 年，全国 11 个省（自治区、直辖市）共设置监测点 117 个（共采集样品 143 份）。其中，河北 6 个、辽宁 4 个、陕西 2 个和甘肃 1 个监测点检出阳性，监测点阳性检出率 11.1%（图 6）。

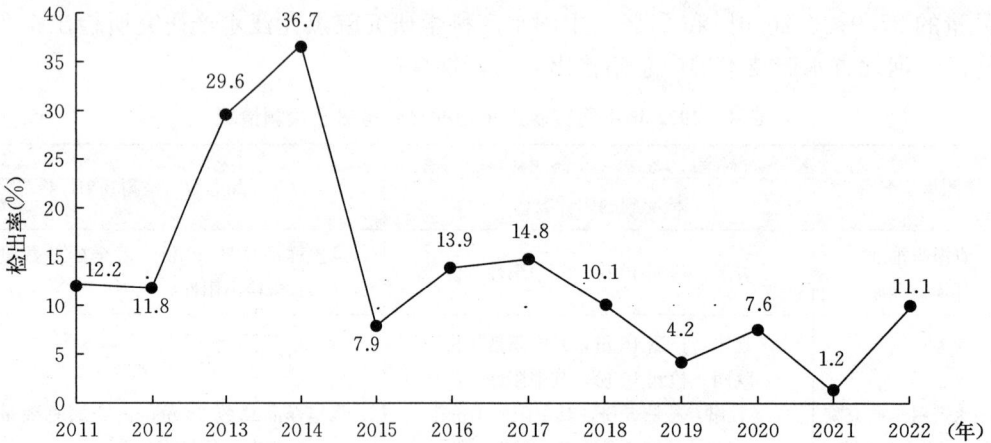

图 6 2011—2022 年监测点阳性检出率

（二）阳性监测点类型

2022 年在 1 个省级苗种场、2 个苗种场和 10 个成鱼养殖场检出 IHNV，监测点阳性检出率分别为 11.1%（1/9）、15.4%（2/13）、10.9%（10/92）。

2015—2022 年国家级、省级原良种场、苗种场及成鱼场阳性检出率见图 7。2022 年在省级原良种场、苗种场和成鱼场均检出 IHNV 阳性，与往年相比，数据波动较大。

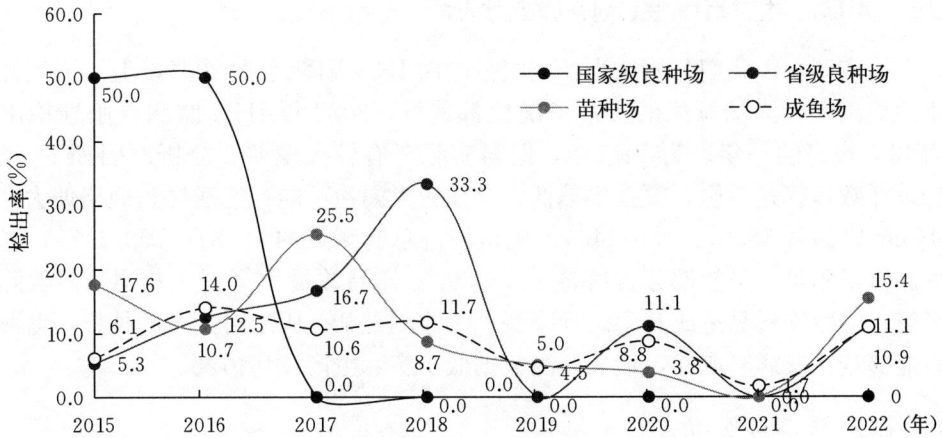

图 7　2015—2022 年各类型养殖场阳性检出率

（三）阳性检出区域

2011—2022 年，参与 IHN 国家监测各省（自治区、直辖市）检出阳性养殖场数及分布县区数量见表 5。2022 年检测出阳性场和涉及县（区）是 2019 年以来最多的一年。

表 5　各省（自治区、直辖市）IHNV 检出情况（阳性养殖场数/阳性县区数）（个）

省份	2011 年	2012 年	2013 年	2014 年	2015 年	2016 年	2017 年	2018 年	2019 年	2020 年	2021 年	2022 年
河北	8/4	11/7	31/9	33/11	4/4	11/5	1/1	3/2	0	1/1	0	6/3
甘肃	8/3	1/1	3/1	0	1/1	9/2	8/2	6/3	1/1	3/2	0	1/1
辽宁	0	2/1	0	0	3/1	2/1	8/2	4/2	0	3/1	0	4/1
山东	—	—	—	5/2	6/1	0	6/4	1/1	4/2	1/1	0	0
北京	—	—	—	9/2	5/1	8/1	5/1	2/1	0/0	0	0	0
青海	—	—	—	—	1/1	2/2	1/1	1/1	2/2	0	1/1	0
四川	—	—	—	—	0	1/1	—	—	—	—	—	—
吉林	—	—	—	—	0	0	0	0	0	0	0	0
湖南	—	—	—	—	0	0	—	—	—	—	—	—
陕西	—	—	—	—	0	0	0	—	0	未送	2/2	
新疆	—	—	—	—	—	0	0	1/1	0	1/1	0	0
云南	—	—	—	—	—	—	2/2	1/1	0	0	0	0
黑龙江	—	—	—	—	—	—	—	—	—	—	—	—
贵州	—	—	—	—	—	—	—	—	0	—	—	—
新疆兵团	—	—	—	—	—	—	未送	未送	—	—	—	—
合计	16/7	14/9	32/10	47/15	20/9	33/12	31/13	19/12	7/5	9/6	1/1	13/7

注："—"为尚未列入监测计划。

五、2022 年 IHN 监测风险分析

结合生产调查，我们分析认为：全国范围内 IHN 阳性率在 20%以上。但近几年监测中阳性检出率与渔场发病的实际情况比都偏低，2022 年 IHN 监测点阳性检出率是 2018 年以来最高的一年，为 11.1%，但与实际还有较大偏差。分析原因如下：①3/4 的省份采样数量都是 5 份，覆盖率偏低，存在较大漏检可能；②送样鱼规格偏大，鱼体超过 15 cm 样品占 38.5%（55/143），成鱼场占总监测点的 78.8%（92/117）；③采集每份样品数量不足，虽然部分省份将 100～300 g 样品数量均写到 150 尾，但实际数量有待考究；④冷冻样品造成其中病毒降解；⑤监测是某一固定时间点的抽样，监测时未必一定能够选在发病时取样，造成监测数据低于实际生产发病情况。

（一）发病趋势分析

2022 年监测阳性检出率 11.1%，较前 4 年有所上升，故防控依然不容忽视，还需继续加强。

1. IHN 分布区域　2022 年在我国河北、辽宁和甘肃再次检出 IHNV，陕西自 2015 年纳入监测以来，也首次检出 IHNV 阳性。往年阳性省份山东和云南未检出，但由于样品数较少以及送样原因导致存在漏检的可能性，不能排除依然会有 IHN 存在。当一个区域（或某个渔场）发生 IHN 后，如果没有采取措施，也仍然有敏感鱼类存在，按照流行病学原理，IHN 没有理由会突然消失。因此，对曾经阳性而后来再次监测为阴性的区域（或渔场），需要持谨慎态度，应继续加强监测。

自开展 IHN 监测至今，在吉林和黑龙江一直未检出 IHNV。但这由于每年的样品数量较少（5 份），检测结果的偶然性较大，仍需对这些地区继续加强监测。

2. IHN 发生的养殖模式　2022 年在流水、工厂化和淡水网箱养殖模式中均检测到阳性。经调查，近几年 IHN 在网箱养殖虹鳟中危害尤为突出。近几年对甘肃网箱养殖虹鳟进行监测发现，虹鳟苗种因感染 IHN 出现较大死亡情况。由于网箱中病毒更容易往天然水域扩散，造成更大的危害，所以应引起高度关注，避免更大范围的扩散和经济损失。另外，深海网箱养殖虹鳟也要引起高度关注，要加强监测力度。

（二）IHN 防控措施及成效

2022 年，辽宁、河北、甘肃、陕西对 IHN 检出阳性的场进行流行病学调查、隔离、消毒处理和限制流通，并上报相关部门。

现阶段，各地对发生 IHN 或检出 IHNV 养殖场采取的措施主要是对鱼池采用化学药物消毒以及投喂药物进行治疗，但防控效果不好。在我国现有技术能力下，水产苗种产地检疫和监测应是目前防控 IHN 主要的有效方式。今后应继续加强这方面的工作。

IHN 防控重在采取预防性措施，在发生疫病后想要清除病毒极其困难，只能采用一些权宜之计以降低死亡率，但同时会增加将病毒扩散出去的风险。对尚未发生 IHN 流行的地区的养殖场，采用对进水消毒、对鱼卵消毒以及投喂添加免疫调节剂的饲料等

办法可有效预防 IHN 的发生，但需要对养殖户进行危机意识的教育和预防技术的推广。对于已经出现过 IHN 的养殖场，通过对进水消毒和适当的隔离管理，也能在一定程度上降低死亡的风险，但对管理水平提出较高的要求。

全国多家单位（如中国水产科学研究院黑龙江水产研究所等）开展 IHNV 疫苗研制工作，试验结果显示疫苗有防控效果。但需要注意的是，疫苗对小鱼使用较困难，同时环境污染病毒后无法全面控制。所以重点还应当放在设法控制病鱼流通方面。要做到这点——从行政管理角度讲是加强检疫，从技术服务角度讲是进行预防基本知识宣传，缺一不可。

（三）IHN 风险分析

1. 主要风险点识别

（1）原良种场和苗种场　原良种场和苗种场仍然是 IHN 传播风险最高点，因为带毒的苗种会随着苗种流通，快速传播。2022 年，在 1 个省级原良种场和 2 个苗种场检出阳性，这表明 IHN 风险依然存在。

（2）养殖模式　我国鲑鳟养殖主要以流水和网箱养殖模式为主。2022 年在流水、工厂化和网箱养殖模式的养殖场里均检出 IHNV 阳性。网箱中带有 IHN 病毒容易往天然水域扩散，传播速度更快，防控难度加大，将会造成更大的危害。

2. 风险评估　该病对我国虹鳟类的养殖造成了很大的危害，是制约鲑鳟养殖发展的重要因素之一。需要采取严格控制、扑灭等措施，防止进一步扩散。因此，建议继续加强对该病的监测、苗种产地检疫和防控力度。

（四）风险管理建议

（1）严格落实水产苗种产地检疫，各地实施原良种场和苗种场登记备案制度。

各地切实做好水产苗种产地检疫工作，严格控制带毒苗种和亲鱼的流通。

对原良种场和苗种场开展强制性的连续监测。同一养殖场在监测的前两年内，在同一年份不同时间段（中间间隔至少 1 个月）发病适温下需抽样 2 次，每次抽样应涵盖所有鱼池的鱼群；如果连续两年阴性，在该场不引入外来鱼情况下，从第三年开始每年抽样 1 次即可。2017 年农业部已经建成并开始运行水生动物疫病监测系统，连续 2 年以上检出阴性结果的苗种场、原良种场可通过该系统自动生成并及时发布。

（2）建议需虹鳟苗的养殖者购买受精卵而不是鱼苗，购买的受精卵进入孵化车间前立即进行消毒处理（采用聚维酮碘消毒 10～15 min），可有效降低苗种感染 IHNV 的风险。

没有条件进行受精卵孵化、必须购买苗种的，应将外购的苗种置于流水末端，经监测无 IHN 后，方可正常养殖。

（3）继续加强监测工作力度，积累防控经验，加强推广应用与培训，尤其加强对网箱养殖模式发病情况的监控力度。

（4）继续推进 IHNV 疫苗等防控产品的研究及应用工作。

六、监测工作存在的问题及相关建议

（一）进一步规范抽样活动

（1）抽样数量和规格不完全满足抽样要求，应坚持送检活鱼。

2022年部分省份（甘肃、陕西）考虑运输活体不便，运输冰冻样品，冻融会降解样品中病毒造成漏检。为避免上述问题，各地在今后送样应坚持送活鱼。

部分省份（河北、青海、辽宁）抽样规格较大，抽样水温偏高（辽宁、陕西），抽样尾数不足150尾（青海、辽宁）。有些省份虽报送每份样品抽取的都是150尾，但由于鱼体规格较大，实际很难采150尾，需要检测实验室进一步核实数量以及核实是否送的是组织，上述这些因素都可能造成检测结果的不准确。

对于采集大规格成鱼的省份，建议采取以下措施：针对苗种场每批孵化采样1～2次。针对成鱼场，在每次进鱼苗后1个月以上2个月之内（避免鱼长得太大）采样一次。这样取样能保证基本上是小鱼，即可以确保每份150尾。

对于大型网箱养殖场，可将该场进行分区设置为不同监测点，并按此分区进行采样，避免同一监测点出现多次采样记录。

（2）抽样要具代表性。

为提高抽样代表性，抽样应严格按全国水产技术推广总站组织制定的《IHN监测规范》实施。

在往年监测中发现的阳性点也必须坚持连续多年抽样。转为阴性的养殖场也需要连续抽样确认并分析转为阴性的原因，为防控提供科学依据。

应将辖区内国家级原良种场、省级原良种场、引育种中心、重点苗种场全部纳入监测范围。

（3）对于抽样、运输确有较大困难的，由检测实验室派技术人员到现场协助实施抽样及样品处理。

（4）绝大部分省份采样5份，覆盖率偏低，存在漏检可能。建议增加样品数量，每省份应不低于10份。

（二）加强对网箱养殖模式以及深海养殖模式的监测

2022年虽然仅有1份阳性样品来自网箱，但还是不能放松监测。建议持续加强对青海、甘肃等水库网箱，以及山东等沿海地区深水养殖模式虹鳟类的监测。

2022 年病毒性神经坏死病状况分析

福建省淡水水产研究所

（樊海平　李苗苗　吴　斌　林　楠）

一、前言

病毒性神经坏死病（Viral nervous necrosis，VNN），又称病毒性脑病和视网膜病（Viral encephalopathy and retinopathy，VER），是一种在世界范围广泛分布的严重危害海水鱼类的病毒性疾病，患病鱼典型病理变化是中枢神经组织和视网膜组织的坏死和空泡化。

近年来，VNN 危害程度不断增加，总体呈现危害范围广、致病性强、死亡率高等特点，2016 年起农业农村部将海水鱼病毒性神经坏死病列入了水生动物疫病监测计划，截至 2022 年，已连续开展了 7 年，累计设置监测点 839 个，完成检测样品 1 349 份，检出阳性样品 262 份。本报告主要对 2022 年 VNN 国家疫病监测的数据进行总结和分析，并结合往年监测情况和 VNN 研究进展，提出对该病的监测和风险管控建议，为我国 VNN 防控工作提供数据支撑。

二、2022 年海水鱼病毒性神经坏死病全国监测情况

（一）概况

2022 年海水鱼病毒性神经坏死病监测省（自治区、直辖市）共 7 个，分别为辽宁、浙江、福建、山东、广东、广西和海南，涉及 40 个区（县）、60 个乡（镇），共设 120 个监测点（场），国家监测计划采集样品 35 份，实际采集样品 135 份，检出阳性样品 24 份（表 1）。

表 1　2022 年 VNN 专项监测基本情况（个）

省份	内容	2022 年
辽宁	国家监测计划样品数	0
	实际采集样品数/阳性样品数	20/0
	监测养殖场数/阳性场数	20/0
	阳性场分布县域数	0
	阳性场分布乡镇数	0

（续）

省份	内容	2022 年
浙江	国家监测计划样品数	5
	实际采集样品数/阳性样品数	15/3
	监测养殖场数/阳性场数	11/2
	阳性场分布县域数	2
	阳性场分布乡镇数	2
福建	国家监测计划样品数	5
	实际采集样品数/阳性样品数	17/4
	监测养殖场数/阳性场数	13/4
	阳性场分布县域数	3
	阳性场分布乡镇数	3
山东	国家监测计划样品数	5
	实际采集样品数/阳性样品数	33/0
	监测养殖场数/阳性场数	29/0
	阳性场分布县域数	0
	阳性场分布乡镇数	0
广东	国家监测计划样品数	10
	实际采集样品数/阳性样品数	20/4
	监测养殖场数/阳性场数	17/4
	阳性场分布县域数	2
	阳性场分布乡镇数	4
广西	国家监测计划样品数	5
	实际采集样品数/阳性样品数	15/3
	监测养殖场数/阳性场数	15/3
	阳性场分布县域数	2
	阳性场分布乡镇数	3
海南	国家监测计划样品数	5
	实际采集样品数/阳性样品数	15/10
	监测养殖场数/阳性场数	15/10
	阳性场分布县域数	5
	阳性场分布乡镇数	7

（二）监测点设置

2022 年 VNN 监测共设置 120 个监测点（阳性场 23 个）。其中，国家级原良种场 6

个（阳性场 1 个），监测点阳性率为 16.67％；省级原良种场 20 个（阳性场 5 个），监测点阳性率为 25％；苗种场 32 个（阳性场 10 个），监测点阳性率为 31.25％；成鱼养殖场 62 个（阳性场 7 个），监测点阳性率为 11.29％。按养殖模式划分，包括池塘养殖场 11 个（阳性场 4 个），监测阳性率 36.36％；工厂化养殖场 83 个（阳性场 17 个），监测点阳性率 20.48％；网箱养殖场 26 个（阳性场 2 个），监测点阳性率 7.69％（图 1，表 2，图 2）。

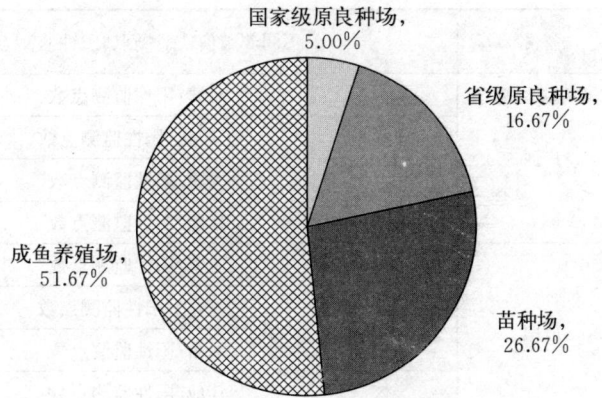

图 1　2022 年 VNN 监测不同类型监测点占比情况

表 2　2022 年 VNN 监测各省份不同养殖模式监测点数量及阳性监测点数（个）

省份	不同养殖模式监测点/阳性监测点数	2022 年
辽宁	池塘/阳性监测点数	0/0
	工厂化/阳性监测点数	20/0
	网箱/阳性监测点数	0/0
	其他/阳性监测点数	0/0
浙江	池塘/阳性监测点数	0/0
	工厂化/阳性监测点数	0/0
	网箱/阳性监测点数	11/2
	其他/阳性监测点数	0/0
福建	池塘/阳性监测点数	1/1
	工厂化/阳性监测点数	9/3
	网箱/阳性监测点数	3/0
	其他/阳性监测点数	0/0
山东	池塘/阳性监测点数	0/0
	工厂化/阳性监测点数	29/0
	网箱/阳性监测点数	0/0
	其他/阳性监测点数	0/0
广东	池塘/阳性监测点数	8/2
	工厂化/阳性监测点数	3/2
	网箱/阳性监测点数	6/0
	其他/阳性监测点数	0/0

（续）

省份	不同养殖模式监测点/阳性监测点数	2022 年
广西	池塘/阳性监测点数	0/0
	工厂化/阳性监测点数	9/3
	网箱/阳性监测点数	6/0
	其他/阳性监测点数	0/0
海南	池塘/阳性监测点数	2/1
	工厂化/阳性监测点数	13/9
	网箱/阳性监测点数	0/0
	其他/阳性监测点数	0/0
合计	池塘/阳性监测点数	11/4
	工厂化/阳性监测点数	83/17
	网箱/阳性监测点数	26/2
	其他/阳性监测点数	0/0

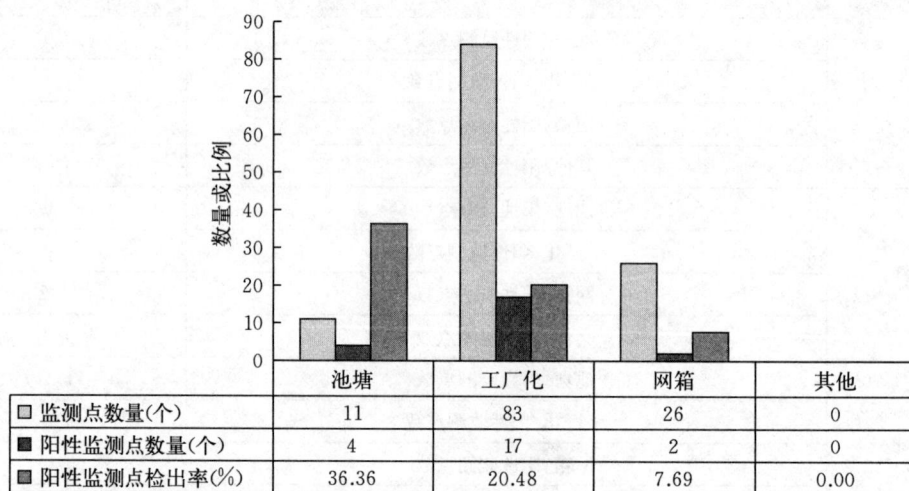

	池塘	工厂化	网箱	其他
□ 监测点数量（个）	11	83	26	0
■ 阳性监测点数量（个）	4	17	2	0
■ 阳性监测点检出率（%）	36.36	20.48	7.69	0.00

图 2　2022 年 VNN 监测不同养殖模式监测点数量及监测点阳性率

（三）采样品种和水温

2022 年，VNN 监测采样品种以石斑鱼、鲆、大黄鱼、鲷、鲈（海）、卵形鲳鲹和半滑舌鳎为主，占样品总量的 91.11%。其中，石斑鱼样品有 34 份，在 2022 年全部样品中的占比为 25.19%；鲆样品有 33 份，占比为 24.44%；大黄鱼样品有 15 份，占比为 11.11%；鲷样品有 14 份，占比为 10.37%；鲈（海）样品有 10 份，占比为 7.41%；卵形鲳鲹和半滑舌鳎各有 8 份，占比均为 5.93%。除上述七个品种外，其他样品有河鲀（海）3 份、鲽 3 份、多带金钱鱼 3 份、许氏平鲉 2 份、其他品种 2 份。各品种采样水温为 16～31 ℃（表 3，图 3）。

表 3　2022 年 VNN 监测采样品种和水温

序号	品种	水温（℃）	数量（份）	阳性样品数量（份）
1	石斑鱼	18～32	34	16
2	鲆	18～21	33	0
3	大黄鱼	23～29	15	3
4	鲷	20～30	14	1
5	鲈（海）	18～30	10	2
6	卵形鲳鲹	25～34	8	0
7	半滑舌鳎	18～21	8	0
8	河鲀	22～30	3	0
9	鲽	17～20	3	0
10	多带金钱鱼	29～37	3	2
11	许氏平鲉	18～20	2	0
12	其他	26～34	2	0
	合计	18～37	135	24

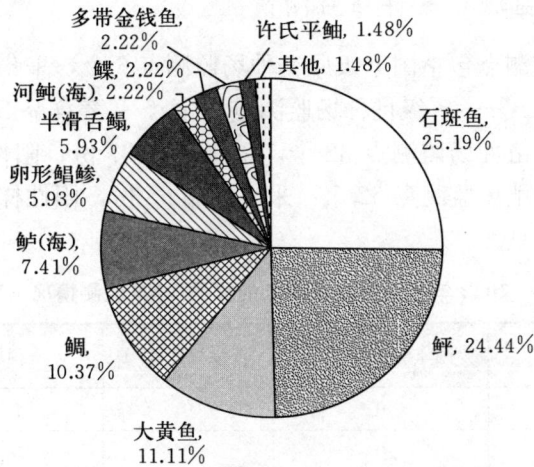

图 3　2022 年 VNN 监测采样品种占比情况

（四）采样规格

2022 年，135 份 VNN 监测样品中，绝大多数以体长作为规格指标，部分样品以体重作为指标，为了便于计算，所有样品均以体长作为指标（将体重为指标的样品进行体长估算）。2022 年，大部分 VNN 监测样品规格在 10 cm 以下，占样品总数的 69.63%。其中，5 cm 以下的样品有 47 份，占样品总数的 34.81%；5～10 cm 的样品有 47 份，占

34.81%；10～15 cm 样品有 17 份，占 12.59%；15 cm 以上的样品有 24 份，占 17.78%（图 4）。

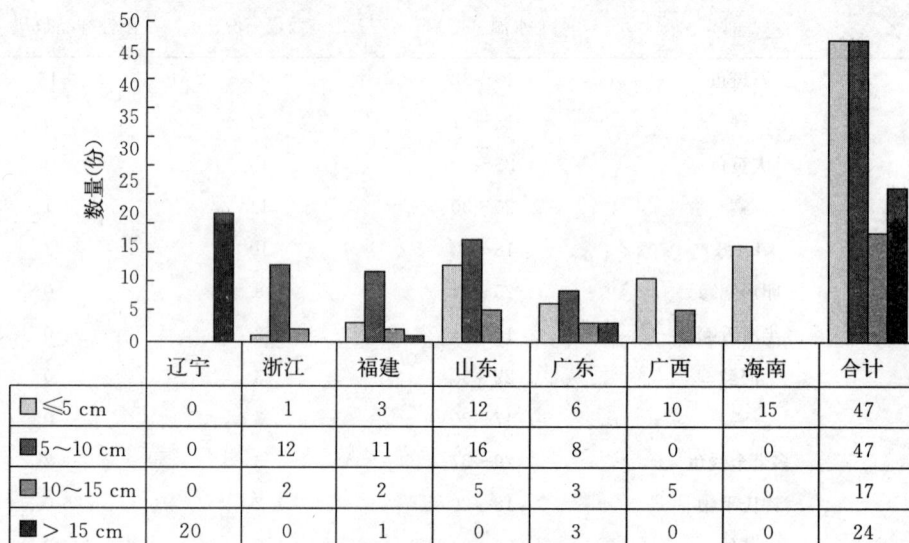

≤5 cm	辽宁	浙江	福建	山东	广东	广西	海南	合计
□≤5 cm	0	1	3	12	6	10	15	47
■5～10 cm	0	12	11	16	8	0	0	47
▨10～15 cm	0	2	2	5	3	5	0	17
■> 15 cm	20	0	1	0	3	0	0	24

图 4　2022 年各省份 VNN 监测采样规格分布

（五）不同类型监测点的样品监测情况

2022 年，VNN 监测点包括国家级原良种场监测点 6 个，采集样品 7 份，阳性样品 1 份，样品阳性率 14.29%；省级良种场监测点 20 个，采集样品 26 份，阳性样品 6 份，样品阳性率 23.08%；苗种场监测点 32 个，采集样品 37 份，阳性样品 10 份，样品阳性率 27.03%；成鱼养殖场监测点 62 个，采集样品 65 份，阳性样品 7 份，样品阳性率 10.77%（表 4，图 5）。

表 4　2022 年不同类型监测点的样品 VNN 监测情况（份）

省份	指标	国家级原良种场	省级原良种场	苗种场	成鱼养殖场
辽宁	采样点	0	0	0	20
	采样份数	0	0	0	20
	阳性样品数	0	0	0	0
浙江	采样点	0	4	0	7
	采样份数	0	7	0	8
	阳性样品数	0	2	0	1
福建	采样点	1	2	10	0
	采样份数	1	2	14	0
	阳性样品数	0	1	3	0

（续）

省份	指标	国家级原良种场	省级原良种场	苗种场	成鱼养殖场
山东	采样点	4	4	9	12
	采样份数	5	5	9	14
	阳性样品数	0	0	0	0
广东	采样点	0	6	2	9
	采样份数	0	8	3	9
	阳性样品数	0	0	2	2
广西	采样点	0	0	3	12
	采样份数	0	0	3	12
	阳性样品数	0	0	1	2
海南	采样点	1	4	8	2
	采样份数	1	4	8	2
	阳性样品数	1	3	4	2
合计	采样点	6	20	32	62
	采样份数	7	26	37	65
	阳性样品数	1	6	10	7

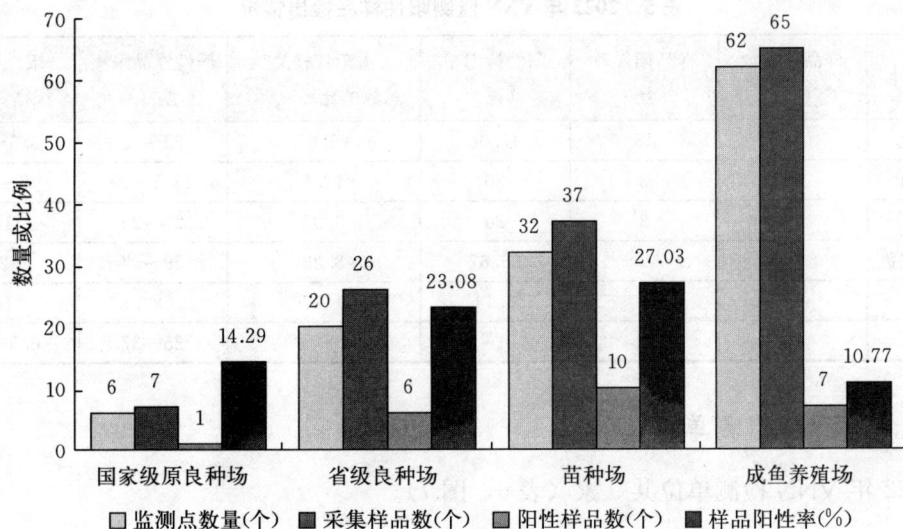

图 5　不同类型监测点 VNN 阳性样品检出情况

（六）阳性样品检出情况

2022 年共检测到 VNN 阳性样品 24 份，涉及 5 个品种，包括石斑鱼 16 份、大黄鱼 3 份、鲈（海）2 份、多带金钱鱼 2 份、鲷 1 份。阳性样品分别在浙江、福建、广东、广西和海南等地区检出（图6）。石斑鱼阳性样品采集水温在25～32℃，规格为0.5～10 cm；大黄鱼阳性样品采集水温在25.5～29℃，规格为8～10 cm；鲈（海）阳性样品采集水温为28～29℃，规格为15 cm；多带金钱鱼阳性样品采集水温为29～37℃，规格为2 cm；鲷阳性样品采集水温为29℃，规格为10 cm（表5）。

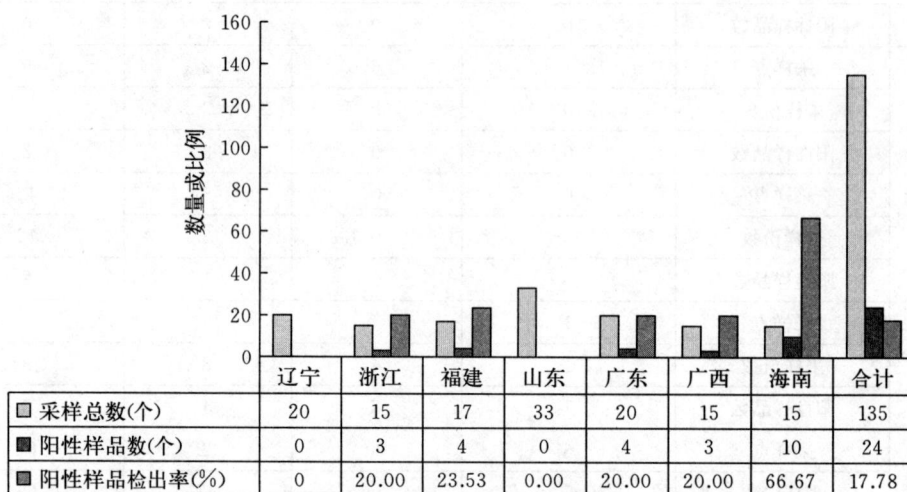

	辽宁	浙江	福建	山东	广东	广西	海南	合计
采样总数(个)	20	15	17	33	20	15	15	135
阳性样品数(个)	0	3	4	0	4	3	10	24
阳性样品检出率(%)	0	20.00	23.53	0.00	20.00	20.00	66.67	17.78

图6　2022年各地区VNN监测阳性样品检出情况

表5　2022年VNN监测阳性样品检出情况

阳性品种	样品采集数（尾）	样品阳性数（尾）	阳性检出率（%）	占阳性样品总数的比率（%）	阳性样品采集水温（℃）	阳性样品规格（cm）
石斑鱼	34	16	47.06	66.67	25～32	0.5～10
大黄鱼	15	3	20	12.5	25.5～29	8～10
鲈（海）	10	2	20	8.33	28～29	15
多带金钱鱼	3	2	66.67	8.33	29～37	2
鲷	14	1	7.14	4.17	29	10
合计	76	24	—	—	25～37	0.5～15

（七）VNN检测单位

2022年VNN检测单位共9家（表6，图7）。

表6　2022年各检测单位VNN检测情况（份）

检测单位名称	样品来源省份	承担检测样品数	检测到阳性样品数
辽宁省水产技术推广站	辽宁	20	0
浙江省水生动物防疫检疫中心	浙江	15	3
福建省水产技术推广总站	福建	17	4

（续）

检测单位名称	样品来源省份	承担检测样品数	检测到阳性样品数
中国水产科学研究院黄海水产研究所	山东	5	0
	海南	5	3
山东省淡水渔业研究院	山东	28	0
广东省动物疫病预防控制中心	广东	20	4
中国水产科学研究院珠江水产研究所	广西	5	1
广西渔业病害防治环境监测和质量检验中心	广西	10	2
海南省水产技术推广站	海南	10	7
合计	—	135	24

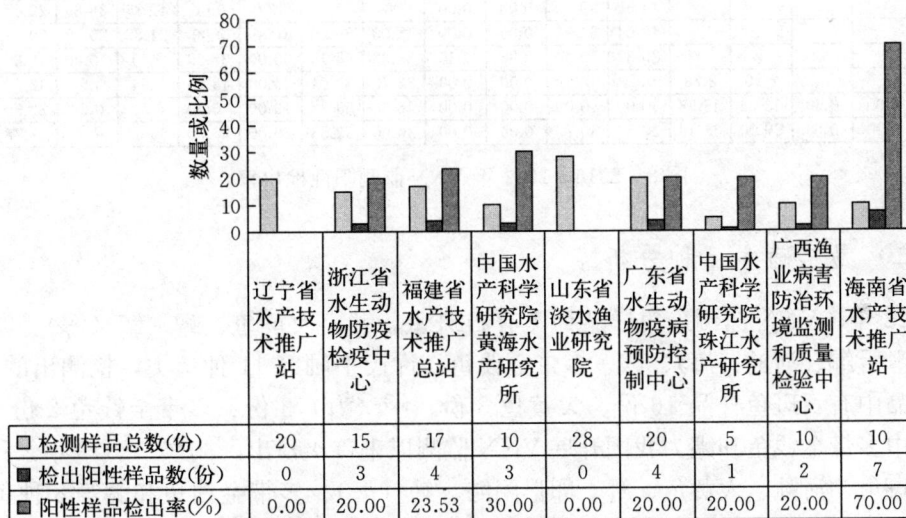

	辽宁省水产技术推广站	浙江省水生动物防疫检疫中心	福建省水产技术推广总站	中国水产科学研究院黄海水产研究所	山东省淡水渔业研究院	广东省动物疫病预防控制中心	中国水产科学研究院珠江水产研究所	广西渔业病害防治环境监测和质量检验中心	海南省水产技术推广站
检测样品总数（份）	20	15	17	10	28	20	5	10	10
检出阳性样品数（份）	0	3	4	3	0	4	1	2	7
阳性样品检出率（%）	0.00	20.00	23.53	30.00	0.00	20.00	20.00	20.00	70.00

图 7　2022 年各检测单位 VNN 样品阳性检出情况

三、2022 年 VNN 检测结果分析

（一）总体阳性检出情况

2022 年，VNN 监测范围包括辽宁、浙江、福建、山东、广东、广西和海南等 7 个省份，采集样品 135 份，检出阳性样品 24 份，样品阳性检出率为 17.78%；共设 120 个监测点，有 23 个监测点检出 VNN 阳性，监测点阳性率为 19.17%。与 2021 年相比，样品阳性率和监测点阳性率分别下降了 20.98% 和 8.28%，但部分地区如海南的样品阳性率和监测点阳性率仍然非常高（图 8）。

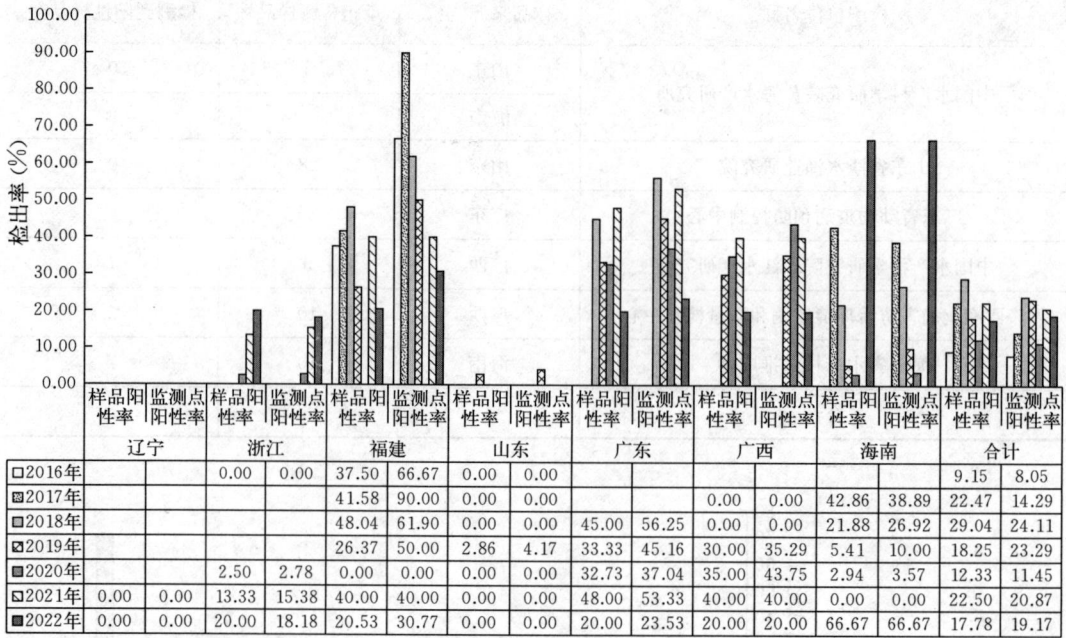

图 8 2016—2022 年 VNN 监测阳性检出率

	辽宁		浙江		福建		山东		广东		广西		海南		合计	
	样品阳性率	监测点阳性率	样品阳性率	监测点阳性率	样品阳性率	监测点阳性率	样品阳性率	监测点阳性率	样品阳性率	监测点阳性率	样品阳性率	监测点阳性率	样品阳性率	监测点阳性率	样品阳性率	监测点阳性率
□2016年			0.00	0.00	37.50	66.67	0.00	0.00							9.15	8.05
▨2017年					41.58	90.00	0.00	0.00			0.00	0.00	42.86	38.89	22.47	14.29
▦2018年					48.04	61.90	0.00	0.00	45.00	56.25	0.00	0.00	21.88	26.92	29.04	24.11
▧2019年					26.37	50.00	2.86	4.17	33.33	45.16	30.00	35.29	5.41	10.00	18.25	23.29
▣2020年			2.50	2.78			0.00	0.00	32.73	37.04	35.00	43.75	2.94	3.57	12.33	11.45
☐2021年	0.00	0.00	13.33	15.38	40.00	40.00	0.00	0.00	48.00	53.33	40.00	40.00			22.50	20.87
■2022年	0.00	0.00	20.00	18.18	20.53	30.77	0.00	0.00	20.00	23.53	20.00	20.00	66.67	66.67	17.78	19.17

（二）易感宿主品种分析

2022 年，VNN 监测采集样品种类有石斑鱼、鲆、大黄鱼、鲷、鲈（海）、卵形鲳鲹、半滑舌鳎、河鲀（海）、鲽、多带金钱鱼、许氏平鲉等 11 种鱼类，检测出的 24 份阳性样品中有石斑鱼样品 16 份、大黄鱼 3 份、鲈（海）2 份、多带金钱鱼 2 份、鲷 1 份，其中多带金钱鱼和鲷为我国开展 VNN 监测以来首次检出。2016—2022 年，我国累计在石斑鱼、河鲀、大黄鱼、鲆、卵形鲳鲹、鲈（海）、多带金钱鱼和鲷等 8 种鱼类中检出阳性样品，易感宿主品种有逐年增多的趋势。阳性品种中，石斑鱼和多带金钱鱼累计阳性检出率较高，分别达到了 39.17％和 66.67％，其中多带金钱鱼仅在 2022 年的监测样品中有涉及，其对 NNV 的敏感性需要进一步监测。

（三）易感宿主规格分析

2022 年，VNN 监测样品仍然以规格比较小的苗种为主，5 cm 以下的样品有 47 份，检出阳性样品 14 份，阳性检出率 29.79％；5～10 cm 的样品有 47 份，检出阳性样品 7 份，阳性检出率 14.89％；10～15 cm 样品有 17 份，检出阳性样品 2 份，阳性检出率 11.76％；15 cm 以上的样品有 24 份，检出阳性样品 1 份，阳性检出率 4.17％。检测结果显示，病毒性神经坏死病毒在各种规格的海水鱼类中均有检出，在小规格苗种中的阳性检出率要高于大规格鱼体。

（四）阳性样品的养殖水温分析

2022 年，VNN 阳性样品分别在浙江、福建、广东、广西和海南等地区检出。其中，浙江阳性品种为大黄鱼，阳性样品采集时间为 6 月 21 日至 7 月 27 日，水温 25.5～29 ℃；福建阳性品种为石斑鱼和鲷，石斑鱼样品采集时间为 6 月 21 日至 7 月 19 日，水温 28～29 ℃，鲷样品采集时间为 6 月 22 日，水温 29 ℃；广东阳性品种为石斑鱼，阳性样品采集时间为 6 月 15—30 日，水温 25 ℃；广西阳性品种为石斑鱼和鲈（海），石斑鱼样品采集时间为 5 月 18 日，水温 25 ℃，鲈（海）样品采集时间为 9 月 2—5 日，水温 28～29 ℃；海南阳性品种为石斑鱼和多带金钱鱼，石斑鱼样品采集时间为 3 月 10 日至 7 月 28 日，水温 27～32 ℃，多带金钱鱼样品采集时间为 3 月 10 日至 6 月 15 日，水温 29～37 ℃。2022 年 VNN 监测阳性样品采样水温主要在 25～37 ℃；与往年相比，首次在水温 35 ℃以上检出了 VNN 阳性样品。

（五）阳性监测点情况分析

2022 年全国共设 VNN 监测点 120 个，检出阳性监测点 23 个，监测点平均阳性检出率为 19.17%。在 120 个监测点中，国家级原良种场阳性率为 16.67%，省级原良种场阳性率为 25%，苗种场阳性率为 31.25%，成鱼养殖场阳性率为 11.29%。2022 年，监测点阳性率苗种场＞省级原良种场＞国家级原良种场＞成鱼养殖场。2016—2022 年，国家级原良种场阳性率平均为 3.33%；省级原良种场阳性率平均为 27.27%；苗种场阳性检出率平均为 22.91%；成鱼养殖场阳性检出率平均为 13.26%。省级原良种场和苗种场的阳性率要高于国家级原良种场和成鱼养殖场，是需重点加强 VNN 防控的监测点。

（六）监测点连续设置情况

2016—2022 年 VNN 检测累计设置监测点 839 个，累计检出阳性监测点 147 个，监测点阳性率平均为 17.52%。其中，2017—2022 年共设置监测点 752 个，开展连续监测的养殖场点共有 101 个，占总数的 13.43%。连续 2 年被纳入监测点的养殖场点数有 55 个，占比为 7.31%；连续 3 年被纳入监测点的养殖场点数有 32 个，占比为 4.26%；连续 4 年被纳入监测点的养殖场点数有 13 个，占比为 1.73%；连续 5 年被纳入监测点的养殖场点数有 1 个，占比为 0.13%。综合历年以来监测点设置情况，3 年以上连续被纳入监测点的养殖场点占比较少，不利于 VNN 病害流行情况的持续跟踪和监测（表 7）。

表 7　2017—2022 年监测点连续设置情况（个）

省份	连续 2 年被纳入监测点数量	连续 3 年被纳入监测点数量	连续 4 年被纳入监测点数量	连续 5 年被纳入监测点数量
辽宁	5	0	0	0
天津	5	1	2	0
河北	8	6	8	1

（续）

省份	连续2年被纳入监测点数量	连续3年被纳入监测点数量	连续4年被纳入监测点数量	连续5年被纳入监测点数量
浙江	4	7	0	0
福建	12	2	0	0
山东	7	8	0	0
广东	3	3	1	0
广西	6	3	1	0
海南	5	2	1	0
合计	55	32	13	1

四、风险分析及建议

1. 风险分析

（1）NNV 对我国水产养殖的危害程度逐步增大　自 2016 年我国将 VNN 列入监测计划以来，共检测到阳性样品 262 份，品种包括石斑鱼、卵形鲳鲹、鲆、河鲀（海）、大黄鱼、鲈（海）、多带金钱鱼和鲷等，监测结果显示，NNV 在我国感染的宿主种类在逐渐增加，且 NNV 感染的水温范围进一步扩大，2022 年首次在水温 35 ℃以上检测到阳性样品，NNV 宿主种类和感染水温的拓展进一步加大了 NNV 的传播风险，对我国水产养殖的危害程度在不断加大。

（2）苗种感染和传播 NNV 的风险高于成鱼　2016—2022 年，各类型 VNN 监测点平均阳性检出率分别为：国家级原良种场 3.33%、省级原良种场 27.27%、苗种场 22.91%、成鱼养殖场 13.25%，苗种场的监测点阳性率要高于成鱼养殖场。另外，综合历年监测情况，NNV 不仅会对小规格苗种产生危害，也会感染较大规格的鱼体，甚至是商品鱼规格的鱼体，但 2016—2022 年的 262 份阳性样品中，规格在 10 cm 以下的有 224 份，占阳性样品的 85.50%，说明 NNV 感染的对象仍然以苗种为主。

（3）石斑鱼等海水鱼类是 NNV 感染的主要品种　通过 2016—2022 年连续 7 年的监测，NNV 在我国感染的宿主逐渐增多，涵盖了 8 个主要养殖品种。其中，石斑鱼仍然是 NNV 感染的主要品种，2016—2022 年每年均有石斑鱼 VNN 阳性样品检出，NNV 感染的宿主中石斑鱼的累计阳性率达 39.17%，且阳性数量约占阳性品种总量的 89.69%。

2. 风险管控建议

（1）全力推进水产苗种产地检疫　鉴于 VNN 对我国水产养殖苗种的危害更大，应严格落实水产苗种产地检疫制度，对苗种生产过程亲鱼、卵、饵料等关键生产环节开展 NNV 检测，防止苗种带病流通。同时，要进一步加强苗种场的管理，在苗种选育过程中重视生物安保工作，选择健康又没有携带 NNV 的亲鱼进行苗种培育，并对受精卵进行消毒，尽可能减小 NNV 传播的风险。

（2）提前做好对 VNN 的预防工作　VNN 对我国水产养殖的危害范围广、致病性强、死亡率高，且目前没有可行和有效的治疗方法，一旦暴发流行容易造成重大的经济损失。因此，应把预防作为控制该病流行和蔓延的关键点。特别是对往年检出阳性样品的监测点要进一步加强管理，在 VNN 流行季节定期做好消毒措施，发现病鱼及时做好无害化处理。

（3）进一步加强 VNN 防控技术开发　目前尚无批准可用的商业化抗 NNV 的药物，生产实践中只能采用增氧、消毒、降低密度等基本的防控措施。虽然国内外已有关于 VNN 疫苗研制和药物治疗的报道，但仍停留在研究阶段，需要进一步进行相关产品的开发。由于仔鱼和稚鱼免疫系统尚未发育完善，中山大学从亲鱼、鱼卵及仔稚鱼三方面开发三种免疫制剂以预防或去除 NNV 或许是比较好的思路。在 VNN 治疗方面，由于目前研究发现的抗 NNV 活性化学药物，如利巴韦林、金刚烷胺和盐酸普罗地芬等禁止用于水产养殖治疗，对 VNN 治疗药物的开发或许应该集中在中草药方向。

五、监测工作存在的问题及相关建议

1. 监测范围需进一步增加　由于目前 NNV 感染的宿主已经从海水鱼过渡到淡水鱼，甚至虾类等无脊椎动物也有感染，因此应该进一步增加 VNN 监测的范围，尽量涵盖全国海水鱼主要养殖区域，可适当增加淡水品种，以便更加全面地了解 VNN 在我国的流行情况。

2. 加强对阳性监测点的持续监测　对有阳性样品检出的养殖场，必须纳入下年度的监测点，同时要加强 VNN 日常监测，在 VNN 流行季节，定期对苗种、饵料等开展 NNV 病原检测，并对养殖水体和工具进行消毒。

3. 加强快速检测技术在监测中的推广应用　为及时掌握 VNN 的流行情况，同时提升基层技术人员的检测能力，可加强现场快速检测产品在基层水技推广机构或监测点的推广和应用，以便对 VNN 进行加密监测，监测到阳性样品时也可以及时采取有效的防控手段。

2022年鲤浮肿病状况分析

北京市水产技术推广站

（吕晓楠　徐立蒲　张　文　王　姝　曹　欢

王静波　王小亮　王　澎）

一、前言

鲤浮肿病（Carp edema virus disease，CEVD），也称锦鲤昏睡病（Koi sleepy disease，KSD），是由一种痘病毒感染鲤、锦鲤引起的一种高度传染性流行病。患病鱼出现烂鳃、凹眼、昏睡等症状并急性死亡，造成严重经济损失。我国将其列为《一、二、三类动物疫病病种名录》二类动物疫病。2018年至今，农业农村部将CEVD列为疫病监测对象，现将2022年监测情况总结如下。

二、监测抽样概况

（一）监测计划任务完成情况

2022年，CEVD监测计划任务样品数190份，实际完成241份。各省（自治区、直辖市）计划抽样数量以及实际完成抽样情况见表1。

表1　各省份CEVD监测任务及完成情况

省份	任务数量（份）	检测样品总数（份）	检测养殖场总数（个）	阳性养殖场总数（个）	阳性养殖场点检出率（%）
北京	15	15	11	6	54.5
天津	10	10	10	0	0
河北	45	45	45	4	8.9
内蒙古	5	8	8	2	25
辽宁	15	15	15	0	0
吉林	5	5	5	0	0
黑龙江	5	5	5	0	0
上海	5	5	5	0	0
江苏	5	9	9	0	0
江西	5	10	10	0	0
山东	5	49	46	1	2.2

（续）

省份	任务数量（份）	检测样品总数（份）	检测养殖场总数（个）	阳性养殖场总数（个）	阳性养殖场点检出率（%）
河南	10	5	5	0	0
湖南	20	20	20	6	30
广东	15	15	12	2	16.7
重庆	15	15	14	1	7.1
贵州	5	5	5	0	0
陕西	5	5	5	0	0
合计	190	241	230	22	9.6

2022 年，190 份样品任务被分配到 17 个省份，平均每个省份有 11 份样品，比 2021 年（平均 6.5 份样品）在平均采样任务上有所增加。部分地区采样任务依然较少，除非在大暴发的流行区域，否则采样量较少易造成假阴性。因此建议各地增加省级监测任务数量，重点采集曾经发病的鱼场、前几年是阳性的鱼场及苗种场、原良种场。

（二）监测抽样概况

1. 监测范围　2022 年监测范围覆盖全国 17 个省（自治区、直辖市）125 个县（区）174 个乡（镇）的 230 个养殖场。各地区监测抽样情况见表 2。

2. 不同类型养殖场抽样检测情况　CEVD 抽样检测的养殖场类型包括国家级、省级原良种场，苗种场，成鱼养殖场和观赏鱼养殖场。其中，国家级、省级原良种场和苗种场的抽样检测总数依次为 3、31、55 个，占全部抽样检测场的 38.7%；观赏鱼养殖场抽样检测 39 个，占全部抽样检测场的 17.0%；成鱼养殖场抽样检测 102 个，占全部抽样检测场的 44.3%。

分析不同省份 CEVD 抽取样品的来源养殖场类型，吉林、湖南、贵州、江西、上海、黑龙江这 6 个省份抽样的国家级、省级原良种场和苗种场总数占全部抽样场总数的百分比较高，而其余省份抽样的国家级、省级原良种场和苗种场总数占全部抽样场总数的百分比相对较低。各地应在今后抽样工作中重点采集鲤、锦鲤的国家级、省级原良种场和苗种场，以及往年阳性养殖场。

3. 养殖场抽样份数、每份样品抽样尾数　绝大部分省份每个场抽样 1～2 份，能够满足疫病监测的技术需求。

大部分抽样单位送检样品数量达到 150 尾，满足国家水生动物疫病监测计划要求。北京、内蒙古、黑龙江、山东、广东分别有 3、3、1、1、1 家鱼场的抽样数量未达到 150 尾，上述样品除北京、内蒙古检测出阳性外，其他省份均未检出阳性。2023 年，除发病场外，每份样品抽样尾数需满足《国家水生动物疫病监测计划》要求。

4. 不同养殖模式的抽样检测情况　各养殖模式下抽样检测情况如下：淡水池塘 212 份，淡水工厂化 25 份，海水工厂化 4 份。主要以池塘养殖模式为主，占总抽样数量的 88%，

表 2　2022 年鲤浮肿病（CEVD）监测情况汇总

省份	监测养殖场点（个）							检测结果（病原学检测）															
	区(县)数	乡(镇)数	国家级原良种场	省级原良种场	苗种场	观赏鱼养殖场	成鱼养殖场	监测养殖场点合计	国家级原良种场		省级原良种场		苗种场		观赏鱼养殖场		成鱼养殖场		抽样总数量(批次)	阳性样品总数(批次)	样品阳性率(%)	阳性品种	阳性处理措施
									抽样数量(批次)	阳性样品数(批次)	抽样数量(批次)	阳性样品数(批次)	抽样数量(批次)	阳性样品数(批次)	抽样数量(批次)	阳性样品数(批次)	抽样数量(批次)	阳性样品数(批次)					
北京	4	8				10	1	11							14	6	1		15	6	40	锦鲤	CL、Tsu
天津	5	9			1		9	10					1				9		10		0		
河北	16	26		2	7	1	35	45			2	1	7	1	1		35	2	45	4	8.9	鲤	M、Gsu、Tsu
内蒙古	2	2					8	8									8	2	8	2	25	鲤	CL、Tsu
辽宁	4	9		1			14	15			1						14		15		0		
吉林	5	5		5				5			5								5		0		
黑龙江	4	4		1	2		2	5			1		2				2		5		0		
上海	3	4		2	2	1		5			2		2		1				5		0		
江苏	6	9				2	7	9							2		7		9		0		
江西	6	9	1	3	5	1		10	1		3		5		1				10		0		
山东	29	37		1	21	10	14	46			1		23	1	10		15		49	1	2	锦鲤	CL
河南	4	5		1	1	1	2	5			1		1		1		2		5		0		
湖南	16	20	1	14	5			20	1		14	4	5	2					20	6	30	鲤、锦鲤	CL
广东	5	8				11	1	12							13	2	2		15	2	13.3	锦鲤	CL
重庆	12	12	1	1	5		7	14	1		1		6	1			7		15	1	6.7	鲤	CL
贵州	1	3			5			5					5						5		0		
陕西	3	4			1	2	2	5					1		2		2		5		0		
合计	125	174	3	31	55	39	102	230	3	0	31	5	58	5	45	8	104	4	241	22	9.1		

注：阳性处理措施包括：消毒，CL；监控，M；全面监测，Gsu；专项调查，Tsu；移动控制，Qi。

池塘养殖也是我国鲤、锦鲤养殖的主要模式。

5. 抽样检测品种　2022 年共抽取样品 241 份，其中鲤 178 份、锦鲤 58 份、草鱼 4 份、鳙 1 份，分别占总抽样数量 73.9%、24.1%、1.7% 和 0.4%，鲤和锦鲤合计占总抽样数量的 97.9%。

鲤、锦鲤是 CEV 目前已知的感染对象。2023 年抽样应继续以鲤、锦鲤为主，各地也可少量抽取其他品种，以进一步研究其他品种感染 CEV 情况，但其他品种抽样数量不宜过高。

6. 抽样水温　2022 年，抽样水温范围为 15~32 ℃（图 1）。根据养殖生产发病情况调查，20~27 ℃是 CEVD 发病较为集中的水温范围，在此温度范围抽样阳性样品检出率会较高。抽样水温 20 ℃以下样品 14 份，占比 6%；抽样温度 20~27 ℃样品 167 份，占比 70%；抽样温度 27 ℃以上样品 58 份，占比 24%。抽样水温多数符合要求。

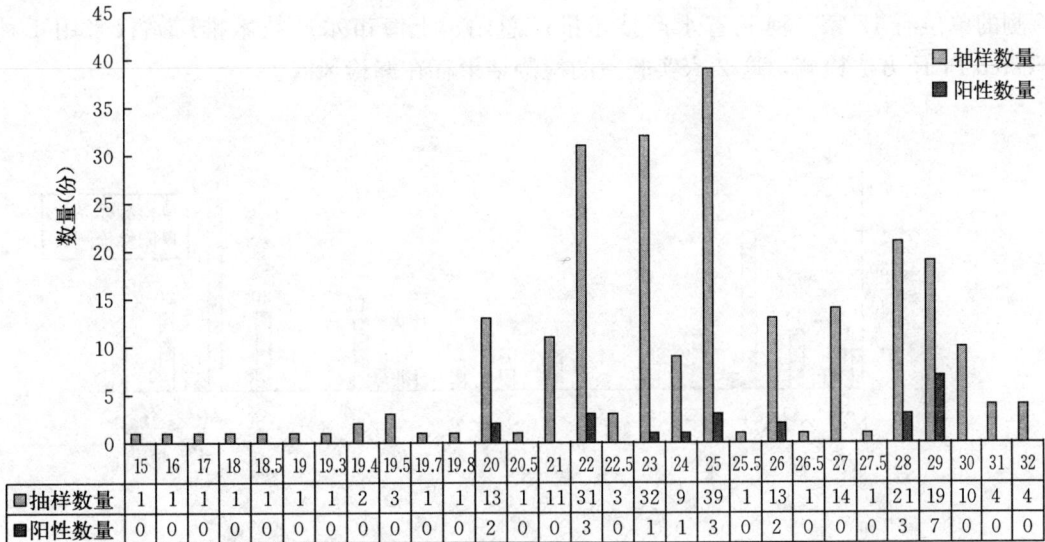

水温	15	16	17	18	18.5	19	19.3	19.4	19.5	19.7	19.8	20	20.5	21	22	22.5	23	24	25	25.5	26	26.5	27	27.5	28	29	30	31	32
抽样数量	1	1	1	1	1	1	1	1	2	3	1	13	1	11	31	3	32	9	39	1	13	1	14	1	21	19	10	4	4
阳性数量	0	0	0	0	0	0	0	0	0	0	0	2	0	0	3	0	1	1	3	0	2	0	0	0	3	7	0	0	0

图 1　不同水温抽样数与阳性数

（三）检测单位和检测方法

1. 检测单位　2022 年，共 16 家单位承担 CEV 的检测工作。

6 家科研院所共承担 117 份样品检测工作，占抽样检测总数量的 48.5%，阳性样品共检出 4 份，占阳性样品检出总数的 18.2%。其中，中国检验检疫科学研究院阳性样品检出 3 份，山东省淡水渔业研究院阳性样品检出 1 份；另 4 家单位（中国水产科学研究院长江水产研究所、中国水产科学研究院黑龙江水产研究所、中国水产科学研究院珠江水产研究所、上海海洋大学水生动物病原库）均未检出阳性样品。

10 家疫病预防控制系统实验室承担 124 份样品检测工作，占抽样检测总数量的

51.5%，阳性样品共检出 18 份，占阳性样品检出总数的 81.8%。其中，湖南省畜牧水产事务中心检出 6 份，北京市水产技术推广站阳性样品检出 5 份，河北省水产技术推广总站阳性样品检出 4 份，广东省水生动物疫病预防控制中心阳性样品检出 2 份，重庆市水生动物疫病预防控制中心检出 1 份，吉林省水产技术推广站、江苏省水生动物疫病预防控制中心、辽宁省水产技术推广站、上海市水产技术推广站、天津市水生动物疫病预防控制中心均未检出阳性样品。

2. 检测方法　2022 年 CEVD 监测计划中规定检测方法参照《鲤浮肿病诊断规程》（SC/T 7229—2019）（农渔技疫函〔2022〕39 号）。前期研究结果表明：该标准中推荐的 qPCR 方法阳性检出效果优于 Nested PCR，仅采用 Nested PCR 有漏检情况，有条件的实验室应首选 qPCR；没有荧光 PCR 仪的实验室应同时采用两种 Nested PCR 方法检测，并应考虑到有漏检风险。

承担 2022 年 CEV 检测任务的 16 家实验室均采用《鲤浮肿病诊断规程》（SC/T 7229—2019）中的 qPCR 和/或 Nested PCR 进行检测（图 2、表 3）。其中，采用 qPCR 检测的单位有 12 家。河北省水产技术推广总站、上海市水产技术推广站仅采用 1 种 Nested PCR 方法检测，这 2 家实验室的检测结果存在漏检风险。

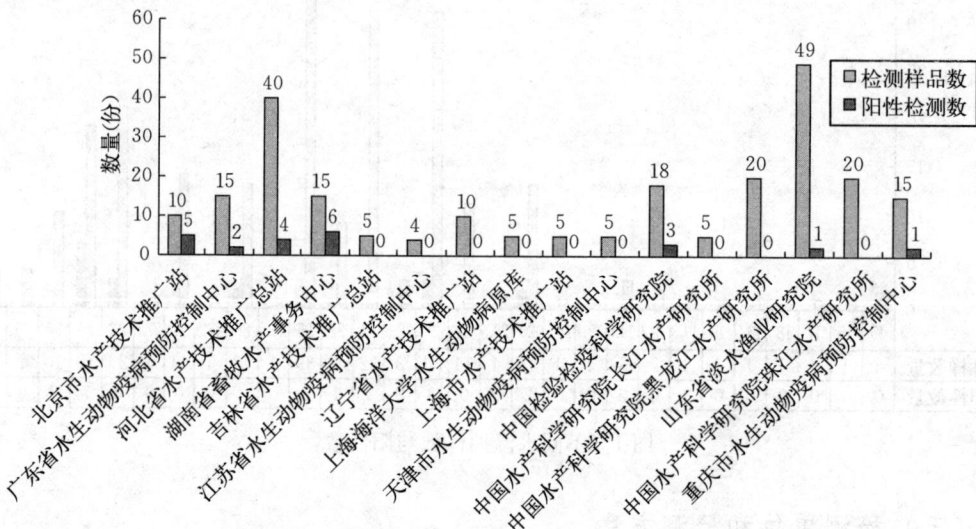

图 2　各检测单位的 CEV 检测数和阳性检出情况

表 3　各实验室 CEV 检测情况汇总

检测单位	qPCR	Nested PCR 528/478	Nested PCR 548/180	是否检出阳性
北京市水产技术推广站	√			√
广东省动物疫病预防控制中心	√	√	√	√

（续）

检测单位	qPCR	Nested PCR		是否检出阳性
		528/478	548/180	
河北省水产技术推广总站		√		√
湖南省畜牧水产事务中心	√			√
吉林省水产技术推广总站	√			
江苏省水生动物疫病预防控制中心	√			
辽宁省水产技术推广站	√			
上海海洋大学水生动物病原库	√	√	√	
上海市水产技术推广站			√	
天津市水生动物疫病预防控制中心			√	
中国检验检疫科学研究院	√			√
中国水产科学研究院长江水产研究所		√	√	
中国水产科学研究院黑龙江水产研究所	√			
山东省淡水渔业研究院	√			
中国水产科学研究院珠江水产研究所	√			
重庆市水生动物疫病预防控制中心	√	√	√	√

3. 检测结果判定　2022 年抽样的 241 份样品均无 CEVD 临床症状（或未记录采集样品是否有临床症状）。按《鲤浮肿病诊断规程》（SC/T 7229—2019）规定，养殖的鲤或锦鲤出现临床症状，qPCR、Nested PCR、LAMP 检测中任意一种方法检测结果阳性，判定为 CEVD 阳性。养殖的鲤或锦鲤无临床症状，qPCR、Nested PCR、LAMP 检测中任意一种方法检测结果阳性，判定为 CEV 核酸阳性。因此，2022 年通过 qPCR 和/或 Nested PCR 检出的全部 22 份阳性样品，依据标准应全部判定为 CEV 核酸阳性。为便于表述，下文中将这 22 份检测结果阳性样品均简称为 CEV 阳性。

三、监测结果和分析

（一）CEV 阳性养殖场点检出情况

2022 年，在全国 230 个养殖场抽样 241 份，阳性样品检出 22 份，来源于 22 个养殖场，阳性养殖场点检出率 9.6％。

对比 2017—2022 年监测结果（图 3），CEV 阳性养殖场点检出率在 6 年内呈先下降后上升趋势，2022 阳性养殖场点检出率 9.6％。经调查，2022 年度 CEVD 在鲤和锦鲤产区依然有发病情况。因引种等原因造成点状发病有扩散趋势，我国鲤和锦鲤 CEVD 防控形势依然不可松懈。

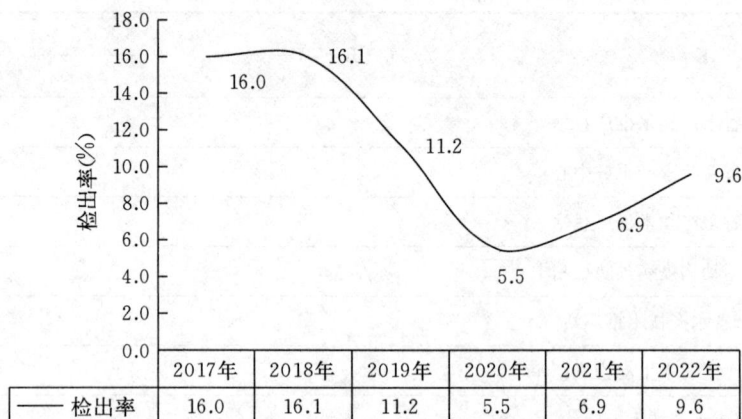

图 3   2017—2022 年全国 CEV 阳性养殖场点检出率

（二）CEV 阳性地区分布

近 6 年的 CEV 阳性地区分布情况见表 4。2022 年，在 17 个参与 CEV 监测的省份中有北京、河北、内蒙古、山东、广东、重庆、湖南等 7 省份检出了 CEV 阳性。由表 4，天津和河南连续 2 年、辽宁连续 3 年未检出 CEV，上述地区曾是 CEV 高发地区。没有非常有效的防控措施，CEV 不会完全消失，天津、河南、辽宁在 2022 年未检出CEV，极大可能是漏检。

表 4   2017—2022 年各地阳性养殖场点检出率（％）

省份	2017 年	2018 年	2019 年	2020 年	2021 年	2022 年
北京	72.7	19.4	26.3	20	50	54.5
天津	39.5	13.3	0	17.4	0	0
河北	5.9	3.7	63.2	4	0	8.9
内蒙古	100	24.1	0	11.1	0	25
辽宁	34.8	66	32	0	0	0
黑龙江	47.8	40	0	0	40	0
江苏	0	4.9	0	0	0	0
山东	0	28	0	/	0	2.2
河南	22.4	25.9	32	4	0	0
广东	22.1	33.3	0	27.3	11.11	16.7
陕西	40	13.3	0	0	/	0
宁夏	22.2	20	0	0	0	/
上海	/	20	0	0	40	0
安徽	33.3	0	5.6	0	0	/

（续）

省份	2017 年	2018 年	2019 年	2020 年	2021 年	2022 年
江西	0	0	0	0	20	0
广西	0	0	/	/	/	/
重庆	0	0	0	0	0	7.1
四川	0	0	7.1	13.3	0	/
甘肃	0	0	0	0	/	/
新疆	50	0				
吉林	9.1	/	0	0	0	0
山西	20					
湖北	0	/				
云南	100					
湖南	/	5.7	0	6.7		30
浙江	/	0	0	0		
新疆兵团	/	0				
贵州	/	/	/	0	40	0

通过监测以及调查表明，现阶段 CEV 是一种分布范围较广的水生动物病毒，我国鲤和锦鲤主要产地还有 CEV 分布，且原良种场、苗种场有检出，病毒扩散风险较高。

（三）不同类型养殖场的 CEV 检出情况

2022 年，在抽样的省级原良种场、苗种场、观赏鱼养殖场和成鱼养殖场等 4 种类型的养殖场中均有 CEV 阳性检出。其中，31 个省级原良种场中检出 5 个阳性，阳性养殖场点检出率 16.1%；55 个苗种场检出 5 个阳性，阳性养殖场点检出率 9.1%；39 个观赏鱼养殖场检出 8 个阳性，阳性养殖场点检出率 20.5%；102 个成鱼养殖场检出 4 个阳性，阳性养殖场点检出率 3.9%。

（四）不同品种 CEV 检出情况

2022 年，监测的 241 份样品中，鲤样品 178 份，阳性样品 9 份，阳性样品检出率 5.1%；锦鲤样品 58 份，阳性样品 13 份，阳性样品检出率 22.4%。2022 年度对 4 份草鱼样品、1 份鳙样品分别监测，结果均为 CEV 阴性，其他品种是否为 CEV 宿主尚需要更多相关数据积累和验证。

（五）不同养殖模式的 CEV 检出情况

2022 年，将 CEV 监测样品按照来源场的养殖模式分类，共监测淡水池塘样品 212 份，阳性样品 18 份，阳性样品检出率 8.5%；淡水工厂化样品 25 份，阳性样品 4 份，阳性样品检出率 16%；海水工厂化样品 4 份，并未检出 CEV 阳性。

（六）不同抽样温度的 CEV 检出情况

2022 年 CEV 监测的抽样温度范围为 15～32 ℃。在抽样温度 20、22、23、24、26、28 和 29 ℃均有 CEV 阳性检出。综合近 6 年 CEV 监测结果，CEV 在 4～33 ℃均可检出，可见 CEV 的存活温度范围较广。生产中，20～27 ℃是发病的主要温度范围。

四、CEVD 风险分析及管理建议

（一）对产业影响情况

鲤是全球养殖最广泛的鱼类之一，也是水产养殖中最具经济价值的品种之一。我国是鲤养殖大国，养殖产量约 300 万 t。锦鲤是鲤的变种，在我国同样具有重要的市场价值。目前我国鲤和锦鲤主要存在三种危害较严重的病毒病，包括鲤春病毒血症（SVC）、锦鲤疱疹病毒病（KHVD）和鲤浮肿病（CEVD）。2021 年，我国 SVCV、KHV、CEV 阳性养殖场点检出率分别为 0.5%、3.8%、6.9%，CEVD 仍然是对我国鲤和锦鲤危害最严重的病毒病之一。

2022 年 CEV 阳性养殖场点检出率 9.6%，在北京、河北、内蒙古、山东、广东、重庆、湖南 7 省份检出了 CEV 阳性，其他未检出省份不排除有漏检可能，CEV 在我国感染范围较广。我国鲤和锦鲤养殖地区特别是 CEV 高发的重点地区需要持续加强防控工作。

（二）主要风险点识别

1. 带毒苗种流通　2022 年观赏鱼养殖场监测点阳性率高达 20.5%。锦鲤是我国重要的有价值的观赏鱼品种，各地为保种、繁育，跨省交易现象较普遍。锦鲤感染 CEV 后将成为病毒传播的载体，存在很高的传播风险，而且有从观赏鱼扩散到鲤的风险。

2022 年省级原良种场监测点阳性率 16.1%，苗种场监测点阳性率 9.1%，提示带毒苗种流通依然是 CEV 传播的主要风险点之一。

2. 养殖水源　目前一些地区用自然河水做水源养殖鲤。未经处理的含 CEV 的尾水排放到外界环境，病原进入水体，易造成下游养殖鱼感染。

（三）风险管理建议

首席专家单位结合近年的研究和实践工作，制定了《CEVD 预防和应急管理规程》，并制作了鲤浮肿病防控宣传视频。有需要的单位和个人，可与首席专家单位联系（北京市水产技术推广站，010 - 87702634）。

五、监测工作相关建议

有些问题前文已说明的这里不再赘述。

（一）继续加强抽样环节规范性

抽样数量如果较少（如 5 份）。由于覆盖率较低，存在漏检风险。建议 2023 年增加抽样数量（国家级或省级任务）。每个省份监测数量应达到 20 份以上为宜。

对 CEVD 流行的高发地区，尤其是历年监测阳性率变动较大的地区（如河南、河北、内蒙古、辽宁、天津等），建议增加抽样数量并进一步规范抽样环节管理；同时开展流行病学调查，以全面了解 CEVD 流行情况，并实地推广防控经验。

2023 年，将抽样重点向鲤或锦鲤的国家级、省级原良种场和苗种场进一步集中，实现辖区内国家级和省级原良种场、重点苗种场、引育种中心监测全覆盖。

（二）进一步规范检测工作

根据农业农村部、全国水产技术推广总站要求，承担检测任务的实验室应通过 CEV 能力验证。2022 年承担 CEV 检测工作单位共 16 家，其中 1 家单位未参与 2021 年 CEV 能力验证。建议 2023 年选择检测单位应注意该单位是否通过上一年度能力验证，以确保检测结果可靠。

2022 年个别省份样品抽样数量未达到 150 尾。2023 年，除发病场外，每份样品抽样尾数需符合《国家水生动物疫病监测计划》要求。检测每份样品（150 尾鱼）时，至少分为 10 份小样并分别检测，以减少漏检情况。

开展 CEV 检测工作建议优先采用 8.3 qPCR 方法。对于承担检测任务但缺少荧光 PCR 仪的实验室，需采用 8.4.1 和 8.4.2 两种套式 PCR 同时检测。不能仅采取一种套式 PCR 方法检测，这样漏检风险太大。

在挑选承担检测任务的实验室时，除了现有组织开展的实验室能力测试考核活动外，建议增加对实验室检测能力现场审查的环节，组织不定期飞行检查，检查内容为接样、样品处理、采用标准、检测过程以及结果报告等。

（三）加强对阳性场防控指导

CEVD 为我国养殖鱼类新发疫病，下一步着力加强开展对养殖场的防控指导，包括养鱼池和工具的消毒、苗种引种要求、水质管理、尾水处理、投喂管理、预防用药以及发病后应急措施等，切实服务养殖生产。

2022 年传染性胰脏坏死病状况分析

北京市水产技术推广站

（张　文　徐立蒲　吕晓楠　王静波　王小亮　曹　欢
王　姝　王　澎　江育林）

一、前言

传染性胰脏坏死病（Infectious pancreatic necrosis，IPN）是虹鳟（包括金鳟）稚鱼的急性传染性疾病。我国将其列为《一、二、三类动物疫病病种名录》三类动物疫病。

二、主要内容概述

根据 2022 年 6 省上报的监测数据，形成本报告，主要内容如下：①对全国 IPN 监测工作总体实施情况进行汇总，分析 2022 年监测数据，并与 2020 年、2021 年进行比较；②对我国发生 IPN 疫情的风险进行研判，对风险点进行识别；③对监测工作提出相关建议。

三、监测实施情况

（一）监测任务完成情况

2022 年国家监测计划完成 35 批次，实际完成 33 批次（表 1）。除上述监测计划任务外，北京市水产技术推广站对北京、甘肃、四川 3 省份的 33 批次样品进行了监测，相关数据列入 2022 年监测数据统计范围。2022 年全国实际共完成 8 省份 66 批次样品监测。

表 1　监测任务完成情况

省份	计划完成（批次）	实际完成（批次）	检测单位
河北	5	5	中国水产科学研究院黑龙江水产研究所
辽宁	5	5	中国水产科学研究院黑龙江水产研究所
黑龙江	5	5	中国水产科学研究院黑龙江水产研究所
陕西	10	10	中国水产科学研究院黑龙江水产研究所
甘肃	5	5	中国水产科学研究院黑龙江水产研究所

（续）

省份	计划完成（批次）	实际完成（批次）	检测单位
青海	5	3	中国水产科学研究院黑龙江水产研究所
总计	35	33	—

（二）监测范围

在我国，20 世纪 80—90 年代就发现养殖虹鳟因 IPN 大量损失的情况。进入 2000 年后，养殖和研究者更关注传染性造血器官坏死病（也就是 IHN）。IPN 报道减少，较长时间以来 IPN 似乎销声匿迹。这与 WOAH 把 IPN 从疫病名录中取消有关。2019 年末至 2020 年初，甘肃、北京局地突发 IPN 疫情，河北出现疑似 IPN 疫情。农业农村部渔业渔政管理局和全国水产技术推广总站高度关注 IPN 疫情，自 2020 年起水生动物疫病监测任务中开始增加了 IPN 的调查工作。

2022 年，IPN 的监测范围包括北京、河北、辽宁、黑龙江、陕西、甘肃、青海、四川 8 省份，涉及 16 县（区）22 乡（镇）33 个监测点。与 2021 年相比，监测省份去掉了吉林、新疆，新增了辽宁、四川；监测县（区）、乡（镇）、养殖场点均有所下降（图 1）。

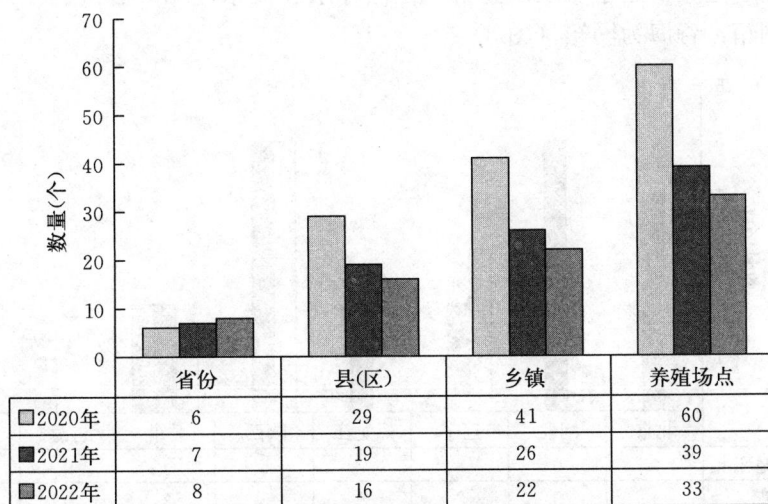

	省份	县(区)	乡镇	养殖场点
2020年	6	29	41	60
2021年	7	19	26	39
2022年	8	16	22	33

图 1　2020—2022 年监测覆盖范围

（三）监测点类型及养殖方式

1. 监测点类型　2022 年，监测点类型涉及 5 类。其中，国家级原良种场 1 个、省级原良种场 2 个、苗种场 6 个、成鱼养殖场 23 个、引育种中心 1 个，共计 33 个，分别占监测点总数的 3%、6%、18%、70%、3%。

与 2021 年相比，国家级原良种场、省级原良种场、苗种场、成鱼养殖场均有所减少（图 2）。

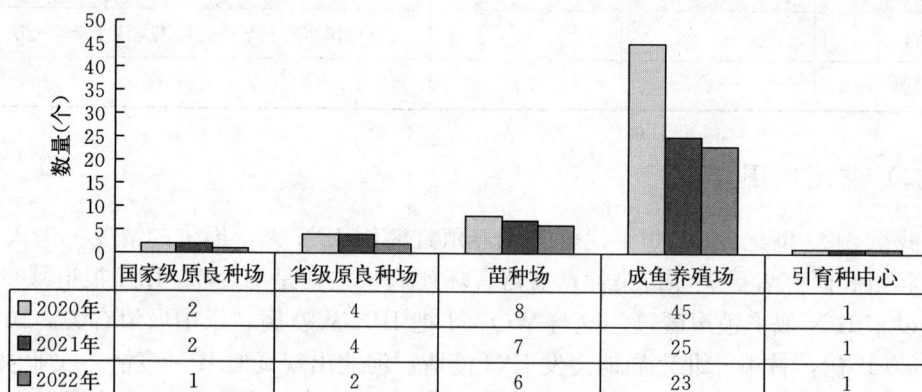

	国家级原良种场	省级原良种场	苗种场	成鱼养殖场	引育种中心
2020年	2	4	8	45	1
2021年	2	4	7	25	1
2022年	1	2	6	23	1

图 2　2020—2022 年监测点类型

2. 养殖模式　2022 年，所有监测点的养殖条件均为淡水养殖，养殖模式包括工厂化循环水、流水池塘、网箱。在 33 个监测点中，不同养殖方式占比分别为：工厂化循环水 27％、流水池塘 64％、网箱 9％。

2022 年，三种养殖方式在 IPN 监测各地的分布情况稍有不同。北京、河北、黑龙江、四川为流水池塘，辽宁、陕西为工厂化循环水和流水池塘，甘肃为工厂化循环水、流水池塘和网箱，青海为网箱（图 3）。

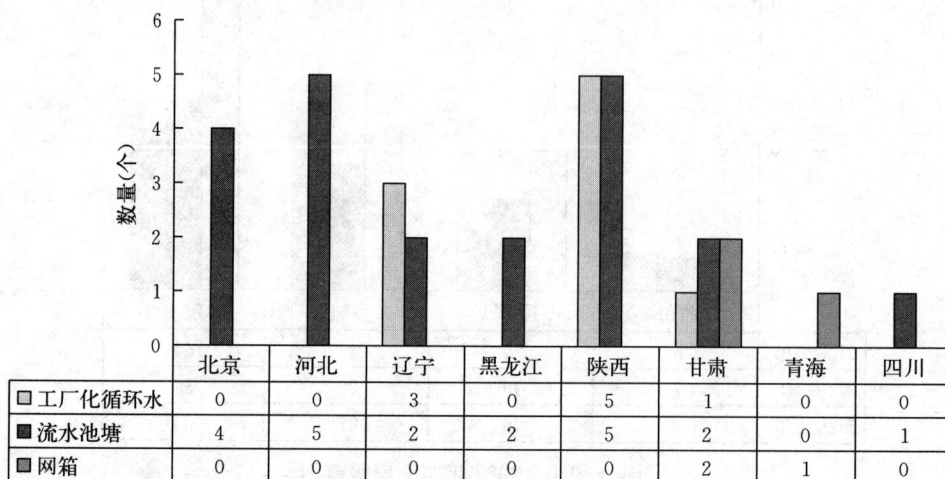

	北京	河北	辽宁	黑龙江	陕西	甘肃	青海	四川
工厂化循环水	0	0	3	0	5	1	0	0
流水池塘	4	5	2	2	5	2	0	1
网箱	0	0	0	0	0	2	1	0

图 3　不同养殖方式分布

（四）采样情况

2022 年，多数省份能按照监测计划的要求，采集符合要求的样品（表 2）。监测品种以鲑、鳟为主。半数以上的样品采样数量达 150 尾，卵达 200 粒，部分样品未按规定的尾数采样。多数样品规格为 5 月龄内，河北、陕西、甘肃均有样品规格在 5 月龄以上，考虑到抽样时当地虹鳟生长情况和调查大规格鱼是否带毒发病，送样也基本符合当地生产监测需求。采样水温多在 8～16 ℃。此外，送检样品状态除了活体外，还包括少量的冰鲜和组织液体。

表 2　2022 年采样情况（尾）

省份	品种		数量		规格		水温	
	鳟	鲑	≥150 尾（卵≥200 粒）	<150 尾（卵<200 粒）	≤5 月龄	>5 月龄	8～16 ℃	>16 ℃
北京	11	0	7	4	11	0	11	0
河北	5	0	5	0	0	5	5	0
辽宁	5	0	5	0	5	0	0	5
黑龙江	5	0	5	0	5	0	5	0
陕西	10	0	10	0	8	2	7	3
甘肃	21	3	15	9	11	13	18	6
青海	3	0	0	3	3	0	3	0
四川	3	0	0	3	3	0	3	0
总计	63	3	47	19	46	20	52	14

（五）实验室检测情况

2022 年，有 1 家实验室承担了国家监测计划任务的 33 份样品，样品来自河北、辽宁、黑龙江、陕西、甘肃、青海。此外，在监测计划外，北京市水产技术推广站对来自北京、甘肃、四川的 33 份样品进行了监测（图 4）。检测方法均为监测计划规定方法，包括细胞培养、PCR 和荧光 PCR。

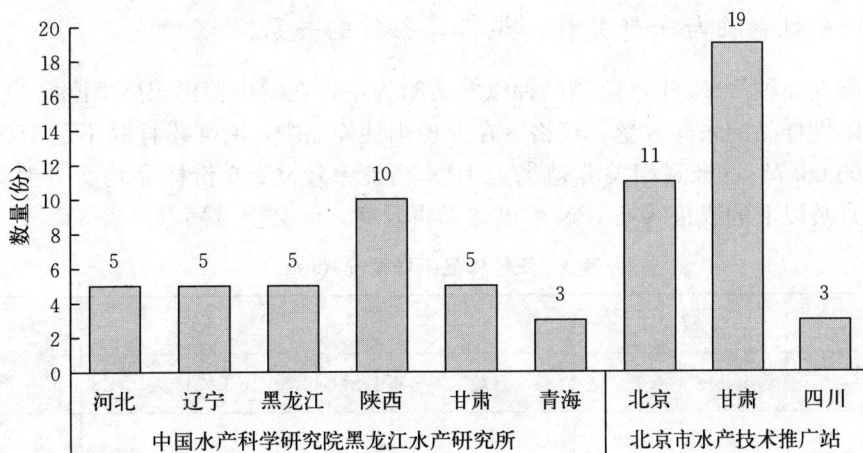

图 4　实验室检测情况

95

四、2022 年 IPN 监测结果

（一）检出率

2022 年，8 省份监测点共 33 个，阳性监测点为 2 个，监测点阳性检出率 6.1%。其中，国家级原良种场 1 个，未检出阳性；省级原良种场 2 个，阳性 1 个；苗种场 6 个，未检出阳性；成鱼养殖场 23 个，阳性 1 个；引育种中心 1 个，未检出阳性。

2022 年，全国 8 省份共完成 66 批次样品监测，其中阳性 6 批次。

（二）阳性检出区域

2022 年，甘肃省中的 1 县（区）2 乡（镇）2 个监测点有 IPN 阳性样品检出，为甘肃省临夏回族自治州永靖县，阳性监测点检出率为 40%。2020—2022 年，北京市有连续两年未有阳性检出，甘肃省 2022 年监测点检出率低于前两年，青海省阳性监测点检出率呈下降趋势（图 5）。

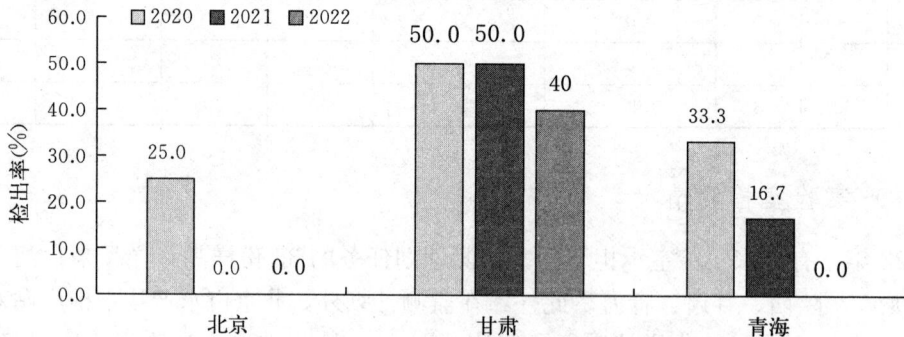

图 5　2020—2022 年阳性监测点检出率

（三）阳性样品与采样品种、规格等条件的关系

（1）阳性品种　2022 年，监测品种以鲑、鳟为主，在鳟中检出 IPN 阳性。

（2）阳性样品的采样数量、规格　在 6 份阳性样品中，有 4 份样品不足 150 尾，占阳性样品的 66.7%，推测相关养殖场点 IPN 感染率较高；6 份样品均在 5 月龄以上，表明在 5 月龄以上的成鱼感染 IPN 后虽然不再发病，但会携带病毒（表 3）。

表 3　阳性样品采样情况（份）

省份	品种	数量		规格		水温		保存方式	
	鳟	≥150 尾	<150 尾	≤5 月龄	>5 月龄	8～16℃	>16℃	活体	冰鲜
甘肃	6	2	4	0	6	5	1	2	4

（四）基因型分析

2022 年，共检出 6 份阳性样品，均来自甘肃，获得有效序列 2 个（编号 061 和 063），另外 4 个由北京市水产技术推广站检出的阳性样品采用的监测方法为细胞培养和荧光定量 PCR，所获序列较短，未做基因型分析。

阳性样品测序结果通过 NCBI 的 BLAST 检索系统进行同源性分析，从中选取与所测序列同源性较高的基因序列，使用 MEGA 4.0 软件的邻位相连法（Neighbor‐joining）构建系统进化树，通过自举分析进行置信度检测，自举数集 1 000 次（图 6）。结果表明，在甘肃检出的 IPNV 基因型均为 V 型，与强毒株 Sp 株高度同源。

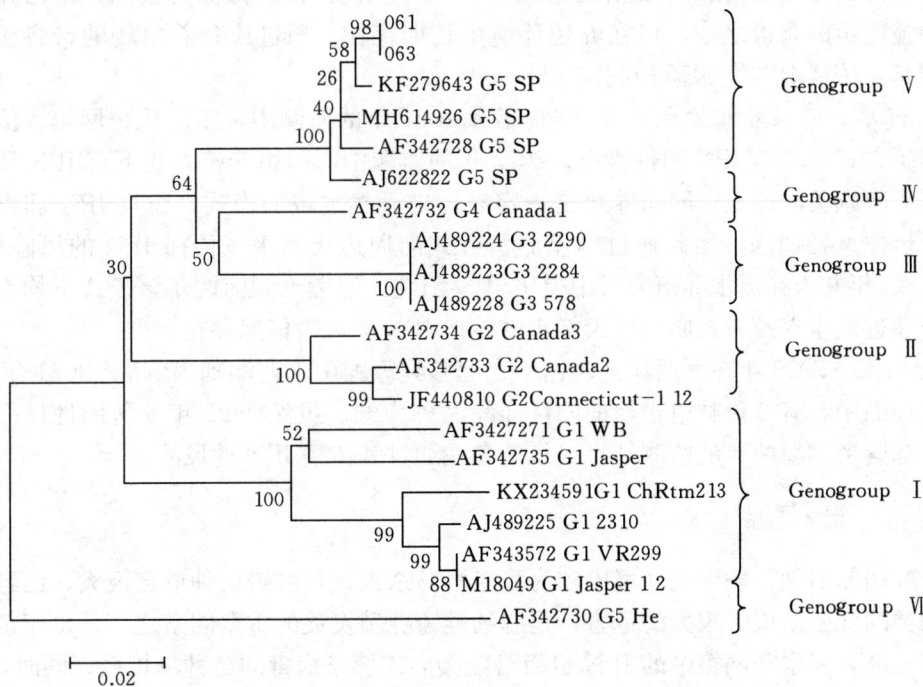

图 6　基因型分析

五、2022 年 IPN 监测风险分析

（一）对产业影响情况

鲑鳟是我国重要的冷水性养殖鱼类，至今已在甘肃、青海、云南、辽宁等地区形成一定的产业规模。随着水产养殖集约化程度不断提高，苗种流通日益增多，鱼类疫病也不断发生；尤其是危害 3 月龄内虹鳟、感染后死亡率高达 90% 以上的 IPN。根据文献资料和近年监测数据，在我国北京、河北、山西、山东、辽宁、吉林、黑龙江、甘肃、青海、云南等地均有检出，分布地域较广，我国虹鳟养殖业，尤其是

苗种产业会受到较大影响，全国范围内虹鳟苗种发生 IPN 风险较高，严重影响鲑鳟养殖产业可持续发展。

（二）主要风险点识别

1. 苗种场　2020 年，苗种场有阳性检出，监测点检出率 37.5%；2021 年，国家级原良种场、苗种场均有阳性检出，监测点检出率分别为 50%、14%；2022 年省级原良种场有阳性检出，监测点检出率为 50%，因此带毒苗种流通传播 IPN 的风险极高。

2. 成鱼养殖场　2020—2022 年，成鱼养殖场均有 IPNV 阳性检出，监测点检出率分别为 20%、16%、4.3%。虽然 5 月龄以上的鱼感染 IPN 后不再发病，但鱼会带毒存活，存在检出 IPN 但未发生疫情的情况。IPN 对环境因素的抵抗力极强，是已知鱼类病毒中最稳定的病毒之一，可在养殖环境中长期存在。通过成鱼养殖场的带毒鱼、水体、器具等传播 IPN 的风险极高。

3. 流水、网箱养殖方式　在 2020 年和 2021 年的监测中，工厂化、网箱、流水等三种养殖方式下均有 IPN 阳性检出。2022 年的监测中，网箱养殖方式下有 IPN 阳性检出。需要特别关注的是，网箱养殖是最容易污染天然水域的模式，而且 IPN 病毒对环境的抵抗力又特别强，因此通过网箱养殖方式向周边天然水域传播 IPN 的风险极高。虽然 2022 年并未在流水养殖方式中检出 IPN 阳性，但考虑到前两年该模式下均有阳性检出，通过流水养殖方式向周边天然水域传播 IPN 的风险依然存在。

4. 宿主　2020 年在大西洋鲑、白鲑、七彩鲑等鲑中未监测到 IPNV。2021 年在 12 份阳性样品中，有 2 份甘肃送检的阳性样品品种为鲑。虽然 2022 年 6 份阳性样品均为虹鳟，综合考虑前两年的监测结果，依然存在通过鲑传播 IPN 的风险。

（三）风险评估

IPN 病原明确，病毒在环境中较为稳定不易杀灭，对虹鳟苗种危害极大，已经对我国鲑鳟类的养殖造成了很大的危害，是制约鲑鳟养殖发展的重要因素之一。由于苗种场阳性率较高，流水和网箱中的 IPN 也极可能会向未感染病毒的苗种场扩散；同时，IPN 分布地域较广，未来我国虹鳟养殖业，尤其是苗种产业会受到较大影响，全国范围内虹鳟苗种发生 IPN 风险较高。需要重点加强对现有阳性场以及苗种场的监控、管理，加强对该病的监测、防控力度，避免 IPN 进一步扩散。

（四）风险管理建议

1. 重点防控苗种场，稳定虹鳟苗种供应　IPN 病毒非常稳定，对环境的抵抗力极强，在水中能存活较长时间，且有非常广泛的宿主。一旦发生 IPN 后，要彻底消灭病毒，恢复无病状态几乎是不可能的。只要监测到 IPN，疫区状态就会长期存在。同时，该病原对 3 个月以内虹鳟鱼苗有极强的杀伤力，有时候能达到 90% 以上的死亡率，导致无法提供足够的苗种，严重影响虹鳟养殖业。因此，在现有水生动物疫病防控能力还不充足的情况下，应将 IPN 防控重点放在苗种场和苗种的管控上，稳定虹鳟苗种供应。

具体建议：控制 IPNV 进入苗种场主要采取严格管理、检疫和卫生消毒措施。对苗种场、良种场实施"无规定疫病苗种场"管理制度；加强国家级原良种场、省级原良种场、引育种中心、重点苗种场、阳性场等重点企业的监测，一年强制抽检 2 次；加强水产苗种产地检疫工作，掌握疫情动态；检测结果阳性的场，不得对外销售苗种，并需要有相应的防控措施，接受主管部门定期检查；对尚未被 IPN 污染的苗种场，必须采取比 IHN 防控更为严格的消毒和阻止病毒进入的措施。

2. 防止成鱼场病毒扩散　由于 IPN 对 5 月龄以上的虹鳟几乎没有威胁，所以在环境中存在 IPN 的情况下，不必对污染了病毒的成鱼养殖场采取扑灭措施。在这些渔场中需要采取的措施是防止病毒扩散到其他水域或养殖场，最后波及苗种场，甚至良种场。

3. 加强宣传教育，根据实际情况制订可行方案　由于 IPNV 非常稳定，能在水中和黏附处存活很久，所以只有停止养殖一年以上（通常 2~3 年），并进行彻底消毒数次，直到重新放水并试放虹鳟养一段时间后检测确认是阴性，才能恢复苗种养殖。如果抱有侥幸心理，后果可能是付出更大的代价。停止养殖是指消毒后放干水干燥一年以上，仅仅不养殖虹鳟是没有用的，因为 IPNV 的宿主范围非常广泛。

具体建议：针对 IPN 的防控，需要根据每一个养殖场的实际情况制订一套具体、详细、可行的方案，并保证能够严格遵照执行。

六、监测工作相关建议

（一）加强抽样工作

根据近 3 年监测省份，除已经监测过的北京、河北、辽宁、吉林、陕西、甘肃、黑龙江、青海、新疆等省份外，我国虹鳟主产区还有云南等地未在 2020—2022 年进行 IPN 抽样检测。未来开展 IPN 监测应尽可能将虹鳟主产区尤其是发生过 IPN 疫情的省份列入。

由于引育种中心、原良种场或苗种场的病毒传播风险远远高于成鱼养殖场，因此各地应坚持重点对引育种中心、原良种场或苗种场抽样检测。

IPN 主要危害 5 月龄以内的虹鳟鱼苗，该阶段鱼苗感染 IPN 后死亡率较高。大规格成鱼感染了 IPN 后不会生病和死亡，但可携带 IPN 并散毒。建议今后采样中应尽量采集 5 月龄以内苗种，适当兼顾大规格成鱼。

按照国家水生动物疫病监测计划的要求，每份样品数量应达到 150 尾鱼。

（二）完善填报信息，开展流行病学调查

监测系统中有关样品的个别采样信息缺失，尤其是阳性样品，包括症状、用药、发病及死亡等情况。建议采样单位及时补充这些关键信息，必要时进行流行病学调查，有利于对阳性样品进行溯源和关联性分析。

（三）IPN 和 IHN 监测工作相结合

IPN 和 IHN 存在混合感染的情况，且这两种病原的感染对象、感染规格、水温等类似。建议在开展 IHN 监测的同时，可进行 IPN 的监测，以最大限度节约抽样资源。同时，建议发现 IPN 阳性的样品也必须进行 IHN 检测。

（四）完善检测方法，建立快速检测技术

进一步推进现有国家标准 GB 15805.1 的修订工作，使标准早日发布并实施。同时，可在现有的研究基础上进一步完善快速检测技术，以提升基层监测点的检测能力。

2022 年白斑综合征状况分析

中国水产科学研究院黄海水产研究所

（董　宣　李　萱　秦嘉豪　王国浩　邱　亮　万晓媛　张庆利）

一、前言

白斑综合征（White spot disease，WSD）是由白斑综合征病毒（White spot syndrome virus，WSSV）所引起的虾类疫病，被我国《一、二、三类动物疫病病种名录》列为二类动物疫病，被我国《中华人民共和国进境动物检疫疫病名录》列为二类传染病，被世界动物卫生组织（WOAH）收录为需通报的水生动物疫病。

农业农村部组织全国水产技术推广和疫控体系，从 2007 年开始先后在广西、广东、河北、天津、山东、江苏、福建、浙江、辽宁、湖北、上海、安徽、江西、内蒙古、海南、新疆、湖南、陕西等我国主要甲壳类养殖省（自治区、直辖市）和新疆生产建设兵团开展了 WSD 的专项监测工作，系统地掌握了 WSSV 在我国主要甲壳类养殖地区的流行情况，为我国 WSD 的防控工作和水产养殖业绿色发展提供了数据支撑。

二、全国各省（自治区、直辖市）开展 WSD 的专项监测情况

（一）概况

2022 年 WSD 专项监测范围包括广西、广东、福建、浙江、江苏、山东、河北、天津、辽宁、湖北、上海、安徽、江西、海南、湖南、陕西、新疆共 17 省（自治区、直辖市），共涉及 117 个区（县）、210 个乡（镇）、454 个监测点，包括 8 个国家级原良种场、43 个省级原良种场、178 个重点苗种场、225 个对虾养殖场。2022 年国家监测计划样品数为 70 批次，所有监测省（自治区、直辖市）均已完成国家监测采集任务，部分省份超标完成检测任务，实际采集和检测样品为 490 批次。2007—2022 年，各省（自治区、直辖市）累计监测样品 13 215 批次，其中累计监测样品数量最多的是广西，监测样品数为 2 747 批次；其次是天津，累计监测样品 2 177 批次；第三位是广东，累计监测样品 1 970 批次（表 1、图 1）。

表 1　2007—2022 年 WSD 专项监测省（自治区、直辖市）采样情况（批次）

省份	广西	广东	福建	浙江	江苏	山东	河北	天津	辽宁	湖北	上海	安徽	江西	海南	内蒙古	新疆	新疆兵团	湖南	陕西
样品数	2 747	1 970	460	549	1 264	1 553	957	2 177	355	278	170	282	90	296	5	36	13	10	3

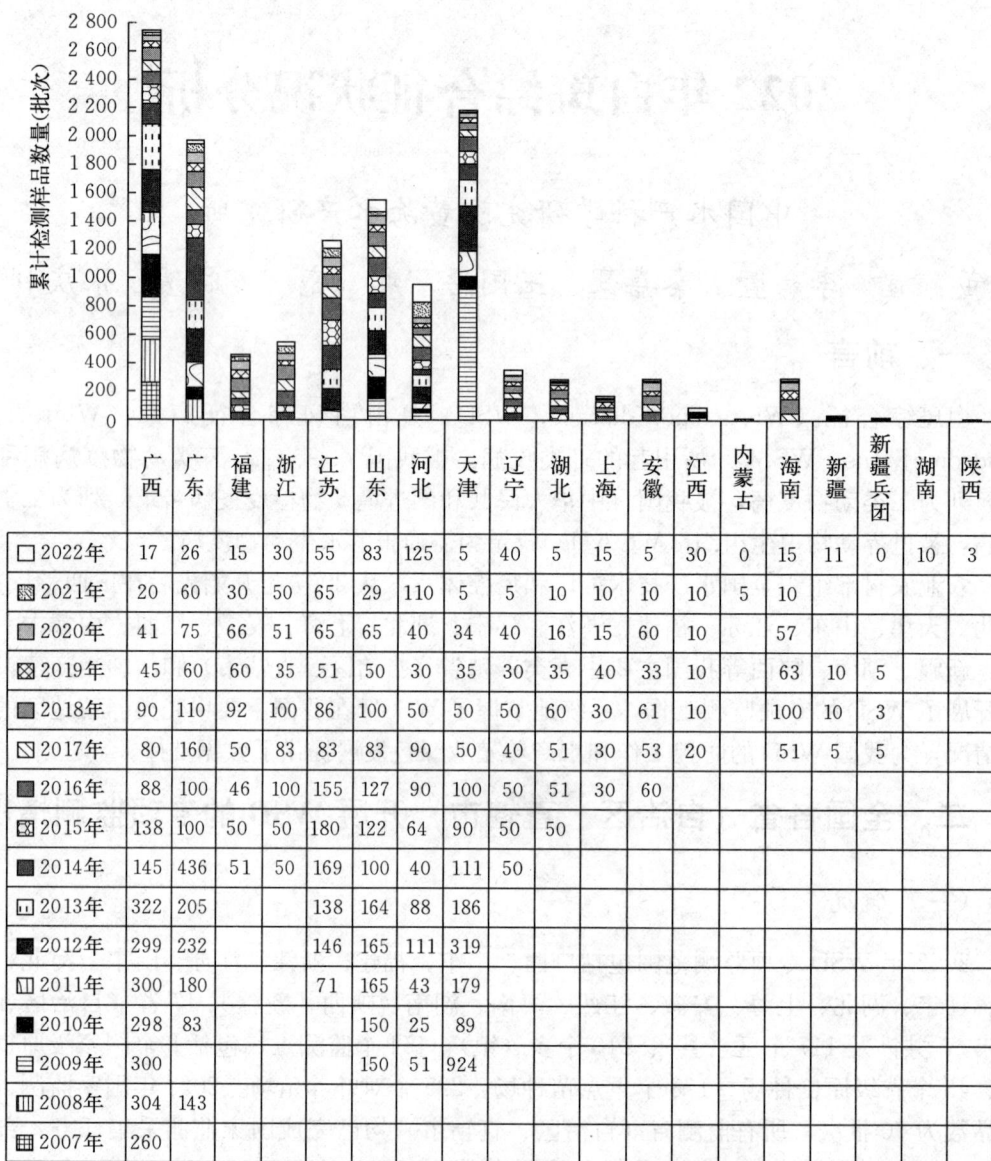

	广西	广东	福建	浙江	江苏	山东	河北	天津	辽宁	湖北	上海	安徽	江西	内蒙古	海南	新疆	新疆兵团	湖南	陕西
□ 2022年	17	26	15	30	55	83	125	5	40	5	15	5	30	0	15	11	0	10	3
▨ 2021年	20	60	30	50	65	29	110	5	5	10	10	10	10	5	10				
▨ 2020年	41	75	66	51	65	65	40	34	40	16	15	60	10		57				
⊠ 2019年	45	60	60	35	51	50	30	35	30	35	40	33	10		63	10	5		
▬ 2018年	90	110	92	100	86	100	50	50	50	60	30	61	10		100	10	3		
◨ 2017年	80	160	50	83	83	83	90	50	50	51	30	53	20		51	5	5		
■ 2016年	88	100	46	100	155	127	90	100	50	51	30	60							
⊠ 2015年	138	100	50	50	180	122	64	90	50	50									
■ 2014年	145	436	51	50	169	100	40	111	50										
⊞ 2013年	322	205			138	164	88	186											
■ 2012年	299	232			146	165	111	319											
▥ 2011年	300	180			71	165	43	179											
■ 2010年	298	83				150	25	89											
▤ 2009年	300					150	51	924											
▥ 2008年	304	143																	
▦ 2007年	260																		

图 1　2007—2022 年 WSD 专项监测的采样数量统计

（二）不同养殖模式监测点情况

2007—2022 年各省（自治区、直辖市）和新疆生产建设兵团的专项监测数据统计表明，18 省（自治区、直辖市）和新疆生产建设兵团记录监测模式的监测点共 8 236 个。其中，数量最多的养殖模式是池塘养殖，共有 4 829 个监测点，占全部监测点的 58.6%；其次是工厂化养殖，共有 3 071 个监测点，占全部监测点的 37.3%；最少的是其他养殖模式，共有 336 个监测点，占全部监测点的 4.1%。

（三）连续设置为监测点的情况

对 2007—2022 年各省（自治区、直辖市）和新疆生产建设兵团的监测点信息进行规整后，对连续设置为监测点的情况进行了分析。结果显示，广西壮族自治区的 1 618 个 WSD 监测点中，进行了多年监测的有 397 个，其中进行了 2 年及以上连续监测的有 300 个；广东省的 492 个 WSD 监测点中，进行了多年监测的有 108 个，其中 101 个进行了 2 年及以上连续监测；福建省的 153 个 WSD 监测点中，进行了多年监测的有 42 个，其中进行了 2 年及以上连续监测的有 40 个；浙江省的 231 个 WSD 监测点中，进行了多年监测的有 68 个，其中 66 个进行了 2 年及以上连续监测；江苏省的 735 个 WSD 监测点中，进行了多年监测的有 143 个，其中进行了 2 年及以上连续监测的有 112 个；山东省的 644 个 WSD 监测点中，进行了多年监测的有 112 个，其中 96 个进行了 2 年及以上连续监测；天津市的 314 个 WSD 监测点中，进行了多年监测的有 44 个，其中进行了 2 年及以上连续监测的有 32 个；河北省的 483 个 WSD 监测点中，进行了多年监测的有 128 个，其中 105 个进行了 2 年及以上连续监测；辽宁省的 225 个 WSD 监测点中，进行了多年监测的有 67 个，其中进行了 2 年及以上连续监测的有 55 个；湖北省的 182 个 WSD 监测点中，进行了多年监测的有 51 个，其中 48 个进行了 2 年及以上连续监测；上海市的 75 个 WSD 监测点中，进行了多年监测的有 30 个，其中 24 个进行了 2 年及以上连续监测；安徽省的 195 个 WSD 监测点中，进行了多年监测的有 44 个，其中进行了 2 年及以上连续监测的有 43 个；江西省的 78 个 WSD 监测点中，进行了多年监测的有 10 个，其中 7 个进行了 2 年及以上的连续监测；海南省的 144 个 WSD 监测点中，进行了多年检测的有 27 个，其中 22 个进行了 2 年及以上的连续监测；新疆维吾尔自治区的 18 个 WSD 监测点中，进行了多年监测的有 6 个，其中有 4 个进行了 2 年及以上的连续监测；新疆生产建设兵团有 11 个 WSD 监测点，进行了多年监测的有 2 个，且均进行了 2 年及以上的连续监测。

（四）2022 年采样的品种、规格

2022 年监测样品种类有凡纳滨对虾、斑节对虾、中国明对虾、日本囊对虾、罗氏沼虾、青虾、克氏原螯虾、脊尾白虾和澳洲龙虾。

共有 490 批次样品记录了采样规格。其中，体长小于 1 cm 的样品占总样品的 20.4%，共有 100 批次；体长为 1～4 cm 的样品占总样品的 36.9%，共有 181 批次；体长为 4～7 cm 的样品占总样品的 7.6%，共有 37 批次；体长为 7～10 cm 的样品占总样品的 15.3%，共有 75 批次；体长不小于 10 cm 的样品占总样品的 19.8%，共有 97 批次。具体各省（自治区、直辖市）监测样品规格分布情况见图 2。

（五）抽样的自然条件

2022 年度样品采集主要集中在 4—9 月，其中 5 月采集样品数量最多，7 月次之。2022 年度记录了采样时间的样品共 490 批次。其中，2 月采集样品 17 批次，占总样品

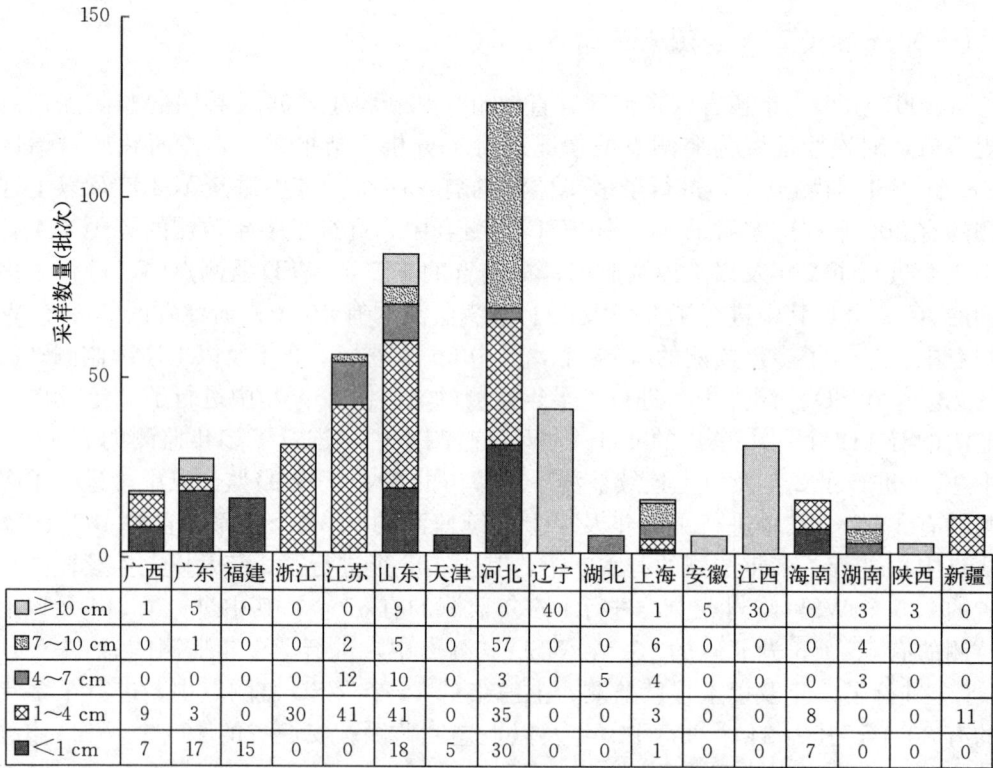

	广西	广东	福建	浙江	江苏	山东	天津	河北	辽宁	湖北	上海	安徽	江西	海南	湖南	陕西	新疆
≥10 cm	1	5	0	0	0	9	0	0	40	0	1	5	30	0	3	3	0
7~10 cm	0	1	0	0	2	5	0	57	0	0	6	0	0	0	4	0	0
4~7 cm	0	0	0	0	12	10	0	3	0	5	4	0	0	0	3	0	0
1~4 cm	9	3	0	30	41	41	0	35	0	0	3	0	0	8	0	0	11
<1 cm	7	17	15	0	0	18	5	30	0	0	1	0	0	0	7	0	0

图 2　2022 年 WSD 专项监测样品的采样规格

的 3.5%；3 月采集样品 2 批次，占总样品的 0.4%；4 月采集样品 97 批次，占总样品的 19.8%；5 月采集样品 117 批次，占总样品的 23.9%；6 月采集样品 60 批次，占总样品的 12.2%；7 月采集样品 99 批次，占总样品的 20.2%；8 月采集样品 36 批次，占总样品的 7.3%；9 月采集样品 57 批次，占总样品的 11.6%；10 月采集样品 5 批次，占总样品的 1.0%；1 月、11 月和 12 月无样品采集。

2007—2022 年各专项监测省（自治区、直辖市）的专项监测数据表中有采样时间记录的样品共 11 347 批次。其中，1 月采集样品 61 批次，占总样品的 0.5%；2 月采集样品 85 批次，占总样品的 0.7%；3 月采集样品 264 批次，占总样品的 2.3%；4 月采集样品 887 批次，占总样品的 7.8%；5 月采集样品 2 948 批次，占总样品的 26.0%；6 月采集样品 1 788 批次，占总样品的 15.8%；7 月采集样品 1 821 批次，占总样品的 16.0%；8 月采集样品 1 433 批次，占总样品的 12.6%；9 月采集样品 1 287 批次，占总样品的 11.3%；10 月采集样品 552 批次，占总样品的 4.9%；11 月采集样品 192 批次，占总样品的 1.7%。12 月采集样品 29 批次，占总样品的 0.3%。主要集中在 5—9 月进行样品采集工作，这期间采集的样品量占总样品量的 81.8%，广东和江苏全年各月份均有采样（图 3）。

2022 年共 490 批次样品记录了采样温度。其中，有 109 批次样品采样温度低于 24 ℃，占总样品的 22.2%；有 23 批次样品采样温度在 24～25 ℃，占总样品的 4.7%；有 63 批次样品采样温度在 25～26 ℃，占总样品的 12.9%；有 41 批次样品采样温度在

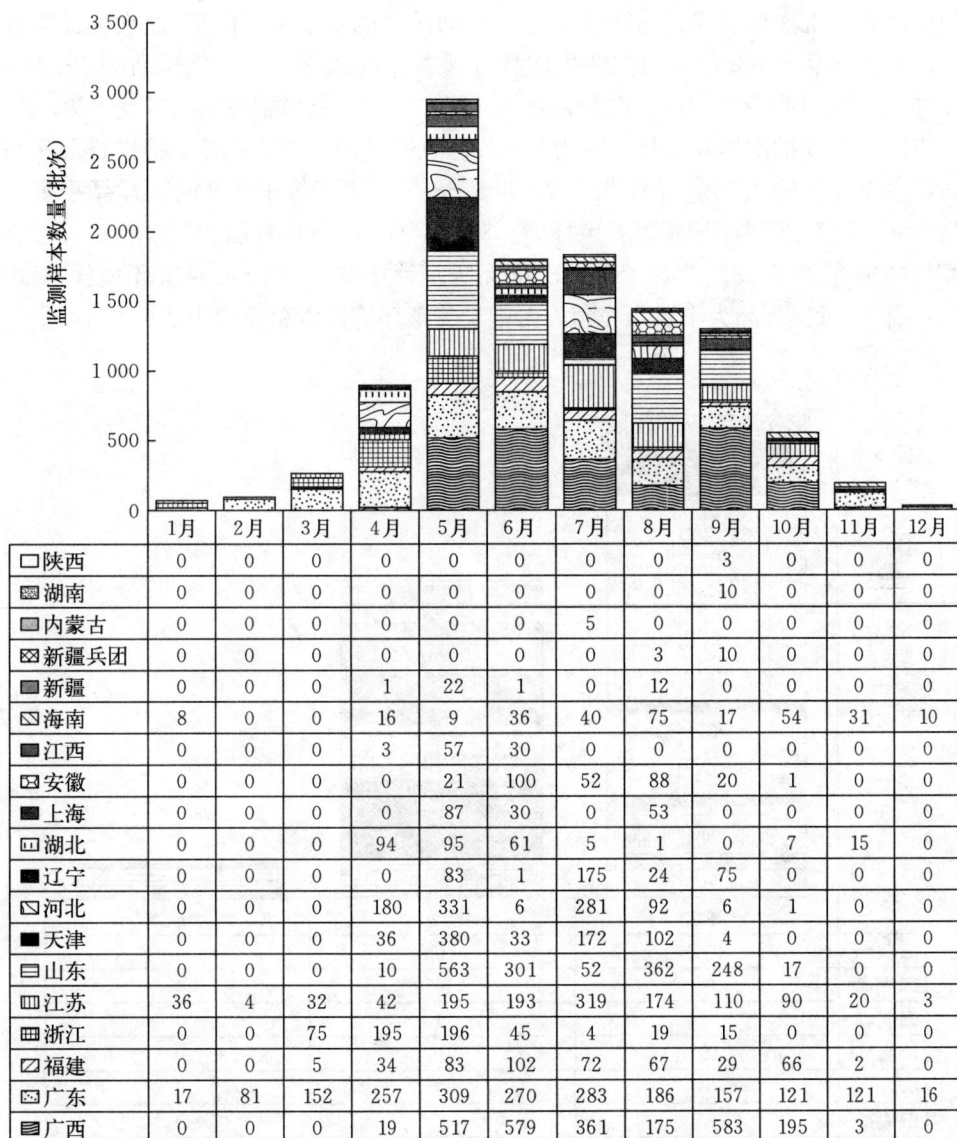

图 3 2007—2022 年各省（自治区、直辖市）和新疆生产建设兵团每月采样数量分布

	1月	2月	3月	4月	5月	6月	7月	8月	9月	10月	11月	12月
陕西	0	0	0	0	0	0	0	0	3	0	0	0
湖南	0	0	0	0	0	0	0	0	10	0	0	0
内蒙古	0	0	0	0	0	0	5	0	0	0	0	0
新疆兵团	0	0	0	0	0	0	0	3	10	0	0	0
新疆	0	0	0	1	22	1	0	12	0	0	0	0
海南	8	0	0	16	9	36	40	75	17	54	31	10
江西	0	0	0	3	57	30	0	0	0	0	0	0
安徽	0	0	0	0	21	100	52	88	20	1	0	0
上海	0	0	0	0	87	30	0	53	0	0	0	0
湖北	0	0	0	94	95	61	5	1	0	7	15	0
辽宁	0	0	0	0	83	1	175	24	75	0	0	0
河北	0	0	0	180	331	6	281	92	6	1	0	0
天津	0	0	0	36	380	33	172	102	4	0	0	0
山东	0	0	0	10	563	301	52	362	248	17	0	0
江苏	36	4	32	42	195	193	319	174	110	90	20	3
浙江	0	0	75	195	196	45	4	19	15	0	0	0
福建	0	0	5	34	83	102	72	67	29	66	2	0
广东	17	81	152	257	309	270	283	186	157	121	121	16
广西	0	0	0	19	517	579	361	175	583	195	3	0

26～27 ℃，占总样品的 8.4％；有 52 批次样品采样温度在 27～28 ℃，占总样品的 10.6％；有 92 批次样品采样温度在 28～29 ℃，占总样品的 18.8％；有 24 批次样品采样温度在 29～30 ℃，占总样品的 4.9％；有 43 批次样品采样温度在 30～31 ℃，占总样品的 8.8％；有 22 批次样品采样温度在 31～32 ℃，占总样品的 4.5％；有 21 批次样品采样温度不低于 32 ℃，占总样品的 4.3％。

2022 年共 173 批次样品记录了采样水体 pH。其中，有 41 批次样品采样 pH 不高于 7.4，占总样品的 23.7％；有 11 批次样品采样 pH 为 7.5，占总样品的 6.4％；有 1 批次样品采样 pH 为 7.6，占总样品的 0.6％；有 5 批次样品采样 pH 为 7.8，占总样品的 2.9%；有 2 批次样品采样 pH 为 7.9，占总样品的 1.2%；有 67 批次样品采样 pH 为 8.0，占总样品的 38.7%；有 22 批次样品采样 pH 为 8.1，占总样品的 12.7%；有 14 批次样品采样 pH 为 8.2，占总样品的 8.1%；有 3 批次样品采样 pH 为 8.3，占总样品的 1.7%；有 5 批次样品采样 pH 为 8.4，占总样品的 2.9%；有 2 批次样品采样 pH 为 8.5，占总样品的 1.2%；pH 为 7.7、8.6、8.7 与大于等于 8.8 时无样品采集。

2022 年有 476 份样品记录了养殖环境。其中，有 275 批次样品为海水养殖，占记录养殖环境样本总量的 57.8%；有 181 批次样品为淡水养殖，占记录养殖环境样本总量的 38.0%；有 20 批次样品为半咸水养殖，占记录养殖环境样本总量的 4.2%（图 4）。

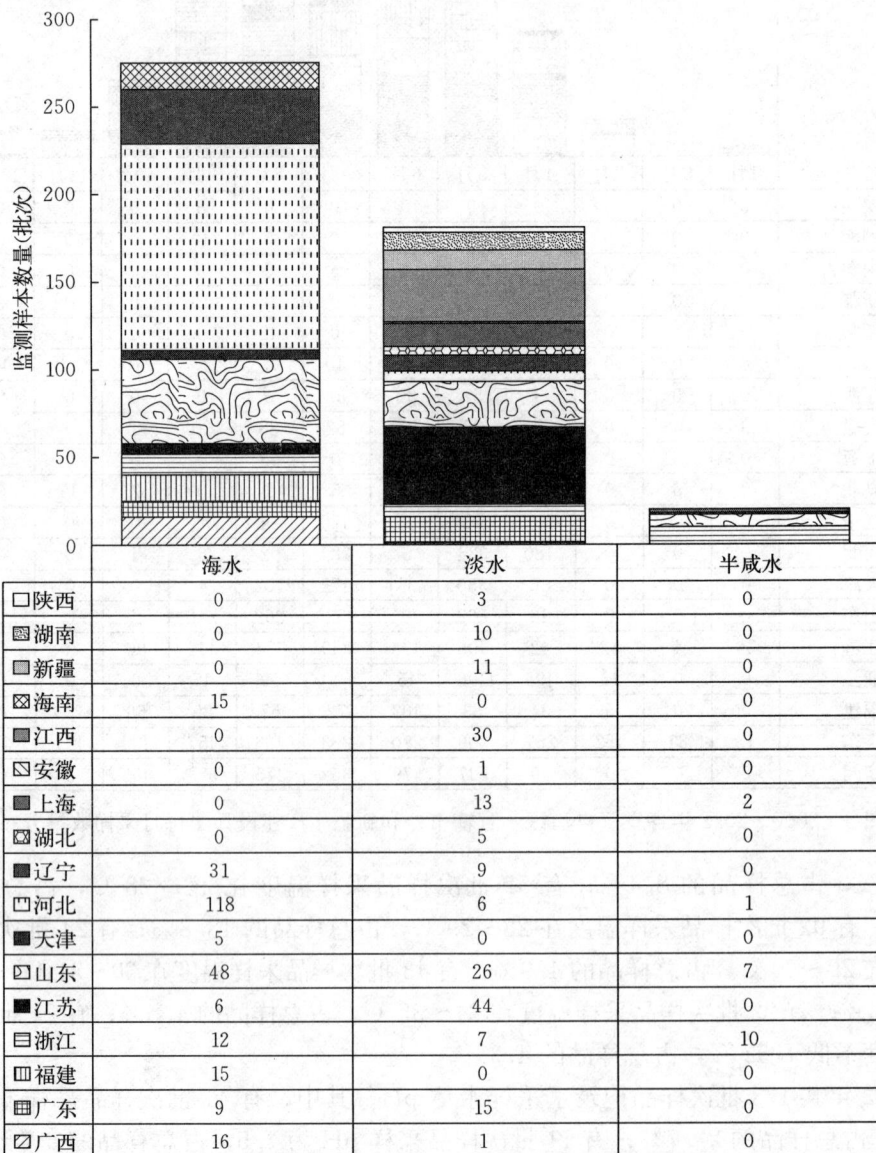

	海水	淡水	半咸水
陕西	0	3	0
湖南	0	10	0
新疆	0	11	0
海南	15	0	0
江西	0	30	0
安徽	0	1	0
上海	0	13	2
湖北	0	5	0
辽宁	31	9	0
河北	118	6	1
天津	5	0	0
山东	48	26	7
江苏	6	44	0
浙江	12	7	10
福建	15	0	0
广东	9	15	0
广西	16	1	0

图 4　2022 年 WSD 专项监测样品的养殖环境分布

（六）2022 年样品检测单位和检测方法

2022 年各省（自治区、直辖市）监测样品分别委托中国检验检疫科学研究院、河北省水产技术推广总站、中国水产科学研究院黄海水产研究所、上海市水产技术推广站、江苏省水生动物疫病预防控制中心、湖南省畜牧水产事务中心、浙江省水生动物防疫检疫中心、福建省水产技术推广总站、集美大学、中国水产科学研究院珠江水产研究所、山东省淡水渔业研究院、中国水产科学研究院长江水产研究所、广东省动物疫病预防控制中心、广西渔业病害防治环境监测和质量检验中心、海南省水产技术推广站、江西省农业技术推广中心、陕西省水产研究与技术推广站、新疆维吾尔自治区水产技术推广总站共 18 家单位按照《白斑综合征（WSD）诊断规程第 2 部分：套式 PCR 检测法》（GB/T 28630.2—2012）进行实验室检测。

2022 年，所有检测单位共承担检测样品任务 490 批次，其中承担检测任务量最多的是河北省水产技术推广总站，检测样品量为 120 批次；其次是山东省淡水渔业研究院，检测样品量为 78 批次；第三是中国水产科学研究院黄海水产研究所，检测样品量为 60 批次。3 家检测单位的检测样品量占总样品量的 52.7%（图 5）。

三、检测结果分析

（一）总体阳性检出情况及其区域分布

从 2007 年开始，WSD 专项监测先后在沿海不同省（自治区、直辖市）开始实施，2007 年首次对广西进行监测，随后监测范围扩大到广东（2008）、河北（2009）、天津（2009）、山东（2009）、江苏（2011）、福建（2014）、浙江（2014）、辽宁（2014）、湖北（2015）、上海（2016）、安徽（2016）、江西（2017）、海南（2017）、新疆（2017）、新疆兵团（2017）、内蒙古（2021）、湖南（2022）和陕西（2022）。共监测样品 13 215 批次，其中有 2 026 批次样品检测出 WSSV 阳性，平均样品阳性率为 15.3%；2022 年的平均样品阳性率为 12.0%（59/490）。16 年各省（自治区、直辖市）和新疆生产建设兵团的监测点阳性率为 20.1%（1 605/7 981），2022 年各省（自治区、直辖市）的监测点阳性率为 12.8%（58/454）。2010 年后，样品阳性率和监测点阳性率呈波动下降趋势（图 6）。

16 年的专项监测表明，除新疆、陕西、湖南和内蒙古外，参与 WSD 监测的所有省（自治区、直辖市）和新疆生产建设兵团中均在不同年份检出了 WSSV 阳性，表明我国沿海主要甲壳类养殖区都可能存在 WSSV。

（二）易感宿主

2022 年监测养殖品种有凡纳滨对虾、斑节对虾、中国明对虾、日本囊对虾、罗氏沼虾、青虾、克氏原螯虾、脊尾白虾和澳洲龙虾。有 WSSV 阳性检出的品种为中国明对虾、凡纳滨对虾、日本囊对虾和克氏原螯虾。其中，日本囊对虾的阳性率最高，为

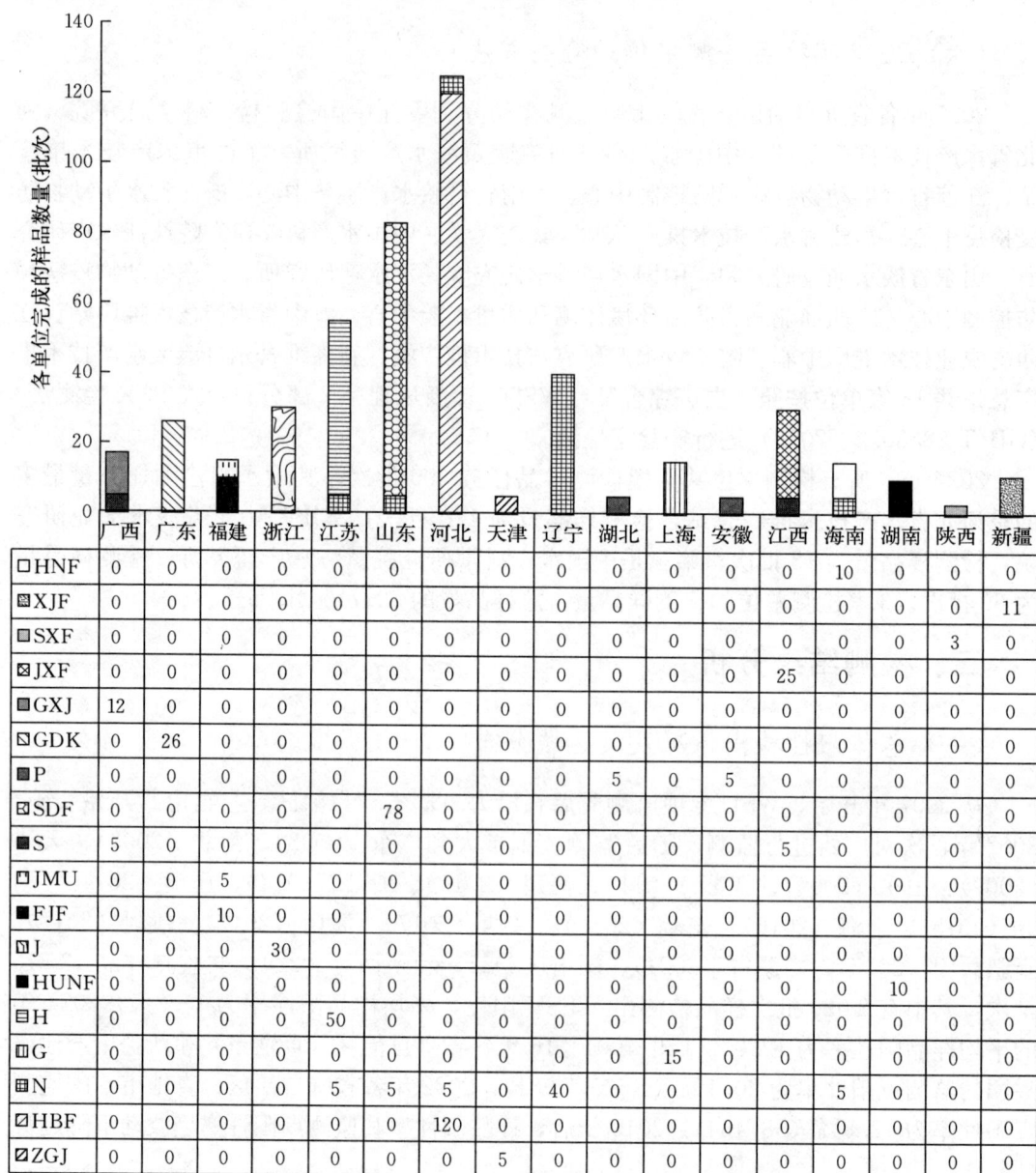

	广西	广东	福建	浙江	江苏	山东	河北	天津	辽宁	湖北	上海	安徽	江西	海南	湖南	陕西	新疆
☐HNF	0	0	0	0	0	0	0	0	0	0	0	0	0	10	0	0	0
⊠XJF	0	0	0	0	0	0	0	0	0	0	0	0	0	0	0	0	11
▣SXF	0	0	0	0	0	0	0	0	0	0	0	0	0	0	0	3	0
⊠JXF	0	0	0	0	0	0	0	0	0	0	0	0	25	0	0	0	0
▤GXJ	12	0	0	0	0	0	0	0	0	0	0	0	0	0	0	0	0
▨GDK	0	26	0	0	0	0	0	0	0	0	0	0	0	0	0	0	0
■P	0	0	0	0	0	0	0	0	0	5	0	0	5	0	0	0	0
⊠SDF	0	0	0	0	0	78	0	0	0	0	0	0	0	0	0	0	0
■S	5	0	0	0	0	0	0	0	0	0	0	0	5	0	0	0	0
☐JMU	0	0	5	0	0	0	0	0	0	0	0	0	0	0	0	0	0
■FJF	0	0	10	0	0	0	0	0	0	0	0	0	0	0	0	0	0
▨J	0	0	0	30	0	0	0	0	0	0	0	0	0	0	0	0	0
■HUNF	0	0	0	0	0	0	0	0	0	0	0	0	0	0	10	0	0
⊟H	0	0	0	0	50	0	0	0	0	0	0	0	0	0	0	0	0
▥G	0	0	0	0	0	0	0	0	0	0	15	0	0	0	0	0	0
▦N	0	0	0	0	5	5	5	0	40	0	0	0	0	5	0	0	0
⊠HBF	0	0	0	0	0	0	120	0	0	0	0	0	0	0	0	0	0
▨ZGJ	0	0	0	0	0	0	0	5	0	0	0	0	0	0	0	0	0

图 5　2022 年 WSD 专项监测样品送检单位和样品数量

注：检测单位代码与农渔发〔2018〕10 号文件一致，农渔发〔2018〕10 号文件中未涉及的检测单位代码按照《2016 年我国水生动物重要疫情病情分析》一书中 2016 年白斑综合征（WSD）分析章节中的编写规则进行编写。G：上海市水产技术推广站；FJF：福建省水产技术推广总站；N：中国水产科学研究院黄海水产研究所；ZGJ：中国检验检疫科学研究院；P：中国水产科学研究院长江水产研究所；S：中国水产科学研究院珠江水产研究所；SDF：山东省淡水渔业研究院；GDK：广东省动物疫病预防控制中心；GXJ：广西渔业病害防治环境监测和质量检验中心；JMU：集美大学；H：江苏省水生动物疫病预防控制中心；HBF：河北省水产技术推广总站；HUNF：湖南省畜牧水产事务中心；HNF：海南省水产技术推广站；JXF：江西省农业技术推广中心；SXF：陕西省水产研究与技术推广总站；J：浙江省水生动物防疫检疫中心；XJF：新疆维吾尔自治区水产技术推广总站。各单位排名不分先后。

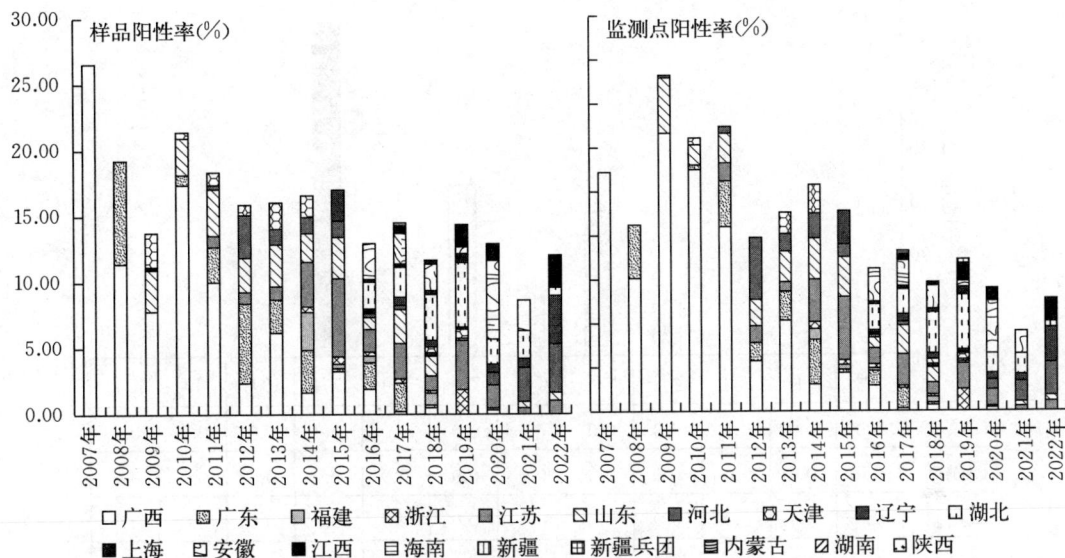

图 6　2007—2022 年 WSD 专项监测的样品阳性率和监测点阳性率

注：阳性率以各年批次的样品/监测点次总数为基数计算。

57.1%（4/7），克氏原螯虾的阳性率次之，为 36.5%（23/63），中国明对虾的阳性率为 15.8%（6/38），海水养殖的凡纳滨对虾的阳性率为 7.9%（18/227），淡水养殖的凡纳滨对虾的阳性率为 7.6%（8/105）。

（三）不同养殖规格的阳性检出情况

在 2022 年的 WSD 专项监测中，有 490 批次样品记录了采样规格，其中有 59 批次样品检测出 WSSV 阳性。样品中阳性率最高的是体长不小于 10 cm 的阳性样品，为 34.0%（33/97）；其次是 7～10 cm 的样品，阳性率为 20.0%（15/75）；体长为 4～7 cm 的样品，阳性率为 13.5%（5/37）；1～4 cm 样品的阳性率为 3.3%（6/181）；未在小于 1 cm 的样品中检测到阳性。

（四）阳性样品的月份分布

在 2022 年的 WSD 专项监测中，共 490 批次样品记录了采样月份，有 59 批次 WSSV 阳性样品。其中 9 月有 18 批次阳性样品，样品阳性率为 31.6%（18/57）；7 月有 16 批次阳性样品，样品阳性率为 16.2%（16/99）；5 月有 16 批次阳性样品，样品阳性率为 13.7%（16/117）；6 月有 4 批次阳性样品，样品阳性率为 6.7%（4/60）；4 月有 5 批次阳性样品，样品阳性率为 5.2%（5/97）（图 7）。其中，9 月的样品阳性检出率最高。

	1月	2月	3月	4月	5月	6月	7月	8月	9月	10月	11月	12月
□陕西	0.0	0.0	0.0	0.0	0.0	0.0	0.0	0.0	0.0	0.0	0.0	0.0
湖南	0.0	0.0	0.0	0.0	0.0	0.0	0.0	0.0	0.0	0.0	0.0	0.0
新疆	0.0	0.0	0.0	0.0	0.0	0.0	0.0	0.0	0.0	0.0	0.0	0.0
海南	0.0	0.0	0.0	0.0	0.0	0.0	0.0	0.0	0.0	0.0	0.0	0.0
江西	0.0	0.0	0.0	0.0	10.3	0.0	0.0	0.0	0.0	0.0	0.0	0.0
安徽	0.0	0.0	0.0	0.0	0.0	0.0	0.0	0.0	0.0	0.0	0.0	0.0
上海	0.0	0.0	0.0	0.0	0.0	0.0	0.0	0.0	0.0	0.0	0.0	0.0
湖北	0.0	0.0	0.0	3.1	0.0	0.0	0.0	0.0	0.0	0.0	0.0	0.0
辽宁	0.0	0.0	0.0	0.0	0.0	0.0	0.0	0.0	31.6	0.0	0.0	0.0
河北	0.0	0.0	0.0	2.1	0.0	0.0	16.2	0.0	0.0	0.0	0.0	0.0
天津	0.0	0.0	0.0	0.0	0.0	0.0	0.0	0.0	0.0	0.0	0.0	0.0
山东	0.0	0.0	0.0	0.0	0.0	5.0	0.0	0.0	0.0	0.0	0.0	0.0
江苏	0.0	0.0	0.0	0.0	3.4	1.7	0.0	0.0	0.0	0.0	0.0	0.0
浙江	0.0	0.0	0.0	0.0	0.0	0.0	0.0	0.0	0.0	0.0	0.0	0.0
福建	0.0	0.0	0.0	0.0	0.0	0.0	0.0	0.0	0.0	0.0	0.0	0.0
广东	0.0	0.0	0.0	0.0	0.0	0.0	0.0	0.0	0.0	0.0	0.0	0.0
广西	0.0	0.0	0.0	0.0	0.0	0.0	0.0	0.0	0.0	0.0	0.0	0.0

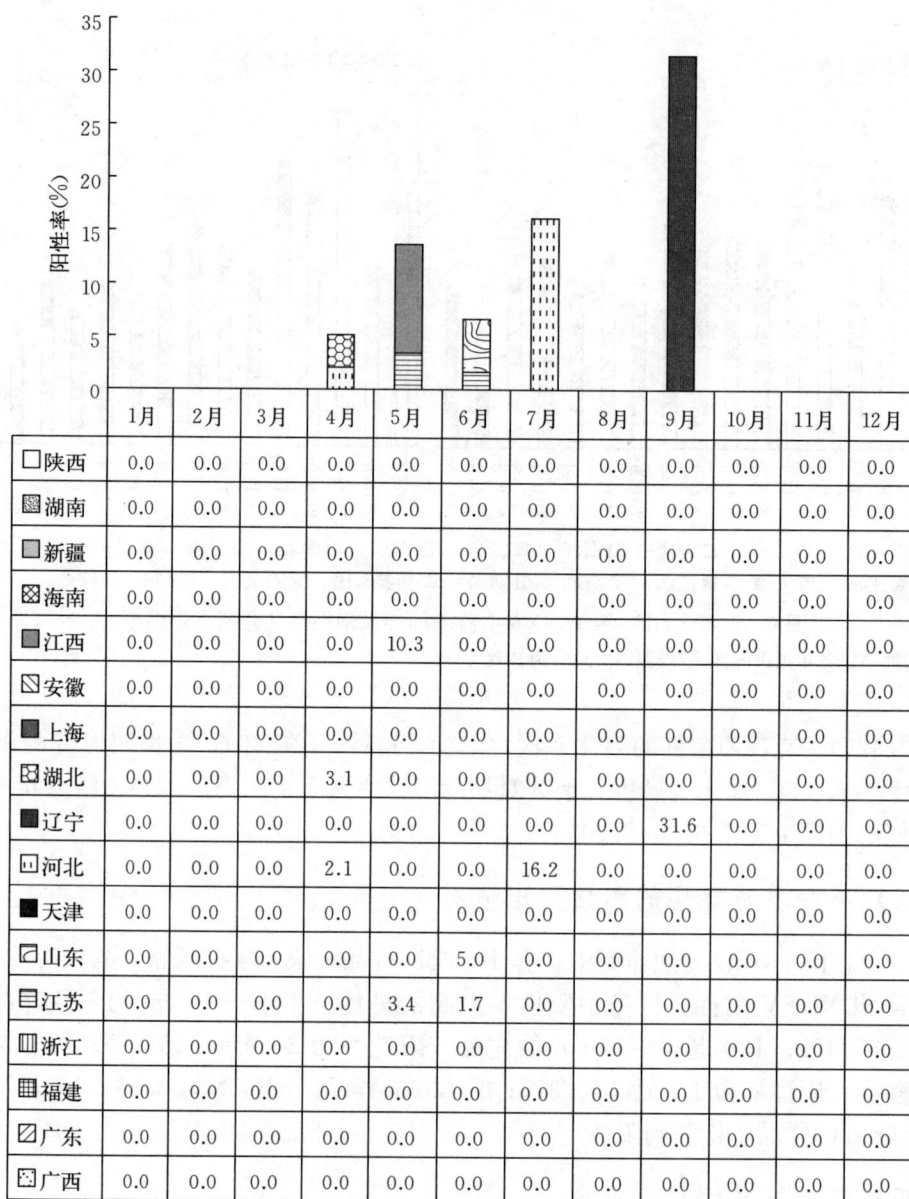

图 7　2022 年 WSD 专项监测各月份的阳性检出率

　　2007—2022 年各省（自治区、直辖市）和新疆生产建设兵团有 11 347 批次样品记录了采样月份，有 1 845 批次 WSSV 阳性样品，平均阳性率为 16.3%，其中两个阳性率高峰期出现在 2—4 月和 6—9 月，2—3 月的样品阳性率高峰主要是来自广东的监测样品，6—9 月的样品阳性率高峰的主要是来自山东和广西等省份的监测样品（图 8）。

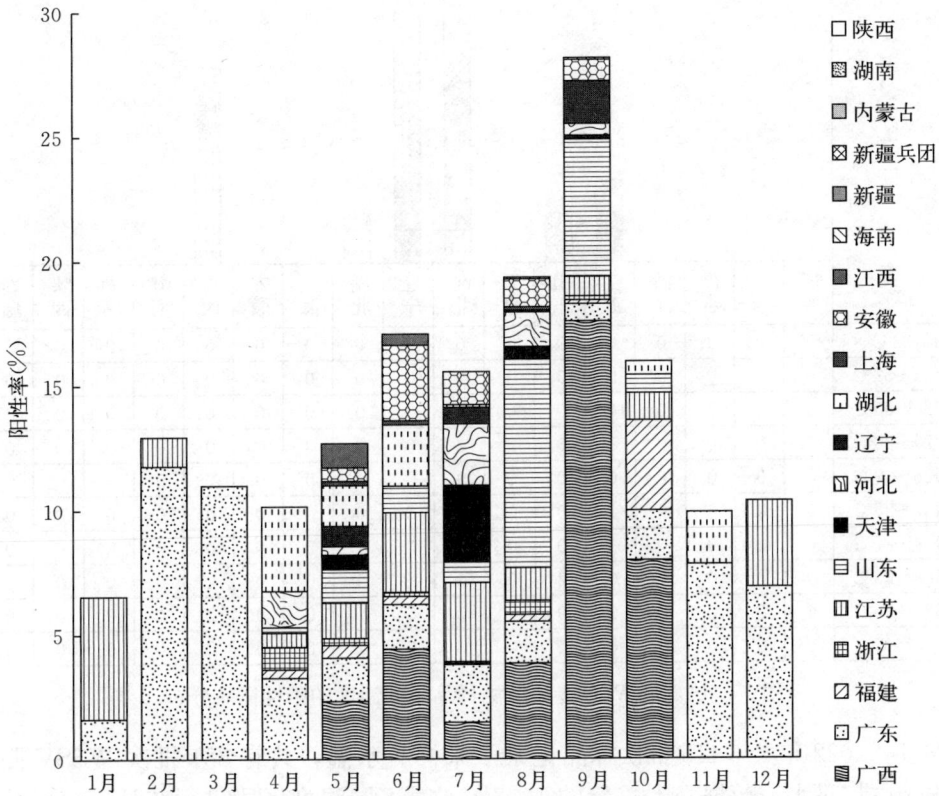

图 8　2007—2022 年 WSD 专项监测各月份样品的阳性检出率

注：阳性率以各月份的总样品数为基数计算。

（五）阳性样品的温度分布

2022 年 WSD 专项监测中，共有 59 批次 WSSV 阳性样品记录了采样温度。其中，采样温度低于 24 ℃时有 12 批次 WSSV 阳性样品，样品阳性率为 10.9%（12/110）；采样温度在 24～25 ℃时有 9 批次 WSSV 阳性样品，样品阳性率为 39.1%（9/23）；采样温度在 25～26 ℃时有 18 批次 WSSV 阳性样品，样品阳性率为 28.6%（18/63）；采样温度在 26～27 ℃时有 1 批次 WSSV 阳性样品，样品阳性率为 2.4%（1/41）；采样温度在 27～28 ℃时有 2 批次 WSSV 阳性样品，样品阳性率为 3.9%（2/51）；采样温度在 28～29 ℃时有 9 批次 WSSV 阳性样品，样品阳性率为 9.8%（9/92）；采样温度在 29～30 ℃时有 4 批次 WSSV 阳性样品，样品阳性率为 16.7%（4/24）；采样温度在 30～31 ℃时有 4 批次 WSSV 阳性样品，样品阳性率为 9.3%（4/43）；采样温度不低于 31 ℃时，未有样品检测出 WSSV 阳性（图 9）。

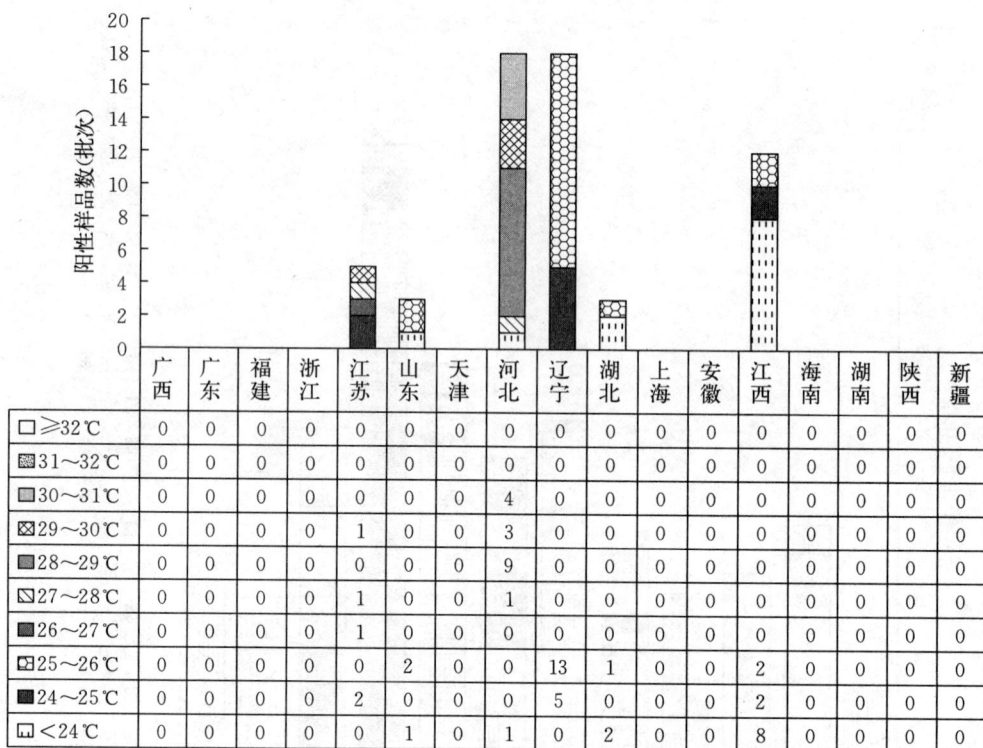

	广西	广东	福建	浙江	江苏	山东	天津	河北	辽宁	湖北	上海	安徽	江西	海南	湖南	陕西	新疆
≥32℃	0	0	0	0	0	0	0	0	0	0	0	0	0	0	0	0	0
31~32℃	0	0	0	0	0	0	0	0	0	0	0	0	0	0	0	0	0
30~31℃	0	0	0	0	0	0	0	4	0	0	0	0	0	0	0	0	0
29~30℃	0	0	0	0	1	0	0	0	0	0	0	0	0	0	0	0	0
28~29℃	0	0	0	0	0	0	0	9	0	0	0	0	0	0	0	0	0
27~28℃	0	0	0	0	1	0	0	1	0	0	0	0	0	0	0	0	0
26~27℃	0	0	0	0	1	0	0	0	0	0	0	0	0	0	0	0	0
25~26℃	0	0	0	0	0	2	0	0	13	1	0	0	2	0	0	0	0
24~25℃	0	0	0	0	2	0	0	0	5	0	0	0	2	0	0	0	0
<24℃	0	0	0	0	0	0	1	0	1	0	2	0	8	0	0	0	0

图 9 　2022 年 WSD 专项监测样品不同温度的阳性样品分布

　　2007—2022 年共 6 415 批次样品记录了采样时水温，共有 881 批次 WSSV 阳性样品检出，占记录水温数据样本总量的 13.7%。对不同温度区段进行统计，表明采样在 24~25 ℃时的样品阳性率最高，平均为 21.5%（47/219）；其次是小于 24 ℃时，样品阳性率为 19.8%（217/1 095）（图 10）。

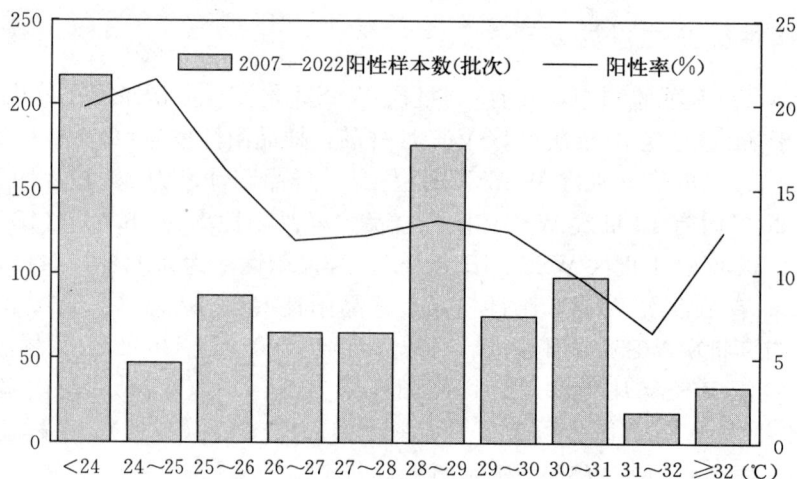

图 10 　2007—2022 年专项监测有水温数据的 WSSV 阳性样本数和阳性率

（六）阳性样品的 pH 分布

2007—2022 年共 3 407 批次样品记录了采样时水体 pH，共有 471 批次样品检出 WSSV 阳性，占记录水体 pH 的样本总量的 13.8%。对不同水体 pH 区段进行统计（图 11），阳性率表现出较明显的波动，总体趋势是 pH 8.0 以下阳性率为 16.8%（326/1 943），明显高于 pH 8.0 以上的 9.9%（145/1 464）；pH 为 7.8 至 8.3 的阳性率为 11.0%（237/2 163），pH≤7.7 和≥8.4 的平均阳性率为 18.8%（234/1 244）。

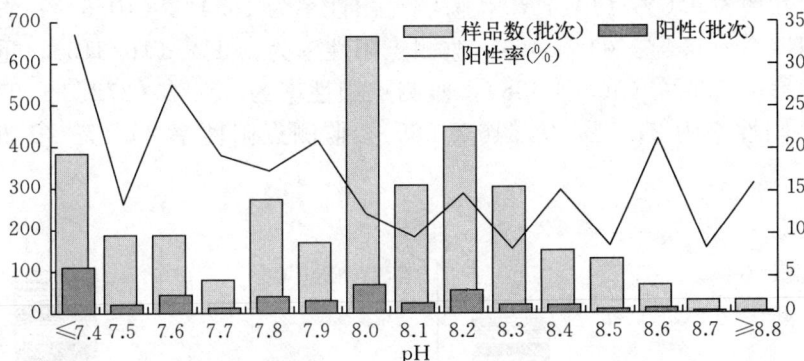

图 11　2007—2022 年样品不同采样 pH 条件下的样本数、阳性数和阳性率

（七）不同养殖环境的阳性检出情况

2007—2022 年各省（自治区、直辖市）和新疆生产建设兵团共有 11 593 批次样品记录了养殖环境，WSSV 阳性样品数为 1 941 批次，占有记录样本总量的 16.7%。其中，海水养殖样品总数为 6 994 批次，共 1 171 批次样品检出 WSSV 阳性，阳性检出率为 16.7%；淡水养殖样品总数为 3 614 批次，共 658 批次样品检出 WSSV 阳性，阳性检出率为 18.2%；半咸水养殖样品总数为 985 批次，共 112 批次样品检出 WSSV 阳性，阳性检出率为 11.4%（图 12）。

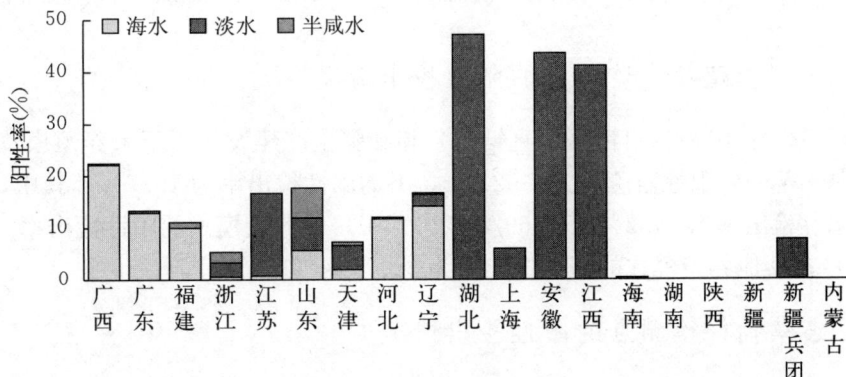

图 12　2007—2022 年各监测省（自治区、直辖市）和新疆生产建设兵团不同养殖环境的 WSSV 阳性率
　　注：阳性率以各省批次样品总数为基数计算。

（八）不同类型监测点的阳性检出情况

2022 年 17 省（自治区、直辖市）的专项监测共设置了 454 个监测点。其中，国家级原良种场 8 个，未有 WSSV 阳性检出；省级原良种场 43 个，1 个有 WSSV 阳性检出，阳性检出率为 2.3%；苗种场 178 个，10 个有 WSSV 阳性检出，阳性检出率是5.6%；成虾养殖场 225 个，47 个有 WSSV 阳性检出，阳性检出率是 20.9%。

2007—2022 年，18 个省（自治区、直辖市）和新疆生产建设兵团国家级原良种场的样品阳性率为 9.0%（14/155），监测点阳性率为 16.4%（10/61）；省级原良种场的样品阳性率为 5.3%（34/646），监测点阳性率为 5.1%（16/313）；重点苗种场的样品阳性率为 7.8%（365/4 688），监测点阳性率为 8.7%（272/3 109）；对虾养殖场的样品阳性率为 24.7%（1 546/6 269），监测点阳性率 29.1%（1 307/4 498）（图 13）。

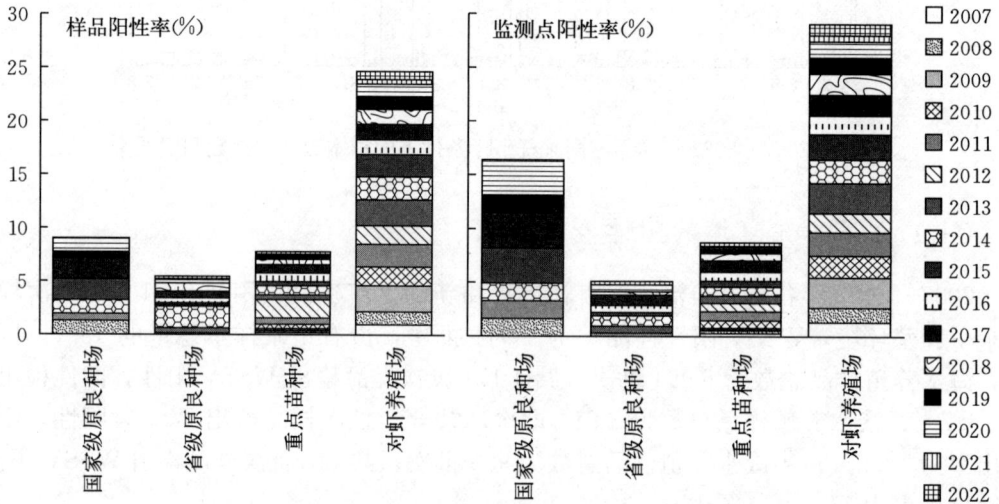

图 13　2007—2022 年不同类型监测点的样品 WSSV 阳性率和监测点 WSSV 阳性率

（九）不同养殖模式监测点的阳性检出情况

2007—2022 年 18 省（自治区、直辖市）和新疆生产建设兵团记录养殖模式的 8 236 个监测点中，WSSV 阳性监测点共 1 621 个，平均阳性检出率为 19.7%。其中，池塘养殖模式的阳性检出率为 24.2%（1 169/4 829）；工厂化养殖模式的阳性检出率为 11.1%（342/3 071）；其他养殖模式的阳性检出率为 32.7%（110/336）。

（十）连续抽样检测点的阳性检出情况

2007—2022 年 WSD 的专项监测中，共有 5 603 个监测点详细记录了监测信息，进行了多年监测的有 1 279 个，进行了 2 年及以上连续监测的有 1 057 个，其中 155 个监测点多次检测出 WSSV 阳性，连续 2 年及以上出现阳性的监测点有 105 个。各省（自治区、直辖市）阳性监测点在后续监测中再出现阳性的平均比率为 45.3%，下一年再出现阳性的比率平均为 30.7%。

从各省的情况来看，不计最后一年，广西壮族自治区多次抽样并检测出阳性的监测点有 111 个，其中 45 个监测点多次监测出 WSSV 阳性，包括 32 个连续 2 年及以上出现阳性的监测点，其阳性监测点在后续监测中再出现阳性的比率为 40.5%，下一年再出现阳性的比率为 28.8%；相应地，广东省多次抽样并检测出 WSSV 阳性的监测点有 37 个，其中 15 个监测点出现多次阳性，包括 4 个连续 2 年及以上出现阳性的监测点，该省阳性监测点在后续监测中再出现阳性的比率为 40.5%，下一年再出现阳性的比率为 10.8%；福建省多次抽样并检测出 WSSV 阳性的监测点有 7 个，其中 1 个监测点多次出现阳性，未出现连续 2 年阳性的监测点，该省阳性监测点在后续监测中再出现阳性的比率为 14.3%；浙江省有 10 个监测点多次抽样并检测出 WSSV 阳性，无监测点多次出现阳性；江苏省有 34 个监测点多次抽样并检测出 WSSV 阳性，其中 11 个监测点出现多次阳性，5 个监测点是连续 2 年及以上出现阳性，该省阳性监测点在后续监测中再出现阳性的比率为 32.4%，下一年再出现阳性的比率为 14.7%；山东省多次抽样并检测出 WSSV 阳性的监测点有 33 个，其中 21 个监测点出现多次阳性，包括 12 个连续 2 年及以上出现阳性的监测点，该省阳性监测点在后续监测中再出现阳性的比率为 63.6%，下一年再出现阳性的比率为 36.4%；天津市多次抽样并检测出 WSSV 阳性的监测点有 4 个，其中 1 个监测点连续 2 年及以上出现阳性，且均是连续 2 年及以上出现阳性，该市阳性监测点在后续监测中再出现阳性的比率为 25.0%，下一年再出现阳性的比率为 25.0%；河北省多次抽样并检测出 WSSV 阳性的监测点有 29 个，其中 13 个监测点出现多次阳性，包括 9 个连续 2 年及以上出现阳性的监测点，该省阳性监测点在后续检测中再出现阳性的比率为 44.8%，下一年再出现阳性的比率为 31.0%；辽宁省多次抽样并检测出 WSSV 阳性的监测点有 12 个，3 个多次出现阳性的监测点；湖北省多次抽样并检测出 WSSV 阳性的监测点有 36 个，其中 29 个监测点出现多次阳性，包括 28 个连续 2 年及以上出现阳性的监测点，该省阳性监测点在后续检测中再出现阳性的比率为 80.6%，下一年再出现阳性的比率为 77.8%；上海市多次抽样并检测出 WSSV 阳性的监测点有 6 个，其中 1 个监测点出现多次阳性，且均是连续 2 年及以上出现阳性，该市阳性监测点在后续检测中再出现阳性的比率为 16.7%，下一年再出现阳性的比率为 16.7%；安徽省多次抽样并检测出 WSSV 阳性的监测点有 21 个，其中 14 个监测点出现多次阳性，包括 12 个连续 2 年及以上出现阳性的监测点，该省阳性监测点在后续检测中再出现阳性的比率为 66.7%，下一年再出现阳性的比率为 57.1%；江西省多次抽样并检测出 WSSV 阳性的监测点有 2 个，其中 1 个监测点出现多次阳性，且均是连续 2 年及以上出现阳性，该省阳性监测点在后续检测中再出现阳性的比率为 50.0%，下一年再出现阳性的比率为 50.0%；海南省、新疆维吾尔自治区和新疆生产建设兵团均有多年设置的监测点，尚未在这些监测点中多次检出过 WSSV 阳性（图 14）。

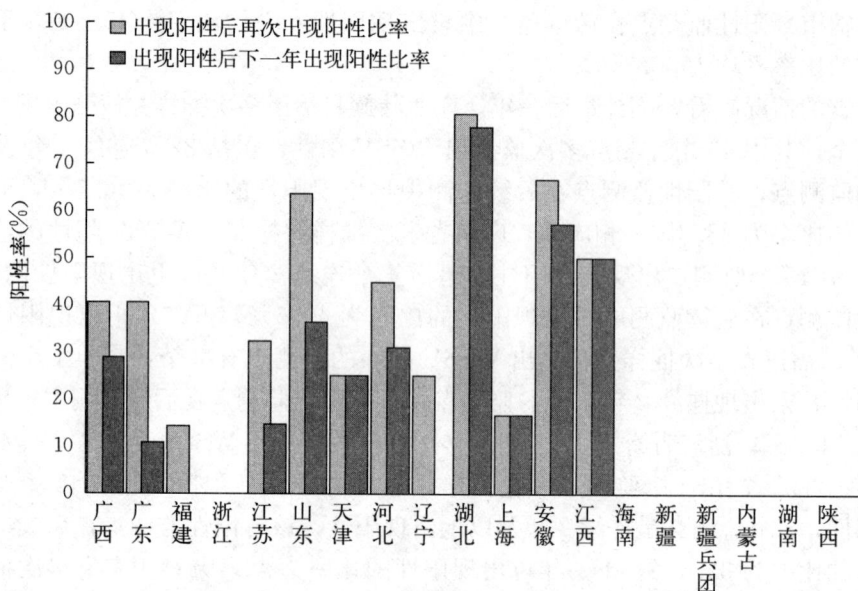

图14 2007—2022年各监测省（自治区、直辖市）在后续监测中出现阳性的比率

（十一）不同检测单位的检测结果情况

天津市委托中国检验检疫科学研究院承担样品检测工作，未检出 WSSV 阳性样品（0/5）；河北省分别委托河北省水产技术推广总站和中国水产科学研究院黄海水产研究所承担样品检测工作，样品阳性检出率分别为 15.0%（18/120）和 0（0/5）；江苏省、山东省、河北省、辽宁省和海南省委托中国水产科学研究院黄海水产研究所承担样品检测工作，检测样品总阳性率为 30.0%（18/60），其中辽宁省样品阳性率为 45%（18/40），其余省份未检测出 WSSV 阳性样品（0/20）；上海市委托上海市水产技术推广站承担样品检测工作，未检出 WSSV 阳性样品（0/15）；江苏省委托江苏省水生动物疫病预防控制中心承担样品监测工作，样品阳性率为 10%（5/50）；福建省分别委托福建省水产研究所和集美大学承担样品检测工作，均未检出 WSSV 阳性样品（0/10）；江西省与广西壮族自治区委托中国水产科学研究院珠江水产研究所承担样品检测工作，检测样品总阳性率为 40.0%（4/10），其中江西省样品阳性率为 80%（4/5）；山东省委托山东省淡水渔业研究院承担样品检测工作，样品阳性率为 3.8%（3/78）；湖北省与安徽省委托中国水产科学研究院长江水产研究所承担样品检测工作，检测样品总阳性率为 30.0%（3/10），其中湖北省样品阳性率为 60.0%（3/5），安徽省未检测出 WSSV 阳性样品（0/5）；广东省委托广东省水生动物疫病预防控制中心承担样品监测工作，未检出 WSSV 阳性样品（0/26）；广西壮族自治区委托广西渔业病害防治环境监测和质量检验中心承担样品检测工作，未检出 WSSV 阳性样品（0/12）；湖南省委托湖南省畜牧水产技术推广站承担样品检测工作，未检出 WSSV 阳性样品（0/10）；海南省委托海南省水

产技术推广站承担样品检测工作，未检出 WSSV 阳性样品（0/10）；江西省委托江西省水产技术推广站承担样品检测工作，样品阳性率为 32%（8/25）；陕西省委托陕西省水产研究与推广总站承担样品检测工作，未检出 WSSV 阳性样品（0/3）；新疆维吾尔自治区委托新疆维吾尔自治区水产技术推广总站承担样品检测工作，未检出 WSSV 阳性样品（0/11）；浙江省委托浙江省水生动物防疫检疫中心承担样品检测工作，未检出 WSSV 阳性样品（0/30）。

四、国家 WSD 首席专家团队的实验室被动监测工作总结

在国家虾蟹类产业技术体系病害防控岗位科学家任务、中国水产科学研究院基本科研业务费等项目的支持下，中国水产科学研究院黄海水产研究所养殖生物病害控制与分子病理学研究室甲壳类流行病学与疫病防控团队应产业需求，对 2022 年我国沿海主要省份养殖甲壳类样品中 WSSV 流行情况开展了调查和被动监测。

2022 年针对 WSSV 的被动监测范围覆盖广西、海南、广东、福建、河北、江苏、山东、天津、辽宁共 9 个省（自治区、直辖市），共监测 357 批次样品，检出 WSSV 阳性样品 86 批次，阳性检出率为 24.1%；其中广西、山东和江苏等地 WSSV 阳性检出率较高。该结果表明，WSSV 在部分对虾养殖地区的流行仍不容忽视。

五、WSD 风险分析及防控建议

（一）WSD 流行现状及趋势

自 2007 年以来，WSD 的专项监测先后在 18 个省（自治区、直辖市）和新疆生产建设兵团开始实施，涉及 7 981 个养殖场点，监测了 13 215 批次样品，其中有 2 026 批次样品检出 WSSV 阳性，平均样品阳性率 15.3%，1 605 点次监测点检出 WSSV 阳性，平均监测点阳性率 20.1%。2022 年，17 省（自治区、直辖市）监测的 454 个养殖场点中，有 58 个检出 WSSV 阳性，平均监测点阳性率 12.8%；共采集 490 批次样品，有 59 批次样品检出 WSSV 阳性，平均样品阳性率 12.0%。除新疆、内蒙古、湖南和陕西外，其他参与 WSD 监测的 14 个省（自治区、直辖市）和新疆生产建设兵团均在不同年份检出了 WSSV 阳性，说明 WSD 是威胁我国甲壳类养殖业的重要疫病之一。经过 16 年对 WSD 的连续监测，对 18 省（自治区、直辖市）和新疆生产建设兵团的样品阳性率和监测点阳性率进行分析发现，WSD 在 2010 年后在我国的流行率呈波动下降趋势。

（二）易感宿主

2007—2022 年的专项监测结果显示，我国凡纳滨对虾、日本囊对虾、中国明对虾、罗氏沼虾、克氏原螯虾、青虾、脊尾白虾、斑节对虾和蟹类中均有 WSSV 阳性检出。其中 2022 年的专项监测结果显示，阳性样品种类包括凡纳滨对虾、中国明对虾、日本囊对虾和克氏原螯虾。从阳性样品种类来看，多种品种均有 WSSV 阳性检出，说明

WSSV 可能对我国多种海淡水养殖甲壳类造成威胁。16 年连续监测结果提示，应重视和避免 WSSV 在不同宿主之间水平和垂直传播。

（三）WSSV 传播途径及传播方式

根据 2007—2022 年不同类型监测点的监测结果来看，国家级原良种场、省级原良种场和重点苗种场的平均样品阳性率为 7.5%（413/5 489），监测点阳性率为 8.6%（298/3 483）。其中，国家级原良种场的阳性率 16.4%（10/61）＞重点苗种场阳性率 8.7%（272/3 109）＞省级原良种场阳性率 5.1%（16/313）。2022 年，在 454 个监测养殖场点中，国家级原良种场 8 个，无阳性检出；省级原良种场 43 个，检出 1 个 WSSV 阳性，检出率为 2.3%；苗种场 178 个，检出 10 个 WSSV 阳性，检出率是 5.6%；成虾养殖场 225 个，检出 47 个 WSSV 阳性，检出率是 20.9%。这说明经过多年的疫情监测和产地检疫等措施，国家级原良种场和省级原良种场已经开始重视 WSSV 的检测和净化。

对多次抽样检测点的监测数据进行分析发现，这些监测点存在多次检出阳性或连续检出阳性的情况，2007—2022 年的平均监测点阳性率为 20.1%，而在后续的监测中再出现阳性的阳性监测点占 45.3%，下一年会再出现阳性的阳性监测点占 30.7%；对比往年数据，阳性监测点在后续监测中仍出现阳性的概率有所提升，并且下一年会再次监测到阳性的概率同样有所提高。上述结果说明，阳性监测点内 WSSV 留存及跨年传播的风险较高；因此，应加强对阳性监测点的处理与监督，督促其强化养殖场内 WSSV 消杀。

（四）WSSV 流行与环境条件的关系

分析 2007—2022 年 18 个省（自治区、直辖市）和新疆生产建设兵团提供的监测数据发现，WSSV 的阳性检出率与某些环境条件间存在一定的联系。

通过 16 年的连续水温监测数据分析发现，水温 26 ℃ 以下时 WSSV 阳性率较高，在水温为 28～29 ℃ 时阳性率达到高峰，高于 30 ℃ 后又逐渐降低。这反映了 WSSV 在不同温度下的病原学特点，也与产业中 WSD 的发病情况基本相符。

将阳性样品与采样时水体 pH 进行分析，16 年的连续监测数据显示，pH 在 8.0～8.5 时 WSSV 阳性率最低，平均阳性率为 9.7%（195/2 001），pH≤7.7 和 pH≥8.4 时阳性率显著提高，平均阳性率为 18.8%（234/1 244），这与产业中观察到的水体 pH 与对虾 WSD 急性发病的流行规律基本吻合。

将阳性样品与采样时水体盐度进行分析，2007—2022 年监测数据中，淡水养殖的样品阳性率最高，为 18.2%（658/3 614）；其次为海水养殖，样品阳性率为 16.7%（1 171/6 994）；半咸水养殖的样品阳性率最低，为 11.4%（112/985）。淡水养殖样品的高阳性率可能与克氏原螯虾的高 WSSV 阳性检出率相关，加之各省（自治区、直辖市）和新疆生产建设兵团提供的数据未包含准确的盐度值，因此该部分的结论需在今后的监测过程中进行确认。

六、对甲壳类疫病监测和防控工作的建议

（一）优化监测方案，增强监测任务的针对性

加强对良种场和苗种场的监测力度，将国家级和省级原良种场全部纳入监测范围，以掌握其生产系统内 WSSV 存在情况，便于从源头上切断 WSSV 传播的链条；增加 WSSV 高阳性检出率省份的抽样数量。对于检测阳性的养殖场需进行多年连续监测，对于连续多年监测为阴性的养殖场，可适当降低抽样频率和数量。

（二）加强监测数据填报质量管理，确保监测数据的准确性

高质量以及多年连续的 WSD 监测数据有利于全面认识 WSD 的流行病学规律，同时针对这些规律提出行之有效的政策建议。从汇总的监测数据来看，大部分单位都能按照要求准确填写各项信息，但也有部分单位数据填报存在问题，存在漏报、错报等问题，影响 WSD 风险状况相关分析的进行，建议在监测工作中对样品采集、病原检测与数据填报等过程设立复核环节，以保障监测样品采集、检测和数据收集等监测数据的持续高质量。

（三）加强水产种业生物安保体系建设，从源头切断病毒传播的链条

水产种业作为基础性核心产业。建议加快建设无规定疫病苗种场，对国家级或省级甲壳类遗传育种中心、原良种场和现代渔业种业示范场开展全面监测，对国家级原良种场、省级原良种场和重点苗种场持续开展种源净化工作，积极推进亲体培育中心和苗种场的生物安保资质认证，从源头切断病毒传播的链条。

2022 年传染性皮下和造血组织坏死病状况分析

中国水产科学研究院黄海水产研究所

（董 宣 谢景媚 秦嘉豪 李 萱 谢国驷 杨 冰 张庆利）

一、前言

传染性皮下和造血组织坏死病（Infection with infectious hypodermal and haematopoietic necrosis virus，IHHN）是由传染性皮下和造血组织坏死病毒（Infectious hypodermal and haematopoietic necrosis virus，IHHNV）所引起的虾类疫病。IHHNV 属于细小病毒科，细角对虾浓核病毒属，病毒颗粒大小为 20～22 nm，呈二十面体状。IHHN 被我国《一、二、三类动物疫病病种名录》列为三类动物疫病，被我国《中华人民共和国进境动物检疫疫病名录》列为二类传染病，被世界动物卫生组织（WOAH）收录为需通报的水生动物疫病。

农业农村部组织全国水生动物疫病防控体系，从 2015 年开始先后在广西、广东、福建、浙江、江苏、山东、天津、河北、辽宁、上海、安徽、海南、新疆、江西、湖北等主要甲壳类养殖省（自治区、直辖市）和新疆生产建设兵团开展了 IHHN 的专项监测工作，逐步掌握了 IHHN 在上述地区的流行情况，为我国制定 IHHN 的有效防控和净化措施提供了数据支撑。

二、全国各省开展 IHHN 的专项监测情况

（一）概况

农业农村部组织全国水产病害防治体系，从 2015 年开始逐步在部分省（自治区、直辖市）开展了 IHHN 的专项监测工作。监测工作的取样范围每年已涉及 62～128 个区（县）、119～240 乡（镇）、412～623 个监测点，392～871 批次样本，覆盖了我国甲壳类主要养殖区。

2022 年 IHHN 专项监测范围包括广西、江苏、山东、河北、辽宁、湖北、安徽、江西、海南共 9 省（自治区），共涉及 29 个区（县）、47 个乡（镇）、160 个监测点，包括 4 个国家级原良种场、8 个省级原良种场、69 个重点苗种场和 79 个对虾养殖场。2022 年各监测省（自治区、直辖市）实际采集和检测样品 182 批次。2015—2022 年，各省（自治区、直辖市）和新疆生产建设兵团累计监测样品 4 882 批次，其中累计监测样品数量最多的是广东，为 650 批次；其次是河北，累计监测样品 589 批次；第三位是山东，累计监测样品 563 批次（表 1、图 1）。

表 1 2015—2022 年 IHHN 专项监测省（自治区、直辖市）采样情况（批次）

省份	广西	广东	福建	浙江	江苏	山东	河北	天津	辽宁	湖北	上海	安徽	江西	海南	新疆	新疆兵团
样品数	497	650	375	466	418	563	589	369	260	66	155	105	35	296	25	13

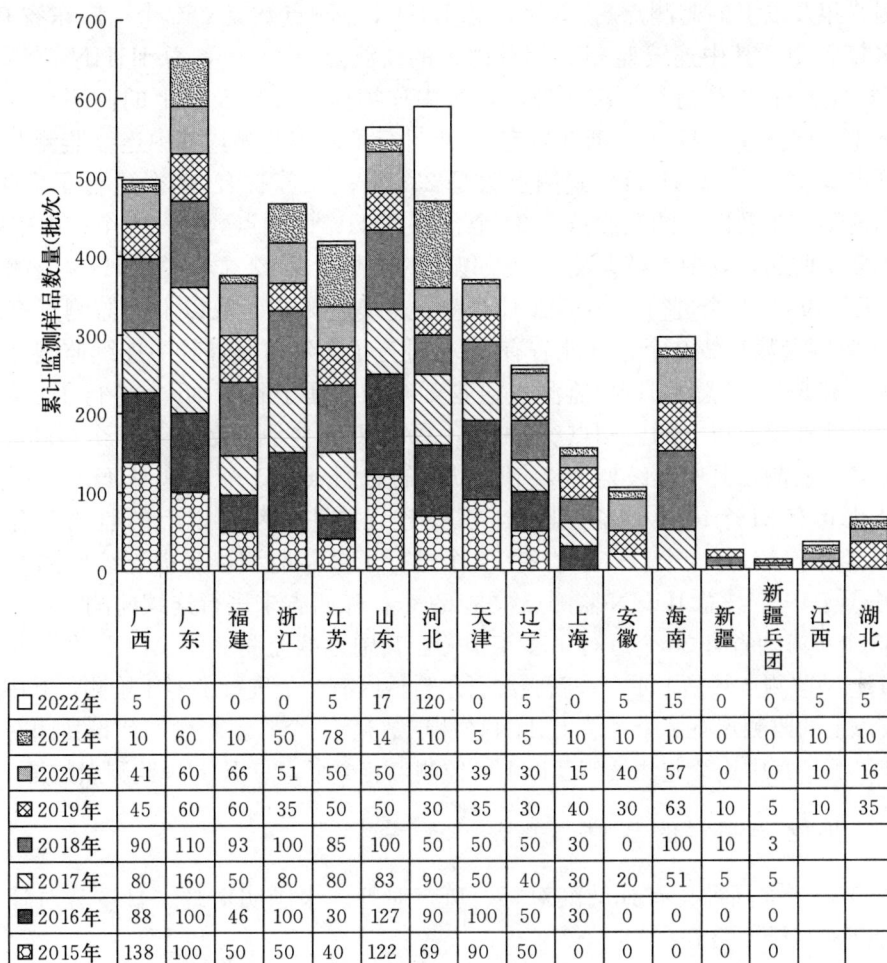

	广西	广东	福建	浙江	江苏	山东	河北	天津	辽宁	上海	安徽	海南	新疆兵团	江西	湖北
2022年	5	0	0	0	5	17	120	0	5	0	5	15	0	5	5
2021年	10	60	10	50	78	14	110	5	5	10	10	10	0	10	10
2020年	41	60	66	51	50	50	30	39	30	15	40	57	0	10	16
2019年	45	60	60	35	50	50	30	35	30	40	30	63	10	5	35
2018年	90	110	93	100	85	100	50	50	50	30	0	100	0	1	3
2017年	80	160	50	80	80	83	90	50	40	30	20	51	5	5	0
2016年	88	100	46	100	30	127	90	100	50	30	0	0	0	0	0
2015年	138	100	50	50	40	122	69	90	50	0	0	0	0	0	0

图 1　2015—2022 年 IHHN 专项监测的采样数量统计

（二）不同养殖模式监测点情况

专项监测数据统计结果表明（图 2），2015—2022 年各省（自治区、直辖市）和新疆生产建设兵团监测点记录养殖模式的监测点共有 3 505 个。其中，池塘养殖比例为 51.6%，是数量最多的养殖模式，共记录 1 808 个监测点；其次为工厂化养殖，比例为 44.5%，共记录 1 559 个监测点；之后是其他养殖模式（包括滩涂等方式），比例为 2.7%，共记录 96 个监测点；占比最少的是稻虾连作养殖模式，比例为 1.2%，共记录 42 个监测点。

（三）连续设置为监测点的情况

对 2015—2022 年各省（自治区、直辖市）和新疆生产建设兵团连续设置为监测点的情况进行了分析，结果表明，广西壮族自治区有 60 个监测点进行了多年监测，其中连续监测 2 年及以上的监测点有 53 个，总 IHHN 监测点数是 250 个；广东省有 33 个进行了多年监测，其中连续监测 2 年及以上的监测点有 26 个，总 IHHN 监测点数是 234 个；福建省有 23 个进行了多年监测，其中连续监测 2 年及以上的监测点有 21 个，总 IHHN 监测点数是 147 个；浙江省有 56 个进行了多年监测，其中连续监测 2 年及以上的监测点有 47 个，总 IHHN 监测点数是 233 个；江苏省有 37 个进行了多年监测，其中连续监测 2 年及以上的监测点有 24 个，总 IHHN 监测点数是 319 个；山东省有 50 个进行了多年监测，其中连续监测 2 年及以上的监测点有 42 个，总 IHHN 监测点数是 437 个；天津市有 25 个进行了多年监测，其中连续监测 2 年及以上的监测点有 20 个，总 IHHN 监测点数是 210 个；河北省有 69 个进行了多年监测，其中连续监测 2 年及以上的监测点有 53 个，总 IHHN 监测点数是 366 个；辽宁省有 36 个进行了多年监测，其中连续监测 2 年及以上的监测点有 34 个，总 IHHN 监测点数是 215 个；湖北省有 5 个进行了多年监测，其中连续监测 2 年及以上的监测点有 5 个，总 IHHN 监测点数是 60 个；上海市有 21 个进行了多年监测，其中连续监测 2 年及以上的监测点有 16 个，总 IHHN 监测点数是 76 个；安徽省有 20 个进行了多年监测，其中连续监测 2 年及以上的监测点有 19 个，总 IHHN 监测点数是 69 个；江西省未进行连续监测，IHHN 监测点共有 35 个；海南省有 28 个进行了多年检测，其中连续监测 2 年及以上的监测点有 24 个，总 IHHN 监测点数是 144 个；新疆维吾尔自治区有 2 个进行了多年检测，其中连续监测 2 年及以上的监测点有 2 个，总 IHHN 监测点数是 18 个；新疆生产建设兵团有 2 个进行了多年检测，其中连续监测 2 年及以上的监测点有 2 个，总 IHHN 监测点数是 11 个。

（四）2022 年采样的品种、规格

2022 年监测样品种类有凡纳滨对虾、斑节对虾、中国明对虾、日本囊对虾、罗氏沼虾、青虾和克氏原螯虾。

根据图 2 可看出各省份监测样品规格分布情况。2022 年度记录样本采集规格批次共 182 批次，其中样本体长规格小于 1 cm 的比例为 21.4%，采集样本批次共有 39 个；样本体长规格 1~4 cm 的比例为 32.4%，采集样本批次共有 59 个；样本体长规格 4~7 cm 的比例为 4.4%，采集样本批次共有 8 个；样本体长规格 7~10 cm 的比例为 32.4%，采集样本批次共有 59 个；样本体长规格大于等于 10 cm 的比例为 9.3%，采集样本批次共有 17 个。

（五）抽样的自然条件

2022 年度样本采集主要集中在 4—8 月，其中样本数量采集最多的是 7 月，4 月次之。2022 年度记录样本采集时间批次共 182 批次。其中 4 月采集样本的比例为 30.2%，采集

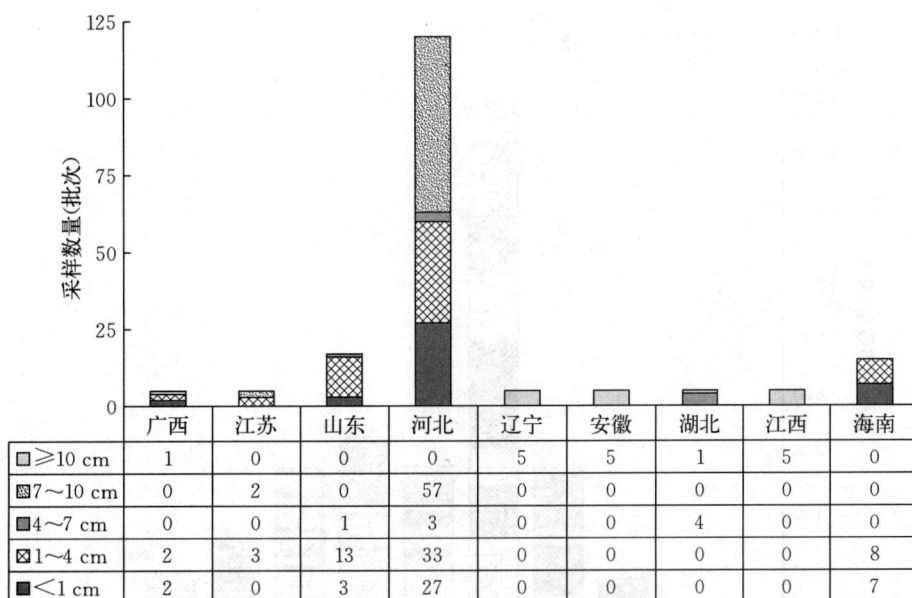

	广西	江苏	山东	河北	辽宁	安徽	湖北	江西	海南
▤ ≥10 cm	1	0	0	0	5	5	1	5	0
▨ 7～10 cm	0	2	0	57	0	0	0	0	0
▦ 4～7 cm	0	0	1	3	0	0	4	0	0
⊠ 1～4 cm	2	3	13	33	0	0	0	0	8
■ <1 cm	2	0	3	27	0	0	0	0	7

图 2　2022 年 IHHN 专项监测样品的采样规格

样本批次共有 55 个；5 月采集样本的比例为 15.4%，采集样本批次共有 28 个；6 月采集样本的比例为 4.4%，采集样本批次共有 8 个；7 月采集样本的比例为 41.2%，采集样本批次共有 75 个；8 月采集样本的比例为 3.3%，采集样本批次共有 6 个；9 月与 10 月采集样本的批次相同均为 5 个，比例均是 2.7%；1 月、2 月、3 月、11 月和 12 月未采集样品。

2015—2022 年各专项监测省（自治区、直辖市）和新疆生产建设兵团的专项监测数据表中有采样时间记录的样本共 4 878 批次。对不同月份进行采样的情况进行统计（图 3），其中，1 月采集样本的比例为 0.2%，采集样本批次共有 8 个；2 月采集样本的比例为 0.1%，采集样本批次共有 3 个；3 月采集样本的比例为 3.6%，采集样本批次共有 175 个；4 月采集样本的比例为 11.2%，采集样本批次共有 546 个；5 月采集样本的比例为 36.6%，采集样本批次共有 1 780 个；6 月采集样本的比例为 11.4%，采集样本批次共有 553 个；7 月采集样本的比例为 14.2%，采集样本批次共有 692 个；8 月采集样本的比例为 11.1%，采集样本批次共有 540 个；9 月采集样本的比例为 6.3%，采集样本批次共有 307 个；10 月采集样本的比例为 4.2%，采集样本批次共有 203 个；11 月采集样本的比例为 1.3%，采集样本批次共有 61 个；12 月采集样本的比例为 0.2%，采集样本批次共有 10 个；样品采集工作主要集在 4—8 月，这期间采集的样本量比例达到 84.4%，采集样本共有 4 111 批次。

2022 年度采集样本的水温记录共 182 批次。对不同水温条件下的采样情况进行统计发现，记录采集样本的水温在小于 24 ℃的比例是 14.8%，记录采集的样本数量为 27 批次；记录采集样本的水温在 24～25 ℃的比例是 2.2%，记录采集的样本数量为 4 批次；记录采集样本的水温在 25～26 ℃的比例是 7.1%，记录采集的样本数量为 13 批次；记录采集样本的水温在 26～27 ℃的比例是 10.4%，记录采集的样本数量为 19 批

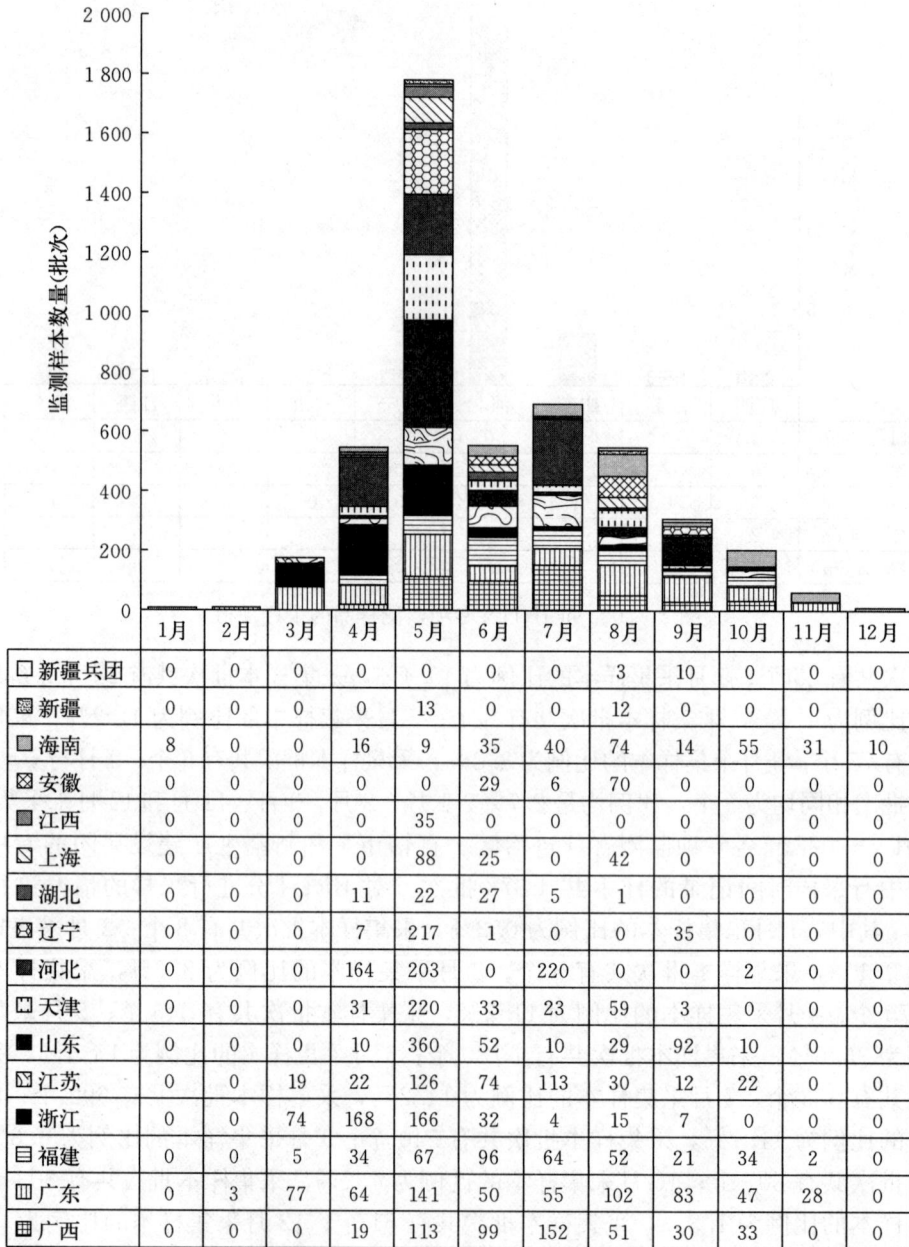

	1月	2月	3月	4月	5月	6月	7月	8月	9月	10月	11月	12月
□ 新疆兵团	0	0	0	0	0	0	0	3	10	0	0	0
▨ 新疆	0	0	0	0	13	0	0	12	0	0	0	0
▤ 海南	8	0	0	16	9	35	40	74	14	55	31	10
⊠ 安徽	0	0	0	0	0	29	6	70	0	0	0	0
▧ 江西	0	0	0	0	35	0	0	0	0	0	0	0
◹ 上海	0	0	0	0	88	25	0	42	0	0	0	0
■ 湖北	0	0	0	11	22	27	5	1	0	0	0	0
▨ 辽宁	0	0	0	7	217	1	0	0	35	0	0	0
■ 河北	0	0	0	164	203	0	220	0	0	2	0	0
▯ 天津	0	0	0	31	220	33	23	59	3	0	0	0
■ 山东	0	0	0	10	360	52	10	29	92	10	0	0
◩ 江苏	0	0	19	22	126	74	113	30	12	22	0	0
■ 浙江	0	0	74	168	166	32	4	15	7	0	0	0
▤ 福建	0	0	5	34	67	96	64	52	21	34	2	0
▦ 广东	0	3	77	64	141	50	55	102	83	47	28	0
▦ 广西	0	0	0	19	113	99	152	51	30	33	0	0

图 3　2015—2022 年各省（自治区、直辖市）和新疆生产建设兵团每月采样数量分布

次；记录采集样本的水温在 27～28 ℃的比例是 11.5％，记录采集的样本数量为 21 批次；记录采集样本的水温在 28～29 ℃的比例是 20.3％，记录采集的样本数量为 37 批次；记录采集样本的水温在 29～30 ℃的比例是 4.9％，记录采集的样本数量为 9 批次；记录采集样本的水温在 30～31 ℃的比例是 17.6％，记录采集的样本数量为 32 批次；记录采集样本的水温在 31～32 ℃的比例是 4.9％，记录采集的样本数量为 9 批次；记

录采集样本的水温在大于等于 32 ℃的比例是 6.0%，记录采集的样本数量为 11 批次。

2022 年度共记录采集样本水体 pH 有 30 批次。对不同 pH 条件下的采样情况进行统计发现，记录采集样本水体 pH 小于等于 7.4 的比例为 16.7%，记录采集样本数量是 5 批次；记录采集样本水体 pH 为 7.5 与 8.4 的比例均为 3.3%，记录采集样本数量均是 1 批次；记录采集样本水体 pH 为 7.8 的比例为 10.0%，记录采集样本数量是 3 批次；记录采集样本水体 pH 为 8.0 的比例为 53.3%，记录采集样本数量是 16 批次；记录采集样本水体 pH 为 8.1 与 8.2 的比例均为 6.7%，记录采集样本数量均是 2 批次；pH 等于 7.6、7.7、7.9、8.3、8.5、8.6、8.7 与大于等于 8.8 均无采集样本记录。

2022 年度共记录采集样本养殖环境共 176 批次。对不同养殖环境的采样情况进行统计（图 4）发现，记录采集样本养殖环境为海水养殖的比例是 84.1%，记录采集样本数量为 148 批次；记录采集样本养殖环境为淡水养殖的比例是 14.8%，记录采集样本数量为 26 批次；记录采集样本养殖环境为半咸水养殖的比例是 1.1%，记录采集样本数量为 2 批次。

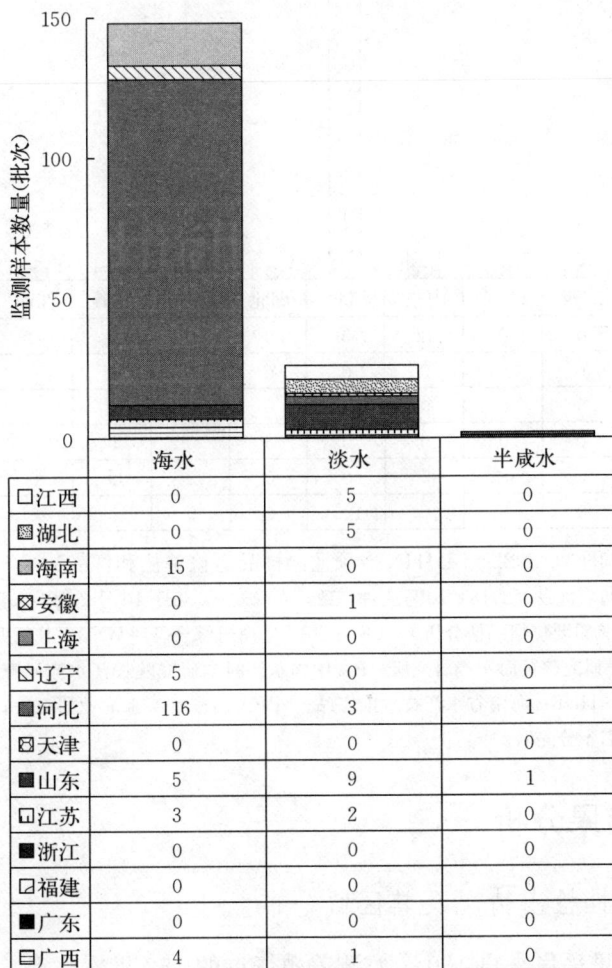

	海水	淡水	半咸水
江西	0	5	0
湖北	0	5	0
海南	15	0	0
安徽	0	1	0
上海	0	0	0
辽宁	5	0	0
河北	116	3	1
天津	0	0	0
山东	5	9	1
江苏	3	2	0
浙江	0	0	0
福建	0	0	0
广东	0	0	0
广西	4	1	0

图 4　2022 年 IHHN 专项监测样品的养殖环境分布

（六）2022 年样品检测单位和检测方法

2022 年各省（自治区）监测样品分别委托中国水产科学研究院黄海水产研究所、中国水产科学研究院长江水产研究所、中国水产科学研究院珠江水产研究所、河北省水产技术推广总站、海南省水产技术推广站与山东省淡水渔业研究院 6 家单位按照《对虾传染性皮下及造血组织坏死病毒（IHHNV）检测 PCR 法》（GB/T 25878—2010）进行实验室检测。

2022 年，各检测单位共承担 182 批次的检测任务，其中检测样本数量最多的是河北省水产技术推广总站，为 120 批次；其次是中国水产科学研究院黄海水产研究所，为 20 批次；第三是山东省淡水渔业研究院，为 12 批次。以上 3 家检测单位记录检测样本量占总样品量的 83.5%（图 5）。

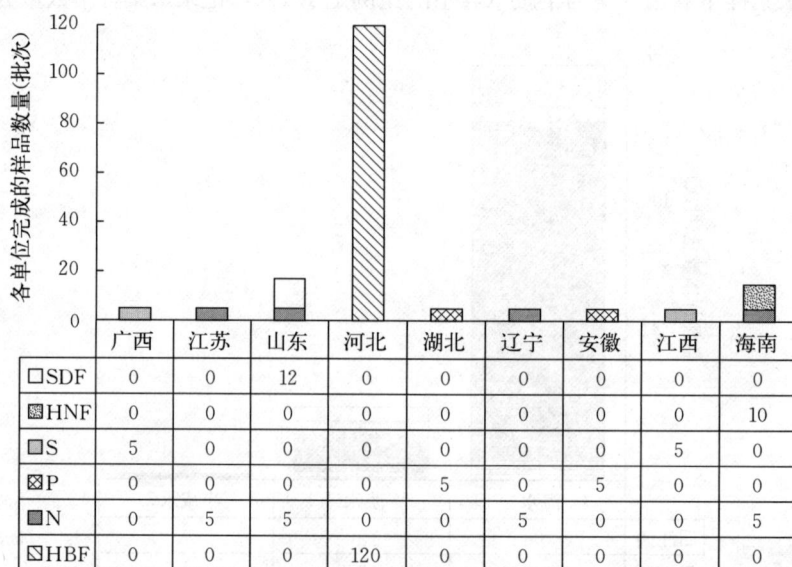

	广西	江苏	山东	河北	湖北	辽宁	安徽	江西	海南
□SDF	0	0	12	0	0	0	0	0	0
⊠HNF	0	0	0	0	0	0	0	0	10
▨S	5	0	0	0	0	0	0	5	0
⊠P	0	0	0	0	5	0	5	0	0
▪N	0	5	5	0	0	5	0	0	5
▨HBF	0	0	0	120	0	0	0	0	0

图 5　2022 年 IHHN 专项监测样品送检单位和样品数量

注：检测单位代码与农渔发〔2018〕10 号文件一致，农渔发〔2018〕10 号文件中未涉及的检测单位代码按照《2016 年我国水生动物重要疫情病情分析》一书中 2016 年白斑综合征（WSD）分析章节中的编写规则进行编写。N：中国水产科学研究院黄海水产研究所；P：中国水产科学研究院长江水产研究所；S：中国水产科学研究院珠江水产研究所；HNF：海南省水产技术推广站；SDF：山东省淡水渔业研究院；HBF：河北省水产技术推广总站。各单位排名不分先后。

三、检测结果分析

（一）总体阳性检出情况及其区域分布

2022 年度共记录采集来自 160 个监测养殖场点的 182 批次样品，其中 20 个监测养殖场点检测为阳性，阳性样品数量为 20 批次，平均监测点的 IHHNV 阳性率为 12.5%

（20/160），平均 IHHNV 阳性样品率为 11.0％（20/182）。

2015—2022 年监测数据除湖北、新疆和新疆兵团外，其他监测省（自治区、直辖市）均有 IHHNV 阳性样品检出。其中，天津的样品中 IHHNV 阳性检出率为 16.5％，IHHNV 阳性监测点占比为 15.0％；河北的样品中 IHHNV 阳性检出率为 14.8％，IHHNV 阳性监测点占比为 16.4％；辽宁的样品中 IHHNV 阳性检出率为 4.2％，IHHNV 阳性监测点占比为 4.2％；江苏的样品中 IHHNV 阳性检出率为 10.3％，IHHNV 阳性监测点占比为 11.4％；浙江的样品中 IHHNV 阳性检出率为 13.3％，IHHNV 阳性监测点占比为 16.0％；福建的样品中 IHHNV 阳性检出率为 26.7％，IHHNV 阳性监测点占比为 29.4％；山东的样品中 IHHNV 阳性检出率为 17.9％，IHHNV 阳性监测点占比为 17.5％；广东的样品中 IHHNV 阳性检出率为 14.0％，IHHNV 阳性监测点占比为 17.3％；广西的样品中 IHHNV 阳性检出率为 1.2％，IHHNV 阳性监测点占比为 1.7％；上海的样品中 IHHNV 阳性检出率为 6.5％，IHHNV 阳性监测点占比为 9.2％；安徽的样品中 IHHNV 阳性检出率为 13.3％，IHHNV 阳性监测点占比为 14.1％；海南的样品中 IHHNV 阳性检出率为 5.7％，IHHNV 阳性监测点占比为 5.2％；江西的样品中 IHHNV 阳性检出率为 8.6％，IHHNV 阳性监测点占比为 8.6％（图 6）。

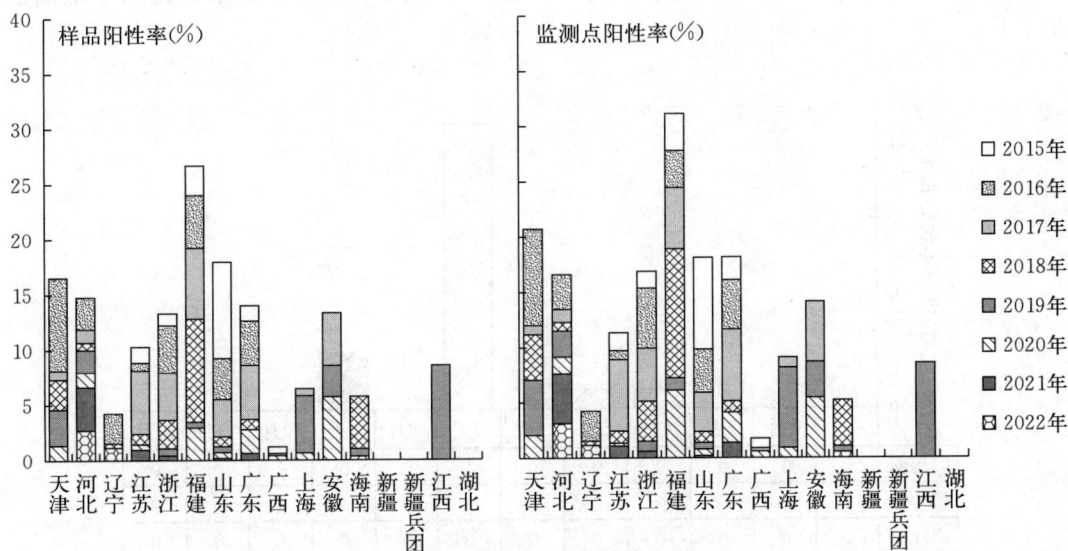

图 6　2015—2022 年 IHHN 专项监测的样品阳性率和监测点阳性率
注：阳性率以 2015—2022 年的样品总数或监测点总数为基数计算。

（二）易感宿主

研究表明，凡纳滨对虾与斑节对虾等多种对虾均是 IHHNV 的易感宿主。2022 年 IHHN 专项监测结果显示，样品检测结果为 IHHNV 阳性的种类有凡纳滨对虾、斑节对虾和中国明对虾。其中，斑节对虾样品的阳性占比为 33.3％（1/3），中国明对虾样品的阳性占比为 14.3％（3/21），采集自海水养殖的凡纳滨对虾样品的阳性占比为 13.1％（16/122）。

（三）不同养殖规格的阳性检出情况

2022 年 IHHN 专项监测中，记录采集样本规格有 182 批次。体长规格范围 7～10 cm 的样本在该体长样本中 IHHNV 的阳性占比最高，为 23.7％（14/59）；其次是大于等于 10 cm 的样本，其 IHHNV 的阳性占比为 17.6％（3/17）；1～4 cm 样本中 IHHNV 的阳性占比最低，为 5.1％（3/59）；规格小于 1 cm 与 4～7 cm 的样本中无 IHHNV 阳性检出。

（四）阳性样品的月份分布

2022 年 IHHN 的专项监测中，记录采集样本月份的样品数共 182 批次。根据图 7 可知，4 月与 5 月记录采集样本中，检测为 IHHNV 阳性的样品均有 1 批次，阳性占比分别为 1.8％（1/55）与 3.6％（1/28）；7 月记录采集样本中，检测为 IHHNV 阳性的样品有 15 批次，阳性占比为 20.0％（15/75）；9 月记录采集样本中，检测为 IHHNV 阳性的样品有 3 批次，阳性占比为 15.0％（3/20）。其中，IHHNV 阳性检出率最高的是 7 月。

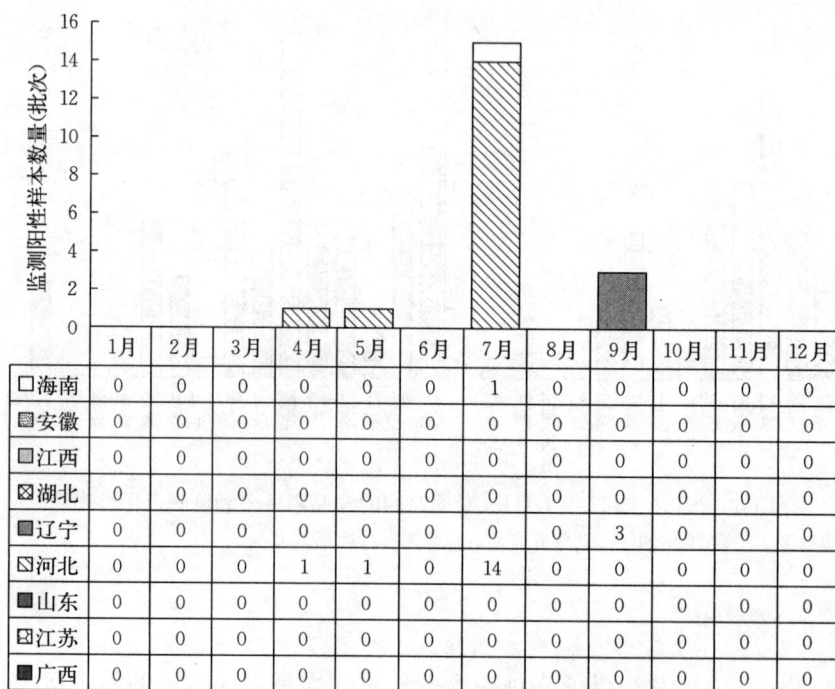

	1月	2月	3月	4月	5月	6月	7月	8月	9月	10月	11月	12月
海南	0	0	0	0	0	0	1	0	0	0	0	0
安徽	0	0	0	0	0	0	0	0	0	0	0	0
江西	0	0	0	0	0	0	0	0	0	0	0	0
湖北	0	0	0	0	0	0	0	0	0	0	0	0
辽宁	0	0	0	0	0	0	0	0	3	0	0	0
河北	0	0	0	1	1	0	14	0	0	0	0	0
山东	0	0	0	0	0	0	0	0	0	0	0	0
江苏	0	0	0	0	0	0	0	0	0	0	0	0
广西	0	0	0	0	0	0	0	0	0	0	0	0

图 7　2022 年 IHHN 专项监测各月份的阳性检出率

2015—2022 年各省（自治区、直辖市）和新疆生产建设兵团监测数据显示（图 8），记录采集样本月份的样品数共 4 878 批次，其中检出 IHHNV 阳性样品 606 批次，平均样品阳性率为 12.4%。由图 13 可知，在检出 IHHNV 阳性样品的月份中，12 月检出 IHHNV 阳性样品数量最多，检出 IHHNV 阳性样品占比最高。

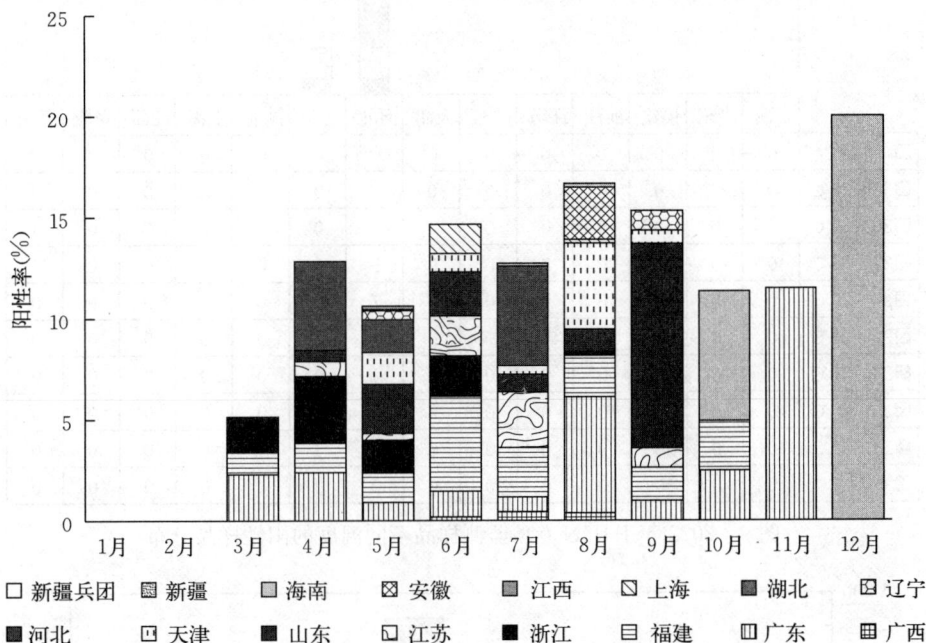

图 8　2015—2022 年 IHHN 专项监测各月份样品的阳性检出率

注：阳性率以各月份的总样品数为基数计算。

（五）阳性样品的温度分布

2022 年 IHHN 专项监测中，记录采集样本水温 IHHNV 阳性总批次共有 34 个。水温 24～25 ℃与 26～27 ℃时，检测出阳性样本批次均为 1，阳性批次占比分别为 25.0%与 5.3%；水温 25～26 ℃、27～28 ℃与 30～31 ℃时，检测出阳性样本批次均为 2，阳性批次占比分别为 15.4%、9.5%、6.3%；水温 28～29 ℃时，检测出阳性样本批次为 7，阳性批次占比为 18.9%；水温 29～30 ℃时，检测出阳性批次占比为 55.6%；水温低于 24 ℃、31～32 ℃与大于等于 32 ℃时，均无阳性样品检出（图 9）。

2015—2022 年各省（自治区、直辖市）和新疆生产建设兵团监测数据显示记录采集样本水温的总样品批次有 4 717 个，其中 IHHNV 阳性样本检出有 600 批次，平均样品阳性率为 12.7%。根据对不同水温区段的采集统计分析可得，水温 29～30 ℃时的样品阳性占比最高，样品阳性占比为 20.2%（79/391）；其次是水温 27～28 ℃，样品阳性占比为 19.0%（76/399）（图 10）。

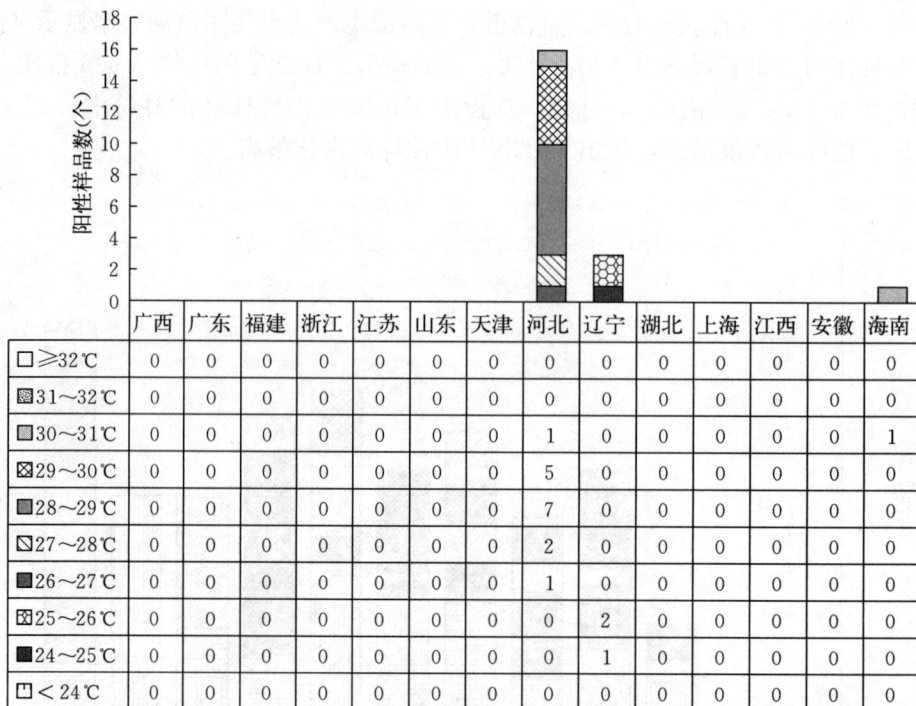

	广西	广东	福建	浙江	江苏	山东	天津	河北	辽宁	湖北	上海	江西	安徽	海南
□ ≥32℃	0	0	0	0	0	0	0	0	0	0	0	0	0	0
▨ 31~32℃	0	0	0	0	0	0	0	0	0	0	0	0	0	0
▦ 30~31℃	0	0	0	0	0	0	0	1	0	0	0	0	0	1
⊠ 29~30℃	0	0	0	0	0	0	0	5	0	0	0	0	0	0
▩ 28~29℃	0	0	0	0	0	0	0	7	0	0	0	0	0	0
▧ 27~28℃	0	0	0	0	0	0	0	2	0	0	0	0	0	0
■ 26~27℃	0	0	0	0	0	0	0	1	0	0	0	0	0	0
▥ 25~26℃	0	0	0	0	0	0	0	0	2	0	0	0	0	0
■ 24~25℃	0	0	0	0	0	0	0	0	1	0	0	0	0	0
▱ <24℃	0	0	0	0	0	0	0	0	0	0	0	0	0	0

图 9 2022 年 IHHN 专项监测样品不同温度的阳性样品分布

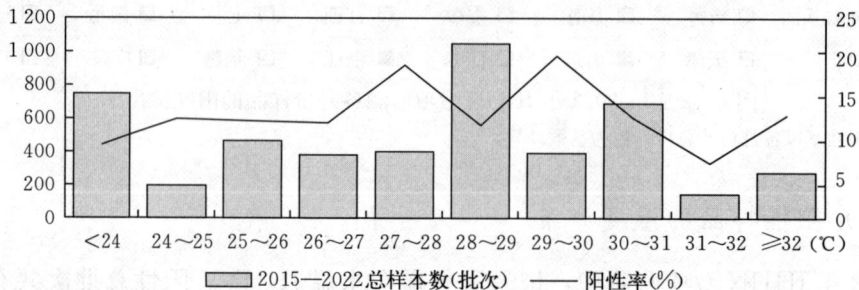

图 10 2015—2022 年专项监测有水温数据的 IHHNV 阳性样本数和阳性率

（六）阳性样品的 pH 分布

2015—2022 年各省（自治区、直辖市）和新疆生产建设兵团监测数据显示记录采集样本水体 pH 的样品批次共有 2 061 个，其中检出 IHHNV 阳性样品的批次为 279 个，样品阳性率为 13.5%。根据对不同水体 pH 区段的采集统计分析发现，阳性率表现出较明显的波动，总体趋势是 pH 8.0 以下检出阳性样品数为 135 批次，阳性批次占比为 12.3%（135/1 101），低于 pH 8.0 以上检出阳性样品数 144 批次，阳性批次占比为 15.0%（144/960）；养殖最适 pH 7.8~8.3 范围检出的阳性样品数量为 169 批次，阳性批次占比为 11.8%（169/1 438），pH≤7.7 和≥8.4 检出阳性样品的数量为 110 批次，阳性批次占比为 17.7%（110/623）（图 11）。

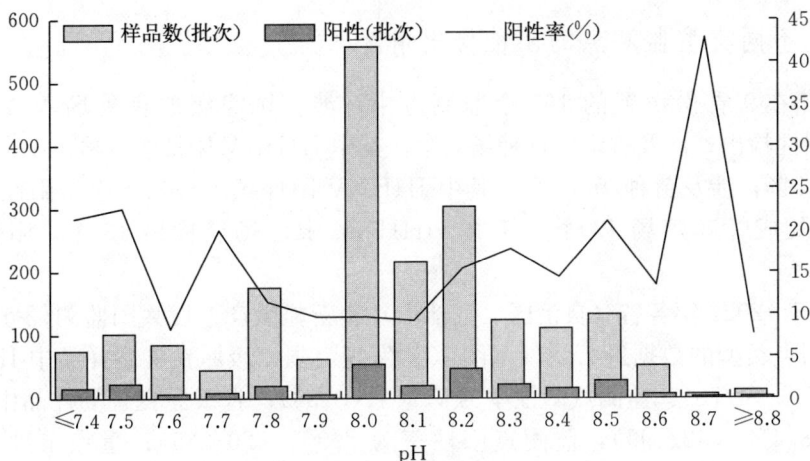

图 11 2015—2022 年样品不同采样 pH 条件下的样本数、阳性数和阳性率

（七）不同养殖环境的阳性检出情况

2015—2022 年各省（自治区、直辖市）和新疆生产建设兵团监测数据显示记录采集样本养殖环境的样品批次共有 4 810 个，检出 IHHNV 阳性样品数量共有 587 批次，样品阳性率为 12.2%。其中，海水养殖样品总数共 2 613 个，检出 IHHNV 阳性样品共 330 批次，样品阳性率为 12.6%；淡水养殖样品总数共 1 602 个，检出 IHHNV 阳性样品共 166 批次，样品阳性率为 10.4%；半咸水养殖样品总数共 595 个，检出 IHHNV 阳性样品共 91 批次，样品阳性率为 15.3%（图 12）。

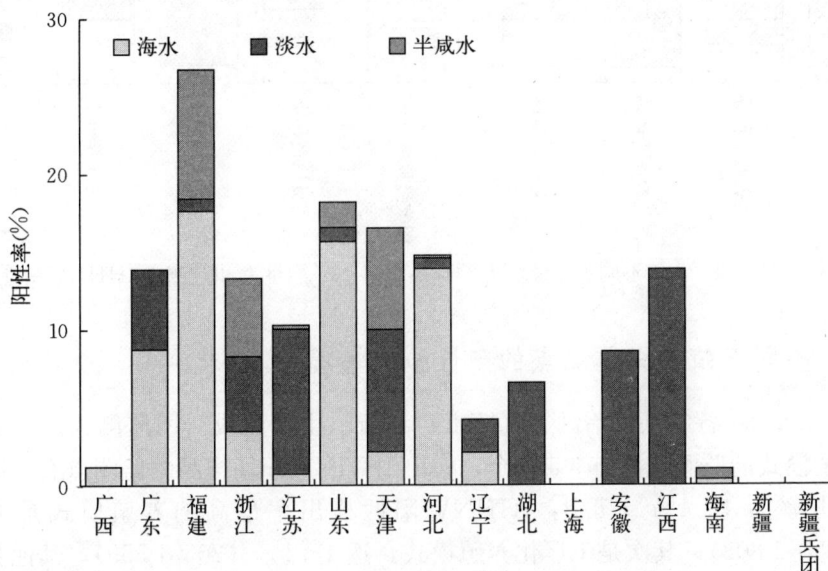

图 12 2015—2022 年各监测省（自治区、直辖市）和新疆生产建设兵团不同养殖环境的 IHHNV 阳性率
注：阳性率以各省批次样品总数为基数计算。

（八）不同类型监测点的阳性检出情况

2022年在9省份设置的160个监测点中，涉及国家级原良种场4个，均未有IHHNV阳性检出；涉及省级原良种场8个，其中IHHNV阳性场点检出1个，阳性检出率是12.5%；涉及苗种场69个，其中IHHNV阳性场点检出6个，阳性检出率是8.7%；涉及成虾养殖场79个，其中，IHHNV阳性场点检出13个，阳性检出率是16.5%。

对2015—2022年各省（自治区、直辖市）和新疆生产建设兵团监测任务中记录采集样本监测点类型的数据进行统计（图13）发现，国家级原良种场样品中IHHNV阳性率为5.7%（4/70），监测点阳性率为7.9%（3/38）；省级原良种场样品中IHHNV阳性率为8.4%（42/499），监测点阳性率为8.9%（20/225）；重点苗种场样品中IHHNV阳性率为11.3%（273/2 410），监测点阳性率为12.4%（214/1 723）；对虾养殖场样品中IHHNV阳性率为15.1%（287/1 903），监测点阳性率15.8%（250/1 582）（图13）。

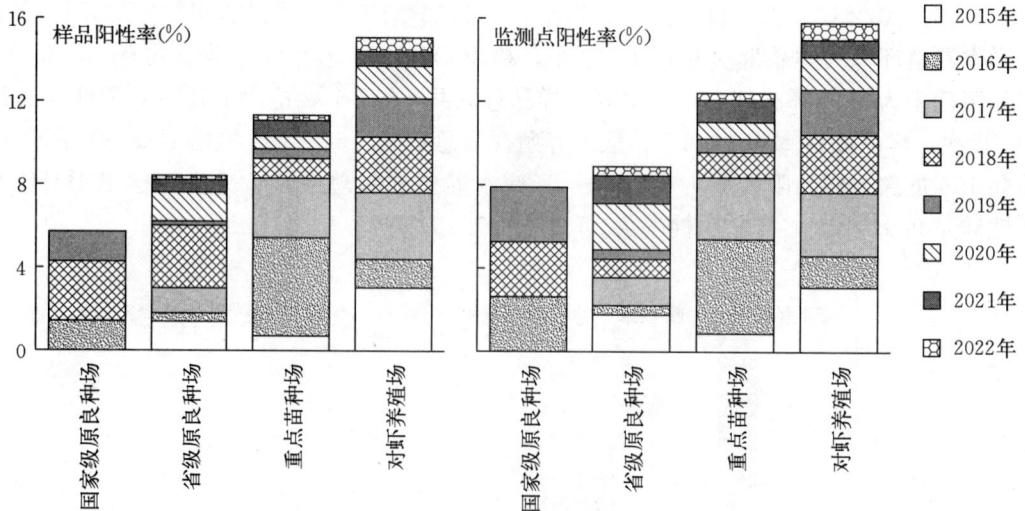

图13 2015—2022年不同类型监测点的样品IHHNV阳性率和监测点IHHNV阳性率

（九）不同养殖模式监测点的阳性检出情况

2015—2022年各省（自治区、直辖市）和新疆生产建设兵团监测数据显示记录采集样本养殖模式的监测点共有3 505个，检出IHHNV阳性样品的监测点有468个，平均阳性检出率为13.4%。其中，IHHNV阳性检出率最高的养殖模式是池塘，达13.8%（250/1 808）；其次是工厂化养殖模式，达13.1%（205/1 559）；其他养殖模式中，检出IHHNV阳性样品的监测点占比为10.4%（10/96）；稻虾连作养殖模式中，检出IHHNV阳性样品的监测点占比为7.1%（3/42）（图14）。

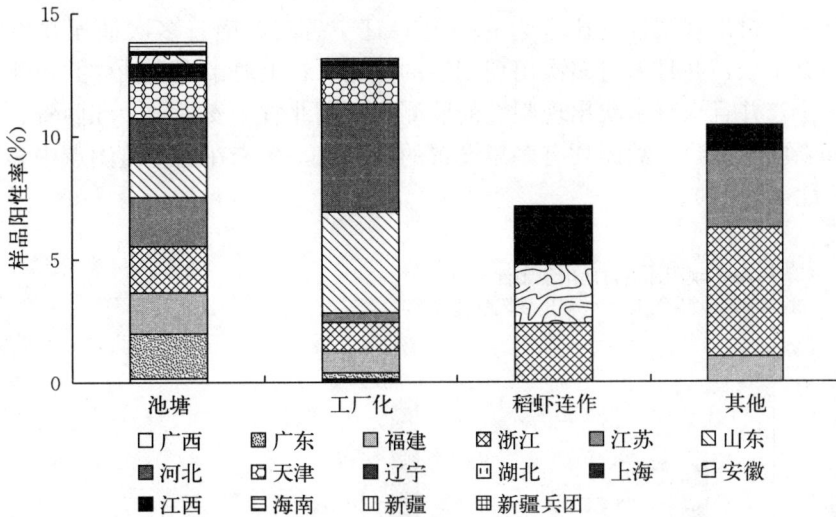

图 14　2015—2022 年不同养殖模式监测点的 IHHNV 阳性检出率

（十）连续抽样检测点的阳性检出情况

2015—2022 年 IHHN 的专项监测中，详细记录相关信息的有 2 824 个监测点，其中进行多年监测的监测点有 467 个，进行了 2 年及以上连续监测的监测点有 388 个。其中，监测点多次检出 IHHNV 阳性的有 16 个，IHHNV 阳性检出连续监测 2 年及以上的监测点有 28 个。各省（自治区、直辖市）和新疆生产建设兵团的阳性监测点在后续监测中再次出现阳性的平均比率为 22.2%，下一年再出现阳性的平均比率为 38.9%。

从各省份的情况来看，不计最后一年，广西壮族自治区多次抽样并检测出阳性的监测点有 1 个，并且未有多次出现阳性的监测点；广东省多次抽样并检测出阳性的监测点有 7 个，其中出现多次阳性的监测点有 2 个，连续监测 2 年及以上出现阳性的是 4 个，该省阳性监测点在后续监测中再出现阳性的比率为 28.6%，在下一年再出现阳性的比率为 57.1%；福建省多次抽样并检测出阳性的监测点有 6 个，其中出现多次阳性的监测点有 3 个，连续监测 2 年及以上出现阳性的是 2 个，该省阳性监测点在后续监测中再出现阳性的比率为 50.0%，下一年再出现阳性的比率为 33.3%；浙江省多次抽样并检测出阳性的监测点有 11 个，其中出现多次阳性的监测点有 2 个，连续监测 2 年及以上出现阳性的是 4 个，该省阳性监测点在后续监测中再出现阳性的比率为 18.2%，下一年再出现阳性的比率为 36.4%；江苏省多次抽样并检测出阳性的监测点有 4 个，并且未有多次出现阳性的监测点；山东省多次抽样并检测出阳性的监测点有 6 个，其中出现多次阳性的监测点有 1 个，连续监测 2 年及以上出现阳性的是 2 个，该省阳性监测点在后续监测中再出现阳性的比率为 16.7%，下一年再出现阳性的比率为 33.3%；天津市多次抽样并检测出阳性的监测点有 5 个，并且未有多次出现阳性的监测点；河北省多次抽样并检测出阳性的监测点有 23 个，其中出现多次阳性的监测点有 8 个，连续监测 2

年及以上出现阳性的是 16 个，该省阳性监测点在后续监测中再出现阳性的比率为 34.8％，下一年再出现阳性的比率为 69.6％；辽宁省与海南省多次抽样并检测出阳性的监测点均有 1 个，并且未有多次出现阳性的监测点；上海市多次抽样并检测出阳性的监测点有 3 个，并且未有多次出现阳性的监测点；湖北省、安徽省、江西省、新疆维吾尔自治区和新疆生产建设兵团均有多年设置的监测点，尚未在这些监测点中多次检出过 IHHNV 阳性（图 15）。

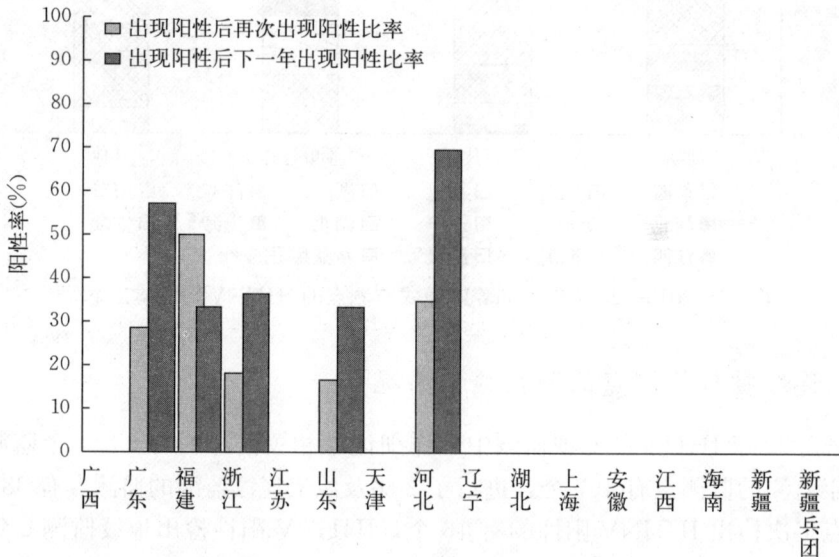

图 15　2007—2022 年各监测省（自治区、直辖市）在后续监测中出现阳性的比率

（十一）不同检测单位的检测结果情况

2022 年共有 6 家检测单位承担 9 个省份的检测任务，共计检测样品 182 批次，检出 IHHNV 阳性样品 20 批次。

河北省水产技术推广总站完成河北样品的检测工作，样品阳性检出率为 13.3％（16/120）；中国水产科学研究院黄海水产研究所完成江苏、山东、辽宁与海南样品的检测工作，其中，只有辽宁样品有阳性检出，其样品阳性检出率为 15.0％（3/20）；中国水产科学研究院长江水产研究所完成湖北、安徽样品的检测工作，无阳性检出；中国水产科学研究院珠江水产研究所完成广西、江西样品的检测工作，无阳性检出；海南省水产技术推广站完成海南样品的检测工作，样品阳性检出率为 10.0％（1/10）；山东省淡水渔业研究院完成山东样品的检测工作，无阳性检出。

四、国家 IHHN 首席专家团队的实验室被动监测工作总结

在国家虾蟹类产业技术体系病害防控岗位科学家任务、中国水产科学研究院基本科研业务费等项目的支持下，中国水产科学研究院黄海水产研究所养殖生物病害控制与分

子病理学研究室甲壳类流行病学与疫病防控团队应产业需求，对 2022 年我国主要甲壳类养殖省份的 IHHN 开展了被动监测。

2022 年针对 IHHN 的被动监测范围包括辽宁、河北、山东、天津、江苏、浙江、广东、广西和海南等主要甲壳类养殖省份，样本检测总数为 453 批次，其中，检出阳性样品数量为 41 批次，阳性率为 9.1%。

五、IHHN 风险分析及防控建议

（一）IHHN 流行现状及趋势

IHHN 的专项监测自 2015 年以来先后在 15 个省（自治区、直辖市）和新疆生产建设兵团开始实施，养殖场点共计 3 568 个，样品监测总数为 4 882 批次，其中检出阳性样品数量为 606 批次，阳性监测点数量为 487 个，平均样品阳性率 12.4%，平均监测点阳性率 13.6%。2022 年，监测的 9 省（自治区）共计养殖场点数量为 160 个，其中检出 IHHNV 阳性的场点有 20 个，平均监测点阳性率 12.5%；记录采集样品总数为 182 批次，其中 IHHNV 阳性样品检出为 20 批次，平均样品阳性率 11.0%。参加 IHHN 监测的 9 个省份均在不同年份检出了 IHHNV 阳性。经过持续 8 年的 IHHN 监测，对 15 省（自治区、直辖市）和新疆生产建设兵团的样品阳性率和监测点阳性率进行分析发现，IHHNV 的阳性样品检出率总体呈现平稳的趋势。

（二）易感宿主

《WOAH 水生动物疾病诊断手册》（2021）第 2.2.4 章提到 IHHNV 的易感宿主包括加州对虾、斑节对虾、白对虾、蓝对虾和凡纳滨对虾。2022 年 IHHN 的专项监测品种有罗氏沼虾、青虾、克氏原螯虾、凡纳滨对虾、斑节对虾、中国明对虾和日本囊对虾。其中，阳性检出率最高的是海水养殖的凡纳滨对虾 80%（16/20）；中国明对虾次之为 15%（3/20）；第三是斑节对虾为 5%（1/20）。

（三）IHHNV 传播

2015—2022 年不同类型监测点的监测结果显示，国家级原良种场、省级原良种场、重点苗种场和对虾养殖场的平均样品阳性率为 12.4%（606/4 882），监测点阳性率为 13.6%（487/3 568）。其中，对虾养殖场的阳性率最高，为 15.8%（250/1 582）；重点苗种场阳性率次之，是 12.4%（214/1 723）；之后是省级原良种场阳性率为 8.9%（20/225）；国家级原良种场的阳性率最低，为 7.9%（3/38）。对监测过程中多次抽样检测点的分析结果提示，需要重视监测点多次或连续出现阳性的情况，2015—2022 年的平均监测点阳性率为 13.6%，而阳性监测点在后续的监测中再次出现阳性的比率是 22.2%，阳性监测点下一年会再出现阳性的比率是 38.9%，监测点高比例检出多次或连续阳性提示 IHHNV 在这些阳性监测点存在留存和跨年度传播的风险，提醒 IHHN 阳性监测点在养殖过程中应加强对阳性池塘处理，强化养殖阶段的生物安保管理，降低 IHHNV 跨年际传播风险。

六、对甲壳类疫病监测工作的建议

（一）建立 IHHN 监测技术标准，保障监测数据的完善性和规范性

建议尽快建立 IHHN 监测技术标准，规范从监测点选择到监测对象、采样流程、样品包装和输送、实验室检测技术和监测信息的汇交等各个环节的要求和操作，以提高 IHHN 疫病监测计划任务执行中采样、检测等的标准化和规范化水平。同时，需要在充分考虑上年度流行率和工作经费的基础上，确定下年度的监测方案，优化监测范围和监测样本量，不断提高我国水生动物疫情监测工作的效率。另外，在 IHHN 监测任务执行过程中，亟待加强对专项监测数据质量的管理，规范流行病学监测数据的采集和录入过程，建立数据复核机制。

（二）持续加强疫病监测资金支持力度，准确掌握我国甲壳类疫病流行情况

2021 年 4 月 15 日《中华人民共和国生物安全法》正式实施，对人类、动植物疫病相关生物安全管理提出了更高的要求。近年来，我国养殖甲壳类不断遭受重大和新发疫病的冲击，威胁养殖业稳产保供，建议梳理当前危害我国甲壳类养殖的重要病害种类，在执行水生动物疫病监测任务时做到有的放矢，突出重点疫病加强监测，并持续加强对危害严重疫病的监测资金支持力度，以便准确掌握我国甲壳类疫病流行情况，为国家渔业高质量发展提供可靠的数据支撑。

（三）加强甲壳类养殖生物安保管理，提高应对重大和新发疫病能力

建议渔业主管部门以及养殖利益相关者在甲壳类养殖过程中加强水产养殖生物安保体系建设，提高国家和从业人员防控甲壳类重大和新发疫病的能力；继续落实包括苗种产地检疫等政策措施，稳步提升甲壳类原良种场的生物安保水平和国内企业持续供应无特定病原种苗的能力。

2022 年虾肝肠胞虫病状况分析

中国水产科学研究院黄海水产研究所

（谢国驷　万晓媛　董　宣　张庆利）

一、前言

虾肝肠胞虫病（*Enterocytozoon hepatopenaei* disease，EHPD）是近年来严重危害全球对虾产业可持续发展的重要疫病，其广泛流行也使我国养殖对虾产业遭受重大损失。EHPD 是由虾肝肠胞虫（*Enterocytozoon hepatopenaei*，EHP）感染所引起的。对我国主要对虾养殖地区 EHP 流行情况进行监测与分析可为 EHPD 综合防控提供有力的基础数据支持。

自 2017 年以来，农业农村部组织全国水生动物疫病防控体系在全国范围内对 EHPD 开展专项监测，监测范围包括安徽、福建、广东、广西、海南、河北、湖北、江苏、江西、辽宁、山东、上海、天津、浙江、新疆共 15 省（自治区、直辖市）和新疆生产建设兵团，上述监测工作对 EHPD 流行病研究及其防控具有重要意义。现将 2022 年监测结果分析如下：

二、EHPD 监测

（一）监测概况

全国水生动物疫病防控体系从 2017 年起已连续 6 年开展了 EHPD 的专项监测。2022 年 EHPD 监测共计 15 个省（自治区、直辖市），涉及 116 个区（县）、206 个乡（镇）、446 个监测点，采集 482 批次样本。其中，国家级原良种场 8 个，省级原良种场 43 个，重点苗种场 178 个，虾类养殖场 217 个，监测点以重点苗种场和虾类养殖场为主，分别占监测点 40.0% 和 48.7%。2017—2022 年的监测区域及各采样批次如图 1 所示。

（二）不同养殖模式监测点情况

2022 年监测数据统计结果显示，监测共在 15 个省（自治区、直辖市）设置监测点 446 个。不同养殖模式监测点中，包含池塘养殖监测点、工厂化养殖监测点、网箱养殖模式监测点和其他养殖模式（淡水其他和海水滩涂）监测点四类。

（三）采样的品种和规格

2022 年 EHPD 监测样品种类包括凡纳滨对虾、斑节对虾、中国明对虾、日本囊对

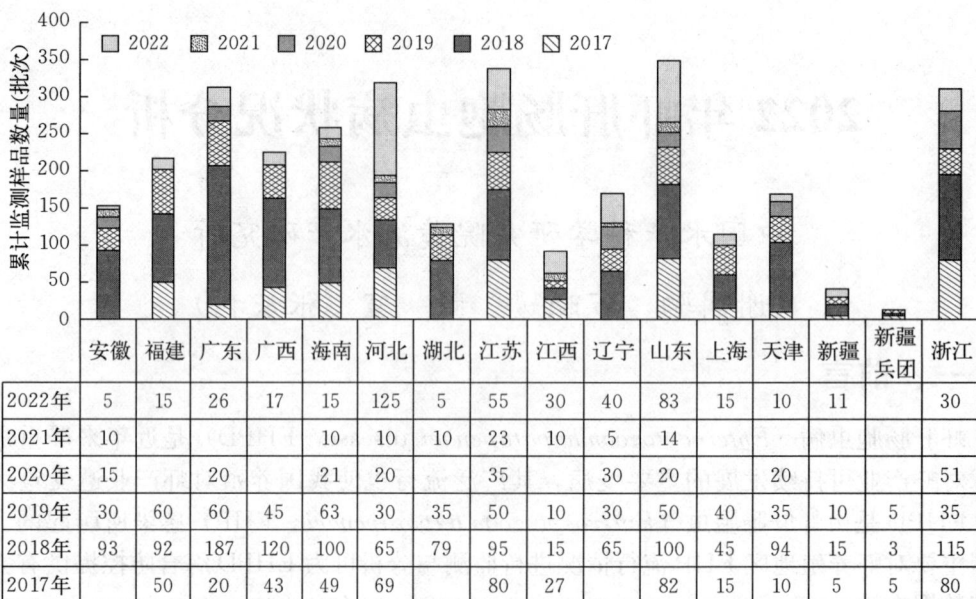

图 1 2017—2022 年 EHPD 监测各地区采样批次

虾、克氏原螯虾和日本沼虾，脊尾白虾、罗氏沼虾和澳洲龙虾，计 9 种。

各省份检测虾类样品中，山东和江苏检测 6 种，河北、广西和辽宁检测 3 种，广东、福建、海南、上海和浙江检测 2 种，安徽、湖北、天津、江西和新疆检测 1 种（图 2）。

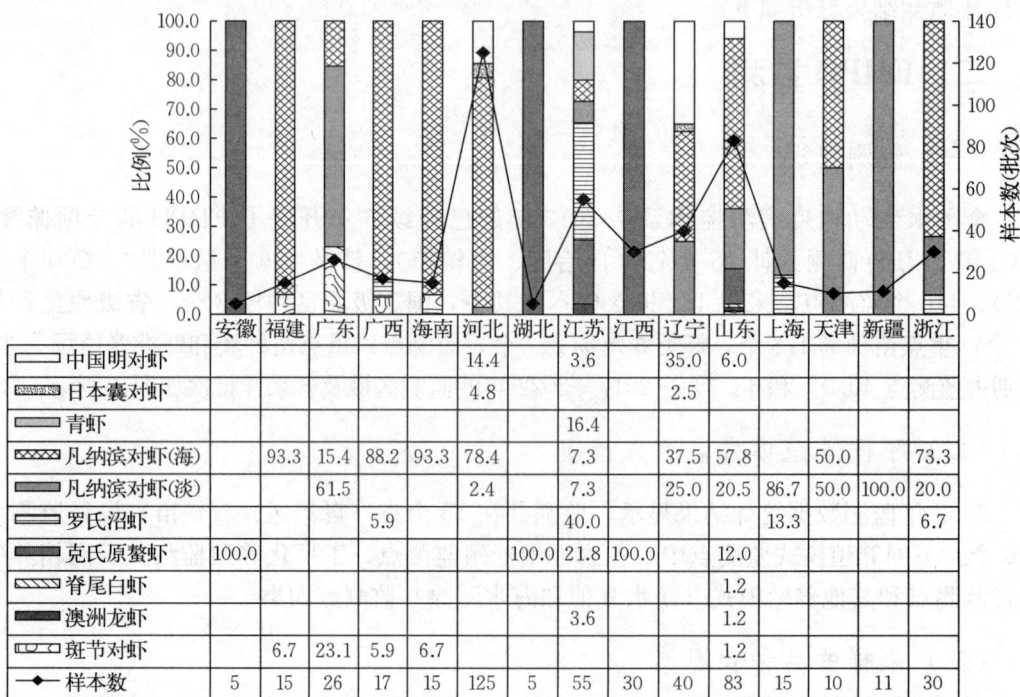

图 2 2022 年 EHPD 监测虾种类及数量

138

2022 年监测中，482 批次中有体长规格数据的样品共计 448 批次。体长小于 1 cm 的样品 189 批次，占样品总量的 42.2%；体长为 1～3 cm 的样品 59 批次，占样品总量的 13.2%；体长为 3～5 cm 的样品 43 批次，占样品总量的 9.6%；体长为 5～10 cm 的样品 127 批次，占样品总量的 28.3%；体长为 10～16 cm 的样品 30 批次，占样品总量的 6.7%（图 3）。

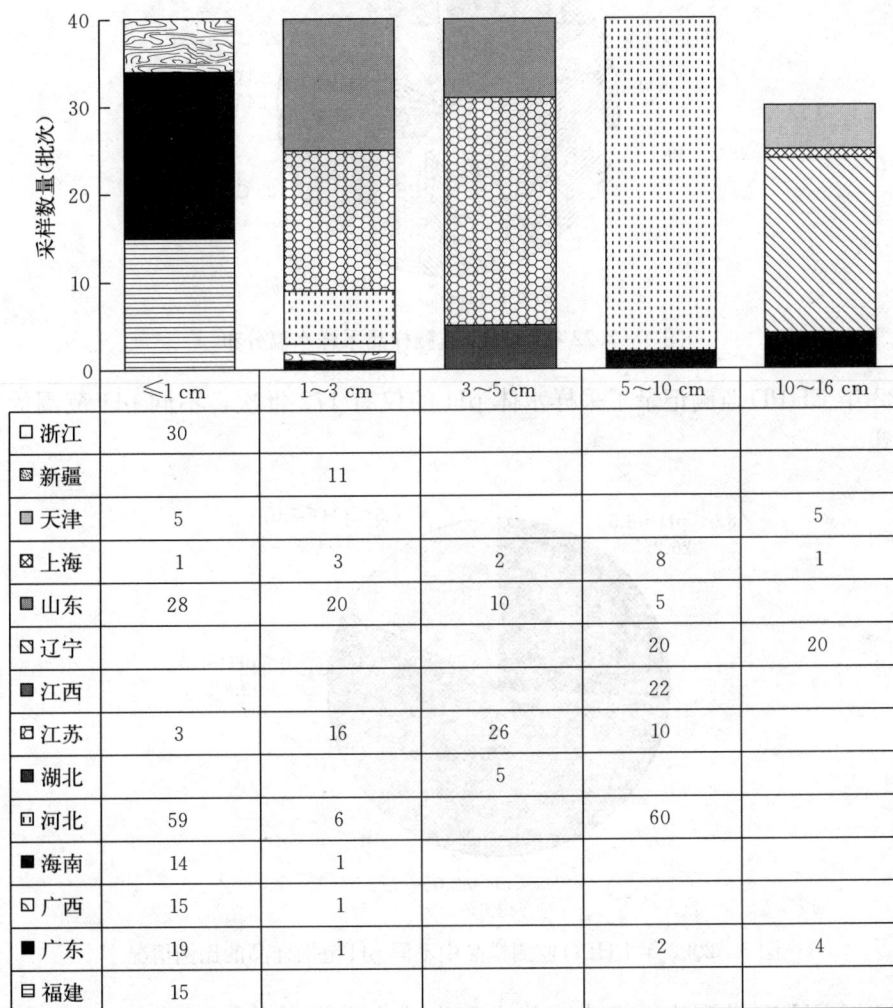

	≤1 cm	1～3 cm	3～5 cm	5～10 cm	10～16 cm
□ 浙江	30				
▨ 新疆		11			
▫ 天津	5				5
⊠ 上海	1	3	2	8	1
■ 山东	28	20	10	5	
▢ 辽宁				20	20
■ 江西				22	
▫ 江苏	3	16	26	10	
■ 湖北			5		
▣ 河北	59	6		60	
■ 海南	14	1			
□ 广西	15	1			
■ 广东	19	1		2	4
▫ 福建	15				

图 3　2022 年 EHPD 监测虾类样品体长规格

（四）抽样的自然条件

2022 年 EHPD 监测记录中 1 月和 12 月期间无样品采集，5 月、7 月和 4 月期间采集样品较多，分别占总批次比例的 24.3%、20.3% 和 19.5%，6 月、9 月和 8 月期间也有一定数量的样品采集，分别占总批次比例的 12.7%、8.9% 和 8.5%，2 月、10 月、3 月和 11 月期间样品采集的比例非常低，分别为 3.5%、1.5%、0.4% 和 0.4%。

2022 年 EHPD 监测记录中，采样时水温为 28、25 和 27 ℃的样品批次较多，分别总采样批次的 19.9％、3.7％和 11.8％。各温度下采样批次占总批次比例见图 4。

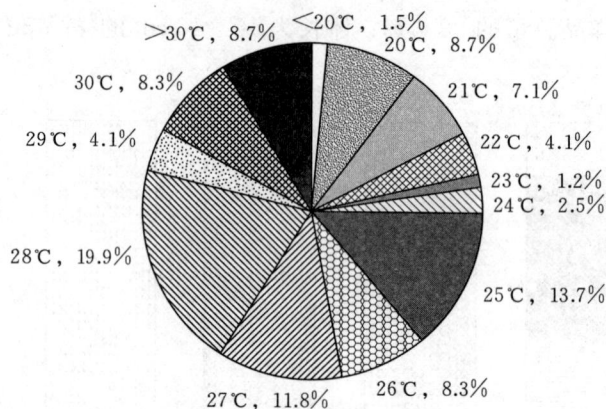

图 4　2022 年 EHPD 监测样品采样水温分布

2022 年 EHPD 监测记录了采样水体 pH 的仅有 172 批次，不同 pH 范围的样本数比例见图 5。

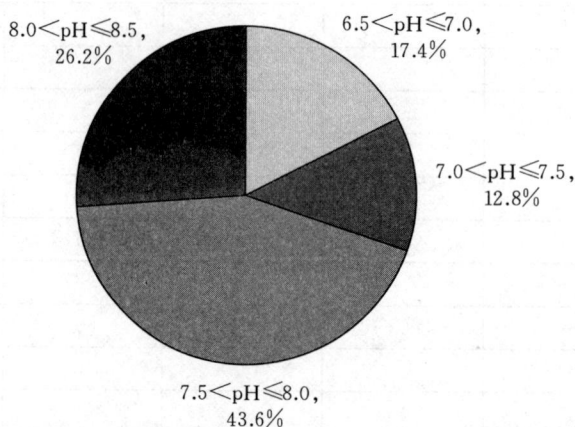

图 5　2022 年 EHPD 监测样品中不同 pH 范围样品的比例情况

2022 年 EHPD 监测中，海水、淡水和半咸水有记录共 470 批次，其比例分别为 58.1％、37.7％和 4.3％。EHPD 监测各地区采样样品中海淡水养殖情况见图 6。

（五）样品检测单位和检测方法

2022 年，EHPD 监测样品分别委托以下 17 家单位来完成，分别是福建省水产技术推广总站、广东省动物疫病预防控制中心、广西渔业病害防治环境监测和质量检验中心、海南省水产技术推广站、河北省水产技术推广总站、集美大学、江苏省水生动物疫病预防控制中心、江西省水产技术推广站、山东省淡水渔业研究院、上海市水产技术推

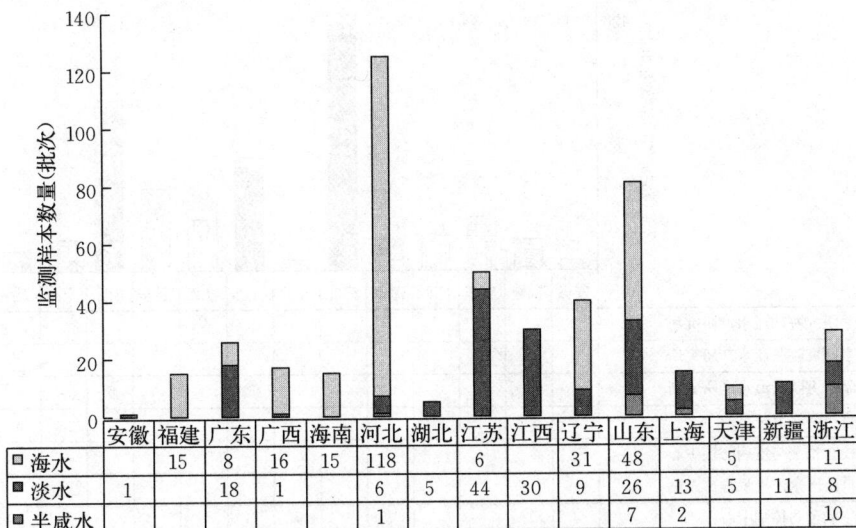

	安徽	福建	广东	广西	海南	河北	湖北	江苏	江西	辽宁	山东	上海	天津	新疆	浙江
□ 海水		15	8	16	15	118		6		31	48		5		11
■ 淡水	1		18	1		6	5	44	30	9	26	13	5	11	8
▨ 半咸水						1					7	2			10

图 6　2022 年 EHPD 监测各地区采样样品中海淡水养殖情况

广站、天津市动物疫病预防控制中心、新疆维吾尔自治区水产技术推广总站、浙江省水生动物防疫检疫中心、中国检验检疫科学研究院、中国水产科学研究院黄海水产研究所、中国水产科学研究院长江水产研究所和中国水产科学研究院珠江水产研究所。其中，河北省水产技术推广总站、山东省淡水渔业研究院和中国水产科学研究院黄海水产研究所承担的检测批次较多，分别占样品总批次的 24.9%、16.2% 和 12.5%（图 7）。EHPD 检测采用《虾肝肠胞虫病诊断规程》（SC/T 7233—2020）第 8.2～8.3 条套式 PCR 检测，为确保检测结果的准确性，还需对所得的 PCR 产物进行测序分析确认。

三、EHP 检测分析

（一）EHPD 总体阳性检出情况及区域分布

2022 年 EHPD 监测中，446 个监测点共采集样品 482 批次，平均监测点阳性检出率 21.1%（94/446），平均样品阳性检出率 20.1%（97/482）。监测数据显示，安徽、福建、海南、湖北、江西和新疆无阳性样品检出。阳性检出率较高地区分别为：河北的 EHP 样品阳性检出率和监测点阳性检出率分别为 48.8%（61/125）和 56.3%（58/103），辽宁的 EHP 样品阳性检出率和监测点阳性检出率均为 40.0%（16/40），天津的 EHP 样品阳性检出率和监测点阳性检出率也均为 40.0%（4/10）。各地区 EHP 的阳性检出情况见图 8。

（二）检出 EHPD 阳性的样品种类情况

2022 年 EHPD 监测中，斑节对虾、凡纳滨对虾、日本囊对虾和中国明对虾均有 EHP

141

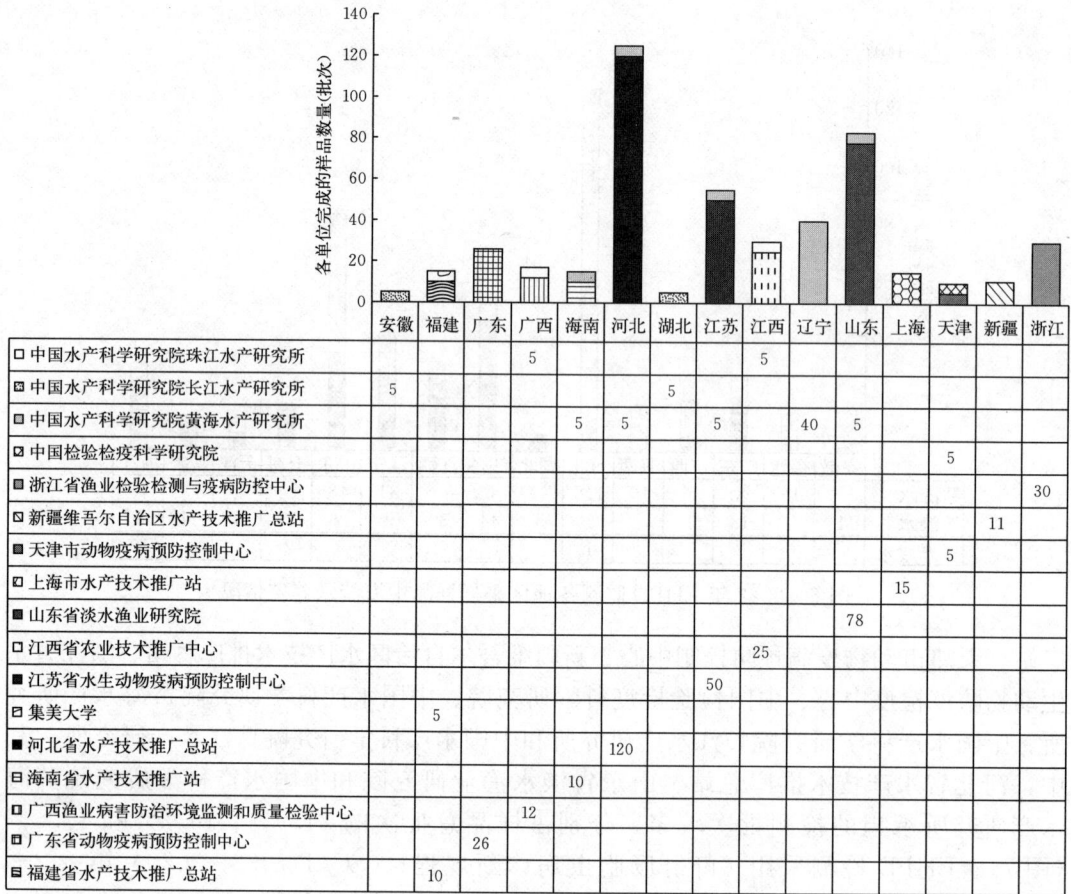

	安徽	福建	广东	广西	海南	河北	湖北	江苏	江西	辽宁	山东	上海	天津	新疆	浙江
□ 中国水产科学研究院珠江水产研究所				5						5					
⊠ 中国水产科学研究院长江水产研究所	5							5							
▨ 中国水产科学研究院黄海水产研究所					5	5			5		40	5			
▧ 中国检验检疫科学研究院													5		
■ 浙江省渔业检验检测与疫病防控中心															30
⊠ 新疆维吾尔自治区水产技术推广总站														11	
■ 天津市动物疫病预防控制中心													5		
⊿ 上海市水产技术推广站												15			
■ 山东省淡水渔业研究院											78				
□ 江西省农业技术推广中心									25						
■ 江苏省水生动物疫病预防控制中心								50							
▨ 集美大学		5													
■ 河北省水产技术推广总站						120									
▣ 海南省水产技术推广站					10										
□ 广西渔业病害防治环境监测和质量检验中心				12											
▣ 广东省动物疫病预防控制中心			26												
▥ 福建省水产技术推广总站		10													

图 7　2022 年 EHPD 监测送检单位及检测样本批次数

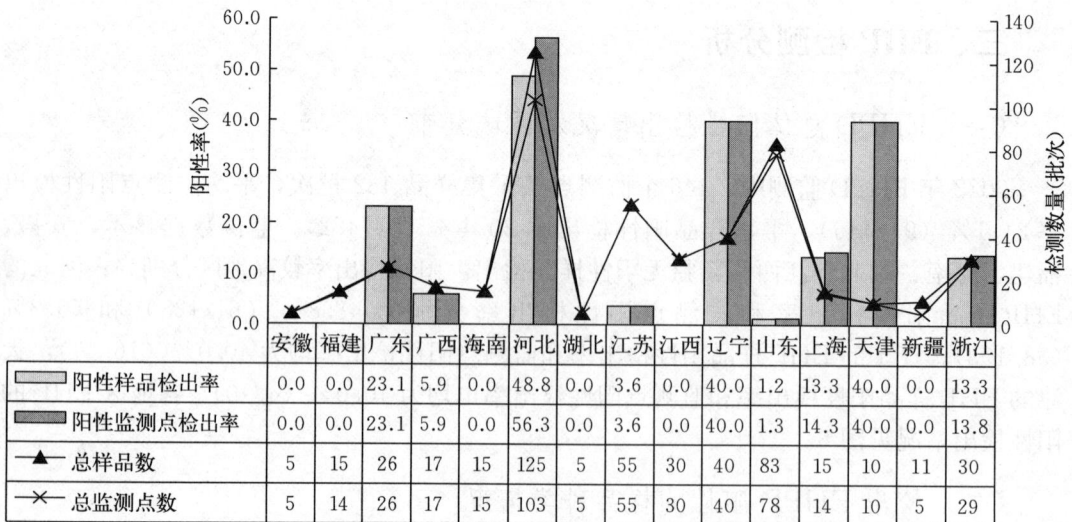

	安徽	福建	广东	广西	海南	河北	湖北	江苏	江西	辽宁	山东	上海	天津	新疆	浙江
阳性样品检出率	0.0	0.0	23.1	5.9	0.0	48.8	0.0	3.6	0.0	40.0	1.2	13.3	40.0	0.0	13.3
阳性监测点检出率	0.0	0.0	23.1	5.9	0.0	56.3	0.0	3.6	0.0	40.0	1.3	14.3	40.0	0.0	13.8
▲ 总样品数	5	15	26	17	15	125	5	55	30	40	83	15	10	11	30
✕ 总监测点数	5	14	26	17	15	103	5	55	30	40	78	14	10	5	29

图 8　2022 年 EHPD 监测样品阳性检出率及检测样本数

阳性检出（图9），其中斑节对虾、凡纳滨对虾（海）和凡纳滨对虾（淡）的阳性检出率较高，分别为30.0%（3/10）、29.3%（70/239）和18.8%（16/85）。

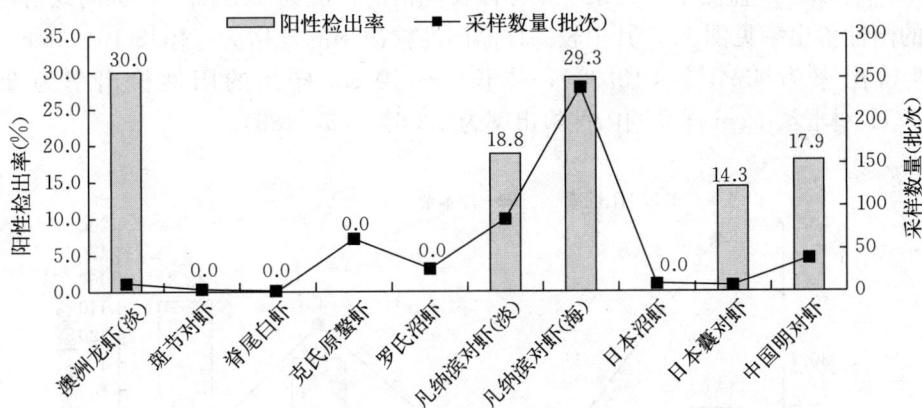

图 9 2022 年 EHPD 监测不同虾种 EHP 的阳性检出率及检测样本数

EHPD 监测中各地区不同甲壳种类 EHP 的阳性检出率见图 10，其中阳性检测率数值较高的为采集自辽宁的日本囊对虾 100%（1/1）、采集自河北的凡纳滨对虾（海）60.2%（59/98）和采集自天津的凡纳滨对虾（淡）60.0%（3/5）。

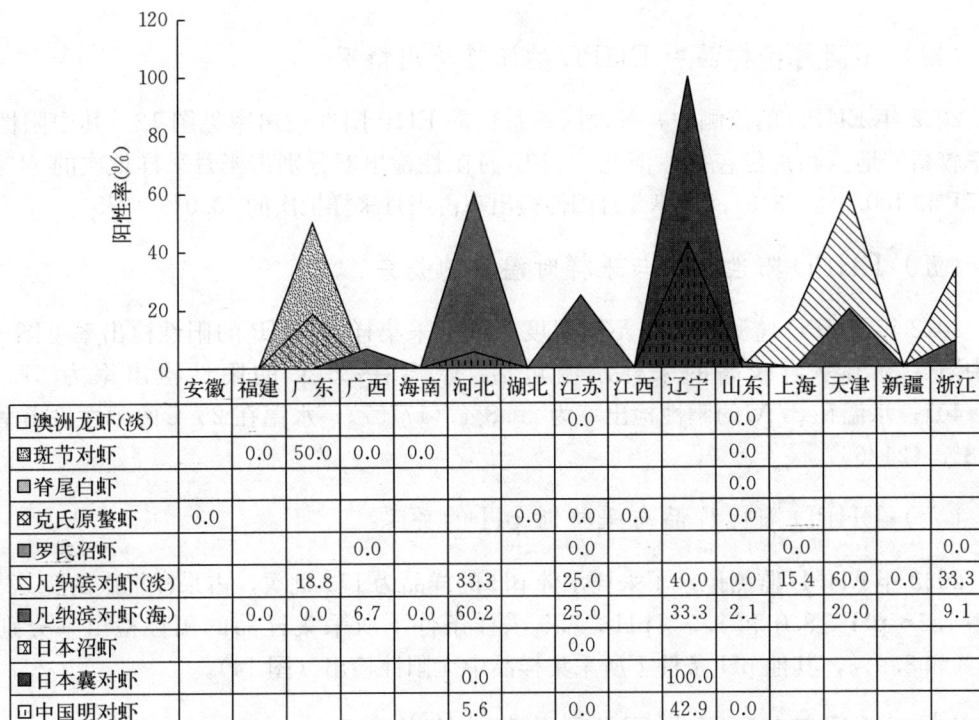

	安徽	福建	广东	广西	海南	河北	湖北	江苏	江西	辽宁	山东	上海	天津	新疆	浙江
▢澳洲龙虾(淡)								0.0			0.0				
▨斑节对虾		0.0	50.0	0.0	0.0						0.0				
▢脊尾白虾											0.0				
▧克氏原螯虾	0.0						0.0	0.0	0.0		0.0				
■罗氏沼虾					0.0			0.0				0.0			0.0
▢凡纳滨对虾(淡)			18.8			33.3		25.0		40.0	0.0	15.4	60.0	0.0	33.3
■凡纳滨对虾(海)		0.0	0.0	6.7	0.0	60.2		25.0		33.3	2.1		20.0		9.1
▨日本沼虾								0.0							
■日本囊对虾						0.0				100.0					
▢中国明对虾						5.6		0.0		42.9					

图 10 2022 年 EHPD 监测各地区不同甲壳种类 EHP 的阳性检出率

注：空白表示无样品检测。

（三）不同大小个体样品中 EHPD 的阳性检出情况

2022 年 EHPD 监测中，记录了采样体长规格的样品共 448 批次，不同规格样品中 EHP 的阳性检出率见图 11。其中较高样品阳性检出率的规格为：体长 10～16 cm 样品的阳性检出率为 43.3%（13/30）；体长 5～10 cm 样品的阳性检出率为 30.7%（39/127）；体长≤1 cm 样品的阳性检出率为 19.6%（37/189）。

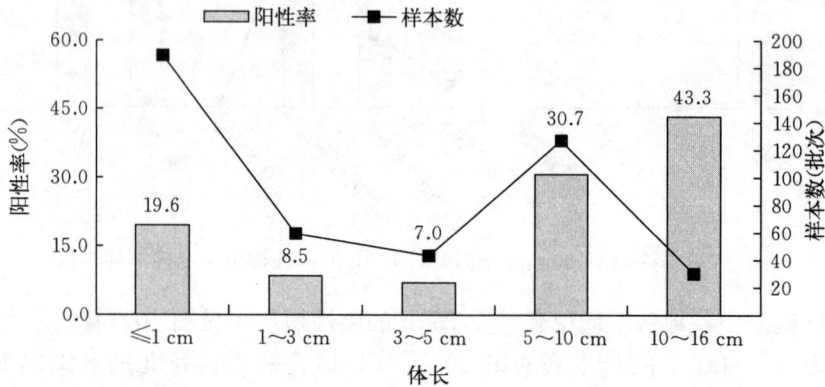

图 11　2022 年 EHPD 监测不同规格样品的阳性检出率及检测样本数

（四）不同月份样品中 EHPD 的阳性检出情况

2022 年 EHPD 的监测中，各地区各月份的 EHP 阳性检出率见图 12。其中阳性检出率较高的地区和月份包括：河北 5 和 10 月阳性检出率分别占当月采样批次的 71.4%（5/7）和 100.0%（3/3）；天津 8 月阳性检出率占当月采样批次的 60.0%（3/5）。

（五）EHPD 阳性样品与采样时温度的关系

2022 年 EHPD 监测任务在不同温度条件下采集样品 EHP 的阳性检出率见图 13。其中阳性检出率值较高的采样水温包括：水温在 26 ℃的阳性检出率为 37.5%（15/40）；水温在 27 ℃的阳性检出率为 29.8%（17/57）；水温在 25 ℃的阳性检出率为 31.8%（21/66）。

（六）EHPD 阳性样品与采样时 pH 的关系

2022 年 EHPD 监测记录了采样水体 pH 的样品为 172 批次，占采样批次的 35.7%。其中 7.5<pH≤8.0 和 8.0<pH≤8.5 采样条件下所采集样品的阳性检出率分别为 2.7% 和 8.9%，其他 pH 条件下所采集样品中无阳性检出（图 14）。

（七）不同养殖环境中 EHPD 的阳性检出情况

2022 年 EHPD 监测中养殖水体分为海水养殖、淡水养殖和半咸水 3 种，采集自以

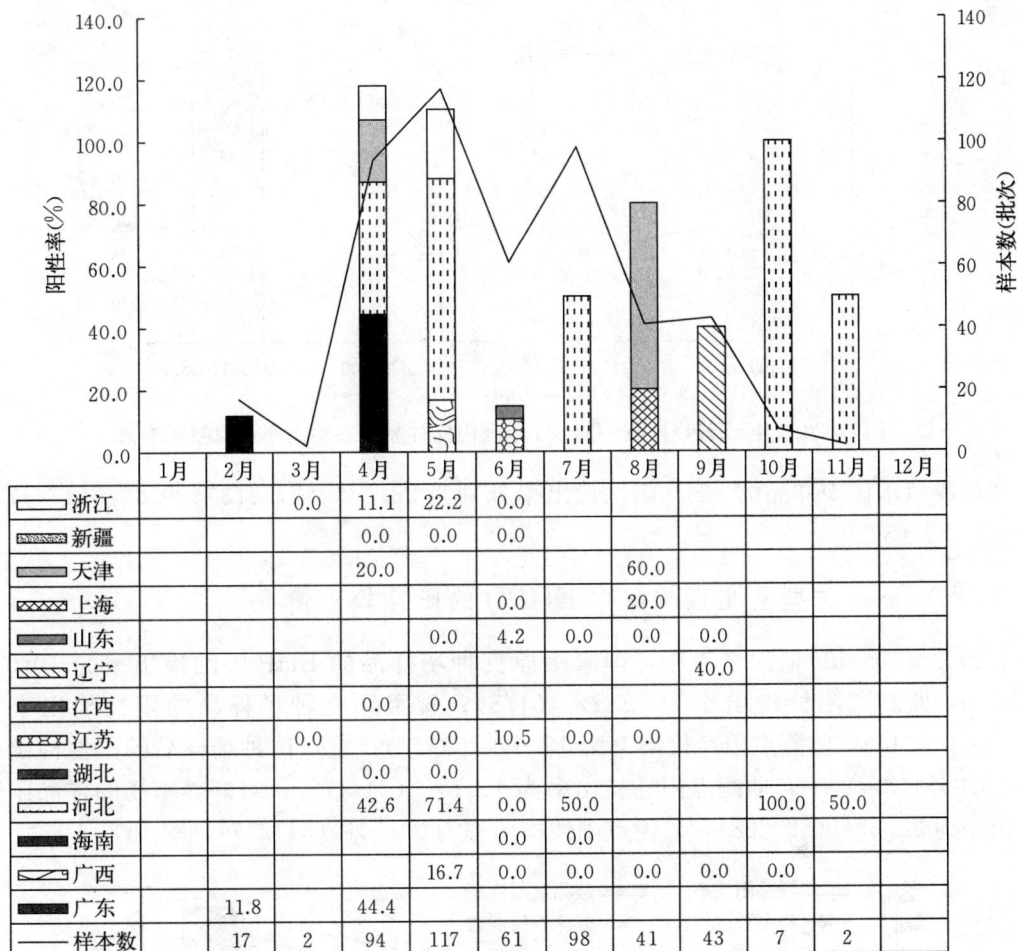

	1月	2月	3月	4月	5月	6月	7月	8月	9月	10月	11月	12月
浙江			0.0	11.1	22.2	0.0						
新疆				0.0	0.0	0.0						
天津				20.0				60.0				
上海						0.0		20.0				
山东					0.0	4.2	0.0	0.0	0.0			
辽宁									40.0			
江西				0.0	0.0							
江苏			0.0		0.0	10.5	0.0	0.0				
湖北				0.0	0.0							
河北				42.6	71.4	0.0	50.0			100.0	50.0	
海南					0.0	0.0						
广西					16.7	0.0	0.0	0.0	0.0	0.0	0.0	
广东		11.8		44.4								
样本数		17	2	94	117	61	98	41	43	7	2	

图 12　2022 年 EHPD 监测各月份的阳性检出率及检测样本数

注：空白表示无样品检测。

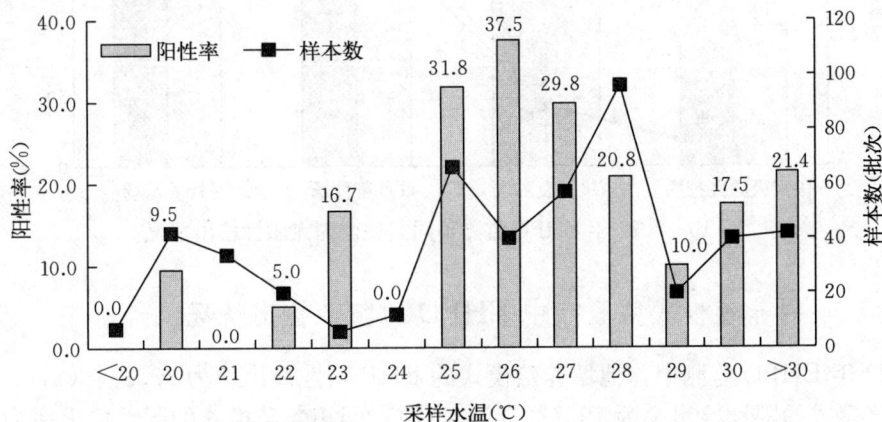

图 13　2022 年 EHPD 监测不同温度下阳性检出率及检测样本数

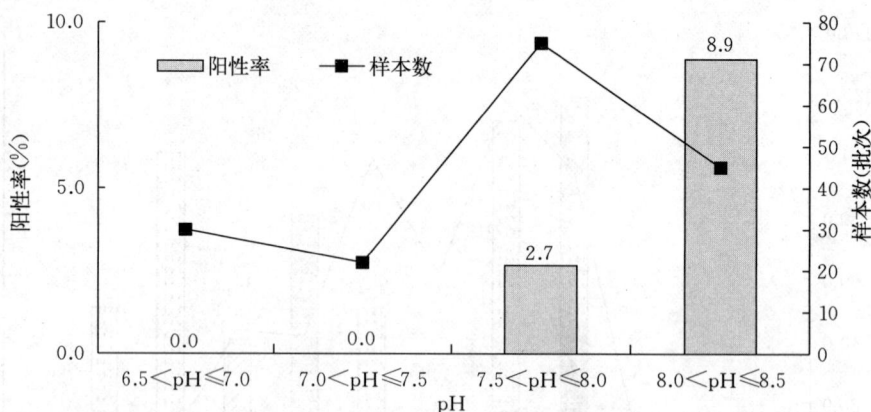

图 14 2022 年 EHPD 监测不同 pH 范围内样样品阳性检出率及检测样本数

上 3 种养殖水体中样品的 EHP 阳性检出率分别为 28.2%（77/273）、9.6%（17/177）和 15.0%（3/20）。

（八）不同类型监测点样品中 EHPD 的阳性检出情况

2022 年 EHPD 监测结果中，国家级原良种场样品的 EHP 阳性检出率为 10.0%（1/10），监测点阳性检出率为 12.5%（1/8）；省级原良种场样品的阳性检出率为 18.2%（8/44），监测点阳性检出率为 18.6%（8/43）；重点苗种场样品的阳性检出率为 18.0%（36/200），监测点阳性检出率为 19.1%（34/178）；对虾养殖场的样品阳性检出率为 22.8%（52/228），监测点阳性检出率为 23.5%（51/217）（图 15）。

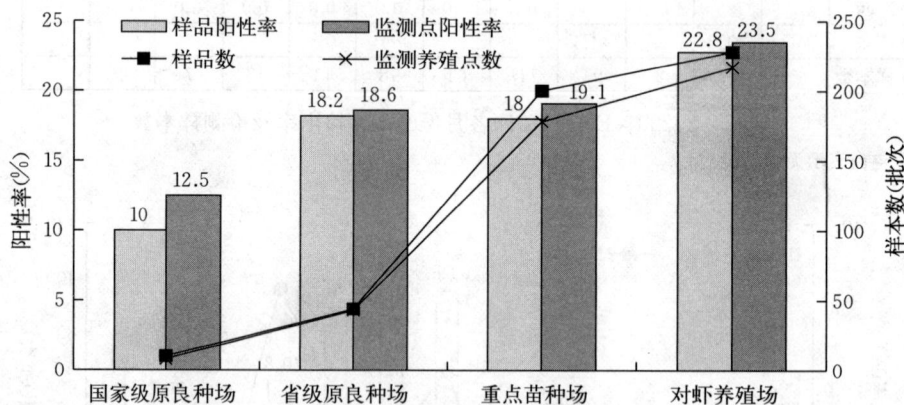

图 15 2022 年 EHPD 监测不同类型监测点阳性检出情况

（九）不同养殖模式监测点中 EHPD 的阳性检出情况

2022 年 EHPD 监测中，池塘养殖模式的 EHP 阳性检出率为 22.8%（61/268）；工厂化养殖模式的阳性检出率为 19.7%（34/173）；网箱养殖模式的阳性检出率为 16.7%（1/6）；其他养殖模式（淡水其他和海水滩涂）的阳性检出率为 0（0/11）。各省份的不同养殖模式的 EHP 阳性检出情况见图 16。

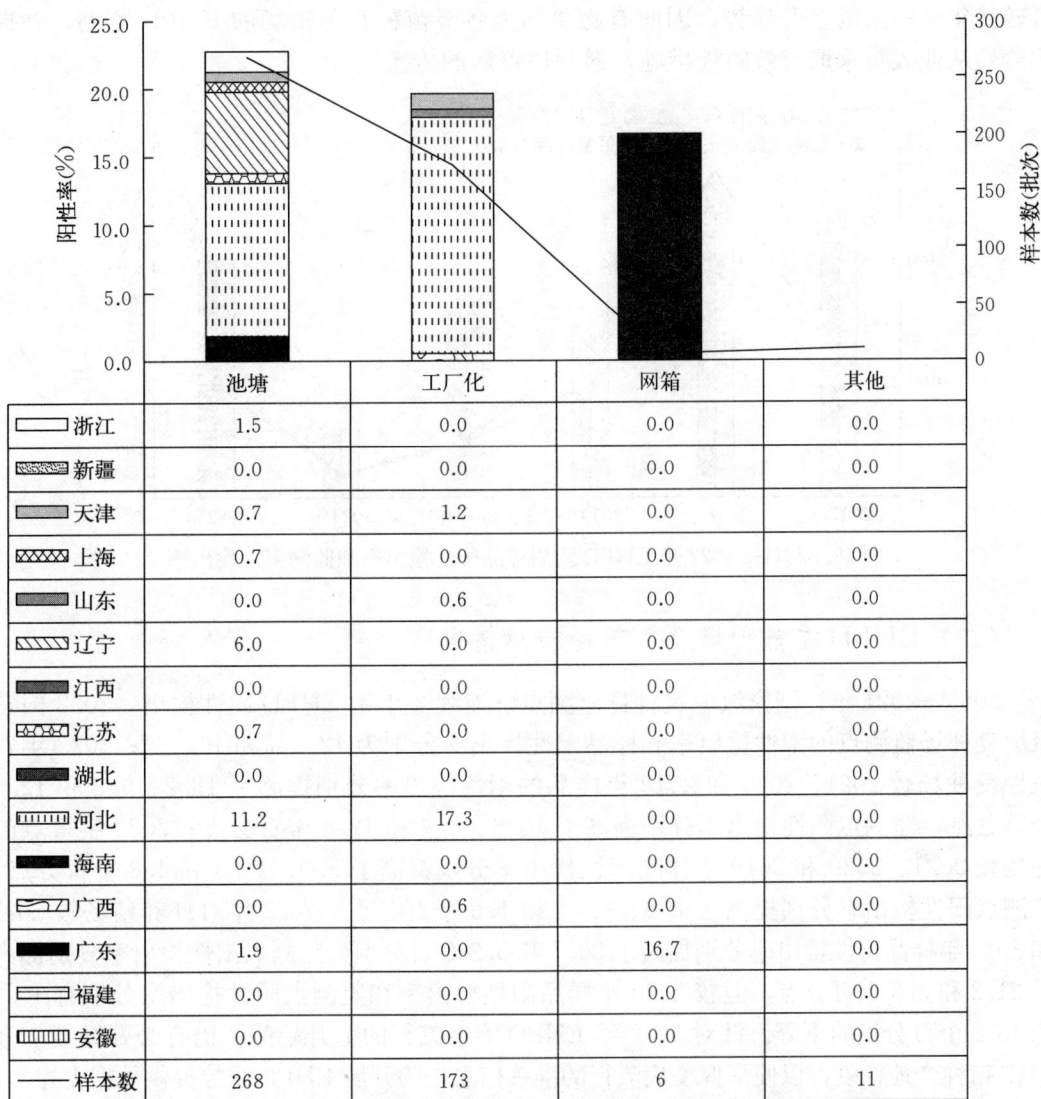

		池塘	工厂化	网箱	其他
	浙江	1.5	0.0	0.0	0.0
	新疆	0.0	0.0	0.0	0.0
	天津	0.7	1.2	0.0	0.0
	上海	0.7	0.0	0.0	0.0
	山东	0.0	0.6	0.0	0.0
	辽宁	6.0	0.0	0.0	0.0
	江西	0.0	0.0	0.0	0.0
	江苏	0.7	0.0	0.0	0.0
	湖北	0.0	0.0	0.0	0.0
	河北	11.2	17.3	0.0	0.0
	海南	0.0	0.0	0.0	0.0
	广西	0.0	0.6	0.0	0.0
	广东	1.9	0.0	16.7	0.0
	福建	0.0	0.0	0.0	0.0
	安徽	0.0	0.0	0.0	0.0
——	样本数	268	173	6	11

图 16 2022 年 EHPD 监测不同养殖模式监测点样品阳性检出率和样本数

四、EHPD 风险分析及防控建议

（一）EHPD 在我国总体流行现状及趋势

EHPD 专项监测自 2017 年起已连续开展了 6 年。2022 年监测养殖场点 EHP 阳性检出率和样品阳性检出率分别为 21.1% 和 20.1%，相比于 2019—2021 年均有较明显的上升（2022 年的样本数与 2019 年相当），较 2019、2020 和 2021 年阳性监测点比例提高了3.0、5.6和15.3个百分点，样品阳性检出率提高5.6、5.4和14.7个百分点（图17）。各级苗种及养殖场均有不同程度的EHPD阳性检出率，提示当前EHPD的流行较往年呈一定的上升趋势，因此有必要加强各级苗种及养殖场的EHPD监测，并提醒养殖从业人员采取有效防控措施，遏制该疫病的传播流行。

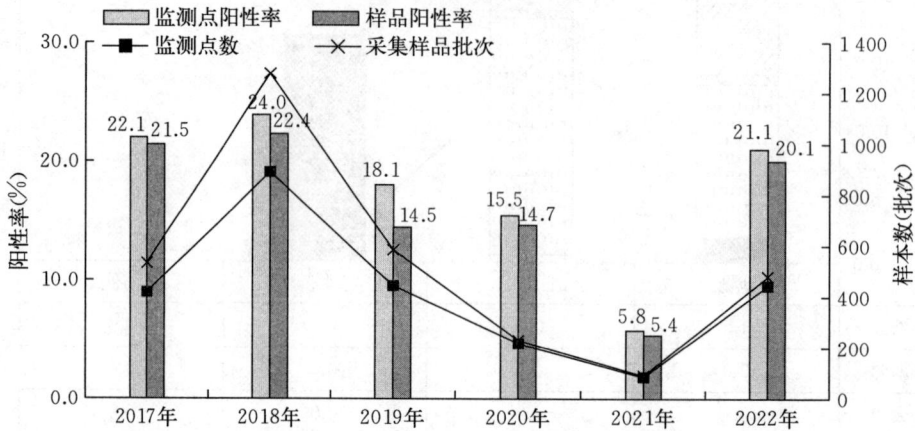

图17　2017—2022年EHPD监测样品阳性检出率和监测阳性检出率

（二）EHPD在苗种场及养殖场检出情况

2019—2021年，国家级原良种场监测点已连续3年无EHPD阳性检出，2022国家级原良种场监测点的阳性检出率和样品阳性检出率分别为12.5%和10.0%；2022年省级原良种场较2021、2020和2019年样品的阳性检出率分别提高了18.2、6.2和12.6个百分点，监测点阳性检出率分别提高了18.6、5.6和12.4个百分点；2022年重点苗种场较2021、2020和2019年样品阳性检出率分别提高了8.0、16.3和4.3个百分点，监测点阳性检出率分别提高了8.6、17.4和1.6个百分点；2022年对虾养殖场较2021和2019年样品阳性检出率分别提高了20.7和5.2个百分点，监测点阳性检出率分别提高了21.2和3.3个百分点，但较2020年样品阳性检出率和监测点阳性检出率分别有10.2和13.2个百分点的下降。针对2022年EHPD传播流行的上升趋势，仍有必要继续加强EHP苗种产地检疫，以便掌握疫病流行的准确信息，为开展EHPD防控提供数据支撑。

（三）EHPD阳性检出样品种类与易感宿主

2022年EHPD监测涉及9种甲壳类，包括凡纳滨对虾、斑节对虾、中国明对虾、日本囊对虾、克氏原螯虾、日本沼虾、脊尾白虾、罗氏沼虾和澳洲龙虾，其中斑节对虾、凡纳滨对虾、日本囊对虾和中国明对虾样品中均有EHP阳性检出。但日本囊对虾和中国明对虾是否是EHPD的易感宿主仍有必要进一步确认。

（四）EHPD流行与环境条件的关系

2022年的EHPD监测结果表明，在水温25~27℃条件下，以及8.0<pH≤8.5条

件下，海水养殖甲壳类样品中 EHPD 的阳性检出率相对较高，分别为 29.8％～37.5％ 和 8.9％。养殖环境对 EHPD 的流行的影响仍有待大批量的数据分析及深入研究。

（五）EHPD 防控对策建议

2017—2022 年的专项监测数据表明，EHPD 已成为影响我国对虾养殖的重要疫病，目前还没有可有效防控该疾病药物的报道。目前，开展养殖场层面的 EHP 生物安保，是预防和控制 EHPD 的重要措施。养殖场经营者在开展对虾养殖过程中，应始终保持风险防范意识，在对养殖场开展 EHP 传入、留存和扩散风险系统分析的基础上，建立严格的生物安保管理制度和操作规程，做好养殖用水、养殖设施和养殖用具的消毒处理，使用无 EHP 的苗种、避免使用鲜活饵料、养殖期间进行定期 EHP 检测，从而最大限度降低 EHP 引入养殖场的风险。

五、监测中存在的主要问题及建议

2022 年 EHPD 监测数量较 2021 年已有较大提高，所获监测数据对全面掌握国内 EHPD 流行病学特征具有重要意义。但 2022 年度 EHPD 监测工作中的仍存在以下不足：

（一）有必要强化 EHPD 监测，建议增加监测点和采样批次数量

2022 年 EHPD 监测范围 15 省（自治区、直辖市），共 482 份样品，446 个监测点，涉及 9 种虾类，总体上看各省（自治区、直辖市）全年平均仅监测了约 32 份样品，一些重要虾类养殖地区的样品数量明显不足（如广东省仅 26 份样品）。因此，有必要在监测中增加各地区样品采集批次和数量，也建议将具有甲壳类疫病检测中国合格评定国家认可委员会（CNAS）资质的省部级实验室以及农业基础性长期性科技工作对 EHP 的检测结果纳入 EHPD 监测数据中，以便全面掌握 EHPD 在国内虾类主养区的流行情况，为 EHPD 防控措施制定提供扎实的流行病学依据。

（二）监测数据收集存在不完整和不规范情况，建议加强监测数据的规范管理

2022 年 EHPD 监测数据还存在提交不完整的情况，如仅 35.7％批次的样品提供了 pH；样品规格信息中，有填写体长和体重数据，也有填写类似虾苗规格如 P5 数据等。因此，建议进一步加强监测数据的规范化管理。

六、对甲壳类疫病监测工作的建议

（一）加强对甲壳类养殖业重要疫病种类的监测

2022 年度《国家水生动物疫病监测计划》对 5 种对虾疫病开展了监测，鉴于当前危害养殖虾类的新发疫病增多，有必要增加疫病监测种类，如近年来对我国养殖对虾造

成重要影响的玻璃苗弧菌病（Translucent post－larvae vibriosis，TPV）和病毒性偷死病（Viral covert mortality disease，VCMD）。2022 年开始，传染性肌坏死病（Infectious myonecrosis，IMN）疫情在辽宁、河北和山东已出现多点和大面积发生，使环渤海地区 13.3 万 hm² 以上养殖对虾面临巨大的 IMN 疫情暴发威胁，建议也将 IMN 纳入监测范围中，以全面掌握我国养殖对虾产业中重要疫病流行情况，为渔业主管部门进行疫控决策以及养殖从业人员开展疫病防控提供全面、客观和准确的数据支撑。

（二）进一步提升全国甲壳类疫病监测实验室的病原检测能力

病原的准确检测是监测结果质量的重要前提。2014 年以来，在我国渔业主管部门指导下，全国水产技术推广总站与承担单位共同组织和实施了"水生动物防疫系统实验室检测能力测试"活动。该活动的实施，提高了参与国家水生动物疫病监测计划工作实验室的 EHPD 检测能力。建议将承担国家水生动物疫病监测计划工作的所有监测单位都纳入所承担监测项目的检测能力测试工作中，确保其监测结果数据的可靠性和准确性。

2022 年十足目虹彩病毒病状况分析

中国水产科学研究院黄海水产研究所

（邱　亮　董　宣　万晓媛　张庆利）

一、前言

十足目虹彩病毒病（Infection with Decapod iridescent virus 1，iDIV1）是由十足目虹彩病毒 1（Decapod iridescent virus 1，DIV1）引起的甲壳类动物疫病，已经被我国农业农村部列为二类动物疫病，被世界动物卫生组织（WOAH）收录为需通报的水生动物疫病，被亚太水产养殖中心网（NACA）纳入亚太水生动物季度报告（QAAD）疫病。

此疫病的易感宿主除凡纳滨对虾、红螯螯虾、罗氏沼虾、日本沼虾、脊尾白虾、克氏原螯虾、斑节对虾以及三疣梭子蟹以外，最新研究表明，投喂感染组织和肌肉注射病毒的方式均可以导致健康的日本囊对虾感染 DIV1 并发病死亡，日本囊对虾是 DIV1 感染的易感宿主。

中国水产科学研究院黄海水产研究所明确了热处理对凡纳滨对虾 iDIV1 的治疗和根除作用。用 DIV1 攻毒的各组对虾分别在 28～38 ℃条件下进行 15 d 的控温养殖，再在 28 ℃条件下进行 15 d 的温度恢复，其中 36 ℃处理组的对虾在温度恢复到 28 ℃的持续 15 d 养殖中，未检测到 DIV1 的 DNA 复制，且处理组对虾的临床症状与组织病理学检查、原位 LAMP 扩增与透射电子显微镜检测结果均为 DIV1 阴性。实验结果为对虾病毒病的防控提供了新的方法和思路，特别是对具有重要遗传价值的对虾亲本家系脱毒、无特定疫病（SPF）苗种培育或受 DIV1 威胁的濒危甲壳类遗传资源的保护等具有重要的意义和应用前景。

二、全国各省份开展 iDIV1 的专项监测情况

（一）概况

2022 年，iDIV1 专项监测范围包括河北、辽宁、上海、江苏、浙江、安徽、福建、江西、山东、湖北、广东、广西、海南和新疆 14 个省（自治区、直辖市），共涉及 107 个区（县）、186 个乡（镇）、336 个监测点。其中，国家级原良种场 7 个，省级原良种场 43 个，苗种场 129 个，成虾养殖场 157 个。2022 年，实际采集和检测样品 349 批次，其中河北监测样品 5 批次，辽宁监测 40 批次，上海监测 15 批次，江苏监测 55 批次，浙江监测 30 批次，安徽监测 5 批次，福建监测 15 批次，江西监测 30 批次，山东监测 83 批次，湖北监测 5 批次，广东监测 26 批次，广西监测 15 批次，海南监测 15 批次，新疆监测 10 批次。2017—2022 年，各省（自治区、直辖市）累计监测样品数

3 152 批次（表 1）。其中，山东累计监测样品 384 批次，江苏累计监测样品 351 批次，广东累计监测样品 312 批次，累计监测样品的数量分列前三位（图 1）。

表 1　2017—2022 年 iDIV1 专项监测省（自治区、直辖市）采样数量（批次）

省份	天津	河北	辽宁	湖北	江苏	浙江	福建	山东	上海	江西	安徽	广东	广西	海南	新疆	新疆兵团
样品数	171	216	175	161	351	310	219	384	115	88	138	312	207	257	40	8

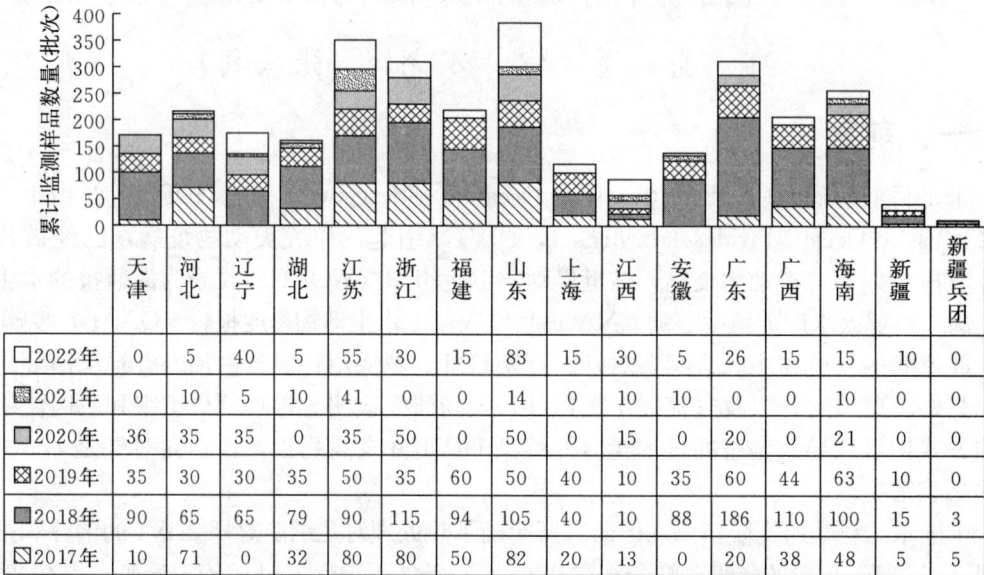

	天津	河北	辽宁	湖北	江苏	浙江	福建	山东	上海	江西	安徽	广东	广西	海南	新疆	新疆兵团
□ 2022 年	0	5	40	5	55	30	15	83	15	30	5	26	15	15	10	0
▦ 2021 年	0	10	5	10	41	0	0	14	0	10	10	0	0	10	0	0
▨ 2020 年	36	35	35	0	35	50	0	50	0	15	0	20	0	21	0	0
⊠ 2019 年	35	30	30	35	50	35	60	50	40	10	35	60	44	63	10	0
▤ 2018 年	90	65	65	79	90	115	94	105	40	10	88	186	110	100	15	3
▧ 2017 年	10	71	0	32	80	80	50	82	20	13	0	20	38	48	5	5

图 1　2017—2022 年 iDIV1 专项监测的采样数量统计

（二）不同养殖模式监测点情况

2022 年，各省份专项监测数据的 336 个监测点全部记录了养殖模式。其中，池塘养殖的监测点 202 个，占 60.1%；工厂化养殖的监测点 120 个，占 35.7%；网箱养殖的监测点 5 个，占 1.5%；其他养殖模式的监测点 9 个，占 2.7%。

（三）2022 年采样的品种、规格

2022 年监测样品种类有凡纳滨对虾、中国明对虾、日本囊对虾、斑节对虾、脊尾白虾、日本沼虾、罗氏沼虾、克氏原螯虾和红螯螯虾。相比于 2021 年，增加了罗氏沼虾和红螯螯虾等 2 个品种。

2022 年，所监测的样品中有 349 批次记录了体长。其中，体长小于 1 cm 的样品 63 批次，占样品总量的 18.1%；体长为 1～4 cm 的样品 154 批次，占样品总量的 44.1%；体长为 4～7 cm 的样品 27 批次，占样品总量的 7.7%；体长为 7～10 cm 的样品 14 批次，占样品总量的 4.0%；体长大于 10 cm 的样品 91 批次，占样品总量的 26.1%。具体各省份监测样品规格分布情况见图 2。

2017—2022 年监测样品的规格分布情况见图 3。可见 2017—2020 年期间，体长小

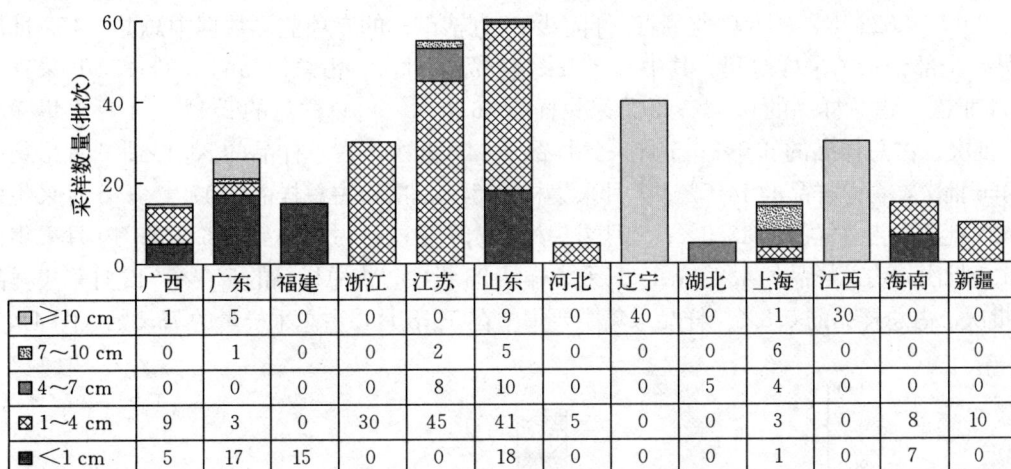

	广西	广东	福建	浙江	江苏	山东	河北	辽宁	湖北	上海	江西	海南	新疆
≥10 cm	1	5	0	0	0	9	0	40	0	1	30	0	0
7～10 cm	0	1	0	0	2	5	0	0	0	6	0	0	0
4～7 cm	0	0	0	0	8	10	0	0	5	4	0	0	0
1～4 cm	9	3	0	30	45	41	5	0	0	3	0	8	10
<1 cm	5	17	15	0	0	18	0	0	0	1	0	7	0

图 2 2022 年各省份 iDIV1 专项监测样品的采样规格

于 1 cm 的样品所占比例逐年增加，2021 年这个比例减小至 5 年来最低，2022 年相较 2021 年比例又有所增加；体长 1～4 cm 的样品所占比例逐年减小，2021 年这个比例增加至 5 年来最高，2022 年比例又有所减小；2022 年，体长 4～7 cm 的样品所占比例相比 2020、2017 年有所增加，但相比 2021、2019 和 2018 年有所减小；2022 年，体长 7～10 cm 的样品所占比例为 6 年来最低，而体长大于 10 cm 的样品所占比例为 6 年来最高。

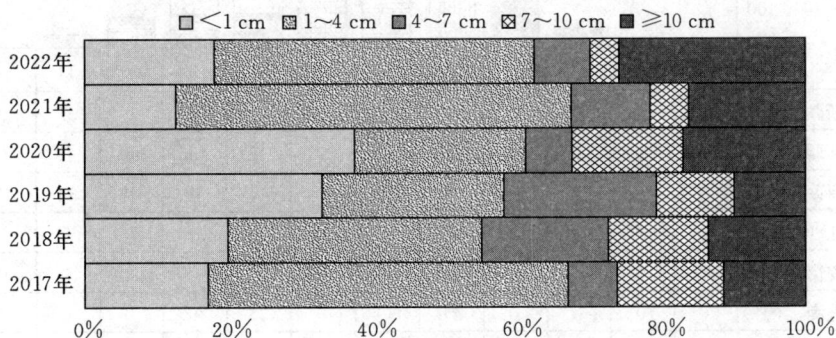

图 3 2017—2022 年 iDIV1 专项监测样品的采样规格百分比

（四）抽样的自然条件

2022 年，所监测的 349 批次样品全部记录了采样时间。其中，1 月无样品采集；2 月采集样品 17 批次，占总样品的 4.9%；3 月采集样品 2 批次，占总样品的 0.6%；4 月采集样品 40 批次，占总样品的 11.5%；5 月采集样品 105 批次，占总样品的 30.1%；6 月采集样品 60 批次，占总样品的 17.2%；7 月采集样品 40 批次，占总样品的 11.5%；8 月采集样品 36 批次，占总样品的 10.3%；9 月采集样品 44 批次，占总样品的 12.6%；10 月采集样品 5 批次，占总样品的 1.4%；11 月、12 月无样品采集。样品采集主要集中在 4—9 月，其中，5 月采集样品数量最多，6 月次之。

2017—2022 年，各专项监测省（自治区、直辖市）的专项监测数据中总共 3 152 批次样品，全部记录了采样时间。其中，1 月采集样品 8 批次，占总样品的 0.3%；2 月采集样品 17 批次，占总样品的 0.5%；3 月采集样品 66 批次，占总样品的 2.1%；4 月采集样品 217 批次，占总样品的 6.9%；5 月采集样品 1 044 批次，占总样品的 33.1%；6 月采集样品 456 批次，占总样品的 14.5%；7 月采集样品 549 批次，占总样品的 17.4%；8 月采集样品 424 批次，占总样品的 13.5%；9 月采集样品 197 批次，占总样品的 6.3%；10 月采集样品 131 批次，占总样品的 4.2%；11 月采集样品 33 批次，占总样品的 1.0%；12 月采集样品 10 批次，占总样品的 0.3%。样品采集主要集中在 5—8 月，占总采样量的 78.5%（图 4）。

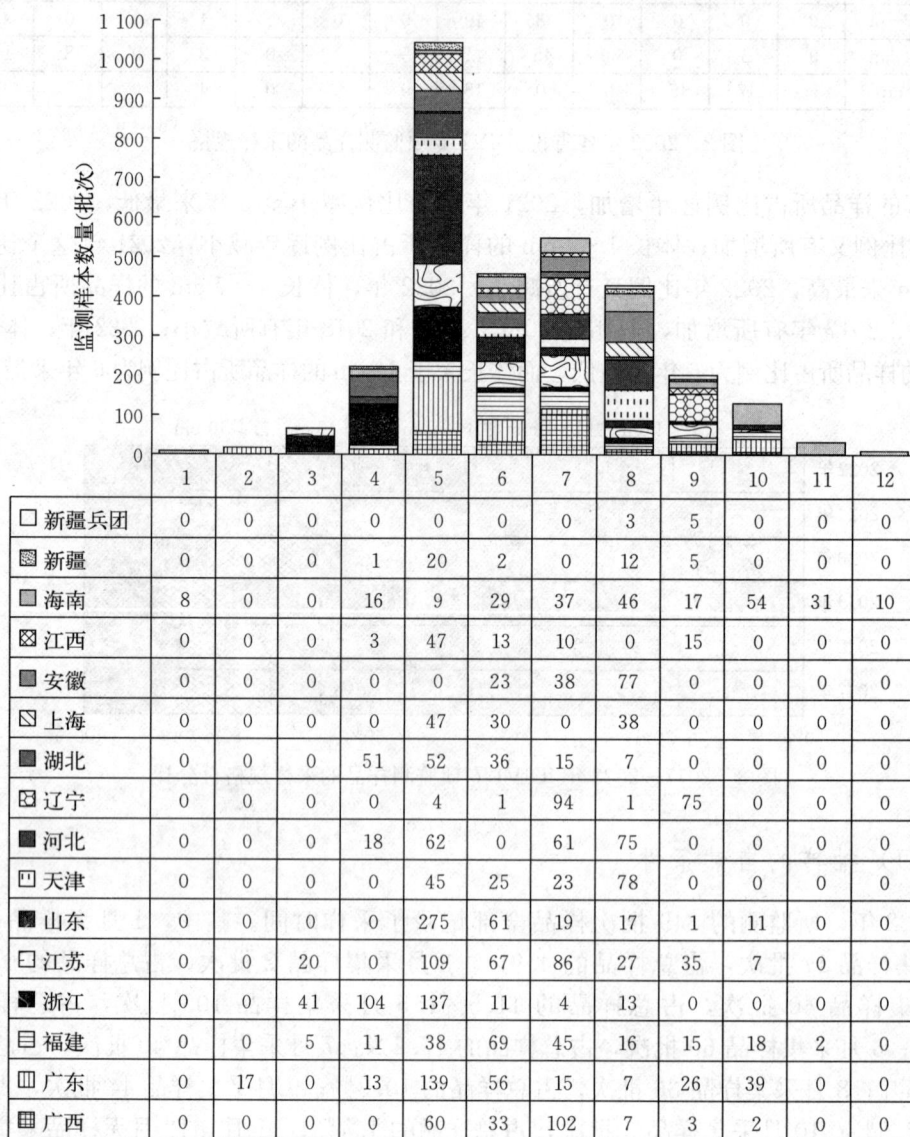

	1	2	3	4	5	6	7	8	9	10	11	12
□ 新疆兵团	0	0	0	0	0	0	0	3	5	0	0	0
▨ 新疆	0	0	0	1	20	2	0	12	5	0	0	0
▤ 海南	8	0	0	16	9	29	37	46	17	54	31	10
⊠ 江西	0	0	3	47	13	10	0	15	0	0	0	0
▦ 安徽	0	0	0	0	0	23	38	77	0	0	0	0
◺ 上海	0	0	0	47	30	0	38	0	0	0	0	0
▓ 湖北	0	0	0	51	52	36	15	7	0	0	0	0
▥ 辽宁	0	0	0	0	4	1	94	1	75	0	0	0
■ 河北	0	0	0	18	62	0	61	75	0	0	0	0
▢ 天津	0	0	0	0	45	25	23	78	0	0	0	0
▨ 山东	0	0	0	0	275	61	19	17	1	11	0	0
▯ 江苏	0	0	20	0	109	67	86	27	35	7	0	0
■ 浙江	0	0	41	104	137	11	4	13	0	0	0	0
▤ 福建	0	0	5	11	38	69	45	16	15	18	2	0
▦ 广东	0	17	0	13	139	56	15	7	26	39	0	0
▦ 广西	0	0	0	0	60	33	102	7	3	2	0	0

图 4　2017—2022 年各省份每月采样数量分布

2022 年，所监测的 349 批次样品全部记录了采样时水温。其中，99 批次样品采样时水温低于 24 ℃，占样品总量的 28.4％；22 批次样品采样时水温在 24～25 ℃，占 6.3％；53 批次样品采样时水温在 25～26 ℃，占 15.2％；15 批次样品采样时水温在 26～27 ℃，占 4.3％；38 批次样品采样时水温在 27～28 ℃，占 10.9％；56 批次样品采样时水温在 28～29 ℃，占 16.0％；15 批次样品采样时水温在 29～30 ℃，占 4.3％；15 批次样品采样时水温在 30～31 ℃，占 4.3％；15 批次样品采样时水温在 31～32 ℃，占 4.3％；21 批次样品采样时水温不低于 32 ℃，占 6.0％。

2017—2022 年监测样品的水温分布情况见图 5，可见 2022 年采样水温在低于 24 ℃时和在 24～25 ℃时的样品所占比例相比 2021 年有所降低，但比 2020—2021 年有明显增加；2022 年，采样水温在 27～28 ℃时的样品所占比例高于前 5 年，而采样水温在 29～30 ℃时的样品所占比例低于前 5 年，采样水温不低于 32 ℃时的样品所占比例相比 2020、2021 年明显增加。

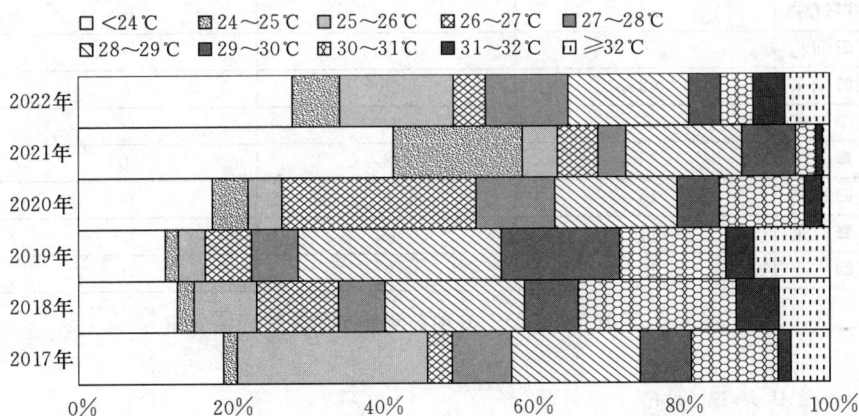

图 5　2017—2022 年 iDIV1 专项监测样品的采样水温百分比

2022 年，记录了采样水体 pH 的样品共 170 批次，占全年总样品量的 48.7％。这个比例在 2017、2018、2019、2020、2021 年分别为 53.4％、31.2％、24.5％、8.8％、10.9％，2022 年相比 2018—2021 年明显增加，略低于 2017 年。其中，41 批次样品采样水体 pH 不大于 7.4，占 24.1％；11 批次样品采样水体 pH 为 7.5，占 6.5％；1 批次样品采样水体 pH 为 7.6，占 0.6％；5 批次样品采样水体 pH 为 7.8，占 2.9％；3 批次样品采样水体 pH 为 7.9，占 1.8％；63 批次样品采样水体 pH 为 8.0，占 37.1％；23 批次样品采样水体 pH 为 8.1，占 13.5％；14 批次样品采样水体 pH 为 8.2，占 8.2％；3 批次样品采样水体 pH 为 8.3，占 1.8％；5 批次样品采样水体 pH 为 8.4，占 2.9％；1 批次样品采样水体 pH 为 8.5，占 0.6％。

2022 年，记录有养殖环境的样品数为 337 批次。其中，海水养殖的样品数为 155 批次，占样本总量的 46.0％；淡水养殖的样品数为 163 批次，占样本总量的 48.4％；半咸水养殖的样品数为 19 批次，占样本总量的 5.6％（图 6）。

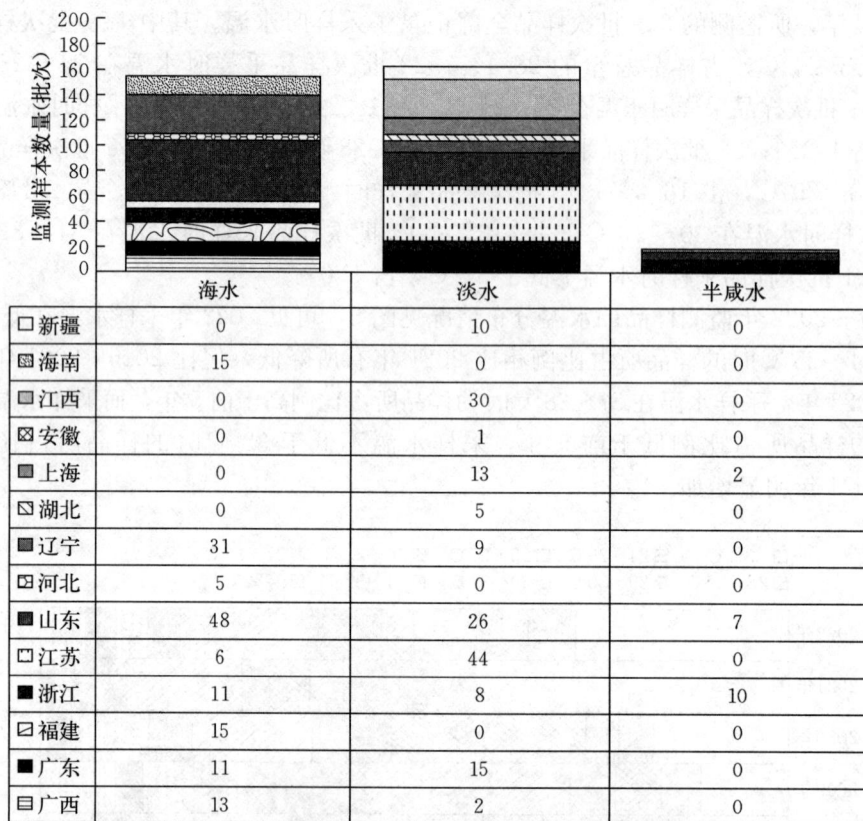

	海水	淡水	半咸水
新疆	0	10	0
海南	15	0	0
江西	0	30	0
安徽	0	1	0
上海	0	13	2
湖北	0	5	0
辽宁	31	9	0
河北	5	0	0
山东	48	26	7
江苏	6	44	0
浙江	11	8	10
福建	15	0	0
广东	11	15	0
广西	13	2	0

图 6 2022 年 iDIV1 专项监测样品的养殖环境分布

（五）样品检测单位

2022 年各省份监测任务分别委托福建省水产技术推广总站、广东省动物疫病预防控制中心、广西渔业病害防治环境监测和质量检验中心、海南省水产技术推广站、集美大学、江苏省水生动物疫病预防控制中心、江西省农业技术推广中心、山东省淡水渔业研究院、上海市水产技术推广站、新疆维吾尔自治区水产技术推广总站、浙江省水生动物防疫检疫中心、中国水产科学研究院黄海水产研究所、中国水产科学研究院长江水产研究所、中国水产科学研究院珠江水产研究所 14 家单位按照《虾虹彩病毒病诊断规程》（SC/T 7237—2020）套式 PCR 方法进行实验室检测。

2022 年，各检测单位共承担 349 批次的检测任务，山东省淡水渔业研究院承担的检测任务量最多，为 78 批次；中国水产科学研究院黄海水产研究所次之，为 60 批次（图 7）。

三、检测结果分析

（一）总体阳性检出情况及其区域分布

2022 年，监测范围包括河北、辽宁、上海、江苏、浙江、安徽、福建、江西、山

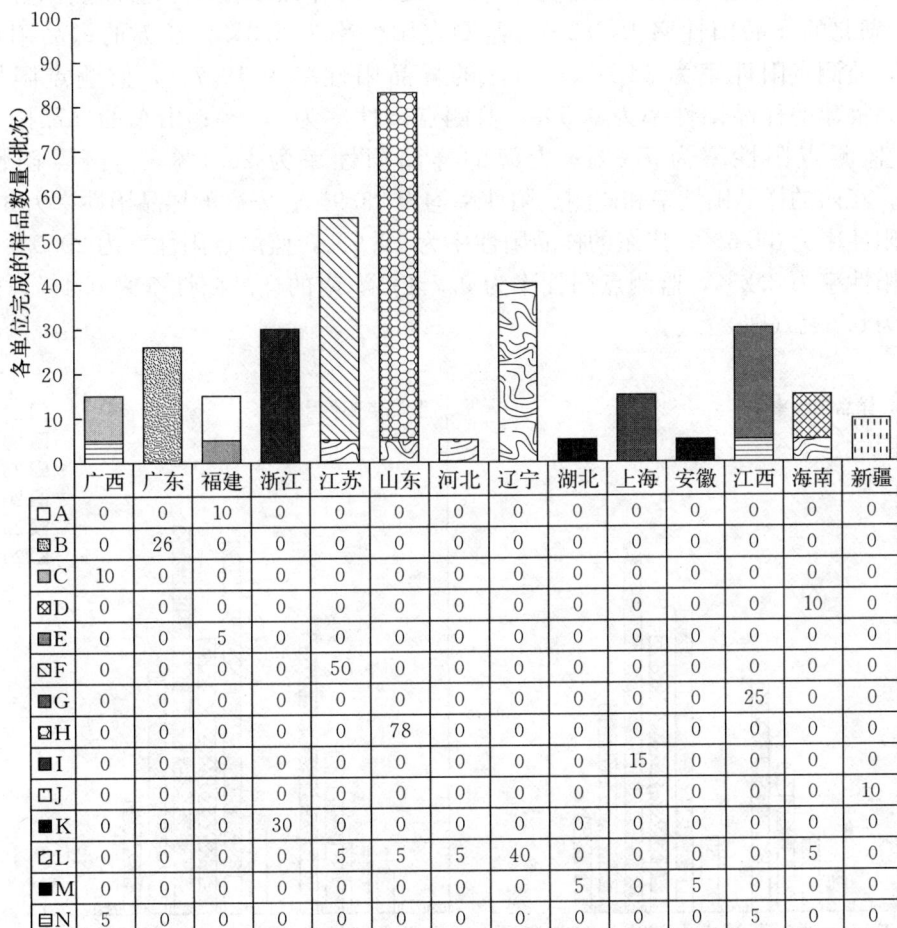

	广西	广东	福建	浙江	江苏	山东	河北	辽宁	湖北	上海	安徽	江西	海南	新疆
A	0	0	10	0	0	0	0	0	0	0	0	0	0	0
B	0	26	0	0	0	0	0	0	0	0	0	0	0	0
C	10	0	0	0	0	0	0	0	0	0	0	0	0	0
D	0	0	0	0	0	0	0	0	0	0	0	0	10	0
E	0	0	5	0	0	0	0	0	0	0	0	0	0	0
F	0	0	0	0	50	0	0	0	0	0	0	0	0	0
G	0	0	0	0	0	0	0	0	0	0	0	25	0	0
H	0	0	0	0	0	78	0	0	0	0	0	0	0	0
I	0	0	0	0	0	0	0	0	0	15	0	0	0	0
J	0	0	0	0	0	0	0	0	0	0	0	0	0	10
K	0	0	0	30	0	0	0	0	0	0	0	0	0	0
L	0	0	0	0	5	5	5	40	0	0	0	0	5	0
M	0	0	0	0	0	0	0	0	0	5	0	5	0	0
N	5	0	0	0	0	0	0	0	0	0	0	5	0	0

图 7　2022 年 iDIV1 专项监测样品送检单位和样品数量

注：A 代表福建省水产技术推广总站；B 代表广东省动物疫病预防控制中心；C 代表广西渔业病害防治环境监测和质量检验中心；D 代表海南省水产技术推广站；E 代表集美大学；F 代表江苏省水生动物疫病预防控制中心；G 代表江西省农业技术推广中心；H 代表山东省淡水渔业研究院；I 代表上海市水产技术推广站；J 代表新疆维吾尔自治区水产技术推广总站；K 代表浙江省水生动物防疫检疫中心；L 代表中国水产科学研究院黄海水产研究所；M 代表中国水产科学研究院长江水产研究所；N 代表中国水产科学研究院珠江水产研究所。

东、湖北、广东、广西、海南和新疆 14 个省（自治区、直辖市），共采集样品 349 批次，检出阳性样品 22 批次，样品阳性率为 6.3%；设置监测点 336 个，检出阳性监测点 22 个，监测点阳性率为 6.5%。

累计来看，2017—2022 年共监测样品 3 152 批次，检出阳性样品 320 批次，平均样品阳性率为 10.2%；共设置监测点 2 485 个，检出阳性监测点 285 个，平均监测点阳性率为 11.5%。监测数据显示，除新疆和新疆生产建设兵团暂无阳性样品检出，天津、河北、辽宁、湖北、江苏、浙江、福建、山东、上海、江西、安徽、广东、广西和海南均监测到阳性。其中，天津的样品阳性率为 0.6%，监测点阳性率为 0.7%；河北的样品阳性率为 0.9%，监测点阳性率为 1.0%；辽宁的样品阳性率和监测点阳性率均为 3.4%；湖北的样品阳性率为 6.2%，监测点阳性率为 6.3%；江苏的样品阳性率为 12.8%，监测点阳性率为 14.0%；浙江的样品阳性率为 19.7%，监测点阳性率为 24.3%；福建的样品阳性率为 0.5%，监测点阳性率为 1.0%；山东的样品阳性率为 6.5%，监测点阳性率为 7.3%；上海的样品阳性率为 26.1%，监测点阳性率为 32.3%；江西的样品阳性率和监测点阳性率均为 23.9%；安徽的样品阳性率为 31.9%，监测点阳性率为 33.6%；广东的样品阳性率为 17.9%，监测点阳性率为 20.9%；广西的样品阳性率为 8.2%，监测点阳性率为 9.7%；海南的样品阳性率为 0.4%，监测点阳性率为 0.6%（图 8）。

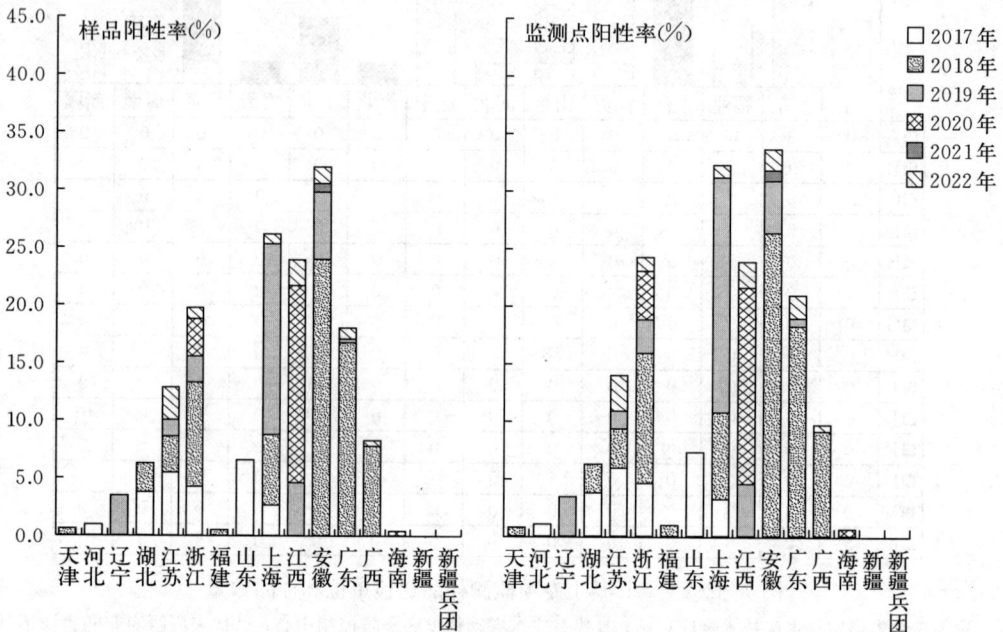

图 8　2017—2022 年 iDIV1 专项监测样品阳性率和监测点阳性率

注：各省阳性率以 2017—2022 年的样品总数或监测点总数为基数计算。

（二）检出阳性的甲壳类

2022 年 iDIV1 专项监测结果显示，阳性样品种类有凡纳滨对虾、斑节对虾、日本沼虾、罗氏沼虾和克氏原螯虾。其中，日本沼虾样品的阳性检出率为 55.6%（5/9），罗氏沼虾样品的阳性检出率为 18.5%（5/27）。

（三）不同养殖规格的阳性检出情况

2017—2022 年 iDIV1 专项监测中，记录了采样规格的阳性样品共 320 批次。其中，体长为 4～7 cm 的样品阳性率最高，为 20.4%（90/441）；其次为 7～10 cm 的样品，阳性率为 10.3%（40/387）；1～4 cm 样品的阳性率为 8.7%（99/1 144）；小于 1 cm 样品的阳性率为 8.5％（62/726）；不小于 10 cm 样品的阳性率为 6.4％（29/454）。

（四）不同月份的 iDIV1 阳性检出情况

2022 年 iDIV1 的专项监测中，记录采样月份的阳性样品共 22 批次，其中 4 月采集 4 批次，5 月采集 9 批次，6 月采集 2 批次，7 月采集 6 批次，8 月采集 1 批次。1—3 月、9—12 月的监测样品无阳性检出。

2017—2022 年，各省（自治区、直辖市）和新疆生产建设兵团记录采样月份的阳性样品共 320 批次。其中，6 月的阳性率最高，为 13.6％（62/456）；其次是 5 月，为 11.9％（124/1 044）；然后是 4 月、7 月、8 月、9 月、10 月。总体来看，阳性样品全部集中在 4—10 月。1—3 月和 11、12 月暂无阳性样品检出（图 9）。

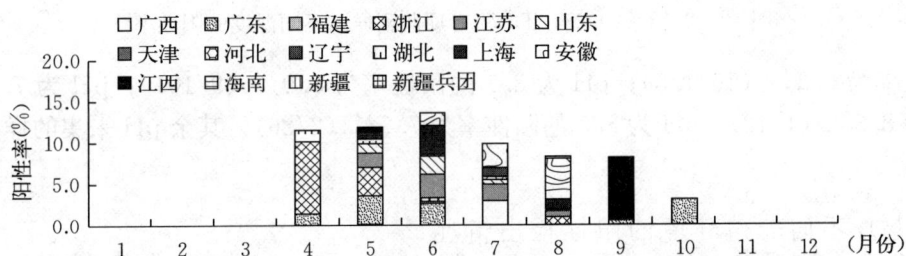

图 9　2017—2022 年 iDIV1 专项监测月份的阳性率分析

注：阳性率以各月份的总样品数为基数计算。

（五）阳性样品与采样时温度的关系

2022 年 iDIV1 的专项监测中，记录了采样水温的阳性样品有 22 批次，其中水温 <24 ℃有 4 批次，水温为 24～25 ℃有 1 批次，水温为 25～26 ℃有 3 批次，水温为 27～28 ℃有 2 批次，水温为 28～29 ℃有 2 批次，水温为 29～30 ℃有 4 批次，水温为 30～31 ℃有 1 批次，水温为 31～32 ℃有 4 批次，水温不低于 32 ℃有 1 批次。

2017—2022 年，各省（自治区、直辖市）和新疆生产建设兵团记录采样水温的阳性样品共 320 批次。其中，温度在 31～32 ℃的阳性率最高，为 16.7％（21/126）；其次是 29～30 ℃，为 15.1％（39/259）；然后是 27～28 ℃，为 13.9％（32/230）（图 10）。整体来看，水温从 16～34 ℃均有阳性样品检出，而当采样水温低于 16 ℃或高于 34 ℃时，暂无阳性检出。

（六）阳性样品与采样时 pH 的关系

2017—2022 年记录采样时水体 pH 的样品共 1 040 批次，检出阳性 148 批次。对不同 pH 进行统计，表明 pH 为 7.6 阳性率最高，为 25.5％（14/55）；其次为 pH 7.5，阳性率为 24.1％（26/108）；pH 为 8.2、8.6 的阳性率均为 16.7％（19/114、1/6）；pH 为 8.3 的阳性率为 14.8％（4/27）；pH 为 8.4 的阳性率为 14.6％（6/41）；pH 为 8.0 的阳性率为 13.7％（40/292）；pH 为 7.8 的阳性率为 13.5％（10/74）；pH≤7.4

159

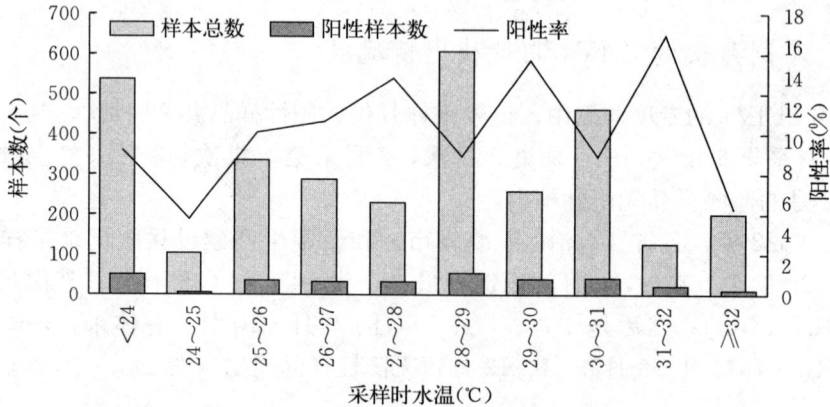

图 10　2017—2022 年 iDIV1 专项监测样品不同温度的阳性率

的阳性率为 9.2%（16/173）；pH 为 8.1 的阳性率为 8.9%（9/101）；pH 为 7.9 的阳性率为 8.3%（1/12）；pH 为 8.5 的阳性率为 7.7%（2/26）；其余 pH 采集的样品无阳性检出。

（七）不同养殖环境的阳性检出情况

2017—2022 年记录有养殖环境的样品数为 3 094 批次，阳性样品数为 316 批次。其中，海水养殖的样品数为 1 358 批次，检出阳性样品 73 批次，阳性率为 5.4%，阳性样品来自广东、广西、福建、浙江、江苏、山东、河北、辽宁和海南，涉及的阳性物种有凡纳滨对虾、中国明对虾、日本囊对虾、斑节对虾和脊尾白虾；淡水养殖的样品数为 1 516 批次，检出阳性样品 222 批次，阳性率为 14.6%，阳性样品来自广东、浙江、江苏、江西、湖北、天津、上海和安徽，涉及的阳性物种有克氏原螯虾、罗氏沼虾、凡纳滨对虾、日本沼虾和红螯螯虾；半咸水养殖的样品数为 220 批次，检出阳性样品 21 批次，阳性率为 9.5%，阳性样品来自广西和浙江，阳性物种是凡纳滨对虾和罗氏沼虾。

（八）不同类型监测点的阳性检出情况

2022 年监测数据显示，国家级原良种场的样品阳性率为 12.5%（1/8），监测点阳性率为 14.3%（1/7）；省级原良种场的样品阳性率和监测点阳性率均为 11.6%（5/43）；重点苗种场的样品阳性率为 3.0%（4/134），监测点阳性率为 3.1%（4/129）；对虾养殖场的样品阳性率为 7.3%（12/164），监测点阳性率为 7.6%（12/157）（图 11）。

（九）不同养殖模式监测点的阳性检出情况

2017—2022 年，15 省（自治区、直辖市）和新疆生产建设兵团共 2 485 个记录养殖模式的监测点，检出 285 个阳性监测点，平均阳性率为 11.5%。其中，池塘养殖模式的阳性率为 13.1%（202/1 543）；工厂化养殖模式的阳性率为 7.7%（61/791）；网

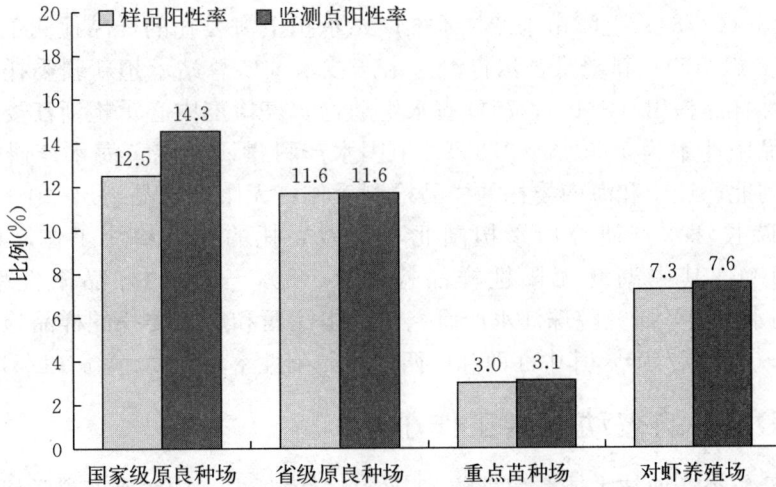

图 11　2017—2022 年不同类型监测点的样品阳性率和监测点阳性率

箱养殖模式的阳性率为 4.8％ （1/21）；稻虾连作养殖模式的阳性率为 18.8％ （6/32）；其他养殖模式的阳性率为 15.3％ （15/98）（图 12）。

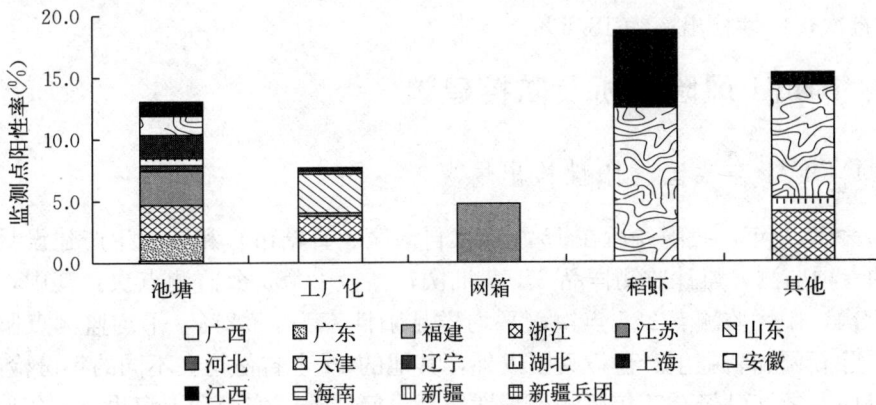

图 12　2017—2022 年不同养殖模式的监测点阳性率

（十）不同检测单位的检测结果情况

2022 年度，福建省水产技术推广总站承担福建委托的样品检测工作，无阳性样品检出 （0/10）；广东省动物疫病预防控制中心承担广东委托的样品检测工作，样品阳性率为 11.5％ （3/26）；广西渔业病害防治环境监测和质量检验中心承担广西委托的样品检测工作，无阳性样品检出 （0/10）；海南省水产技术推广站承担海南委托的样品检测工作，无阳性样品检出 （0/10）；集美大学承担福建委托的样品检测工作，无阳性样品检出 （0/5）；江苏省水生动物疫病预防控制中心承担江苏委托的样品检测工作，样品阳性率为 20.0％ （10/50）；江西省农业技术推广中心承担江西委托的样品检测工作，样品阳性率为 4.0%（1/25）；山东省淡水渔业研究院承担山东委托的样品检测工作，无阳性样品检出（0/78）；上海市水产技术推广站承担上海委托的样品检测工作，样品阳性率为 6.7%（1/15）；新疆维吾尔自治区水产技术推广总站承担新疆委托的样品检测工作，无阳性样品检出（0/10）；浙江省水生动物防疫检疫中心承担浙江委托的样品检测工作，样品阳性率为 10.0%（3/30）；中国水产科学研究院黄海水产研究所承担江苏、山东、河北、辽宁和海南委托的样品检测工作，无阳性样品检出（0/60）；中国水产科学研究院长江水产研究所承担湖北和安徽委托的样品检测工作，总阳性率为 20.0%（2/10），其中湖北无阳性样品检出（0/5），安徽的样品阳性率为 40.0%（2/5）；中国水产科学研究院珠江水产研究所承担江西和广西委托的样品检测工作，总阳性率为 20.0%（2/10），其中江西和广西的样品阳性率均为 20.0%（1/5）。

四、iDIV1 的被动监测工作小结

在国家虾蟹类产业技术体系病害防控岗位科学家任务、中国水产科学研究院基本科研业务费等项目的支持下，中国水产科学研究院黄海水产研究所甲壳类流行病学与生物安保技术团队对 2022 年我国沿海主要省份的样品开展了 iDIV1 被动监测工作。

2022 年针对 iDIV1 的被动监测范围覆盖包括海南、广东、福建、浙江、江苏、山东、河北、天津、辽宁 9 个省（直辖市），共监测 521 批次样品，其中检出 DIV1 阳性样品 97 批次，阳性检出率为 18.6%。

五、iDIV1 风险分析及防控建议

（一）DIV1 在我国的阳性检出情况

2017—2022 年，我国先后在 15 个省（自治区、直辖市）和新疆生产建设兵团实施 iDIV1 的专项监测，累计监测样品 3 152 批次，涉及 2 485 个监测点次。其中，阳性样品 320 批次，阳性监测点 285 点次，平均样品阳性率为 10.2%，平均监测点阳性率为 11.5%。除新疆和新疆生产建设兵团以外，其他的 14 个省份均在不同的年份检出 DIV1 阳性。其中，浙江已经有 5 年监测到阳性样品，而江苏、安徽和上海也有 4 年监测到阳性样品。

从 6 年的监测结果来看，不同年份 iDIV1 在我国主要甲壳类养殖省份均有阳性检出，但检出率整体呈波动下降趋势。相较于 2021 年，2022 年《国家水生动物疫病检测计划》对 iDIV1 的监测力度明显增强，共检测样品 349 批次，样品阳性率为 6.3%，共设置监测点 336 个，监测点阳性率为 6.5%，监测结果基本反映出此疫病在我国各养殖省份的流行本底和危害情况。建议后续继续加强 iDIV1 的监测力度，保证我国对此疫病流行情况的准确掌握。

从不同类型监测点的阳性检出情况来看，2022 年我国对虾苗种的病原携带问题仍非常严峻，尤其是国家级原良种场和省级原良种场的监测点阳性率分别达到 14.3%（1/7）和 11.6%（5/43），这给对虾养殖场带来严重的病原引入风险，增加了下游养殖

环节 iDIV1 流行的风险。

（二）检出 DIV1 阳性的甲壳类

2022 年 iDIV1 的专项监测结果显示，监测到阳性的甲壳类物种有凡纳滨对虾、斑节对虾、日本沼虾、罗氏沼虾和克氏原螯虾，其中罗氏沼虾样品的阳性检出率达到 18.5%（5/27）、日本沼虾样品的阳性检出率达到了 55.6%（5/9，样本量有限可能存在评估偏离风险）。iDIV1 具有广泛的易感宿主范围，应警惕部分养殖地区多种易感宿主混养带来的疫病传播风险，这可能会引起部分养殖地区的 iDIV1 流行率居高不下。

（三）支持研发 iDIV1 的病原净化技术

2017—2022 年的专项监测数据统计显示，水温 16～34 ℃均有阳性样品检出，而当采样水温低于 16 ℃或高于 34 ℃时无阳性检出。研究表明，适当的热处理对凡纳滨对虾感染 DIV1 具有治疗和根除作用，为对虾病毒病的防控提供了新的方法和思路。建议重点支持对虾 iDIV1 的热治疗技术研发，尤其加强在育苗环节该技术的应用研究，以期从源头实现 iDIV1 的病原净化，为我国对虾种业振兴提供有力支持。

六、监测工作建议

（一）更新 iDIV1 的诊断标准

近年来，随着 DIV1 基因组学、病原学和诊断技术等研究的深入，该病原不同毒株的基因组被公布、新的易感宿主被不断揭示，许多检测特异性更强、灵敏度更高、更方便和快捷的 DIV1 检测方法被广泛报道，iDIV1 的疫病信息和诊断技术得以不断完善。目前来看，2020 年农业农村部发布的《虾虹彩病毒病诊断规程》行业标准中尚缺乏荧光定量 PCR 检测方法，标准中推荐的套式 PCR 方法在检测一些易感种类时存在非特异性扩增风险。因此，有必要更新此疫病的诊断方法，对上述标准进行修订，以便保持该标准的适用性和先进性。

（二）建立 iDIV1 的监测技术规范

iDIV1 作为农业农村部公布的二类动物疫病和 WOAH 收录的水生动物疫病，需继续加强其相关基础和应用基础研究，以便揭示其致病机理、提升 iDIV1 的检测与监测技术水平。建议针对此疫病的特点，尽快建立其监测技术规范，从各环节规范整个监测过程，以便各监测任务承担单位能够有标准有依据地开展监测工作，保障监测数据的规范性和准确性。

2022 年急性肝胰腺坏死病状况分析

中国水产科学研究院黄海水产研究所

（万晓媛　张庆利　谢国驷　杨　冰　邱　亮　董　宣）

一、前言

急性肝胰腺坏死病（Acute hepatopancreatic necrosis disease，AHPND）是由一类携带编码杀昆虫发光杆菌（*Photorhabdus* insect‑related，Pir）毒素蛋白 *PirA* 和 *PirB* 基因的弧菌（V_{AHPND}）引起的虾类疫病，病原多样，如副溶血性弧菌、哈维氏弧菌、坎贝氏弧菌、欧文斯氏弧菌、溶藻弧菌和浦那弧菌等。世界动物卫生组织（WOAH）将其列为需通报的水生动物疫病，也是 2022 年发布的《一、二、三类动物疫病病种名录》三类动物疫病，《中华人民共和国进境动物检疫疫病名录》二类进境动物疫病。

《OIE 水生动物疾病诊断手册（2022）》第 2.2.1 章系统阐述了 AHPND 的基本特征、病例定义（临床特征、组织病理变化）、病原〔菌株和毒力基因、宿主外的存活能力、稳定性（灭活方法）〕、宿主（易感宿主种类、易感性证据不完全的种类、易感阶段、靶器官和感染组织）、疫病模式（传播机制、流行、地理分布、死亡率和发病率）等，并提供了不同检测和诊断方法的适用性评级。我国也制定了水产行业标准《急性肝胰腺坏死病诊断规程》（SC/T 7233—2020）和《急性肝胰腺坏死病（AHPND）监测技术规范》（SC/T 7027—2022），为 AHPND 的诊断提供标准支撑。

2020 年农业农村部开始将 AHPND 列为水生动物疫病监测对象（农渔养便函〔2020〕47 号），2020—2022 年连续组织了 AHPND 流行情况监测。三年中累计设置监测点 414 个，监测范围涉及辽宁、河北、天津、山东、江苏、安徽、湖北、江西、广东、海南和广西 11 省份，初步明确了我国对虾养殖产业中 V_{AHPND} 的流行态势。但 2022 年 AHPND 专项监测任务量因受到经费限制再次压缩，导致监测数据量极为有限。因此，本报告在 2022 年全国水生动物疫病监测工作的基础上，结合流行病学被动调查数据对 V_{AHPND} 的流行状况进行了分析。

二、专项监测抽样概况

（一）总体概况

2022 年，AHPND 专项监测范围为辽宁、河北、山东、江苏、安徽、湖北、江西、海南和广西 9 省份，涉及 26 个区（县）、34 个乡（镇），共包括 67 个监测点（场），采集样品 67 份。监测样品数量相较于 2020 年的 266 份和 2021 年的 109 份，压减至 67

份，最大降幅达 74.8%；监测养殖场数量相较于 2020 年的 246 个和 2021 年的 101 个，压减至 67 个，最大降幅达 72.8%。2022 年，除山东和海南超过 10 份样品和 10 个监测点外，其余各省份仅维持在 5 份样品和 5 个监测点。AHPND 专项三年总体情况见表 1。

表 1　2020—2022 年 AHPND 专项监测总体情况（份）

省份	采集样品数/阳性样品数			监测养殖场数/阳性场数			阳性区（县）数			阳性乡（镇）数		
	2020 年	2021 年	2022 年	2020 年	2021 年	2022 年	2020 年	2021 年	2022 年	2020 年	2021 年	2022 年
天津	35/1	/	/	32/1	/	/	1	/	/	1	/	/
河北	35/4	10/0	5/0	33/4	10/0	5/0	3	0	0	4	0	0
辽宁	35/3	5/0	5/0	35/3	5/0	5/0	2	0	0	2	0	0
江苏	35/0	40/0	5/0	35/0	32/0	5/0	0	0	0	0	0	0
安徽	20/0		5/0	10/0		5/0	0		0	0		0
江西	15/0	10/0	5/0	15/0	10/0	5/0	0	0	0	0	0	0
山东	50/2	14/1	17/0	48/2	14/1	17/0	2	1	0	2	1	0
广东	20/2	/	/	19/2	/	/	2	/	/	2	/	/
海南	21/0	10/0	5/0	19/0	10/0	15/0	0	0	0	0	0	0
湖北	/	10/0	5/0	/	10/0	5/0	/	0	0	/	0	0
广西	/	/	5/0	/	/	5/0	/	/	0	/	/	0
合计	266/12	109/1	67/0	246/12	101/1	67/0	10	1	0	11	1	0

（二）监测抽样概况

2022 年，AHPND 专项监测共设置 67 处监测点（场）。

1. 养殖场类型　所有监测点中，国家级原良种场 5 个，占比 7.5%，分布于河北、辽宁、海南和广西 4 省（自治区）；省级原良种场 9 个，占比 13.4%，分布于河北、安徽、海南和广西 4 省（自治区）；苗种场 28 个，占比 41.8%，主要分布于山东、海南，还涉及广西、河北、安徽，共 5 省（自治区）；成虾养殖场 25 个，占比 37.3%，分布于辽宁、河北、山东、江苏、安徽、江西和湖北 7 省。从各省份看，山东、海南的监测点主要为苗种场；辽宁、江苏、江西和湖北的监测点主要为成虾养殖场；河北、安徽和广西不同类型养殖场分别占有一定比例（图 1）。

2. 养殖模式　从 2022 年 AHPND 监测数据结果来看，监测点的养殖模式以海水工厂化、淡水工厂化和淡水池塘养殖为主。其中，海水工厂化类型监测点 26 个，占总数的 38.8%，分布于辽宁、河北、山东、海南和广西 5 省（自治区）。淡水工厂化类型监测点 12 个，占总数的 17.9%，全部分布于山东省。淡水池塘类型监测点 12 个，占总数的 17.9%，分布于河北、江苏、江西、安徽、湖北和广西 6 省（自治区）。其他监测

165

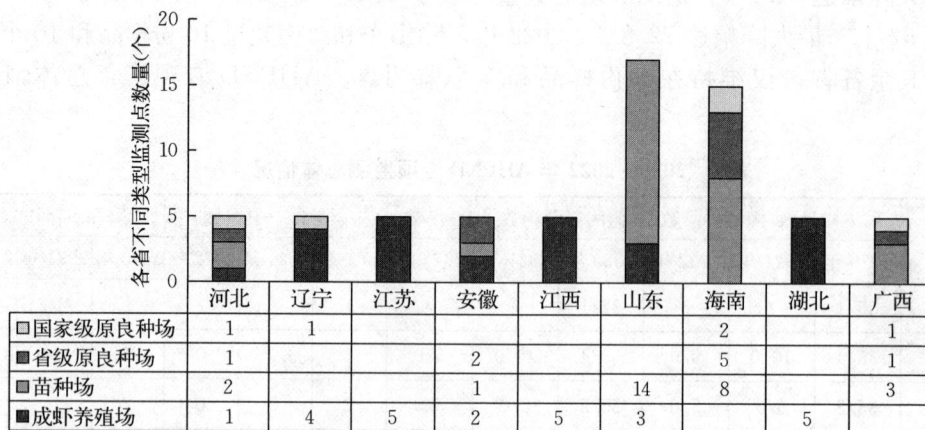

图 1 各省份养殖场类型监测点统计

	河北	辽宁	江苏	安徽	江西	山东	海南	湖北	广西
国家级原良种场	1	1					2		1
省级原良种场	1			2			5		1
苗种场	2			1		14	8		3
成虾养殖场	1	4	5	2	5	3		5	

点的养殖模式包括：淡水其他类型监测点 7 个，占总数的 10.4%，分布于安徽和湖北；海水池塘类型监测点 7 个，占总数的 10.4%，分布于辽宁、海南和广西；海水滩涂类型监测点 3 个，占总数的 4.5%，分布于江苏（图 2）。

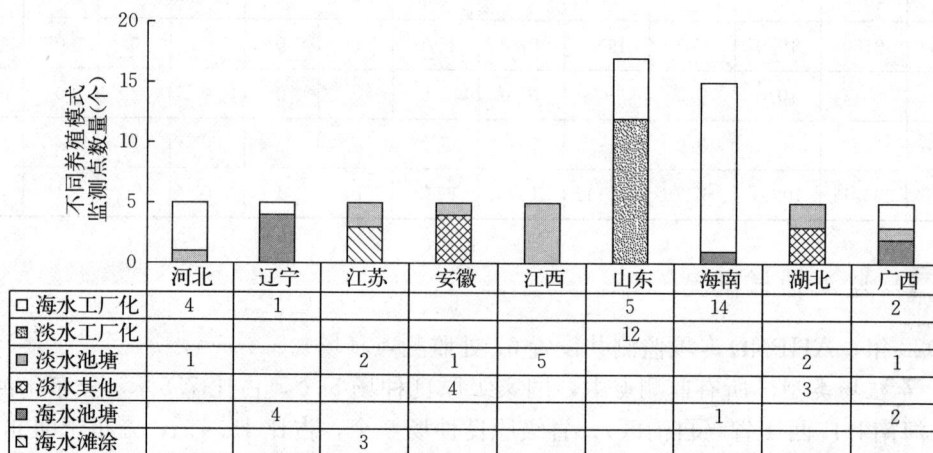

图 2 各省份监测点养殖模式统计

	河北	辽宁	江苏	安徽	江西	山东	海南	湖北	广西
海水工厂化	4	1				5	14		2
淡水工厂化						12			
淡水池塘	1		2	1	5			2	1
淡水其他				4				3	
海水池塘		4					1		2
海水滩涂			3						

3. 采样品种 2022 年采样品种较为丰富，包括凡纳滨对虾、中国明对虾、日本囊对虾、斑节对虾、日本沼虾、克氏原螯虾和罗氏沼虾 7 种养殖甲壳类品种。67 份样品中，海水养殖凡纳滨对虾样品 34 份，占比 50.7%，主要来自海南和山东；克氏原螯虾样品 16 份，占比 23.9%，来自江苏、安徽、江西和湖北；淡水养殖凡纳滨对虾样品 8 份，占比 11.9%，全部来自山东；中国明对虾样品 3 份，占比 4.5%，全部来自辽宁；斑节对虾样品 3 份，占比 4.5%，来自山东、海南和广西；日本囊对虾、日本沼虾、罗氏沼虾各 1 份，分别占比 1.5%，分别来自河北、江苏和广西（图 3）。

4. 采样水温 2022 年 AHPND 专项监测主要集中在 4—10 月。全部样品采样时均

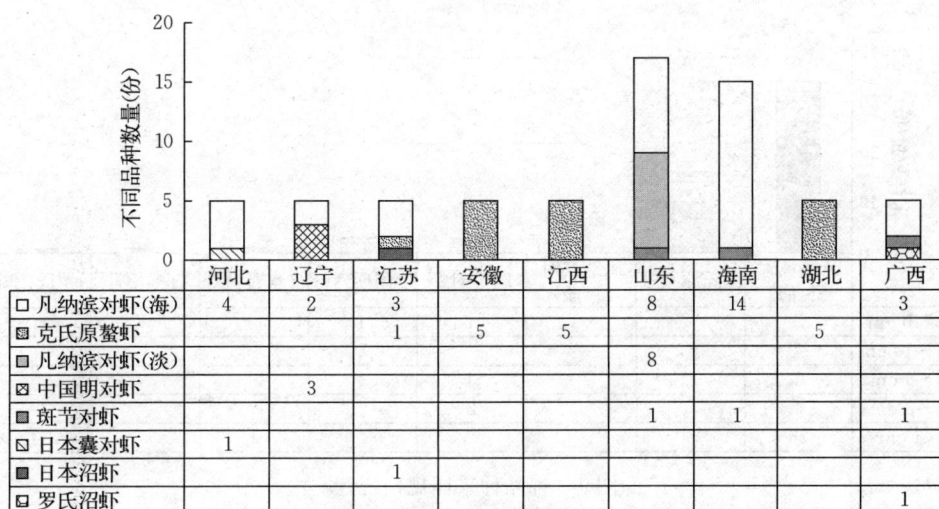

	河北	辽宁	江苏	安徽	江西	山东	海南	湖北	广西
□ 凡纳滨对虾(海)	4	2	3			8	14		3
▨ 克氏原螯虾			1	5	5			5	
□ 凡纳滨对虾(淡)						8			
⊠ 中国明对虾		3							
▦ 斑节对虾						1	1		1
▢ 日本囊对虾	1								
■ 日本沼虾			1						
▥ 罗氏沼虾									1

图 3　各省份采样品种统计

记录了温度，样品采集温度均高于 15 ℃。其中，20 ℃及以下养殖水温下采集样品 2 份，占比 3.0%；21～25 ℃样品 28 份，占比 41.8%；26～30 ℃样品 22 份，占比 32.8%；30 ℃以上采集样品 15 份，占 22.4%。所采集海水养殖凡纳滨对虾样品的养殖水温分布在 21～35 ℃，所采集淡水养殖凡纳滨对虾样品的养殖水温为 21 ℃，所采集克氏原螯虾样品的养殖水温分布在 15～35 ℃，所采集斑节对虾样品的养殖水温分布在 27～31 ℃，所采集中国明对虾样品的养殖水温在 25 ℃左右，所采集日本囊对虾样品的养殖水温在 27 ℃，所采集日本沼虾样品的养殖水温在 35 ℃，所采集罗氏沼虾样品的养殖水温在 30 ℃。

5. 其他环境因子　其他可能影响生长、发育、繁殖及疫病发生的环境因子，如 pH、溶解氧、盐度等，并未在监测任务执行的样品采集过程中得到充分记录。

6. 采样规格　2022 年的 67 份 AHPND 监测样品中，样品规格的记录单位较为混乱。绝大多数以体长（如厘米）作为规格指标，少部分以体重（如克）、天数（如天）、生长时期（如 P10）等各类单位标示。本次统计中为便于计算，所有样品均以体长作为指标，将体重、生长阶段等指标进行了体长估算。

经统计，体长在 3 cm 以下的仔虾和幼虾样品共 42 份样品，占样品总数的 62.7%；体长在 4～6 cm 的幼虾和半成虾样品共 12 份，占样品总数的 17.9%；体长在 7～10 cm 及 10 cm 以上半成虾和成虾样品共 13 份样品，占样品总数的 19.4%。体长在 6 cm 以下样品占总数的 80.6%，比 2021 年提高了 2.6 个百分点，采集样品的规格适于评估 AHPND 在虾类生长早期的流行特点。

从各采样品种看，海水和淡水养殖凡纳滨对虾、克氏原螯虾、斑节对虾、日本囊对虾和罗氏沼虾以规格≤ 6 cm 的仔虾和幼虾为主；中国明对虾和日本沼虾以规格≥ 6 cm 的半成虾、成虾为主（图 4）。从各省份样品看，河北、山东、海南、广西的样品多属于苗期；辽宁、安徽、江西、湖北的样品以半成虾和成虾为主；江苏的样品主要包括苗和半成虾（图 5）。

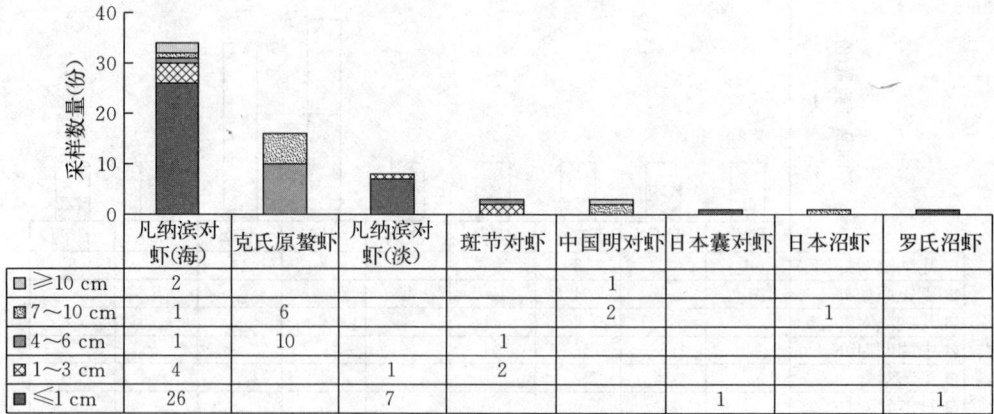

	凡纳滨对虾(海)	克氏原螯虾	凡纳滨对虾(淡)	斑节对虾	中国明对虾	日本囊对虾	日本沼虾	罗氏沼虾
☐ ≥10 cm	2				1			
▨ 7~10 cm	1	6			2		1	
▩ 4~6 cm	1	10		1				
⊠ 1~3 cm	4		1	2				
■ ≤1 cm	26		7			1		1

图 4 各品种采样规格统计

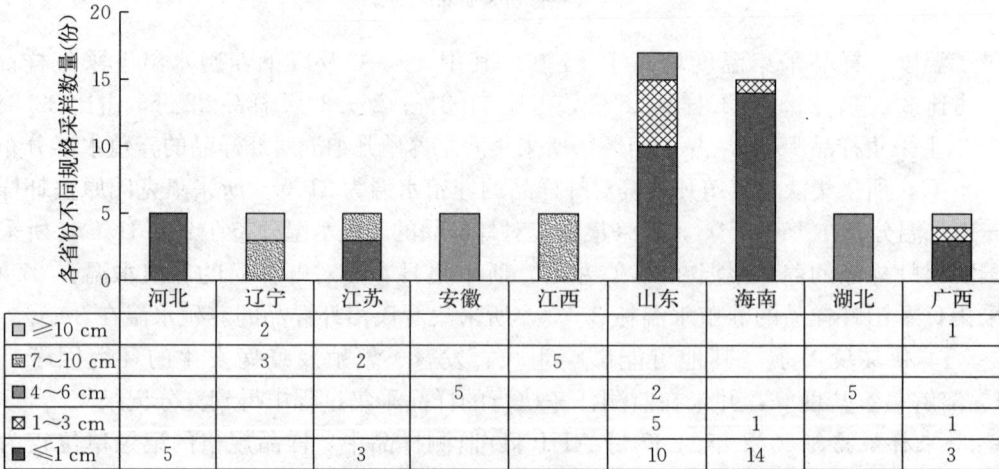

	河北	辽宁	江苏	安徽	江西	山东	海南	湖北	广西
☐ ≥10 cm		2							1
▨ 7~10 cm		3	2		5				
▩ 4~6 cm				5		2		5	
⊠ 1~3 cm						5	1		1
■ ≤1 cm	5		3			10	14		3

图 5 各省份采样规格统计

　　7. 检测单位和检测方法　承担 AHPND 监测病原检测的单位共 5 家（表 2）。所有检测单位均通过农业农村部和全国水产技术推广总站举行的能力验证，检测的质量得到充分保证。其中，中国水产科学研究院黄海水产研究所具有中国合格评定国家认可委员会（CNAS）认可资质。各检测单位采用了《国家水生动物疫病监测计划技术规范》（第三版）中的检测方法。

表 2　样品检测承担单位任务量统计（份）

检测单位	检测样品数量
中国水产科学研究院黄海水产研究所	25
山东省淡水渔业研究院	12
中国水产科学研究院长江水产研究所	10

（续）

检测单位	检测样品数量
中国水产科学研究院珠江水产研究所	10
海南省水产技术推广站	10

三、专项监测结果和分析

2022 年所采集的 67 份样品中无 V_{AHPND} 阳性检出，因此样品阳性率和监测点阳性率均为 0。

受采样数量限制，2022 年监测点设置、采样品种、规格、频次等均无法实现良好布局和设计。推测 2022 年度监测中无 V_{AHPND} 阳性检出，一方面与 AHPND 监测范围缩小、采样数量减少等因素相关，另一方面也反映出 AHPND 的流行危害可能较往年有下降趋势；但仅基于在 9 省份 67 个监测点采集 67 份样品的检测结果，可能尚无法全面描述 AHPND 在我国主要对虾养殖地区的流行情况。

四、风险分析及建议

（一）风险分析

根据《国家水生动物疫病监测任务》的数据，2020—2022 年监测样品中 AHPND 致病菌 V_{AHPND} 的阳性检出率分别为 4.51％、0.92％和 0，监测点的阳性检出率分别为 4.88％、0.99％和 0，该数据反映出 AHPND 在我国主要对虾养殖地区的流行总体上呈现下降趋势。但 2022 年度，《国家水生动物疫病监测任务》监测样品数仅 67 份，可能难以全面反映国内养殖虾类中 AHPND 的流行情况。

在国家虾蟹类产业技术体系病害防控岗位科学家任务、中国水产科学研究院基本科研业务费等项目的支持下，中国水产科学研究院黄海水产研究所养殖生物疾病控制与分子病理学研究室甲壳类流行病学与疫病防控团队对 2014—2022 年我国主要甲壳类养殖区的 AHPND 开展了被动监测。2014—2022 年 AHPND 的被动监测范围包括辽宁、天津、河北、山东、江苏、上海、浙江、安徽、湖南、福建、广东、广西、海南、新疆等 14 个省（自治区、直辖市），检测不同甲壳类品种（凡纳滨对虾、中国明对虾、日本囊对虾、日本沼虾、罗氏沼虾、克氏原螯虾、龙虾、中华绒螯蟹、丰年虫卵、桡足类）、饲料、粪便、虾仁制品、饵料生物、环境生物等 4 600 余份样品。采用的检测方法为《OIE 水生动物疾病诊断手册》第 2.2.1 章中套式 PCR（引物 AP4）及 Real‑time PCR 检测法。结果显示，2014—2019 每年样品中 V_{AHPND} 的阳性检出率在 13％～19％、2020—2021 年为 2.8％。2022 年 V_{AHPND} 阳性检出率在 9％左右，阳性样品主要来自辽宁、河北、山东、浙江、福建等。该结果表明，V_{AHPND} 仍在部分地区养殖的凡纳滨对虾、中国对虾、日本囊对虾等中流行，但流行率呈现下降趋势。

（二）风险管控建议

早期研究认为携带 pVA1 毒性质粒的多种弧菌，如哈维氏弧菌、欧文斯弧菌、坎贝氏弧菌和浦那弧菌等均可引起 AHPND。但近年的多项研究表明，一些弧菌分离株携带具有 $pirA$ 和 $pirB$ 基因的 pVA1 毒性质粒，但并不能完整表达毒力蛋白，这就对目前普遍认为的具有 $pirA$ 和 $pirB$ 毒力基因或 pVA1 毒性质粒的弧菌菌株即可导致 AHPND 提出了挑战，同时也使目前国际和国内基于 $pirA$ 和 $pirB$ 毒力基因或毒性质粒建立的 V_{AHPND} 分子生物学检测方法的有效性面临风险。2021 年 4 月，WOAH 亚太地区代表处专门致函 WOAH 各水生动物疫病参考实验室，就如何提高 AHPND 致病菌检测准确性进行咨询，但截至目前，WOAH 尚未提出准确检测 AHPND 病原的新方案。建议国内 AHPND 相关研究者密切关注进展，并及时更新 V_{AHPND} 的分子生物学检测方法与监测方案。

对于 AHPND 疾病防控来说，进行 V_{AHPND} 的早期筛查，从种质、育种和种苗养殖系统中彻底消除 V_{AHPND} 的留存，推广无特定病原的亲虾、虾苗，苗种销售和应用中加强产地检疫，对于进一步降低 V_{AHPND} 的流行风险非常必要。

考虑到 AHPND 致病菌株 V_{AHPND} 变异情况，建议持续性跟踪监测 V_{AHPND} 遗传变异、宿主适应范围和环境因子等基础数据，分析根本因素和诱发因素的影响，系统性解析不同养殖模式中虾类养殖品种 AHPND 发生的各要素联动机制，为未来彻底消除 AHPND 危害提供理论和技术支持。

五、监测工作存在的问题与建议

（一）AHPND 专项监测方案的针对性有待优化

全国水生动物疫病防控体系连续三年针对 AHPND 开展专项监测，但任务下达文件——农渔发〔2022〕7 号文件《2022 年国家水生动物疫病监测计划》中未包含专门针对 AHPND 监测的任务计划。全年仅有的 67 份数据，来自部分省份监测白斑综合征或传染性皮下造血组织坏死病时，对 V_{AHPND} 的附加检测。对比《2022 中国渔业统计年鉴》中养殖虾类产量，2021 年全国海水养殖虾类产量达 157.2 万吨，淡水养殖虾类产量近 377.6 万吨。以海水养殖虾类产量最高的广东为例，当年产量达 72.3 万吨，V_{AHPND} 监测数据缺失；淡水养殖虾类产量最高的湖北达 108.9 万吨，V_{AHPND} 监测数据也仅有 5 份。因此，2022 年《国家水生动物疫病监测计划》任务所涉及的 67 个监测点的结果，可能难以全面反映 AHPND 的实际流行情况和潜在风险。

为缓解 AHPND 监测数据有限的窘境，首先建议将现有国家水生动物疫病专项监测计划中的所有对虾样品均进行 V_{AHPND} 检测筛查，纳入监测数据提交范畴；其次建议在政府部门做好数据质量监管且条件允许条件下，纳入省、市或县级政府主办机构具有 V_{AHPND} 检测资质实验室有关 AHPND 的监测数据，避免出现因专项监测计划缩减，缺少相应监测数据的情况。

（二）需进一步提升监测数据质量，保证数据分析成效

疫病监测数据质量是进行疫病状况准确分析的决定性因素。AHPND 专项监测数据采集的质量还有待进一步提高。

1. 保障体长信息填报的规范化　对虾"体长"的定义为：眼柄基部至尾节末端长度。《国家水生动物疫病监测计划技术规范》（第三版）（虾类）附表 A.2 "现场采样记录表"和《急性肝胰腺坏死病（AHPND）监测技术规范》（SC/T 7027—2022）第 7.1.4 条"规格"和附表 A.2 "现场采样记录表"中，已明确要求"采样时应准确记录样品的体长"，单位为厘米。但 2022 年度实际提交的采样数据中，规格形式较为杂乱，包含了计量单位"克"、生产阶段单位"天"等非标准格式。建议新一版《国家水生动物疫病监测计划技术规范》可提供一张对虾体长测量示意图，明确标注测量区间，供采样人员参照。

2. 确保填报监测信息的完整性　专项监测数据中临床表现描述及调控生长、发育和繁殖等，以及疫病发生的环境因子如 pH、溶解氧、盐度等信息的采集和记录不完整。建议现有国家水生动物疫病监测信息管理系统进一步健全数据质量的审查制度，严格把关关键性信息录入的完整性和真实性，避免错报、重报、漏报等情况出现。

3. 实现监测信息的关联化　每年度、每个单一信息字段的监测结果仅是单个信息点，而这些信息点之间的关联性对于分析 AHPND 发生背景、状况都非常重要。建议信息管理系统增加不同年度 AHPND 监测数据之间的关联性，预警往年出现阳性检出的场点、品种等，给监测方案制定者、采样人员、检测人员及数据分析人员以提示，使水生动物疫病监测任务网站在 AHPND 预警中发挥重要作用。

2022 年水生动物重要疫病监测/调查情况

2022 年，农业农村部组织实施了《2022 年国家水生动物疫病监测计划》，针对鲤春病毒血症等 10 种重要水生动物疫病进行专项监测，并对传染性皮下和造血组织坏死病等 3 种有关疫病开展调查，同时组织专家进行了风险评估。

汇总情况见表 1～表 13：

表 1《2022 年鲤春病毒血症监测情况》；

表 2《2022 年锦鲤疱疹病毒病监测情况》；

表 3《2022 年草鱼出血病监测情况》；

表 4《2022 年传染性造血器官坏死病监测情况》；

表 5《2022 病毒性神经坏死病监测情况》；

表 6《2022 年鲫造血器官坏死病监测情况》；

表 7《2022 年鲤浮肿病监测情况》；

表 8《2022 年传染性胰脏坏死病监测情况》；

表 9《2022 年白斑综合征监测情况》；

表 10《2022 年虾肝肠胞虫病监测情况》；

表 11《2022 年十足目虹彩病毒病监测情况》；

表 12《2022 年传染性皮下和造血组织坏死病监测情况》；

表 13《2022 年急性肝胰腺坏死病监测情况》。

表 1　2022 年鲤春病毒血症监测情况

省份	监测养殖场点（个）区（县）数	乡（镇）数	国家级原良种场	省级原良种场	苗种场	观赏鱼养殖场	成鱼养殖场	监测养殖场点合计	国家级原良种场抽样数量（批次）	国家级原良种场阳性样品数（批次）	省级原良种场抽样数量（批次）	省级原良种场阳性样品数（批次）	苗种场抽样数量（批次）	苗种场阳性样品数（批次）	观赏鱼养殖场抽样数量（批次）	观赏鱼养殖场阳性样品数（批次）	成鱼/虾养殖场抽样数量（批次）	成鱼/虾养殖场阳性样品数（批次）	抽样总数（批次）	阳性样品总数（批次）	样品阳性率（%）	阳性品种	阳性样品处理措施
北京	4	6				9		9							10				10		0		
天津	3	3	1	1			2	4	2		1						2		5		0		
河北	12	20		1	6	3	25	35			1		6		3		25		35		0		
山西	4	4	1	4				5	1		4	1							5	1	20	鲤	CL
内蒙古	2	3					8	8									8		8		0		
辽宁	4	9		1			14	15			1						14		15		0		
吉林	5	5		5				5			5								5		0		
上海	4	4		3	1	1		5			3		1		1				5		0		
江苏	17	25		5	3	3	18	29			8		3		3		26		40		0		
江西	19	33	1	9	16	1	17	44	1		10		16		1		17		45		0		
山东	29	37		1	21	10	14	46			1		23		10		15		49		0		
河南	2	2		2	2		1	5			2		2				1		5		0		
湖北	4	4		3	2			5			3		2						5		0		
湖南	11	15	1	9	5			15	1		9		5						15		0		
重庆	5	5		1			4	5			1						4		5		0		
四川	2	5		1	1	3		5			1		1		3				5		0		
陕西	8	9		1	3	2	4	10			1		3		2		4		10		0		
宁夏	3	5		5				5			5								5		0		
新疆	7	7		3	4			7			3		5						8		0		
合计	145	201	4	53	66	32	107	262	5		57		68		33		117		280	1	0.4		

注：阳性处理措施中，CL 代表消毒，M 代表监控，Gsu 代表全面监控，Tsu 代表专项调查，Qi 代表移动控制，S 代表全群扑杀，Z 代表分区隔离，V 代表免疫接种，T 代表治疗，O 代表其他措施，N 代表未采取任何措施．表 2～表 13 与此相同。

表 2 2022 年锦鲤疱疹病毒病监测情况

| 省份 | 监测养殖场点（个） | | | | | | | | 病原学检测 其中（批次） | | | | | | | | | | | 检测结果 | | | |
	区（县）数	乡（镇）数	国家级原良种场	省级原良种场	苗种场	观赏鱼养殖场	成鱼养殖场	监测养殖场点合计	国家级原良种场 抽样数量（批次）	国家级原良种场 阳性样品数（批次）	省级原良种场 抽样数量（批次）	省级原良种场 阳性样品数（批次）	苗种场 抽样数量（批次）	苗种场 阳性样品数（批次）	观赏鱼养殖场 抽样数量（批次）	观赏鱼养殖场 阳性样品数（批次）	成鱼养殖场 抽样数量（批次）	成鱼养殖场 阳性样品数（批次）	抽样总数（批次）	阳性样品总数（批次）	样品阳性率（%）	阳性品种	阳性样品处理措施
北京	4	9				10	1	11							14		1		15	0			
天津	3	10					10	10									10	2	10	2	20	锦鲤	CL、M
河北	15	23		2	4	1	28	35			2		4		1		28		35	0			
内蒙古	2	2					8	8									8		8	0			
辽宁	3	6	1				9	10	1								9		10	0			
吉林	5	5		5				5			5								5	0			
黑龙江	4	5		2			3	5			2						3		5	0			
江苏	14	24			1	9	17	27					1		13		21		35	0			
安徽	3	4		2			2	4			3						2		5	0			
江西	6	9	1	3	5	1		10			3		5		1				10	0			
山东	29	37	1	21	10		14	46			1		23		10		16		50	0			
湖南	16	20	1	14	5			20	1		14		5						20	0			
广东	5	8				11	1	12							13	1	2		15	1	6.7	锦鲤	CL、M
重庆	5	5	1		4			5	1				4						5	0			
四川	5	5		3	2			5			3		2						5	0			
陕西	7	10		2	1	5	2	10			2		1		5		2		10	0			
合计	126	182	3	35	43	47	95	223	3		36		45		57	1	102	2	243	3	1.2		

表 3 2022 年草鱼出血病监测情况

省份	监测养殖场点（个）								病原学检测 其中（批次）										检测结果				
	区（县）数	乡（镇）数	国家级原良种场	省级原良种场	苗种场	观赏鱼养殖场	成鱼养殖场	监测养殖场点合计	国家级原良种场 抽样数量（批次）	阳性样品数（批次）	省级原良种场 抽样数量（批次）	阳性样品数（批次）	苗种场 抽样数量（批次）	阳性样品数（批次）	观赏鱼养殖场 抽样数量（批次）	阳性样品数（批次）	成鱼养殖场 抽样数量（批次）	阳性样品数（批次）	抽样总数（批次）	阳性样品总数（批次）	样品阳性率（%）	阳性品种	阳性样品处理措施
天津	3	4					5	5									5	4	5	4	80	草鱼	CL、M
河北	14	22		3	7		35	45			3	1	7	1			35	2	45	4	8.9	草鱼	CL、M
内蒙古	1	1					5	5									5	5	5	5	100	草鱼	CL、Gsu、Tsu、Z、T
上海	6	9	1	5	2		2	10	1		5		2				2		10		0		
江苏	20	30	1	9	2		20	32	1		11		3				20		35	1	2.9	草鱼	CL、M
浙江	11	15	1	1	13			15	1		1		13						15		0		
安徽	3	4		3			2	5			4	1					2		6	1	16.7	草鱼	CL、Z
江西	11	20		9	9		12	30			9		9				12	1	30	2	6.7	草鱼	CL、M、V、Z、O
山东	12	18	1	12	9			22			1		12				9		22		0		
河南	1	2		2	3			5					2				3		5		0		
湖北	5	5	2	1	1		1	5	2		1		1	1			1		5	1	20	草鱼	CL、M、Tsu、T
湖南	16	20	1	13	6			20	1		13	4	6				20		20	4	20	草鱼	CL、M
广西	12	13		4	11			15			4	2	11	5			15		15	7	46.7	草鱼	CL、O、Z
重庆	10	10			4		6	10									6		10		0		
四川	4	5		2	2	1		5			2		2		1				5		0		
贵州	1				5			5					5						5		0		
宁夏	3	5		5				5			5								5		0		
合计	133	184	6	56	76	1	100	239	6		59	10	77	6	1		100	13	243	29	11.9		

表 4　2022 年传染性造血器官坏死病监测情况

省份	监测养殖场点（个）区（县）数	乡（镇）数	国家级原良种场	省级原良种场	苗种场	成鱼养殖场	引育种中心	监测养殖场点合计	病原学检测·国家级原良种场 抽样数量（批次）	国家级原良种场 阳性样品数（批次）	省级原良种场 抽样数量（批次）	省级原良种场 阳性样品数（批次）	苗种场 抽样数量（批次）	苗种场 阳性样品数（批次）	成鱼养殖场 抽样数量（批次）	成鱼养殖场 阳性样品数（批次）	引育种中心 抽样数量（批次）	引育种中心 阳性样品数（批次）	抽样总数（批次）	阳性样品总数（批次）	样品阳性率（%）	阳性品种	阳性样品处理措施
北京	2	3			2	2		4					3		2				5		0		
河北	4	8		1		34		35			1	1			34	5			35	6	17.1	鳟	CL、M、Tsu
辽宁	3	6		2	5	13		20			2		5	2	13	2			20	4	20	鳟	CL、Qi
吉林	5	5	1		4			5	1		4								5		0		
黑龙江	1	1		1			1	2					2				3		5		0		
山东	2	3			1	4		5					1		4				5		0		
云南	1	4			1	4		5					1		4				5		0		
陕西	7	9				10		10							10	2			10	2	20	鳟	CL、M、Tsu、Qi
甘肃	2	3	1	1		1		3	2		1				2				5	1	20	鳟	CL、Gsu、Qi
青海	10	16		3		21		24					8		35				43		0		
新疆	3	4		1		3		4			1				4				5		0		
合计	40	62	2	9	13	92	1	117	3		9	1	20	2	108	10	3		143	13	9.1		

176

表 5　2022 病毒性神经坏死病监测情况

| 省份 | 监测养殖场点（个） | | | | | | | 病原学检测 | | | | | | | | | | | | |
| | | | | | | | | 其中（批次） | | | | | | | | 检测结果 | | | | |
	区（县）数	乡（镇）数	国家级原良种场	省级原良种场	苗种场	成鱼养殖场	监测养殖场点合计	国家级原良种场 抽样数量（批次）	国家级原良种场 阳性样品数（批次）	省级原良种场 抽样数量（批次）	省级原良种场 阳性样品数（批次）	苗种场 抽样数量（批次）	苗种场 阳性样品数（批次）	成鱼养殖场 抽样数量（批次）	成鱼养殖场 阳性样品数（批次）	抽样样品总数（批次）	阳性样品总数（批次）	样品阳性率（%）	阳性品种	阳性样品处理措施
辽宁	2	2				20	20							20		20		0		
浙江	4	8		4		7	11			7	2			8	1	15	3	20	大黄鱼	CL、M
福建	4	6	1	2	10		13	1		2	1	14	3			17	4	23.5	鲷、石斑鱼	CL、M、Z
山东	12	18	4	4	9	12	29	5		5		9		14		33		0		
广东	7	10		6	2	9	17			8		3	2	9	2	20	4	20	石斑鱼	CL、M
广西	5	7			3	12	15					3	1	12	2	15	3	20	鲈（海）、石斑鱼	CL、O
海南	6	9	1	4	8	2	15	1	1	4	3	8	4	2	2	15	10	66.7	多带金钱鱼、石斑鱼	CL
合计	40	60	6	20	32	62	120	7	1	26	6	37	10	65	7	135	24	17.8		

表 6　2022 年鲫造血器官坏死病监测情况

省份	监测养殖场点（个）区（县）数	乡（镇）数	国家级原良种场	省级原良种场	苗种场	观赏鱼养殖场	成鱼养殖场	监测养殖场点合计	国家级原良种场 抽样数量（批次）	国家级原良种场 阳性样品数（批次）	省级原良种场 抽样数量（批次）	省级原良种场 阳性样品数（批次）	苗种场 抽样数量（批次）	苗种场 阳性样品数（批次）	观赏鱼养殖场 抽样数量（批次）	观赏鱼养殖场 阳性样品数（批次）	成鱼养殖场 抽样数量（批次）	成鱼养殖场 阳性样品数（批次）	抽样总数（批次）	阳性样品总数（批次）	样品阳性率（%）	阳性品种	阳性样品处理措施
北京	4	6				7	1	8							9	1	1		10	1	10	金鱼	CL、M
天津	6	9		1			9	10			1						9		10		0		
河北	14	20		3	2		30	35			3		2				30	1	35	1	2.9	鲫	CL、M
上海	8	9	1	5	1		3	10	1		5		1				3		10		0		
江苏	24	35	1	3	4		38	46	1		3		4				38	1	46	1	2.2	鲫	CL、M
浙江	10	15	1	1	12		1	15	1		1		12				1		15		0		
安徽	3	4	2				2	4	2								3		5		0		
江西	7	12		2	7		6	15			2		7				6		15		0		
山东	12	13		1	8	2	6	17			1		10		2		6		19		0		
河南	1	1			5			5					5						5		0		
湖北	5	5		2	2	1		5			2		2		1				5		0		
湖南	9	10		8	2			10			8		2						10		0		
重庆	11	14			6		9	15					6				9		15		0		
四川	4	5		2	2		1	5			2		2				1		5		0		
合计	118	158	5	29	51	10	105	200	5		29		53		12	1	106	2	205	3	1.5		

表 7　2022 年鲤浮肿病监测情况

| 省份 | 监测养殖场点（个） | | | | | | | | 病原学检测 其中（批次） | | | | | | | | | | 检测结果 | | | | |
	区（县）数	乡（镇）数	国家级原良种场	省级原良种场	苗种场	观赏鱼养殖场	成鱼养殖场	监测养殖场点合计	国家级原良种场 抽样数量（批次）	国家级原良种场 阳性样品数（批次）	省级原良种场 抽样数量（批次）	省级原良种场 阳性样品数（批次）	苗种场 抽样数量（批次）	苗种场 阳性样品数（批次）	观赏鱼养殖场 抽样数量（批次）	观赏鱼养殖场 阳性样品数（批次）	成鱼养殖场 抽样数量（批次）	成鱼养殖场 阳性样品数（批次）	抽样总数（批次）	样品阳性总数（批次）	样品阳性率（%）	阳性品种	阳性样品处理措施
北京	4	8				10	1	11							14	6	1		15	6	40	锦鲤	CL、Tsu
天津	5	9		1			9	10					1				9		10		0		
河北	16	26		2	7	1	35	45			2	1	7	1			35	2	45	4	8.9	鲤	M、Gsu、Tsu
内蒙古	2	2					8	8									8	2	8	2	25	鲤	CL、Gsu、Tsu、S、Z、T
辽宁	4	9		1			14	15			1						14		15		0		
吉林	5	5	5					5	5										5		0		
黑龙江	4	4		1	2		2	5			1		2				2		5		0		
上海	3	4		2	2	1		5			2		2		1				5		0		
江苏	6	9				2	7	9							2		7		9		0		
江西	6	9	1	3	5			10	1		3		5		1				10		0		
山东	29	37	1	21	10	14		46			1		23	1	10		15		49	1	2	锦鲤	CL
河南	4	5		1	1	1	2	5			1		1		1		2		5		0		
湖南	16	20	1	14	5			20	1		14	4	5	2					20	6	30	锦鲤、鲤	CL
广东	5	8				11	1	12							13	2	2		15	2	13.3	锦鲤	CL、O
重庆	12	12	1	1	5		7	14	1		1		6	1			7		15	1	6.7	鲤	CL
贵州	1	3			5			5					5						5		0		
陕西	3	4		1		2	2	5					1		2		2		5		0		
合计	125	174	3	31	55	39	102	230	3		31	5	58	5	45	8	104	4	241	22	9.1		

表8　2022年传染性胰脏坏死病监测情况

省份	监测养殖场点（个）								病原学检测 其中（批次）										检测结果				
	区（县）数	乡（镇）数	国家级原良种场	省级原良种场	苗种场	引育种中心	成鱼养殖	监测养殖场点合计	国家级原良种场 抽样数量	国家级原良种场 阳性样品数	省级原良种场 抽样数量	省级原良种场 阳性样品数	苗种场 抽样数量	苗种场 阳性样品数	引育种中心 抽样数量	引育种中心 阳性样品数	成鱼养殖场 抽样数量	成鱼养殖场 阳性样品数	抽样总数（批次）	阳性样品总数（批次）	样品阳性率（%）	阳性品种	阳性样品处理措施
北京	2	3		2			2	4					9				2		11		0		
河北	1	1					5	5									5		5		0		
辽宁	1	2	1	2			2	5			1		2				2		5		0		
黑龙江	1	1		1	1			2					2	3					5		0		
四川	1	1					1	1									3		3		0		
陕西	7	9					10	10									10		10		0		
甘肃	2	4	1	1	1		2	5	9		7						8		24	6	25	鳟	CL、M
青海	1	1					1	1									3		3		0		
合计	16	22	1	2	6	1	23	33	9		8		13	3			33		66	6	9.1		

表 9　2022 年白斑综合征监测情况

省份	监测养殖场点（个）							病原学检测											检测结果		
								其中（批次）													
	区（县）数	乡（镇）数	国家级原良种场	省级原良种场	苗种场	成虾养殖场	监测养殖场点合计	国家级原良种场抽样数量（批次）	阳性样品数（批次）	省级原良种场抽样数量（批次）	阳性样品数（批次）	苗种场抽样数量（批次）	阳性样品数（批次）	成虾养殖场抽样数量（批次）	阳性样品数（批次）	抽样总数（批次）	阳性样品总数（批次）	样品阳性率（%）	阳性品种	阳性样品处理措施
天津	1	1			4	1	5					4		1		5		0		
河北	5	14	2	1	45	56	104	3		2		61	8	59	10	125	18	14.4	凡纳滨对虾（淡）、凡纳滨对虾（海）、日本囊对虾、中国明对虾	CL、M
辽宁	7	16	1	2	2	35	40	1		2	1	2	1	35	16	40	18	45	凡纳滨对虾（淡）、凡纳滨对虾（海）、日本囊对虾、中国明对虾	CL、Z
上海	4	11		1	2	11	14			1		3		11		15		0		
江苏	27	40		5	10	40	55			5		10		40	5	55	5	9.1	克氏原螯虾	CL、M
浙江	14	21	1	3	25		29	1		3		26				30		0		
安徽	3	3		2	1	2	5			2		1		2		5				
福建	2	4		1	13		14			1		14				15		0		
江西	10	24		1	3	26	30			1		3		26	12	30	12	40	克氏原螯虾	CL、M、Z、O
山东	17	27	1		48	29	78	2				50	2	31	1	83	3	3.6	克氏原螯虾	CL、M
湖北	4	5				5	5							5	3	5	3	60	克氏原螯虾	CL、M、Tsu、T
湖南	1	6				9	9							10		10		0		
广东	7	16	1	20	2	3	26	1		20		2		3		26				
广西	7	9	1	2	14		17			2		14				17				
海南	3	8	1		5	9	15	1				5		9		15				
陕西	3	3			3		3							3		3				
新疆	2	2				5	5							11		11				
合计	117	210	8	43	178	225	454	10		44	1	199	11	237	47	490	59	12		

表 10　2022 年虾肝肠胞虫病监测情况

省份	监测养殖场点（个）							病原学检测												
	区（县）数	乡（镇）数	国家级原良种场	省级原良种场	苗种场	成虾养殖场	监测养殖场点合计	其中（批次）								检测结果				
								国家级原良种场		省级原良种场		苗种场		成虾养殖场		抽样总数（批次）	阳性样品总数（批次）	样品阳性率（%）	阳性品种	阳性样品处理措施
								抽样数量（批次）	阳性样品数（批次）	抽样数量（批次）	阳性样品数（批次）	抽样数量（批次）	阳性样品数（批次）	抽样数量（批次）	阳性样品数（批次）					
天津	4	6			4	6	10					4	1	6	3	10	4	40	凡纳滨对虾（淡）、凡纳滨对虾（海）	CL、M
河北	5	14	2	1	45	55	103	3	1	2	1	62	28	58	31	125	61	48.8	凡纳滨对虾（淡）、凡纳滨对虾（海）、中国明对虾	CL、M
辽宁	7	16	1	2	2	35	40	1		2	2	2		35	14	40	16	40	凡纳滨对虾（淡）、凡纳滨对虾（海）、日本囊对虾、中国明对虾	CL、Z
上海	4	11		1	2	11	14			1		3		11	2	15	2	13.3	凡纳滨对虾（淡）	CL、M
江苏	27	40		5	10	40	55			5		10	1	40	1	55	2	3.6	凡纳滨对虾（淡）、凡纳滨对虾（海）	CL、M
浙江	14	21	1		3	25	29	1				3		26	4	30	4	13.3	凡纳滨对虾（淡）、凡纳滨对虾（海）	CL、M
安徽	3	3		2	1	2	5			2		1		2		5	0	0		
福建	2	4		1	13		14			1		14				15	0	0		
江西	10	24		1	3	26	30			1		3		26		30	0	0		
山东	17	27	1		48	29	78	2				50		31		83	1	1.2	凡纳滨对虾（海）	CL、M
湖北	4	5				5	5							5		5	0	0		
广东	7	16	1	20	2	3	26	1		20	5	2	1	3		26	6	23.1	斑节对虾、凡纳滨对虾（淡）	CL、O、S
广西	7	9	1	2	14		17	1		2		14				17	1	5.9	凡纳滨对虾（海）	CL
海南	3	8	1	5	9		15	1		5		9				15	0	0		
新疆	2	2				5	5							11		11	0	0		
合计	116	206	8	43	178	217	446	10	1	44	8	200	36	228	52	482	97	20.1		

表 11 2022 年十足目虹彩病毒病监测情况

省份	监测养殖场点（个）							病原学检测												
	区（县）数	乡（镇）数	国家级原良种场	省级原良种场	苗种场	成虾养殖场	监测养殖场点合计	其中（批次）								抽样总数（批次）	阳性样品总数（批次）	样品阳性率（%）	检测结果 阳性品种	阳性样品处理措施
								国家级原良种场 抽样数量（批次）	国家级原良种场 阳性样品数（批次）	省级原良种场 抽样数量（批次）	省级原良种场 阳性样品数（批次）	苗种场 抽样数量（批次）	苗种场 阳性样品数（批次）	成虾养殖场 抽样数量（批次）	成虾养殖场 阳性样品数（批次）					
河北	1	1	1	1	2	1	5	1		1		2		1		5		0		
辽宁	7	16	1	2	2	35	40	1		2		2		35		40		0		
上海	4	11		1	2	11	14			1		3		11	1	15	1	6.7	凡纳滨对虾（淡）	CL、M
江苏	27	40		5	10	40	55			5	1	10		40	9	55	10	18.2	克氏原螯虾、罗氏沼虾、日本沼虾	CL、M
浙江	14	21	1	3	25		29	1	1	3		26	2			30	3	10	罗氏沼虾、凡纳滨对虾（淡）、凡纳滨对虾（海）	CL、M
安徽	3	3		2	1	2	5			2	1	1		2	1	5	2	40	克氏原螯虾	CL、Z
福建	2	4		1	13		14			1		14				15		0		
江西	10	24		1	3	26	30			1	1	3	1	26		30	2	6.7	克氏原螯虾	CL、M、Z、O
山东	17	27	1		48	29	78	2				50		31		83		0		
湖北	4	5				5	5							5		5		0		
广东	7	16	1	20	2	3	26	1		20	2	2		3	1	26	3	11.5	凡纳滨对虾（淡）	CL、O、S、M
广西	6	8	1	2	12		15	1		2		12	1			15	1	6.7	斑节对虾	N
海南	3	8	1	5	9		15	1		5		9				15		0		
新疆	2	2				5	5							10		10		0		
合计	107	186	7	43	129	157	336	8	1	43	5	134	4	164	12	349	22	6.3		

表 12　2022 年传染性皮下和造血组织坏死病监测情况

省份	监测养殖场点（个）							病原学检测												
								其中（批次）										检测结果		
								国家级原良种场		省级原良种场		苗种场		成虾养殖场						
	区（县）数	乡（镇）数	国家级原良种场	省级原良种场	苗种场	成虾养殖场	监测养殖场点合计	抽样数量（批次）	阳性样品数（批次）	抽样数量（批次）	阳性样品数（批次）	抽样数量（批次）	阳性样品数（批次）	抽样数量（批次）	阳性样品数（批次）	抽样总数（批次）	阳性样品总数（批次）	样品阳性率（%）	阳性品种	阳性样品处理措施
河北	5	14	1	1	43	55	100	2		1		59	6	58	10	120	16	13.3	凡纳滨对虾（海）	CL、M
辽宁	4	4	1		4	5		1						4	3	5	3	60	中国明对虾	CL、Z
江苏	2	2			5	5								5		5	5	0		
安徽	3	3		1	1	2	4			2		1		2		5		0		
江西	2	4			5	5								5		5	5	0		
山东	3	3			13	3	16					13		3	4	17		0		
湖北	4	5			5	5								5		5	5	0		
广西	3	4	1	1	3		5	1		1		3				5		0		
海南	3	8	1	5	9		15	1		5	1	9				15	1	6.7	斑节对虾	CL
合计	29	47	4	8	69	79	160	5		9	1	85	6	83	13	182	20	11		

表 13　2022 年急性肝胰腺坏死病监测情况

省份	监测养殖场点（个）							病原学检测											检测结果	
								其中（批次）												
								国家级原良种场		省级原良种场		苗种场		成鱼/虾养殖场						
	区（县）数	乡（镇）数	国家级原良种场	省级原良种场	苗种场	成虾养殖场	监测养殖场点合计	抽样数量（批次）	阳性样品数（批次）	抽样数量（批次）	阳性样品数（批次）	抽样数量（批次）	阳性样品数（批次）	抽样数量（批次）	阳性样品数（批次）	抽样总数（批次）	阳性样品总数（批次）	样品阳性率（%）	阳性品种	阳性样品处理措施
河北	1	1	1	1	2	1	5	1		1		2		1		5		0		
辽宁	4	4	1			4	5	1						4		5		0		
江苏	2	2				5	5							5		5		0		
安徽	3	3		2	1	2	5			2		1		2		5		0		
江西	2	4				5	5							5		5		0		
山东	3	3			14	3	17					14		3		17		0		
湖北	4	5				5	5							5		5		0		
广西	3	4	1	1	3		5	1		1		3				5		0		
海南	4	8	2	5	8		15	2		5		8				15		0		
合计	26	34	5	9	28	25	67	5		9		28		25		67		0		

地　方　篇

2022 年北京市水生动物病情分析

北京市水产技术推广站

（徐立蒲　王　姝　王静波　张　文　吕晓楠　王小亮　曹　欢）

2022 年北京市水产技术推广站继续开展重要水生动物疫病监测、疾病测报、减量用药推广以及其他防控工作。现将 2022 年北京市养殖鱼类病情分析如下。

一、基本情况

（一）疾病测报

监测点设置：共在 56 个养殖场开展测报工作，总面积 157.3 hm²。
主要监测品种：草鱼、鲢鳙、鲤、鲫、鲴、观赏鱼（金鱼、锦鲤）、虹鳟、鲟、鲈等。
监测项目：病毒性疾病、细菌性疾病、寄生虫性疾病、真菌病以及非生物原性疾病。

（二）重要水生动物疫病监测

依据《2022 年国家水生动物疫病监测计划》（农渔发〔2022〕7 号）及《北京市养殖鱼类重要疫病监测与防控项目》，2022 年 2 月北京市农业农村局发布了《北京市水生动物重大疫病监测方案》，计划对 8 种重大水生动物疫病进行监测，监测样品任务 70 批次。农业农村部还向北京市下达 4 个项目 20 批次专项监测任务。

监测品种：金鱼、锦鲤、虹鳟、鲤、草鱼、鲢、鳙、鲫、鲈、观赏虾等。
监测点覆盖了以下类型：重点苗种场、近 2 年阳性场、发生疫情的养殖场、拟参与增殖放流的养殖场以及一些其他重要养殖场。

采用定点监测与应急监测相结合的方式。在区水产技术推广机构报送监测点基础上，北京市水产技术推广站（以下简称"市站"）进一步明确监测点，具体监测实施时根据养殖和发病情况予以适当调整。按要求完成抽样检测任务；对突发、新发水生动物疫病，市站及时设立应急监测点，开展应急监测。填写《监测点备案表》，经北京市农业农村局审核后上传至国家水生动物疫病监测信息管理系统。

二、监测结果与分析

（一）疾病测报结果与分析

共上报 9 期、107 条测报数据及预报 7 期。全年监测到的主要疾病见表 1。各监测品种中发病的主要品种是草鱼、鲤、鲫、虹鳟、鲟、鲈、锦鲤、金鱼。全年发病面积比 20%。

北京市鱼病总体上呈现出以下特点：①细菌性疾病依然是引起养殖鱼类发病死亡的主要病因；发生普遍，死亡率较高。②寄生虫病防控存在一定的滥用药现象；甚至因施药过量导致鱼类受到应急刺激而死亡，或继发感染细菌性疾病，或引发病毒性疾病发生。③病毒性疾病危害风险较高，尤其是鲤浮肿病、草鱼出血病、弹状病毒病，分别对养殖的锦鲤、草鱼和淡水鲈有较大危害和风险。

表1　主要监测到的疾病种类

细菌性疾病	赤皮病、细菌性肠炎病、柱状黄杆菌病（细菌性烂鳃病）、淡水鱼细菌性败血症
真菌性疾病	水霉病
寄生虫性疾病	车轮虫病、指环虫病、三代虫病、小瓜虫病
病毒性疾病	弹状病毒病、草鱼出血病、鲤浮肿病、鲫造血器官坏死病

（二）重要水生动物疫病监测结果与分析

完成的检测项目及数量：2022年北京市共采集35个养殖场的100批次样品。具体监测数据见表2：检测鲤春病毒血症（SVC）17批次、传染性造血器官坏死病（IHN）5批次、传染性胰脏坏死病（IPN）5批次、锦鲤疱疹病毒病（KHVD）17批次、鲫造血器官坏死病（CHN）12批次、鲤浮肿病（CEVD）17批次、加州鲈弹状病毒病（MSRVD）2批次、加州鲈虹彩病毒病（LMBVD）6批次、细胞肿大虹彩病毒6批次。在监测计划外，还检测了5种疫病，分别为小瓜虫病6批次，草鱼出血病、对虾白斑病、桃拉综合征、传染性肌肉坏死病等7批次。

表2　2022年样品信息

病种	数量（批次）	总渔场数量（个）	阳性样品（批次）	阳性渔场数量（个）
IHN	5	4	0	0
IPN	5	4	0	0
SVC	17	16	0	0
KHVD	17	15	0	0
CEVD	17	15	7	7
CHN	12	10	1	1
黑鲈虹彩病毒（LMBV）	6	5	0	0
细胞肿大虹彩病毒	6	5	0	0
弹状病毒病	2	2	1	1

（续）

病种	数量（批次）	总渔场数量（个）	阳性样品（批次）	阳性渔场数量（个）
GCHD	4	4	1	1
小瓜虫病	6	6	0	0
虾类病毒病	3	1	0	0
合计	100	—	10	10

1. 重要疫病监测结果与分析　鲤春病毒血症（SVC）监测结果与分析：2022 年北京市在平谷、顺义、通州等 5 个区的 16 个养殖场采集 17 批次样品，监测鲤、锦鲤、金鱼、鲢、鳙等品种，未发现 SVC 阳性。2015 年监测达到 9.1％峰值后，北京地区 SVC 阳性检出率呈逐年下降趋势。自 2019 年开始，北京市连续 4 年未监测到 SVC 阳性，这可能与养殖规模缩小、养殖户防范意识增强、科学养殖管理有关（图 1）。

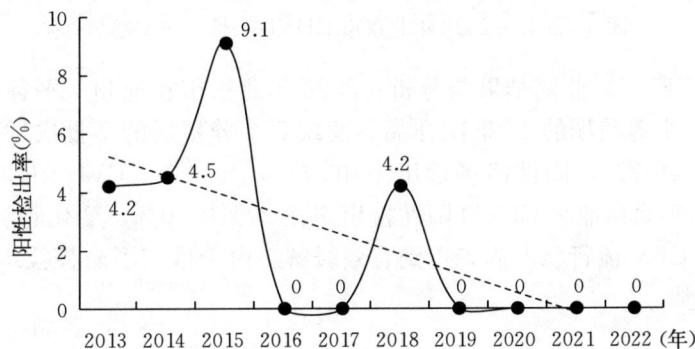

图 1　2013—2022 年北京市 SVC 阳性检出率趋势

传染性造血器官坏死病（IHN）监测结果与分析：2022 年在北京怀柔、房山 2 区的 4 个养殖场采集 5 批次虹鳟样品，未检出 IHN 阳性。2015—2022 年北京地区 IHN 阳性检出率趋势见图 2。这与养殖规模缩小、示范推广综合防病技术有关。

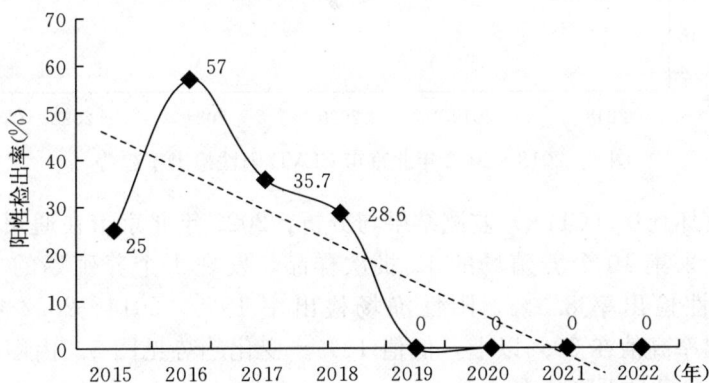

图 2　2015—2022 年北京市 IHN 阳性检出率趋势

锦鲤疱疹病毒病（KHVD）监测结果与分析：2022 年北京市在平谷、顺义、通州等 4 个区县的 15 个养殖场采集 16 批次样品，监测鲤和锦鲤，未发现 KHVD 阳性。2015—2022 年北京地区 KHVD 阳性检出率趋势见图 3。但由于引种等原因，依然有发病风险和扩散风险。

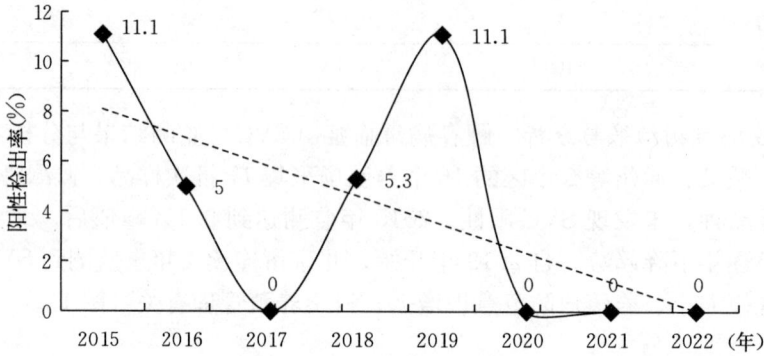

图 3　2015—2022 年北京市 KHVD 阳性检出率趋势

鲤浮肿病（CEVD）监测结果与分析：2022 年北京市在通州、平谷等 5 个区的 11 个乡镇，采集 15 个养殖场的 17 批次样品，发现 7 个养殖场的 7 批次样品为 CEVD 阳性，阳性检出率 41.2%，阳性渔场检出率 46.7%，与去年 CEVD 阳性检出率基本持平。2018—2022 年北京地区 CEVD 阳性检出率在 20%~50%，变化趋势见图 4。由图可见，北京地区 CEV 流行状况尚未得到有效缓解。由于推广了防控技术措施，发病后死亡率呈下降趋势。

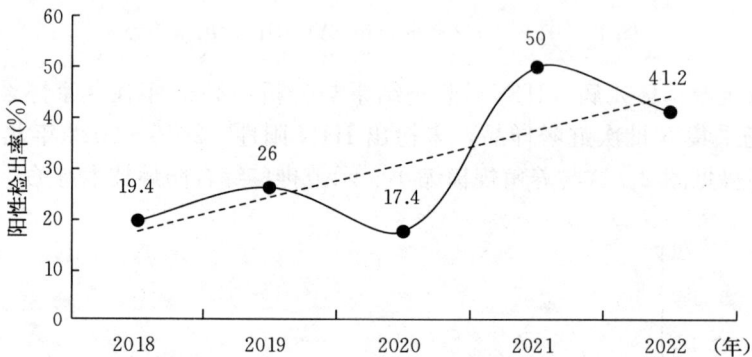

图 4　2018—2022 年北京市 CEVD 阳性检出率趋势

鲫造血器官坏死病（CHN）监测结果与分析：2022 年北京市在通州、顺义等 5 个区的 8 个乡镇，采集 10 个养殖场的 12 批次样品，发现 1 个养殖场的 1 批次样品为 CHN 阳性，阳性检出率 8.3%，阳性渔场检出率 10%。2014—2022 年，北京地区 CEVD 阳性检出率高值在 50% 以上，低值 10%。变化趋势见图 5。由图可见，北京地区 CHN 流行状况已呈下降势态。

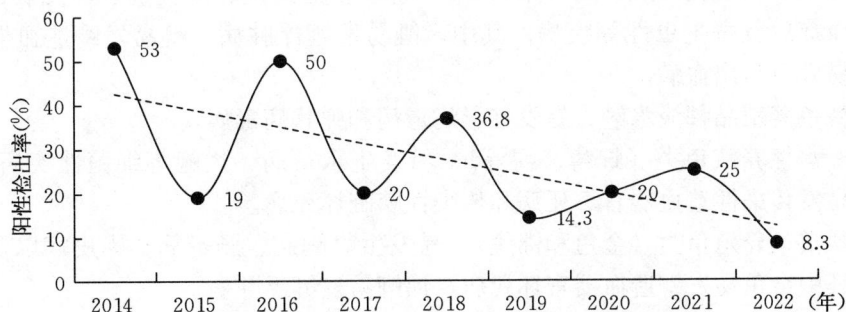

图 5　2014—2022 年北京市 GHN 阳性检出率趋势

2. 风险评估　在全年疫病监测中，在 10 个养殖场检出阳性，全市渔场阳性检出率 28%。CEVD 阳性 7 个，CHN、GCHD 和鲈弹状病毒病阳性各 1 个。北京市往年监测的水生动物疫病种类在 5 种以上，样品阳性检出率在 8%～17%。2022 年北京地区水生动物疫病样品阳性检出率 10%，与往年相比基本持平（图 6）。

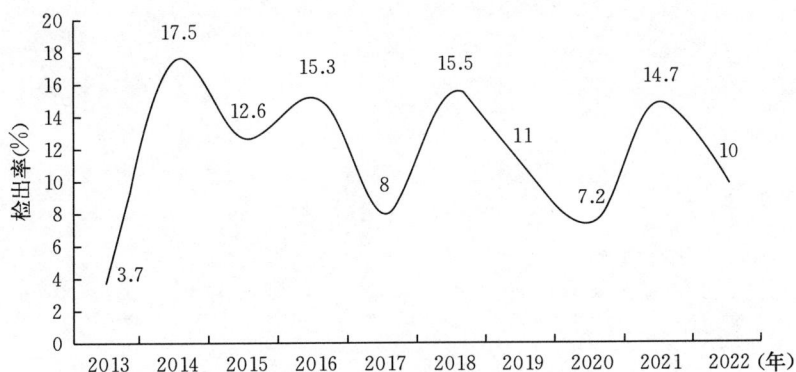

图 6　2013—2022 年北京地区疫病阳性检出率年度变化

已检测疫病中，鲤浮肿病毒（CEV）的阳性检出率最高，阳性渔场检出率为 46%。2015—2019 年，北京市抽样 CEVD 样品总数量 50 份，阳性样品 11 个，样品阳性检出率 22%。2020 年，CEVD 样品阳性检出率 23%，2021 年 CEVD 样品阳性检出率 50%。由此可见，北京地区的 CEV 病毒株感染力较强，感染发病风险较大，是水生动物疫病重点防控对象。

另一个需要引起注意的是在鲈苗种中发现的 1 例鲈弹状病毒病。近几年北京地区随着鲈养殖产业不断发展，出现一些疫病问题，病害频发。在引入苗种以及日常管理上，需要加强风险防范意识。

三、2023 年北京市水产养殖病害预测

根据往年监测数据以及结合北京市水产养殖品种情况，2023 年北京市水产养殖品种发病情况预测如下：

（1）大宗养殖鱼类（鲤、鲫、草鱼等）　易发生烂鳃病、肠炎病、赤皮病、淡水鱼细菌性败血症以及寄生虫性等疾病。其中，鲤易发鲤浮肿病，鲫易发鲫造血器官坏死病、草鱼易发草鱼出血病。

（2）特色养殖品种淡水鲈　易发虹彩病毒病和弹状病毒病。

（3）冷水性养殖鱼类（虹鳟、鲟等）　易发生水霉病、烂鳃等细菌性疾病。其中，虹鳟鱼苗易发传染性造血器官坏死病和传染性胰脏坏死病。

（4）观赏鱼养殖鱼类（金鱼和锦鲤）　易发生烂鳃病、肠炎病、赤皮病以及寄生虫性疾病。其中金鱼易发鲫造血器官坏死病，锦鲤易发鲤浮肿病。

2022 年天津市水生动物病情分析

天津市动物疫病预防控制中心

（林春友　马文婷　张　丽　杨　凯　刘桐山　赵良炜　冯守明）

一、基本情况

根据农业农村部的要求，2022 年天津市动物疫病预防控制中心组织天津市疫病监测部门，开展了水产养殖动物病情监测工作。将天津市水产养殖区划分为 10 个监测区，监测 13 个养殖品种（表1），监测面积 7 990.42 hm²。病情监测数据通过全国水产养殖动植物病情测报系统报送完成。

表 1　2022 年开展病情监测的水产养殖品种（种）

类别	养　殖　品　种	数量
鱼类	鲢、鳙、草鱼、鳊、鲫、鲤、鲴、锦鲤、半滑舌鳎、石斑鱼、鲆	11
甲壳类	凡纳滨对虾、中华绒螯蟹	2
合　计		13

二、监测结果与分析

（一）水产养殖动物疾病流行情况及特点

2022 年，监测到水产养殖动物发病品种 12 种（表2）。监测到疾病 29 种（宗），其中病毒性疾病 2 种，细菌性疾病 11 种，真菌性疾病 2 种，寄生虫性疾病 9 种，水质因子致病 1 种，营养因子致病 1 种，不明病因致病 3 宗（表3）。各类疾病种数比见图1。

表 2　2022 年监测到的水产养殖发病品种（种）

类别	发病品种	数量
鱼类	鲢、鳙、草鱼、鳊、鲫、鲤、鲴、半滑舌鳎、石斑鱼、鲆	10
甲壳类	凡纳滨对虾、中华绒螯蟹	2
合　计		12

表3　2022年监测到的水产养殖动物疾病种类数量

类　别		鱼类疾病（种）	甲壳类疾病（种/宗）	合计（种）
疾病性质	病毒性疾病	1	1	2
	细菌性疾病	8	3	11
	真菌性疾病	2	0	2
	寄生虫性疾病	8	1	9
	水质因子致病	0	1	1
	营养因子致病	0	1	1
	不明病因致病	0	3	3
合　计		19	10	29

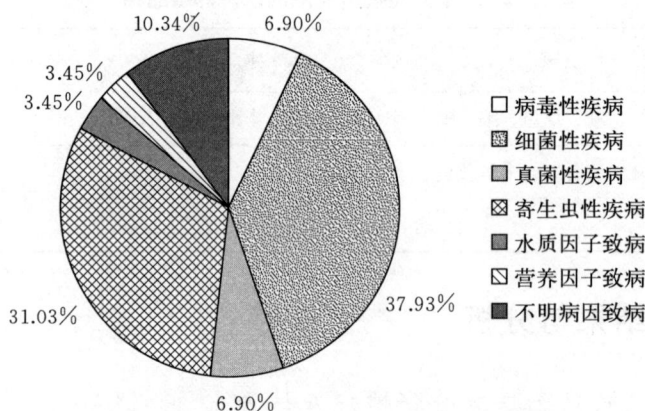

图1　2022年天津市水产养殖动物各种疾病比率

从月发病面积比例、月死亡率来看，2022年养殖鱼类发病面积比例8月最高，为6.856 3%；9月次之，为6.020 1%；1月、2月最低，均为0。鱼类死亡率7月最高，为0.027 6%；8月次之，为0.024 4%；1月、2月、11月、12月最低，均为0（图2）。养殖甲壳类发病面积比例7月最高，为1.129 4%；8月次之，为0.505 4%；9月最低，为0.045 6%。甲壳类死亡率7月最高，为0.010 9%；8月次之，为0.002 8%；5月、9月最低，均为0（图3）。

疾病对养殖鱼类、甲壳类危害程度受病原侵袭力、养殖水环境、养殖动物免疫力等因素综合作用的影响。2022年，病毒病、寄生虫病对养殖鱼类的危害程度受病原侵袭力影响较大，细菌病、真菌病的危害程度受水环境因素和人为因素的影响较大；疾病对养殖甲壳类的危害程度受病原侵袭力影响较大。

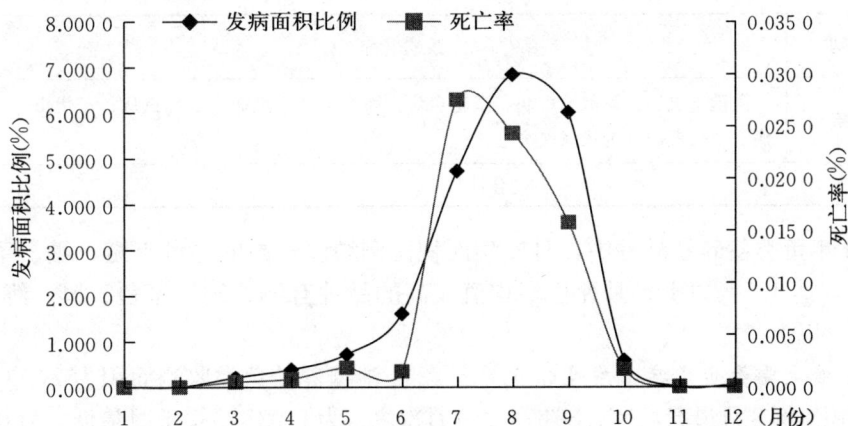

图 2　2022 年天津市养殖鱼类发病面积比例及死亡率

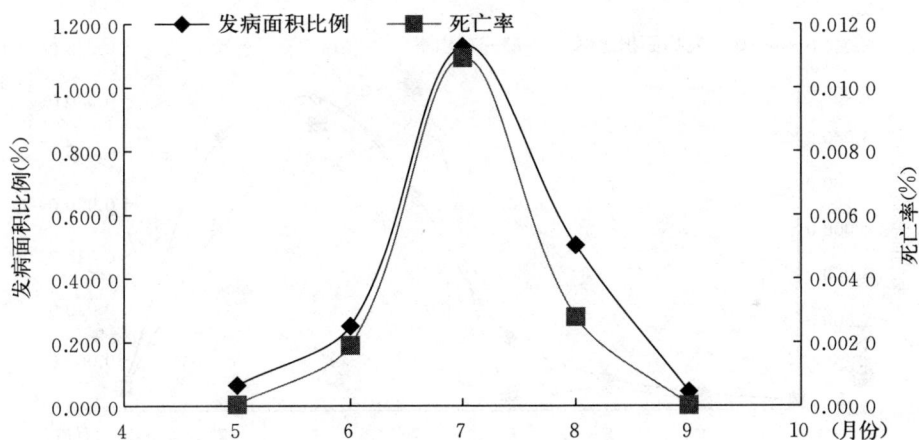

图 3　2022 年天津市养殖甲壳类发病面积比例及死亡率

（二）鱼类疾病发生情况

2022 年共监测到鱼类疾病 19 种，其中病毒性疾病 1 种，细菌性疾病 8 种，真菌性疾病 2 种，寄生虫性疾病 8 种（表 4）。

表 4　养殖鱼类疾病种类（种）

疾病类别	疾病名称	种 数
病毒性疾病	草鱼出血病	1
细菌性疾病	打印病、竖鳞病、赤皮病、疖疮病、溃疡病、肠炎病、烂鳃病、细菌性败血症	8
真菌性疾病	水霉病、鳃霉病	2

（续）

疾病类别	疾病名称	种 数
寄生虫性疾病	微孢子虫病、黏孢子虫病、车轮虫病、固着类纤毛虫病、指环虫病、三代虫病、锚头鳋病、舌状绦虫病	8
合计		19

2022年鱼类各养殖品种中，月发病面积比例均值较高的品种有鲢、鳙、草鱼、鳊、鲤、鲫，均达1.5%以上；月死亡率均值较高的品种有鲢、鳙、草鱼、鲫、鲤、鲫，均达0.005%以上。

1. 池塘主要养鱼类疾病发生情况　2022年池塘养殖鱼类监测面积为2 311.87 hm²。月发病面积比例8月最高，为6.864 7%；9月次之，为6.027 2%；3月最低，为0.204 4%。月死亡率7月最高，为0.031 0%；8月次之，为0.027 4%；3月最低，为0.000 8%（图4）。疾病对池塘养殖鳙、鲢、草鱼、鲤、鲫、鲫的危害较重（图5、图6）。

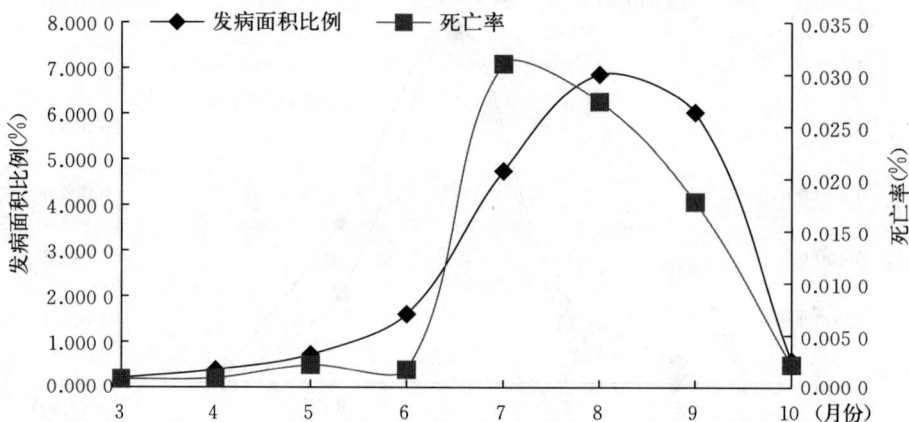

图4　池塘养殖鱼类月发病面积比例及死亡率

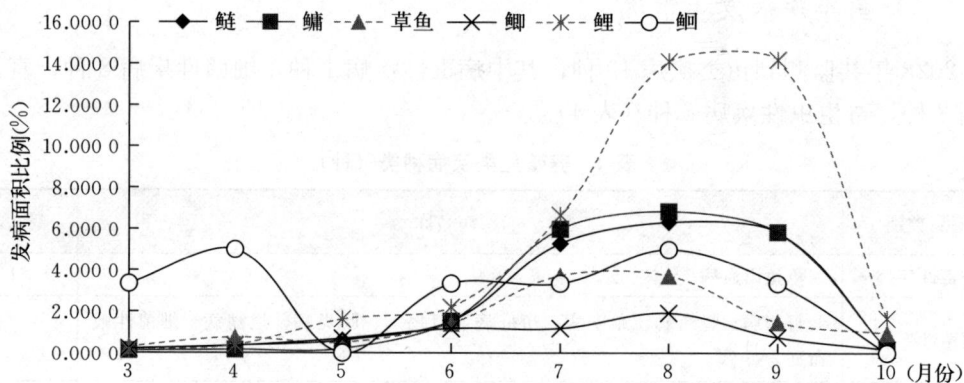

图5　池塘主要养殖品种发病面积比例

198

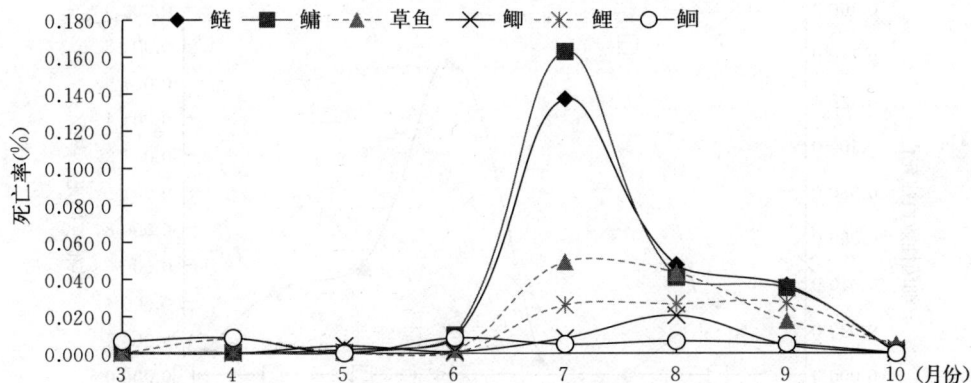

图 6　池塘主要养殖品种死亡率

（1）鲢　监测时间 3—10 月，监测面积 2 311.87 hm²。从总体上看，鲢发病面积比例 8 月最高，为 6.323 9%。死亡率 7 月最高，为 0.137 3%。各种疾病中，打印病、肠炎病、细菌性败血症、水霉病对鲢的危害较大。鲢主要疾病的发病情况见图 7、图 8：

打印病：流行于 4—5 月，发病面积 3.67 hm²。发病面积比例分别为 0.077 8%、0.086 5%；死亡率分别为 0.000 4%、0。

肠炎病：流行于 4—5 月、8—10 月，发病面积 18.66 hm²。5 月发病面积比例最高，为 0.288 5%；5 月死亡率最高，为 0.001 8%。

细菌性败血症：流行于 6—10 月，发病面积 414.34 hm²。8 月发病面积比例最高，为 6.055 7%；7 月死亡率最高，为 0.137 3%。

水霉病：流行于 3—4 月，发病面积 18.66 hm²。发病面积比例分别为 0.201 7%、0.186 3%；死亡率分别为 0.000 6%、0.000 1%。

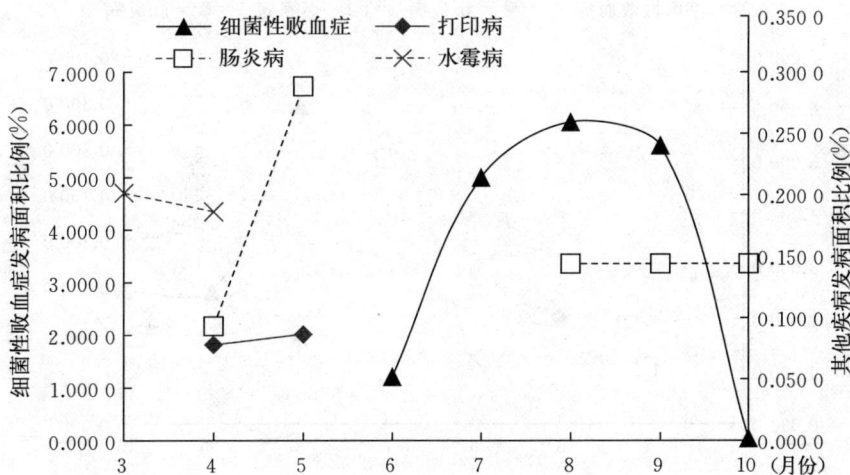

图 7　鲢主要疾病发病面积比例

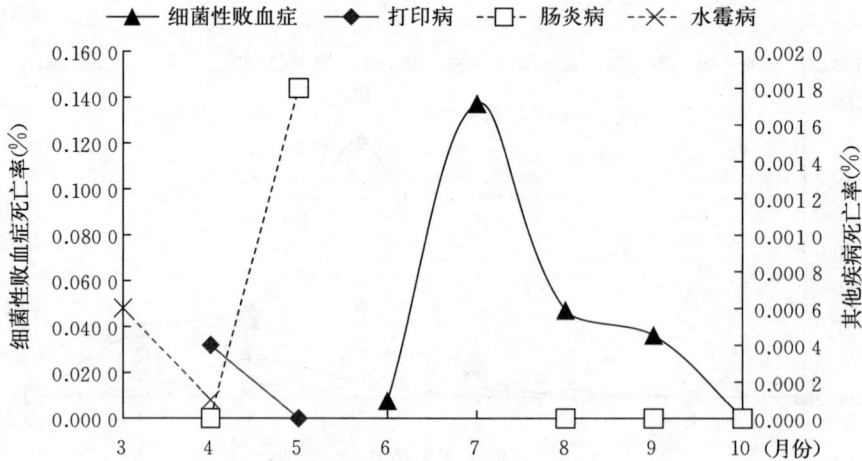

图8 鲢主要疾病死亡率

（2）鳙 监测时间3—10月，监测面积2311.87 hm²。从总体来看，鳙发病面积比例8月最高，为6.848 6%；死亡率7月最高，为0.162 9%。各种疾病中，疖疮病、烂鳃病、肠炎病、细菌性败血症对鳙的危害较大。鳙主要疾病发病情况见图9、图10：

疖疮病：流行于5月、8月，发病面积4.67 hm²。发病面积比例分别为0.115 5%、0.086 5%；死亡率分别为0.000 4%、0.000 3%。

烂鳃病：流行于4月、7月，发病面积8 hm²。发病面积比例分别为0.061 9%、0.288 5%；死亡率分别为0、0.023 2%。

肠炎病：流行于8—10月，发病面积14.66 hm²。8月发病面积比例最高，为0.346 0%；8月死亡率最高，为0.006 1%。

细菌性败血症：流行于6—10月，发病面积436.33 hm²。8月发病面积比例最高，为6.416 0%；7月死亡率最高，为0.139 7%。

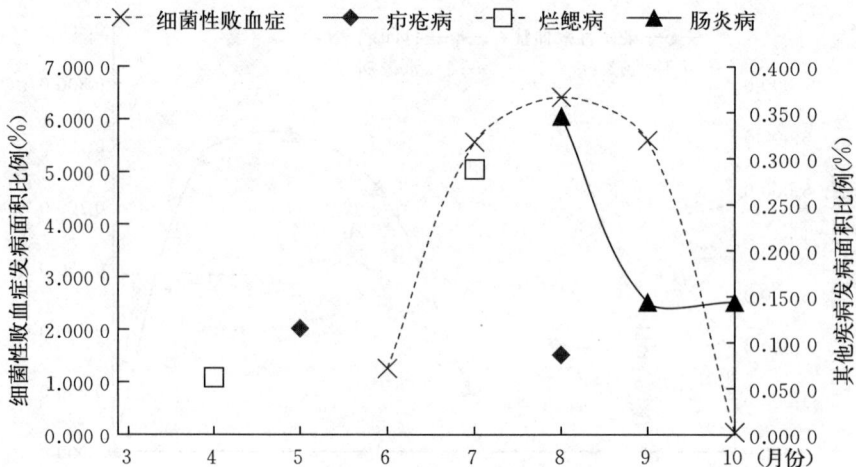

图9 鳙主要疾病发病面积比例

--✕-- 细菌性败血症　　◆ 疖疮病　　-□- 烂鳃病　　▲ 肠炎病

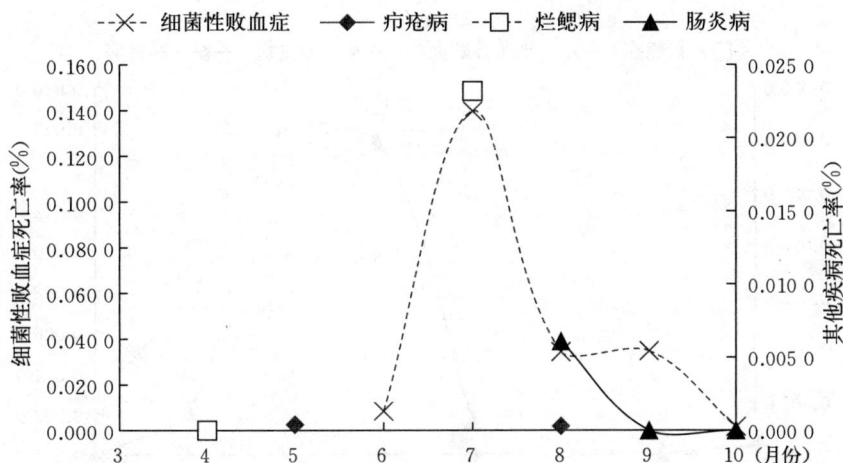

图 10　鳊主要疾病死亡率

（3）草鱼　监测时间 3—10 月，监测面积 1 305 hm²。从总体来看，草鱼发病面积比例 7 月、8 月最高，均为 3.729 1％；死亡率 7 月最高，为 0.049 4％。各种疾病中，赤皮病、烂鳃病、肠炎病、细菌性败血症的危害较大。草鱼主要疾病的发病情况见图 11、图 12：

赤皮病：流行于 3—6 月，发病面积 9.99 hm²。6 月发病面积比例最高，为 0.265 3％；3 月死亡率最高，为 0.000 4％。

烂鳃病：流行于 7—10 月，发病面积 37.87 hm²。8 月发病面积比例最高，为 1.115 5％；7 月死亡率最高，为 0.033 3％。

肠炎病：流行于 4 月、6—10 月，发病面积 44.19 hm²。8 月发病面积比例最高，为 1.338 6％；8 月死亡率最高，为 0.015 9％。

细菌性败血症：流行于 5 月、7 月、9 月，发病面积 6.67 hm²。7 月发病面积比例最高，为 0.424 7％；7 月死亡率最高，为 0.000 8％。

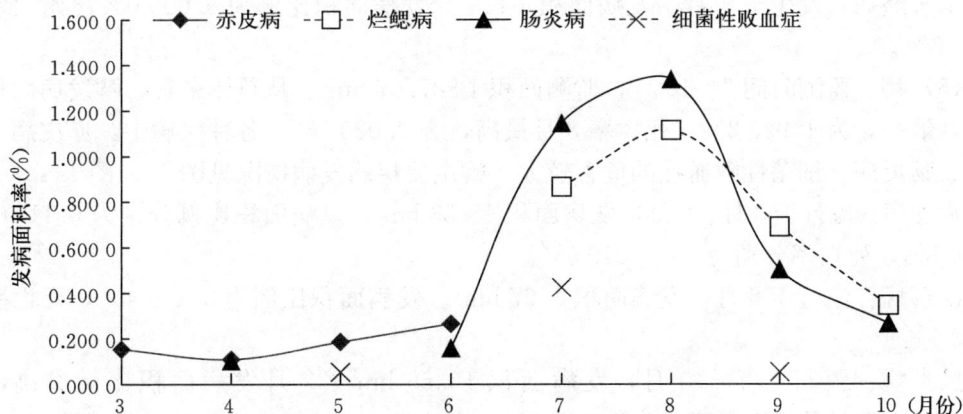

◆ 赤皮病　　-□- 烂鳃病　　▲ 肠炎病　　--✕-- 细菌性败血症

图 11　草鱼主要疾病发病面积比例

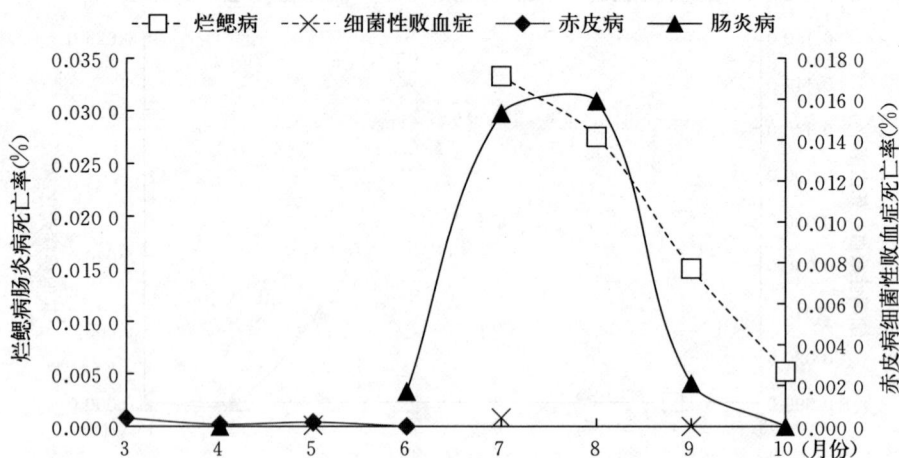

图 12　草鱼主要疾病死亡率

（4）鳊　监测时间 3—10 月，监测面积 20 hm²。监测到细菌性败血症、水霉病、车轮虫病、指环虫病、三代虫病、锚头鳋病。

细菌性败血症：发生于 9 月，发病面积 1 hm²。发病面积比例为 5.000 0%，死亡率为 0.003 3%。

水霉病：发生于 3 月，发病面积 1 hm²。发病面积比例为 5.000 0%，死亡率为 0.006 7%。

车轮虫病：发生于 8 月，发病面积 0.67 hm²。发病面积比例为 3.350 0%，死亡率为 0.003 3%。

指环虫病：发生于 6 月，发病面积 1 hm²。发病面积比例为 5.000 0%，死亡率为 0.004 2%。

三代虫病：发生于 6—7 月，发病面积 2 hm²。发病面积比例均为 5.000 0%，死亡率分别为 0.001 7%、0.005 0%。

锚头鳋病：发生于 4 月，发病面积 1 hm²。发病面积比例为 5.000 0%，死亡率为 0.008 3%。

（5）鲫　监测时间 3—10 月，监测面积 1 887.07 hm²。从总体来看，鲫发病面积比例 8 月最高，为 1.925 2%；死亡率 8 月最高，为 0.020 5%。各种疾病中，赤皮病、溃疡病、肠炎病、细菌性败血症的危害较大。鲫主要疾病发病情况见图 13、图 14：

赤皮病：流行于 3 月、8 月，发病面积 15.33 hm²。发病面积比例分别为 0.115 0%、0.706 4%，死亡率分别为 0、0.010 5%。

溃疡病：流行于 8 月，发病面积 8.67 hm²。发病面积比例为 0.459 4%，死亡率为 0.003 5%。

肠炎病：流行于 7—10 月，发病面积 18.66 hm²。7 月发病面积比例最高，为 0.459 4%；7 月死亡率最高，为 0.003 5%。

细菌性败血症：流行于 5—9 月，发病面积 32 hm²。9 月发病面积比例最高，为

0.470 0%；8 月死亡率最高，为 0.006 3%。

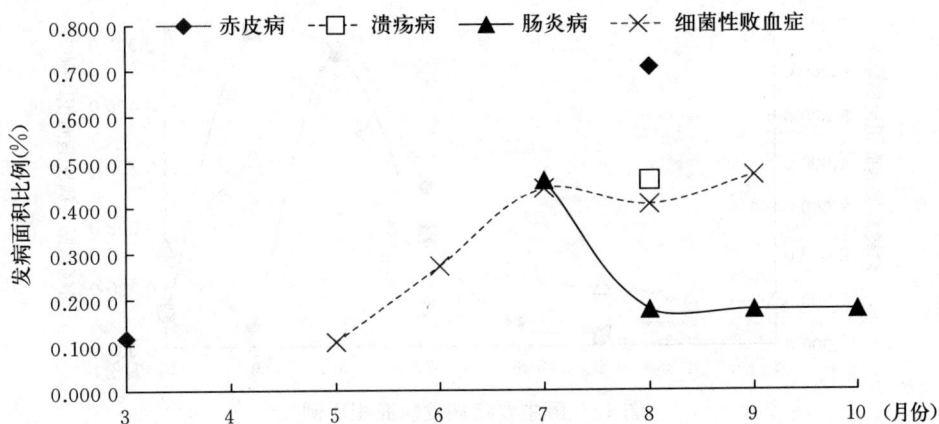

图 13　鲫主要疾病发病面积比例

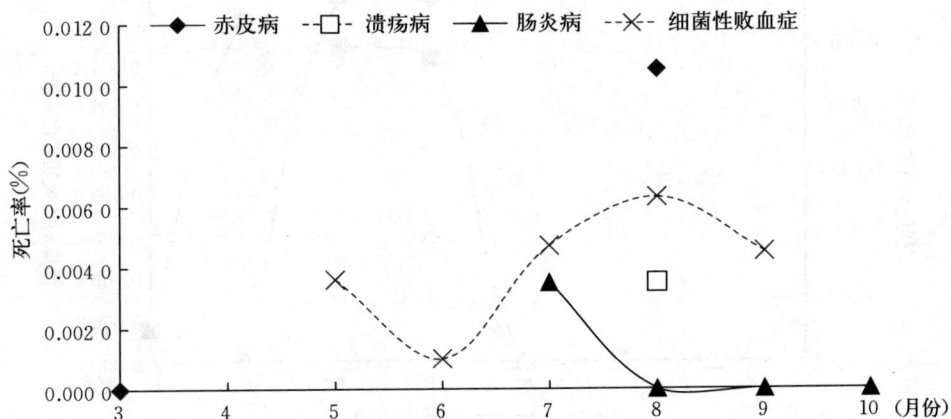

图 14　鲫主要疾病死亡率

（6）鲤　监测时间 3—10 月，监测面积 2 031.67 hm²。从总体来看，鲤发病面积比例 9 月最高，为 14.191 8%；死亡率 9 月最高，为 0.027 0%。各种疾病中，溃疡病、烂鳃病、肠炎病的危害较重。鲤主要疾病发病情况见图 15、图 16：

溃疡病：流行于 7—9 月，发病面积 16 hm²。8 月发病面积比例最高，为 0.492 2%；7—8 月死亡率最高，均为 0.001 7%。

烂鳃病：流行于 5—10 月，发病面积 350 hm²。9 月发病面积比例最高，为 6.890 9%；9 月死亡率最高，为 0.026 7%。

肠炎病：流行于 3—7 月、9—10 月，发病面积 16.32 hm²。9 月发病面积比例最高，为 0.311 6%；7 月死亡率最高，为 0.000 6%。

（7）鲫　监测时间 3—10 月，监测面积 20 hm²。监测到疖疮病、鲫类肠败血症、车轮虫病、固着类纤毛虫病、三代虫病。

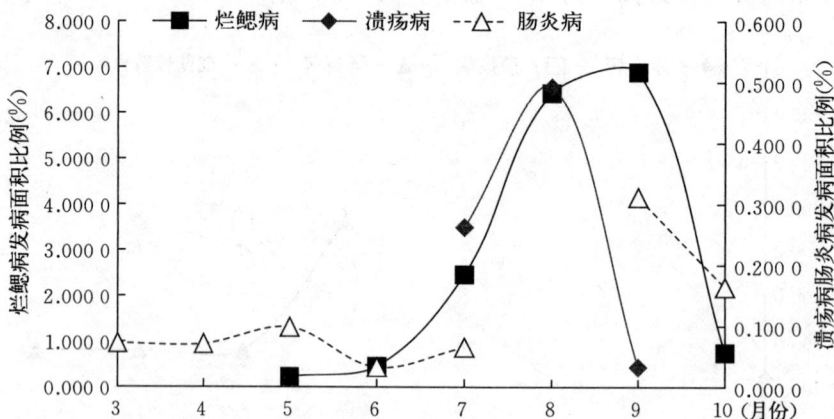

图 15　鲤主要疾病发病面积比例

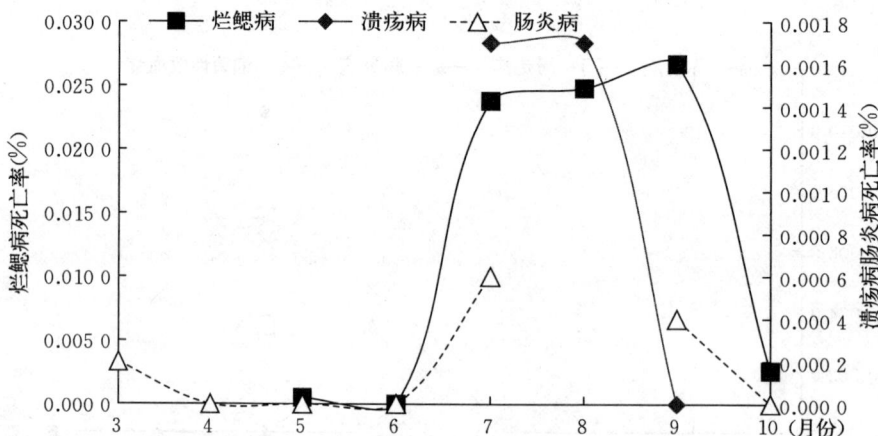

图 16　鲤主要疾病死亡率

疖疮病：发生于 4 月，发病面积 1 hm²。发病面积比例为 5.000 0%，死亡率为 0.008 3%。

鮰类肠败血症：发生于 8 月，发病面积 1 hm²。发病面积比例为 5.000 0%，死亡率为 0.006 7%。

车轮虫病：发生于 3 月、6 月，发病面积 1.34 hm²。发病面积比例均为 3.350 0%，死亡率分别为 0.006 7%、0.008 3%。

固着类纤毛虫病：发生于 7 月，发病面积 0.67 hm²。发病面积比例为 3.350 0%，死亡率为 0.005 0%。

三代虫病：发生于 9 月，发病面积 0.67 hm²。发病面积比例为 3.350 0%，死亡率为 0.005 0%。

（8）锦鲤　监测时间 3—10 月，监测面积 10 hm²，未监测到疾病发生。

2. 海水工厂化养殖鱼类疾病发病情况　2022 年监测的海水工厂化养殖月最高监测

面积为 12.52 hm²。从疾病发生情况看，海水工厂化养殖鱼类 10 月发病面积比例最高，为 0.832 7%；6 月次之，为 0.592 5%；1—3 月最低，均为 0。4—10 月死亡率最高，均为 0.000 1%；1—3 月、11—12 月次之，均为 0（图 17）。监测到发病品种有半滑舌鳎、石斑鱼、鲆，其中溃疡病对半滑舌鳎的危害较重。

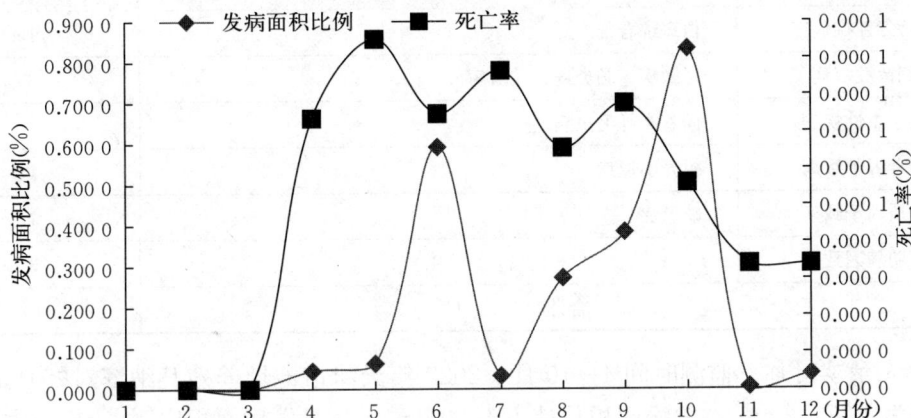

图 17 海水工厂化养殖鱼类发病面积比例、死亡率

各发病品种发病情况：

（1）半滑舌鳎 监测时间 1—12 月，月最高监测面积为 7.628 hm²。监测到溃疡病、肠炎病。

溃疡病：发生在 4—12 月，发病面积 0.028 8 hm²。4 月发病面积比例最高，为 0.059 8%；5 月、7 月、9 月死亡率最高，均为 0.000 3%。

（2）石斑鱼 监测时间 1—12 月，月最高监测面积为 0.9 hm²。监测到溃疡病、车轮虫病。

溃疡病：仅发生在 10 月，发病面积 0.07 hm²。发病面积比例为 7.777 8%，死亡率为 0。

车轮虫病：该病流行于 4 月、5 月、9 月、12 月，发病面积 0.012 5 hm²。5 月发病面积比例最高，为 0.455 6%；死亡率均为 0。

（3）鲆 监测时间 1—12 月，月最高监测面积 4 hm²。监测到溃疡病、肠炎病。

溃疡病：发生在 9—10 月，发病面积 0.04 hm²。发病面积比例分别为 0.250 0%、0.750 0%，死亡率均为 0。

肠炎病：发生在 6 月、8 月，发病面积 0.1 hm²。发病面积比例分别为 1.750 0%、0.750 0%，死亡率均为 0。

（三）甲壳类疾病流行情况

2022 年，养殖甲壳类监测面积 5 104.53 hm²，其中凡纳滨对虾监测面积为 4 771.2 hm²，中华绒螯蟹监测面积 333.33 hm²。监测到疾病 10 种（宗），其中病毒性疾病 1 种，细菌性疾病 3 种，寄生虫性疾病 1 种，营养因子致病 1 种，水质因子致病 1 种，不明病因致病 3 宗，如表 5 所示。

表 5 养殖甲壳类疾病种类（种/宗）

疾病类别	疾病名称	数量
病毒性疾病	白斑综合征	1
细菌性疾病	烂鳃病、肠炎病、弧菌病	3
寄生虫性疾病	固着类纤毛虫病	1
营养因子致病	蜕壳不遂症	1
水质因子致病	缺氧症	1
不明病因致病		3
合计		10

1. 凡纳滨对虾 监测时间 4—10 月，2022 年天津市池塘养殖凡纳滨对虾月最高监测面积为 4 771.2 hm²，发病面积总计 101.59 hm²。从月发病面积比例来看，7 月最高，为 1.208 3%；8 月次之，为 0.540 7%；9 月最低，为 0.041 9%。从月死亡率来看，7 月最高，为 0.010 9%；8 月次之，为 0.002 8%；4 月、9 月最低，均为 0（图 18）。

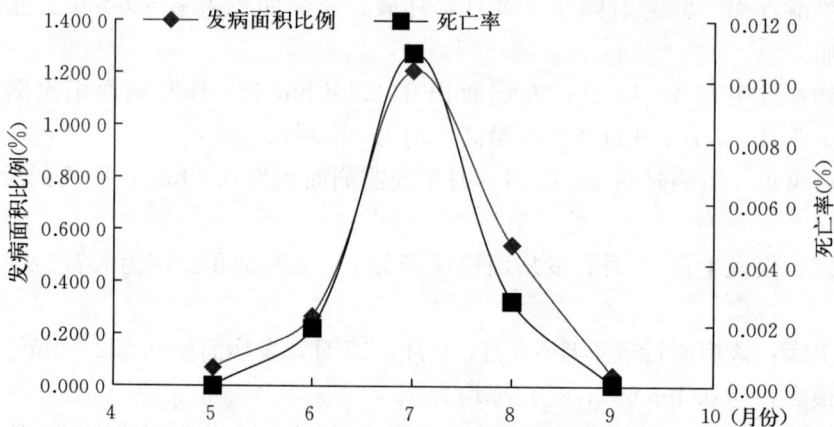

图 18 凡纳滨对虾发病面积比例、死亡率

各种疾病中，白斑综合征、弧菌病、不明病因致病对凡纳滨对虾的危害较大。

（1）白斑综合征 流行于 7 月，发病面积 6.66 hm²。发病面积比例为 0.139 6%，死亡率为 0.004 7%。

（2）弧菌病 流行于 5 月、7 月，发病面积 34 hm²。发病面积比例分别为 0.014 0%、0.698 6%。死亡率分别为 0、0.001 6%。

（3）不明病因致病 流行于 6—8 月，发病面积 14.67 hm²。7 月发病面积比例最高，为 0.167 7%；7 月死亡率最高，为 0.004 7%。

2. 中华绒螯蟹　2022 年天津市池塘养殖中华绒螯蟹监测时间 3—10 月，监测面积为 333.33 hm²。仅 9 月监测到蜕壳不遂症，发病面积 0.33 hm²。发病面积比例为 0.099 0%，死亡率为 0.400 0%。

（四）病情分析

1. 池塘养殖鱼类病情分析　从整体看，2022 年天津市池塘养殖鱼类细菌性疾病危害最重，真菌性疾病次之，寄生虫性疾病危害最轻。危害较严重的细菌性疾病为烂鳃病、细菌性败血症、肠炎病、赤皮病、溃疡病；危害较严重的真菌性疾病为鳃霉病；危害较严重的寄生虫性疾病为车轮虫病。

从疾病对池塘养殖鱼类各品种的危害程度看，由重到轻依次为鳙、鲢、草鱼、鲤、鲫、鲴、鳊。与 2021 年相比，2022 年疾病对鳙、鲢、鲤的危害程度有所上升；疾病对草鱼、鲫、鲴、鳊的危害程度有所下降。其中，鳙月死亡率均值由 0.009 9% 升至 0.033 3%，鲢月死亡率均值由 0.020 3% 升至 0.030 9%，鲤的月死亡率均值由 0.004 5% 升至 0.014 2%；而草鱼月死亡率均值由 0.019 3% 降至 0.017 3%，鲫月死亡率均值由 0.013 9% 降至 0.005 7%，鲴月死亡率均值由 0.007 3% 降至 0.005 0%；鳊月死亡率均值由 0.005 6% 降至 0.001 2%。

由疾病的流行分布来看：池塘养殖鱼类烂鳃病分布于武清、滨海新区、静海、蓟州；细菌性败血症分布于武清、宁河、蓟州；肠炎病分布于武清、静海、滨海新区、蓟州、西青；赤皮病分布于武清、西青；溃疡病分布于武清、西青、滨海新区。鳃霉病分布于武清。车轮虫病分布于宁河、武清、蓟州、西青、滨海新区。

（1）池塘养殖鱼类细菌性疾病病情分析

① 体表细菌病病情分析　2022 年，池塘养殖鱼类发生的体表细菌病包括赤皮病、竖鳞病、溃疡病、打印病、疖疮病，其危害程度夏季较重（图 19、图 20）。体表细菌病多由外力致鱼机械损伤而诱发，其病程长短和危害程度严重与否往往受治疗是否及时等因素的影响。

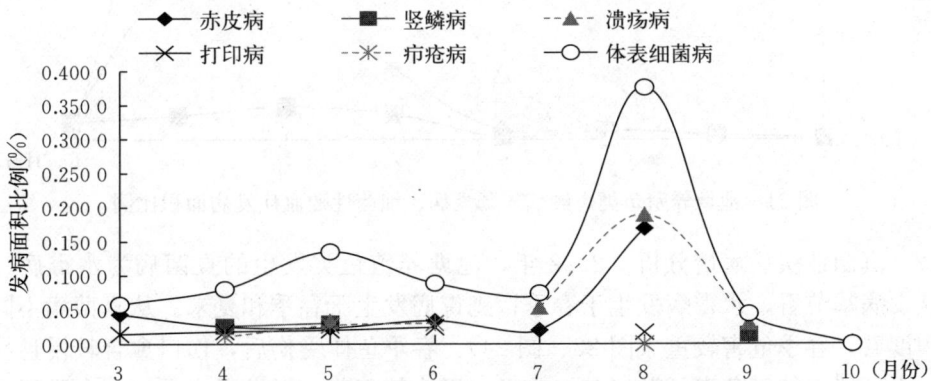

图 19　池塘养殖鱼类体表细菌病发病面积比例

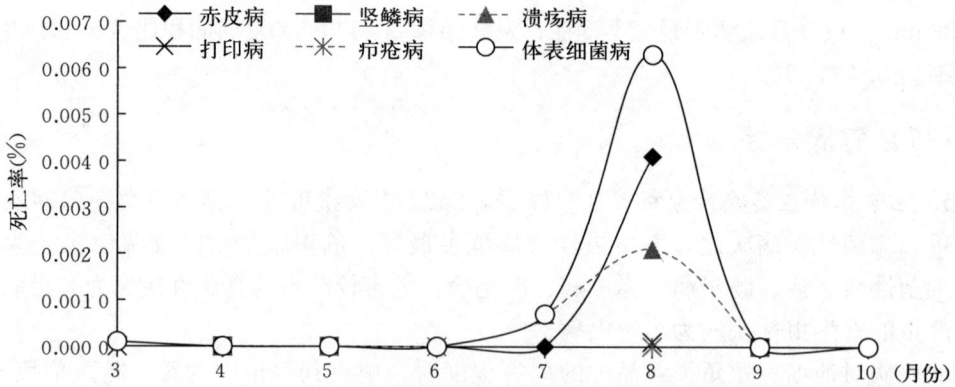

图 20　池塘养殖鱼类体表细菌病死亡率

② 烂鳃病、肠炎病、细菌性败血症病情分析　池塘养殖鱼类烂鳃病、肠炎病、细菌性败血症的发病面积比例与水温成正相关，且受到养殖中后期水质富营养化程度的影响（图 21）。从三种疾病的危害程度来看，烂鳃病的危害最大，细菌性败血症次之，肠炎病的危害较小（图 22）。从疾病流行季节来看，鱼类烂鳃病、肠炎病流行于春、夏、秋季，夏季、初秋危害较重；细菌性败血症流行于春末、夏季、秋季，夏季、初秋危害较重。池水较浅且瘦、浊度较大且较长时间低氧的寡营养型池塘易发生烂鳃病。摄饵过量易引发肠炎病。水质高度富营养化、老化的池塘易发生细菌性败血症；其他细菌病（如肠炎病、赤皮病、溃疡病等）病程较长时，也可诱发细菌性败血症。

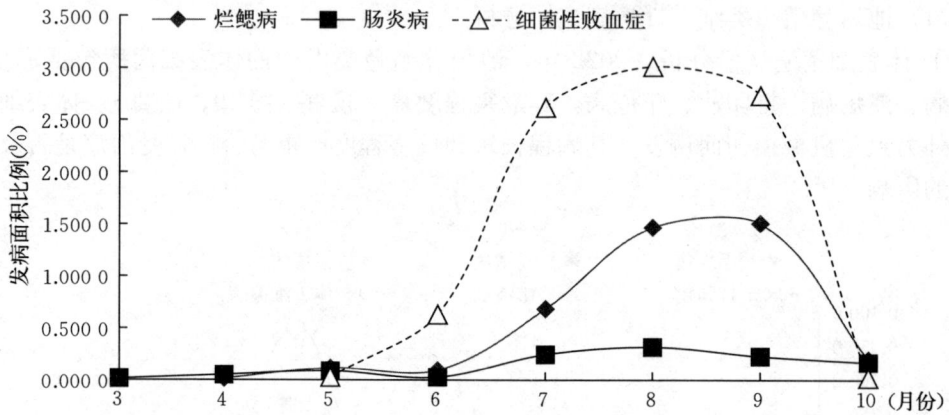

图 21　池塘养殖鱼类烂鳃病、肠炎病、细菌性败血症发病面积比例

（2）真菌性疾病病情分析　2022 年，池塘养殖鱼类发生的真菌病为水霉病、鳃霉病。从发病季节看，水霉病发生于春季；鳃霉病发生于春季和夏末。从真菌病不同季节危害程度看，春季危害较重（图 23、图 24）。春季鱼体受伤后，伤口愈合较慢且易产生腐肉，水环境中的真菌孢子散落其中萌发，汲取其营养，引发了水霉病。水质恶化，尤其是有机物含量高时，易引发鳃霉病。

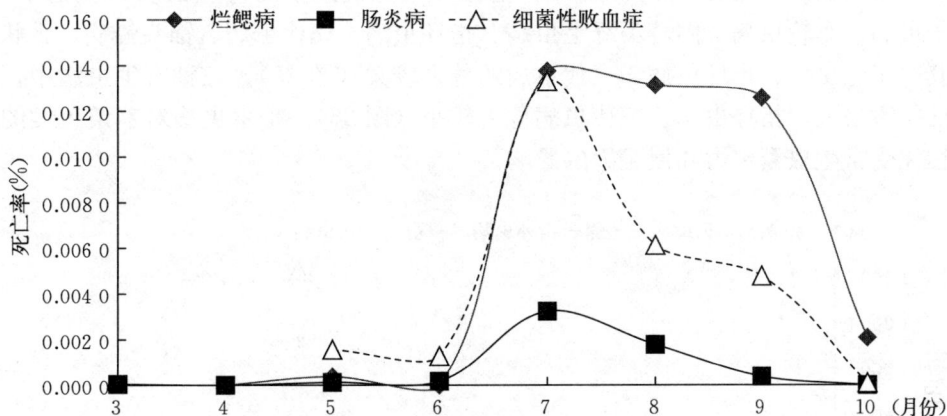

图 22　池塘养殖鱼类烂鳃病、肠炎病、细菌性败血症死亡率

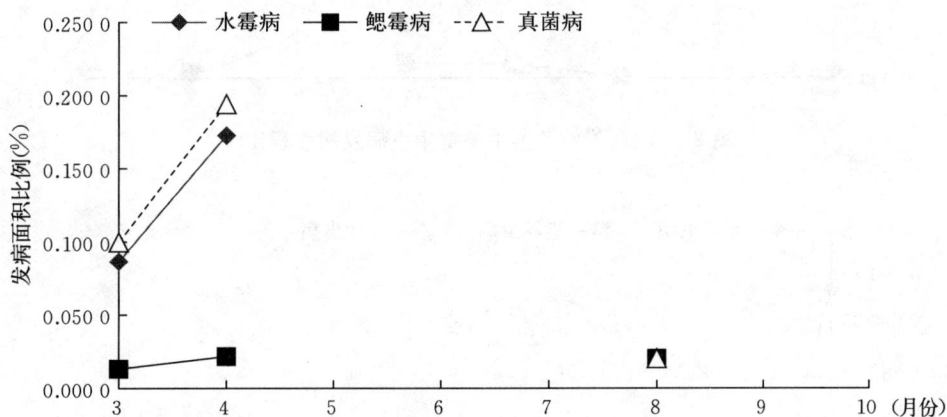

图 23　池塘养殖鱼类真菌病发病面积比例

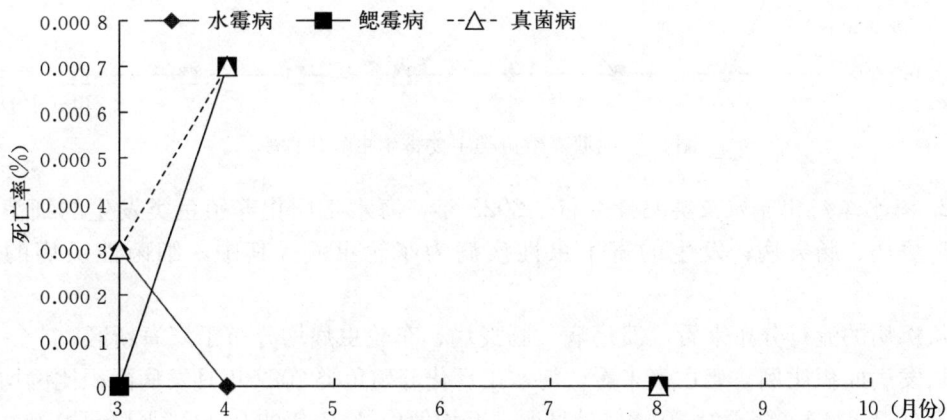

图 24　池塘养殖鱼类主要真菌病死亡率

（3）寄生虫病病情分析　2022 年，池塘养殖鱼类发生的寄生虫病为微孢子虫病、黏孢子虫病、车轮虫病、固着类纤毛虫病、指环虫病、三代虫病、锚头鳋病、舌状绦虫病，其中车轮虫病、指环虫病、三代虫病的危害较大（图 25）。三种寄生虫病中，车轮虫病的危害最大，指环虫病、三代虫病危害较小（图 26）。寄生虫病对养殖鱼类的危害程度往往受寄生虫繁殖力和侵袭力的影响。

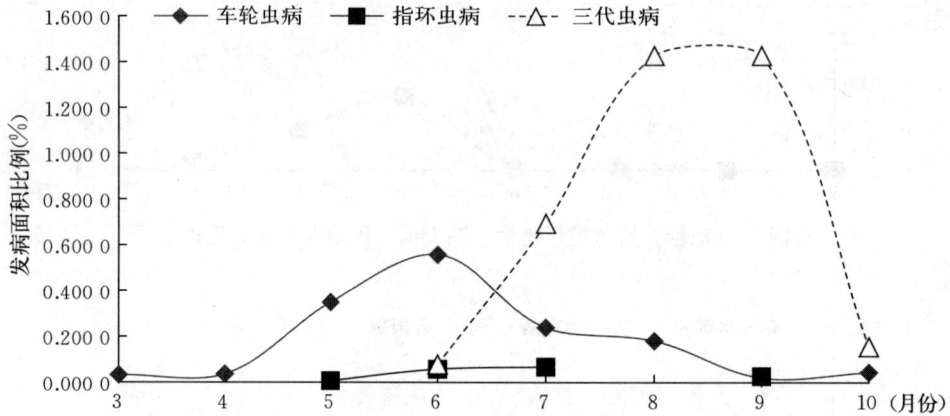

图 25　池塘养殖鱼类主要寄生虫病发病面积比例

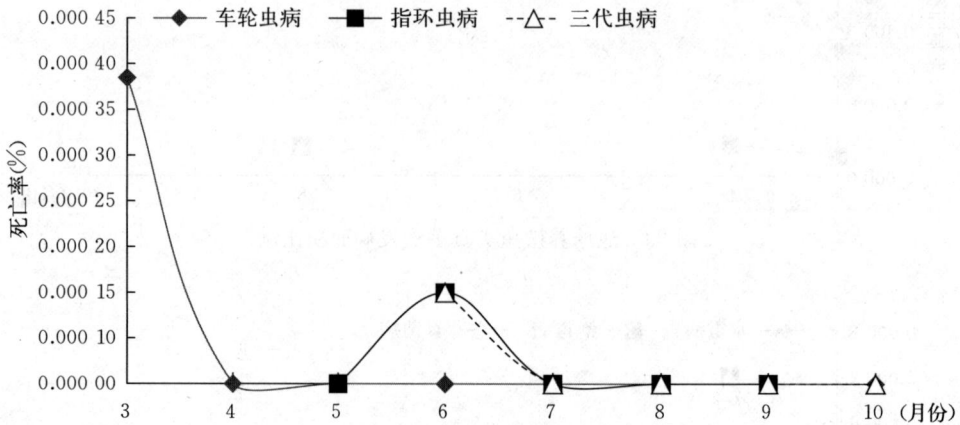

图 26　池塘养殖鱼类主要寄生虫病死亡率

2. 海水工厂化养殖鱼类病情分析　2022 年，海水工厂化养殖鱼类发生的细菌性疾病有溃疡病、肠炎病；发生的寄生虫性疾病为车轮虫病。其中，细菌性疾病的危害较重。

从疾病的流行分布来看，溃疡病、肠炎病、车轮虫病均分布于滨海新区。

从发病面积比例、死亡率来看，海水工厂化养殖鱼类 2022 年月发病面积比例均值由 2021 年的 2.834 1% 降至 0.201 8%；月死亡率均值由 2021 年的 0.002 3% 降至 0.000 1%。以上数据表明，2022 年海水工厂化养殖鱼类疾病危害程度较 2021 年呈减弱趋势。

3. 池塘养殖甲壳类病情分析　2022 年，池塘养殖甲壳类危害较严重的疾病有凡纳滨对虾白斑综合征、弧菌病、不明病因致病；池塘养殖中华绒螯蟹仅于 9 月发生了蜕壳不遂症。

从疾病的流行分布来看，凡纳滨对虾白斑综合征分布于东丽区；弧菌病分布于宁河区、西青区；不明病因致病分布于滨海新区。

从发病面积比例、死亡率来看，2022 年池塘养殖凡纳滨对虾月发病面积比例均值由 2021 年的 0.679 1% 降至 0.324 1%，月死亡率均值由 2021 年的 0.040 8% 降至 0.002 9%。2022 年发病较严重的月份集中在 6—8 月，其中 7 月死亡率最高，达 0.010 9%。

（1）白斑综合征病情分析　白斑综合征流行于 7 月。与 2021 年相比，月发病面积比例均值由 0.174 4% 下降至 0.021 2%，月死亡率均值由 0.037 4% 下降至 0.000 8%。其危害程度较 2021 年有所下降。

（2）对虾弧菌病病情分析　对虾弧菌病流行于 5 月、7 月。与 2021 年相比，月发病面积比例均值由 0.128 7% 下降至 0.108 5%，月死亡率均值由 0 升至 0.000 3%。其危害程度较 2021 年稍有上升。

（五）疾病风险分析

2019—2022 年，天津动物疫病预防控制中心对锦鲤疱疹病毒病、鲤浮肿病、鲫造血器官坏死病等重要疫病进行了监测。锦鲤疱疹病毒病监测结果：2019 年未检出阳性样本，2020 年检出阳性样本 4 例（4/30，样品阳性率 13.3%），2021 年未检出阳性样本（0/5，样品阳性率 0），2022 年检出阳性样本 2 例（2/10，样品阳性率 20%）。鲤浮肿病监测结果：2019 年未监测到阳性监测点，2020 年样本阳性 4 例（4/25，样品阳性率 16%），2021 年未检出阳性样本（0/5，样品阳性率 0），2022 年未检出阳性样本（0/10，样品阳性率 0）。鲫造血器官坏死病监测结果：2019—2022 年未检出阳性样本。近年监测结果表明，天津地区依然存在着发生锦鲤疱疹病毒病、鲤浮肿病的风险。

三、2023 年疾病流行预测

1. 春季疾病流行趋势　春季池塘水温较低，受拉网、分池、苗种投放等生产活动的影响，池塘养殖鱼类易发生鱼体表细菌病、真菌病。具体情况如下：

（1）池塘养殖鱼类　易发生赤皮病、竖鳞病、溃疡病、疖疮病、水霉病、鳃霉病、车轮虫病，同时存在发生鲫造血器官坏死病的潜在风险。

（2）海水工厂化养殖鱼类　易发生溃疡病、烂尾病、车轮虫病。

2. 夏季疾病流行趋势　夏季是水产养殖动物快速生长的季节，也是水产养殖动物疾病高发的季节。具体情况如下：

（1）池塘养殖鱼类　易发生淡水鱼类细菌性败血症、烂鳃病、肠炎病、车轮虫病、指环虫病、三代虫病、缺氧症，同时存在发生锦鲤疱疹病毒病、鲤浮肿病的潜在风险。

（2）海水工厂化养殖鱼类　易发生烂尾病、溃疡病、腹水病。

（3）池塘养殖凡纳滨对虾　易发生白斑综合征、弧菌病、对虾肝胰腺坏死病、对虾肠道细菌病、虾肝肠胞虫病、固着类纤毛虫病。

（4）池塘养殖中华绒螯蟹　易发生固着类纤毛虫病、缺氧症。

3. 秋季疾病流行趋势　秋季气压逐渐升高，气温逐渐凉爽，水质逐步得到改善，但仍应注意下列疾病造成的危害。

（1）池塘养殖鱼类　易发生烂鳃病、肠炎病、淡水鱼类细菌性败血症、车轮虫病、三代虫病，同时存在发生鲫造血器官坏死病、鲤浮肿病的潜在风险。

（2）海水工厂化养殖鱼类　易发生溃疡病、烂尾病。

（3）池塘养殖凡纳滨对虾　易发生白斑综合征、弧菌病、对虾肠道细菌病、虾肝肠胞虫病、固着类纤毛虫病。

（4）池塘养殖中华绒螯蟹　易发生固着类纤毛虫病。

4. 冬季疾病流行趋势　鱼类越冬期间易发生下列疾病：

（1）池塘养殖鱼类　易发生溃疡病、鲢肠炎病、鳙肠炎病、水霉病、气泡病、冻伤。

（2）海水工厂化养殖鱼类　易发生溃疡病、烂尾病、车轮虫病。

2022 年河北省水生动物病情分析

河北省水产技术推广总站

（刘晓丽　李全振　杨　蕾　孙绍永）

2022 年河北省水产技术推广总站继续开展疾病测报、重要水生动物疫病监测工作，对河北省主要养殖区域、重大疫病进行监测，监测养殖面积 6 337.80 hm²，约占河北省水产养殖总面积 6.30%。通过此项工作，全面掌握河北省水产病害分布和流行态势，为科学研判防控形势、制定防控决策提供依据。

一、病害总体情况

（一）疾病测报

1. **基本情况**　2022 年在河北省 11 个市 43 个县共设立 164 个监测点，测报员 92 名，开展水产养殖病情监测工作，测报养殖品种包括 6 大类 21 个品种（表 1），其中鱼类 14 种，虾类 3 种，蟹类 1 种，爬行类 1 种，贝类 1 种，棘皮动物类 1 种。监测时间为 1—12 月。

表 1　2022 年水产养殖疾病测报监测品种（种）

类别		养殖品种	数量
鱼类		鲤、草、鲢、鳙、鲫、鳟、鲟、鲴、泥鳅、鲈（淡）、观赏鱼、鲆、半滑舌鳎、河豚	14
甲壳类	虾类	凡纳滨对虾、日本对虾、中国对虾	3
	蟹类	梭子蟹	1
爬行类		鳖	1
贝类		扇贝	1
棘皮动物类		海参	1
合计			21

2. **发病养殖种类**　监测数据显示，全省测报点共监测到发病养殖种类 8 种（表 2），分别是草鱼、鲤、虹鳟、鲟、鲴、鲈（淡水）、鳖、鲆、凡纳滨对虾（半咸水）。

表 2　2022 年监测到发病水产养殖种类汇总（种）

类别		种类	数量
淡水	鱼类	草鱼、鲤、虹鳟、鲟、鲈（淡水）	5
	爬行类	鳖	1
海水	鱼类	鲆	1
半咸水	虾类	凡纳滨对虾	1
合计			8

3. 监测到的疾病种类　监测到的疾病种类共有 12 种（未计入不明病因疾病，表 3）。其中监测到的鱼类主要疾病有鲤浮肿病、传染性胰脏坏死病、淋巴囊肿病、细菌性肠炎病、细菌性烂鳃病、诺卡氏菌病、水霉病等；监测到的虾类主要疾病有十足目虹彩病毒病；监测到的爬行类主要有鳖红底板病、鳖红脖子病、鳖穿孔病、鳖溃烂病。这些疾病中病毒性疾病 5 种，细菌性疾病 6 种，真菌性疾病 1 种，另有不明病因 6 宗。在生物源性疾病发病原因中，病毒性疾病占 41.67%，细菌性疾病占 50.00%，真菌性疾病占 8.33%（图 1）。

表 3　2022 年水产养殖病情测报监测疾病种类（种）

类别		病名	数量
鱼类	病毒性疾病	鲤浮肿病、传染性胰脏坏死病、淋巴囊肿病	3
	细菌性疾病	细菌性肠炎病、细菌性烂鳃病、诺卡氏菌病	3
	真菌性疾病	水霉病	1
	其他	不明病因疾病	(4)
虾类	病毒性疾病	十足目虹彩病毒病	1
	其他	不明病因疾病	(2)
其他类	病毒性疾病	鳖红底板病	1
	细菌性疾病	鳖红脖子病、鳖穿孔病、鳖溃烂病	3
合计			12

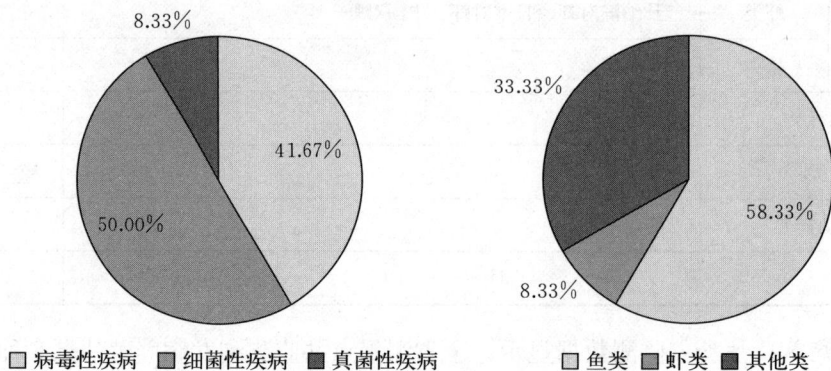

图 1　监测到的疾病种类和发病种类比例

4. 经济损失情况　河北省 2022 年水产养殖测报区因病害造成的经济损失 1 302.06 万元（表 4），较 2021 年同期 111.31 万元大幅增加 1 190.75 万元，主要是半咸水养殖凡纳滨对虾不明病因病害造成损失大幅增加所致，其他养殖品种病害较往年同期未有明显变化。

表 4　2022 年测报区各品种经济损失情况（万元）

品种	经济损失
草鱼	2.99
鲤	9.07
虹鳟	19.72
鲟	0.50
鲈（淡）	6.70
鳜	33.90
凡纳滨对虾（半咸水）	1 224.78
中华鳖	4.40
合计	1 302.06

（二）重要水生动物疫病监测

1. 监测情况　2022 年农业农村部下达《2022 年国家水生动物疫病监测计划》，河北省农业农村厅下达《2022 年河北省水生动物疫病监测计划》，其中国家监测任务 45 个样品，省级监测任务 510 样品。主要对河北省鲤春病毒血症（鲤科鱼类）、传染性造血器官坏死病（鲑鳟）、传染性胰脏坏死病（鲑鳟）、锦鲤疱疹病毒病（鲤和锦鲤）、鲤浮肿病（鲤和锦鲤）、鲫造血器官坏死病（鲫）、草鱼出血病（草鱼）、传染性皮下和造血器官坏死病（对虾）、白斑综合征（对虾）、对虾肝肠胞虫病（对虾）、虹彩病毒病（对虾）等 11 种疫病开展专项监测。监测范围是河北省 11 个市。

2. 监测结果　2022 年实际完成国家监测任务 50 个，省级监测任务 560 个。共检出 6 种疫病阳性，分别是鲤浮肿病、鲫造血器官坏死病、草鱼出血病、白斑综合征、传染性皮下和造血器官坏死病、对虾肝肠胞虫病，共检出阳性样品 107 个（表 5）。

表 5　2022 年监测结果（个）

疫病种类	国家监测数	阳性数	检测单位	省级监测数	阳性数量	检测单位
SVCV	5	0	A	30	0	C
IHNV	5	0	A	30	6	C
IPNV	5	0	A	0	0	
CEV	5	0	A	40	4	C

（续）

疫病种类	国家监测数	阳性数	检测单位	省级监测数	阳性数量	检测单位
KHV	5	0	A	30	0	C
GCHV	5	0	A	40	4	C
GFHNV	5	0	A	30	1	C
WSSV	5	0	B	120	18	C
IHHNV	0	0	B	120	16	C
DIV1	5	0	B	0	0	
EHP	5	2	B	120	58	C
合计	50	2		560	107	

注：A：中国水产科学研究院黑龙江水产研究所；B：中国水产科学研究院黄海水产研究所；C：河北省水产技术推广总站。

2022年河北省全年监测养殖场共218家，检出阳性的养殖场有86家，就检测结果来看，虾类疫病的阳性检出情况最为严重（表6），其中EHP检出量最多，特点最为明显。EHP阳性样品中以凡纳滨对虾为主要检出品种，沧州地区的阳性检出率达到65%，唐山地区31.7%；IHHNV的阳性检出率13.3%，相较2021年有所降低；WSD阳性检出率15%，较2021年增高4.1个百分点。2022年草鱼出血病省级任务检出4例阳性，应急检出1例阳性，草鱼出血病在河北省有进一步扩大趋势。

表6 2020—2022年对虾疫病监测检出率（%）

年度	EHP		IHHNV	WSD
	沧州	唐山		
2020	55.32	33.33	23.33	23.33
2021	76.36	18.33	21.82	10.90
2022	65	31.7	13.3	15

二、主要病害情况分析

（一）鲤病害情况

鲤病害主要是鲤浮肿病（CEVD）。鲤浮肿病对河北省鲤养殖产业影响较大，2022年专项监测检出4例。经2018—2022年连续监测（表7），唐山、石家庄地区CEVD为河北省重点发病地区，其他地区虽有CEV阳性检出，但并未发病。

河北省2016—2019年专项监测未检出KHV阳性，2020年检出KHV阳性5例，2021年检出阳性2例，2022年未检出（表8），没有发病死亡报告，但仍应引起重视。

表 7　河北省 2018—2022 年 CEV 监测情况

年份	样品数（例）	阳性数（例）	阳性率（%）
2018	60	2	3.3
2019	30	5	16.6
2020	47	11	23.4
2021	30	4	13.3
2022	40	5	12.5
合计/平均	207	27	13.0

表 8　河北省 2013—2021 年 KHV 监测情况

年份	样品数（例）	阳性数（例）	阳性率（%）
2013	12	3	25.00
2014	70	0	0
2015	75	2	2.67
2016	60	0	0
2017	60	0	0
2018	30	0	0
2019	30	0	0
2020	43	5	11.63
2021	39	2	5.12
2022	35	0	0
合计/平均	454	12	2.6

（二）草鱼病害情况

草鱼病害主要有草鱼出血病、肠炎病、烂鳃病、赤皮病、细菌性败血症、锚头鳋病等。以 5—8 月发病较多，发病原因主要是水质恶化，病原微生物对养殖生物构成危害。2021 年之前河北省从未检出草鱼出血病，2021 年国家专项监测工作检出 3 例，2022 年专项监测检出 4 例；应急检出 1 例，死亡率 100%，草鱼出血病在河北有上升趋势。

（三）鲈病害情况

河北省大口黑鲈养殖时间不长，近年来养殖规模逐渐扩大，主要病害有诺卡氏菌病、水霉病及不明病因等，发病较往年呈上升趋势。2022 年春季邢台地区有 6 家大口黑鲈工厂化流水养殖发生水霉病，死亡率较高。邢台和保定地区均有诺卡氏菌病发生；石家庄地区有 1 家养殖场发生疾病，诊断为运输原因导致。

（四）虹鳟病害情况

2022 年，虹鳟主要是 IHN、疑似 IPN、细菌性肠炎病、水霉病和不明病因等。2022 年专项监测工作，检出 IHNV 阳性 6 例，其中保定市 3 例、石家庄市 3 例。经流行病学调查发现，保定市 3 例均为苗期，出现大量死亡，石家庄市 3 例虽检测阳性，但流行病学调查及跟踪回访没有发病。2023 年对 IHN 进行了调查，共调查 6 家虹鳟养殖场，其中 5 家经实验室检测结果为阳性。累计死亡虹鳟苗种 71.8 万尾，发病率18.1%，发病区域死亡率64.6%，直接经济损失 57.6 万元；详见表 9。IPN 为现场诊断，有不确定性，专项监测 IPNV 无阳性。

表 9　2022 年河北省虹鳟 IHN 发病情况

序号	苗种来源	养殖面积（hm²）	放养密度（万尾/hm²）	发病日期	发病面积（hm²）	发病前存塘量（万尾）	死亡数量（万尾）	发病规格（克/尾）	发病水温（℃）	发病率（%）	发病区域死亡率（%）	经济损失（万元）
1	自繁自育	0.55	18	6 月 21 日	0.05	15	4	80	13	40	27	16
2	山西	0.03	19.5	6 月 12 日	0.02	4	3.8	60	12	100	95	15.2
3	山西	0.03	19.5	6 月 13 日	0.01	10		6	12	80	40	3.6
4	张家口	0.01	4 200	10 月 21 日	0.01	42	30	0.6	11	86	65	6
5	张家口	0.01	3 000	10 月 19 日	0.01	30	24	0.6	11	86	80	4.8
6	本地购买	2.8	24	4 月 15 日	0.53	10	6	1～2	10	70	60	12
合计/平均		3.43			0.63	111	71.8			18.1	64.7	57.6

（五）鲟病害情况

鲟病害主要是链球菌病、细菌性肠炎病等，病害平均发病率和死亡率均有所下降，主要集中在石家庄和保定地区。

（六）中华鳖病害情况

中华鳖病害主要有鳖红底板病、鳖红脖子病、鳖穿孔病、鳖溃烂病等，发病种类、发病率、死亡率及造成的经济损失均有所降低。发病原因主要是水质恶化、外伤感染等。

（七）对虾病害情况

对虾病害主要是弧菌病、烂鳃病、白斑综合征、传染性皮下和造血器官坏死病、对虾肝肠胞虫病等。根据 2022 年全年监测结果看，EHP 检出量最多，特点最为明显。EHP 阳性样品中以凡纳滨对虾为主要检出品种，沧州地区的阳性检出率达到 65%，唐山地区 31.7%；IHHNV 的阳性检出率 13.3%，相较 2021 年有所降低；WSD 阳性检出率 15%，较 2021 年增高。

（八）鲆鲽类病害情况

鲆鲽类主要病害是细菌性肠炎和淋巴囊肿病等，与 2021 年相比发病种类减少，死亡率及造成的经济损失有所上升。

（九）其他品种病害情况

其他养殖品种如鲴等发生了不同程度的病害，但其发病率和死亡率均较低，造成的经济损失也较低。另外，鲢、鳙、鲫、泥鳅、河豚、半滑舌鳎、梭子蟹、扇贝、海参等在测报区未监测到病害。

三、2023 年河北省水产养殖病害趋势预测

根据近年来河北省水产养殖病害发生情况，预测 2023 年病害发生趋势如下：

（1）淡水鱼类病害仍以病毒性、细菌性疾病和寄生虫病为主，主要是鲤浮肿病、草鱼出血病、传染性造血器官坏死病、肠炎病、烂鳃病等。鲤浮肿病近些年通过优化池塘管理、更换养殖品种等发病率有所下降，2023 年拟引进抗病鲤品种进行试验；草鱼出血病局部暴发的可能性非常大，并且有扩散趋势，应加强苗种检疫和运输管理，推广实施草鱼免疫技术及抗病草鱼良种；大口黑鲈病害随着河北省养殖规模扩大将呈上升趋势，应引起高度关注；鲟链球菌病局部发病严重，应加强监测、病情调查和药敏试验。

（2）对虾类病害主要是对虾肝肠胞虫病、白斑综合征、急性肝胰腺坏死病、弧菌病等。对虾肝肠胞虫病发病率很高，2022 年疑似传染性肌坏死病在河北发病率和死亡率很高，2023 年需要重点关注，加强专项监测及防控。

（3）中华鳖病害主要是鳖溃烂病、鳖红底板病、鳖红脖子病等，不会有明显变化。

2022年内蒙古自治区水生动物病情分析

内蒙古农牧业技术推广中心水产技术处

（武二栓 高 杰 乌兰托亚 杜景新）

一、基本情况

2022年内蒙古自治区农牧业技术推广中心水产技术处（原内蒙古自治区水产技术推广站）承担了《2022年国家水生动物疫病监测计划》中4种疫病20个批次的监测任务，按照全国水产技术推广总站的要求，分别于7和9月将样品送至中国检验检疫科学研究院进行了检测。

从3月开始组织内蒙古自治区12个盟（市）、30个旗（县）的80个测报点对水产病害进行了监测和跟踪，重点关注了自治区中西部黄河沿岸地区的巴彦淖尔市、鄂尔多斯市和呼和浩特市、包头市集中连片养殖区和重要湿地生态保护区"一湖两海"（呼伦湖、乌梁素海、岱海）的水生生物病害，对常规大宗水产品种和自治区优势发展的水产品种的病害情况进行了监测。监测面积9 989 hm²，其中池塘监测面积2 349 hm²。

二、监测结果与分析

（一）完成全国水产技术推广总站下达的监测任务

7月16日和9月27日按总站要求进行了鲤浮肿病、锦鲤疱疹病毒病、草鱼出血病和鲤春病毒血症样品20个批次的采集和送检工作，样品送至中国检验检疫科学研究院进行检测。鲤春病毒血症、鲤浮肿病、锦鲤疱疹病毒病三个鱼类病害检出率均为零（即未检出），草鱼出血病检出率为100%。造成草鱼出血病检出率100%的主要原因是，内蒙古主要从同一家南方苗种场购入乌仔，苗种来源单一，对苗种检疫重要性认识不够。病害监测检出情况详见表1。

表1 内蒙古自治区送检的20个批次的鱼病监测样品检测情况

种类	送样时间	采样水温（℃）	样品数量（尾）	样品规格	检出结果（%）	检测单位
鲤浮肿病	7月16日	25	150	5 cm	0	中国检验检疫科学研究院
锦鲤疱疹病毒病	7月16日	25	150	5 cm	0	
草鱼出血病	7月16日	25	150	5 cm	100	
鲤春病毒血症	9月27日	18	150	30～60 g		

（二）自治区鱼类病害监测情况

2022 年被列为自治区级监测的养殖水生动物种类有 12 种，分别为鲤、鲫、草鱼、鲢、鳙、鳊、鲶、乌鳢、红鳍鲌、虹鳟、凡纳滨对虾和中华绒螯蟹，全年监测到发生的养殖病害计 21 种。其中，真菌性疾病 2 种（水霉病、中华绒螯蟹牛奶病）；病毒性疾病 2 种（鲤浮肿病、草鱼出血病）；细菌性疾病 7 种（竖鳞病、溃疡病、烂鳃病、肠炎病、细菌性败血症、打印病、虾类黑鳃病）；寄生虫性疾病 6 种（车轮虫病、斜管虫病、三代虫病、吉陶单极虫病、绦虫病、锚头鳋病）；营养性疾病 1 种（脂肪肝病）；有害藻类引起的疾病 2 种（小三毛金藻、微囊藻）；非病原性鱼病 1 种（气泡病）（表 2）。

表 2　2022 年内蒙古自治区水产养殖病害发生情况统计

	种类	4 月	5 月	6 月	7 月	8 月	9 月	10 月
鱼类	真菌性	水霉病	水霉病					水霉病
	细菌性	竖鳞病、溃疡病	溃疡病	烂鳃病	烂鳃病、肠炎病、细菌性败血症	烂鳃病、肠炎病、细菌性败血症	肠炎病、打印病	肠炎病
	寄生虫性			车轮虫、斜管虫	三代虫、吉陶单极虫病、绦虫病	三代虫、吉陶单极虫病、绦虫病	锚头鳋病	锚头鳋病
	病毒性		鲤浮肿病	鲤浮肿病	鲤浮肿病、草鱼出血病	鲤浮肿病、草鱼出血病	鲤浮肿病	
	营养性					脂肪肝病	脂肪肝病	
	有害藻类	小三毛金藻			微囊藻	微囊藻	小三毛金藻	
	非病原性		气泡病					
虾蟹	真菌性		中华绒螯蟹牛奶病					
	细菌性				虾类黑鳃病			

2022 年监测到的内蒙古养殖水生动物病害中，真菌性疾病占 9.5%；病毒性疾病占 9.5%；细菌性疾病占 33.4%；寄生虫性疾病占 28.6%；营养性疾病占 4.8%；有害藻类引起的疾病占 9.5%；非病原性鱼病占 4.7%。

从发病种类上分析，细菌性疾病和寄生虫性疾病仍是高发病率的病害，病毒性疾病、有害藻类引起的疾病随着养殖池塘水质和底质环境恶化发病率有所上升。由于饲料原料涨价导致的劣质原料使用和高能量饲料配方的普遍应用，营养性疾病发生率和危害性大大提高；细菌性败血症、肠炎病和烂鳃病及三代虫病、车轮虫病、黏孢子虫病等传统上危害大的鱼病因为防治措施的普及和有效防治药物的筛选使用，危害程度得到一定控制。

从养殖期各月份发生的病害种类所占的比例看，内蒙古自治区 7、8 月是一年中气温最高的季节，此间投饵率一般偏高，水质易恶化，是鱼病的高发季节。9 月是秋高气爽的季节，也是适宜病害微生物繁殖生长的季节，发病率略低于7—8月。4、5、6和10月因养殖环境水温未达病原微生物适宜繁殖生长期而发病率较低（表3、图1）。

表3 2022年监测到重要疫病的发病区域面积比例、发病区域死亡率、监测区域死亡率（％）

所占比例	水霉病	鲤浮肿病	细菌性败血症	肠炎病	烂鳃病	三代虫病	车轮虫病	小三毛金藻
发病面积占监测面积的比例	2.24	1.63	5.72	12.47	11.85	5.43	1.32	1.36
监测区域死亡率	1.62	1.60	1.22	1.34	1.32	1.16	0.04	1.11
发病区域死亡率	2.28	22.46	6.11	4.28	4.36	3.27	0.11	6.42

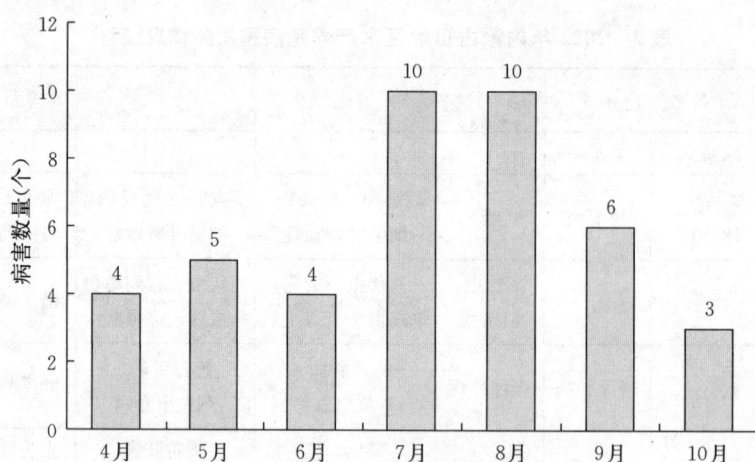

图1 养殖各月份发生的病害数及流行情况

发生上述病害的主要原因是池塘养殖单产不高，养殖户鱼病防控意识不强，池塘老化现象严重，而对微生态制剂和有机酸、过硫酸氢钾等调水解毒改底产品认识不足，缺乏使用。加上投饵不精准，残饵和过度施用有机肥逐年沉积导致淤泥加厚，致使养殖池塘病害多；也有部分鱼病是由于寄生虫、鱼苗种质量差所致。

（三）2023年内蒙古自治区水生动物病情分析

近年来，内蒙古自治区水生动物疫病出现新的动向。鲤浮肿病逐步上升为危害鲤的重大鱼病，发病鱼塘的鲤死亡率可达50％以上，应加强对该病的监测；鲤春病毒血症和锦鲤疱疹病毒病一直作为疑似病例未在内蒙古得到实验室确诊。细菌性鱼病仍是近年自治区渔业生产中高发病害，淡水鱼细菌性败血症和肠炎病、烂鳃病等常规疾病虽为高发疾病，但由于治疗方案有效可行，死亡率和危害性大大降低。车轮虫病、三代虫病、指环虫病、黏孢子虫病等寄生虫性疾病防治要注意严格按杀虫剂量使用药物，避免过量使用杀虫剂造成的危害，严禁使用农用药物作为杀虫剂，且不可长疗程用药。微囊藻和小三毛金藻是近年内蒙古沿黄河区域养殖池塘重点防范的有害藻类，尤其要关注小三毛金藻造成发病鱼的大规模死亡现象。

三、2023 年内蒙古自治区水产养殖动物病害流行情况预测

统计分析近年来内蒙古水产养殖疾病测报和监测数据，预测 2023 年内蒙古水产养殖动物病害仍以以往的真菌性、病毒性、细菌性、寄生虫性疾病，加上近年呈上升态势的营养性疾病为流行总趋势。

春季以水霉病、竖鳞病、溃疡病和黄河盐碱地鱼塘特有的小三毛金藻中毒症多发；夏季以淡水鱼细菌性败血症、肠炎病、烂鳃病和三代虫病、车轮虫病、黏孢子虫病、微囊藻等多发；秋季以肠炎病、打印病、脂肪肝和小三毛金藻为多发。近几年鲤浮肿病在一些渔区时有发生，给自治区的水产养殖业造成了一定的危害，应严加控制。

对各季各类鱼病要贯彻"预防为主，防重于治"的原则，始终把提早预防，提早干预作为鱼病防治的总方针。及时清除池底过多淤泥，定期引新水排放池塘老水，定期用生物型和氧化型改底药物改底，施用微生态菌制剂，注重碳源的施入。对有发病症状的鱼体，在显微镜镜检的基础上，及时、准确出具用药方案并马上实施。对发生过重大疫病和病毒性浮肿病的，注意苗种的引进检疫把关和池塘日常管理，一旦发病，科学用药治疗，减少损失。

2022 年辽宁省水生动物病情分析

辽宁省水产技术推广站

（陈静　李重实　白鹏　张赛赛）

一、水生动物病害总体情况

（一）水产养殖疾病测报

1. 基本情况　　按照农业农村部的统一部署，2022 年辽宁省通过"全国水产养殖动植物病情测报系统"对全省 14 个市 39 个县（市）区开展了水产养殖疾病测报工作。2022 年辽宁省调配水产养殖疾病测报员 81 名，设置监测点 145 个，计划监测品种 29 个，预计监测面积 22 870.51 hm²。由于 2022 年辽宁省各市新冠肺炎疫情形势复杂，各地频发，水产养殖动植物病情测报工作未能达到预期效果，实际只有 11 个市 25 个县区 89 个监测点进行了上报，测报面积 6 640.702 7 hm²（表 1），测报养殖品种 23 个（表 2）。监测项目计划为病毒性疾病、细菌性疾病、寄生虫性疾病、真菌性疾病及非病原性疾病（表 3）。测报期为 1—12 月，2022 年辽宁省上报记录数 873 次。

表 1　2022 年辽宁省水产养殖病情测报面积汇总（hm²）

省份	海水池塘	海水工厂化	淡水池塘	淡水网箱	淡水工厂化	淡水其他
辽宁省	2 348.334 5	3.866 7	1 204.967 2	22.666 6	2.866 5	3 058.001 2
合计	6 640.702 7					

表 2　2022 年辽宁省水产养殖病情监测品种汇总（个）

地区	监测品种	小计
沈阳市	鲤、鲫、草鱼、乌鳢、黄颡鱼、鲇	6
抚顺市	鲢、鳙、中华绒螯蟹、鲤	4
本溪市	鲑、鲟	2
丹东市	海蜇、中国明对虾、蛏、蛤、草鱼、鲑、鲢、鳙、鳟、鲟、鲤、鲫	12
锦州市	海参	1
辽阳市	草鱼、鲤、鲇	3
大连市	海带、海参、蛤、牡蛎	4

（续）

地区	监测品种					小计
盘锦市	中华绒螯蟹、鲤、凡纳滨对虾					3
朝阳市	鲤、草鱼、鲢					3
铁岭市	鲤、草鱼、鲢、鳙					4
葫芦岛市	罗非鱼、鲆、海参、蛏、蛤、鳟、鲟					7
省份	监测种类数量					
	鱼类	虾类	蟹类	贝类	藻类	其他类
辽宁省	14	2	1	3	1	2
合计	23					

注：监测水产养殖种类合计数不是监测种类的直接合计数，而是剔除相同种类后的数量。

表3　2022 年辽宁省水产养殖疾病测报的主要疾病种类

疾病类别	疾病名称
病毒性疾病	鲤春病毒血症、锦鲤疱疹病毒病、鲤浮肿病、草鱼出血病、传染性造血器官坏死病、病毒性神经坏死病、传染性胰坏死病、白斑综合征、桃拉综合征、传染性皮下和造血器官坏死病、虾虹彩病毒病、对虾偷死野田村病毒病、鲆类淋巴囊肿病、牙鲆弹状病毒病、大菱鲆病毒性红体病
细菌性疾病	淡水鱼细菌性败血症、细菌性烂鳃病、细菌性肠炎病、打印病、竖鳞病、赤皮病、疖疮病、链球菌病、虾类弧菌病、虾类烂鳃病、虾类红腿病、急性肝胰腺坏死病、鲆类腹水病、鲆类爱德华氏菌病、文蛤弧菌病、溃疡病、海参腐皮综合征
寄生虫性疾病	小瓜虫病、三代虫病、指环虫病、固着类纤毛虫病、车轮虫病、中华鳋病、锚头鳋病、黏孢子虫病、盾纤毛虫病、刺激隐核虫病、虾肝肠胞虫病、蟹奴病
真菌性疾病	水霉病、鳃霉病、中华绒螯蟹牛奶病
非病原性疾病	气泡病、畸形、脂肪肝、维生素 C 缺乏症、肝胆综合征、不明原因疾病
其他	中华绒螯蟹颤抖病

2. 测报结果　2022 年，辽宁省在葫芦岛市、辽阳市、沈阳市、铁岭市和盘锦市共监测到水产养殖动物疾病 11 种 25 例（表4），其中辽阳市 9 例，占比 36.0%；沈阳市 6 例，占比 24.0%；葫芦岛市 4 例，占比 16.0%；铁岭市 4 例，占比 16.0%；盘锦市 2 例，占比 8.0%。25 例疾病中病毒性疾病 2 例，占比 8.0%；细菌性疾病 16 例，占比 64.0%；真菌性疾病 2 例，占比 8.0%；寄生虫性疾病 3 例，占比 12.0%；非病原性疾病 1 例，占比 4.0%；其他疾病 1 例，占比 4.0%。发病养殖品种为草鱼、鲤、鲆、鲇、凡纳滨对虾（淡）和鲢，各品种监测到病例分别为 9 例、7 例、4 例、2 例、2 例和 1 例，占比分别为 36.0%、28.0%、16.0%、8.0%、8.0% 和 4.0%。总发病面积 20.358 3 hm²，平均发病面积率为 1.15%（表5）。

表4 2022年辽宁省监测到的疾病汇总

类别		疾病名称	数量
鱼类	病毒性疾病	草鱼出血病	辽阳市1例 铁岭市1例
	细菌性疾病	赤皮病	铁岭市1例
		细菌性肠炎病	葫芦岛市3例、沈阳市5例、辽阳市1例
		淡水鱼细菌性败血症	辽阳市4例
	真菌性疾病	水霉病	铁岭市1例
		鳃霉病	辽阳市1例
	寄生虫性疾病	黏孢子虫病	沈阳市1例 辽阳市1例
		车轮虫病	辽阳市1例
	非病原性疾病	肝胆综合征	铁岭市1例
	其他	不明原因疾病	葫芦岛市1例
虾类	细菌性疾病	弧菌病	盘锦市2例
合计		11种25例	

表5 各养殖品种发病情况

养殖种类	淡水							海水	
	鱼类					虾类		鱼类	
	草鱼	鲢	鲤	鲇	合计	凡纳滨对虾（淡）	合计	鲆	合计
总监测面积（hm²）	339.583	396.816 3	973.382 4	11.666 7	1 721.448 4	48.566 6	48.566 6	2.383 3	2.383 3
总发病面积（hm²）	7	0	5.233 3	0.666 7	12.9	7.333 3	7.333 3	0.125	0.125
平均监测区域死亡率（%）	0.368	3.75	1.337	0.13	1.4	2.7	2.7	0.1	0.1
平均发病区域死亡率（%）	8.814	57.69	5.699	5.125	19.33	100	100	1.72	1.72
经济损失（万元）	10 500.36	0.23	1.21	0.26	10 502.06	39.5	39.5	0.95	0.95
平均发病面积率（%）	2.06	—	0.54	5.71	—	15.1	—	5.24	—

（二）重要水生动物疫病监测

1. 国家监测任务　《2022 年国家水生动物疫病监测计划》中，辽宁省承担 6 种疫病 30 个样品的监测任务，包括鲤春病毒血症、鲤浮肿病、传染性造血器官坏死病、白斑综合征、虾肠肝胞虫病和十足目虹彩病毒病各 5 个。按照总站要求，将样品送至规定检测机构。

2. 省本级监测任务　2022 年辽宁省对凡纳滨对虾、大菱鲆、鲑鳟、鲤、锦鲤等 5 个品种 170 个样品进行了 8 种水生动物重大疫病的专项监测。年初制定《2022 年辽宁省水生动物疫病监测计划实施方案》下发各市（表 6）。根据监测计划，组织重点监测的市、县渔业主管部门，科学选择采样点，采样点覆盖辖区内省级以上水产原良种场、重点苗种场、遗传育种中心、引育种中心和往年出现阳性样品的场家。辽宁省水产技术推广站工作人员在各地渔业主管部门配合下，严格按照《水生动物产地检疫采样技术规范》（SC/T 7103—2008）采集样品，依规填写《现场采样记录表》并将样品送至检测机构。

表 6　2022 年辽宁省省本级疫病监测任务分配（个）

疫病数量 地区	营口	盘锦	锦州	丹东	辽阳	葫芦岛	沈阳	鞍山	本溪	合计
鲤春病毒血症					8		4	3		15
锦鲤疱疹病毒病					6		4			10
鲤浮肿病					6		2	2		10
传染性造血器官坏死病							8		7	15
白斑综合征	9	9	9	8						35
虾肝肠胞虫病	9	9	9	8						35
十足目虹彩病毒病	9	9	9	8						35
病毒性神经坏死病						15				15
合计	27	27	27	24	20	23	10	5	7	170

3. 监测结果　2022 年，辽宁省所监测的 8 种重要疫病 200 个样品中，3 种疫病有检出，分别为传染性造血器官坏死病阳性样品 4 个，阳性检出率 2.0%；白斑综合征阳性样品 15 个，阳性检出率 7.5%；虾肝肠胞虫病阳性样品 13 个，阳性检出率 6.5%；合计阳性样品 32 个，总阳性检出率为 16.0%（表 7）。

表 7　2022 年辽宁省重要疫病监测结果汇总

序号	疫病名称	监测数量（个）	阳性样品数量（个）	阳性检出率（%）
1	鲤春病毒血症	15	0	0
2	锦鲤疱疹病毒病	10	0	0
3	鲤浮肿病	15	0	0

（续）

序号	疫病名称	监测数量（个）	阳性样品数量（个）	阳性检出率（%）
4	传染性造血器官坏死病	20	4	20.0
5	白斑综合征	40	15	37.5
6	虾肝肠胞虫病	40	13	32.5
7	十足目虹彩病毒病	40	0	0
8	病毒性神经坏死病	20	0	0
	合计	200	32	16.0

二、病害情况分析

（一）2022年辽宁省水产养殖疾病测报情况分析

1. **总体情况分析**　2022年，辽宁省新冠肺炎疫情形势复杂，各地频发，由于测报员居家无法进行上报，辽宁省只在辽阳市等5市监测到水产养殖动物疾病11种25例，与2020年（19种72例）和2021年（17种42例）相比呈直线下降趋势，未能反映出2022年辽宁省水产养殖病害真实情况。从2022年监测到的病害情况分析，夏季依然是发病高峰季节，发病面积比也在7月达到了高峰；发病种类以细菌性疾病为主，占比达到了64.0%（图1）；发病养殖品种中草鱼占比最高，其次是鲤；作为淡水鱼类主产区之一的辽阳市也是发生病例最多的市；虾类疾病，虽只在盘锦市发生2例弧菌病，但是危害却相对较大，发病面积率也是最高，达到了15.1%。

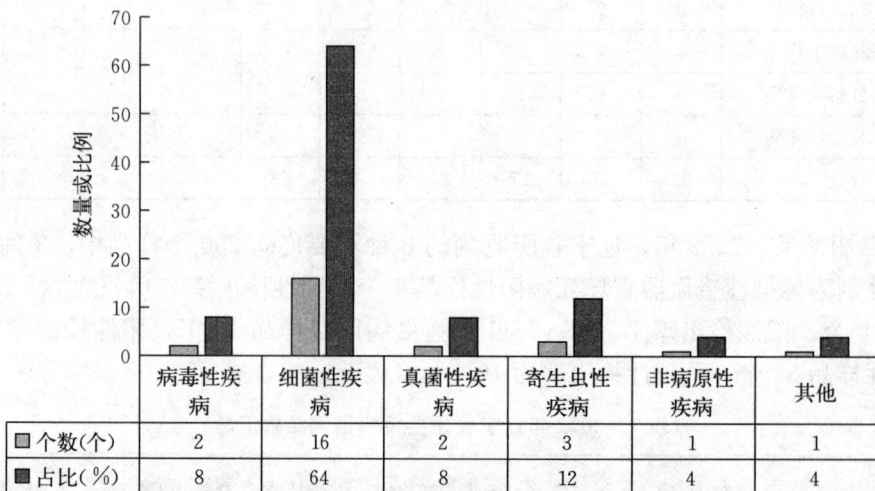

	病毒性疾病	细菌性疾病	真菌性疾病	寄生虫性疾病	非病原性疾病	其他
个数(个)	2	16	2	3	1	1
占比(%)	8	64	8	12	4	4

图1　2022年辽宁省监测到的疾病种类比例

2. **鱼类病害分析**　2022年辽宁省监测到25例病例中有23例是鱼类疾病（图2），占比92.0%；草鱼出血病总发病面积7.00 hm²，发病面积比3.57%，居首位，造成经济损失最重，危害最大；鱼类疾病中细菌性疾病病例最多，因此养殖户在养殖过程中，要加强日常管理，定期加注新水，用水质改良剂调节水质、使用底质改良剂改良底质，控制有害病菌的浓度，保证水质"肥、活、嫩、爽"。

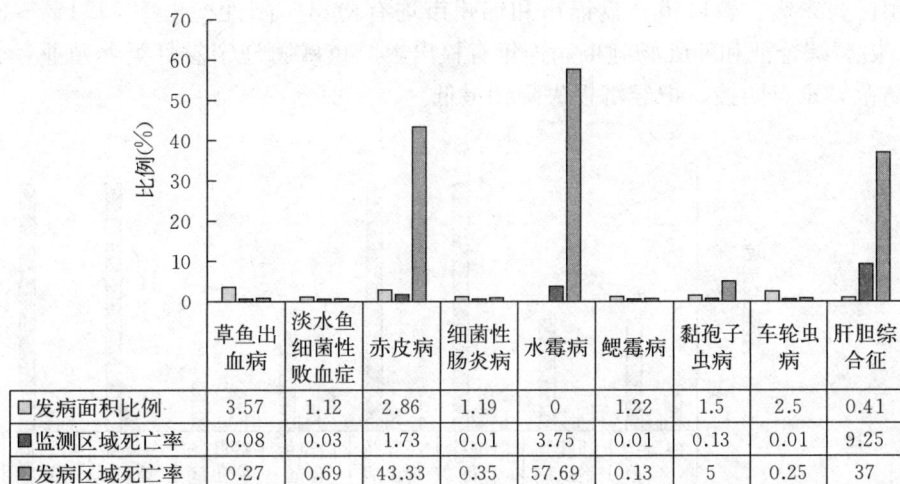

	草鱼出血病	淡水鱼细菌性败血症	赤皮病	细菌性肠炎病	水霉病	鳃霉病	黏孢子虫病	车轮虫病	肝胆综合征
发病面积比例	3.57	1.12	2.86	1.19	0	1.22	1.5	2.5	0.41
监测区域死亡率	0.08	0.03	1.73	0.01	3.75	0.01	0.13	0.01	9.25
发病区域死亡率	0.27	0.69	43.33	0.35	57.69	0.13	5	0.25	37

图 2　2022 年辽宁省鱼类病害情况

（二）2022 年辽宁省重要水生动物疫病监测分析

2022 年，辽宁省共监测 8 种重要水生动物疫病，200 个样品（国家任务 30 个、省本级任务 170 个），与 2021 年样品量（360 个，包括国家任务 35 个和省本级任务 325 个）相比有所缩减。监测结果显示，200 个样品中有 32 个阳性检出，总阳性检出率为 16.0%；8种疫病中 3 种阳性检出，为白斑综合征、虾肝肠胞虫病和传染性造血器官坏死病（图 3）；

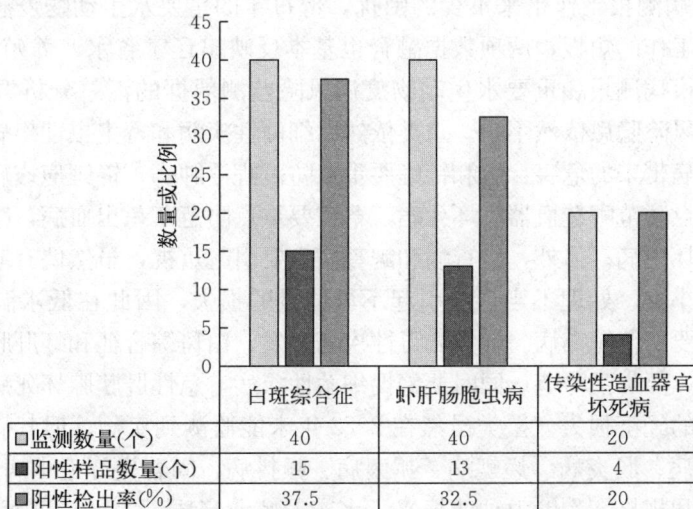

	白斑综合征	虾肝肠胞虫病	传染性造血器官坏死病
监测数量(个)	40	40	20
阳性样品数(个)	15	13	4
阳性检出率(%)	37.5	32.5	20

图 3　2022 年辽宁省监测水生动物疫病阳性检出情况

40 个白斑综合征样品，15 个阳性检出，阳性检出率为 37.5％，居首位；其次，40 个虾肝肠胞虫病样品，13 个阳性检出，阳性检出率为 32.5％；20 个传染性造血器官坏死病样品，4 个阳性检出，阳性检出率为 20.0％。虾类监测 3 种疫病，2 种有检出，而且在主要养殖区丹东市、营口市、盘锦市和锦州市均有检出，阳性检出率 11.1％～55.6％（图 4）；白斑综合征和虾肝肠胞虫病连年有检出，严重威胁辽宁省虾类养殖业，养殖户要加强防范，重点防控，把经济损失降到最低。

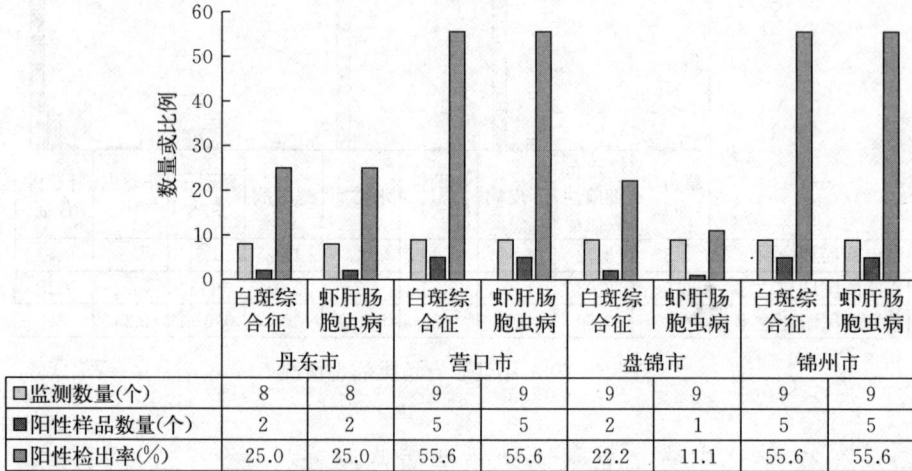

	白斑综合征	虾肝肠胞虫病	白斑综合征	虾肝肠胞虫病	白斑综合征	虾肝肠胞虫病	白斑综合征	虾肝肠胞虫病
	丹东市		营口市		盘锦市		锦州市	
监测数量(个)	8	8	9	9	9	9	9	9
阳性样品数量(个)	2	2	5	5	2	1	5	5
阳性检出率(%)	25.0	25.0	55.6	55.6	22.2	11.1	55.6	55.6

图 4　2022 年辽宁省虾类养殖区疫病检出情况

三、2023 年病害流行预测

虽然近两年辽宁省新冠肺炎疫情频发，再加上无专项资金和测报人员力量不足等原因给水产养殖疾病测报工作带来不少的困扰，但每年的重要水生动物疫病风险专项监测补齐了疾病测报工作的短板，两项数据融合也基本反映出辽宁省水产养殖病害流行趋势。从历年水产养殖疾病测报和重要水生动物疫病风险监测数据的汇总分析看，2023 年辽宁省水产养殖病害风险隐患依然不小。鱼类依然以细菌性疾病和寄生虫性疾病多发，但也不能忽视病毒性疾病带来的危害：鲤和锦鲤要重点防范鲤浮肿病、锦鲤疱疹病毒病和鲤春病毒血症，鲫要重点防范鲫造血器官坏死病，草鱼要重点防范草鱼出血病，鲑鳟类重点防范传染性造血器官坏死病；另外，水霉病和鳃霉病也要引起重视，虽然偶有散发，危害相对不大，但也不容小觑，处理不当也会引起不可估量的损失，因此在低水温期要防范水霉病，高水温期则要防范鳃霉病。虾类病毒性疾病多发，白斑综合征和虾肝肠胞虫病发病率较高，危害严重，要加强防范；同时要警惕细菌性疾病，急性肝胰腺坏死病、弧菌病等也可能会造成较大的经济损失。蟹类虽然在 2022 年未能监测到疾病，但其病害也不少，蜕壳不遂症、腹水病、肠炎病、烂鳃病、弧菌病、颤抖病、固着类纤毛虫病、"牛奶病"等也会影响其产量和规格。为助力种业振兴、水产养殖业高质量发展，进而推动乡村振兴、建设农业强国，辽宁省水产养殖疾病测报和重要水生动物疫病监测工作任重而道远。

2022 年吉林省水生动物病情分析

吉林省水产技术推广总站

（杨质楠　孙宏伟　袁海延　蔺丽丽）

2022 年吉林省水产技术推广总站继续开展水生动物重要疫病监测、水产养殖疾病测报工作，对吉林省主要养殖区域的病害发生情况进行监测分析，以此掌握吉林省水产养殖病害发生规律和流行态势，为做好科学防控提供数据参考。

一、基本情况

（一）水产养殖疾病测报

2022 年吉林省 9 个市（州）、47 个县（市、区）开展水产养殖病害监测工作，共设置监测点 111 个，测报员 65 人，其中淡水池塘监测面积 2 154.73 hm²，淡水工厂化监测面积 4.01 hm²。监测养殖品种 15 个。

（二）重要水生动物疫病监测

《2022 年国家水生动物疫病监测计划》中，吉林省承担 4 种疫病 20 个样品的监测任务，其中鲤春病毒血症 5 个、锦鲤疱疹病毒病 5 个、鲤浮肿病 5 个、传染性造血器官坏死病 5 个。按照文件要求，将样品送至规定检测机构进行检测。

二、监测结果及分析

（一）疾病测报监测结果

2022 年吉林省共监测 15 个品种，其中发病品种 3 个，分别为鲢、鲤、鲫。疾病类别为 3 类：细菌性疾病 3 种［淡水鱼细菌性败血症、鱼爱德华氏菌病、柱状黄杆菌病（细菌性烂鳃病）］，发病数量 4 次；真菌性疾病 1 种（水霉病），发病数量 4 次；寄生虫性疾病 1 种（指环虫病），发病数量 2 次。具体见表 1。

全年监测到各疾病总发病 10 次。其中，水霉病发生 4 次，各占总发病比例的 40%；鱼爱德华氏菌病、指环虫病均发生 2 次，各占总发病比例的 20%；细菌性烂鳃病、淡水鱼细菌性败血症均发生 1 次，各占总发病比例的 10%。具体见表 2。

吉林省每年 11 月至翌年 3 月为冰封期，4 月冰层融化后进入养殖期，4—8 月为养殖生产期，也是疾病高发阶段。9、10 月水温降低，同时成鱼上市，疾病发生率降低。

4月水温较低，主要以水霉病为主，平均发病面积为0.01%；5—8月随着气温、水温持续升高，细菌病、寄生虫病发病次数也逐步升高，其中8月发病面积比例最高为0.17%。具体见图1。其中，鲤发病面积占比最高，达1.42%；鲢发病面积占比最低，占总监测面积的0.01%；鲫死亡率为0.5%，经济损失为0.04万元（表3）。

表1 2021年吉林省水产养殖病害汇总（次）

监测品种	发病种类	疾病类别	病名	数量
草鱼、鲢、鳙、鲤、鲫、鳊、青鱼、鲇、鲴、鲑鳟、鳜、红鲌、洛氏鱥、锦鲤	鲢、鲤、鲫	细菌性疾病	淡水鱼细菌性败血症、鱼爱德华氏菌病、柱状黄杆菌病（细菌性烂鳃病）	4
		真菌性疾病	水霉病	4
		寄生虫性疾病	指环虫病	2

表2 2022年吉林省监测到的鱼类疾病比例

疾病名称	水霉病	鱼爱德华氏菌病	指环虫病	柱状黄杆菌病（细菌性烂鳃病）	淡水鱼细菌性败血症	总数
个数（次）	4	2	2	1	1	10
占比（%）	40	20	20	10	10	100

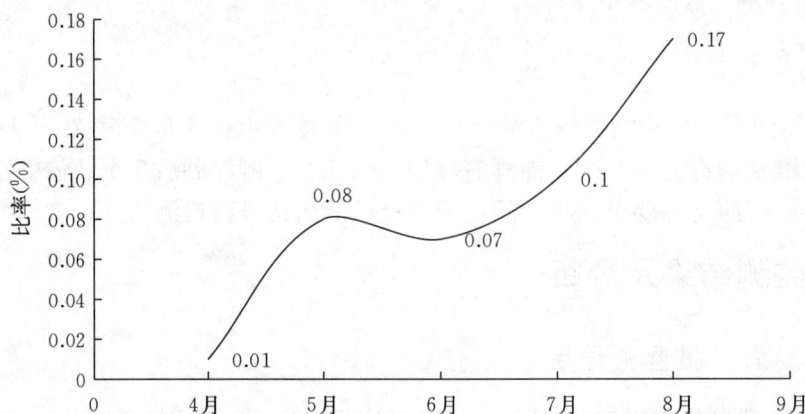

图1 2022年吉林省主要养殖种类不同季节水产养殖发病面积比

表3 各养殖种类发病情况

类别	养殖种类			
	鲢	鲤	鲫	合计
总监测面积（hm²）	5 791.096 9	2 529.566 8	2 528.866 8	10 849.530 5
总发病面积（hm²）	0.4	36	1.333 3	37.733 3
平均监测区域死亡率（%）	—	—	0.05	0.05

（续）

类别	养殖种类			
	鲢	鲤	鲫	合计
平均发病区域死亡率（％）	—	—	0.5	0.5
经济损失（万元）	—	—	0.04	0.04
平均发病面积率（％）	0.01	1.42	0.05	—

（二）重要水生动物疫病监测结果

2022 年，吉林省共监测 4 类重大水生动物疫病，10 个养殖场，20 份样品。抽检品种包括鲤和虹鳟。监测点全部为省级水产良种场，且覆盖吉林省的水产主养区。监测结果全部为阴性。

三、2023 年吉林省病害流行预测

从 2022 吉林省系统上报数据来看，整体病害情况较少，造成的损失不大。由于 2022 年吉林省受疫情、交通管制等影响，一些测报员未能及时现场监测病情，另因吉林省大部分地区水产推广机构的整合，缺乏水产专业技术人员，因此对系统数据的结果有一定影响，希望各地农业主管部门能对此项工作引起更多重视。

根据历年吉林省水生动物病害监测数据及实际养殖情况，2023 年需要对以下几类疾病做好相关预防工作。真菌性疾病近几年在吉林省发病次数逐年增高，如水霉病、鳃霉病等发病后没有较好的根治药物，需在疾病发生前做好预防措施。细菌性疾病一般会与寄生虫病、真菌病等同时发生，死亡率、损失等也比其他类疾病相对严重，要引起养殖渔民的重视，提前做好防范和监测。病毒病吉林省近几年发生较少，但由于病毒病没有相关的治疗药物，因此在养殖期应从病毒病的发病水温、养殖密度、苗种来源等几个方面做好预防工作。

2022 年黑龙江省水生动物病情分析

黑龙江省水产技术推广总站

（胡光源　王昕阳　李庆东）

2022 年，黑龙江省以点测报方式进行了水产养殖疾病测报工作，共设了 12 个监测区、187 个测报点，测报品种为鲤、鲫、鲢、鳙、草鱼等，测报面积为 7 346.67hm^2。全年共监测到水产养殖病害 8 类，其中细菌性疾病 3 种，寄生虫性疾病 4 种，真菌性疾病 1 种。6 个月的测报统计结果表明：黑龙江省的主要养殖鱼类病害为细菌性疾病、寄生虫性疾病和真菌性疾病。在细菌性疾病中，打印病、竖鳞病危害较重；在寄生虫病中以锚头鳋病、车轮虫病和中华鳋病较为常见；在真菌性疾病中，水霉病较重（表 1）。

表 1　2022 年黑龙江省水产养殖病害监测汇总

监测品种	发病种类	疾病类别	病　名	累计发病数量（个）	比率（%）
青鱼、草鱼、鲢、鳙、鲤、鲫、鲌、黄颡鱼、鳜、中华绒螯蟹	鲤、鲢、鳙、鲫	细菌性疾病	打印病，竖鳞病，淡水鱼细菌性败血症	7	31.82
		寄生虫性疾病	中华鳋病，锚头鳋病，车轮虫病，斜管虫病	12	54.55
		真菌性疾病	水霉病	3	13.64

一、2022 年度主要病害发生与流行情况

1. 病原情况分析　全年共监测到水产养殖病害 3 类，其中细菌性疾病发病数量 7 个，占总数的 31.82%；寄生虫病发病数量 12 个，占总数的 54.55%；真菌性疾病发病数量 3 个，占总数的 13.64%。

2. 各月份病害数及流行情况分析　图 1 清晰反映出不同月份的发病情况，5、6 和 9 月为发病高峰。

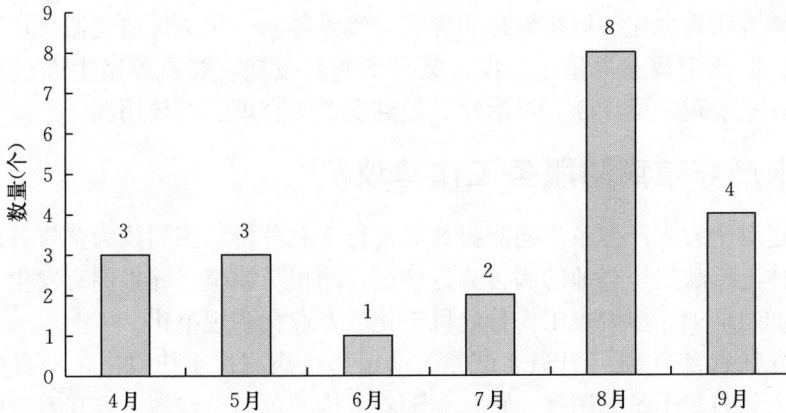

图 1　各月份病害数

二、各月份疾病测报数据及分析

1. 四月　全月发病数量合计 3 例，其中竖鳞病 1 例，水霉病 2 例。共发生 2 种病害，其中细菌性疾病 1 种，为竖鳞病（发病面积比例为 0.56%）；真菌性疾病 1 种，为水霉病（发病面积比例为 0.48%）。

2. 五月　全月发病数量合计 3 例，其中竖鳞病 1 例，打印病 1 例，水霉病 1 例。共发生 3 种病害，其中细菌性疾病 2 种，为竖鳞病、打印病（发病面积比例分别为 0.3%、0.4%）；真菌性疾病 1 种，为水霉病（发病面积比例为 0.55%）。

3. 六月　全月发病数量合计 2 例，其中竖鳞病 1 例，淡水鱼细菌性败血症 1 例。共发生 2 种病害，均为细菌性疾病，为竖鳞病和淡水鱼细菌性败血症（发病面积比例分别为 0.37%、0.69%）。

4. 七月　全月发病数量为 2 例，为寄生虫车轮虫病（发病面积比例为 0.79%）。

5. 八月　全月发病数量合计 8 例，其中打印病 1 例，锚头鳋病 4 例，中华鳋病 1 例，车轮虫病 1 例，斜管虫病 1 例。共发生 5 种病害，其中细菌性疾病 1 种，为打印病（发病面积比例为 0.4%）；寄生虫病 4 种，为锚头鳋病、中华鳋病、车轮虫病和斜管虫病（发病面积比例分别为 1.17%、0.4%、0.02%、0.37%）。

6. 九月　全月发病数量 4 例，其中打印病 1 例，锚头鳋病 1 例，中华鳋病 1 例，车轮虫病 1 例。共发生 4 种病害，其中细菌性疾病 1 种，为打印病（发病面积比例为 0.27%）；寄生虫病 3 种，为锚头鳋病、中华鳋病和车轮虫病（发病面积比例分别为 0.02%、0.5%、0.03%）。

三、2023 年病害流行趋势研判

2023 年，黑龙江省水产养殖病害流行趋势与 2022 年应大致相同，主要还是以细菌性疾病和寄生虫性疾病为主。在细菌性疾病中，要以竖鳞病、打印病、败血症、烂鳃病等为主要防控对象；在寄生虫性疾病中，要以锚头鳋病、车轮虫病、中华鳋病、斜管虫病、指环虫病等为主要防控对象。同时，结合黑龙江省水产苗种产地检疫工作的实施，要高度警惕鲤春病毒血症、锦鲤疱疹病毒病、鲤浮肿病、传染性造血器官坏死病及小瓜虫病的发生。5—9月既是养殖生长期，又是疾病易发期，要在养殖生产过程中密切观察鱼类病害，早发现、早诊断、早治疗，做到安全、合理、有效用药。

四、水产养殖病防服务工作建议

（1）通过对全省水产养殖疾病测报数据进行汇总分析，我们认为全省各地测报员上报的数据大体上反映出了当地的病害流行情况，测报员错报、漏报偶有发生，还需要在今后工作中加强培训，使测报工作日趋科学化、专业化和规范化。

（2）黑龙江省自 2003 年开展水产养殖动植物疾病测报工作以来，一直面临无专项资金、技术人员力量不足的困扰。特别是随着机构改革，有些地区存在着疫病防控体系弱化、人员流失等问题。一些县级基层推广机构在人员数量、业务能力、基础设施条件等方面与当前日益繁重的疫病防控任务不相适应。许多基层测报员在养殖季节需要到生产一线进行监测工作，但由于缺少工作经费支持，一定程度上影响了测报工作的开展。希望各地农业农村主管部门能够提高对水产养殖动植物疾病测报工作的重视，与基层水生动物疫病防控体系建设相配合，设置相应岗位人员，并配套经费以支撑工作开展。

2022年上海市水生动物病情分析

上海市水产技术推广站

（高晓华　安　伟　何正侃　张明辉）

一、2022年度水产养殖及疾病测报总体情况

2022年本市水产养殖总面积为 8 080.07 hm²，养殖品种 30 余种，养殖模式以淡水池塘养殖为主，凡纳滨对虾、中华绒螯蟹及鲫等常规鱼仍是上海市主要养殖品种。其中，凡纳滨对虾养殖面积 2 738.87 hm²，占养殖总面积的 33.90%；中华绒螯蟹养殖面积 2 388.2 hm²，占养殖总面积的 29.56%；常规鱼养殖面积 1 805.67 hm²，占养殖总面积的 22.35%。

根据全国水产技术推广总站的要求，纳入"全国水产养殖动植物病情测报信息系统"的监测对象为上海市 12 个重点养殖品种，1—12 月全年监测。2022 年度，在全市 9 个涉农区共设置监测点 81 个，测报面积为 892.34 hm²，占总养殖面积的 11.04%。2022 年度上海市各区监测点分布情况详见表 1。

表 1　2022 年上海市水产养殖疾病测报各区监测点分布情况

区域	监测点（个）	面积（hm²）
闵行	4	37.85
浦东	10	58.06
奉贤	11	80.95
金山	11	120.55
松江	10	24.97
青浦	23	170.08
嘉定	4	66.61
宝山	1	3.00
崇明	7	330.27
合计	81	892.34

二、2022年度上海市水产养殖病害及病情分析

（一）养殖品种总体病害情况

池塘养殖全年累计发病率为 23.20%，累计发病率最高的前三位是：凡纳滨对虾为 35.92%，常规鱼为 32.06%，中华绒螯蟹为 9.83%。

全市水产养殖因病害造成的经济损失全年为 1 685.8 万元,其中凡纳滨对虾经济损失为 1 021.3 万元,占全部经济损失的 60.58%;中华绒螯蟹经济损失为 251.65 万元,占全部经济损失的 14.93%;常规鱼病害损失为 121.20 万元,占全部经济损失的 7.19%;其余 20 多个养殖品种的病害损失合计占全部经济损失的 17.30%。

（二）域外养殖病害情况

上海市海丰水产养殖有限公司除上海市市内养殖外,在江苏省盐城市大丰区上海农场也有一定规模养殖,其养殖总面积为 1 816 hm²,发病面积为 1 583.07 hm²,全年造成经济损失为 2 204.17 万元。其中鲫养殖面积为 1 309.07 hm²,发病面积为 905.33 hm²,全年鲫造成经济损失为 2 184.06 万元,损失较为严重。

（三）病害监测及水生动物病情分析

2022 年,上海市水产养殖疾病测报区域覆盖了全市 9 个涉农区,共对 12 种主要水产养殖品种进行了病害监测与报告,监测对象包括 7 种鱼类、4 种甲壳类、1 种爬行类,详见表 2。

表 2　2022 年上海市水产养殖疾病测报监测品种（种）

类　别	病害监测品种	数量
鱼　类	草鱼、鲫、鲢、鳙、鳊、黄颡鱼、翘嘴鲌	7
甲壳类	罗氏沼虾、青虾、凡纳滨对虾、中华绒螯蟹	4
爬行类	中华鳖	1

12 种主要水产养殖品种中监测到病害发生的有 6 种,其余 6 种（黄颡鱼、翘嘴鲌、罗氏沼虾、凡纳滨对虾、青虾、中华鳖）在设定的监测点内未监测到病害发生。发病的 6 个养殖品种全年共监测到各类病害 15 种,累计 24 次。各类疾病累计发病次数占比见表 3。

表 3　2022 年上海市水产养殖疾病测报监测品种各类疾病累计发病次数统计

疾病种类	鱼类（次）	甲壳类（次）	爬行类（次）	合计（次）	占比（%）
病毒性	3	0	0	3	12.50
细菌性	7	1	0	8	33.33
真菌性	0	0	0	0	0
寄生虫性	5	0	0	5	20.83
蜕壳不遂症	0	2	0	2	8.33
不明病因疾病	1	5	0	6	25.00
合　计	16	8	0	24	100

（四）主要养殖鱼类监测到的病害情况

2022 年上海市 7 种主要养殖鱼类（草鱼、鲫、鳙、鲢、鳊、黄颡鱼、翘嘴鲌）经全年监测，5 种养殖鱼类有病害发生（草鱼、鲫、鳙、鲢、鳊），共监测到 11 种疾病。

细菌性疾病 5 种：鲫细菌性败血症、柱状黄杆菌病（细菌性烂鳃病）；鲢细菌性败血症；鳊细菌性败血症、赤皮病。

病毒性疾病 1 种：草鱼出血病。

寄生虫性疾病 4 种：草鱼似嗜子宫线虫病（红线虫病）；鳙锚头鳋病；鳊指环虫病、轮虫病。

不明病因疾病 1 种：鲫不明病因疾病。

1. 草鱼 监测面积 100.24 hm²，共监测到 2 种病害，分别为草鱼出血病、似嗜子宫线虫病（红线虫病）。从总体来看，草鱼的病害主要发生在 5 月、7 月、8 月、9 月，其余月份在监测点内未监测到病害。全年各月发病率（与该品种的总测报面积相比，以下相同）5 月发病率为 0.8%，7 月、8 月、9 月发病率均为 0.86%；全年各月死亡率以 7 月最高，为 0.06%，8 月、9 月次之，均为 0.02%，5 月最低为 0.01%（图 1）。

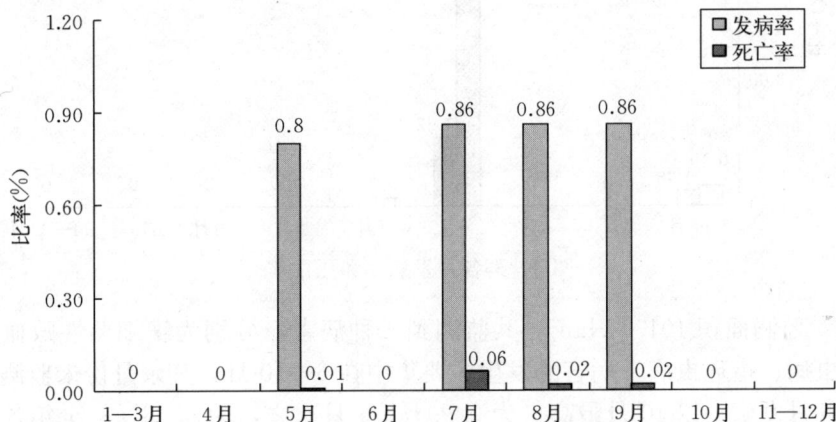

图 1 草鱼各月发病率和死亡率

草鱼出血病：发生于 7 月、8 月、9 月，全年累计发病率和死亡率分别为 2.58%、0.1%。

似嗜子宫线虫病（红线虫病）：发生于 5 月，全年发病率和死亡率分别为 0.8%、0.01%。

2. 鲢 监测面积 104.14 hm²，共监测到 1 种病害，为鲢细菌性败血症。病害发生在 6 月，累计发病率为 0.9%，累计死亡率为 0.02%。

3. 鳙 监测面积 108.13 hm²，共监测到 1 种病害，为鳙锚头鳋病。病害发生在 9 月，累计发病率为 0.18%，未造成鳙死亡。

4. 鲫 监测面积 101.93 hm²，共监测到 3 种病害，分别为鲫细菌性败血症、柱状黄杆菌病（细菌性烂鳃病）、不明病因疾病。从总体来看，病害主要集中在 1—3 月、6 月、7 月，其余月份未监测到病害发生。全年各月发病率以 6 月最高，为 8.07%，死亡率为 1.62%；1—3 月次之，发病率为 0.49%，死亡率为 0.38%；7 月的不明病因疾病发病率为 0.2%，死亡率为 0.01%（图 2）。

细菌性败血症：发生于 1—3 月、6 月，全年累计发病率和死亡率分别为 1.37%、0.41%。

柱状黄杆菌病（细菌性烂鳃病）：发生于 6 月，累计发病率和死亡率分别为 7.19%、1.59%。

不明病因疾病：发生于 7 月，累计发病率和死亡率分别为 0.2%、0.01%。

全年鲫发生的所有疾病中，柱状黄杆菌病（细菌性烂鳃病）发病率和死亡率均最高，细菌性败血症次之。

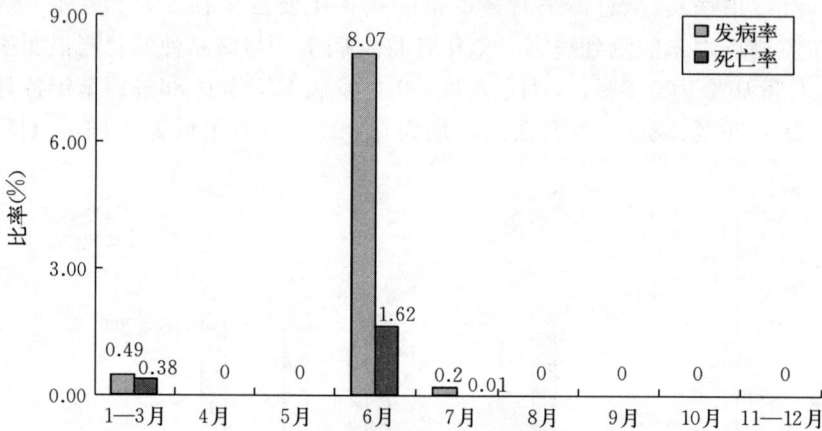

图 2　鲫各月发病率和死亡率

5. 鳊　监测面积 101.17 hm^2，共监测到 4 种病害，分别为鳊细菌性败血症、赤皮病、车轮虫病、指环虫病。病害的发生主要集中在 6—10 月，其余月份未监测到病害发生。全年各月发病率以 10 月最高，为 0.99%，8 月次之，为 0.66%；全年各月死亡率以 7 月最高，为 0.03%；10 月次之，为 0.02%，8 月、9 月均为 0.01%（图 3）。

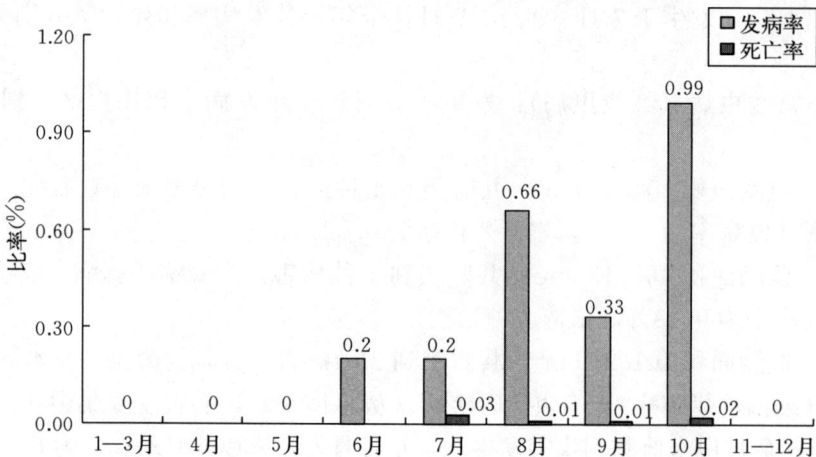

图 3　鳊各月发病率和死亡率

细菌性败血症：发生于 7 月、10 月，全年累计发病率和死亡率分别为 0.86％、0.04％。

赤皮病：发生于 9 月，累计发病率和死亡率分别为 0.33％、0.01％。

指环虫病：发生于 8 月、10 月，全年累计发病率和死亡率分别为 0.99％、0.02％。

车轮虫病：发生于 6 月，累计发病率为 0.2％，未造成鳊死亡。

6. 黄颡鱼、翘嘴鲌　监测面积分别为 4.8 hm²、9.54 hm²，这两个品种在监测点内全年未监测到病害。

（五）甲壳类病害

2022 年度，上海市监测的 4 种主要养殖甲壳类（罗氏沼虾、青虾、凡纳滨对虾、中华绒螯蟹）共监测到病害 4 种，均为中华绒螯蟹病害，分别是蜕壳不遂症、中华绒螯蟹水瘪子病、肠炎病及不明病因疾病。监测品种罗氏沼虾、凡纳滨对虾、青虾在设定的监测点内全年未监测到疾病发生。

1. 中华绒螯蟹　监测面积 101.11 hm²，监测到的 4 种病害（蜕壳不遂症、中华绒螯蟹水瘪子病、肠炎病及不明病因疾病）主要发生在 4—10 月，其余月份未监测到病害发生。全年各月发病率以 8 月最高，为 7.91％，6 月、7 月、9 月、10 月发病率均为 2.97％；全年各月死亡率以 5 月最高，为 0.89％，7 月次之，为 0.5％。

蜕壳不遂症：发生于 4 月、8 月，全年累计发病率和死亡率分别为 7.4％、0.62％。

中华绒螯蟹水瘪子病：发生于 5 月、6 月、7 月、8 月，全年累计发病率和死亡率分别为 11.37％、1.59％。

肠炎病：发生于 10 月，全年累计发病率和死亡率分别为 2.97％、0.11％。

不明病因疾病：发生于 9 月，全年累计发病率和死亡率分别为 2.97％、0.03％（图 4）。

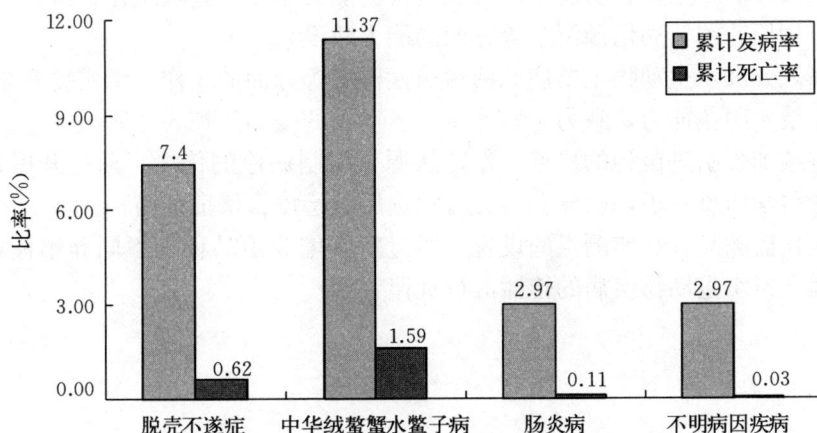

图 4　中华绒螯蟹病害全年累计发病率和死亡率

2. 罗氏沼虾、凡纳滨对虾、青虾　监测面积分别为 64.60 hm²、134.23 hm²、22.65 hm²，这 3 个品种在监测点内全年未监测到病害。

（六）爬行类病害

2022 年度上海市主要养殖爬行类为中华鳖，监测面积 39.80 hm²，在监测点内全年未监测到病害。

三、2023 年病害流行趋势分析

2023 年上海市可能发生、流行的水产养殖病害与近两年本市水生动物常见疾病基本一致，鱼类仍以细菌性和寄生虫性疾病为主，但亦会散发草鱼出血病、鲫造血器官坏死病等病毒性疾病，在养殖生产中应适时做好相关防控工作。鱼类在春冬两季易发水霉病、越冬综合征、赤皮病以及车轮虫病等疾病；此外，夏秋季节应重点关注淡水鱼细菌性败血症、肠炎病、溃疡病、锚头鳋病等病害。

2022 年，上海市监测的养殖虾类在监测点内未监测到病害发生，这与近年来该市持续开展水产苗种检疫、大力推广健康生态养殖模式且设置的监测点多为养殖示范基地等因素密切相关。但从全市范围看，凡纳滨对虾在养殖过程中仍频发各类病害，造成的直接经济损失也最大，养殖生产中务必高度重视。具体来看，2023 年上海市养殖甲壳类病害的易感品种仍是凡纳滨对虾、中华绒螯蟹和罗氏沼虾等。其中，病毒性疾病仍是重点关注对象，养殖虾类易发白斑综合征、十足目虹彩病毒病等疾病。中华绒螯蟹易发蜕壳不遂症、水鳖子病等。弧菌等细菌性疾病也可能会偶发。此外，根据上海市近年来对虾类疫病监测数据的统计分析，虾肝肠胞虫病等病害也可能会对 2023 年养殖虾类产生一定潜在危害，养殖生产中也应予以关注。

四、应对措施与建议

（1）继续参加水生动物防疫系统实验室检测能力验证等重点工作，持续加强全市水生动物病害病原监测、病情预测报等方面的能力建设。

（2）深入开展水生动物主要病原菌耐药性监测等方面的工作，切实提升全市水生动物疫病防控技术服务能力，致力于培养专业、精干的疫病防控人才队伍。

（3）持续加强引进苗种的检疫工作，从源头控制病原的传播。通过开展检疫宣传，提高养殖者科学防疫意识，引导养殖者自觉选用有检疫合格证的苗种。

（4）优化监测品种和监测点的设置，通过对新增养殖品种和不同养殖模式的监测，进一步掌握全市水生动物疾病的传播流行规律。

2022 年江苏省水生动物病情分析

江苏省水生动物疫病预防控制中心

（王晶晶　陈　静　吴亚锋　郭　闯　唐嘉蓉
袁　锐　方　苹　刘肖汉）

2022 年江苏 13 个市 76 个县（市、区）共设立监测点 386 个，包括国家级健康养殖示范场 275 个，国家级原良种场 1 个，省级原良种场 6 个，重点苗种场 6 个，观赏鱼养殖场 2 个，其他养殖场 96 个。设立测报员 433 名，全年上报测报记录 4 957 条。监测养殖品种共 33 种，其中鱼类 18 种，虾类 8 种，蟹类 2 种，藻类 1 种，其他类（龟鳖类）1 种，观赏鱼 3 种。监测面积为海水池塘 306.06 hm²，淡水池塘 36 048.53 hm²，淡水网箱 38.50 hm²，淡水工厂化 203.01 hm²，淡水其他 1 475.47 hm²。

一、病害总体情况

监测数据显示，2022 年测报点共监测到发病种类 23 种。发病种类中鱼类占比 56.52%、虾类 26.08%、蟹类 8.70%、观赏鱼 4.35%、其他类 4.35%。测到的疾病种类有细菌性疾病、寄生虫性疾病、病毒性疾病以及真菌性疾病等。其中细菌性疾病占比 48.79%，病毒性疾病占比 7.71%，真菌性疾病占比 6.37%，寄生虫性疾病占比 15.07%，非病原性疾病占比 13.99%，病原不明占比 1.43%，其他病害占比 6.64%。测报点因病害导致经济损失较高的养殖品种主要是草鱼、鲫、中华绒螯蟹等，各养殖种类平均发病面积率见表 1。

表 1　各养殖种类平均发病面积率

养殖种类			总监测面积（hm²）	总发病面积（hm²）	经济损失（万元）	平均发病面积率2022 年（%）	平均发病面积率2021 年（%）
淡水	鱼类	青鱼	459.02	104.93	13	22.86	14.03
		草鱼	2 469.60	728.15	93	29.48	29.93
		鲢	2 220.19	585.85	38	26.39	15.90
		鳙	2 085.89	380.53	19	18.24	10.15
		鲤	231.57	48.80	11	21.07	21.07
		鲫	2 860.45	866.71	86	30.30	31.79
		鳊	866.57	253.33	19	29.23	35.69
		泥鳅	42.50	10.45	9	24.59	18.70

（续）

养殖种类			总监测面积（hm²）	总发病面积（hm²）	经济损失（万元）	平均发病面积率 2022年（%）	平均发病面积率 2021年（%）
淡水	鱼类	鲴	358.33	130.80	1	36.50	18.12
		河鲀（淡）	75.50	8.00	2	10.60	25.59
		鳜	394.03	6.67	6	1.69	12.38
		鲈（淡）	108.33	11.33	5	10.46	37.79
		乌鳢	20.67	5.33	3	25.79	12.74
	虾类	罗氏沼虾	323.20	189.33	12	58.58	100
		青虾	888.27	43.33	4	4.88	1.81
		克氏原螯虾	1 762.06	163.27	17	9.27	6.15
		凡纳滨对虾（淡）	1 208.70	21.33	2	1.76	0.78
	蟹类	中华绒螯蟹	6 601.17	3 632.75	69	55.03	41.9
	其他类	鳖	113.50	6.33		5.58	3.06
	观赏鱼	金鱼	6.00	2.13	4	35.50	16.51
海水	虾类	凡纳滨对虾（海）	144.00	4.67	2	3.24	7.12
		脊尾白虾	20.00	20.00		100	100
	蟹类	梭子蟹	68.33	68.33		100	100

江苏省不同季节水产养殖全部类别发病面积比详见图 1。从发病季节变化看，3月发病面积比迅速上升，4月达到第一个高峰后下降，5—7月随着水温持续上升，发病面积比再次缓慢上升，7月达到第二个高峰后发病面积比缓慢下降；全年发病面积比最高的月份是 9月，此外 12月入冬期间水温下降，发病面积比又再次上升。总体来看，换季时期由于水温剧烈变化，昼夜温差大，鱼病也往往频繁发生。

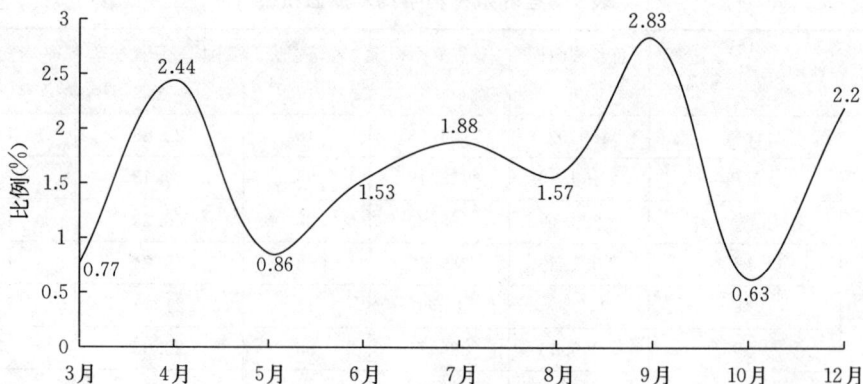

图 1　江苏省不同季节水产养殖全部类别发病面积比

二、不同品种养殖病害情况分析

（一）鱼类病害

测报点上报次数最多的病害是淡水鱼细菌性败血症，占比 33.02％；其次是细菌性肠炎病，占比 14.29％。其他上报次数较多的病害有水霉病、锚头鳋病、鲫造血器官坏死病等。春季气温低，加上越冬后鱼类抵抗力差，真菌类疾病和体表细菌性疾病发病率较高，鱼类易感染水霉病、竖鳞病、赤皮病。夏季水温高，易患细菌性败血症、烂鳃病、肠炎病。秋季气温下降进入养殖关键阶段，养殖密度大，水质易恶化，发病率又继续升高。测报点监测到的鱼类病害汇总见表 2。

表 2　监测到的鱼类病害汇总

类别	疾病名称	2022 年上报疾病次数（次）	2022 年占比（％）	2021 年占比（％）	2020 年占比（％）
细菌性疾病	赤皮病	25	3.37	5.65	5.45
	打印病	9	1.21	0.32	0.3
	爱德华氏菌病	1	0.13	0	0.3
	淡水鱼细菌性败血症	245	33.02	28.68	30.72
	竖鳞病	5	0.67	0.85	0.2
	鲫类肠败血症	1	0.13	0	0.4
	疖疮病	1	0.13	0.21	0.69
	溃疡病	13	1.75	1.17	2.18
	柱状黄杆菌病（细菌性烂鳃病）	21	2.83	3.94	8.53
	诺卡氏菌病	1	0.13	0.21	0.1
	细菌性肠炎病	106	14.29	13.22	10.51
病毒性疾病	草鱼出血病	22	2.96	1.28	0.69
	斑点叉尾鮰病毒病	1	0.13	0	0.1
	传染性脾肾坏死病	5	0.67	1.17	1.09
	鲫造血器官坏死病	34	4.58	2.03	4.07
	锦鲤疱疹病毒病	1	0.13	0	0.2
寄生虫疾病	固着类纤毛虫病	2	0.27	0.11	0.2
	锚头鳋病	59	7.95	6.93	6.05
	黏孢子虫病	17	2.29	1.71	1.49
	车轮虫病	29	3.91	5.97	4.46
	指环虫病	25	3.37	5.12	3.67
	小瓜虫病	3	0.40	0.43	0.2
	中华鳋病	4	0.54	1.49	1.58

（续）

类别	疾病名称	2022 年上报 疾病次数（次）	2022 年占比 （%）	2021 年占比 （%）	2020 年占比 （%）
寄生虫 疾病	斜管虫病	0	0	0.32	0.99
	舌状绦虫病	1	0.13	0.11	0
真菌性 疾病	流行性溃疡综合征	2	0.27	0.96	0.3
	鳃霉病	0	0	0.32	0.59
	水霉病	59	7.95	8.74	7.33
非病原性 疾病及 其他	不明病因疾病	12	1.62	1.6	2.38
	肝胆综合征	23	3.10	2.03	1.75
	缺氧症	15	2.02	2.13	1.98

1. 异育银鲫　鲫养殖主要包括草鲫混养模式和精养模式，养殖分布范围广，以盐城地区居多。近年来鲫病害损失严重，精养模式逐渐减少，混养较多。监测点平均发病面积比例 1.45%，发病区死亡率 4.12%。2022 年测报点仍然监测到了鲫造血器官坏死症和常见细菌性、寄生虫性和真菌性疾病（图 2）。鲫造血器官坏死症是目前威胁鲫养殖业健康发展的主要疾病之一；其发病水温广泛，在 15～30 ℃ 均可发病，25～28 ℃ 为疾病流行高峰，目前仍然是引起测报点经济损失较严重的病害。孢子虫病近年来也对鲫养殖产业造成较大影响，一旦感染治疗起来非常困难，因此养殖过程中应重视清塘工作，注重改底和调水，阻断孢子虫感染途径。此外，前期养殖暴发越冬综合征的池塘较多，发病情况较为严重，主要原因是养殖鱼体越冬后体质差，抗应激能力低，随着春季水温回升，投喂量增加，鱼体肝脏和肠道负担突然加重，加上病原菌繁殖，常诱发肠炎病、烂鳃病、赤皮病等多种疾病。

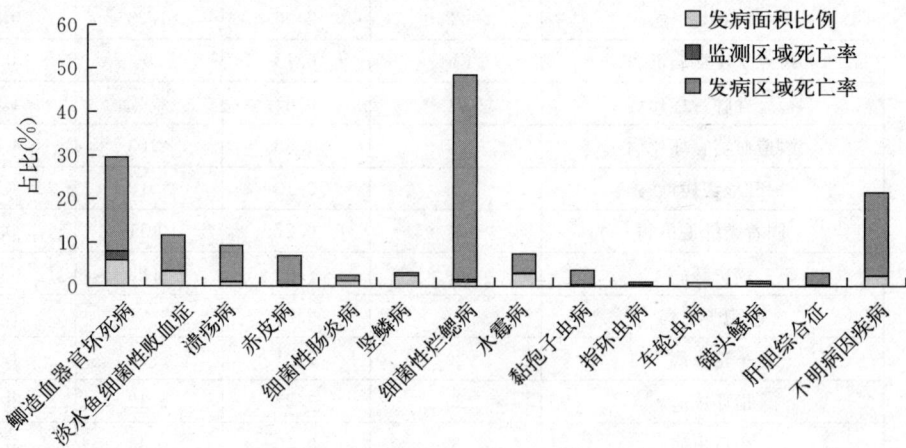

图 2　异育银鲫发病面积比例和死亡率

2. 草鱼、青鱼　测报区平均发病面积比例 3.81%，平均发病区死亡率 4.54%。春季以溃疡病、赤皮病、竖鳞病、水霉病等疾病居多，主要发生在存塘鱼密度大、载鱼量多的池塘以及有过转鱼的池塘，病情发展快、死亡量大，给养殖户造成了很大损失。夏季淡水鱼细菌性败血症、草鱼出血病、细菌性肠炎病、细菌性烂鳃病比例较高，秋季草鱼、青鱼易发脂肪肝、肝胆综合征等疾病，此外也监测到车轮虫病、指环虫病、锚头鳋病等常见寄生虫病（图 3）。草鱼、青鱼养殖在追求生长速度和大规格的同时，要注意保肝护胆，降低肝胆负荷，增强鱼体质。

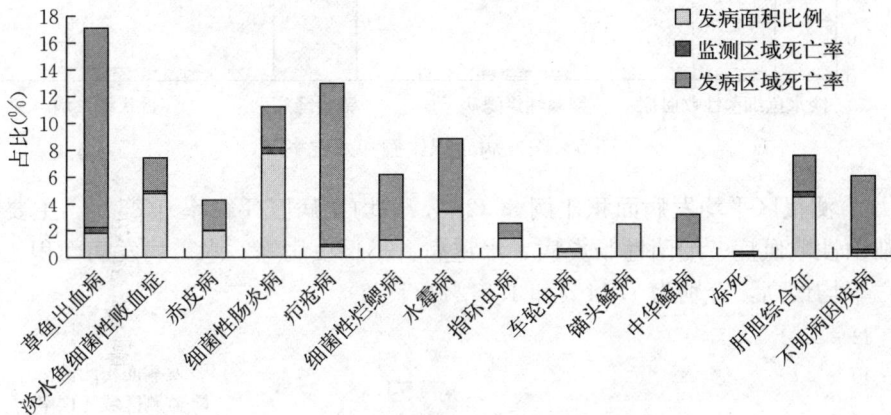

图 3　草鱼、青鱼发病面积比例和死亡率

3. 鲢、鳙　测报区鲢、鳙平均发病面积比例 4.07%，平均发病区死亡率 6.23%。监测到的病害主要有淡水鱼细菌性败血症、细菌性肠炎、烂鳃病、赤皮病、打印病、水霉病、鳃霉病、指环虫病、锚头鳋病、中华鳋病等。淡水鱼细菌性败血症的发病面积比率最高，发病区死亡率最高的是赤皮病（图 4）。

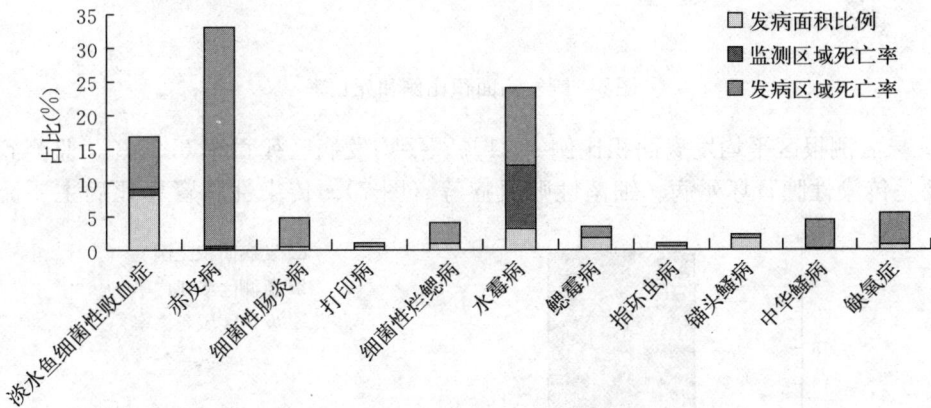

图 4　鲢、鳙发病面积比例和死亡率

4. 鳊　测报区平均发病面积比例 15.61%，平均发病区死亡率 3.22%，监测到的病害主要有细菌性败血症、细菌性烂鳃病、锚头鳋病、舌状绦虫病等。测报点细

247

菌性败血症和锚头鳋病发病面积比例较高。发病区死亡率最高的病害为淡水鱼细菌性败血症（图 5）。

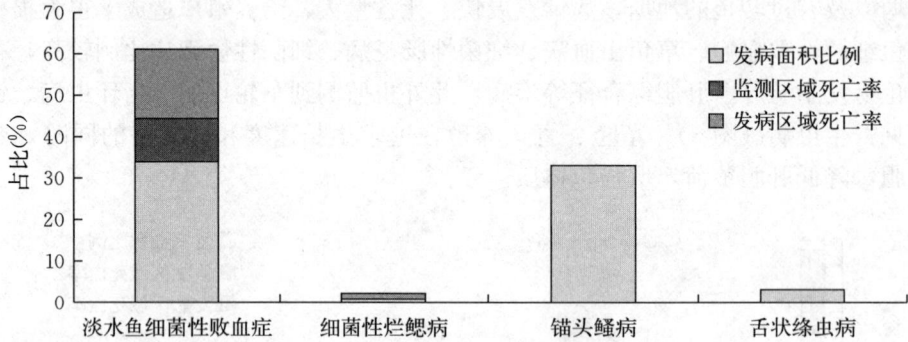

图 5 鳊发病面积比例和死亡率

5. 鲤 测报区平均发病面积比例 3.32%，平均发病区死亡率 0.35%。主要疾病有淡水鱼细菌性败血症、细菌性肠炎病、水霉病、小瓜虫病等。水霉病发病面积比例和发病区死亡率均最高，分别为 7.14% 和 1.87%（图 6）。

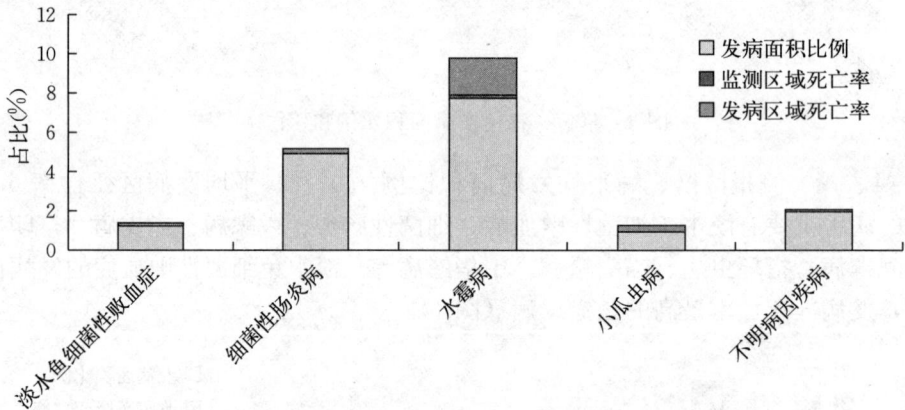

图 6 鲤发病面积比例和死亡率

6. 鳜 测报区平均发病面积比例 1.21%，平均发病区死亡率 6.25%。监测到的病害主要是传染性脾肾坏死病、细菌性败血症等（图 7）。传染性脾肾坏死病主要流行于

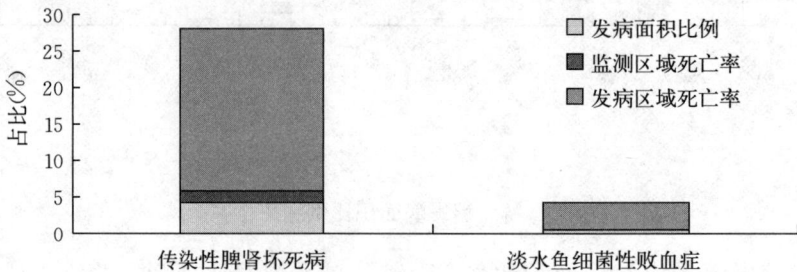

图 7 鳜发病面积比例和死亡率

7—8 月，平均发病面积比例 4.24％，平均发病区死亡率 22.24％。该病是当前鳜养殖的重要疾病，水温 25 ℃以上多发，天气剧烈变化、缺氧、水质恶化、过量投喂等严重应激都可能诱发疾病。

7. 其他养殖鱼类　江苏鲴养殖主要分布在盐城、宿迁等地，养殖模式包括池塘精养和池塘工业化系统水槽养殖，鲴测报面积 358.33 hm²，2022 年度监测到的病害主要为淡水鱼细菌性败血症，平均发病面积比例 32％，发病区死亡率 0.08％。其他养殖鱼类测报面积少，病害范围较小。泥鳅、黄颡鱼、鲈、乌鳢等也不同程度地监测到了各种病害的发生，以细菌性疾病和寄生虫疾病为主。

（二）蟹类病害

测报区平均发病面积比例 2.78％，平均发病区死亡率 4.79％。蟹类病害中从近几年测报情况看，以蜕壳不遂症上报比例最多，2022 年上报次数占比 29.87％；其次为肠炎病、烂鳃病、中华绒螯蟹水瘪子病等（表 3）。

表 3　2022 年监测到的蟹类病害汇总

类别	疾病名称	上报疾病次数（次）	2022 年占比（％）	2021 年占比（％）	2020 年占比（％）
细菌性疾病	肠炎病	32	13.85	21.73	12.14
	腹水病	8	3.46	3.83	2.37
	弧菌病	7	3.03	2.56	3.96
	烂鳃病	28	12.12	10.22	14.25
	甲壳溃疡病	0	0	0.64	0.26
寄生虫疾病	固着类纤毛虫病	9	3.9	5.75	5.54
非病原性疾病	蜕壳不遂症	69	29.87	34.82	31.93
	缺氧	30	12.99	3.51	4.22
其他	颤抖病	2	0.87	2.88	2.38
	中华绒螯蟹水瘪子病	16	6.93	5.43	13.46
	不明病因疾病	30	12.99	6.39	8.71

2022 年中华绒螯蟹监测到的病害有蜕壳不遂症、腹水病、烂鳃病、弧菌病、肠炎病、中华绒螯蟹水瘪子病、固着类纤毛虫、颤抖病等（图 8）。中华绒螯蟹养殖初期监测到病害为蜕壳不遂，中华绒螯蟹水瘪子病在中华绒螯蟹养殖的全年均有发生，影响中华绒螯蟹的产量和规格，造成回捕率低、规格小，给养殖户造成了严重的损失，该病症的高峰期是在 7 月以后，可在饵料中添加适量营养物质增强抵抗力以防止疾病的发生。蟹池在高温季节水质富营养化，池底淤泥深厚，中华绒螯蟹常发生蜕壳不遂、高温缺氧等，引起塘口出现大批死亡，高温期应避免盲目投喂，营造良好的水质环境，做好管水、护草、控饵，给中华绒螯蟹生长营造良好的生态环境。

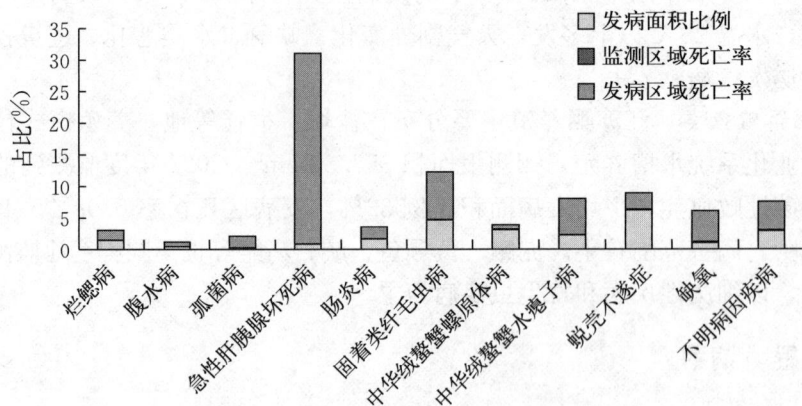

图 8　中华绒螯蟹主要病害

（三）虾类病害

虾类养殖病害主要为虾虹彩病毒病、虾肝肠胞虫病、弧菌病、固着类纤毛虫病、白斑综合征、蜕壳不遂等（表 4）。弧菌是一类条件致病菌，当水体环境变化等因素引起养殖动物体质下降，同时弧菌数量太多则容易引发。在育苗和养成期间，应注意消毒预防，合理放养，保持适宜的密度，在捕捞与运输过程中，避免受伤，及时更换新水，调节水质，保持水质清洁，以防止因有机质增多而导致该病发生。测报区内虾白斑综合征、虾虹彩病毒病上报次数较多，2022 年罗氏沼虾主要养殖区暴发虹彩病毒病，给生产带来经济损失。虾类病毒性疾病重在预防，从提高对虾抗应激能力、改善和优化水体环境、切断病原体传播途径等方面着手，尽量少用药，要在准确诊断的基础上对症或对因用药，防止细菌继发感染等，实施全面健康的养殖管理。另外需要注意的是，虾类不明原因疾病上报仍较多，需加强检测，明确病原，提高测报精确度和测报水平。

表 4　2022 年监测到的虾类病害汇总

类别	疾病名称	上报疾病次数（次）	2022 年占比（%）	2021 年占比（%）	2020 年占比（%）
细菌性疾病	肠炎病	1	1.23	10.77	5
	烂鳃病	2	2.47	1.54	16.43
	急性肝胰腺坏死病	1	1.23	0	0
	腹水病	1	1.23	0	0
	弧菌病	9	11.11	13.08	5.71
病毒性疾病	白斑综合征	7	8.64	10	2.85
	虾虹彩病毒病	9	11.11	0.77	0
寄生虫疾病	虾肝肠胞虫病	2	2.47	1.54	0.71
	固着类纤毛虫病	6	7.41	11.54	8.57

（续）

类别	疾病名称	上报疾病次数（次）	2022 年占比（%）	2021 年占比（%）	2020 年占比（%）
非病原性疾病	蜕壳不遂症	8	9.88	6.15	11.43
真菌性疾病	水霉病	0	0	0.77	0.71
	丝囊霉菌感染（螯虾瘟）	1	1.23	0	0
其他	缺氧	4	4.94	2.31	2.9
	不明原因疾病	30	37.04	34.62	34.62

1. 克氏原螯虾　主要病害有烂鳃病、蜕壳不遂、肠炎病、白斑综合征等（图 9）。从 5 月开始，随着温度升高，养殖密度增加，抵抗力随之下降，细菌、病毒极易感染，肠炎病等集中暴发。因此平时应做好养殖池消毒、育苗用水过滤消毒处理，及时清除池底污物，投喂适量饵料，做好疾病预防。

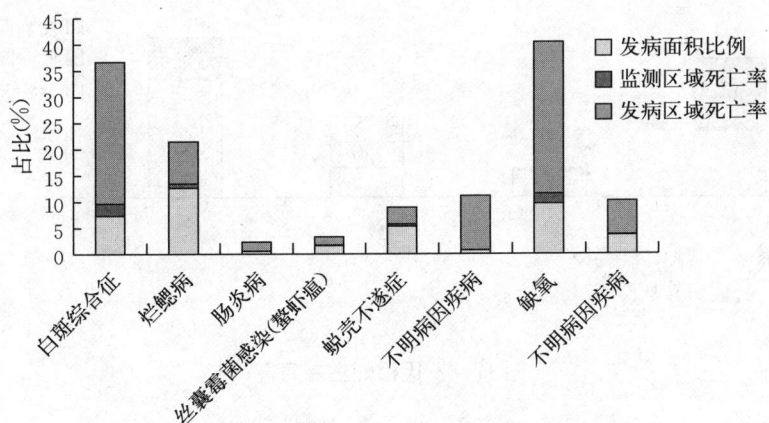

图 9　克氏原螯虾主要病害

2. 凡纳滨对虾　养殖主要分布在盐城、南通等沿海地区。虾类由于高密度养殖以及苗种质量等多种原因，一旦发病，使用消毒剂、内服药等效果一般较难控制，导致死亡率较高（图 10）。

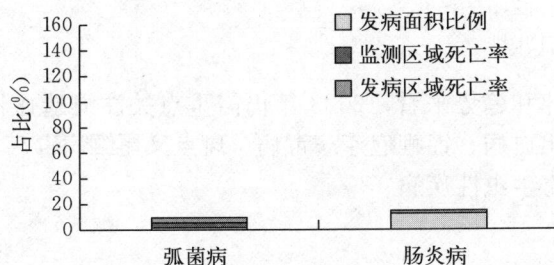

图 10　凡纳滨对虾主要病害

3. 青虾 江苏青虾养殖主要分布常州、苏州、南京等地区，测报区监测到的病害为缺氧和不明原因疾病（图11）。

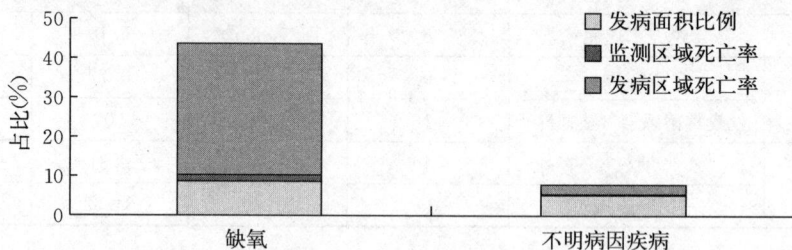

图 11 青虾主要病害

4. 罗氏沼虾 主要分布在扬州高邮、江都等地区，病害有十足目虹彩病毒病、固着类纤毛虫病、蜕壳不遂症等（图12）。

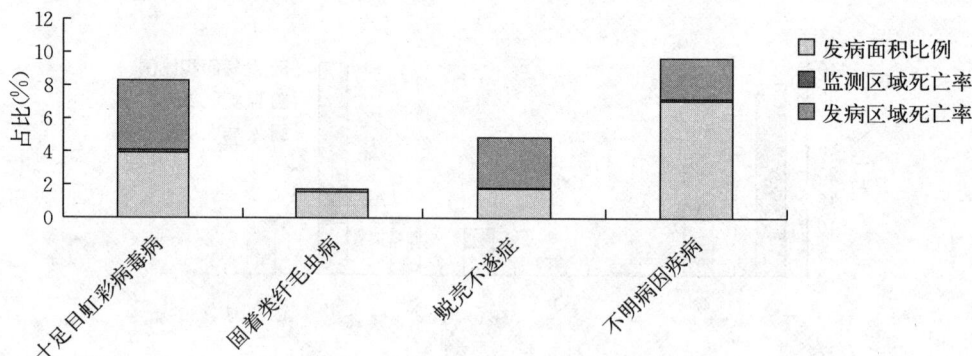

图 12 罗氏沼虾主要病害

（四）其他种类病害

监测到的病害主要有鳖溃烂病和鳖红底板病。观赏鱼病害主要有锦鲤疱疹病毒病、水霉病、小瓜虫病等，多为点状散发，发病率和死亡率均较低。

三、病害流行预测与对策建议

（一）病害流行预测

根据疾病流行规律和趋势来看，2023年仍需重点关注鲫造血器官坏死症、鳜传染性脾肾坏死病、草鱼出血病、锦鲤疱疹病毒病、斑点叉尾鮰病毒病、虾类病毒性疾病以及常规细菌性疾病和寄生虫性疾病。

（二）对策建议

一是注重水质管理。通过改善池塘水质和地质条件，优化养殖环境，选择优质饲料，合理投喂，保证养殖动物充分摄食、健康生长，避免饵料过量投喂、营养不均衡。适当添加免疫增强剂，精粗饲料合理搭配；适量拌入多维、免疫多糖等以增强鱼体的免疫能力。

二是精选高效药物。在养殖过程中针对常见寄生虫和从患病鱼体中分离的致病菌，利用药物敏感性试验的方法，精选高效药物。对水产种类进行药物防控时，使用剂量科学、合理，避免多次、大量使用药物对养殖鱼类造成应激，尽可能选用对养殖水体中浮游动、植物与益生微生物破坏作用小的药物进行水体消毒，选用毒副作用小的药物进行内服，且避免长时间高剂量使用药物。

三是合理控制养殖密度。遵循生态互补原则，充分利用水体生态位，最大限度减少密度胁迫，合理配养，提高水产动植物对不利生长环境的抵抗性和耐受性，减少因环境刺激而暴发的病害现象。

四是加强病害监测和研究。加强水产养殖病害监测和防控工作，减少病害危害，服务渔业生产，提升产品质量安全。除了加强监测点病害的监测外，对突发疫情、新发疫情及时上报，掌握重大病害流行规律，特别是病害高峰季节防止疫情暴发和蔓延，促进水产养殖稳定健康可持续发展。

2022年浙江省水生动物病情分析

浙江省水产技术推广总站

（朱凝瑜　何润真　梁倩蓉　周　凡　丁雪燕）

2022年浙江省11个市71个县（市、区）开展了水产养殖病害监测工作，共设立400个监测点，监测品种24个，监测面积0.37万hm²。与2021年相比，监测品种增加了马口鱼和光唇鱼2个溪流性鱼类新兴养殖品种，监测到的病害总数大幅减少，月平均发病率基本持平，月平均死亡率有所减少。其中，黄颡鱼春季暴发性死亡及青蟹血卵窝鞭虫病已连续两年持续减轻，但是大口黑鲈弹状病毒病和虹彩病毒病、大黄鱼刺激隐核虫病和内脏白点病、七星鲈溃疡病以及凡纳滨对虾的几种病毒性疾病仍然较为严重，经济损失总额依然较高。

一、总体发病情况

2022年开春水温、气温较往年偏高，4月持续阴天水温偏低，造成生产延后；6月初进入梅雨期，降水偏少，气温偏高；7—8月持续高温，35℃以上高温天气长达56 d，降水量低；9月台风"轩岚诺""梅花"对沿海地区养殖影响较小，全年整体发病情况大幅减少。24个品种400个监测点共监测到各类病害总数40种（含不明病因10宗），较2021年减少13种；月平均发病率1.81%，较2021年增加0.03个百分点；月平均死亡率0.40%，较2021年减少0.12个百分点；测报点直接经济损失2 022.21万元，为2021年的41.36%。发病较严重的品种有大黄鱼、七星鲈和凡纳滨对虾等。现将具体情况分析如下：

1.发病品种增加，病害总数大幅减少　浙江省水产养殖品种全年病害发生较多，病害发生高峰期在4—9月，各月份病害数不少于13种（图1）。24个监测品种中，青

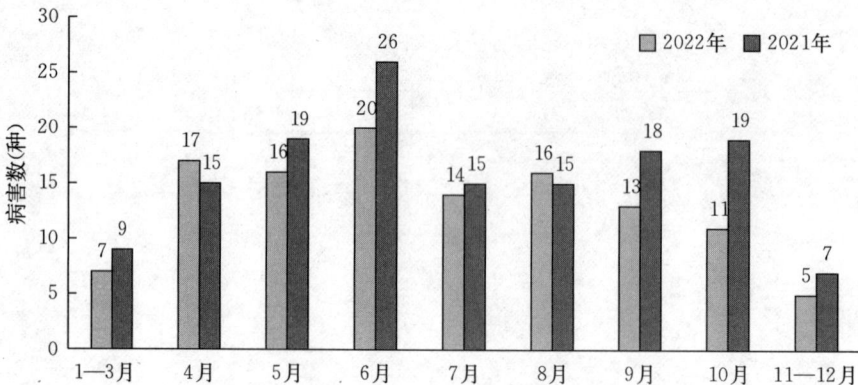

图1　2022年浙江省水产养殖月病害数比较

鱼、草鱼、鲤、鲫、黄颡鱼、大口黑鲈、翘嘴红鲌、光唇鱼、马口鱼、七星鲈、大黄鱼、罗氏沼虾、凡纳滨对虾、梭子蟹、青蟹和中华鳖等 16 个品种发病，与 2021 年相比，发病品种中鱼类和甲壳类略有增加，爬行类不变，贝类未监测到疾病；共监测到各类病害 30 种，包括病毒性疾病 6 种、细菌性疾病 12 种、寄生虫性疾病 8 种、真菌性疾病 1 种，非生物源性疾病 3 种（表1），病害总数较 2021 年减少 12 种，其中病毒性、细菌性、真菌性、寄生虫性和非生物源性疾病分别减少 2、4、1、3 和 2 种。此外，监测到病因不明 10 宗，比 2021 年减少 1 宗。

表 1   2022 年水产养殖发病种类及病害类型分析（种）

类　别		鱼类	甲壳类	爬行类	贝类	合计	2021 年
监测品种数		13	7	1	3	24	22
监测品种发病数		11	4	1	0	16	13
疾病性质	病毒性	3	2	1	0	6	8
	细菌性	9	2	2	0	12	16
	真菌性	1	0	0	0	1	2
	寄生虫性	7	1	0	0	8	11
	非生物源性	2	1	0	0	3	5
合　计		22	8	3	0	30	42

注：2022 年监测到 10 宗病因不明病例，比 2021 年减少 1 宗。"合计"中已合并不同品种中的相同病原。

2. 总体病害程度减弱，经济损失大幅减少   2022 年水产养殖全年监测点总发病率为 11.06%，比 2021 年减少 3.55%。月平均发病率 1.81%，与 2021 年基本持平；月平均死亡率 0.40%，较 2021 年减少 0.12 个百分点。全省水产养殖月平均发病率、月平均死亡率的变化情况见图2、图3。

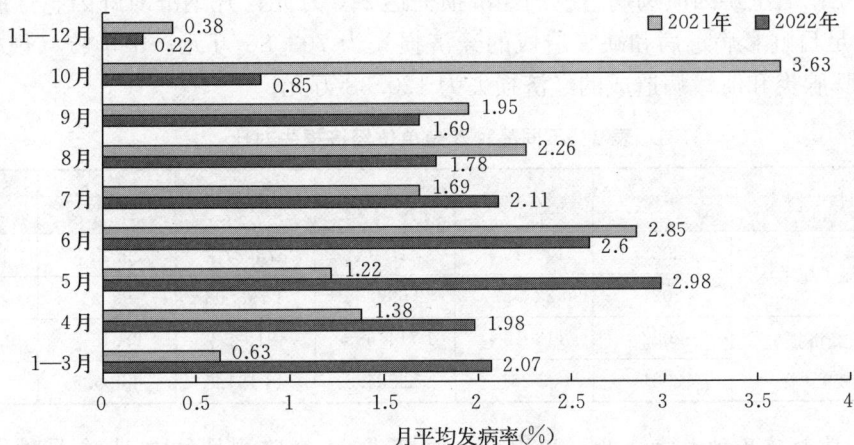

图 2   2022 年浙江省水产养殖月平均发病率比较

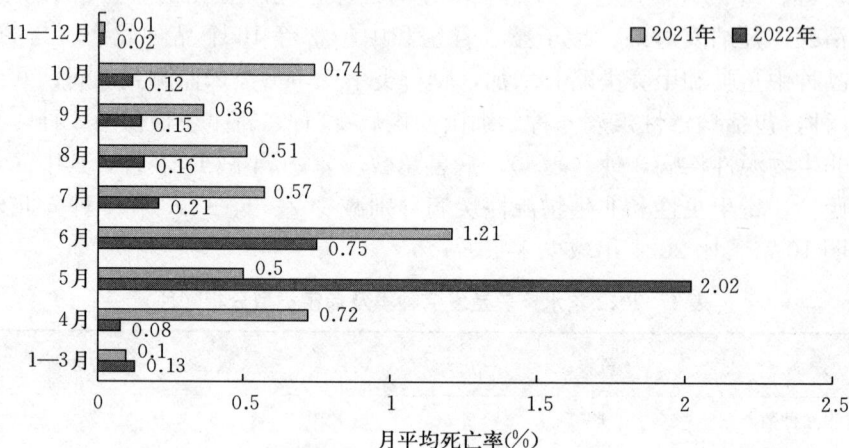

图 3　2022 年浙江省水产养殖月平均死亡率比较

　　2022 年各月份的月平均发病率和死亡率均呈现先升高后降低的趋势，在 5 月达到峰值，分别为 2.98% 和 2.02%。各月份发病情况大致如下：1—3 月淡水鱼类水霉病、大黄鱼内脏白点病和大口黑鲈苗期弹状病毒病发病率较高；4—6 月黄颡鱼小 RNA 病毒病和溃疡病、大黄鱼内脏白点病、凡纳滨对虾急性肝胰腺坏死病以及中华鳖各类细菌性疾病高发，发病率和死亡率均较高；6—8 月鱼类细菌性疾病、大口黑鲈虹彩病毒病、大黄鱼刺激隐核虫病和七星鲈溃疡病频发；9—10 月凡纳滨对虾和罗氏沼虾监测到十足目虹彩病毒病，发病率和死亡率较高；11—12 月病害较少，偶发水霉病和寄生虫病，发病率和死亡率均为全年最低值。

　　2022 年监测点上总体经济损失为 2 022.21 万元，是 2021 年的 41.36%。除爬行类有所增加外，其他各养殖大类单位面积经济损失均比 2021 年大幅减少（表 2）。监测点上经济损失较大的主要有以下几个品种：大黄鱼因内脏白点病和刺激隐核虫病经济损失 407.9 万元；七星鲈因溃疡病造成的经济损失达 220 万元；凡纳滨对虾因急性肝胰腺坏死病、十足目虹彩病毒病和缺氧造成的经济损失为 703.86 万元；中华鳖（规格为 2～3 kg）因腮腺炎和溃烂病造成的经济损失为 120.38 万元。

表 2　不同品种养殖单位经济损失对比

项目	年份	淡水鱼类	海水鱼类	虾类	蟹类	爬行类
经济损失（万元）	2022	148.19 ↓	821.9 ↓	873.37 ↓	29.22 ↓	149.53 ↑
	2021	225.57	2 692.56	1 798.08	99.24	73.58
单位面积经济损失（元/hm²）	2022	113.10 ↓	1 714.65 ↓	491.25 ↓	28.18 ↓	328.45 ↑
	2021	3 261	72 265.5	14 191.5	1 495.5	2 047.5

　　3. 各类养殖品种发病情况　2022 年，浙江省 24 个监测品种中 16 个品种发生不同程度的病害（表 3）。月平均发病率较高的有罗氏沼虾（6.25%）、青鱼（6.07%）、大

黄鱼（5.53%）、鲤（4.54%）和青蟹（4.44%）；月平均死亡率较高的有罗氏沼虾（3.89%）、马口鱼（1.98%）和大黄鱼（1.14%）。其中，鲤、罗氏沼虾和梭子蟹等 3 个品种的发病率和死亡率均比 2021 年升高，而鲫、翘嘴红鲌、大口黑鲈、黄颡鱼、七星鲈、凡纳滨对虾和中华鳖等 7 个品种的发病率和死亡率均比 2021 年有所降低。

表 3　2022 年各监测品种月平均发病率和月平均死亡率与 2021 年比较

监测品种	养殖模式	平均发病率（%）			平均死亡率（%）			监测品种	养殖模式	平均发病率（%）			平均死亡率（%）		
		2022 年	2021 年	比较	2022 年	2021 年	比较			2022 年	2021 年	比较	2022 年	2021 年	比较
青鱼	池塘	6.07	4.05	＋	0.07	0.45	－	凡纳滨对虾	池塘	2.55	3.43	－	0.90	4.91	－
草鱼	池塘	2.48	2.10	＋	0.47	1.68	－	青虾	池塘	/	/	/	/	/	/
鲢	池塘	/	/	/	/	/	/	罗氏沼虾	池塘	6.25	/	＋	3.89	/	＋
鳙	池塘	/	/	/	/	/	/	克氏原螯虾	池塘	/	/	/	/	/	/
鲤	池塘	4.54	4.24	＋	0.48	0.03	＋	梭子蟹	池塘	0.47	0.36	＋	0.02	0.008	＋
鲫	池塘	2.26	4.76	－	0.05	1.10	－	拟穴青蟹	池塘	4.44	4.23	＋	0.04	0.19	－
翘嘴红鲌	池塘	0.96	2.42	－	0.005	0.25	－	中华绒螯蟹	池塘	/	/	/	/	/	/
大口黑鲈	池塘	0.69	2.81	－	0.048	0.05	－	中华鳖	池塘	1.59	1.7	－	0.02	0.03	－
黄颡鱼	池塘	0.70	1.54	－	0.11	0.26	－	泥蚶	池塘	/	/	/	/	/	/
七星鲈	海水网箱	0.81	4.02	－	0.33	0.73	－	缢蛏	池塘	/	/	/	/	/	/
大黄鱼	海水网箱	5.53	3.01	＋	1.14	2.24	－	三角帆蚌	池塘						
光唇鱼	池塘	0.16	N	N	0.14	N	N	马口鱼	池塘	3.11	N	N	1.98	N	N

注："＋"表示比去年同期增加；"－"表示比去年同期减少；"/"表示未发病；"N"表示去年同期未开展监测，不做比较。

（1）淡水养殖鱼类病害　11 个监测品种中除鲢和鳙外，其他 9 个品种共监测到 16 种病害，比 2021 年减少 8 种。其中，鲫、翘嘴红鲌、大口黑鲈和黄颡鱼等 4 个品种的发病和死亡情况有所减轻，其他品种发病情况均有所增加（发病率或死亡率增加）。整体来看，草鱼、鲫和黄颡鱼发病较为严重。草鱼全年监测到多种病害，包括草鱼出血病、溃疡病、小瓜虫病、指环虫病和水霉病等；鲫全年监测到鲫造血器官坏死病、淡水鱼细菌性败血症、赤皮病、溃疡病、竖鳞病、鱼爱德华氏菌病、车轮虫病、锚头鳋病和水霉病等；黄颡鱼春季发病较为严重，死亡率高，主要为细菌性肠炎病、裂头病、溃疡病和小 RNA 病毒病等。上半年因上海疫情的暴发，大口黑鲈流通和销售受到很大的影响，鱼价较低，部分地区池塘的大口黑鲈存塘量较多，密度较大，加上 7—8 月连续的高温干旱天气，虹彩病毒病多发；此外，大口黑鲈苗期（3—5 月）弹状病毒病、9—11 月诺卡氏菌病也较为严重，需引起重视。

2022 年新增加的 2 种溪流性鱼类（马口鱼和光唇鱼）主要以淡水鱼细菌性败血症、细菌性肠炎病、指环虫病和锚头鳋病为主，其中细菌性肠炎病对马口鱼的危害最大，全年监测点总发病率和死亡率分别为 13.72% 和 17.44%；指环虫病对光唇鱼的危害较大，5 月发病率和死亡率分别为 0.5% 和 0.68%。此外，近几年流行病学调查显示，链球菌病对光唇鱼的危害逐年升高，从小苗到商品鱼、亲本均可感染发病，发病时间主要集中在 5—7 月及 9—10 月。

（2）海水养殖鱼类病害　大黄鱼全年监测到各类疾病，主要包括内脏白点病、刺激隐核虫病、溃疡病、细菌性肠炎病、白鳃病和本尼登虫病等病害，月平均发病率 5.53%，月平均死亡率 1.14%，与 2021 年相比发病率有所增加，死亡率减少。其中，1—6 月主要是内脏白点病流行，6—10 月刺激隐核虫病流行，这两种病造成的经济损失最大，需要重点关注。七星鲈在 7—9 月监测到溃疡病，造成的经济损失较大，全年监测点总发病率和死亡率分别为 4.16% 和 2.92%。

（3）虾类病害　凡纳滨对虾共监测到白斑综合征、虾肝肠胞虫病、十足目虹彩病毒病、急性肝胰腺坏死病、肠炎病、弧菌病、蜕壳不遂症、缺氧和不明病因疾病等 9 种病害。月平均发病率 2.55%，月平均死亡率 0.90%，均比 2021 年大幅减少。流行病学调查显示，上半年梅雨期凡纳滨对虾急性肝胰腺坏死病和虾肝肠胞虫病发生较多；下半年由于连续高温干旱导致凡纳滨对虾出现软壳、白便的现象，但总体死亡率低。其中，已连续多年在对虾中监测到白斑综合征、急性肝胰腺坏死病和十足目虹彩病毒病等 3 种病毒病，需多加留意。此外，6—7 月在罗氏沼虾中监测到十足目虹彩病毒病，流行病学调查也发现额剑白点病（虾虹彩病毒感染）、铁虾病（黄病毒感染）和水疱白体病（弗氏柠檬酸杆菌感染），湖州市部分育苗场出现种虾感染虾虹彩病毒病导致大量死亡的现象，种虾带毒现象表明病毒有可能通过带毒苗种进行传播，需加强检疫。青虾、克氏原螯虾未监测到病害发生。

（4）蟹类病害　受台风影响较小，未出现大面积发病。青蟹主要监测到白斑综合征、蜕壳不遂症和病因不明疾病等，其中 8—9 月发病较为严重，月平均发病率和死亡率分别为 4.44% 和 0.04%。血卵涡鞭虫病发生较少，检出率已连续两年下降，且多为隐性携带。此外，在野生蟹苗中检出白斑综合征病毒、呼肠孤病毒和双顺反子病毒，虽三种病毒总体携带率较 2021 年有所降低，但仍需要留意。梭子蟹在 8 月监测到弧菌病，发病率和死亡率分别为 4.28% 和 0.22%。此外，在部分梭子蟹养殖场检出虹彩病毒，同区域邻近养殖或混养的脊尾白虾中也检出虹彩病毒（2021 年在日本囊对虾中也检出虹彩病毒），存在虹彩病毒通过虾传播到蟹的潜在风险隐患。中华绒螯蟹未监测到病害发生。

（5）贝类病害　发生较少，监测点未监测到病害发生。

（6）中华鳖病害　共监测到腮腺炎、溃烂病、红底板病和不明病因疾病等 4 种病害，月平均发病率和死亡率均低于 2021 年，但总体经济损失较高，主要是 4—6 月因腮腺炎病和溃烂病暴发造成的经济损失较大，需要注意防范。

二、2023 年病害流行预测

根据历年浙江省水产养殖病情监测结果，预测 2023 年全省水产品在养殖过程中仍将发生不同程度的病害，疾病种类仍然以细菌、病毒和寄生虫等生物源性疾病为主。全年的病害流行预测情况如下：

1—3 月气温、水温偏低，病害发生概率较小。淡水鱼类仍需注意防范水霉病和细菌病，海水鱼类注意防范内脏白点病。春季天气多变，可能有持续降雨或雨夹雪等冰冻天气，要防止水温变化引起的水生动物应激反应和冻伤。此外，做好池塘的消毒、修整工作，为放苗开始新一轮的养殖做好准备。

4—6 月是水产养殖动物大量投苗后进入生产旺季的关键时期，随着气温逐渐回升，水生动物的摄食、游动等活动增加，代谢量大，导致水体容易富营养化滋生细菌，从而导致细菌性疾病的暴发。此外，梅雨季节期间阴雨连绵，低温与暖湿气候交替出现，易诱发水产养殖病害暴发。淡水鱼类要预防水霉病、细菌性疾病和寄生虫性疾病；海水鱼类主要预防内脏白点病和弧菌病；甲壳类要注意水体条件变化引起的应激反应，预防弧菌病、缺氧、蜕壳不遂症，加强对病毒性疾病的检测与无害化处理措施；鳖经过冬眠期的消耗后体质较差，应注意补充营养，预防腮腺炎和各类细菌性疾病（溃烂病、红底板病等）的暴发。

7—10 月随着气温、水温的不断攀升，水产养殖动物进入生长旺季，水中病原微生物大量繁殖，容易诱发各养殖品种发病。高温季节天气多变，预防高温闷热导致的缺氧泛塘，加强饲养管理和水质调控。这段时期也是台风的高发季节，实时关注天气预报，防止暴雨、洪灾等造成的养殖水生动物缺氧、泛塘和逃逸。预计这段时期大黄鱼易发刺激隐核虫病和内脏白点病，七星鲈易发溃疡病，黄颡鱼易发腹水病及溃疡病，凡纳滨对虾易发虾肝肠胞虫病、各类病毒性疾病和细菌性疾病，海水蟹类以黄水病和固着类纤毛虫病为主，鳖要留意细菌性疾病和腮腺炎的暴发，贝类要预防台风过后缺氧和盐度变化引起的死亡。

11—12 月气温、水温进一步降低，昼夜温差较大，各类养殖动物的病害减少，但仍需警惕淡水鱼赤皮病、小瓜虫病和水霉病等病害。应密切关注天气预报，预防温度骤降或者暴雪等极端天气，提前做好应急准备，做好存塘鱼的越冬管理工作。

三、养殖注意要点

在养殖过程中要采取健康养殖技术，不断提高养殖户"以防为主、治疗为辅、防治结合"的科学防病意识，认真做好养殖过程管理工作。要实时关注天气预报，使用优质饲料，维持良好的水质环境，适时补充免疫增强剂提高水生动物免疫力，做好疾病的预防工作。发病时要对症下药，有必要对患病动物进行相应的寄生虫镜检、细菌分离及药敏试验和病毒病的检测工作，选择合适的治疗措施，坚决抵制和使用未获批准的假冒伪劣药物。

淡水鱼类：定期做好水体、食台和工具等的消毒工作，预防和抑制病原滋生。鱼种放养前，用食盐溶液或高锰酸钾溶液浸浴以抑制病原感染。发现死鱼，要及时进行无害化处理，避免病原传播。疾病发生后，用生石灰或国标渔用含氯、含碘等消毒剂进行水体消毒。结合病原检测结果，细菌性疾病选择敏感的国标渔用抗生素进行内服治疗；寄生虫性疾病选择对应的杀虫药进行治疗；病毒性疾病无良好的治疗措施，对病死鱼、工具、池塘等进行无害化处理。

海水鱼类：提前做好池塘、网箱消毒工作，饲料中适当添加多维等免疫增强剂，增强水生动物免疫力。病害发生后，可及时将病鱼送至有关实验室进行病原检测及敏感药物筛选，正确诊断后才能对症下药。在药物使用时注意鱼对药物的敏感性，选择合适的用药时机，注意环境因素对药物的影响，禁止使用违禁药物。

虾类：放苗前对池塘、工具等彻底消毒，提前做好肥水和水质调节等工作，以提高苗种成活率。坚持从良种场或规范的苗种繁育场引进苗种，确保苗种无病无伤、体质健壮。放苗前进行严格的苗种检疫，确保不携带病原。保持良好水质，定期进行水质检测和调节，重点防止缺氧引起的发病和死亡。投喂营养全面的优质饵料，适当提高水中钙离子浓度，防治蜕壳不遂症，减少应激。捕大留小，保持池塘内合理的养殖密度，促进虾健康生长。

海水蟹类：保持海水盐度在适宜范围内，避免出现大的波动。增加池塘水位，以利于水温快速回升。保持水质清新，及时补充钙源丰富的优质饵料，增加营养，加强抗应激能力。蜕壳期需要给水体补充钙离子，防治蜕壳不遂症，增加抗应激能力。尽量减少环境突变、污染及人为的各种操作对蟹造成的应激反应。

鳖：做好日常消毒和水质调节工作，投喂新鲜饲料，控制投饲量，及时捞出残饵，避免污染水质。发生细菌性疾病后，及时用国标渔用含氯消毒剂等进行消毒，并根据药敏试验结果选择敏感的国标渔用抗生素进行拌料投喂。

2022 年安徽省水生动物病情分析

安徽省水产技术推广总站

（魏涛　魏泽能）

2022 年安徽省 16 个市 58 个县、区设立监测点 252 个，测报员 196 名。监测养殖品种共 25 种，其中鱼类 16 种、虾类 2 种、蟹类 1 种、贝类 1 种、其他类（龟鳖类）2 种、观赏鱼 3 种。监测面积 18 863.9 hm²，其中淡水池塘 16 500.7 hm²，工厂化养殖 74.2 hm²，淡水网箱养殖 13.3 hm²，其他类型淡水养殖水面 2 275.7 hm²。全年上报测报记录 2 139 次。

一、水产养殖动物病害总体情况

2022 年安徽省测报点共监测到发病养殖品种 15 种（表 1），未发病养殖品种 10 种。全年监测到的疾病种类有 56 种（表 2），其中细菌性疾病 23 种，占比 41.1%，较上年度减少 10 个百分点；病毒性疾病 6 种，占比 10.7%，较上年度增加 1.4 个百分点；真菌性疾病 3 种，占比 5.4%，较上年度减少 1.6 个百分点；寄生虫性疾病 11 种，占比 19.6%，较上年度增加 5.6 个百分点；非病原性疾病 10 种，占比 17.9%，较上年度增加 8.6 个百分点；其他类不明病因疾病 3 种，占比 5.3%，较上年度减少 4 个百分点。

表 1　监测到发病的养殖种类汇总（种）

类别		种类	数量
淡水	鱼类	青鱼、草鱼、鲢、鳙、鲫、鳊、鲴、黄颡鱼、鳜、鲈（淡）	10
	虾类	青虾、克氏原螯虾	2
	淡水	蟹类	1
	蟹类	中华绒螯蟹	1
	贝类	无	0
	其他类	鳖	1
	观赏鱼	无	0
合计			15

表 2　监测到的疾病种类汇总（种）

类别	病毒性疾病	细菌性疾病	真菌性疾病	寄生虫性疾病	非病原性疾病	其他	合计
鱼类	5	12	3	9	5	1	35
虾类	0	3	0	0	3	1	7
蟹类	0	4	0	1	2	1	8
其他类	1	4	0	1	0	0	6
合计	6	23	3	11	10	3	56

二、主要养殖水生动物疾病发生情况

（一）养殖鱼类发病总体情况

2022 年监测到安徽省养殖鱼类平均发病面积比例为 11.23%，平均监测区域死亡率为 0.344%，平均发病区域死亡率为 4.094%。共监测到养殖发病鱼类 10 种。鱼类疾病 35 种，其中病毒性疾病 5 种，细菌性疾病 12 种，真菌性疾病 3 种，寄生虫性疾病 9 种，非病原性疾病 5 种，其他不明病因疾病 1 种（表 3）。

表 3　监测养殖鱼类疾病种类汇总（种）

类别		病名	数量	合计
鱼类	病毒性疾病	草鱼出血病、病毒性出血性败血症、鱼痘疮病、传染性脾肾坏死病、石斑鱼虹彩病毒病	5	35
	细菌性疾病	淡水鱼细菌性败血症、鱼爱德华氏菌病、溃疡病、疖疮病、链球菌病、赤皮病、细菌性肠炎病、打印病、柱状黄杆菌病、柱状黄杆菌病（细菌性烂鳃病）、类结节病、诺卡氏菌病	12	
	真菌性疾病	流行性溃疡综合征、水霉病、鳃霉病	3	
	寄生虫性疾病	小瓜虫病、指环虫病、车轮虫病、锚头鳋病、斜管虫病、鱼虱病、黏孢子虫病、中华鳋病、中华鳋病（鳃蛆病）	9	
	非病原性疾病	缺氧症、脂肪肝、肝胆综合征、三毛金藻中毒症、气泡病	5	
	其他	不明病因病	1	

（二）主要养殖鱼类疾病发生情况

1. 草鱼发病情况　2022 年安徽省监测草鱼养殖面积 4 250.2 hm^2，平均发病率为 3.014%，监测区域平均死亡率为 0.11%，发病区域平均死亡率为 2.128%。发病面积比例最高的是柱状黄杆菌病（细菌性烂鳃病），监测区域死亡率最高的是水霉病，发病区域死亡率最高的是流行性溃疡综合征（图 1）。

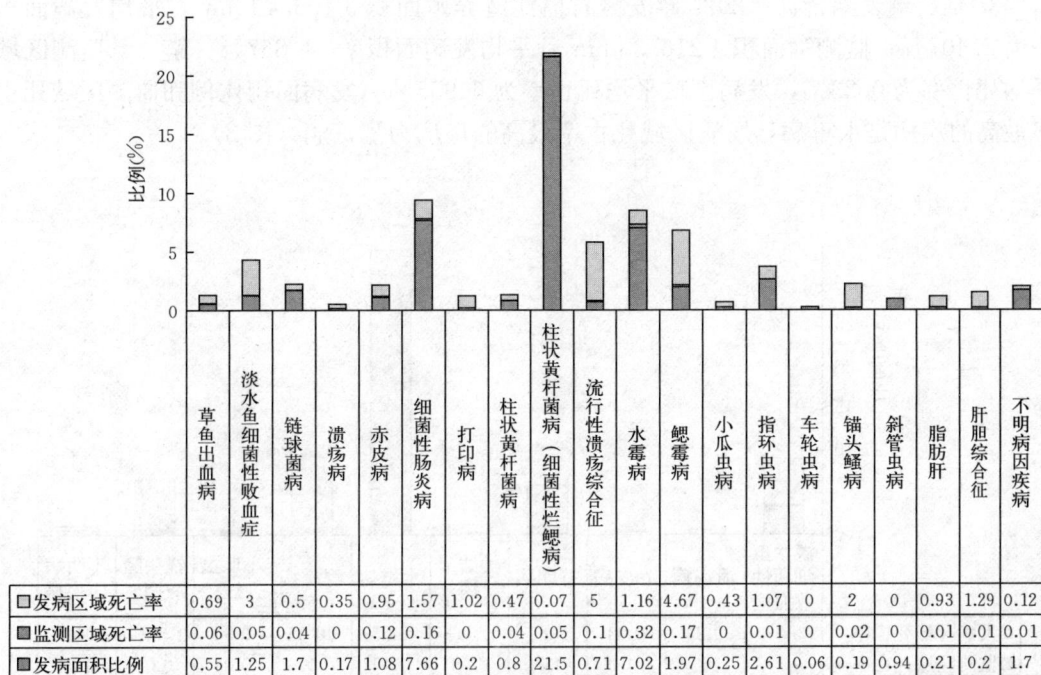

图 1　草鱼各疾病发病面积比例和死亡率

	草鱼出血病	淡水鱼细菌性败血症	链球菌病	溃疡病	赤皮病	细菌性肠炎病	打印病	柱状黄杆菌病	柱状黄杆菌病（细菌性烂鳃病）	流行性溃疡综合征	水霉病	鳃霉病	小瓜虫病	指环虫病	车轮虫病	锚头鳋病	斜管虫病	脂肪肝	肝胆综合征	不明病因疾病
发病区域死亡率	0.69	3	0.5	0.35	0.95	1.57	1.02	0.47	0.07	5	1.16	4.67	0.43	1.07	0	2	0	0.93	1.29	0.12
监测区域死亡率	0.06	0.05	0.04	0	0.12	0.16	0	0.04	0.05	0.1	0.32	0.17	0	0.01	0	0.02	0	0.01	0.01	0.01
发病面积比例	0.55	1.25	1.7	0.17	1.08	7.66	0.2	0.8	21.5	0.71	7.02	1.97	0.25	2.61	0.06	0.19	0.94	0.21	0.2	1.7

2. 鲫发病情况　2022 年安徽省监测鲫养殖面积 2 301.86 hm², 平均发病面积率为 10.72%, 监测区域平均死亡率为 0.297%, 发病区域平均死亡率为 6.221%。发病面积比例和监测区域死亡率最高的疾病是水霉病, 发病区域死亡率最高的疾病为黏孢子虫病（图 2）。

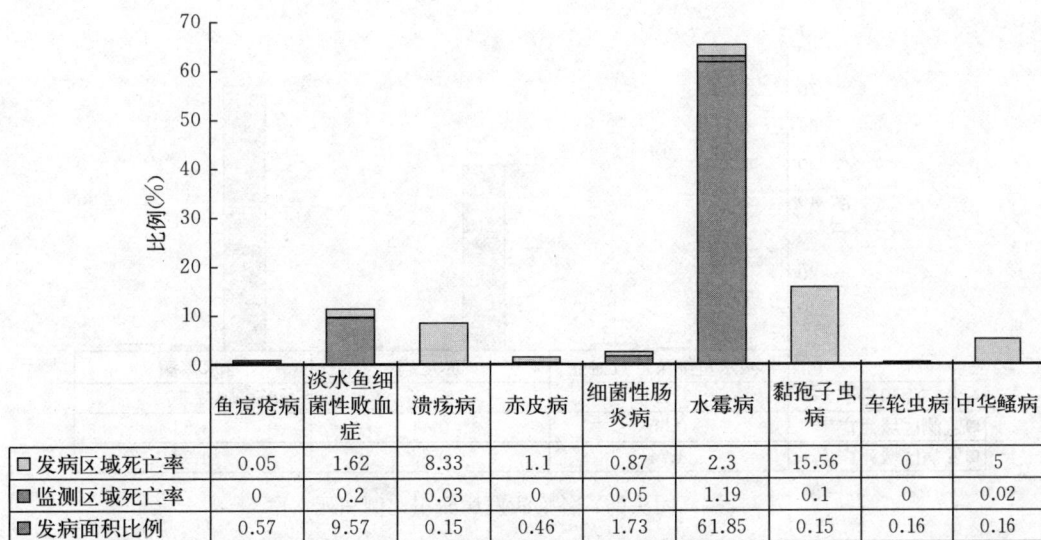

图 2　鲫各疾病发病面积比例和死亡率

	鱼痘疮病	淡水鱼细菌性败血症	溃疡病	赤皮病	细菌性肠炎病	水霉病	黏孢子虫病	车轮虫病	中华鳋病
发病区域死亡率	0.05	1.62	8.33	1.1	0.87	2.3	15.56	0	5
监测区域死亡率	0	0.2	0.03	0	0.05	1.19	0.1	0	0.02
发病面积比例	0.57	9.57	0.15	0.46	1.73	61.85	0.15	0.16	0.16

3. 鲢、鳙发病情况 2022 年安徽省监测鲢养殖面积 3 406.43 hm²，平均发病面积率为 8.407%；监测鳙面积 4 216.33 hm²，平均发病面积率 14.867%。鲢、鳙监测区域平均死亡率为 0.23%，发病区域平均死亡率为 6.955%。发病面积比例和监测区域死亡率最高的疾病是水霉病，发病区域死亡率最高的疾病为鳃霉病（图 3）。

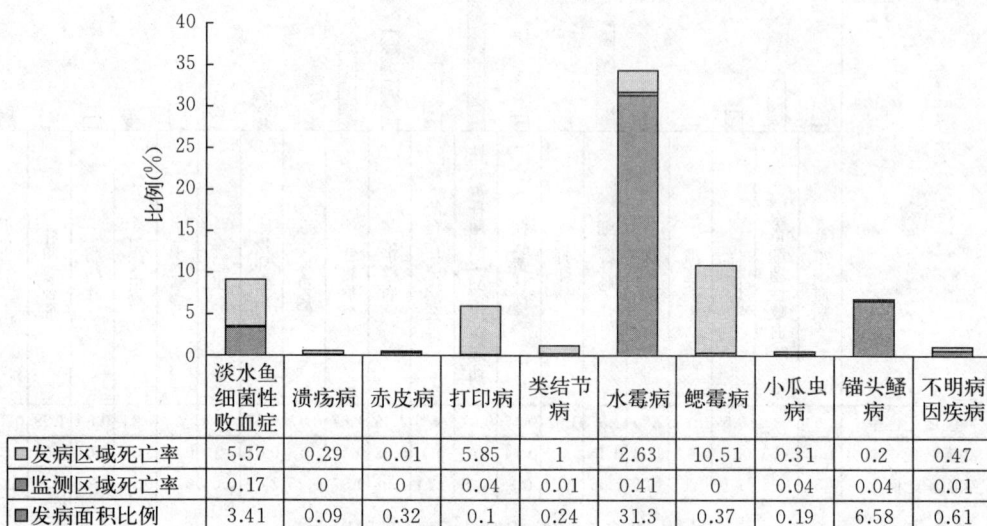

	淡水鱼细菌性败血症	溃疡病	赤皮病	打印病	类结节病	水霉病	鳃霉病	小瓜虫病	锚头鳋病	不明病因疾病
□发病区域死亡率	5.57	0.29	0.01	5.85	1	2.63	10.51	0.31	0.2	0.47
■监测区域死亡率	0.17	0	0	0.04	0.01	0.41	0	0.04	0.04	0.01
■发病面积比例	3.41	0.09	0.32	0.1	0.24	31.3	0.37	0.19	6.58	0.61

图 3 鲢、鳙各疾病发病面积比例和死亡率

4. 鳊（团头鲂）发病情况 2022 年安徽省监测鳊养殖面积 577.2 hm²，总发病面积 297.67 hm²，平均发病面积率为 51.57%。监测区域平均死亡率为 0.731%，发病区域平均死亡率为 1.657%。发病面积比例、监测区域死亡率和发病区域死亡率最高的疾病均为水霉病（图 4）。

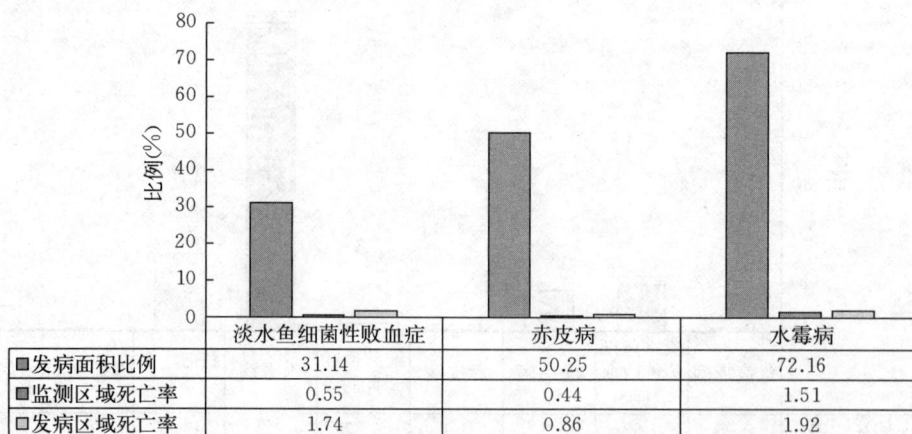

	淡水鱼细菌性败血症	赤皮病	水霉病
■发病面积比例	31.14	50.25	72.16
■监测区域死亡率	0.55	0.44	1.51
□发病区域死亡率	1.74	0.86	1.92

图 4 鳊（团头鲂）各疾病发病面积比例和死亡率

5. 鮰发病情况 安徽省养殖鮰类主要为斑点叉尾鮰，养殖模式包括池塘精养和池

塘工厂化流水槽养殖。2022 年监测斑点叉尾鮰养殖面积 13.6 hm²，监测到的疾病只有锚头鳋病，总发病面积 3.33 hm²，平均发病面积率 24.51%。监测区域平均死亡率为 0.2%，发病区域平均死亡率为 0.22%。

6. 鳊发病情况　2022 年安徽省监测鳊养殖面积 229.1 hm²，总发病面积 74.33 hm²，平均发病面积率为 32.45%。监测区域平均死亡率为 0.39%，发病区域平均死亡率为 0.612%。监测区域发病面积比例最高的是链球菌病，监测区域死亡率最高的是流行性溃疡综合征，发病区域死亡率最高的是车轮虫病，同时还监测到淡水鱼细菌性败血症、水霉病（图 5）。

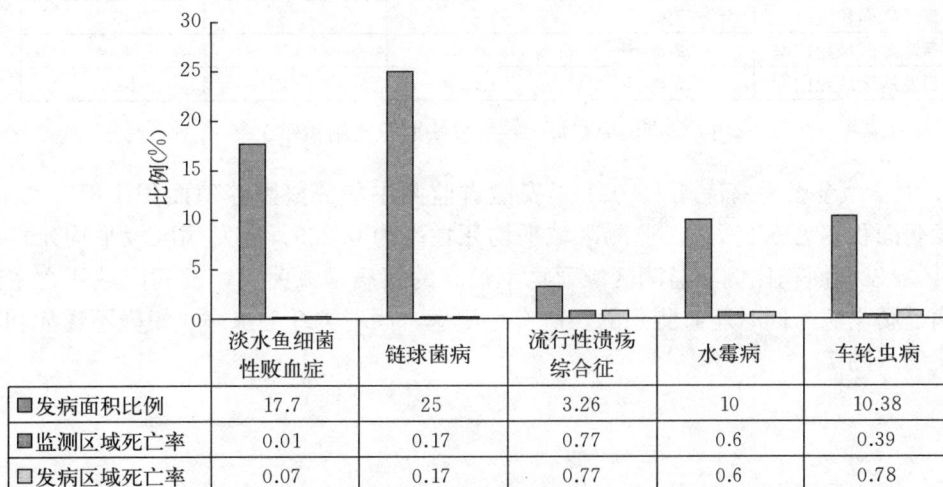

	淡水鱼细菌性败血症	链球菌病	流行性溃疡综合征	水霉病	车轮虫病
发病面积比例	17.7	25	3.26	10	10.38
监测区域死亡率	0.01	0.17	0.77	0.6	0.39
发病区域死亡率	0.07	0.17	0.77	0.6	0.78

图 5　鳊各疾病发病面积比例和死亡率

7. 其他养殖鱼类情况　其他养殖鱼类测报面积少，病害范围较小。黄颡鱼、淡水鲈、乌鳢等也不同程度地检测到了细菌性疾病和寄生虫病，主要以寄生虫病为主。

（三）主要养殖甲壳类动物疾病发生情况

1. 克氏原螯虾发病情况　2022 年安徽省监测克氏原螯虾养殖面积 1 259.8 hm²，监测区域平均发病面积比例为 2.631%，平均监测区域死亡率为 1.124%，平均发病区域死亡率为 3.481%。发病面积比例最高的是虾蓝藻中毒症，监测区域死亡率最高的疾病是弧菌病，发病区域死亡率最高的是不明病因疾病。同时还监测到肠炎病（图 6）。虾田在高温季节容易出现蓝藻暴发现象，引起克氏原螯虾大面积发病，影响克氏原螯虾的产量和效益，蓝藻的预防措施主要是调水、补草、控饵，高温期避免过量投喂，营造良好的水质环境。另外需要注意的是，虾类不明病因疾病上报仍较多，占死亡比例最大，需加强检测，明确病因，提高测报精确度和测报水平。

2. 青虾发病情况　2022 年安徽省监测青虾面积 420.7 hm²，监测到疾病为蜕壳不遂症，监测区域平均发病面积比例为 7.82%，平均监测区域死亡率为 0.02%，平均发病区域死亡率为 0.2%。

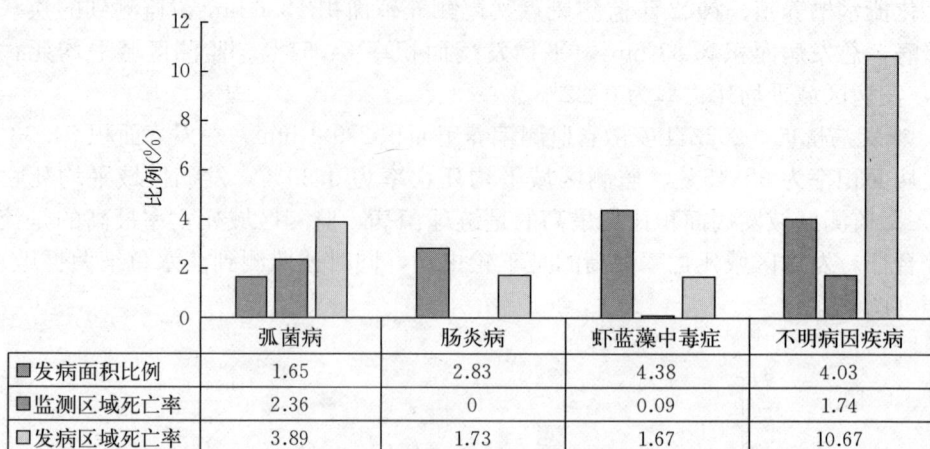

图 6　克氏原螯虾各疾病发病面积比例和死亡率

	弧菌病	肠炎病	虾蓝藻中毒症	不明病因疾病
发病面积比例	1.65	2.83	4.38	4.03
监测区域死亡率	2.36	0	0.09	1.74
发病区域死亡率	3.89	1.73	1.67	10.67

3. 中华绒螯蟹发病情况　2021 年安徽省监测中华绒螯蟹养殖面积 1 857.23 hm²，平均发病面积率为 6.297%。监测区域平均死亡率为 0.239%，发病区域平均死亡率为 3.034%。发病面积比例和监测区域死亡率最高的疾病是弧菌病，发病区域死亡率最高的疾病是肠炎病。同时还监测到的疾病有烂鳃病、固着类纤毛虫病、蜕壳不遂症和不明病因疾病（图 7）。

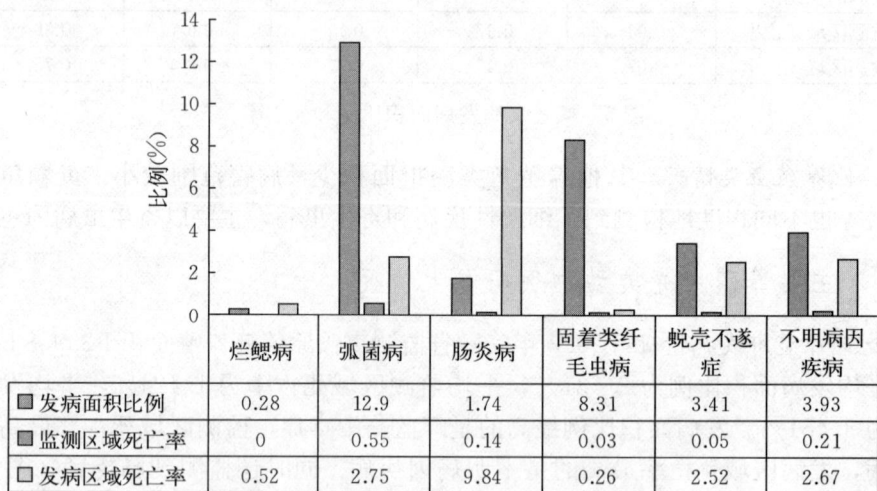

图 7　中华绒螯蟹各疾病发病面积比例和死亡率

	烂鳃病	弧菌病	肠炎病	固着类纤毛虫病	蜕壳不遂症	不明病因疾病
发病面积比例	0.28	12.9	1.74	8.31	3.41	3.93
监测区域死亡率	0	0.55	0.14	0.03	0.05	0.21
发病区域死亡率	0.52	2.75	9.84	0.26	2.52	2.67

三、病害流行预测和病害建议

（一）病害流行预测

根据历年水产养殖病情监测结果预测，2023 年安徽省水产品养殖过程中仍将发生不同程度的病害，疾病种类仍会是以细菌性和寄生虫疾病为主，病毒性疾病少量发生，仍需重点关注草鱼出血病、鲫造血器官坏死病、淡水鱼细菌性出血败血症、鳜传染性脾肾坏死病、锦鲤疱疹病毒病、克氏螯虾白斑综合征以及常规细菌性疾病和寄生虫病。

（二）对策建议

一是加强水生动物疫病综合防控制度建设。制定符合水生动物特点和水产养殖实情的渔业兽医制度，对水生动物病情（疫情）认定、报告、诊断更加明确，处置标准化、规范化。

二是广泛开展渔病检测服务。充分发挥水生动物防疫实验室的作用，广泛开展渔病检测服务，减少不明病因上报，提高测报精确度和测报水平。

三是做好苗种产地检疫，减少养殖后患。继续做好 KHVD、GCHV、WSD、CYHV-2 等重大疾病监测工作，加强养殖病害监测能力与信息预警能力建设。要以满足养殖户、养殖企业的需求为工作目标，加快建成的省、市级病防中心，形成覆盖渔业主要产区、重点产品、关键病害因子的养殖生产监测与风险预警体系。

2022 年福建省水生动物病情分析

福建省水产技术推广总站

（李水根　陈燕婷　元丽花　廖碧钗　孙敏秋　林国清）

2022 年，福建省 9 个设区市 51 个县（市、区）共设立测报点 201 个，测报品种为"十大福建省特色品种"及大宗养殖品种草鱼、罗非鱼等 13 种，测报面积 1 677.76 hm²，包括海水监测面积 911.73 hm²（其中，海水池塘 101.33 hm²、海水网箱 84.81 hm²、海水滩涂 8.87 hm²、海水筏式 685.48 hm²、海水工厂化 11.07 hm²、海水高位池 20.17 hm²），淡水监测面积 755.29 hm²（其中，淡水池塘 693.72 hm²、淡水网箱 1.14 hm²、淡水工厂化 53.70 hm²、淡水其他 6.73 hm²），半咸水池塘 10.74 hm²，详见表 1。

表 1　2022 年福建省测报点总体情况

测报市	测报种类	测报面积（hm²）	测报点（个）
福　州	鳗鲡、凡纳滨对虾、鲍、海带	139	26
厦　门	凡纳滨对虾	8.47	5
宁　德	大黄鱼、紫菜、海带、海参	147.19	41
莆　田	凡纳滨对虾、鲍、牡蛎	89.62	11
漳　州	罗非鱼、石斑鱼、河鲀、凡纳滨对虾、鲍、牡蛎、大口黑鲈	389.71	26
泉　州	鲍、牡蛎、紫菜	364.38	14
南　平	草鱼、鳗鲡	125.86	20
三　明	草鱼、鳗鲡	188.79	18
龙　岩	草鱼、鳗鲡、大口黑鲈	224.74	40
合　计		1 677.76	201

一、病害总体情况

2022 年各主要养殖种类除海带和紫菜外，其余品种均有不同程度病害发生（图 1）。从监测结果看，2022 年病害整体流行趋势与 2021 年略有不同，在 4 月病害发生种类最多，全年病害发生种数呈现先升后降、再升再降的趋势。

2022 年全省共监测到发病养殖品种 11 种，监测到水产养殖动植物病害 45 种，其中病毒性疾病 6 种、细菌性疾病 18 种、寄生虫性疾病 11 种、真菌性疾病 3 种、非病原性疾病 3 种、不明病因疾病 4 种（表 2）。与 2021 年相比，病害种类增加 4 种，主要是病毒性疾病和细菌性疾病有所增加。

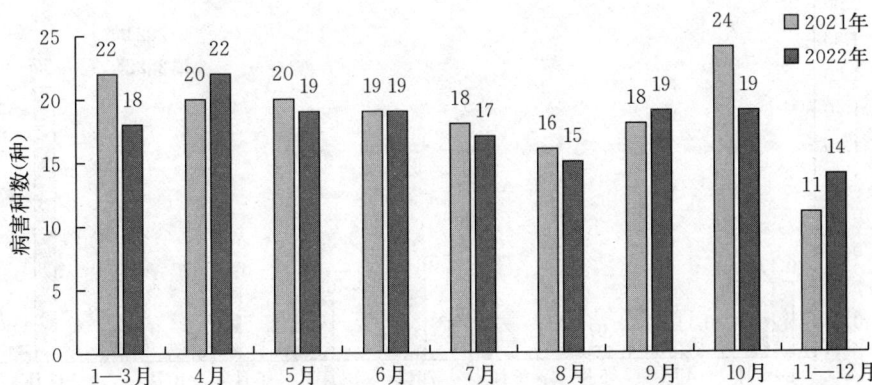

图 1　2022 年和 2021 年福建省水产养殖月病害种数比较

表 2　2022 年监测到的各养殖种类病害分类汇总（种）

类　别		鱼　类	虾　类	贝　类	藻　类	棘皮类	合　计	2021 年
疾病性质	病毒性疾病	5	1	0	0	0	6	2
	细菌性疾病	10	6	1	0	1	18	14
	寄生虫性疾病	11	0	0	0	0	11	12
	真菌性疾病	2	1	0	0	0	3	3
	非病原性疾病	2	1	0	0	0	3	5
	不明病因疾病	2	1	1	0	0	4	5
合　计		32	10	2	0	1	45	41

2022 年水产养殖测报点月平均发病率 4.19%，比 2021 年降低了 0.42 个百分点（图 2）；主要是因为 9 月河鲀未发生病害，鲍平均发病率大幅下降。月平均死亡率 0.17%，比 2021 年降低了 0.28 个百分点（图 3）；主要是因为 2022 年 11—12 月对虾肝肠胞虫病及不明病因疾病引起的死亡率降低。

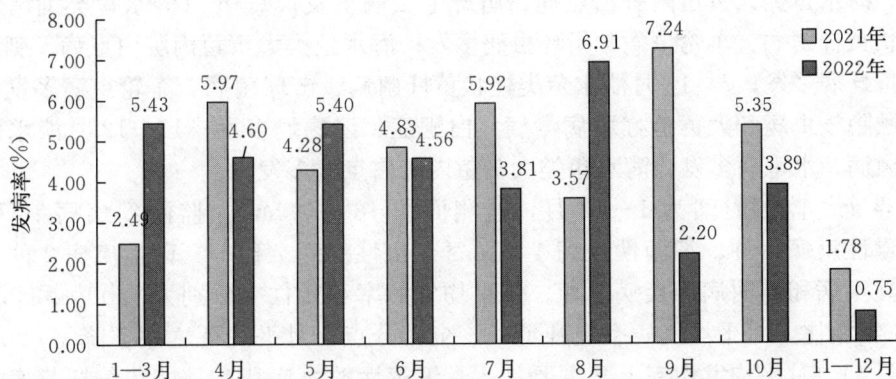

图 2　2022 年和 2021 年福建省水产养殖月平均发病率比较

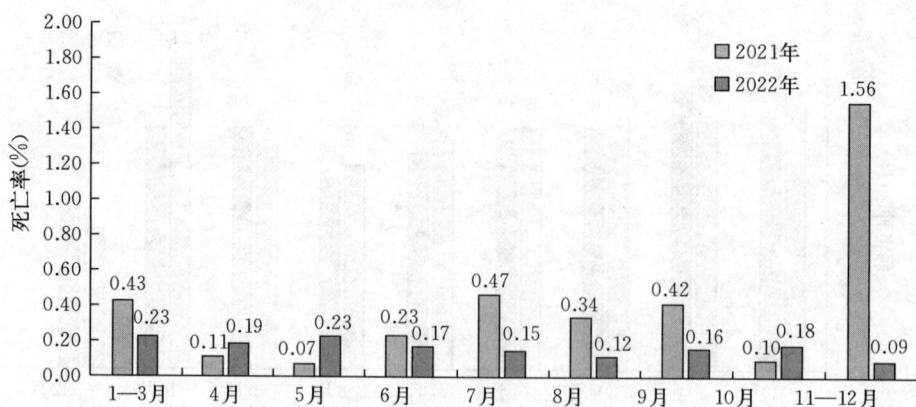

图 3　2021 年和 2020 年福建省水产养殖月平均死亡率比较

2022 年福建省水产养殖测报区域养殖种类因病害造成的直接经济损失为 1 042.85 万元（表 3），比 2021 年减少 394.27 万元。鱼类和棘皮类因病害造成的直接经济损失均比 2021 年有所增加，虾类、贝类和藻类因病害造成的直接经济损失均比 2021 年有所减少，其中贝类经济损失减幅较大。

表 3　不同品种养殖种类病害造成的经济损失（万元）

年份	草鱼	罗非鱼	鳗鲡	大口黑鲈	大黄鱼	石斑鱼	河鲀	对虾	鲍	牡蛎	紫菜	海带	海参	合计
2022	37.39	29.07	78.54	34.93	297.8	10.75	2.55	479.48	27	7	0	0	38.34	1 042.85
2021	61.65	19.15	82.21	0.70	119.33	11.80	6.37	590.40	500.41	4.40	40.00	0	0.70	1 437.12

二、不同品种发病情况

（一）鱼类病害

2022 年，养殖鱼类总监测面积 718.68 hm²。测报数据显示，1—3 月淡水鱼类水霉病多发；海水鱼类大黄鱼内脏白点病、盾纤毛虫病多发；4—6 月淡水鱼类细菌性败血症、柱状黄杆菌病、车轮虫病、指环虫病多发；海水鱼类大黄鱼内脏白点病、刺激隐核虫病、鱼蛭病多发；7—10 月淡水鱼类柱状黄杆菌病、链球菌病、车轮虫病多发；海水鱼类刺激隐核虫病和大黄鱼虹彩病毒病、白鳃症、溃疡病多发；11—12 月淡水鱼类柱状黄杆菌病、水霉病多发；海水鱼类大黄鱼内脏白点病多发。

1. 草鱼　监测时间为 1—12 月，监测面积 480.24 hm²。监测到疾病 17 种，其中，病毒性疾病 1 种、细菌性疾病 4 种、寄生虫性疾病 7 种、真菌性疾病 2 种，另有非病原性疾病和不明病因疾病 3 种。月平均发病率和死亡率分别为 7.09% 和 0.07%，与 2021 年相比，月平均发病率上升了 1.4 个百分点，月平均死亡率下降了 0.01 个百分点（图 4）。月平均发病率上升主要是 5 月细菌性败血症和 8 月柱状黄杆菌病的发病率较高引起的。

监测到的疾病主要有草鱼出血病、细菌性败血症、柱状黄杆菌病（烂鳃病）、赤皮病、肠炎病、小瓜虫病、指环虫病、车轮虫病和水霉病等。

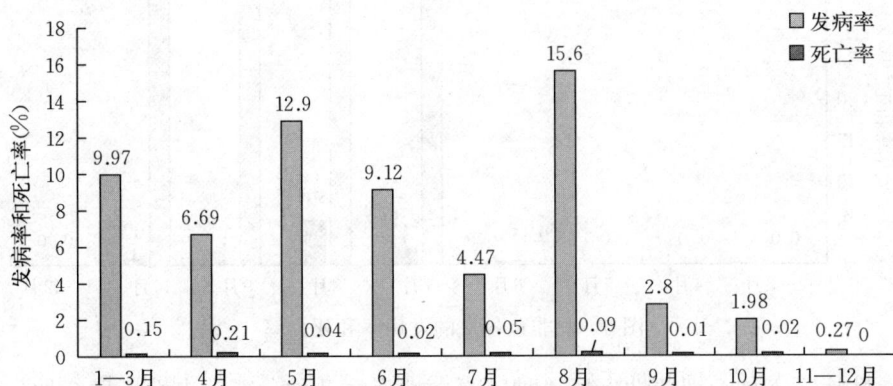

图 4　草鱼各月的发病率和死亡率

2. 鳗鲡　监测时间为 1—12 月，监测面积 82.63 hm²。监测到疾病 10 种，其中，病毒性疾病 2 种、细菌性疾病 2 种、寄生虫性疾病 4 种和真菌性疾病 2 种。月平均发病率和死亡率分别为 2.71% 和 0.02%，与 2021 年相比，月平均发病率上升了 0.09 个百分点，月平均死亡率无明显差异（图 5）。月平均发病率上升主要是 10—12 月指环虫病发病率较高引起的。

监测到的疾病主要有柱状黄杆菌病（细菌性烂鳃病）和指环虫病，均未引起较高的死亡。

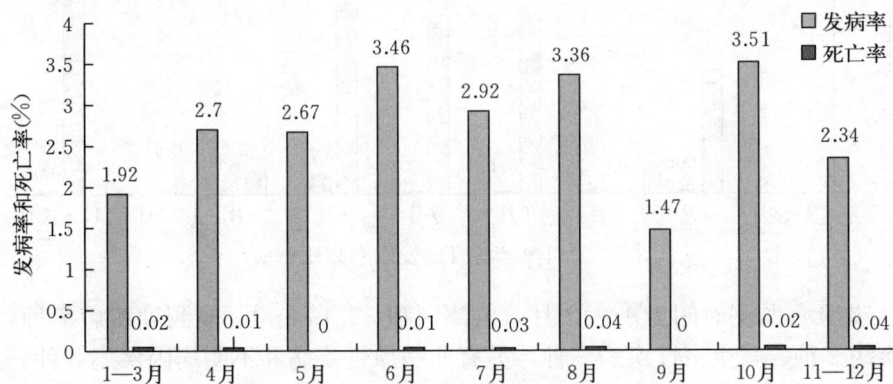

图 5　鳗鲡各月的发病率和死亡率

3. 罗非鱼　监测时间为 1—12 月，监测面积 29.34 hm²。从 6 月开始到 10 月都监测到链球菌病。月平均发病率和死亡率分别为 15.90% 和 1.18%，与 2021 年相比，月平均发病率上升了 2.4 个百分点，月平均死亡率下降了 0.6 个百分点（图 6）。整体呈现发病时间长、发病率高，发病高峰集中在 7—10 月高温期。

4. 大口黑鲈　监测时间为 4—12 月，监测面积 15.41 hm²。监测到疾病 11 种，其

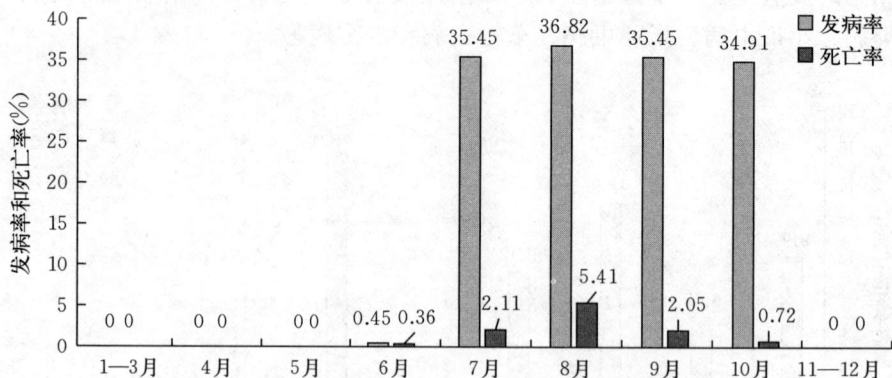

图 6 罗非鱼各月的发病率和死亡率

中，病毒性疾病 1 种、细菌性疾病 4 种、真菌性疾病 2 种、寄生虫性疾病 3 种，另有不明病因疾病 1 种。月平均发病率和死亡率分别为 4.38% 和 0.13%（图 7）。主要是水霉病、车轮虫病及柱状黄杆菌病发病率较高。

监测到的疾病主要有水霉病、虹彩病毒病、细菌性肠炎病、车轮虫病、柱状黄杆菌病等。

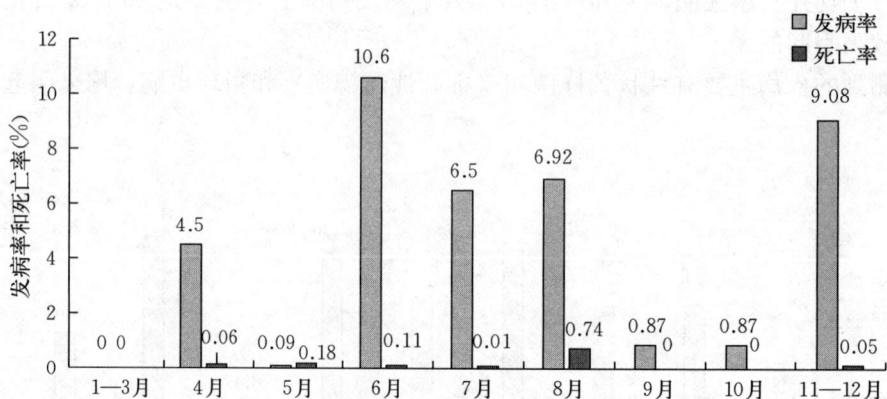

图 7 大口黑鲈各月的发病率和死亡率

5. 大黄鱼 监测时间为 1—12 月，监测面积 52.19 hm²。监测到疾病 7 种，其中，细菌性疾病 2 种、寄生虫性疾病 2 种，另有非病原性疾病和不明病因疾病 3 种。月平均发病率和死亡率分别为 3.89% 和 1.49%，与 2021 年相比，月平均发病率上升了 1.25 个百分点，月平均死亡率上升了 0.66 个百分点（图 8）。主要是 1—3 月大黄鱼内脏白点病发病率较高以及 10 月大黄鱼溃疡病及不明病因疾病死亡率较高引起的。

监测到的疾病主要有内脏白点病、溃疡病、本尼登虫病、刺激隐核虫病、白鳃症、虹彩病毒病等。内脏白点病在 1—6 月、8—12 月均有监测到，发病期较 2021 年有所延长，发病程度较往年同期严重，其中 2 月下旬至 3 月发病较高，日死亡率达 1%。在 8—10 月的高温期，大黄鱼养殖普遍出现"内脏白点"症状，临床表现为脾脏、肾和鳃

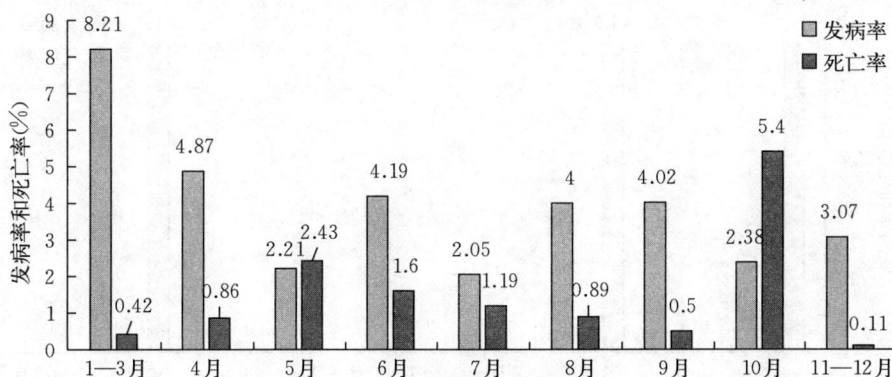

图 8　大黄鱼各月的发病率和死亡率

上有白色结节，严重者伴有腹水，可能是由弧菌感染引起。盾纤毛虫病在 1—5 月监测到，发病率较往年偏高，主要影响高密度网箱暂养的春苗，日死亡率达 1%～2%。6—9 月各网箱养殖区均不同程度发生白鳃症，主要危害中鱼，严重的日损耗达 3%～5%。虹彩病毒病较往年发病时间延长，5—10 月都有监测到，但死亡率低；主要流行于 7—8 月，对春苗危害较大，在本尼登虫双重感染下，整体病情严重，日损耗 5%，小苗损耗 15%。刺激隐核虫病 5—7 月、11—12 月监测到，11—12 月发病率较 2021 年明显降低，可能与 2022 年高温少雨、海水盐度偏高有关。

6. 石斑鱼　监测时间为 1—12 月，监测面积 23.87 hm²。监测到疾病 4 种，其中，病毒性疾病 1 种、细菌性疾病 1 种、寄生虫性疾病 2 种。月平均发病率和死亡率分别为 6.86% 和 0.09%，与 2021 年相比，分别上升了 6.27 个百分点和 0.05 个百分点（图 9），主要是 4 月鱼蛭病和 6 月刺激隐核虫病引起较高的死亡率。监测到的疾病主要有病毒性神经坏死病、刺激隐核虫病、溃疡病等。

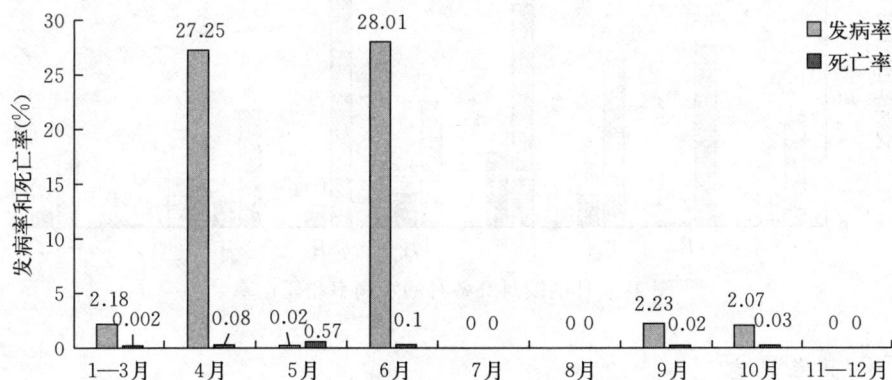

图 9　石斑鱼各月的发病率和死亡率

7. 河鲀　监测时间为 1—12 月，监测面积 35.00 hm²。在 1—3 月、5 月和 10 月监测到刺激隐核虫病。月平均发病率和死亡率分别为 13.97% 和 0.18%，与 2021 年相比，分别下降了 0.97 个百分点和 0.49 个百分点（图 10）。

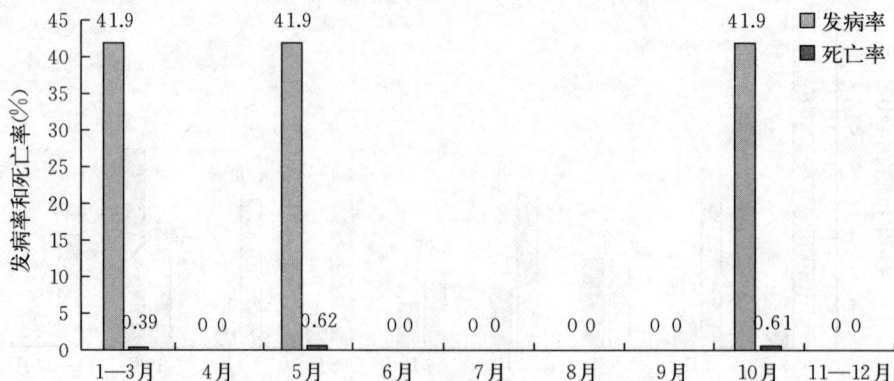

图 10 河鲀各月的发病率和死亡率

（二）虾类病害

凡纳滨对虾的监测时间为 1—12 月，监测面积 230.35 hm²。监测到病害 9 种，其中病毒性疾病 1 种、细菌性疾病 5 种、真菌性疾病 1 种，另有非病原性疾病和不明病因疾病 2 种。月平均发病率和死亡率分别为 11.66% 和 1.78%，与 2021 年相比，月平均发病率上升了 3.44 个百分点，死亡率无明显差异（图 11），月平均发病率上升主要是 8 月虾肝肠胞虫病引起的。

1—3 月监测到的病害以弧菌病和急性肝胰腺坏死病为主，4—10 月主要监测到肠炎病、对虾红腿病、虾肝肠胞虫病、弧菌病，11—12 月监测到的病害以弧菌病为主。

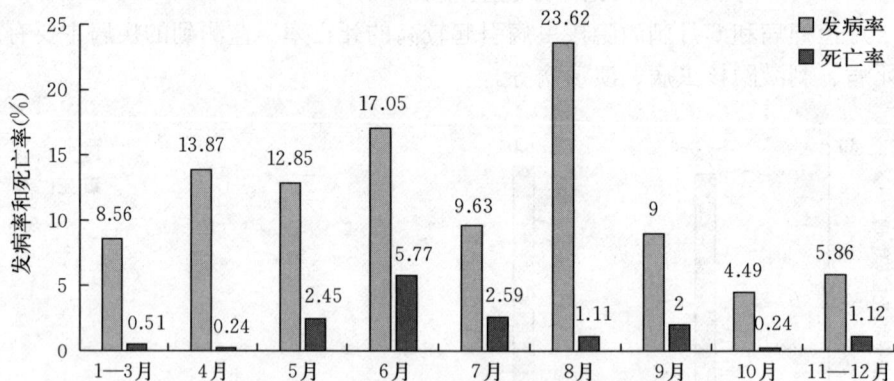

图 11 凡纳滨对虾各月的发病率和死亡率

（三）贝类病害

1. 鲍 监测时间为 1—12 月，监测面积 69.86 hm²。监测到鲍脓疱病和不明病因疾病。月平均发病率和死亡率分别为 0.94% 和 0.04%，与 2021 年相比，分别下降了 12.62 个百分点和 1.53 个百分点（图 12），发病期有所缩短，发病高峰期在 10 月，主要是 9—10 月季节转换引起的损耗。

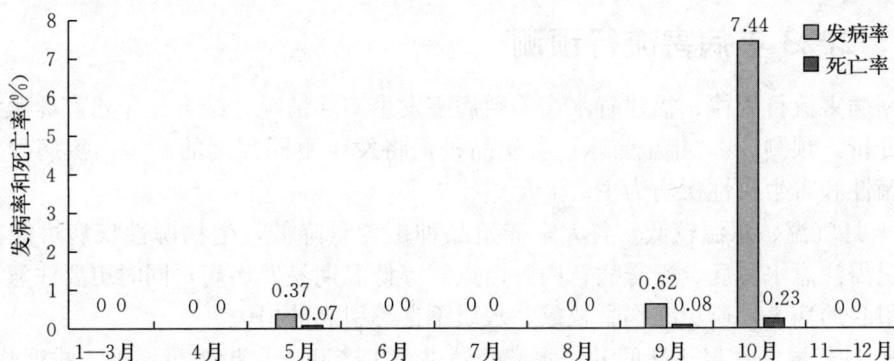

图 12　鲍各月的发病率和死亡率

2. 牡蛎　监测时间为 1—12 月，监测面积 397.68 hm²。仅 7 月监测到不明病因疾病，疑似由于久旱暴雨后水质突变造成；其余各月均未监测到明显的病害。月平均发病率和死亡率分别为 0.47% 和 0.01%，与 2021 年相比，月平均发病率下降了 0.89 个百分点，月平均死亡率无明显差异。

（四）藻类病害

1. 紫菜　监测时间为 1—12 月，监测面积 122.53 hm²。2022 年测报点未监测到明显的病害。

2. 海带　监测时间为 1—5 月和 11—12 月，监测面积 108.66 hm²。2022 年测报点未监测到明显的病害。

（五）棘皮类病害

海参监测时间为 1—4 月和 11—12 月，监测面积 30.00 hm²。监测到的病害为腐皮综合征，月平均发病率和死亡率分别为 0.28% 和 0.02%，与 2021 年相比，月平均发病率下降了 0.03 个百分点，月平均死亡率上升了 0.01 个百分点（图 13）。整体发病时间长，发病高峰集中在 1—3 月低温期。

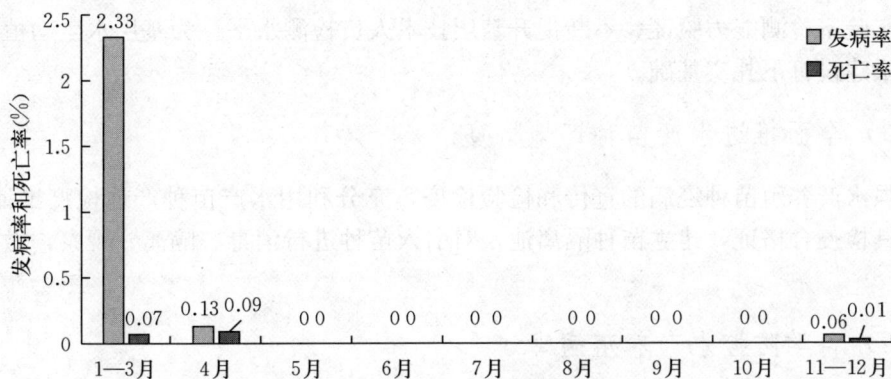

图 13　海参的各月发病率和死亡率

三、2023 年病害流行预测

根据病害流行规律、福建省水产养殖病害发生实际情况，结合往年水产养殖病情监测情况分析，预测 2023 年全省水产养殖品种仍将发生不同程度的病害，疾病种类仍可能以细菌性和寄生虫性疾病为主。

1—3 月气温、水温较低，各大宗养殖品种摄食量降低，生物源性疾病可能有所减少，但仍需注意水霉病、鳃霉病、内脏白点病等低温期易发疾病，同时更要注意预防环境因素引起的病害，避免冻伤、缺氧、水质不良等引起的损失。

4—6 月气温、水温逐渐回升，水产养殖进入生产旺季，投饵量增加，排泄物增多，养殖水体中各类病原微生物大量繁殖，水生动物病害多发季节也随之而来。淡水鱼类主要以细菌性败血症、肠炎病、柱状黄杆菌病等细菌性疾病及指环虫病、车轮虫病等寄生虫病为主；海水鱼类主要以细菌性溃疡病和刺激隐核虫病等为主；虾类主要以肠炎病、弧菌病等为主；贝类主要以预防鲍脓疱病和季节转换引起水环境变化而造成的应激反应为主。

7—9 月水温、气温较高，水产养殖动物进入快速生长阶段，同时水体中病原微生物也处于快速繁殖期，也是水产养殖病害高发期。淡水鱼类主要以草鱼出血病等病毒性疾病，罗非鱼链球菌病、柱状黄杆菌病、肠炎病等细菌性疾病和指环虫病、本尼登虫病等寄生虫病为主；海水鱼类以大黄鱼刺隐核虫病、白鳃病、虹彩病毒病等为主；虾类以虾肝肠胞虫病、弧菌病、肠炎病等为主；贝类主要以弧菌病等为主，同时还要预防台风、高温、白露等环境因素造成养殖水体缺氧引起的死亡。

10—12 月随着气温、水温的下降，水产养殖动物病害发生率下降，病情也将不断减轻，但仍不能放松生产管理，主要要做好水产养殖动植物入冬前的防寒抗冻和低溶氧、低温真菌性疾病的预防工作。

四、病害防控建议

（一）加强水生动物防疫体系建设

加强渔业官方兽医队伍建设，继续组织基层水产技术推广系统参加全国水生动物防疫系统实验室检测能力验证，不断提升基层技术人员检测水平，为基层水生动植物疫病防控体系建设打下扎实基础。

（二）全面推进水产苗种产地检疫

加强水产养殖苗种疫病的宣传和检验检疫，充分利用水产苗种产地检疫出证系统，及时出具检疫合格证，建立苗种隔离池，对引入苗种进行消毒、隔离、观察，做好日常管理。

（三）科学防控水产养殖病害

坚持"预防为主、防治结合、防重于治"的原则，做到科学管理。做好水质调控和养殖水体消毒，控制适宜的放养密度，投喂优质饲料，在饲料中添加免疫多糖等以提高养殖动物免疫力来预防各类病害的发生。一旦发生病害，要找准病因，对症下药，有必要时可进行病原分离及药敏试验，筛选敏感国标药物进行疾病防治，不要盲目用药和滥用药。

2022 年江西省水生动物病情分析

江西省农业技术推广中心畜牧水产技术推广应用处
（江西省水生动物疫病监控中心）

（田飞焱　裴建明　孟　霞　徐节华　刘文珍
黄海莉　李小勇　张锦波）

一、基本情况

（一）重要、新发水生动物疫病专项监测

2022 年江西省组织实施并完成了国家和省级水生动物疫病监测计划，开展了鲤春病毒血症、草鱼出血病、锦鲤疱疹病毒病、鲫造血器官坏死病、鲤浮肿病、白斑综合征、十足目虾虹彩病毒病、虾肝肠胞虫病、传染性皮下和造血器官坏死病、急性肝胰腺坏死病等 10 种疫病的专项监测，计划实施 180 批次，实际完成监测 210 批次，其中国家计划完成 40 批次、省级计划完成 170 批次（表 1）。

表 1　2022 年江西省重要、新发水生动物疫病监测情况（批次）

序号	监测疫病	监测批次	采样品种
1	鲤春病毒血症	45	
2	锦鲤疱疹病毒病	10	鲤、锦鲤
3	鲤浮肿病	10	
4	鲫造血器官坏死病	15	鲫
5	草鱼出血病	30	草鱼、青鱼
6	白斑综合征	30	
7	十足目虾虹彩病毒病	30	
8	虾肝肠胞虫病	30	克氏原螯虾、青虾
9	传染性皮下和造血器官坏死病	5	
10	急性肝胰腺坏死病	5	

（二）常规水生动物疾病测报

2022 年在江西省 30 个重点水产养殖县（区）组织开展水生动物疾病测报工作，每个县设 3～4 个测报点，共设置 101 个测报点，涵盖国家级原良种场、省级原良种场和

278

重点苗种场等苗种生产单位，测报面积合计 27 287.36 hm²（表 2）。测报对象包括鱼类、甲壳类、两栖/爬行类、贝类 13 个品种，分别是草鱼、鲢、鳙、鲫、鲈、鳜、黄颡鱼、黄鳝、鳗鲡、克氏原螯虾、中华绒螯蟹、鳖、池碟蚌（河蚌）。测报方式采用全国水产技术推广总站研发的"病情测报系统"软件进行实时上报，其中 1—3 月为一个监测月度，4—10 月期间，每个月为 1 个监测月度。

表 2　2022 年江西省水产养殖疾病监测种类和面积

省份	监测种类数量（种）					监测面积（hm²）			
	鱼类	虾类	蟹类	贝类	其他类	淡水池塘	淡水网箱	淡水工厂化	淡水其他
江西省	9	1	1	1	1	1 728.9	6.666 7	16.712 7	25 535.012 9
合计	13					27 287.29			

注：监测水产养殖种类合计数不是监测种类的直接合计数，而是剔除相同种类后的数量。

二、监测结果与分析

（一）重要新发水生动物疫病疫情监测风险分析

1. 鲤春病毒血症（SVC）　2022 年共监测 SVC 样品 45 批次，样品检测结果均为阴性。2005—2022 年，从江西省 72 个县（区、市）的鲤科鱼类养殖场共采集 666 份样品，采用标准方法监测鲤春病毒血症病毒（SVCV），以了解江西省鲤春病毒血症的病原流行病学状况。持续 18 年的 SVCV 监测共检出 23 例阳性（图 1），均属于 SVCV Ⅰa 亚型，阳性检出率为 3.45%，在锦鲤、鲤、草鱼、鲫中均有检出。目前，我国共监测到两种基因型的 SVCV 毒株，分别是 Ⅰa 和 Ⅰd 基因型，江西省仅发现 Ⅰa 亚型 SVCV 毒株。全省虽然近 6 年均未有检出，但在特殊条件下（气候、养殖环境等）Ⅰa 和 Ⅰd 基因型 SVCV 病毒株均存在引起一定规模疫情的可能性，因此仍需要加强生物安保意识的宣传，提高渔民在养殖环节中对染疫对象的生物无害化处理意识，筑牢生物安全屏障。

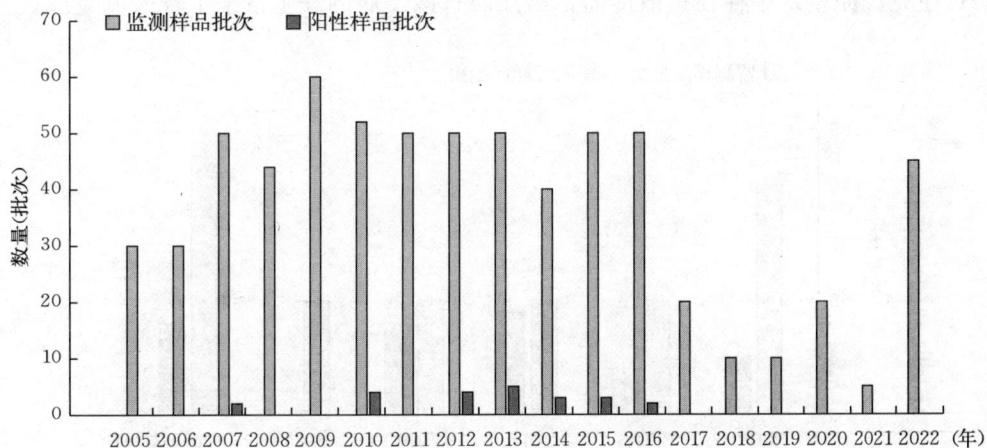

图 1　2005—2022 年江西省水产苗种（养殖）场 SVCV 监测情况

2. 草鱼出血病（GCHD） 2022 年共检验 GCHD 样品 30 个批次，共检出阳性样本 2 例，阳性率为 6.67%。2015—2022 年，从江西省主要草鱼、青鱼等的养殖场共采集 265 份样品，以了解江西省草鱼出血病的流行病学状况。连续 8 年的监测共检出阳性样品 27 批次，检出平均样品阳性率 10.19%（图 2），阳性养殖场类型有省级原良种场、苗种场、成鱼养殖场，表明江西省一些苗种场提供的草鱼苗种携带有草鱼呼肠孤病毒（GCRV）。苗种检疫和疫苗接种是预防草鱼出血病的有效措施，在做好苗种检疫的同时对引进的苗种及时做好疫苗接种，才能将草鱼出血病的发病风险降至最低。

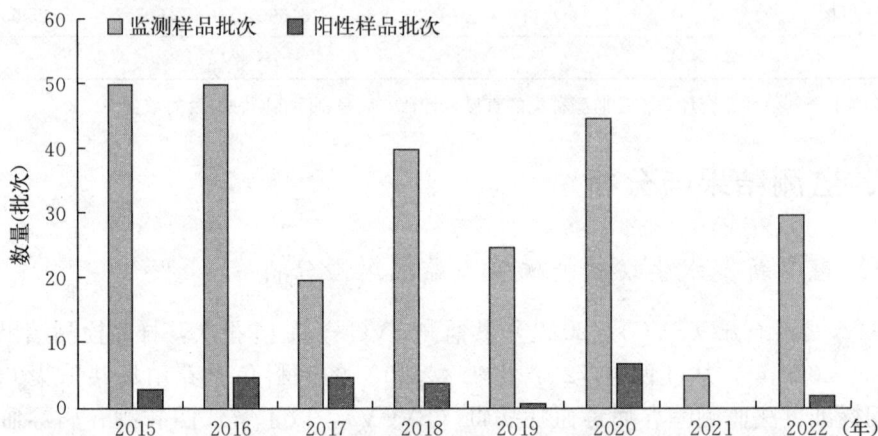

图 2 2015—2022 年江西省水产养殖（苗种）场 GCRV 监测情况

3. 白斑综合征（WSD） 2022 年江西省共监测 WSD 样品 30 批次，共检出阳性样本 12 例，阳性率为 40%。2017—2022 年，江西省共采集 85 批次虾类样品监测白斑综合征病毒（WSSV）（图 3），连续 6 年的监测共检出阳性样品 33 批次，平均样品阳性率 38.8%。监测结果显示江西省区域内克氏原螯虾 WSSV 带毒率较高，说明近些年 WSSV 在克氏原螯虾中存在扩散传播，给江西省该疫病的发生带来了较大风险。

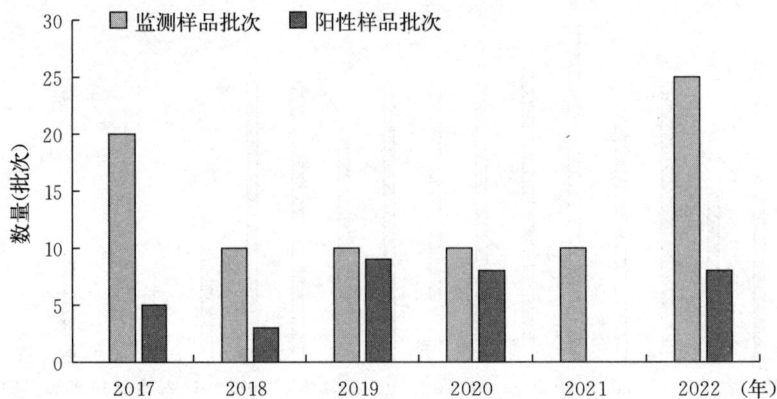

图 3 2017—2022 年江西省虾场 WSSV 监测情况

4. 锦鲤疱疹病毒病（KHVD） 2022 年共监测 10 个批次 KHVD 样品，样品检测结果均为阴性。2014—2022 年，从江西省主要鲤、锦鲤等的养殖场共采集 140 份样品（图 4）监测 KHV，连续 9 年的监测在江西省均未发现锦鲤疱疹病毒。从监测情况来看，江西省辖区内尚处于 KHVD 无疫状态，近期内出现该病疫情的可能性不大，但鉴于锦鲤疱疹病毒存在潜伏感染的特点，尤其应注意跨境引种时病原的传入。同时需进一步扩大监测范围，有必要在不同月份、不同水温的情况下进行大量样品的监测，从而弄清该疫病在江西省的流行情况。

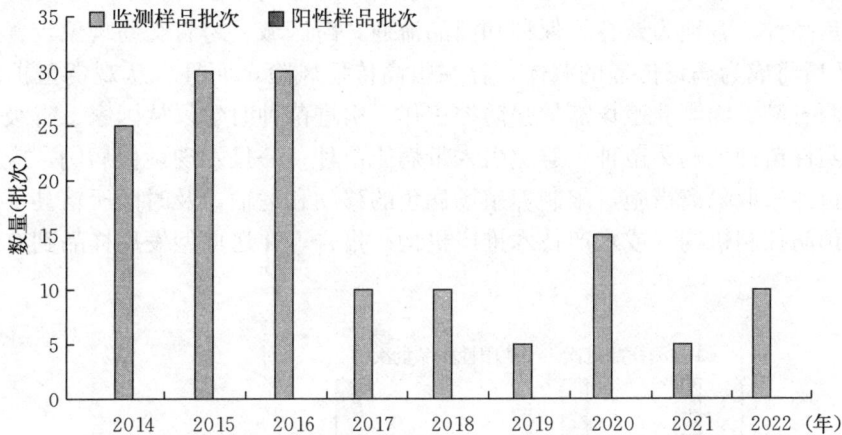

图 4 2014—2022 年江西省水产养殖（苗种）场 KHV 监测情况

5. 鲫造血器官坏死病（CCHND） 2022 年共监测 15 个批次 CCHND 样品，检测结果均为阴性。2015—2022 年，从江西省主要鲫、观赏金鱼等的养殖场共采集 185 份样品（图 5）监测鲤疱疹病毒 2 型（CyHV-2），连续 8 年的监测共计有 12 批次阳性样品检出，平均样品阳性率 6.49%，一些鱼病门诊也接诊过该病疑似病例。由于鲫造血器官坏死病对江西省观赏金鱼流通和鲫苗种供给安全造成了一定的风险，是江西省鲫、观赏金鱼养殖的一大隐患。全国范围内苗种和观赏金鱼的流通加大该病原扩散传播的风

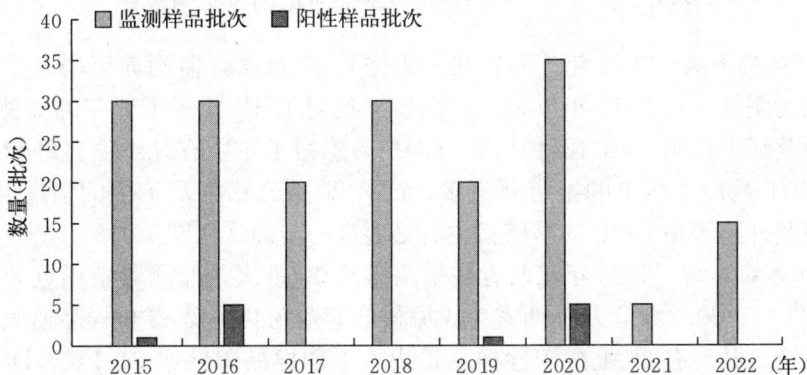

图 5 2015—2022 年江西省水产养殖（苗种）场 CyHV-2 监测情况

险，鉴于当前鲫造血器官坏死病病原阳性检出率和分布尚未形成扩散的趋势，必须采取切实有效的监测和防控措施控制该病病原 CyHV-2 的进一步扩散，养殖户在购买鲫鱼种时，应对购买的鲫鱼种进行检疫或询问苗种产地发病历史等，避免购买携带病毒的鲫鱼种。

6. 鲤浮肿病（KSD） 2022 年江西省共检验鲤浮肿病样品 10 个批次，样品检测结果均为阴性。2015—2022 年，从江西省主要鲤、锦鲤养殖场共采集 65 份样品监测鲤浮肿病毒（CEV），其中仅 2021 年检出 1 例阳性（图 6），该病在江西省的传播情况还有待持续监测观察，带毒苗种流通是 CEV 传播的主要风险点之一。锦鲤是我国有重要价值的观赏鱼品种，各地为繁育、保种和商品流通，跨区域、跨省交易现象较普遍，锦鲤感染 CEV 后将成为病毒传播的载体，存在很高传播风险，而且有从观赏鱼扩散到鲤的风险。江西省鲤、锦鲤养殖场需加强防控工作，引进苗种时建议从国家、省级水生动物疫病监测阴性苗种场购买苗种，避免引入带病原苗种；一旦发现疑似病例，应立即对养殖场相关鱼池采取隔离措施，限制养殖场病鱼的移动和运输，及时向所辖县（区）水生动物疫病预防控制机构（或水产技术推广机构）报告，并送典型发病样品到有资质的实验室诊断。

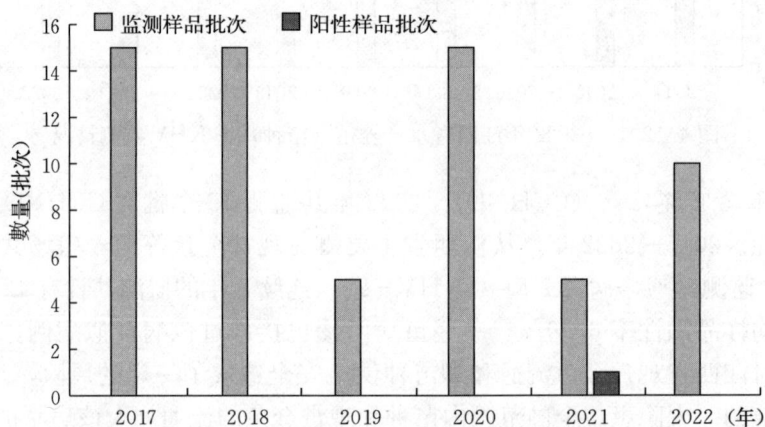

图 6 2017—2022 年江西省水产养殖场 CEV 监测情况

7. 虾肝肠胞虫病 2022 年江西省共采集样品 30 批次，监测养殖场点 30 个，样品检测结果均为阴性。自 2017 年以来，江西省已经对 EHP 开展了 6 年的监测，仅 2019 年从克氏原螯虾中检出 EHP 阳性样本，EHP 易感宿主主要有凡纳滨对虾和斑节对虾，目前有关 EHP 病原生活史的报道并不多，EHP 繁殖、感染及传播的情况并未完成查明，克氏原螯虾是否是 EHP 的易感宿主有必要进一步确认（图 7）。

8. 虾虹彩病毒病 2022 年江西省共采集样品 30 批次，监测养殖场点 30 个，检出 1 例阳性。2017—2022 年，从江西省克氏原螯虾养殖场共采集 83 份样品监测 DIV1，连续 6 年的监测，共计有 20 批次阳性样品检出，平均样品阳性率 24.1%，DIV1 可以通过水平传播的方式，感染同类及近缘的甲壳类物种，在克氏原螯虾养殖中应重点警惕克

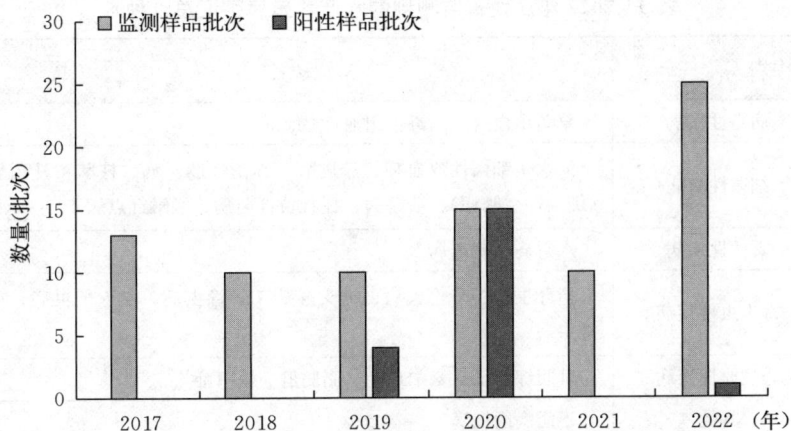

图 7　2017—2022 年江西省水产养殖虾场 EHP 监测情况

氏原螯虾在养殖水域中携带和传播 DIV1 的风险。近些年全国的监测情况显示检出该病的阳性省份逐步增多，说明 DIV1 在我国主要虾类养殖区广泛传播，提示有必要进一步确立和实施该病的应对措施，阻止该病病原的扩散和传播。甲壳类不具备特异性免疫及免疫记忆能力，加强产业中生物安保体系建设是甲壳类病害防控的核心。要通过生物安保的实施来逐步实现病原净化（图 8）。

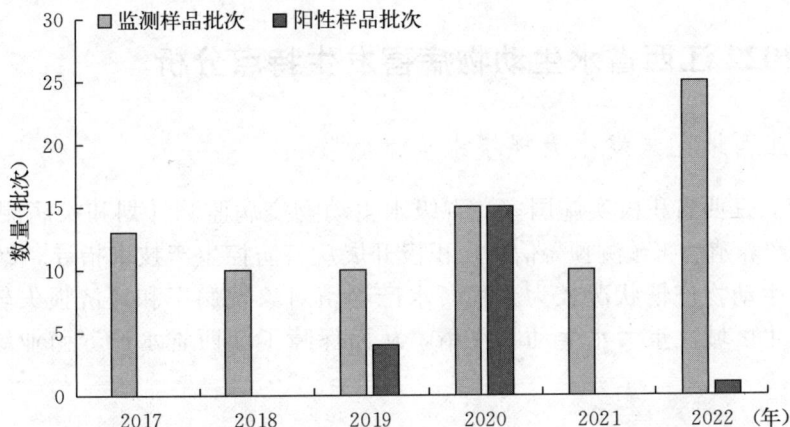

图 8　2017—2022 年江西省水产养殖虾场 SHIV 监测情况

（二）常规水生动物疾病发生情况分析

2022 年，全省测报区共监测到病害种类 32 种，其中鱼类疾病 22 种、虾类疾病 7 种、贝类疾病 1 种、其他类（鳖）疾病 2 种（表 3）。监测结果表明引起水产养殖动物发病的原因较多，病因复杂。其中，以细菌性疾病为主要病害，占比 47.71%，其次是寄生虫类疾病，占比 19.61%，接下来真菌性疾病、非病原性疾病、其他疾病、病毒性疾病分别占比 16.34%、7.19%、5.23%、3.92%。

表3　2022年江西省监测到的水产养殖病害汇总（种）

类别		病名	数量
鱼类	病毒性疾病	草鱼出血病、病毒性出血性败血症	2
	细菌性疾病	淡水鱼细菌性败血症、赤皮病、细菌性肠炎病、柱状黄杆菌病（细菌性烂鳃病）、溃疡病、柱状黄杆菌病、鳗鲡红点病	7
	真菌性疾病	水霉病、鳃霉病	2
	寄生虫性疾病	指环虫病、车轮虫病、锚头鳋病、斜管虫病、黏孢子虫病、小瓜虫病	6
	非病原性疾病	肝胆综合征、氨中毒症、脂肪肝、缺氧症	4
	其他	不明病因疾病	1
虾类	细菌性疾病	烂鳃病、肠炎病	2
	真菌性疾病	水霉病、丝囊霉菌感染（螯虾瘟）	2
	非病原性疾病	蜕壳不遂症、冻死	2
	其他疾病	不明病因疾病	1
贝类	细菌性疾病	三角帆蚌气单胞菌病	1
其他类	细菌性疾病	鳖穿孔病、鳖溃烂病	2
合计			32

三、2022 江西省水生动物病害发生特点分析

（一）江西地区未发生大规模水生动物疫情

2022年，江西省积极实施国家、省级水生动物疫病监测计划和疾病测报等工作，及时发布水产养殖病害预测预警信息，积极开展病害防控生产技术指导，2022年总体上江西省水生动物疫情状况较为平稳，水产养殖对象发病率和经济损失较往年有所下降，未发生区域性重大水生动物疫情，从而保障了江西省水产养殖业绿色高质量发展。

（二）疫病传播流行给水产养殖带来巨大压力

2022年，影响较大的病毒性疾病和细菌性疾病有草鱼出血病、细菌性败血症、鲫造血器官坏死病、白斑综合征、诺卡氏菌病、爱德华氏菌病、越冬综合征、溃疡综合征等。此外，随着国家对动物保护力度的加强，渔区生态环境的改善，养殖区域鸟类数量剧增，导致养殖水域的寄生虫病有所增加，原本在江西部分区域绝迹的扁弯口吸虫病、绦虫病等寄生虫病又有发现。老病难根除、新病不断增加，病毒性疾病引起的死亡率高，区域流行的疫病基因型不明，绝迹的寄生虫病重新出现等问题，给水产养殖健康发展带来巨大压力。

（三）并发症呈现普遍趋势，不易治愈且反复发生

调研发现寄生虫、细菌、病毒等多种病原体并发，甚至伴随营养性疾病和气泡病，防治难度加大，部分发病严重的池塘死亡率超过 50％。如早春时段真菌性和寄生虫性疾病并发，如水霉菌并发斜管虫病、小瓜虫病、孢子虫病所造成的损失较严重；鱼类体质下降、饲料过量投喂、苗种带毒等，造成病毒性与细菌性混合感染案例也日渐增加，如草鱼"老三病"并发病毒性出血病。鱼类疾病致病因子已经由单一病原向多元病原协同致病演化，病害特征多样化、复杂化。

（四）病害的流行情况与气温的变化密切相关

2022 年江西地区长期干旱无雨，持续高温且日照强烈，水库蓄水几乎全部用于水稻抗旱，湖泊池塘无水源补充，养殖用水受困，养殖水体富营养水平加剧，导致蓝藻异常泛滥，泛塘事故时有发生，氨氮、亚硝酸盐、pH 居高不下，导致烂鳃病、淡水细菌性败血病等细菌性疾病高发、反复率较高，白露过后草鱼出血病频发等，给养殖户的正常生产造成了极大的不利影响。

四、2023 年江西省水产养殖病害发病趋势预测

根据历年的监测结果，结合江西省水产养殖特点，预测 2023 年主要发病养殖品种有草鱼、鲫、鲈、黄颡鱼、鲢、鳙、克氏原螯虾、鳗鲡、鳜、泥鳅、中华绒螯蟹、中华鳖等。可能发生、流行的水产养殖病害：鱼类易患"春季鱼瘟"、烂鳃病、赤皮病、肠炎病、水霉病、草鱼出血病、鲫造血器官坏死病、指环虫病、小瓜虫病、车轮虫病、锚头鳋病等，同时注意防止细菌、寄生虫等多病原混合感染；虾类易患白斑综合征、固着类纤毛虫病、肠炎病、蜕壳不遂等病（症）；蟹类易患腹水病、烂鳃病、肝胰腺坏死病等；鳖类易发腐皮病、穿孔病等；贝类易发车轮虫病、水霉病、钩介幼虫病等。江西省历年重大疫病专项监测中克氏原螯虾、草鱼、鲫等品种的相关疫病病原检出率较高，2023 年需重点防范。

2022 年山东省水生动物病情分析

山东省渔业发展和资源养护总站

（倪乐海　徐　涛）

2022 年共组织全省 16 地市渔业重点养殖区的 443 处测报点对 37 个优势养殖品种进行了动态监测报告。现将 2022 年全省水产养殖病情测报情况总结分析如下：

一、总体情况

测报品种共 6 大类 37 个品种，其中有鱼类 23 种、甲壳类 6 种、贝类 4 种、藻类 2 种、爬行类 1 种、棘皮动物 1 种（表 1）。

表 1　2022 年水产养殖病害监测品种情况（种）

类别	品种	数量
鱼类	草鱼、鲢、鳙、鲤、鲫、泥鳅、鲇、鮰、鳜、淡水鲈、罗非鱼、鲟、红鲌、白斑狗鱼、大菱鲆、牙鲆、海水鲈、河鲀、石斑鱼、鲷、半滑舌鳎、许氏平鲉、绿鳍马面鲀	23
甲壳类	凡纳滨对虾、中国对虾、日本对虾、克氏原螯虾、中华绒螯蟹、梭子蟹	6
贝类	扇贝、牡蛎、蛤、鲍	4
藻类	海带、江蓠	2
爬行类	鳖	1
棘皮动物	刺参	1

测报规模：测报总面积 3.87 万 hm^2，占全省水产养殖总面积的 5.05%。测报区域的养殖模式涉及池塘、工厂化、网箱、海上筏式、底播、滩涂等多种模式。

测报数据显示，草鱼、鲤、鲢、鳙、鲟、淡水鲈、大菱鲆、半滑舌鳎、凡纳滨对虾、中国对虾、克氏原螯虾、刺参、鳖和海带 14 个测报品种监测到有病害发生，其余 23 个测报品种未监测到病害。

全年共监测到 24 种病害，其中有细菌性疾病 12 种、病毒性疾病 2 种、寄生虫疾病 3 种、真菌性疾病 1 种、非病原性疾病 1 种、不明病因疾病 5 种（表 2）。

表 2　2022 年水产养殖病害种类、疾病属性综合分析（种）

类别		鱼类	甲壳类	藻类	爬行类	棘皮动物	合计
疾病性质	细菌性疾病	7	2		2	1	12
	病毒性疾病		2				2
	寄生虫疾病	2	1				3
	真菌性疾病	1					1
	非病原性疾病		1				1
	不明病因疾病	4		1			5
	合计	14	6	1	2	1	24

山东省 2022 年水产养殖发生最多的病害类型是细菌性疾病（占比 50.00％）；其次为不明病因疾病，占 20.83％；再次为寄生虫疾病和病毒性疾病，分别占 12.50％和 8.33％；非病原性疾病和真菌性疾病各占 4.17％。

二、监测结果与分析

（一）各品种监测结果

1. 草鱼　2022 年草鱼共监测到 2 种病害（表 3），均为细菌性疾病。赤皮病和肠炎病的月平均发病率分别为 0.08％和 0.03％，发病区内平均死亡率分别为 8.33％和 7.16％。

表 3　草鱼 2022 年病害情况统计（发病率/死亡率，％，以下同）

病害	7 月	8 月	月平均
赤皮病	0.08/8.33		0.08/8.33
肠炎病	0.04/14.3	0.01/0.02	0.03/7.16

2. 鲤　共发生 5 种病害，包括 2 种细菌性疾病、1 种寄生虫病、1 种真菌性疾病和 1 种不明病因疾病（表 4）。细菌性疾病中，肠炎病和细菌性败血症的月平均发病率分别为 0.02％和 0.04％，发病区内平均死亡率分别为 0.84％和 0.5％。不明病因疾病的月平均发病率和发病区平均死亡率分别为 0.11％和 0.04％。锚头鳋病仅在 5 月发生，其发病率为 0.04％。水霉病仅在 4 月发生，其发病率为 0.06％。

表 4　鲤病害情况统计

病害	4 月	5 月	6 月	7 月	8 月	9 月	月平均
肠炎病		0.02/2	0.02/0.28			0.02/0.24	0.02/0.84
细菌性败血症				0.05/0.82	0.03/0.51	0.04/0.18	0.04/0.5
锚头鳋病		0.04/0.55					0.04/0.55

（续）

病害	4月	5月	6月	7月	8月	9月	月平均
水霉病	0.06/0.19						0.06/0.19
不明病因疾病		0.17/0.02	0.05/0.05				0.11/0.04

3. 鲢 发生细菌性败血症、锚头鳋病和水霉病3种病害（表5）。细菌性败血症发生较多，在6—8月均有发生，其月平均发病率和发病区平均死亡率分别为0.08%和0.64%。水霉病仅在4月发生，其月平均发病率和发病区平均死亡率分别为0.05%和6.67%。锚头鳋病仅在9月发生，发病率为0.09%，未发生死亡。

表5 鲢病害情况统计

病害	4月	6月	7月	8月	9月	月平均
细菌性败血症		0.07/1.22	0.09/0	0.09/0.7		0.08/0.64
锚头鳋病					0.09/0	0.09/0
水霉病	0.05/6.67					0.05/6.67

4. 鳙 监测到烂鳃病和细菌性败血症2种病害（表6），其月平均发病率分别为0.16%和0.1%；烂鳃病的发病区内平均死亡率为0.71%，细菌性败血症未造成死亡。

表6 鳙病害情况统计

病害	4月	8月	月平均
细菌性败血症		0.1/0	0.1/0
烂鳃病	0.16/0.71		0.16/0.71

5. 鲟 在7月监测到不明病因疾病，其月平均发病率和发病区平均死亡率分别为0.03%和43%。

6. 淡水鲈 发生赤皮病和不明病因疾病2种病害（表7），其月平均发病率分别为0.1%和0.01%；不明病因疾病的发病区内平均死亡率为0.2%，赤皮病未造成死亡。

表7 淡水鲈病害情况统计

病害	8月	9月	月平均
不明病因疾病	0.01/0.2		0.01/0.2
赤皮病		0.1/0	0.1/0

7. 大菱鲆 监测到弧菌病、疖疮病和刺激隐核虫病3种病害（表8）。弧菌病和疖疮病月平均发病率分别为0.22%和0.26%，发病区内平均死亡率分别为3.87%和4.33%。刺激隐核虫病在6—7月发生，其月平均发病率和发病区平均死亡率分别为0.22%和5.07%。

表 8　大菱鲆病害情况统计

病害	4 月	5 月	6 月	7 月	月平均
弧菌病	0.17/2.94		0.26/4.8		0.22/3.87
疖疮病		0.26/4.33			0.26/4.33
刺激隐核虫病			0.17/0.13	0.26/10	0.22/5.07

8. 半滑舌鳎　在 5 月发生肠炎病，其月平均发病率和发病区平均死亡率分别为 15.8% 和 3.33%。

9. 凡纳滨对虾　发生白斑综合征、急性肝胰腺坏死病、弧菌病与虾肝肠胞虫病 4 种病害（表 9）。其中，急性肝胰腺坏死病发生较多，在 6—9 月都有发生，其月平均发病率和发病区内死亡率分别为 0.006% 和 0.03%；在 6—8 月监测到有弧菌病发生，其月平均发病率和发病区内死亡率分别为 0.53% 和 0.87%；在 5 月发生虾肝肠胞虫病，月平均发病率分别为 0.009%；在 6 月发生白斑综合征，月平均发病率分别为 0.75%。

表 9　凡纳滨对虾病害情况统计

病害	5 月	6 月	7 月	8 月	9 月	月平均
白斑综合征		0.75/0				0.75/0
急性肝胰腺坏死病		0.001/0.09	0.006/0.02	0.01/0.01	0.006/0.01	0.006/0.03
弧菌病		0.001/0.22	0.003/2.4	1.59/0		0.53/0.87
虾肝肠胞虫病	0.009/100					0.009/100

10. 中国对虾　监测到肝胰腺细小病毒病、急性肝胰腺坏死病 2 种病害（表 10），其月平均发病率分别为 2.81% 和 3.12%，发病区内平均死亡率分别为 4.09% 和 16.7%。

表 10　中国对虾病害情况统计

病害	7 月	8 月	9 月	10 月	月平均
肝胰腺细小病毒病	2.5/4			3.12/4.17	2.81/4.09
急性肝胰腺坏死病		3.12/16.7	3.12/16.7		3.12/16.7

11. 克氏原螯虾　在 5 月和 7 月发生蜕壳不遂症 1 种病害（表 11），其月平均发病率和发病区内死亡率分别为 0.32% 和 2.01%。

表 11　克氏原螯虾病害情况统计

病害	5 月	7 月	月平均
蜕壳不遂症	0.32/2	0.32/2.01	0.32/2.01

12. **鳖** 发生鳖穿孔病和鳖溃烂病 2 种病害（表 12），其月平均发病率分别为 0.34% 和 0.27%，发病区内平均死亡率分别为 0.33% 和 0.63%。

表 12 鳖病害情况统计

病害	5月	6月	7月	10月	月平均
鳖穿孔病	0.25/0.4	0.42/0.26			0.34/0.33
鳖溃烂病			0.29/0.89	0.25/0.37	0.27/0.63

13. **刺参** 发生腐皮综合征 1 种病害（表 13），其月平均发病率和发病区平均死亡率分别为 0.003% 和 0.71%。

表 13 刺参病害情况统计

病害	6月	8月	月平均
腐皮综合征	0.002/0.5	0.003/0.92	0.003/0.71

14. **海带** 自 2021 年 12 月至 2022 年 3 月荣成地区养殖海带发生 1 种不明病因疾病，其月平均发病率和发病区平均死亡率分别为 84.2% 和 100%，给养殖户造成了巨大经济损失。

（二）监测结果分析

4—10 月，病害发生种类的数量整体呈先升后降的趋势（图 1）。4 月，月度病害发生种类数量相对较少；6—7 月，月度病害发生种类数相对较多，是养殖病害的高发期；10 月病害发生数量显著减少。

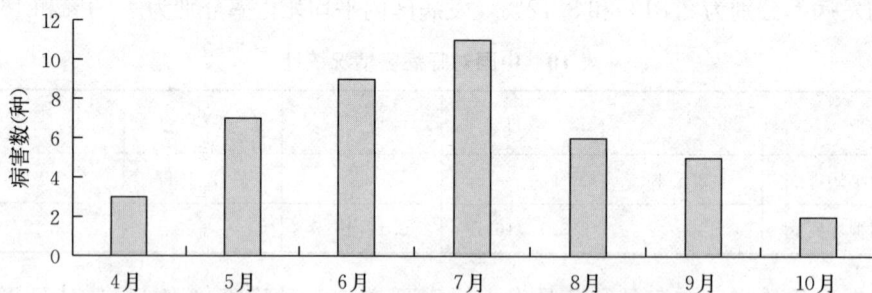

图 1 2022 年病害发生种类月度情况

2022 年，鱼类的月平均发病率为 0.05%（表 14），较 2021 年（0.37%）降低；甲壳类的月平均发病率为 1.3%，较 2021 年（0.11%）升高；爬行类的月平均发病率为 0.3%，较 2021 年（0.24%）升高；棘皮动物的月平均发病率为 0.003%，而在 2021 年未监测到病害发生。贝类在 2022 年未监测到病害发生。

表 14　各养殖种类平均发病率与平均发病区死亡率情况（％）

项目		4 月	5 月	6 月	7 月	8 月	9 月	10 月	平均
鱼类	发病率	0.08	0.015	0.03	0.06	0.07	0.04		0.05
	死亡率	3	1.88	2.33	16.2	0.06	0.14		3.94
甲壳类	发病率		0.008	0.2	1.58	2.06	1.97	1.97	1.3
	死亡率		98	0.02	1.56	0.8	6.26	4.17	18.5
爬行类	发病率		0.25	0.42	0.29			0.25	0.3
	死亡率		0.4	0.26	0.89			0.37	0.48
棘皮动物	发病率			0.002		0.003			0.003
	死亡率			0.5		0.92			0.71

2022 年对淡水鱼类危害较大的是赤皮病、肠炎病、细菌性败血症等细菌性疾病，7—9 月高温季节是淡水鱼类细菌性疾病的高发期；寄生虫病和真菌性疾病也时有发生。对于海水鱼类，弧菌病和刺激隐核虫病发生相对较多。

2022 年甲壳类养殖发生较多的主要病害是急性肝胰腺坏死病和弧菌病，急性肝胰腺坏死病在凡纳滨对虾和中国对虾养殖中均有出现，发病集中在 6—9 月；弧菌病在 6—8 月凡纳滨对虾养殖中发生。克氏原螯虾养殖中监测到蜕壳不遂症。

2022 年养殖爬行类的主要病害是鳖穿孔病和鳖溃烂病。

2022 年养殖棘皮动物发生的主要病害是腐皮综合征。

2022 年海带养殖发生不明病因病害，据专家调研分析病害原因是由赤潮带来的海水营养盐缺乏、海水透明度偏高、海水盐度偏低等，养殖海带大面积受灾，甚至绝产，造成了巨大的经济损失。

三、2023 年养殖病害发生趋势预测

1. 鱼类　淡水养殖鱼类的病害将以烂鳃病、肠炎病、细菌性败血症等细菌性疾病为主，发病持续周期较长，6—9 月高温季节是细菌性疾病的高发期；锚头鳋病、车轮虫病等寄生虫病在养殖过程中也时有发生；水霉病等真菌性疾病多在冬春季节发生。

大菱鲆等海水养殖鱼类需要重点做好腹水病、肠炎病等细菌性疾病的防控。刺激隐核虫病等寄生虫病具有传染快、死亡率高等特征，也需要加强预防。

2. 甲壳类　急性肝胰腺坏死病近年来逐渐发展成为影响对虾养殖生产的一大重要病害，需要重点做好对该病的防控；白斑综合征等病毒性疾病近年来虽发生不多，但因其传染性强、易造成重大损失，因此仍不容忽视；虾肝肠胞虫病作为一种寄生虫病，虽然不会造成对虾大量死亡，但严重影响对虾生长，也需要注意防范。预防对虾疾病，应通过加强苗种检疫保障对虾苗种质量，同时强化生产管理，做好水质和底质调控。

梭子蟹易发生蜕壳不遂症，中华绒螯蟹易感染颤抖病，应提前做好预防工作。

3. 贝类　因贝类养殖多采用筏式养殖、浅海底播等模式，贝类养殖易受海区环境

等因素影响，养殖扇贝、牡蛎在高温季节可能会发生不明病因病害。

4. 刺参　养殖刺参易发生腐皮综合征等病害。近年来，部分地区刺参养殖因夏季高温、持续降雨等原因受到较大经济损失，因此刺参养殖单位要注意关注气候变化，特别是极端天气，及时采取有效措施，保障养殖刺参安全度夏。

5. 藻类　海带养殖易受海区环境变化影响，养殖单位应密切关注海区海水透明度、盐度、营养盐等变化趋势，海带养殖异常时及时进行技术指导咨询。

四、病害防控对策与建议

1. 强化水产绿色养殖"五大行动"实施　各级渔业技术推广机构应强化适合本地的水产绿色养殖技术、模式的宣传推广，使养殖从业者树立起水产养殖绿色发展理念。深入推进"五大行动"的实施，因地制宜试验推广稻渔综合种养、大水面生态增养殖等绿色养殖技术模式，加快推进养殖节水减排，持续促进水产养殖用药减量，积极探索配合饲料替代幼杂鱼，促进优良水产新品种试验示范推广，推动水产养殖业向绿色发展转型升级。

2. 落实推进水产苗种产地检疫制度　推进水产苗种产地检疫，可以从源头控制重大水生动物疫病传播，有效降低病害暴发概率和经济损失。各级渔业主管部门通过理顺水产苗种产地检疫工作机制，形成工作合力，依法开展渔业官方兽医资格确认工作，健全渔业官方兽医队伍，加强苗种检疫执法监督，保障水产苗种产地检疫制度落到实处。

3. 科学防控养殖病害　防控养殖病害，应坚持"全面预防、科学治疗"的原则。未发病时，通过采取清塘消毒、苗种检疫、水质底质调控、投饵管理等措施做好病害预防。发现病害后，及时联系当地渔业技术推广部门或病害防控机构，争取对应领域病害防控专家的专业技术指导，减少盲目用药，规范使用国标渔药，增强渔病防治科学性，有效降低养殖病害造成的损失。

4. 健全"三联一送"病防工作机制　联动疾病测报与防治服务，织密病情测报网络，建立病害多元化信息收集渠道，推动建立监测预报与应急处置协调统一的工作模式；联动病防机构与社会服务，依托病防服务基地区域化开展病防技术服务，推动建立病害防治技术服务效能提升的发展模式；联动科研体系与产业主体，联合高校院所编印病防技术手册，推动建立病害防治技术创新应用的支撑模式；送病防技术进村入户到塘，打造病防专家行、技术直播培训服务品牌，开创技术服务常下基层、常在基层、常为基层的工作新局面。

2022年河南省水生动物病情分析

河南省水产技术推广站

（李旭东　尚胜男　程明珠）

一、基本情况

2022年，河南省监测的品种有鱼类、虾蟹类和其他类3个养殖大类、21个养殖品种（表1）。在17个地市64个县（区、市）设立了176个测报点，监测面积8 475 hm²，其中淡水池塘5 265 hm²。现将2022年河南省水产养殖病情监测结果分析如下：

表1　2022年河南省监测的养殖品种（种）

类　别	养殖品种	数　量
鱼　类	青鱼、草鱼、鲢、鳙、鲤、鲫、鳊、鲇、鮰、鳟、鲟、泥鳅、黄颡鱼、锦鲤、金鱼	15
虾蟹类	克氏原螯虾、青虾、中华绒螯蟹	3
其　他	龟、鳖、大鲵	3
合　计		21

二、2022年河南省水产养殖病情分析

2022年监测养殖品种21种，其中8种发生了不同程度的病害，整体流行趋势与2021年基本一致。全年上报月报汇总数据9期，以5—8月4个月为发病高峰期，病害种类较多，发病周期长。病因以生物源性疾病为主，在生物源性疾病中又以细菌性疾病和寄生虫疾病较严重，但是病毒性疾病也要引起高度重视。

（一）水产养殖病情监测总体情况

1. 监测面积　全省监测的养殖模式主要有淡水池塘、淡水工厂化和淡水其他，各养殖模式监测面积见表2，约占全省养殖面积的4%。

表2　各养殖模式的监测面积

养殖模式	面积（hm²）
淡水池塘	5 265.495 2
淡水工厂化	16.4
淡水其他	3 193.334 9

2. 水产养殖发病种类　全省监测到水产养殖发病种类 8 种，其中鱼类 7 种、虾蟹类 1 种，见表 3。

表 3　水产养殖发病种类（种）

种类	品种	数量
鱼类	草鱼、鲢、鳙、鲤、鲇、鲫、黄颡鱼	7
甲壳类	中华绒螯蟹	1
合计		8

3. 水产养殖病害种类　全年监测到的水产养殖病害种类有 20 种，其中病毒性疾病 2 种、细菌性疾病 7 种、真菌性疾病 2 种、寄生虫病 5 种、非病原性疾病 3 种、其他不明原因疾病 1 种，见表 4。

表 4　水产养殖病害种类（种）

病害种类	名称	数量
病毒病	草鱼出血病、鲤浮肿病	2
细菌病	淡水鱼细菌性败血症、细菌性肠炎病、柱状黄杆菌病（细菌性烂鳃病）、鲫类肠败血症、鱼爱德华氏菌病、溃疡病、肠炎病	7
寄生虫病	小瓜虫病、指环虫病、车轮虫病、锚头鳋病、三代虫病	5
真菌病	水霉病、鳃霉病	2
非病原性疾病	气泡病、肝胆综合征、蜕壳不遂症	3
其他	不明原因疾病	1
合计		20

4. 各养殖种类平均发病面积率　各养殖种类平均发病面积率为 9.54%，最高的为鲇约 39.99%，最低的为鲢和鳙，为 0.18%，见表 5。与 2021 年相比，黄颡鱼、鲫和中华绒螯蟹发病面积率上升外，其余品种呈下降趋势。

表 5　各养殖种类平均发病率

养殖种类	草鱼	鲢	鳙	鲤	鲇	鲫	黄颡鱼	中华绒螯蟹
总监测面积（hm²）	821	2 250	2 194	839	0.33	372	91.4	27.7
总发病面积（hm²）	40	4	4	24.6	0.13	10	3.7	5.9
平均发病面积率（%）	4.87	0.18	0.18	2.93	39.39	2.69	4.05	21.30

（二）主要养殖种类病情流行情况

1. 草鱼　草鱼监测到的病害主要有草鱼出血病等 10 种，其中三代虫病发病面积比例最高，肝胆综合征和草鱼出血病死亡率较高，3 月的发病面积比例最高为 0.35%，见图 1。

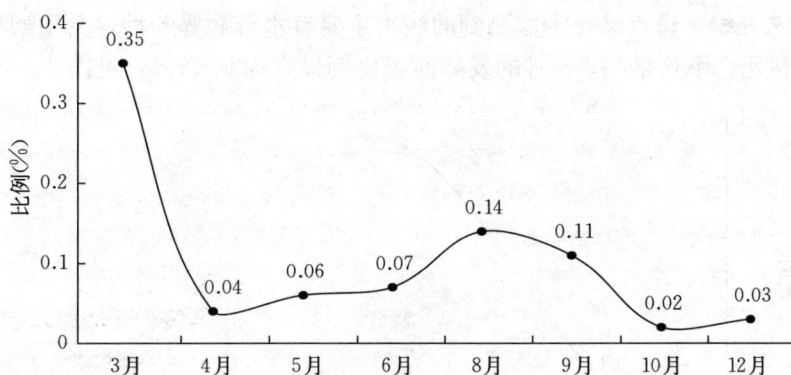

图 1　草鱼发病面积比

2. 鲢、鳙　鲢、鳙在 4—6 月监测到病害，主要有淡水鱼细菌性败血症等 3 种，其中细菌性肠炎和水霉病发病面积比例较高，溃疡病的死亡率最高，5 和 6 月的发病面积比例最高，均为 0.05%，见图 2。

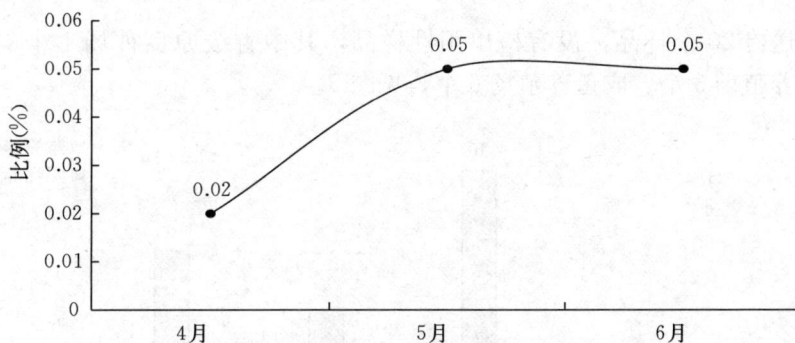

图 2　鲢、鳙发病面积比

3. 鲤　鲤监测到的病害主要有淡水鱼细菌性败血症和细菌性肠炎病等 11 种，其中淡水鱼细菌性败血症发病面积比例较高，鲤浮肿病的死亡率最高，8 月的发病面积比例最高为 0.16%，见图 3。

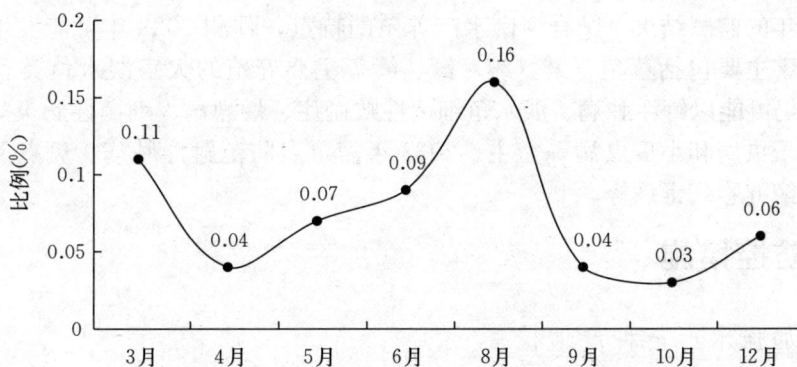

图 3　鲤发病面积比

4. 斑点叉尾鮰　斑点叉尾鮰监测到的病害主要有水霉病等 5 种，其中鮰类肠败血症发病面积比和死亡率均最高，8 月的发病面积比例最高为 0.94%，见图 4。

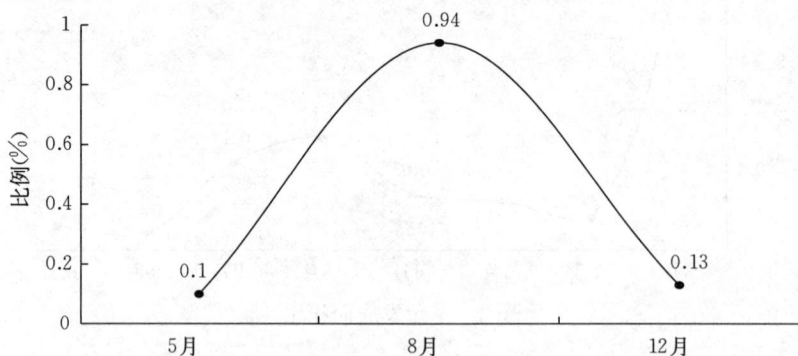

图 4　斑点叉尾鮰发病面积比

（三）重要水生动物疫病专项监测

全年共送检 20 个样品，没有检出阳性样品，其中省级原良种场 1 个、苗种场 10 个、观赏鱼养殖场 3 个、成鱼养殖场 6 个，见图 5。

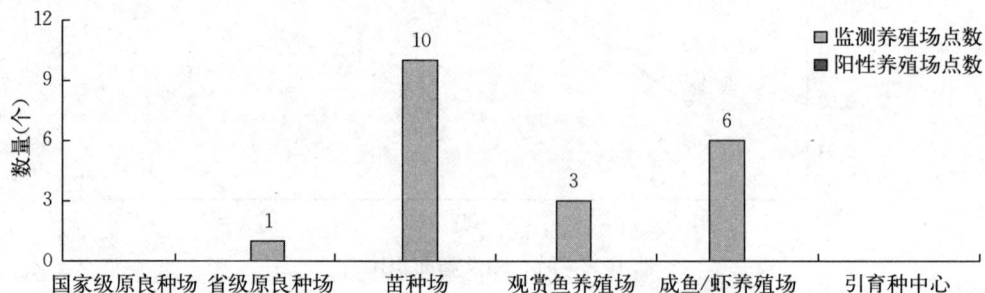

图 5　养殖场点的阳性检出情况

三、2023 年河南省水产养殖病害流行预测

根据历年的监测结果，结合河南水产养殖的特点，预测 2023 年可能发生、流行的水产养殖病害主要包括草鱼、鲢、鳙、鲤、鲫等主要养殖的大宗淡水鱼类和斑点叉尾鮰、黄颡鱼仍可能以鲤浮肿病、淡水鱼细菌性败血症、烂鳃病、细菌性肠炎病、鮰类肠败血症、孢子虫病和小瓜虫病等为主。2023 年需重点防范鲤浮肿病、斑点叉尾鮰传染性套肠病和鳜虹彩病毒病等。

四、防控措施

（一）加强水产苗种产地检疫

引导养殖场主动申报检疫，加强购入种苗的检疫工作，建立苗种隔离池，加强日常管理，从源头杜绝疫病的发生。

（二）开展"五大行动"，推广绿色健康养殖模式

降低放养密度，发展鱼菜共生、稻渔综合种养等生态养殖模式，保持养殖系统的稳定。

（三）规范用药，科学防病

继续做好水产养殖规范用药科普下乡活动，加强《水产用药明白纸》等的宣传培训力度，结合药物敏感试验，做到规范用药、科学防病。

（四）提高病情的预防预警能力

加强疫情监测，切实做好疫情预警预报。建立严格的疫情报告制度，做到早发现、早报告、早控制。

（五）用好鱼病远程诊断网，发挥防疫实验室的作用

用好鱼病远程诊断网。发挥省级防疫实验室的带动作用，做好病害检测技术服务。

2022年湖北省水生动物病情分析

湖北省水产科学研究所

（卢伶俐　魏志宇　韩育章　张惠萍　黄永涛　温周瑞）

一、基本情况

（一）疾病测报

根据湖北省水生动物养殖模式和养殖品种等特点，结合各养殖区域不同的养殖特色，2022年全省46个县（市）级水生动物疫病防治站共设立139个监测点，监测面积19 440.79 hm²。监测养殖品种17个，全年共监测到9种养殖品种发病，详见表1。

表1　2022年监测到的水产养殖发病动物种类（种）

类别		种类	数量
淡水	鱼类	草鱼、鲢、鳙、鲫、鳊、黄颡鱼、鲟	7
	虾类	克氏原螯虾	1
	爬行类	鳖	1
合计			9

（二）重要水生动物疫病专项监测

2022年湖北省承担鲤春病毒血症（SVC）、白斑综合征（WSD）、草鱼出血病（GCHD）、鲫造血器官坏死病（GHN）、虾肝肠胞虫病（EHPD）、十足目虹彩病毒病（IDIV1）共6种疫病30个样品的专项监测工作，样品检测由中国水产科学研究院长江水产研究所完成。

二、监测结果与分析

（一）疾病测报结果

2022年湖北全省测报区内，共监测到鱼类疾病13种、虾类疾病6种、鳖疾病4种。其中，病毒性疾病3种，细菌性疾病10种，真菌性疾病1种，寄生虫病5种，非病原性疾病1种，其他不明病因疾病3种。全年监测到疾病种类比例及主要病害详见图1和表2。

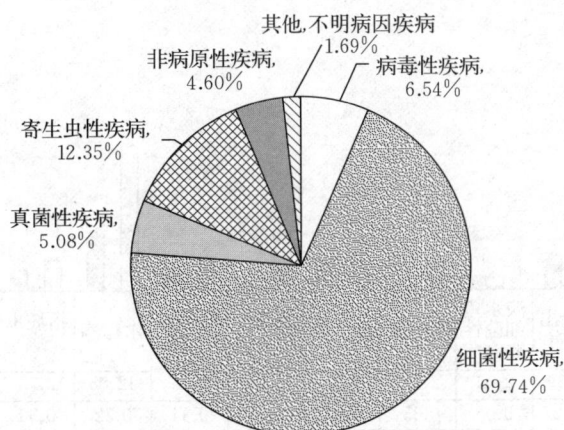

图 1   2022 年全年监测疾病种类比例

表 2   2022 年监测到的水产养殖病害汇总（种）

类别		病名	数量
鱼类	病毒性疾病	草鱼出血病	1
	细菌性疾病	淡水鱼细菌性败血症、溃疡病、赤皮病、细菌性肠炎病、柱状黄杆菌病（细菌性烂鳃病）	5
	真菌性疾病	水霉病	1
	寄生虫性疾病	指环虫病、锚头鳋病、中华鳋病（鳃蛆病）、黏孢子虫病	4
	非病原性疾病	肝胆综合征	1
	其他	不明病因疾病	1
虾类	病毒性疾病	白斑综合征	1
	细菌性疾病	甲壳溃疡病、弧菌病、肠炎病	3
	寄生虫性疾病	固着类纤毛虫病	1
	其他	不明病因疾病	1
其他类（鳖）	病毒性疾病	鳖腮腺炎病	1
	细菌性疾病	鳖溃烂病、鳖红底板病	2
	其他	不明病因疾病	1

（二）监测主要养殖品种病情分析

1. 草鱼   全年共监测到疾病 11 种，平均发病面积比 7.89%，监测区域平均死亡率 0.23%，发病区域平均死亡率 1.68%。草鱼是湖北省养殖面积较大的种类之一，全年监测的病害较往年有所减少，发病死亡率也有下降，在后续养殖过程中，可以通过环境控制、强化水质管理、合理放养及科学投喂等措施预防疾病发生。全年发病情况详见图 2。

2. 鲢、鳙   全年共监测到疾病 6 种，平均发病面积比 11.79%，监测区域平均死亡

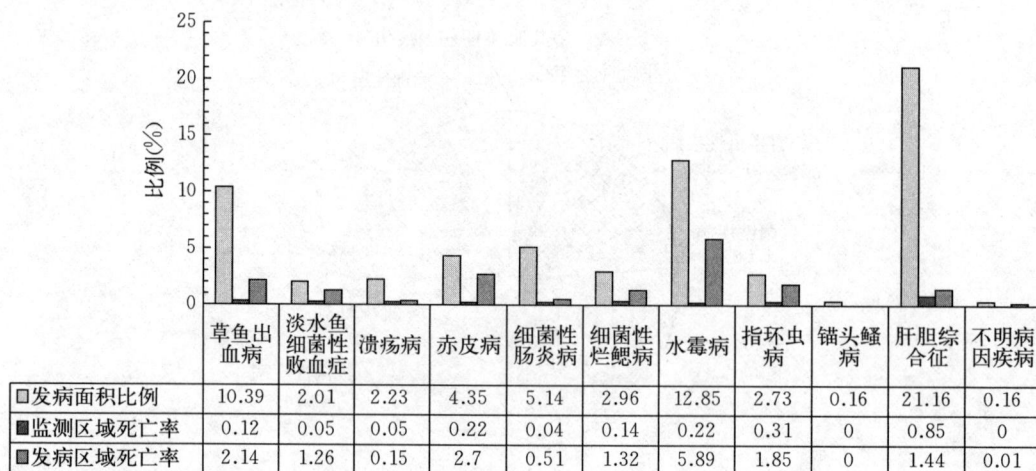

	草鱼出血病	淡水鱼细菌性败血症	溃疡病	赤皮病	细菌性肠炎病	细菌性烂鳃病	水霉病	指环虫病	锚头鳋病	肝胆综合征	不明病因疾病
发病面积比例	10.39	2.01	2.23	4.35	5.14	2.96	12.85	2.73	0.16	21.16	0.16
监测区域死亡率	0.12	0.05	0.05	0.22	0.04	0.14	0.22	0.31	0	0.85	0
发病区域死亡率	2.14	1.26	0.15	2.7	0.51	1.32	5.89	1.85	0	1.44	0.01

图 2　草鱼发病面积比例和死亡率

率 0.26%，发病区域平均死亡率 1.73%。全年监测到寄生虫病发病面积较高，但对养殖鱼类未造成严重损害。全年发病情况详见图 3。

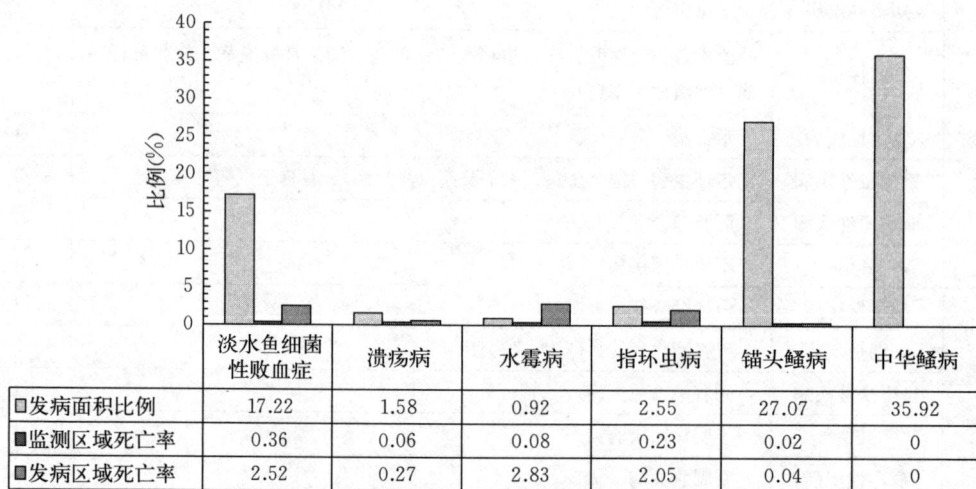

	淡水鱼细菌性败血症	溃疡病	水霉病	指环虫病	锚头鳋病	中华鳋病
发病面积比例	17.22	1.58	0.92	2.55	27.07	35.92
监测区域死亡率	0.36	0.06	0.08	0.23	0.02	0
发病区域死亡率	2.52	0.27	2.83	2.05	0.04	0

图 3　鲢、鳙发病面积比例和死亡率

3. 鲫　全年共监测到疾病 7 种，平均发病面积比 10.90%，监测区域平均死亡率 0.13%，发病区域平均死亡率 2.16%。淡水鱼细菌性败血症是鲫等大宗淡水鱼常见多发疾病，造成的死亡率相对较高，在日常养殖中应加强饲养管理，保持水体溶解氧充足。饲料中添加适量的维生素 C 或免疫增强剂，提高鱼体抗病能力。全年发病情况详见图 4。

4. 克氏原螯虾　全年共监测到疾病 6 种，平均发病面积比 1.28%，监测区域平均死亡率 0.18%，发病区域平均死亡率 2.75%。全年发病情况详见图 5。

5. 鳖　全年共监测到疾病 3 种，平均发病面积比 32.09%，监测区域平均死亡率 0.31%，发病区域平均死亡率 0.70%。全年发病情况详见图 6。

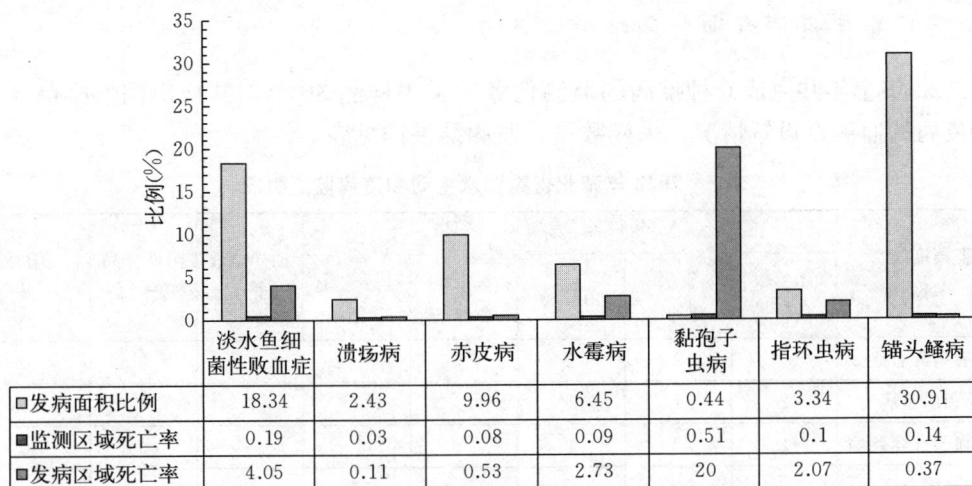

	淡水鱼细菌性败血症	溃疡病	赤皮病	水霉病	黏孢子虫病	指环虫病	锚头鳋病
发病面积比例	18.34	2.43	9.96	6.45	0.44	3.34	30.91
监测区域死亡率	0.19	0.03	0.08	0.09	0.51	0.1	0.14
发病区域死亡率	4.05	0.11	0.53	2.73	20	2.07	0.37

图 4　鲫发病面积比例和死亡率

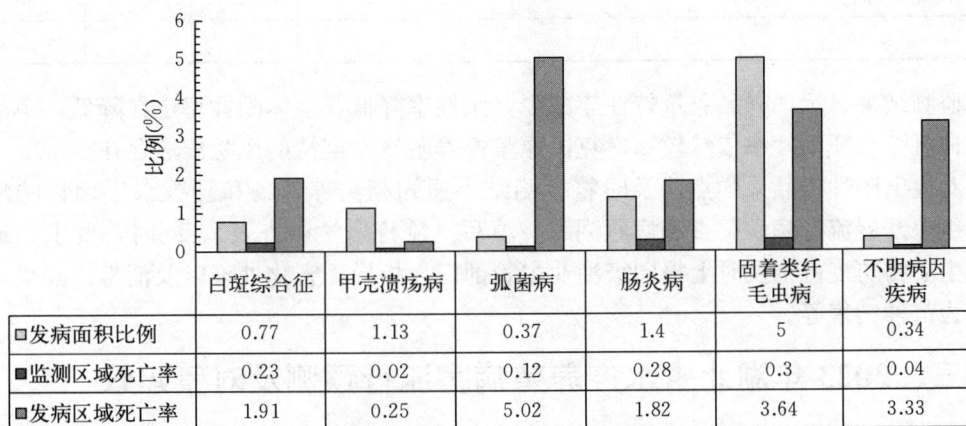

	白斑综合征	甲壳溃疡病	弧菌病	肠炎病	固着类纤毛虫病	不明病因疾病
发病面积比例	0.77	1.13	0.37	1.4	5	0.34
监测区域死亡率	0.23	0.02	0.12	0.28	0.3	0.04
发病区域死亡率	1.91	0.25	5.02	1.82	3.64	3.33

图 5　克氏原螯虾发病面积比例和死亡率

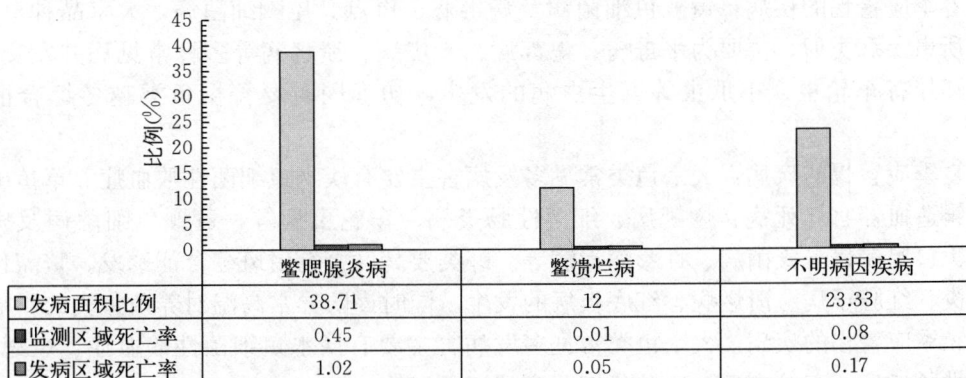

	鳖腮腺炎病	鳖溃烂病	不明病因疾病
发病面积比例	38.71	12	23.33
监测区域死亡率	0.45	0.01	0.08
发病区域死亡率	1.02	0.05	0.17

图 6　鳖发病面积比例和死亡率

（三）重要疫病专项监测结果

2022 年全年共完成 6 种疫病的监测任务，采集样品 30 个，共检出阳性样品 4 个。各种疫病的监测点设置情况、采样数量及监测结果详见表 3。

表 3　2022 年湖北省重要水生动物疫病监测概况

监测疫病名称	监测养殖场（个）					抽样总数（批次）	阳性样品总数（份）	阳性样品率（%）
	国家级良种场	省级良种场	苗种场	观赏鱼养殖场	成鱼/虾养殖场			
鲤春病毒血症		3	2			5	0	0
草鱼出血病	2	1	1		1	5	1	20.0
鲫造血器官坏死病	2	2	1			5	0	0
白斑综合征					5	5		60.0
虾肝肠胞虫病					5	5	0	0
十足目虹彩病毒病					5	5	0	0
合　计						30	4	13.3

监测结果显示，样品总量较往年减少，阳性率降低，整体阳性率也在降低。单品种看，白斑综合征阳性率依然较高，克氏原螯虾养殖暴发疫情的风险依然存在。

对检出阳性样品采样点，及时将检测结果通知相关养殖场和县级水生动物防疫机构，组织开展流行病学调查和病原溯源，填写《流行病学调查表》。同时，要求当地县级水生动物防疫机构及时上报同级渔业主管部门，指导无害化处理以及消毒、隔离，禁止作为苗种销售等。

三、2023 年湖北省水产养殖病害流行预测及对策建议

（一）病害流行预测

春季应警惕的疾病：黄颡鱼细菌病及病毒病、斑点叉尾鮰细菌病，大宗品种草鱼、鲫等所患疾病类似，主要为水霉病、鳃霉病、赤皮病、溃疡病等多种常见病并发交织，有些还伴有车轮虫、小瓜虫等寄生虫病的发生，初春同时要警惕鱼类越冬综合征的发生。

夏季应警惕的疾病：大宗鱼类常见多发病害主要有淡水鱼细菌性败血症、草鱼出血病、鲫造血器官坏死病、烂鳃病、细菌性肠炎病、车轮虫病等，黄颡鱼细菌病及病毒病，大口黑鲈诺卡氏菌病、虹彩病毒病等。虾类要高度警惕白斑综合征暴发。鳖需预防腮腺炎、红脖子病、溃烂病、红底板病的发生。同时谨防异常高温对养殖鱼类的影响。

秋季应警惕的疾病：大宗鱼类常见多发病害主要有淡水鱼细菌性败血症、烂鳃病、细菌性肠炎病、车轮虫病，黄颡鱼细菌病及病毒病等。

冬季应警惕的疾病：鱼类水霉病、冻伤。

（二）对策建议

1. 建立科学的养殖管理制度　注意改良池塘底质和水质，培养出"活、嫩、爽"的水体，给鱼提供良好的生活环境。采取科学规范养殖措施进行健康养殖、生态养殖，提高鱼体免疫力；优选抗病力强的品种，降低发病率，减少渔药使用。

2. 加强水产苗种产地检疫　购买具有产地检疫合格证明的苗种，从源头管控，杜绝引进携带特定病原的苗种。苗种生产企业需选育优质亲本，强化培育工作，投喂优质配合饲料，并在饲料中适量添加增强免疫力的维生素 C、维生素 E 和免疫多糖等，以增强鱼体抵抗力。根据天气情况，对亲本培育池塘适当进行水位调控及水质调节，为亲本提供适宜环境，促进性腺发育。

3. 合理投喂饲料　春季鱼类开口后，要循序渐进增加投饵量。选择优质的人工配合饲料，及时观察鱼、虾、蟹摄食情况，根据气候条件、水质、鱼虾蟹养殖阶段及健康状况及时调整每天饲料投喂量。对于养殖密度较高的成鱼，适当减少饵料的投喂，并在饲料中适量添加免疫增强剂。天气异常时控制饲料投喂量，防止水质恶化。

4. 加强饲养管理，增强鱼体体质，提高抗病能力　在捕捞、运输过程中尽可能避免鱼体受伤。水温低于 15 ℃时，尽量减少人为操作，防止鱼体出现应激反应，导致擦伤或冻伤。

2022 年湖南省水生动物病情分析

湖南省畜牧水产事务中心渔业发展部

（周　文　何东波）

2022 年，全省水产养殖面积 44.92 万 hm²，其中养殖池塘 35.59 万 hm²，养殖品种涵盖了四大家鱼等近 20 个品种，水产品产量 272.59 万 t，其中草鱼、鲢、鳙和鲫为全省主要大宗养殖品种，年产量约 154.23 万 t 左右，占全省水产品社会供给率的 56.58%。

一、2022 水产养殖病害监测总体情况

2022 年，根据全国水产技术推广总站的统一部署，湖南省通过使用"水产养殖动植物病情测报信息系统"开展测报工作。2022 年全省除张家界市和湘西土家族苗族自治州外，其他的 11 个地市均开展了水产养殖动植物病情测报工作，共设置 44 个县级测报站，水产养殖场布点 128 个，监测面积 19 526.67 hm²，其中淡水池塘养殖面积 17 615.45 hm²。

各测报单位每月按时汇总、整理，审核相关测报数据。2022 年共上报省级数据 300 组，监测养殖种类 23 种，监测到发病养殖种类 16 种，监测养殖水面 19 526.67 hm²，监测到 34 种病害。其中，鱼类细菌病 9 种、鱼类寄生虫病 7 种、鱼类病毒病 2 种、鱼类真菌病 2 种，另有鱼类非病原性疾病 4 种（表 1、表 2）。

表 1　2022 年监测到发病的水产养殖种类汇总（种）

类别		种类	数量
淡水	鱼类	青鱼、草鱼、鲢、鳙、鲤、鲫、鳊、黄颡鱼、鳜、鲈（淡）、乌鳢	11
	虾类	克氏原螯虾、凡纳滨对虾（淡）	2
	其他类	鳖、大鲵	2
	观赏鱼	锦鲤	1
合计			16

表 2　2022 年监测到的水产养殖病害汇总（种）

类别		病名	数量
鱼类	病毒性疾病	草鱼出血病、病毒性出血性败血症	2
	细菌性疾病	淡水鱼细菌性败血症、细菌性肠炎病、细菌性烂鳃病、赤皮病、疖疮病、溃疡病、打印病、竖鳞病、柱状黄杆菌病	9

（续）

类别		病名	数量
鱼类	真菌性疾病	水霉病、鳃霉病	2
	寄生虫性疾病	小瓜虫病、指环虫病、车轮虫病、锚头鳋病、中华鳋病、鱼虱病、黏孢子虫病	7
	非病原性疾病	肝胆综合征、缺氧症、畸形、气泡病	4
	其他	不明病因疾病	1
虾类	细菌性疾病	弧菌病	1
其他类	细菌性疾病	鳖溃烂病、大鲵烂嘴病	2
观赏鱼	真菌性疾病	水霉病	1
	寄生虫性疾病	小瓜虫病、三代虫病、指环虫病	3
	非病原性疾病	缺氧症	1
	其他	不明病因疾病	1
合计			34

从监测的疾病种类比例可以看出，所有疾病中细菌性疾病所占比例最高，占 35%，寄生虫性疾病占 29%，非病原性疾病及真菌性疾病分别占 15% 和 9%，其他不明病因疾病占比 6%。

从月发病面积比（图 1）来看，2022 年水产养殖发病高峰在 8 月，发病面积比为 1.34%，死亡数量 6 月最高，为 188 335 尾（表 3）。

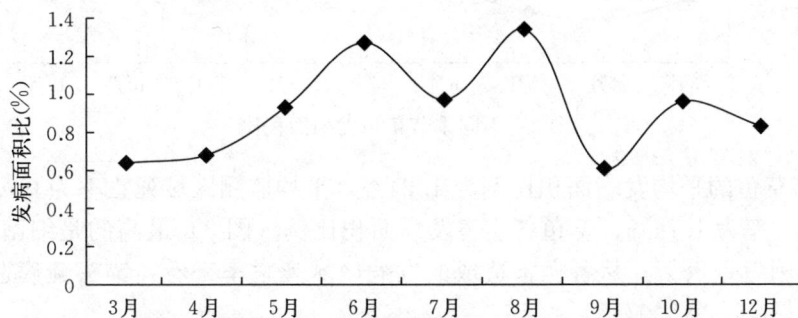

图 1　2022 年全省不同季节水产养殖发病面积比

表 3　水产养殖种类各月发病面积、发病率、死亡数量

月份	发病面积（hm²）	平均发病率（%）	死亡数量（尾）
1—3	124.81	0.64	30 668
4	132.72	0.68	25 404
5	182.27	0.93	36 908

（续）

月份	发病面积（hm²）	平均发病率（%）	死亡数量（尾）
6	248.59	1.27	188 335
7	188.64	0.97	14 070
8	261.74	1.34	30 784
9	119.77	0.61	13 115
10	187.27	0.96	16 819
11—12	161.73	0.83	8 503

二、主要养殖品种发生的病害情况

1. 草鱼　2022年在监测的草鱼中共监测到草鱼出血病、淡水鱼细菌性败血症、细菌性烂鳃病、赤皮病、细菌性肠炎病、水霉病、鳃霉病、小瓜虫病、指环虫病、车轮虫病、锚头鳋病、缺氧症、肝胆综合征和不明原因疾病等21种病害。从不同季节草鱼的发病面积比（图2）来看，8月草鱼发病面积比率全年最高，为0.34%。

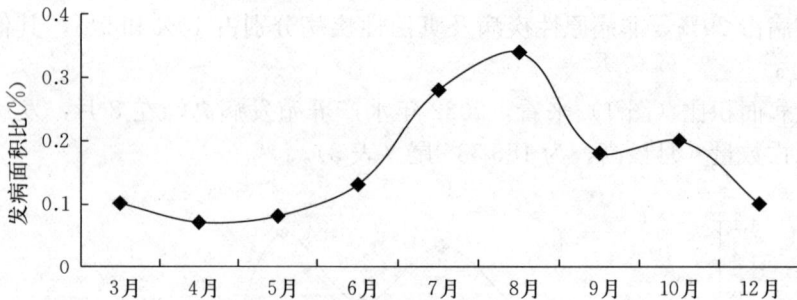

图2　不同季节草鱼发病面积比

2022年草鱼的平均发病面积比例为1.24%，平均监测区域死亡率为0.23%，平均发病区域死亡率为1.74%。草鱼各病害发病面积比例（图3）最高的是细菌性烂鳃病，发病面积比例为2.88%；从各病害造成的发病区域死亡率来看，锚头鳋病造成的发病区域死亡率最高，为5.07%。

2. 鲢　2022年在鲢中共监测到淡水鱼细菌性败血症、细菌性烂鳃病、赤皮病、细菌性肠炎病、打印病、水霉病、中华鳋病、锚头鳋病、不明原因疾病等10种病害。从不同季节鲢的发病面积比（图4）来看，8月鲢发病面积比率全年最高，为0.23%，12月则是全年最低，为0。

2022年鲢的平均发病面积比例为1.31%，平均监测区域死亡率为0.12%，平均发病区域死亡率为2.88%。

鲢各病害发病面积比例（图5）最高的是中华鳋病，发病面积比例为5.06%；从各病害造成的发病区域死亡率来看，中华鳋病造成的发病区域死亡率最高，为8.5%。

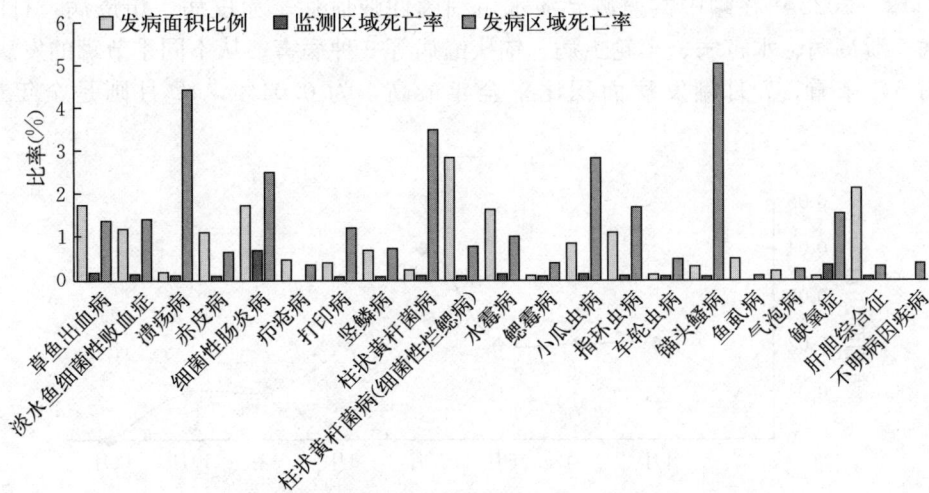

图 3　草鱼的平均发病面积比例、发病区域死亡率、监测区域死亡率

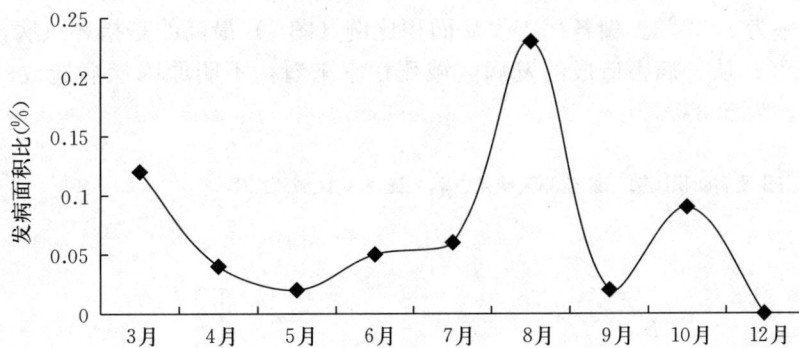

图 4　不同季节鲢发病面积比

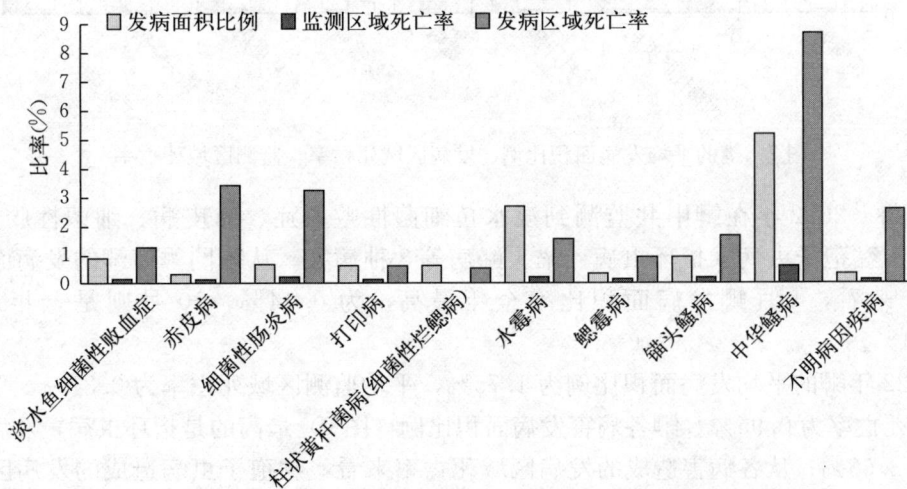

图 5　鲢的平均发病面积比例、发病区域死亡率、监测区域死亡率

3. 鲂 2022年在鲂中共监测到淡水鱼细菌性败血症、赤皮病、疖疮病、打印病、烂鳃病、溃疡病、水霉病、车轮虫病、锚头鳋病等9种病害。从不同季节鲂的发病面积比（图6）来看，7月鲂发病面积比率全年最高，为0.04%，12月则是全年最低，为0。

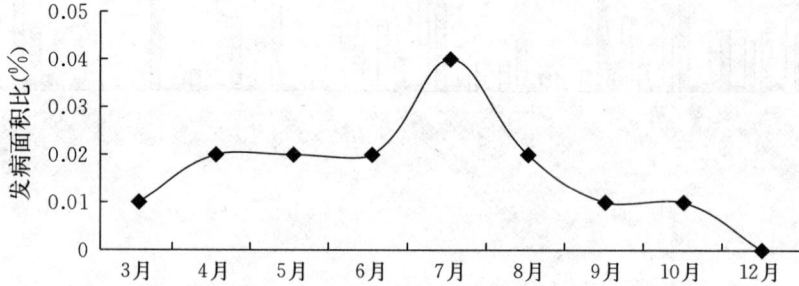

图6 不同季节鲂发病面积比

2022年鲂的平均发病面积比例为0.70%，平均监测区域死亡率为0.06%，平均发病区域死亡率为1.32%。鲂各病害发病面积比例（图7）最高的是指环虫病，发病面积比例为3.52%；从各病害造成的发病区域死亡率来看，不明原因疾病造成的发病区域死亡率最高，为5.33%。

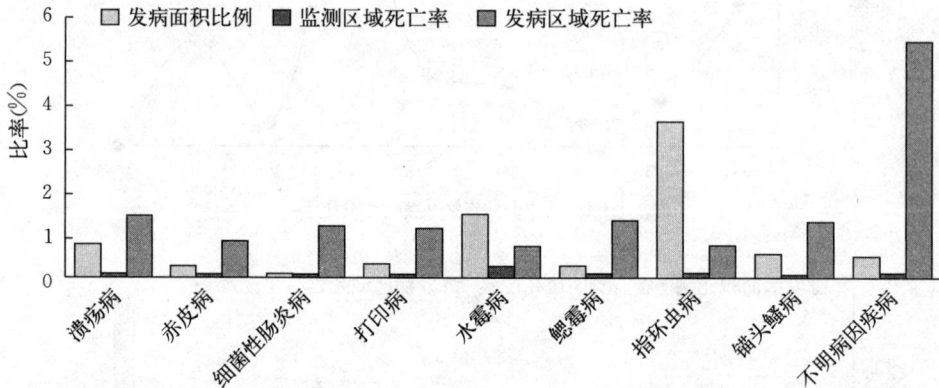

图7 鲂的平均发病面积比例、发病区域死亡率、监测区域死亡率

4. 鲫 2022年在鲫中共监测到淡水鱼细菌性败血症、赤皮病、细菌性肠炎病、烂鳃病、黏孢子虫病、指环虫病、锚头鳋病等8种病害。从不同季节鲫的发病面积比（图8）来看，4月鲫发病面积比率全年最高，为0.14%，10月则是全年最低，为0.01%。

2022年鲫的平均发病面积比例为1.75%，平均监测区域死亡率为0.31%，平均发病区域死亡率为0.95%。鲫各病害发病面积比例（图9）最高的是指环虫病，发病面积比例为2.66%；从各病害造成的发病区域死亡率来看，黏孢子虫病造成的发病区域死亡率最高，为4.14%。

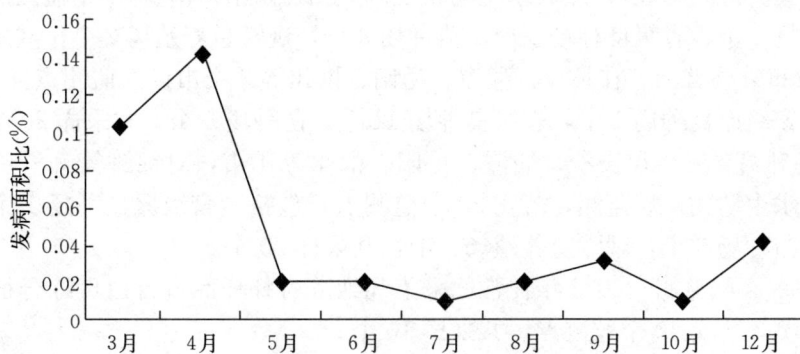

图 8　不同季节鲫发病面积

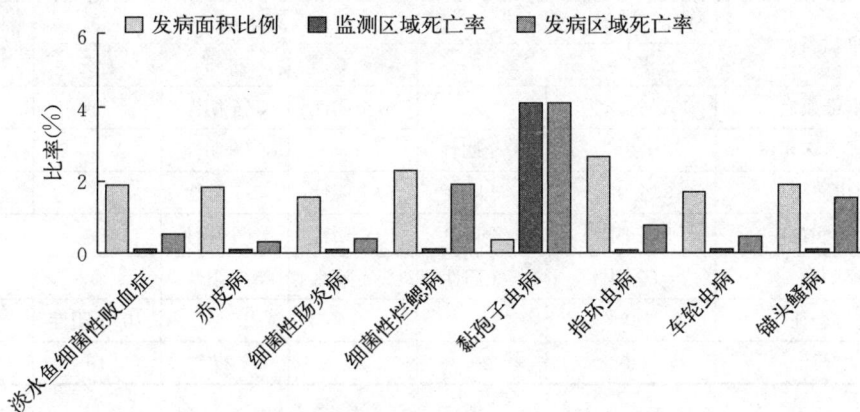

图 9　鲫的平均发病面积比例、发病区域死亡率、监测区域死亡率

三、重要疫病监测分析

根据《农业农村部关于印发〈2022 年国家产地水产品兽药残留监控计划〉〈2022 年国家水生动物疫病监测计划〉的通知》（农渔发〔2022〕7 号）的文件要求，2022 年湖南省在长沙、湘潭、岳阳、郴州、常德等 5 市组织开展鲤春病毒血症、锦鲤疱疹病毒病、鲫造血器官坏死病和草鱼出血病、鲤浮肿病和白斑综合征等 6 种重要水生动物疫病疫情监测，其中国家监测计划下达采集样品 20 个，省级监测计划采集样品 75 个。

1. 鲤春病毒血症监测　根据监测计划，2022 年在长沙、湘潭、郴州等 3 个地区，对鲤和锦鲤、金鱼、湘云鲫（鲤）等鲤科鱼类进行 SVC 等重大水生动物疫病监测与防治，落实 15 个监测点，包括 1 个国家级原良种场、省级良种场 9 个，苗种场 3 个，观赏鱼养殖场 2 个，共采样 15 个。

2. 鲫造血器官坏死病监测　2022 在岳阳市和郴州市确定了 10 个监测采样点，包括省级良种场 4 个，共采样 10 个。

3. 锦鲤疱疹病毒病监测　2022 年，在长沙、湘潭、岳阳、郴州等 4 市，对锦鲤、金鱼等鲤科鱼类进行 KHVD 重大水生动物疫病监测与防治，落实 20 个监测点，包括国家级原良种场 1 个、省级良种场 9 个，苗种场 3 个，观赏鱼养殖场 2 个，共采样 20 个。

4. 草鱼出血病监测　在长沙、湘潭、岳阳、郴州等 4 个市设立监测点共 20 个养殖场，包括国家级原良种场 1 个，省级良种场 14 个，苗种场 5 个，共采样 20 个。

5. 鲤浮肿病监测　在长沙、湘潭、岳阳、郴州等 4 市，对锦鲤等鲤科鱼类进行鲤浮肿病重大水生动物疫病监测，落实 20 个监测点，包括国家级原良种场 1 个，省级良种场 9 个，苗种场 3 个，观赏鱼养殖场 2 个，共采样 20 个。

6. 白斑综合征监测　2022 年在常德采集凡纳滨对虾样品进行白斑综合征重大水生动物疫病监测，落实 10 个监测点，共采样 10 个。

2022 年湖南省 95 个的样品采集送检的检测结果见表 4。

表 4　2022 年湖南省水生动物疫病监测情况统计（个）

监测疫病名称	国家监测计划	省级监测计划					合计
		长沙	岳阳	湘潭	郴州	常德	
鲤春病毒血症	5/全阴性	0	5/全阴性	5/全阴性	0		15
鲫造血器官坏死病	0	5/全阴性		5/全阴性	0		10
草鱼出血病	5/全阴性	5/3 阳性	5/全阴性	5/1 阳性	0		20
锦鲤疱疹病毒病	5/全阴性	5/全阴性	5/全阴性	5/全阴性	0		20
鲤浮肿病	5/全阴性	5/1 阳性	5/4 阳性	5/1 阳性	0		20
白斑综合征	0				10/全阴性		10
合计	20	20	20	25	10		95

2022 年湖南省虽然没有发生大规模流行性水生动物疫病，全省水生动物疫病防控形势基本稳定，没有发生因感染疫病而大量死鱼的事件，养殖病害死亡率也低于全国死亡率平均水平，但检测结果表明在监测区域中水生动物疫病病原仍然存在，加强对鱼类疫病的专项监测，深入研究致病机理和防控技术，才能确保湖南省鱼类产业的健康持续发展。

四、存在的问题

一是全省机构改革以来，承担相关工作的检疫机构和工作人员变动较大，有的县、区一级存在机构不健全、职能不清晰、检疫专业人员不足等问题。二是由于气候变化、环境污染、不健康养殖方式等诸多因素，水产养殖病害时有发生。三是工作经费保障还有待进一步加强。

五、2023 年病害流行预测

近年来，湖南省通过在各地大力推广生态环保、产品安全的稻渔综合种养等绿色健康技术模式，鱼类的主要养殖病害呈现下降趋势。2023 年湖南省可能发生、流行的水产养殖病害与 2022 年大致相同，主要如下：

全省常规养殖鱼类易患烂鳃病、赤皮病、肠炎病、淡水鱼细菌性败血症，草鱼易患草鱼出血病，应预防细菌、寄生虫等多种病原混合感染；应提前预防淡水鱼细菌性败血症对常规养殖鱼类造成的危害；草鱼出血病可通过注射疫苗预防。出血病、烂鳃病、肠炎病、赤皮病预计 4—8 月有可能在全省范围，尤其是洞庭湖区普遍流行；鱼类细菌性败血症仍然是养殖鱼类的主要细菌性病害，4—10 月将在全省流行；养殖鱼类细菌性烂鳃病将继续对鳙、草鱼、鲫养殖生产造成较大损失，从 4 月开始到 10 月流行；锚头鳋病、中华鳋病全年都会流行，随着水温升高，在 3 月底、4 月初有可能出现第一次流行。另外，4—5 月，水温 13～18 ℃时，长沙和湘潭、衡阳等地要重点注意监测鲤春病毒血症，尤其是近年来湖南省在 5—6 月，水温 21～28 ℃，长沙、湘潭和岳阳养殖的鲤科鱼类送检的样品中都有鲤浮肿病阳性病原检出，也要重点加强监测。

六、建议采取的措施

下阶段，湖南省将认真贯彻落实党的二十大精神，抢抓实施"全面推进乡村振兴""坚持农业农村优先发展"战略的机遇，紧紧围绕"促进渔业高质量发展"要求，进一步抢抓机遇期、增强责任感、提高积极性，努力推动水生动物疫病防控工作进一步走深走实。

一是提升水生动物疫病防控体系能力。依托《全国动植物保护能力提升工程建设规划（2017—2025 年)》，持续推进区域性水生动物疫病监测相关建设项目的落实；承担 2023 年国家级和省级水生动物疫病监测任务；试点开展药敏实验，指导养殖户科学用药；开展实验室共享平台建设，实现实验室仪器设备最大化利用，增强省内水生动物疫控机构、相关科研院所之间交流；组织省内相关实验室参加农业农村部水生动物防疫系统检测能力验证，为疾病测报、重点水生动物疫病监测、苗种产地检疫等工作的顺利开展提供技术保障。

二是加强重要水生动物疫病监测及指导。完善全省水生动物疫病监控计划，进一步扩大水生动物重大疫病监控的种类和覆盖面，重点将省级以上水产原良种场及近年有申报检疫需求的其他苗种生产单位全部纳入疫病监控范围。

三是持续开展水产养殖疾病测报及预报。坚持统一管理、分级实施、科学布局的原则，不断扩大监测范围、增加监测数量。加强测报信息的收集、整理和病原监测、流行病学调查。提高病害监测数据上报、统计、分析、预警信息化水平，提高防疫工作效率和水平。

四是深入推进水产苗种产地检疫工作。强力宣贯水产苗种产地检疫有关法律法规，增强苗种生产单位主动申报产地检疫、养殖单位外购苗种应索要检疫证明等法治意识，提高全社会对水产苗种产地检疫工作的认识，努力为群众提供便捷、高效、规范的服务。

2022 年广东省水生动物病情分析

广东省动物疫病预防控制中心

（唐　姝　林华剑　张　志　孙彦伟　张远龙）

一、水产养殖病害常规监测情况

2022 年广东省有测报员 277 人，设立常规监测点 284 个，共监测水生动物养殖面积 14 506.37 hm²，其中淡水养殖面积 13 730.26 hm²，海水养殖面积 776.11 hm²。监测养殖种类 37 种，其中淡水种类 25 种，海水种类 12 种（表 1）。广东省实行周年常规监测，每个监测月度由测报点上报监测数据，县、市、省级水生动物疫病防控机构审核和分析水产养殖病害监测数据，上报全国水产技术推总站。

表 1　2022 年监测水产养殖种类汇总（种）

类别		种类	数量
淡水	鱼类	青鱼、草鱼、鲢、鳙、鲤、鲫、泥鳅、鲇、鲴、黄颡鱼、长吻鮠、鳜、鲈（淡）、乌鳢、罗非鱼、鳗鲡、鲮、笋壳鱼、鳊、倒刺鲃	20
	虾类	罗氏沼虾、凡纳滨对虾（淡）	2
	其他类	龟、鳖	2
	观赏鱼	锦鲤	1
海水	鱼类	鲈（海）、河鲀（海）、石斑鱼、卵形鲳鲹、鲷、鮸	6
	虾类	凡纳滨对虾（海）、斑节对虾	2
	蟹类	锯缘青蟹	1
	贝类	牡蛎、鲍、螺	3

二、病害流行与监测结果

（一）水产养殖病害流行情况

1. 总体流行情况　全年监测到水产养殖病害 86 种。按病原分，病毒性病害 18 种，细菌性病害 31 种，寄生虫性病害 20 种，非病原性病害 10 种，真菌性病害 4 种，不明病因病害 3 种。按养殖种类分，鱼类病害 59 种，甲壳类病害 20 种，其他类病害 6 种，贝类病害 1 种（表 2）。

表 2 2022 年水产养殖病害种类分类统计（种）

类别		病名	数量
鱼类	病毒性病害	草鱼出血病、病毒性出血性败血症、鲫造血器官坏死病、传染性脾肾坏死病、真鲷虹彩病毒病、鳜弹状病毒病、虹彩病毒病、病毒性神经坏死病（病毒性脑病和视网膜病）、病毒性神经坏死病、鱼痘疮病、弹状病毒病	11
	细菌性病害	淡水鱼细菌性败血症、链球菌病、溃疡病、赤皮病、细菌性肠炎病、竖鳞病、柱状黄杆菌病、柱状黄杆菌病（细菌性烂鳃病）、鲫类肠败血症、鱼爱德华氏菌病、斑点叉尾鮰传染性套肠症、打印病、弧菌病、爱德华氏菌病、疖疮病、内脏白点病、诺卡氏菌病、类结节病、杀鲑气单胞菌病	19
	真菌性病害	水霉病、鳃霉病、流行性溃疡综合征	3
	寄生虫性病害	指环虫病、小瓜虫病、三代虫病、车轮虫病、锚头鳋病、斜管虫病、裂头绦虫病、中华鳋病、黏孢子虫病、固着类纤毛虫病、血居吸虫病、微孢子虫病、鱼波豆虫病、盾纤毛虫病、湖蛭病、鱼蛭病、刺激隐核虫病	17
	非病原性病害	缺氧症、脂肪肝、肝胆综合征、气泡病、氨中毒症、维生素 C 缺乏病、畸形、冻死	8
	其他	不明病因病害	1
甲壳类	病毒性病害	白斑综合征、斑节对虾杆状病毒病、桃拉综合征、传染性皮下和造血组织坏死病、肝胰腺细小病毒病、虾虹彩病毒病（十足目虹彩病毒病）	6
	细菌性病害	青虾甲壳溃疡病、肠炎病、对虾黑鳃综合征、弧菌病、急性肝胰腺坏死病、气泡病、对虾肝杆菌感染（坏死性肝胰腺炎）、烂鳃病、腹水病	9
	真菌性病害	虾肝肠胞虫病	1
	寄生虫性病害	固着类纤毛虫病、梭子蟹肌孢虫病	2
	非病原性病害	缺氧	1
	其他	不明病因病害	1
其他养殖种类	病毒性病害	鳖鳃腺炎病	1
	细菌性病害	鳖红脖子病、鳖溃烂病、鳖红底板病	3
	寄生虫性病害	固着类纤毛虫病	1
	其他	不明病因病害	1
贝类	其他	不明病因病害	1

2. 监测到疾病种类比例 在各类病害中，其中细菌性病害占 36.05%（2021 年 51.67%），寄生虫性病害占 23.26%（2021 年 22.45%），病毒性病害占 20.93%（2021 年 9.16%），真菌性病害占 4.65%（2021 年 6.37%），非病原性病害占 11.63%（2021 年 7.25%），其他占 3.49%（2021 年 3.11%），与历年的监测结果相近。细菌性病害仍然是广东省水产养殖最严重的病害，其次是寄生虫性病害。

3. 监测养殖品种发病面积情况 广东省 37 种监测品种，发病种类达到 32 种。全部类别发病面积比例在 5 月最高，平均值为 1.29%；12 月最低，平均值为 0。其中，虾类在 5 月最高，平均值为 1.46％；8 月最低，平均值为 0.43％。鱼类在 5 月最高，平均值为 1.09％；在 4 和 12 月最低，平均值为 0.33％。除 8 月鱼类发病面积大于虾类外，其余月份均为虾类发病面积大于鱼类（图 1）。

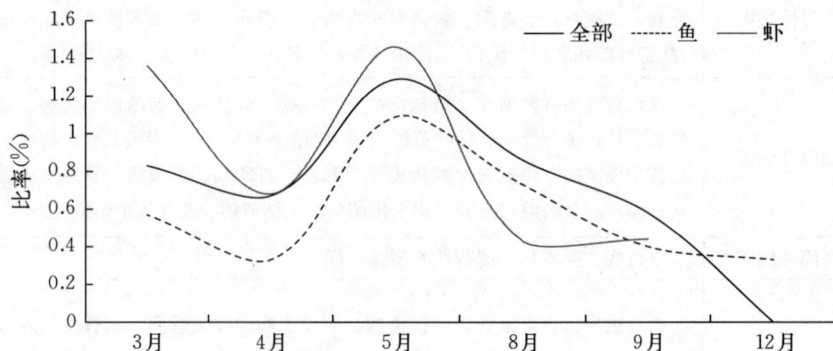

图 1　广东省不同季节水产养殖类别发病面积比

4. 监测品种病害流行情况

（1）鱼类病害流行情况　2022 年广东省监测的草鱼、鲤、鲫、鲈（淡）、黄颡鱼等 17 种淡水鱼类中，平均发病面积率为 12.16％，监测区域平均死亡率 1.52％，发病区域平均死亡率为 4.03％。监测的鲈（海）、石斑鱼、鲷等 5 种海水鱼中，平均发病面积率为 44.42％，监测区域平均死亡率 14.18％，发病区域平均死亡率为 17.82％。某病害占所有暴发病害的比例越大，则暴发该病害越频繁。病害发病区域死亡率越高，则暴发该病害时的危害越大。2022 年暴发的鱼类病害中，占比例最高的是细菌性肠炎病（10.89％）、车轮虫病（9.38％）、诺卡氏菌病（7.86％）等。鱼类病害发病区域死亡率最高的是虹彩病毒病（33.33％）、不明病因病害（33.26％）、传染性脾肾坏死病（27.24％）等（图 2）。鱼类细菌性病害及寄生虫病暴发频繁，但造成死亡率最高的还是病毒性病害，如虹彩病毒病发病区域的死亡率高达 33.33％（图 3）。

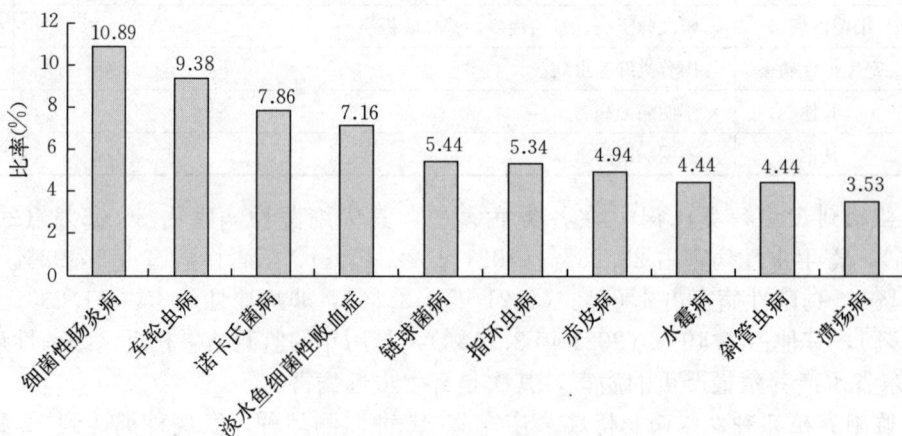

图 2　2022 年鱼类病害占比

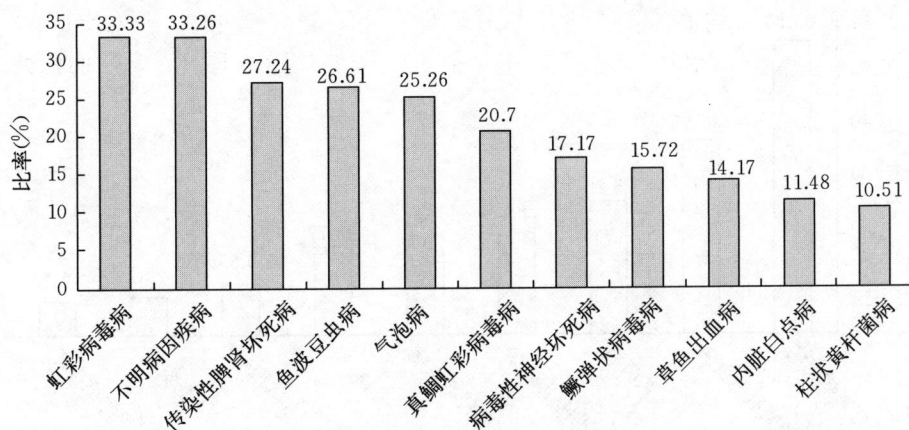

图 3   2022 年鱼类病害发病区域死亡率

（2）虾类病害流行情况   监测的罗氏沼虾和凡纳滨对虾（淡）2 种淡水虾中，平均发病面积率为 58.23％，监测区域平均死亡率 1.14％，发病区域平均死亡率为 13.74％。监测的凡纳滨对虾（海）1 种海水虾中，平均发病面积率为 5.06％，监测区域平均死亡率 12.47％，发病区域平均死亡率为 20.26％。对虾类病害中，占比例最高的是弧菌病（30.2％）、不明病因病害（10.74％）、虾肝肠胞虫病（9.4％）等。发病区域死亡率高的是虾虹彩病毒病（十足目虹彩病毒病）（55.56％）、梭子蟹肌孢虫病（36.67％）、弧菌病（25.22％）等（图 4）。弧菌病病害暴发频繁，且发病区域死亡率高，是制约虾类养殖的重要病害之一，非病原性病害"缺氧"的发生率及造成的死亡量均不低，养殖过程中应注意及时增氧（图 5）。

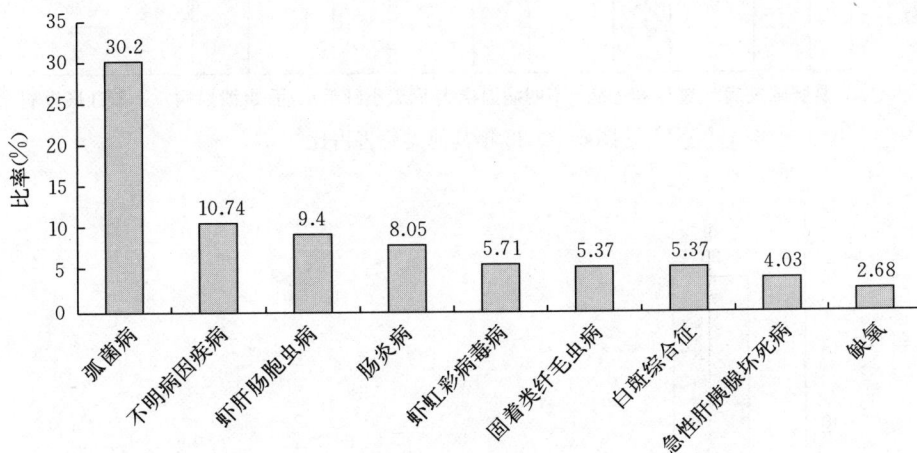

图 4   2022 年虾类病害占比

（3）其他类病害流行情况   广东省监测的龟和鳖中，平均发病面积率为 18.96％，监测区域平均死亡率 0.19％，发病区域平均死亡率为 1.87％。其他类病害中，占比例最高的是鳖腮腺炎病（28.57％）、鳖红脖子病（23.81％）、不明病因病害（14.29％）

315

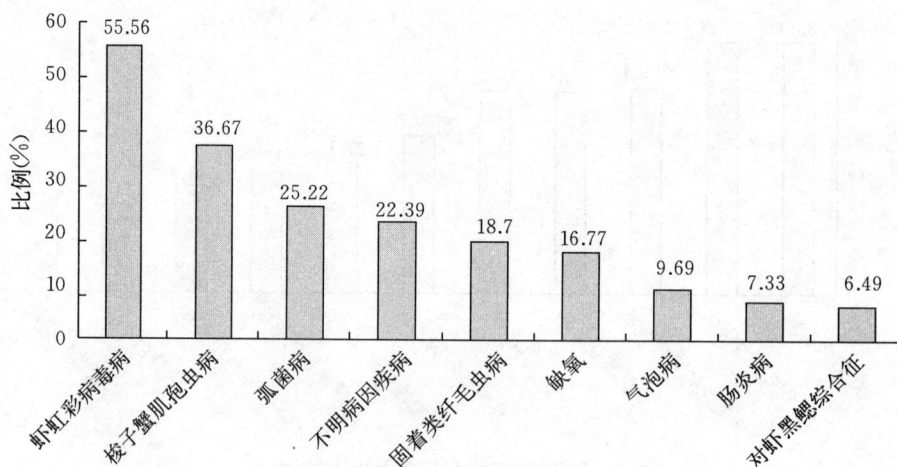

图 5　2022 年虾类发病区域死亡率

等（图6）。发病区域死亡率高的是不明病因病害（20%）、鳖红脖子病（1.72%）、鳖溃烂病（0.71%）等（图7）。

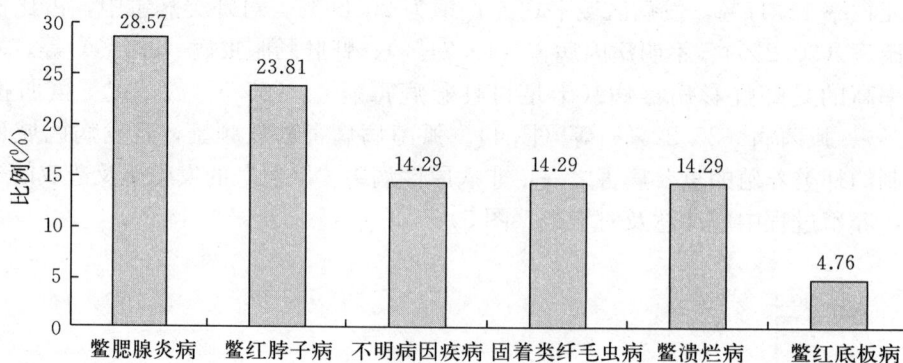

图 6　2022 年其他类病害占比

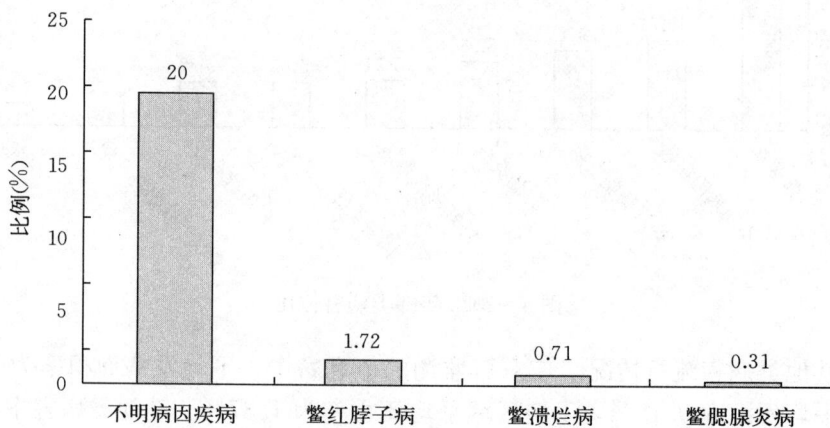

图 7　2022 年其他类发病区域死亡率

整体而言，虾类的发病面积率及平均死亡率要高于鱼类。其中，海水鱼的发病面积率与平均死亡率远高于淡水鱼；淡水虾发病面积率比海水虾高，平均死亡率却低于海水虾。

（二）重要水生动物疫病监测分析

按照《2022 年国家水生动物疫病监测计划》要求和广东省水生动物疫病监测方案，广东省各级水生动物疫病预防控制机构组织开展虾类白斑综合征（WSSV）、传染性皮下及造血组织坏死病（IHHNV）、虾肝肠胞虫病（EHP）、虾虹彩病毒病（DIV1）、虾急性肝胰腺坏死病（AHPND），鱼类草鱼出血病（GCRV）、锦鲤疱疹病毒病（KHV）、鲤浮肿病（CEV）、弹状病毒病、虹彩病毒病（ISKNV/RSIV/LMBV/SGIV）、病毒性神经坏死病（VNN）和刺激隐核虫病共 15 种主要水生动物病害的专项监测。从监测结果分析，对虾养殖与石斑鱼养殖暴发重大病害的风险仍然较大，防控形势依然较为严峻。

1. 对虾类病害　2022 年 1—12 月期间，在珠海、茂名、江门、湛江等 12 个地市采集凡纳滨对虾、斑节对虾等样品共 18 966 份，检测白斑综合征（WSSV）、传染性皮下及造血组织坏死病（IHHNV）、虾肝肠胞虫病（EHP）、虾急性肝胰腺坏死病（AHPND）、虾虹彩病毒病（DIV1）、副溶血弧菌病（V. par）、哈维弧菌病（V. har）、虾偷死野田村病毒病（CMNV）、桃拉综合征（TSV）等 9 种虾类病害，监测点覆盖了广东省 21 家省级对虾良种场及规模虾苗种场和养殖场。

检测结果显示，传染性皮下及造血组织坏死病共检测样品 1 133 份，阳性 134 份，阳性率 11.83%；白斑综合征共检测样品 1 845 份，阳性 127 份，阳性率 6.88%；虾肝肠胞虫病共检测样品 4 840 份，阳性 677 份，阳性率 13.99%；虹彩病毒病共检测样品 3 451 份，阳性 320 份，阳性率 9.27%；虾急性肝胰腺坏死病共检测样品 3 439 份，阳性 257 份，阳性率 7.47%；虾偷死野田村病毒病共检测样品 235 份，阳性 0 份；副溶血弧菌病共检测样品 3 285 份，阳性 793 份，阳性率 24.14%；哈维弧菌病共检测样品 660 份，阳性 156 份，阳性率 23.64%；桃拉综合征共检测样品 78 份，阳性 0 份（图 8）。

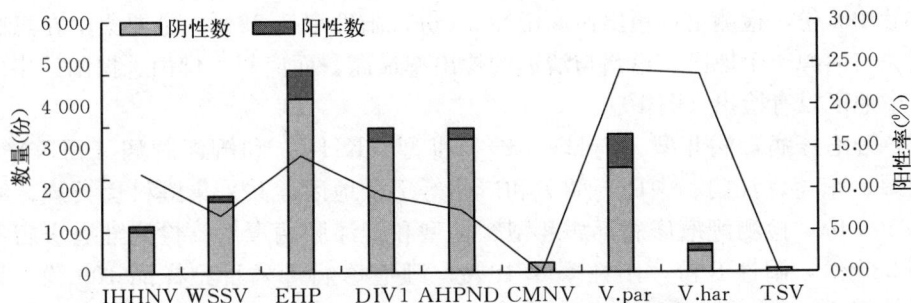

图 8　2022 年广东省虾类病害监测结果

虾类病害中，虾肝肠胞虫病仍然是近年来对虾养殖中检出率最高的病害。细菌病是影响虾类养殖的主要病害，弧菌病检出率最高，哈维弧菌与副溶血弧菌的检出率近24%；病毒性病害中，桃拉综合征与虾偷死野田村病毒病在广东省的检出率为0（图9）。总体上看，弧菌病对对虾养殖业造成的高风险仍在持续，白斑综合征与传染性皮下和造血器官坏死病在逐渐减少，而虾肝肠胞虫病、虾急性肝胰腺坏死病、虾虹彩病毒病呈多发、高发态势，成为新的制约对虾养殖业健康持续发展的重要因素。

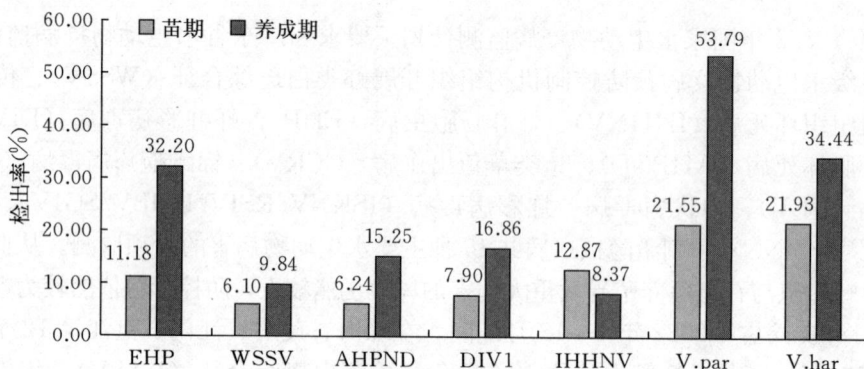

图9　2022年广东省虾类病害苗期与养成期的检出率

2. 鱼类病害　2022年在广东省共采集大口黑鲈、罗非鱼、草鱼、石斑鱼等养殖鱼类样品共计9 480份，检测寄生虫性病害、细菌性病害及常见病毒性病害。

在有病症的鱼类中，寄生虫性与细菌性病害检出率更高，80%的阳性来源于有病症的鱼类样品。其中，淡水鱼类的寄生虫（3.82%）病害检出率比海水鱼类寄生虫（6.71%）病害检出率低。淡水鱼寄生虫多在草鱼（9.23%）与罗非鱼（6.82%）中检出，以小瓜虫与车轮虫居多；海水鱼类寄生虫多为刺激隐核虫。细菌性病害的检出率是淡水鱼类（10.31%）高于海水鱼类（2.17%）。淡水鱼类的细菌多在罗非鱼（5.99%）、大口黑鲈（6.97%）、乌鳢/杂交鳢（7.33%）、鲫（52.48%）中检出，且多为链球菌、爱德华氏菌、气单胞菌、诺卡氏菌；海水鱼类的细菌多为气单胞菌，且多数情况是感染刺激隐核虫后并发感染。

（1）草鱼出血病（GCRV）　在河源、韶关、清远、广州等9个草鱼主要养殖地区采集样品492份，检测出草鱼出血病阳性39份，阳性率7.93%。主要集中在惠州、清远、韶关与河源4个地区，惠州与清远的检出率最高，而广州、佛山、揭阳、中山和东莞等5个地区没有检出（图10）。

（2）鲤疱疹病毒病Ⅱ型（CyHV-2）、Ⅲ型（KHV）和鲤浮肿病（CEV）　在清远、河源、东莞、江门、中山、韶关和广州等7个地区，共采集鲤科鱼类鲤、鲫、锦鲤样品500份，检测鲤疱疹病毒病Ⅱ型、Ⅲ型和鲤浮肿病毒病。检测鲤疱疹病毒病Ⅱ型样品235份，阳性8份，阳性率3.40%；鲤疱疹病毒病Ⅲ型样品109份，阳性5份，阳性率4.59%；鲤浮肿病毒病样品156份，阳性19份，阳性率12.18%。其中鲤疱疹病毒病Ⅱ型在锦鲤（12.50%）样品中，检出率最高，其次是鲫（2.73%）。鲤疱疹病毒病Ⅲ型在锦鲤（15.15%）样品中检出率最高，鲤与鲫中均没有检测到（图11）。

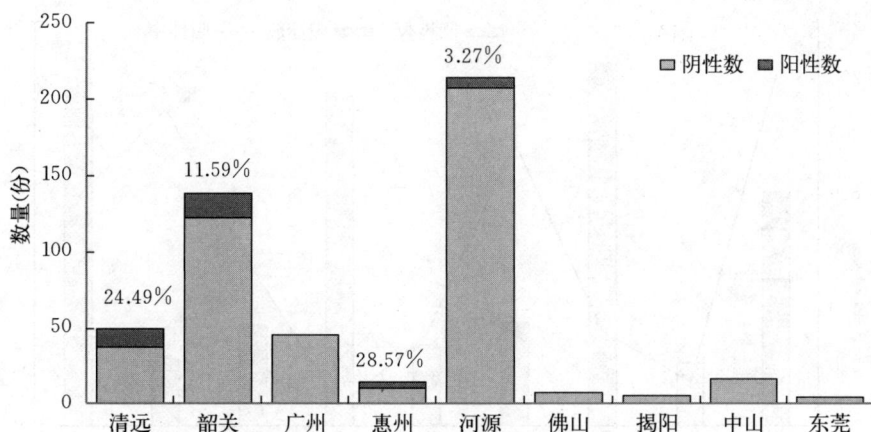

图 10 2022 年广东省草鱼出血病监测结果

注：百分比数据代表各地阳性率。

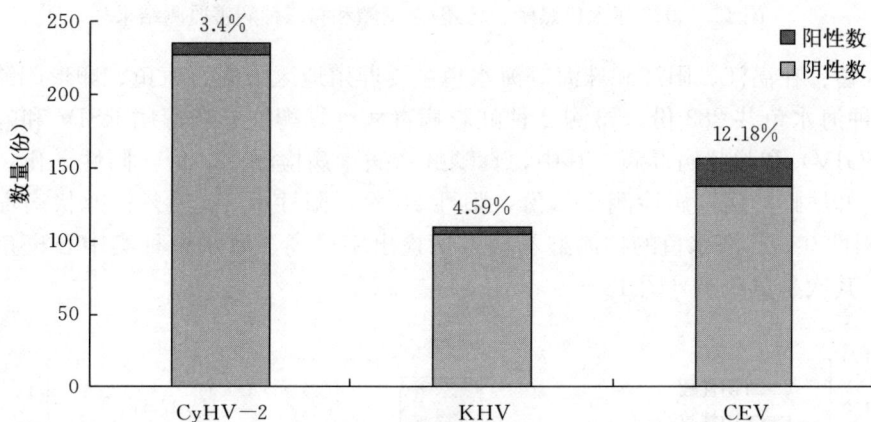

图 11 2022 年广东省鲤科鱼类 3 种病害监测结果

（3）病毒性神经坏死病（VNN） 在湛江、阳江、茂名及珠海等沿海地区，采集石斑鱼、花鲈、卵形鲳鲹、黄鳍鲷等 19 种海水鱼样品 118 份，检测病毒性神经坏死病，阳性 11 份，阳性率 9.32%，其中石斑鱼的检出率最高。

（4）虹彩病毒病与弹状病毒病

淡水鱼：在佛山、中山、广州和茂名等 11 个地区，采集大口黑鲈、乌鳢/杂交鳢和鳜等会感染淡水鱼类虹彩病毒病（传染性脾肾坏死病 ISKNV 和蛙属虹彩病毒病 LMBV）与弹状病毒病（SCRV/HSHRV）的样品 5 896 份。其中检测蛙属虹彩病毒病 1 800 份，阳性 251 份，阳性率 13.94%；检测传染性脾肾坏死病 1 800 份，阳性 93 份，阳性率 5.17%；检测弹状病毒病 2 296 份，阳性 256 份，阳性率 11.15%。检出率以蛙属虹彩病毒病最高，传染性脾肾坏死病最低。弹状病毒和传染性脾肾坏死病毒在乌鳢/杂交鳢中检出率最高，蛙属虹彩病毒在鳜中检出率最高（图 12）。

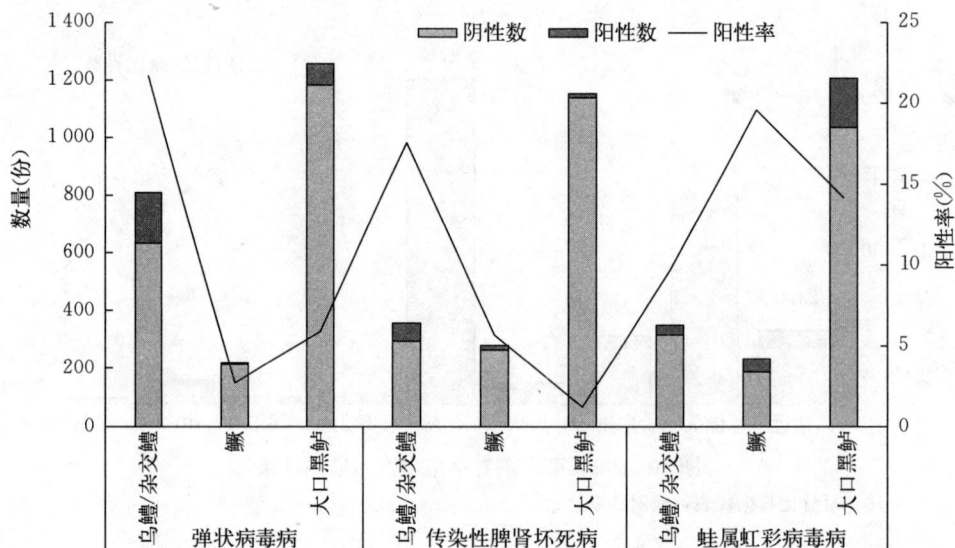

图 12 2022 年大口黑鲈、乌鳢/杂交鳢和鳜三种病害监测结果

海水鱼：在湛江、阳江和珠海等海水鱼主要养殖地区采集石斑鱼、卵形鲳鲹、黄鳍鲷等 18 种海水鱼共 283 份，检测 2 种虹彩病毒病（真鲷虹彩病毒病 RSIV 和蛙属虹彩病毒病 SGIV）和弹状病毒病。其中，真鲷虹彩病毒病检测 133 份，阳性 5 份，阳性率 3.76%；蛙属虹彩病毒病检测 114 份，阳性 20 份，阳性率 17.54%；弹状病毒病检测 36 份，阳性 0 份。海水鱼的蛙属虹彩病毒病检出率最高，海水鱼种类中石斑鱼的检出率最高，其次是黄鳍鲷（图 13）。

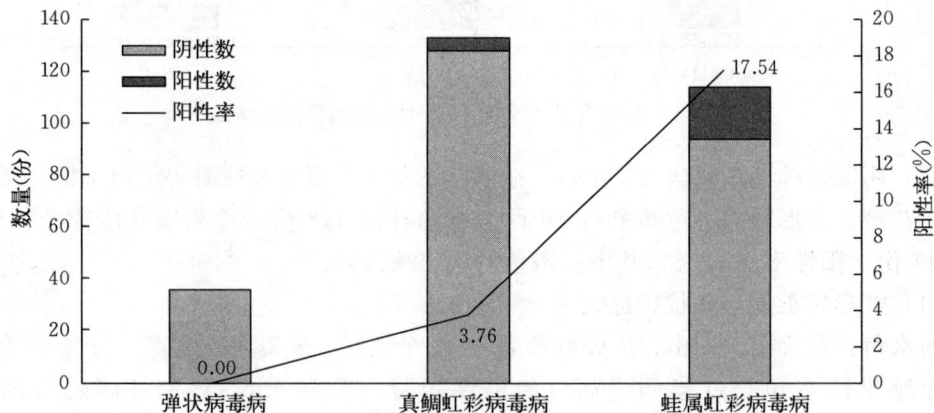

图 13 2022 年广东省海水鱼 3 种病害监测结果

三、主要监测疫病分析

1. **虾类病害** 白斑综合征的流行从 2018—2021 年呈现逐渐稳定降低趋势，2022 年

检出率又变高。传染性皮下及造血组织坏死病的检出率呈现出降低又增高的反复状态，2022 年已超过 10％。虾虹彩病毒病是 2018 年在虾类新检测出来的病害（黑脚病），当时的暴发地区主要集中在粤东地区，阳性率检出最高，引起广泛关注后，2019 年检出率下降，随后每年逐渐递增。虾肝肠胞虫病是近年来影响养殖对虾成活率的主要病害之一，除了 2019 年之外，每年在整个广东省的对虾养殖中都呈较高趋势，2020 年检出率有所降低。虾急性肝胰腺坏死病从 2021 年纳入国家病害监测计划以及省级病害监测方案中，其阳性率基本保持不变（图 14）。

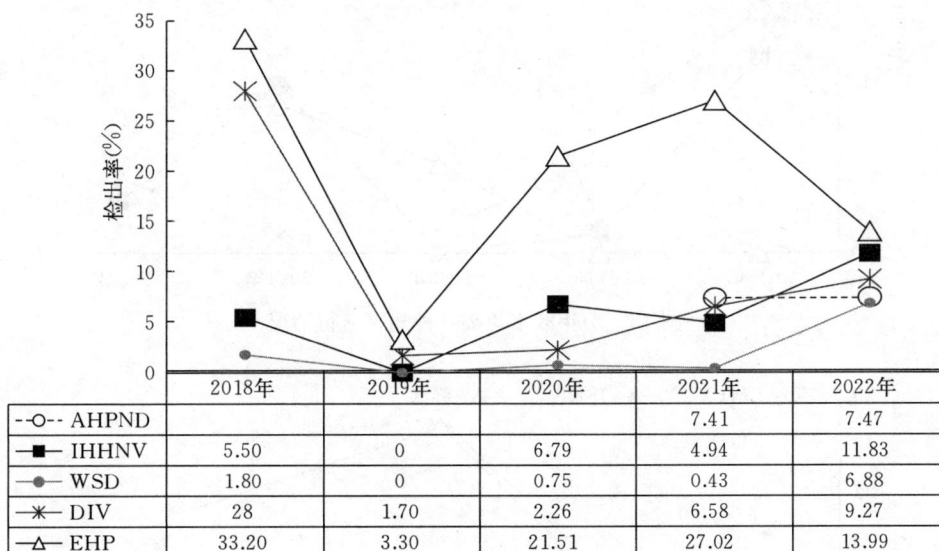

	2018年	2019年	2020年	2021年	2022年
--o-- AHPND				7.41	7.47
--■-- IHHNV	5.50	0	6.79	4.94	11.83
--●-- WSD	1.80	0	0.75	0.43	6.88
--*-- DIV	28	1.70	2.26	6.58	9.27
--△-- EHP	33.20	3.30	21.51	27.02	13.99

图 14 虾类 5 种疫病流行情况

　　7 种虾类病害中，传染性皮下及造血组织坏死病（IHHNV）苗种样品的检出率高于养成期样品，其余 6 种病害均是养成期样品的检出率远远高于苗种样品。2022 年我们对饵/饲料、水体及塘泥进行了抽样检测。其中，虾肝肠胞虫在饵/饲料和塘泥的检出率分别为 20.8％、34％；白斑综合征在饵/饲料和水体的检出率分别为 33.3％、36.4％；副溶血弧菌在饵/饲料和水体的检出率分别为 21.43％、31.58％。虾类病害防控应该是生产全过程、全要素防控，应从亲本检疫、亲本培育与管理、苗期病害防控与管理、苗种产地检疫、清塘、水体培育与消毒、优质饵/饲料与科学投喂、日常科学管理等关键点着手做好病害防控。年初广东省珠三角地区虾病暴发，除去天气变化频繁、海水盐度偏高因素外，苗种质量差、放养未经产地检疫的苗种、清塘不彻底或未清塘、水体培育不科学、消毒不到位是虾病暴发的最主要原因。

　　2. 鱼类病害　淡水鱼类中，鲤浮肿病毒病（CEV）从 2018 开始，检出率呈现缓步上升趋势。锦鲤疱疹病毒病（KHV）与草鱼出血病（GCRV）在 2018 年检出率达到最高后，忽高忽低，呈现无规则变化。链球菌病在 2020 年检出率最高（32.87％），其余年份均低于 6％。淡水鱼类的两种虹彩病毒病及弹状病毒病逐渐增高，2021 年与 2022

年均达到了 2019 年的两倍，病害增加趋势明显。海水鱼类的病毒性神经坏死病（VNN）从 2018 年开始检出率居高不下，2022 年下降明显。蛙属虹彩病毒病逐渐成为制约海水鱼养殖的重要病害（图 15 至图 17）。

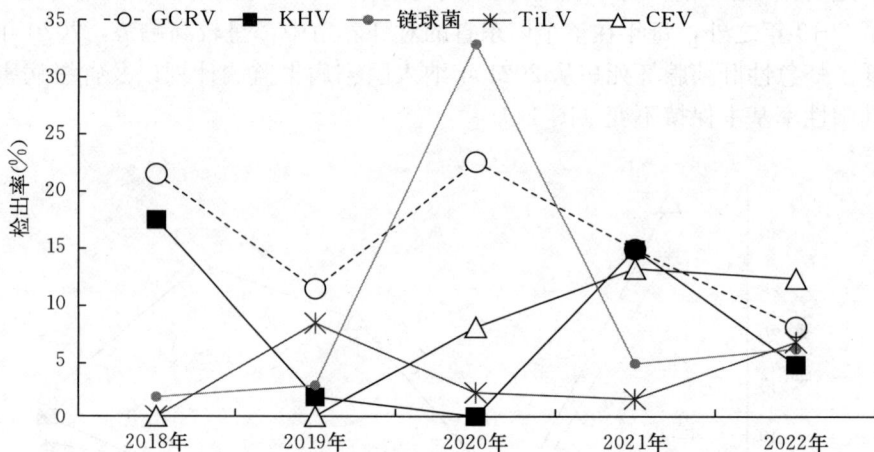

图 15　历年淡水鱼类 5 种病害流行情况

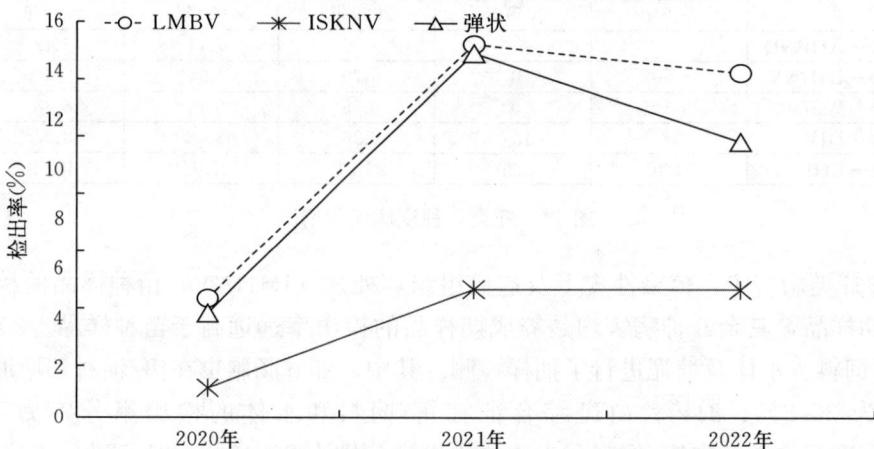

图 16　乌鳢/杂交鳢、大口黑鲈和鳜虹彩病毒病与弹状病毒病流行情况

病毒性神经坏死病是一种危害海水鱼类的病毒性病害。最近研究发现，它不仅在海水鱼中流行，且对淡水鱼类也能造成威胁。在乌鳢/杂交鳢（检出率 4.35%）、鳜（检出率 1.22%）以及大口黑鲈（检出率 5%）中，均检测出了病毒核酸阳性，应注意淡水养殖鱼类对此病的防护。刺激隐核虫病的暴发，通常伴随着细菌的感染。在发现刺激隐核虫病时，不可忽略致病菌的危害。乌鳢/杂交鳢的 2 种虹彩病毒病及弹状病毒病在春季检出率高，养殖阶段高于繁育阶段，且 3 种病毒最易感染小规格鱼体（1～10 cm），最不易感染 20 cm 以上的鱼体，春季在乌鳢/杂交鳢的养殖初期时，应注意加强防护。大口黑鲈在夏季流行蛙属虹彩病毒病（阳性率 16.08%），在冬季流行弹状病毒病（阳

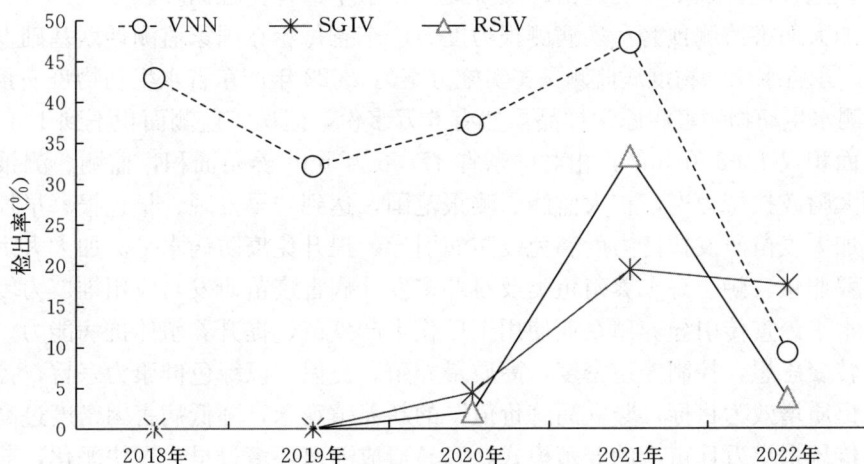

图 17　往年海水鱼类虹彩病毒病与病毒性神经坏死病流行情况

性率 8.37%）。诺卡氏菌病流行时间长，在 3—12 月均流行；气单胞菌与链球菌病在 6—10 月的高温季节流行。根据季节温度不同，注意不同细菌病的防护。

四、病害多发原因分析

（1）种质退化、种苗质量差、带毒率高。监测发现 2022 年种苗带毒率比往年高。大口黑鲈苗的病毒携带率高达 4 成。

（2）养殖密度过大。如对虾养殖放苗达每亩* 10 万尾（土塘）或 30 万尾以上（高位池），生鱼养殖亩产 1 万 kg，大口黑鲈亩产 5 000 kg，且同一口池塘养殖同一品种年限超过 10 年，造成池塘老化和养殖水质富营养化。

（3）病害监测预警覆盖面积较小，无法实时掌握疫情；一线测报员无财政资金补助，工作积极性不高，未能完整地进行实验室检测监测。

（4）养殖从业者防控意识和水平偏低。养殖户生产全过程全要素防控认识差，苗种检疫意识淡薄；家庭式养殖场专业技术水平偏低；乡村渔医短缺，养殖前期防控意识不足。

（5）防治技术研究滞后。水产养殖病害防控技术研究和推广应用滞后于生产实际需要，水产商品化疫苗少。致病菌、寄生虫的耐药性逐年增强。

五、防控对策建议

（1）加强苗种检疫和质量检测，切断垂直传播途径。健康苗种是保证水产养殖成功的第一因素。要以水产苗种产地检疫为抓手，加快检疫制度实施，做到"责有人负、活有人干、事有人管"；同时，鼓励养殖企业开展苗种质量自检，择优选取苗种，倒逼苗

---

　*　亩为非法定计量单位。1 亩＝1/15 hm²。

种生产企业选育优良亲本，促进苗种质量提升，亲本选育良性循环。

（2）加大病害监测预警和疾病测报力度。广东省每年在国家监测计划基础上，制订并实施《广东省水生动物疫病监测预警实施方案》。2022 年广东省水生动物疫病预防控制机构共监测水生动物病害病原学样品虽然有 6 万多份，但病害监测面积不到 1.3 万 hm^2，疾病测报面积仅 1.45 万 hm^2，相对广东省 47.56 万 hm^2 养殖面积，监测、测报面积太小，应加大财政扶持力度，扩大监测、测报范围，达到"早发现、早预报、早控制"。

（3）加大疫苗研发扶持力度和免疫防病引导，提升免疫防病水平。加大大宗养殖品种草鱼、罗非鱼、鲈、海水养殖鱼类及对虾多发性病害疫苗研发与应用推广力度，提升免疫防病水平。宣传引导养殖企业使用工厂化生产疫苗，提升养殖体抗病能力。

（4）转变思想，控制养殖密度，高质量养殖。提倡"以绿色健康为宗旨，控制养殖密度；以提质增效为目标，竖立品牌价值"的新养殖观念，降低病害因密度过高而暴发的风险。传统追求万斤亩产的养殖模式，容易造成养殖环境过早、过快恶化，养殖环境破坏导致病害滋生，养殖成功率降低。

（5）加强科学管理，建立病害、水质预警机制，提升防控意识。加强病害和养殖水环境全过程监管，强化养殖品种与环境的动态监管。做到及时清塘消毒，病害、水质监测，建立环境容纳预警机制，通过监测水环境变化，及时发出预警信息，提升养殖防控意识。人员、物料进出严格按照生物安全管控方式进行管理，尽量做到防止病毒外源性输入。

（6）加大主要养殖品种主要病害流行病学调查，及时掌握流行动态。组织力量对历年来严重影响广东省水产养殖安全的草鱼出血病、鱼（虾）虹彩病毒病、病毒性神经坏死病、急性肝胰腺坏死病、刺激隐核虫病、虾肝肠胞虫病、气单胞菌病、罗非鱼链球菌病、对虾弧菌病，开展流行病学调查，掌握病害分布、耐药性、毒株类型等原始数据，利用大数据技术，预测预警流行态势，科学指导养殖生产行为，保障养殖生产安全。

（7）加强联合攻关，着力解决养殖技术关键问题。联合各科研高校机构，针对重要病害问题，增加投入，开展专项研究，建设病害防控示范点，解决时下养殖关键问题。

（8）加强技术培训，提升基层一级技术人员技术水平和渔民养殖技能。

六、2023 年病害流行预测

根据 2022 年广东省水产养殖病害流行态势和 2023 年预测天气情况分析，2023 年广东省主要水产养殖病害仍呈高发态势。细菌性病害依然是养殖中最常见、影响最广的病害，其次是寄生虫病。虾类虾肝肠胞虫病危害性会比 2022 年高，且要注意弧菌病对对虾养殖的影响；制约海水鱼的主要病害依然是流行病毒性神经坏死病，但同时要关注因为环境剧变而大规模暴发的刺激隐核虫病对海水鱼造成的急性死亡；大口黑鲈虹彩病毒病及弹状病毒病暴发会更加频繁；淡水鱼类暴发流行病毒性神经坏死病风险高。除了重视往年常见病害之外，还应关注新型病原的出现，以及病原混合感染的普遍性。

2022 年广西壮族自治区水生动物病情分析

（施金谷　胡大胜　韩书煜　黄珊珊　王明灿　乃华革）

2022 年广西共在 22 个县区开展以"鱼病诊治服务"为主要措施的水产养殖动物病情精准测报工作，掌握了广西水产养殖病害的流行危害情况，为进一步提升广西水产养殖病害防治水平提供技术支撑。现将 2022 年广西水生动物病情分析如下：

一、监测结果与分析

（一）水产养殖动植物疾病测报

1. 基本情况

（1）监测点设置　2022 年，在柳州市、桂林市、梧州市、北海市、防城港市、贵港市、玉林市、百色市、河池市、来宾市、崇左市等 11 个市 22 个县区设置 172 个测报点，监测面积 2 460.123 5 hm²，其中海水监测面积 151.133 5 hm²，淡水监测面积 2 308.99 hm²。

（2）主要监测品种　主要检测品种有青鱼、草鱼、鲢、鳙、鲤、鲫、鳊、鲇、鲴、黄颡鱼、鳟、短盖巨脂鲤、大口黑鲈、罗非鱼、鲮、倒刺鲃、鲈（海）、石斑鱼、凡纳滨对虾等 19 种品种。

（3）主要监测疾病及时间　病毒性疾病、真菌性疾病、细菌性疾病、寄生虫性疾病及非生物源性疾病，监测时间为当年 1—12 月。

2. 监测结果与分析

（1）监测到的水产养殖病害　监测结果显示，19 种监测品种共监测到 32 种疾病（表 1），其中寄生虫疾病最多（12 种），其次为细菌性疾病（11 种），然后为非病原性疾病（4），真菌性疾病（1 种），病毒性疾病（3 种），不明病因（1 种）。

表 1　监测到的水产养殖病害汇总（种）

类别		病名	数量
鱼类	病毒性疾病	草鱼出血病、病毒性神经坏死病、真鲷虹彩病毒病	3
	细菌性疾病	赤皮病、细菌性肠炎病、打印病、柱状黄杆菌病（细菌性烂鳃病）、淡水鱼细菌性败血症、流行性溃疡综合征、鲴类肠败血症、鱼爱德华氏菌病、链球菌病、诺卡氏菌病、弧菌病	11
	真菌性疾病	水霉病	1

（续）

类别		病名	数量
鱼类	寄生虫性疾病	小瓜虫病、三代虫病、指环虫病、车轮虫病、固着类纤毛虫病、锚头鳋病、斜管虫病、舌状绦虫病、中华鳋病（鳃蛆病）、鱼鲺病、鱼蛭病、黏孢子虫病	12
	非病原性疾病	缺氧症、脂肪肝、氨中毒症、冻死	4
	其他	不明病因疾病	1
虾	细菌性疾病	弧菌病	1
	其他	不明病因疾病	1

（2）监测到的疾病种类比例

2022 年广西共监测到疾病次数 693 次，以细菌性疾病及寄生虫性疾病为主，分别占比 40.12%、39.39%；其次为非病原性疾病，占比 11.69%；最后为真菌性疾病和病毒性疾病，分别占比 5.05%、0.43%。易发品种主要是草鱼、鲤、鲢、鳙、赤眼鳟、罗非鱼、斑点叉尾鲴等。所有的疾病中，车轮虫病、指环虫病、淡水鱼细菌性败血症、柱状黄杆菌病（细菌性烂鳃病）占比较高，分别为 14.18%、10.74%、8.02%、6.45%（图 1、图 2）。

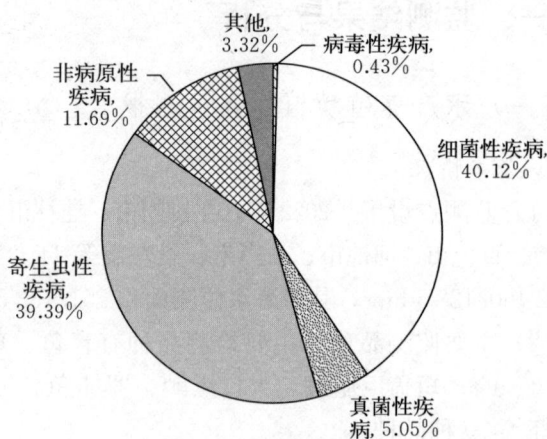

图 1　不同种类疾病占比

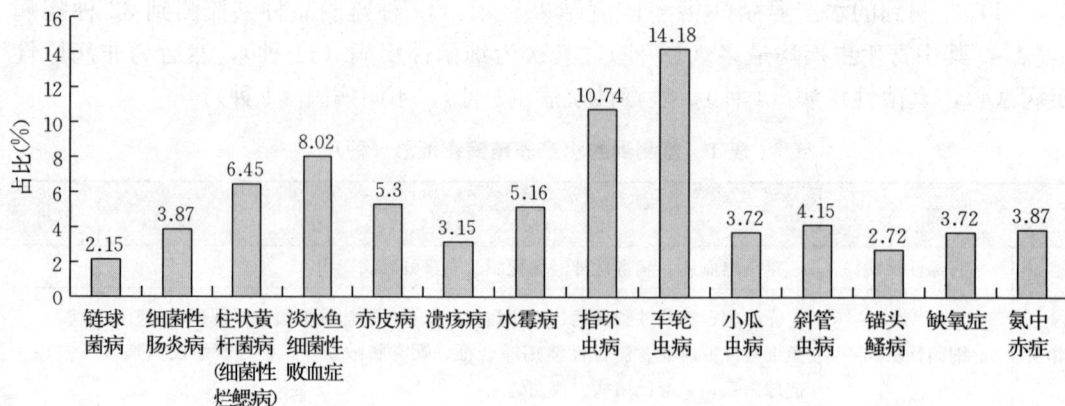

图 2　主要疾病占比

2022 年与 2021 年比较，由 2021 年的 39 种疾病降低至 32 种，疾病次数由 1 073 次降低至 693 次。细菌性疾病中，柱状黄杆菌病（细菌性烂鳃病）由 2021 年的 13.42％降低至 6.45％，非病原性疾病中的缺氧症和氨中毒则由 1.3％、0.47％增加至 3.72％、3.87％，病毒性疾病则增加了病毒性神经坏死病及虹彩病毒病，详见表 2。

表 2　2021、2022 不同疾病发病占比对比

品种类别	疾病名称	2021 年发病占比（％）	2022 年发病占比（％）
虾类	弧菌病	0.37	0.72
	不明病因疾病	0.84	3.30
鱼类	草鱼出血病	0.09	0.14
	链球菌病	2.42	2.15
	爱德华氏菌病	2.14	0.72
	细菌性肠炎病	5.13	3.87
	柱状黄杆菌病（细菌性烂鳃病）	13.42	6.45
	淡水鱼细菌性败血症	6.62	8.02
	赤皮病	5.13	5.30
	鲷类肠败血症	0.09	1.00
	打印病	0.19	0.14
	斑点叉尾鲴传染性套肠症	0.93	0
	溃疡病	6.34	3.15
	疖疮病	0.09	0
	水霉病	7.83	5.16
	鳃霉病	1.3	
	指环虫病	12.58	10.74
	三代虫病	0.75	1.58
	车轮虫病	10.72	14.18
	黏孢子虫病	0.65	0.14
	小瓜虫病	4.47	3.72
	斜管虫病	2.33	4.15
	锚头鳋病	2.42	2.72
	鱼鲺病	0.19	0.43
	固着类纤毛虫病	0.93	0.43
	头槽绦虫病	0.28	0
	华支睾吸虫病	0.09	0
	卵鞭虫病（卵甲藻病）	0.09	0
	舌状绦虫病	0.28	0.14
	复口吸虫病（白内障病）	0.19	0
	鱼不明病因疾病	1.58	0

（续）

品种类别	疾病名称	2021年发病占比（%）	2022年发病占比（%）
	脂肪肝	3.54	1.58
	缺氧症	1.3	3.72
	氨中毒症	0.47	3.87
	冻死	0.65	1.15
鱼类	鱼蛭病	0	0.14
	病毒性神经坏死病毒病	0	0.14
	诺卡氏菌病	0	0.29
	真鲷虹彩病毒病	0	0.14
	中华鳋病		0.14

广西水产养殖动物疾病的主要特点为以细菌性疾病和寄生虫性疾病为主，以病毒性疾病、真菌性疾病及非生物源性疾病为辅，且较2021年，2022年的非生物源性疾病增加，因气候突变、水质、人为管理不当造成的大规模死亡情况有所增加。因广西近年来养殖品种不断增减，但来源苗种缺乏检疫，导致病毒性疾病种类增加。

（二）淡水养殖鱼类及虾类重要病毒性疾病监测

1. 基本情况

（1）样品来源 2022年，广西淡水鱼虾样品共采集104个样品，其中桂东14个、桂南39个、桂西3个、桂北48个，分别占比13.46%、37.50%、2.88%、46.15%。

（2）重要疫病病原监测类别 主要检测大口黑鲈虹彩病毒、细胞肿大病毒、神经坏死病毒、弹状病毒；克氏原螯虾和红螯螯虾白斑综合征病毒、虾虹彩病毒；草鱼出血病毒Ⅰ型、Ⅱ型、Ⅲ型；锦鲤疱疹病毒，鲤春病毒；鲫造血器官坏死病毒。

（3）检测方法 白斑综合征病毒（WSSV）按照《白斑综合征（WSD）诊断规程第2部分：陶氏PCR检测方法》（GB/T 28630.2—2012），十足目虹彩病毒（SHIV）按照《虾虹彩病毒病诊断规程》（SC/T 7237—2020）执行；锦鲤疱疹病毒（KHVD）按照《锦鲤疱疹病毒监测方法 第1部分：锦鲤疱疹病毒》（SC/T 7212.1—2011）执行；鲤春病毒血症病毒（SVCV）按照《鲤春病毒血症诊断规程》（GB/T 15805.5—2018）执行；鲫造血器官坏死病毒（CyHV-2）按照《金鱼造血器官坏死病毒检测方法》（GB/T 36194—2018）执行。大口黑鲈虹彩病毒（LMBV）、细胞肿大病毒（ISKNV）、病毒性神经坏死病毒（VNNV）及弹状病毒（MSRV）引物由浙江省淡水水产研究所提供。

2. 监测结果

（1）广西各重要疫病病原监测结果 104个淡水鱼虾样品中，检测阳性率为十足目虾虹彩病毒18.92%、白斑综合征病毒24.32%；大口黑鲈虹彩病毒10.00%、细胞肿大病毒6.67%、神经坏死病毒0、弹状病毒6.67%；草鱼出血病病毒Ⅰ型、Ⅱ型、Ⅲ型；锦鲤疱疹病毒、鲤春病毒；鲫造血器官坏死病毒，详见表3。

表 3　14 个检测项目阳性率详细情况

检测项目名称	检测样品数（个）	阴性样品数（个）	阳性样品数（个）	阳性率（%）
十足目虾虹彩病毒	37	30	7	18.92
白斑综合征病毒	37	28	9	24.32
大口黑鲈虹彩病毒	30	27	3	10.00
细胞肿大病毒	30	28	2	6.67
神经坏死病毒	30	30	0	0.00
弹状病毒	30	28	2	6.67
草鱼出血病毒Ⅰ型	8	8	0	0.00
草鱼出血病毒Ⅱ型	8	8	0	0.00
草鱼出血病毒Ⅲ型	8	8	0	0.00
锦鲤疱疹病毒	2	2	0	0.00
鲤春病毒	2	2	0	0.00
鲫造血器官坏死病毒	2	2	0	0.00

（2）淡水虾十足目虹彩病毒、白斑综合征病毒监测结果　红螯螯虾的白斑综合征病毒阳性率为 0，十足目虾虹彩病毒阳性率为 60.00%（3/5）；河虾的白斑综合征病毒阳性率为 0，十足目虾虹彩病毒阳性率为 0；克氏原螯虾的白斑综合征病毒阳性率为 34.62%，十足目虾虹彩病毒阳性率为 11.54%；罗氏沼虾的白斑综合征病毒阳性率为 0，十足目虾虹彩病毒阳性率为 100.00%；中华绒螯蟹的白斑综合征病毒阳性率为 0，十足目虾虹彩病毒阳性率为 0，见表 4。

表 4　虾苗检测项目阳性率详细情况

检测虾类	检测数（个）	白斑综合征病毒阳性数（个）	阳性率（%）	虹彩阳性数（个）	阳性率（%）
红螯螯虾	5	0	0.00	3	60.00
河虾	4	0	0.00	0	0.00
克氏原螯虾	26	9	34.62	3	11.54
罗氏沼虾	1	0	0.00	1	100.00
中华绒螯蟹	1	0	0.00	0	0.00
合计	37	9	24.32	7	18.92

（3）淡水养殖鱼类重要疫病监测结果　一共检测 67 个鱼样品，其中鳜、大口黑鲈主要检测 LMBV、ISKNV、VNNV、MSRV；鲤主要检测 KHVD、SVCV；鲫检测 CyHV-2，结果见表 5。

表 5　鱼苗检测项目阳性率详细情况

品种	检测数（个）	阳性数（个）	阳性率（％）
草鱼	8	0	0.00
鳜	2	1	50.00
鲫	2	0	0.00
鲤	2	0	0.00
大口黑鲈	27	5	18.52
合计	41	6	14.63

（4）淡水养殖鱼虾疫病发生情况　十足目虾虹彩病毒主要检出月份为 5—8 月，检出率最高为 6 月，检出率为 100％；大口黑鲈虹彩病毒主要检出月份为 4、6、9 月，细胞肿大病毒为 8 月，弹状病毒为 3 月。详见图 3、图 4。

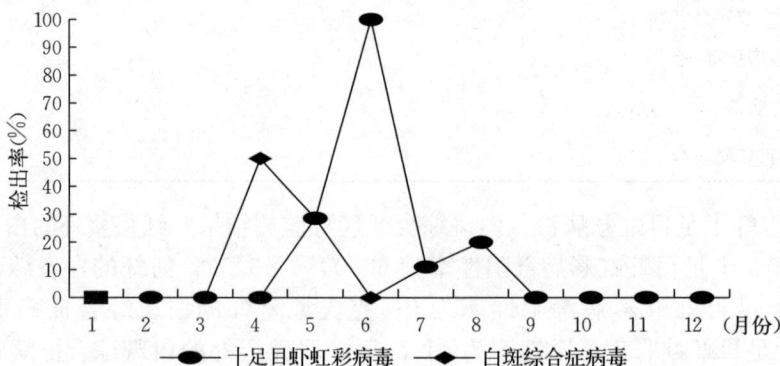

图 3　十足目虾虹彩病毒、白斑综合征病毒月检出率

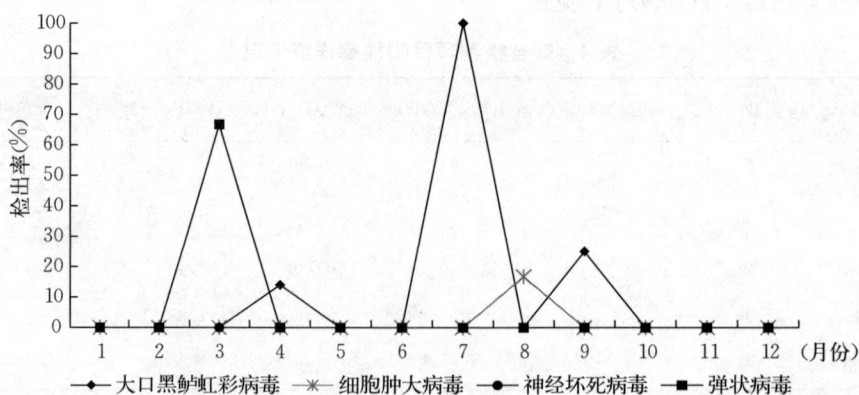

图 4　大口黑鲈虹彩病毒、细胞肿大病毒、神经坏死病毒、弹状病毒月检出率

从检出时间和检出率可见，广西主要病毒性疾病发生时间为 2—10 月，其中 4—9 月为高发期。淡水养殖虾类的病毒性疾病主要发生在 4—9 月。广西大口黑鲈病毒性病原主要为虹彩病毒及弹状病毒，发生时间主要在 3—9 月。

3. 分析讨论

（1）关于样品的代表性　2022 年，104 个淡水鱼虾苗样品来源于广西桂东、桂南、桂西和桂北地区 64 个虾苗场，这些地区是广西淡水鱼虾养殖主产区，样品来源几乎占整个广西壮族自治区所有市区的 64.3%。采样时间 2—9 月均为广西鱼虾苗生产最集中的时段，样品采样范围和采样时间的代表性较强。然而，样品来源地不详、样品规格没标注、采样时水温及样品是否健康等均未纪录，影响了样品来源的代表性。建立科学的采样技术方案，并严格按照技术方案采样送检，才能保证样品来源的代表性，为全面掌握淡水鱼虾苗染疫情况和研究防控措施提供技术支撑。科学的采样技术方案应该包括采样时间、样品场名称与详细地址及联系人、样品来源场所名称与详细地址及联系人、采样水温、样品规格、样品发病史及用药史等。

（2）广西淡水鱼病毒性疾病流行风险　广西 2022 年淡水鱼虾病毒监测结果显示，淡水虾十足目虾虹彩病毒检测阳性率为 24.32%，白斑综合征病毒检测阳性率为 18.92%。大口黑鲈的大口黑鲈虹彩病毒检测阳性率为 10.00%，细胞肿大病毒检测阳性率为 6.67%，神经坏死病毒检测阳性率为 0，弹状病毒检测阳性率为 6.67%。而草鱼出血病病毒Ⅰ型、Ⅱ型、Ⅲ型，锦鲤疱疹病毒，鲤春病毒，鲫造血器官坏死病毒检出率均为 0，可见广西淡水养殖鱼类及虾类流行的病毒性疾病主要集中在淡水虾的十足目虹彩病毒、白斑综合征病毒及淡水养殖鱼类的大口黑鲈虹彩病毒、细胞肿大病毒、弹状病毒。广西淡水虾病毒流行风险比淡水鱼更高，其中白斑综合征病毒比十足目虾虹彩病毒更容易感染淡水养殖虾类。从检出月份来看，广西的病毒性疾病主要发生在 3—10 月，其中弹状病毒、大口黑鲈虹彩病毒发生在大口黑鲈繁殖季节，该病毒传染性、死亡率高，养殖户需高度注意防范，需强化对苗种繁育场的疫病监测，掌握繁育场亲本和苗种的染疫情况，对阳性场所的亲本和苗种限制流通，且查明染疫个体并进行无害化处理，清除染疫个体，净化繁育场，逐步实现繁育场无疫化。

二、2023 年广西水产养殖病害发生趋势预测

广西总体上依然维持细菌性疾病和寄生虫性疾病为主，病毒性疾病、真菌性疾病及非生物源性疾病为辅的水产养殖病害发生趋势，但因广西近年来大力发展稻田综合种养及陆基高位圆池养殖模式，且 2022 年一批良种培育场成功培育和完善，结合 2022 年广西冬季较往年更暖的情况，广西 2023 年预测会呈现出以下特点：

（1）部分病毒性疾病提前。因广西 2023 年 1、2 月温度偏高，而 1—4 月为广西大口黑鲈、克氏原螯虾、红螯螯虾苗种繁殖期，特别注意大口黑鲈弹状病毒、虹彩病毒、石斑鱼病毒性神经坏死病毒。

（2）细菌性疾病往年一致。易发细菌性烂鳃、细菌性肠炎、淡水鱼细菌性败血症、罗非鱼的链球菌病等历年高发性疾病。

（3）寄生虫疾病在往年的基础上出现新的情况。

（4）非生物源性疾病较 2022 年突出。2022 年底 2023 年初呈现出桂北地区极度缺水情况，因此，桂北地区需注意因水质原因造成的大规模死亡。

2022 年海南省水生动物病情分析

海南省水产品质量安全检测中心（海南省水产技术推广站）

（刘天密　王秀英）

一、水产养殖疾病测报基本情况

2022 年海南省水产养殖品种监测工作涵盖 16 个市县。测报队伍 67 人，监测点 42 个，上报监测数据 337 条。监测面积 1 684.52 hm²（表 1）涵盖海水池塘、海水工厂化、淡水池塘、淡水工厂化、淡水其他等养殖模式。监测品种有 4 大类 8 个养殖品种，其中鱼类 3 种、甲壳类 4 种、贝类 1 种（表 2），测报时间为 2022 年 1—12 月。

表 1　2022 年海南省水生动植物病害监测面积汇总（hm²）

海水池塘	海水工厂化	淡水池塘	淡水工厂化	淡水其他	合计
1 266.6	103.66	301.56	4.7	8	1 684.52

表 2　2022 年海南省水生动植物病害监测养殖品种（种）

类别	测报的养殖品种	合计
鱼类	石斑鱼、罗非鱼、卵形鲳鲹	3
虾类	凡纳滨对虾（海）、斑节对虾、澳洲淡水龙虾	3
蟹类	锯缘青蟹	1
贝类	方斑东风螺	1

注：监测水产养殖种类为剔除相同种类后的数量。

二、监测结果与分析

（一）监测病害总体情况

2022 年海南省共检测到三大类养殖品种发生 60 种病害，以细菌性疾病、寄生虫疾病和病毒性疾病为主，其中细菌性疾病 30 种、寄生虫疾病 14 种、病毒性疾病 7 种、非病原性疾病 4 种、其他不明病因疾病 5 种（表 3）。

表 3　2022 年不同养殖品种全年发生的病害种类统计（种）

类别	鱼类	虾类	蟹类	贝类	合计
病毒性疾病	5	2	0	0	7
细菌性疾病	24	6	0	0	30

（续）

类别	鱼类	虾类	蟹类	贝类	合计
寄生虫性疾病	14	0	0	0	14
非病原性疾病	4	0	0	0	4
不明原因疾病	1	2	0	2	5
合计	48	10	0	2	60

从监测的疾病种类比例可以看出，所有疾病中，细菌性疾病所占比例最高，占50.0%，病毒性疾病占11.7%，寄生虫性疾病占23.3%，非病原性疾病占6.7%，其他占8.3%。

从主要养殖种类不同季节水产养殖发病面积比来看，2022 年主要水产养殖种类发病高峰期为 6 月，发病面积比为 10.16%，其次为 5 月，发病面积比为 5.7%。

从监测品种发病种类比例可以看出，2022 年仅监测到三大类养殖品种发病，所有发病品种中鱼类发病比例最高为 80%；其次为虾类，发病比例为 17%；贝类发病比例为 3%。

（二）主要养殖品种病害情况

鱼类养殖监测病害有淡水鱼链球菌病、微孢子虫病、病毒性出血性败血症、石斑鱼虹彩病毒病、流行性溃疡综合征、水霉病、细菌性肠炎病、柱状黄杆菌病（细菌性烂鳃病）、车轮虫病、缺氧症等（图 1）。

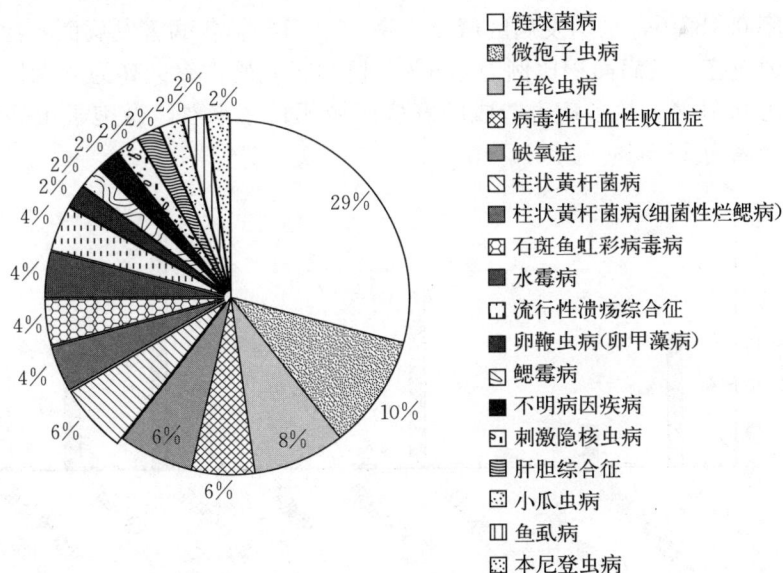

图 1　2022 年海南省鱼类疾病比例

1. 罗非鱼　2022 年海南省罗非鱼养殖过程监测发现的病害有链球菌病、细菌性肠炎病、柱状黄杆菌病、柱状黄杆菌病（细菌性烂鳃病）、鳃霉病。从监测数据分析发现，

333

平均发病面积比例 2.772%，平均监测区域死亡率 0.842%，平均发病区域死亡率 3.940%。各病害发病面积比例最高为链球菌病，发病面积比例为 6.79%；监测区域死亡率最高为鳃霉病，死亡率为 1.8%；从各病害造成的发病区域死亡率来看，鳃霉病造成的发病区域死亡率最高为 25%（图 2）。

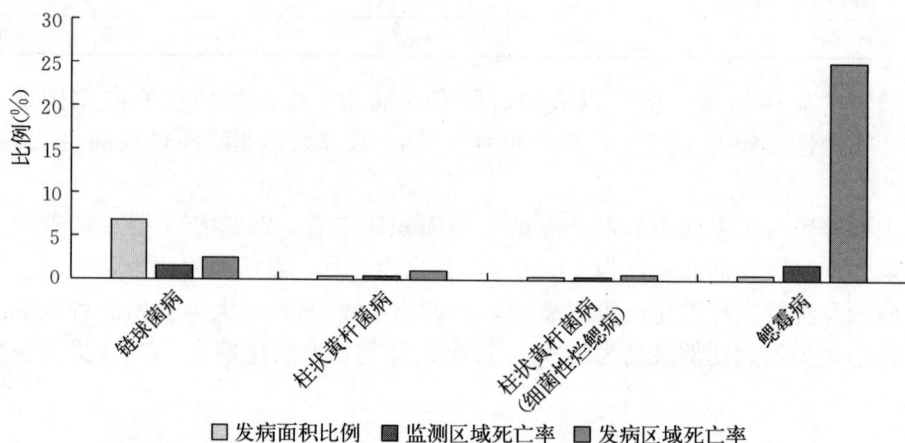

图 2 2022 年罗非鱼发病面积比例、发病死亡率、监测区域死亡率

2. 石斑鱼 2022 年海南省石斑鱼养殖过程监测发现的病害有病毒性出血性败血症、石斑鱼虹彩病毒病、流行性溃疡综合征、水霉病、车轮虫病、鱼虱病、微孢子虫病、缺氧症、肝胆综合征。从监测数据分析发现，2022 年平均发病面积比例 0.329%，平均监测区域死亡率 0.137%，平均发病区域死亡率 13.071%。各病害发病面积比例最高为病毒性出血性败血症，发病面积比例为 0.6%；监测区域死亡率最高为病毒性出血性败血症，死亡率为 0.46%；从各病害造成的发病区域死亡率来看，微孢子虫病造成的发病区域死亡率最高为 28.5%（图 3）。

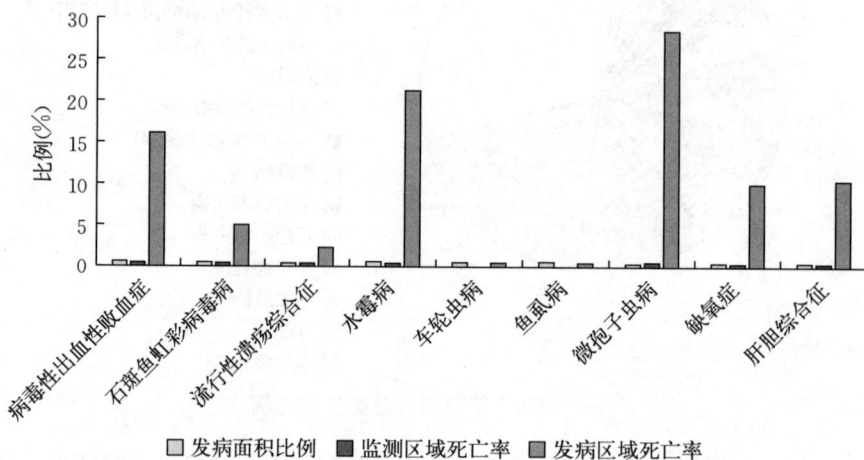

图 3 2022 年石斑鱼发病面积比例、发病死亡率、监测区域死亡率

3. 卵形鲳鲹　2022 年海南省卵形鲳鲹养殖过程监测发现的病害有刺激隐核虫病、小瓜虫病、本尼登虫病。从监测数据分析发现，2022 年平均发病面积比例 16.820%，平均监测区域死亡率 6.600%，平均发病区域死亡率 35.823%。各病害发病面积比例最高为小瓜虫病，发病面积比例为 29.12%；监测区域死亡率最高为刺激隐核虫病，死亡率为 15.38%；从各病害造成的发病区域死亡率来看，刺激隐核虫病造成的发病区域死亡率最高为 100%（图 4）。

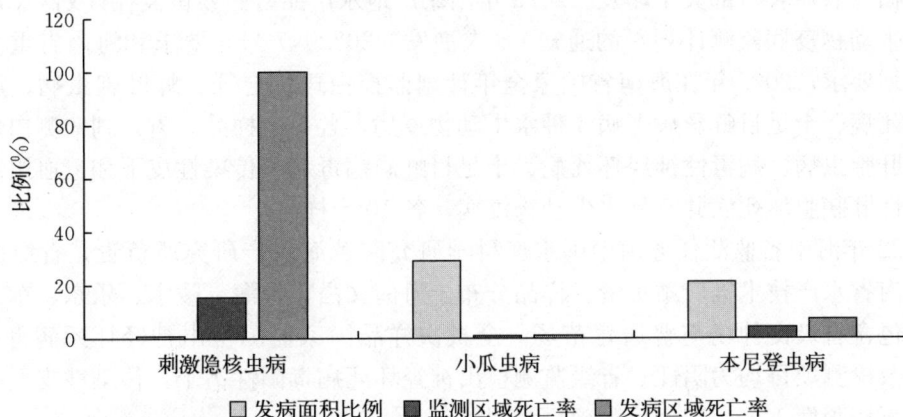

图 4　2022 年卵形鲳鲹发病面积比例、发病死亡率、监测区域死亡率

4. 凡纳滨对虾　2022 年海南省凡纳滨对虾养殖过程监测发现病害有白斑综合征、桃拉综合征、对虾黑鳃综合征、对虾红腿病、弧菌病、不明病因疾病。从监测数据分析发现，2022 年平均发病面积比例 1.748%，平均监测区域死亡率 15.380%，平均发病区域死亡率 46.297%。各病害发病面积比例最高为不明病因疾病，发病面积比例为 6.9%；监测区域死亡率最高为不明病因疾病，死亡率为 66.67%；从各病害造成的发病区域死亡率来看，对虾红腿病造成的发病区域死亡率最高为 77.78%（图 5）。

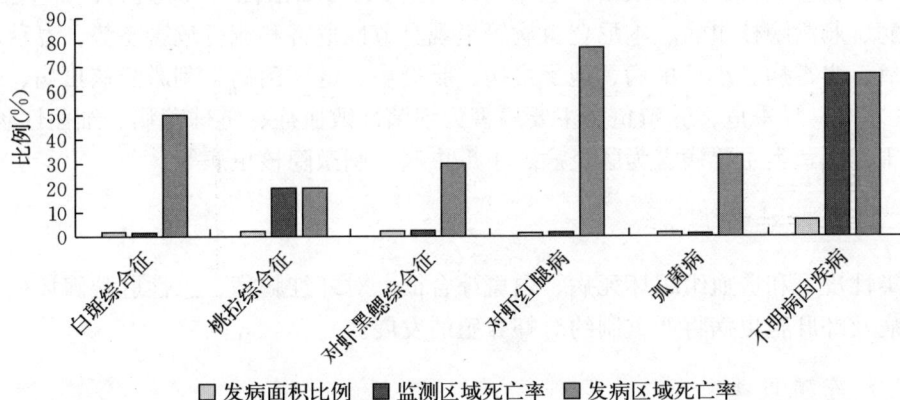

图 5　2022 年凡纳滨对虾发病面积比例、发病死亡率、监测区域死亡率

5. 斑节对虾　在 2022 年的监测过程中无上报疾病。
6. 锯缘青蟹　在 2022 年的监测过程中无上报疾病。

7. 方斑东风螺 2022 年海南省方斑东风螺养殖过程监测发现不明病因疾病。从监测数据分析发现，平均发病面积比例 50%，平均监测区域死亡率 83.335%，平均发病区域死亡率 83.335%。

三、重要水生动物疫病监测情况

根据《农业农村部关于印发〈2022 年国家产地水产品兽药残留监控计划〉〈2022 年国家水生动物疫病监测计划〉的通知》（农渔发〔2022〕7 号）要求和海南省重大疫病监测计划要求，2022 年在海南省国家全年计划监控白斑综合征、虾肝胞虫病、病毒性神经坏死病、十足目虹彩病毒病 4 种水生动物疫病，各 5 个样品，省计划监测白斑综合征、虾肝胞虫病、病毒性神经坏死病、十足目虹彩病毒病、传染性皮下和造血组织坏死病和急性肝胰腺坏死病共 6 种水生动物疫病，各 10 个样品。

2022 年海南省监测任务由中国水产科学研究院黄海水产研究所负责，省级监测任务由海南省水产技术推广站负责。样品分布于海南文昌、琼海、陵水、乐东、东方，样品来源包含省级良种场与普通育苗场。全批次样品国家监测检出神经坏死病毒阳性 3 个，其余检测项目均为阴性；省级监测检出神经坏死病毒阳性 7 个，传染性皮下和造血组织坏死病阳性 1 个，其余检测项目为阴性。

四、2023 年水产养殖病害流行趋势的预测

根据海南省今年的气候特征与往年病害流行特点，2023 年海南省水产养殖病害有暴发的可能。

（一）养殖鱼类

病毒性神经坏死病、石斑鱼脱黏病、微孢子虫病、链球菌病、细菌性败血症、细菌性肠炎病、柱状黄杆菌病（细菌性烂鳃病）、烂身病（细菌性）、肠炎病、寄生虫病等。小瓜虫病、刺激隐核虫病、本尼登虫病等呈现季节性危害和流行危害态势。春秋两季易出现缺氧、水霉病、小瓜虫病、孢子虫病、肠炎病、链球菌病、刺激隐核虫病、烂身病（细菌性）等；夏季危害养殖鱼类主要病害为细菌性败血症、链球菌病、细菌性肠炎等；冬季危害养殖鱼类主要病害为肠炎病、小瓜虫病、刺激隐核虫病等。

（二）养殖对虾类

传染性皮下和造血组织坏死病、白斑综合征、对虾红腿病、急性肝胰腺坏死病毒病等病毒病及虾肝胞虫病将严重制约对虾养殖的发展。

（三）养殖贝类

方斑东风螺养殖受种质退化、养殖环境恶化与交叉感染等众多因素影响，细菌性疾病有日趋严重的趋势。

五、病害预防对策及建议

（1）扎实推进水生动物疫病监测工作，壮大测报人员队伍，提高测报质量，有效预警疫情，早发现、早报告、早控制。

（2）通过开展"五大行动"，加强生产管理，减少病害发生。加强水产养殖基础设施建设，完善水产养殖配套设施，提高养殖水体水质调控能力，改善养殖区域内部环境条件，减少养殖密度，避免交叉感染。

（3）科学防控养殖病害，在养殖过程中应坚持"全面预防，科学治疗"。通过采取清塘消毒、苗种检疫、水质底质调控、投饵管理等措施做好病害预防工作。发病后，应及时与主管部门联系，寻求专家的专业指导，减少乱用、滥用药物现象，增强鱼病防治的科学性，降低病害造成的经济损失与环境污染。

2022 年重庆市水生动物病情分析

重庆市水产技术推广总站

（张利平　廖雨华　卓东渡　王　波）

2022 年重庆市在 21 个重点区县开展水产养殖疾病测报，共设立 95 个测报点，区县测报员 60 人，监测总面积 901 hm²，全年测报点共计上报 497 次，测报总面积较去年同比下降 6.38%。监测养殖品种 18 种，包括草鱼、鲢、鳙、鲤、鲫、鳊、泥鳅、大口鲇、黄颡鱼、虹鳟、大口黑鲈、乌鳢、杂交鲟和红鲌。监测到发病品种主要为草鱼、鲢、鳙、鲤、鲫、鳊、黄颡鱼、大口黑鲈、杂交鲟和红鲌。

一、水产养殖病害总体情况

（一）重要水生动物疫病监测情况

根据《农业农村部关于印发 2022 年国家水生动物监测计划的通知》和全国水产技术推广总站下发的《关于做好 2022 年国家水生动物疫病监测工作的通知》的文件精神，重庆市水产技术推广总站根据本市水产养殖情况，科学制定实施方案并及时印发至各个区县，做到监测点全覆盖，重点区域、重点场加强监测和检测。2022 年重庆市部、市两级检测样品 105 批次，涵盖了草鱼出血病、鲤浮肿病、锦鲤疱疹病毒病、鲤春病毒血症、鲫造血器官坏死病五项重大疫病监测指标。项目实施方案根据每种疫病的发病特点和水温，规范抽采样，按照确定的标准方法进行检测，及时将检测结果上报至国家监测系统。在市级监测任务中，检测出 1 例鲤浮肿病和 1 例鲫造血器官坏死病病原阳性，针对阳性养殖场及时报送市农业农村委，属地农业执法部门按照规定进行了规范化处理。

（二）常规水生动物疾病测报情况

2022 年监测到鱼类病害种类 19 种（表 1），鱼病共计 69 个，占比 100%，其中细菌性疾病 8 种，占比 42.11%；寄生虫性疾病 6 种，占比 31.58%；真菌性疾病 1 种，占比 5.26%；病毒性疾病 1 种，占比 5.26%；非病原性疾病 2 种，占比 10.53%；不明病因疾病 1 种，占比 5.26%（图 1）。与 2021 年相比增加了 2 种，病害种类以细菌性疾病和寄生虫性疾病为主。

表 1　2022 年监测到的水产养殖病害汇总（种）

类别		病名	数量
鱼类	病毒性疾病	草鱼出血病	1
	细菌性疾病	链球菌病、溃疡病、赤皮病、细菌性肠炎病、柱状黄杆菌病（细菌性烂鳃病）、淡水鱼细菌性败血症、弧菌病、诺卡氏菌病	8
	真菌性疾病	水霉病	1
	寄生虫性疾病	指环虫病、车轮虫病、锚头鳋病、裂头绦虫病、鱼虱病、小瓜虫病	6
	非病原性疾病	缺氧症、氨中毒症	2
	其他	不明病因疾病	1

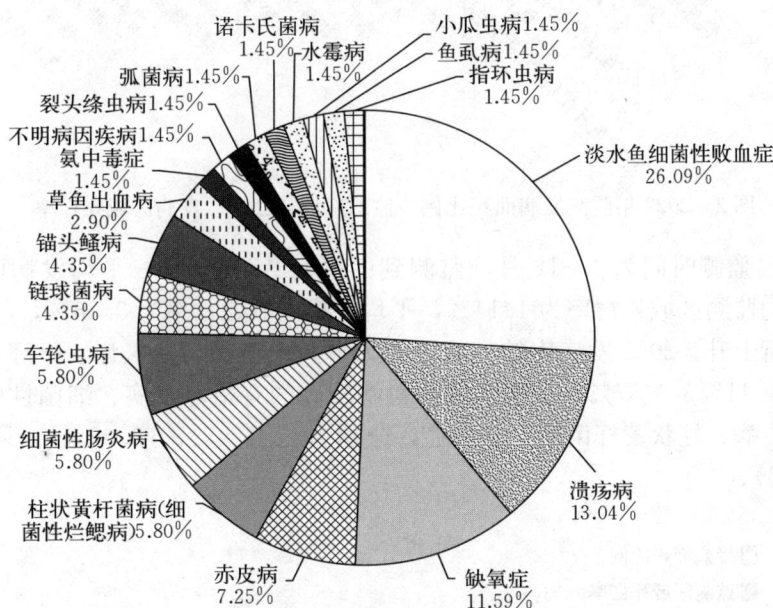

图 1　2022 年重庆市监测到的鱼类疾病比例

2022 年监测淡水池塘面积为 783.533 hm²，其他面积为 117.8 hm²，鱼类平均发病面积为 1.51%，平均监测区域死亡率为 0.63%，平均发病区域死亡率为 4.56%。发病面积比例较高的疾病主要为淡水鱼细菌性败血症、细菌性肠炎病、弧菌病、诺卡氏菌病、车轮虫病、缺氧症、不明病因疾病。发病区域死亡率较高的为弧菌病、指环虫病、车轮虫病、缺氧症、氨中毒症等（图 2）。

（三）主要养殖鱼类病害情况

通过监测数据分析，2022 年无重大水生动物疫情发生，但是小病害不断，主要为细菌性疾病和寄生虫性疾病，尤其 3 月，水生动物疫情出现一个小高峰，可能是由于气温转暖，水温逐步升高，鱼类摄食活动逐渐增加，引发一些细菌性疾病及寄生虫性疾病。

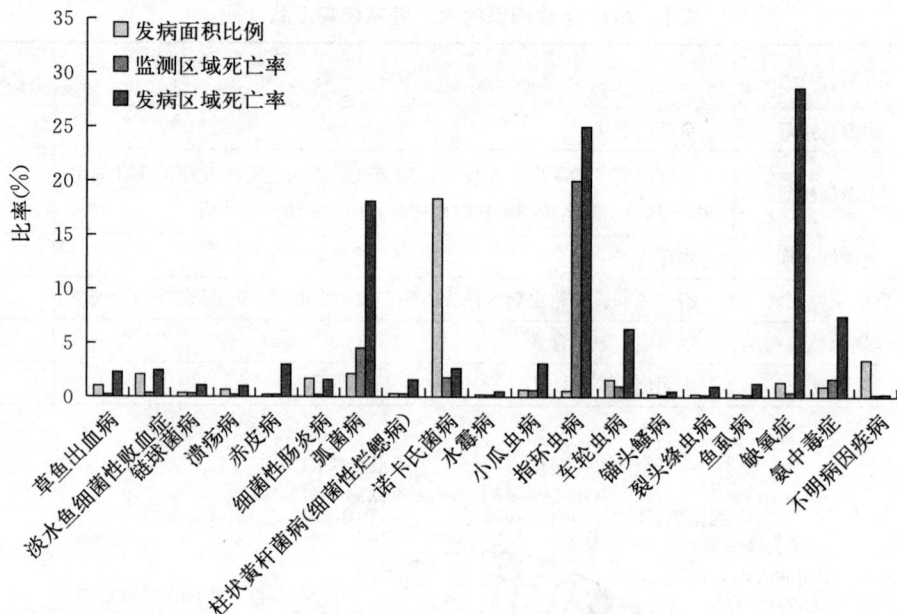

图 2 2022 年监测发病面积比例、监测区域死亡率、发病区域死亡率

1. 草鱼 监测时间为 1—12 月，监测到的疾病共计 12 种，平均发病面积比例为
0.37%，平均监测区域死亡率为 1.14%，平均发病区域死亡率为 3.26%，与 2021 年相
比死亡率有所上升。2022 发病率较高的主要为草鱼出血病、缺氧症、指环虫病，分别
为 1.03%、1.11%、0.57%。发病区域死亡率较高的有指环虫病、细菌性肠炎病、赤
皮病、车轮虫病、柱状黄杆菌病、缺氧症，分别为 25%、5%、3.02%、4%、1.54%、
3.33%（图 3）。

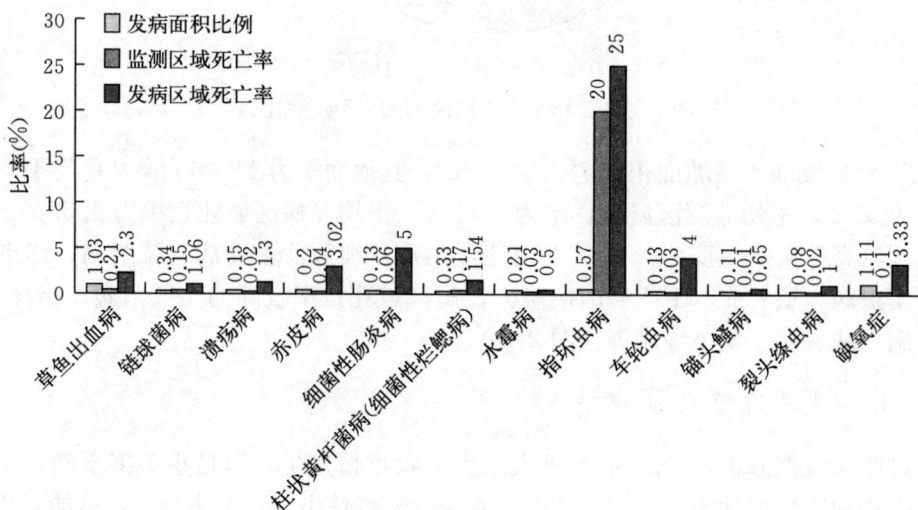

图 3 2022 年草鱼病害情况

2. 鲢　监测时间为 1—12 月，监测到的疾病主要为 2 种，平均发病面积比例为 0.66%，平均监测区域死亡率为 0.30%，平均发病区域死亡率为 6.26%。监测到的疫病种类主要为淡水鱼细菌性败血症、缺氧病，发病区域死亡率分别为 3.59%、25%（图 4）。

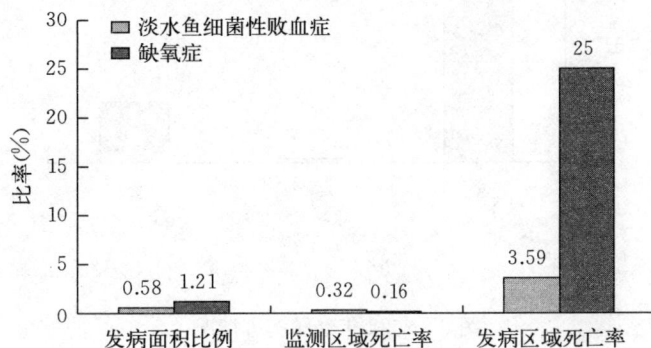

图 4　2022 年鲢病害情况

3. 黄颡鱼　监测时间为 1—12 月，监测到的疾病主要为 6 种，平均发病面积比例为 1.76%，平均监测区域死亡率为 0.24%，平均发病区域死亡率为 9.5%。监测到的疫病种类发病较高的为淡水鱼细菌性败血症、车轮虫病、缺氧症、不明病原疾病，其中发病区域死亡率较高的是缺氧症、小瓜虫病、车轮虫病，分别为 70.71%、3.13%、1%（图 5）。

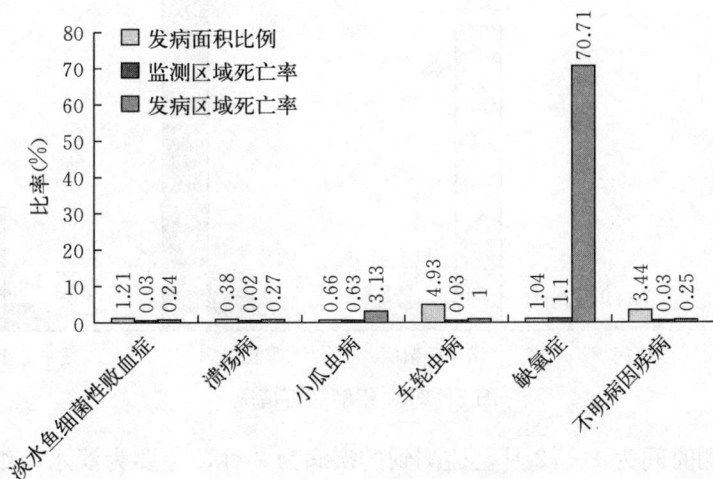

图 5　2022 年黄颡鱼病害情况

4. 红鲌　监测时间为 1—12 月，监测到的疾病主要为 1 种，平均发病面积比例为 6.52%，平均监测区域死亡率为 0.08%，平均发病区域死亡率为 1.48%（图 6）。

5. 鲈　监测时间为 1—12 月，监测到的疾病主要为 4 种，平均发病面积比例为

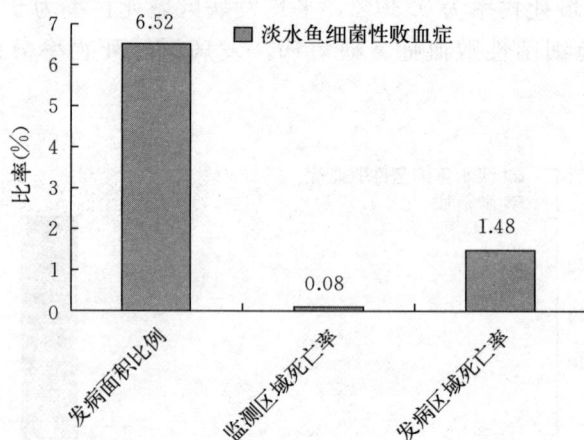

图 6　2022 年红鲌病害情况

3.60%，平均监测区域死亡率为 1.04%，平均发病区域死亡率为 4.64%。监测到的疫病种类主要为溃疡病、诺卡氏菌病、车轮虫病、氨中毒症，其中溃疡病、诺卡氏菌病发病面积比例较高，分别为 1.24%、18.35%；发病区域死亡率较高的是车轮虫病、氨中毒症，分别为 20%、7.5%（图 7）。

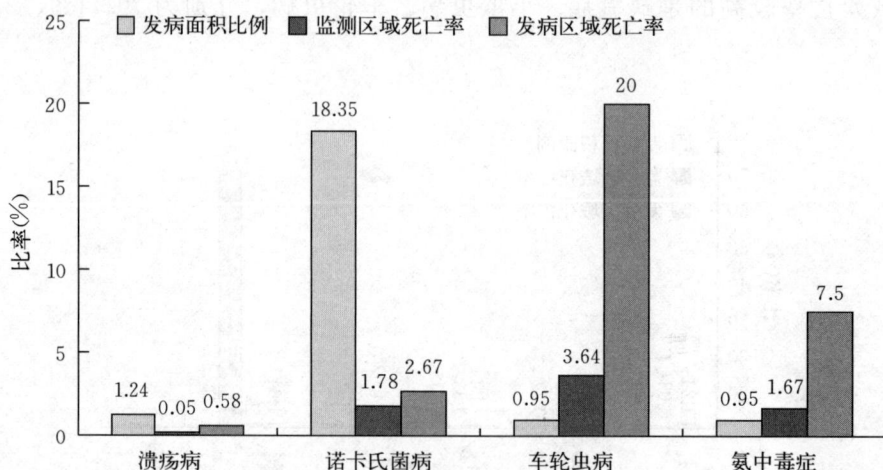

图 7　2022 年鲈病害情况

6. 鳙　监测时间为 1—12 月，监测到的疾病为 2 种，主要为淡水鱼细菌性败血症、缺氧症，平均发病面积比例为 1.25%，平均监测区域死亡率为 0.13%，平均发病区域死亡率为 10.90%。淡水鱼细菌性败血症、缺氧症发病区域死亡率都较高，分别是 6.36%、15.45%（图 8）。

7. 鲫　监测时间为 1—12 月，监测到的疾病主要为 5 种，平均发病面积比例为 0.47%，平均监测区域死亡率为 0.58%，平均发病区域死亡率为 3.25%。监测到的疫

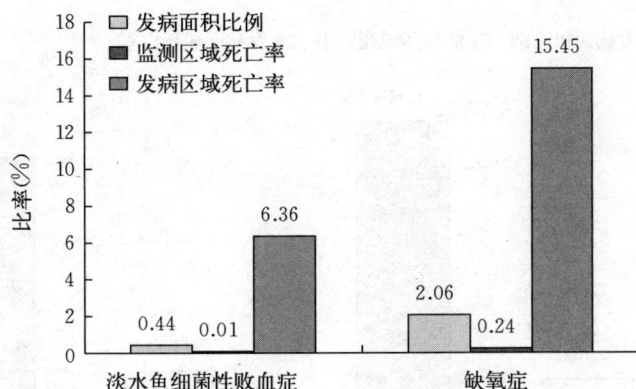

图 8　2022 年鳙病害情况

病种类主要为淡水鱼细菌性败血症、弧菌病、车轮虫病、锚头鳋病、鱼虱病，其中细菌性败血症和弧菌病平均发病面积为 0.38％和 2.13％，发病区域死亡率分别为 2.15％、18.1％（图 9）。

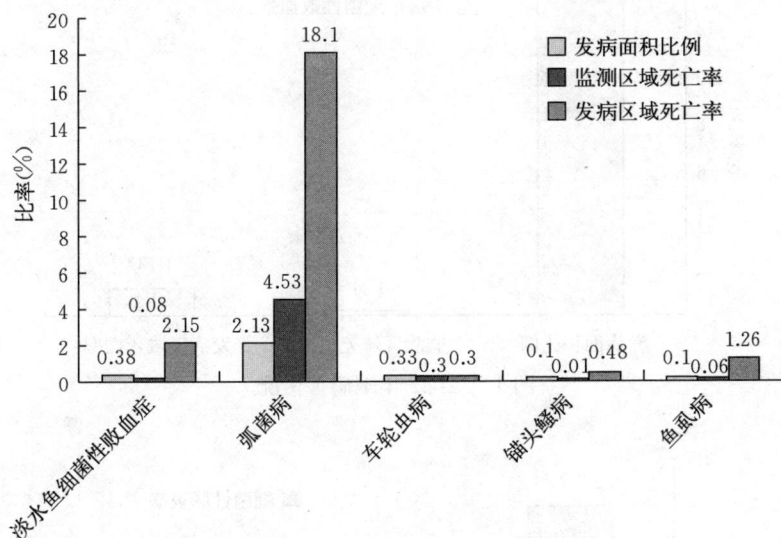

图 9　2022 年鲫病害情况

8. 鲤　监测时间为 1—12 月，监测到的疾病主要为 2 种，平均发病面积比例为 0.17％，平均监测区域死亡率为 0.01％，平均发病区域死亡率为 1.83％。监测到的疫病种类主要为溃疡病、柱状黄杆菌病（细菌性烂鳃病），发病区域死亡率分别为 1.91％、1.67％（图 10）。

9. 鳊　监测时间为 1—12 月，监测到的疾病主要为 1 种，平均发病面积比例为 15.05％，平均监测区域死亡率为 0.21％，平均发病区域死亡率为 1.13％（图 11）。

10. 鲟　监测时间为 1—12 月，监测到的疾病主要为 1 种，平均发病面积比例为 2.2％，平均监测区域死亡率为 0.02％，平均发病区域死亡率为 0.43％（图 12）。

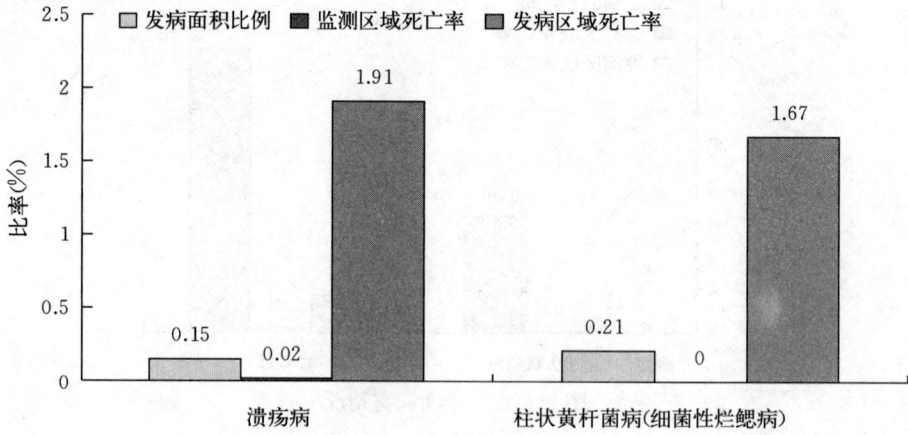

图 10 2022 年鲤病害情况

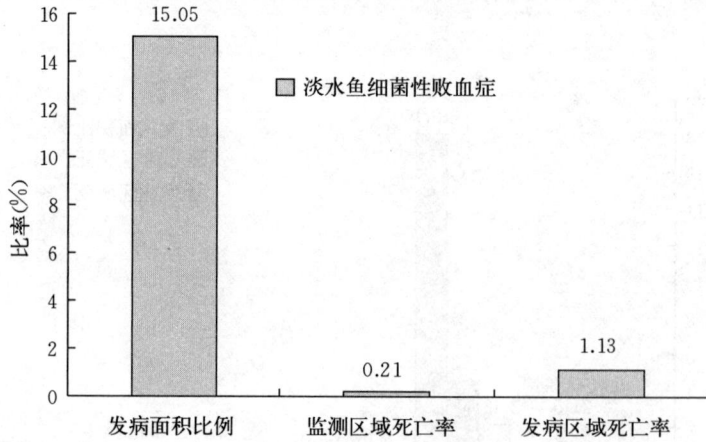

图 11 2022 年鳊病害情况

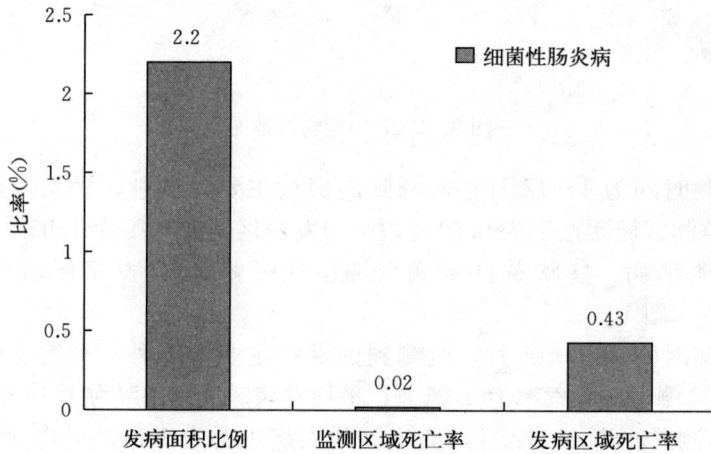

图 12 2022 年鲟病害情况

二、有待改进和提升的工作

一是各测报点的确定及其数据代表性有待进一步改进和规范，测报员诊断水平参差不齐，随着岗位调动，新测报员对"全国水产养殖动植物病情测报系统"不熟悉，使测报工作受到一定影响。

二是水生动物防疫体系需要进一步健全。水产技术推广机构相对弱势，特别是区县水产技术推广专业机构逐渐纳入综合机构，乡镇基本无专业技术人员，水生动物防疫机构、人员配置严重缺位。

三是需进一步提高对水产苗种产地检疫重要性的认识。水产苗种流通性大，未经检疫的苗种具有极高的风险性。水生动物防疫工作起步晚、推动慢，队伍人员流动性大、专业技术人员不足，存在人手缺乏、身兼数职等问题，工作中的一些政策性障碍还没有得到较好的解决。

三、2023 年病害流行预测

2023 重庆市水产养殖过程中仍将发生不同程度的病害，疫病种类主要是细菌性疾病、真菌性疾病、寄生虫性疾病，在鱼类的细菌性疾病中，要注意防控淡水鱼细菌性败血症、赤皮病、烂鳃病和打印病等；在寄生虫疾病中，要注意防控车轮虫病、黏孢子虫病、锚头鳋病等。另外，通过近几年监测数据显示，草鱼出血病、鲤浮肿病、鲫造血器官坏死病、鲈虹彩病毒病、鳜传染性脾肾坏死病均有流行，2023 年要继续加强监测。渔民在选购苗种时，要从有生产资质的种苗场购买，并查验水产苗种产地检疫合格证明；在投放苗种前，注意对苗种进行消毒，以防带入病原；投放过程中最好选择在早晨或傍晚，还可适当注入新水；严格控制苗种的放养密度。

四、应对措施及建议

一是持续推进水产养殖"五大行动"，大力做好水产技术推广工作。

二是贯彻落实农业农村部、中央机构编制委员会办公室印发的《关于加强基层动植物疫病防控体系建设的意见》，将基层水生动物疫病防控纳入国家动植物疫病防控体系建设。大力加强水产推广机构队伍建设，加强病防实验室与试验基地建设，积极争取建设区域性水生动物疫病监控中心和区县级水生动物病防站，提升区县级水生动物疫病防控能力，助推乡村振兴。

三是做好疫病防控相关工作。加大宣传、普及疫病防控相关法律法规、宣传源头防控、绿色防控、精准防控理念以及疫病防控管理和技术服务新模式等。继续开展重大水生动物疫病专项监测，包括部、市级重大水生动物疫病专项监测、病原微生物耐药性监测等，做到监测点全覆盖，重点区域、重点池塘加强监测和检测。继续加强预测预报与智能渔技相结合，指导养殖户做好重点疫病防范工作。继续参报水生动物防疫系统实验室能力验证，提升检验检测水平。继续组织水产养殖规范用药宣传和科普下乡，指导养殖业主规范用药、减量用药，促进渔业绿色健康发展。

四是按照《中华人民共和国动物防疫法》和《动物检疫管理办法》的规定，对水产苗种严格实行产地检疫，保障水生动物及其产品安全，保护人体健康，维护公共安全。

五是加强技术培训，提高渔民技能。组织区县水产技术推广机构、水生动物病害防治员、一线水产养殖者参与水生动物疫病防控培训、知识讲座等，不断提升从业者水平。

六是积极利用现代信息技术装备，提升渔业生产、技术服务、管理信息化水平。充分利用智能渔技平台，将科学分析运用到理论和实践中，制订有效防控措施，提高水生动物疾病防控的准确性、时效性和有效性。

2022 年四川省水生动物病情分析

四川省水产局

（王 俊 莫 茜）

一、基本情况

2022 年，四川省在 19 个市州、115 个测报监测点开展了水产养殖动物疾病测报，主要监测模式为池塘养殖，监测面积 3 363 hm²，主要监测养殖品种 15 个。

二、监测结果与分析

（一）发病品种与疾病类型

2022 年，四川省监测到发病水产养殖品种 9 种（表 1），水产养殖动物疫病共 18 种。其中，鱼类养殖病害 17 种：细菌性疾病 7 种，寄生虫性疾病 4 种，病毒性疾病 1 种，非病原性疾病 2 种，真菌性疾病 2 种，不明病因疾病 1 种（表 2）。

表 1　2022 年监测到发病的水产养殖种类汇总（种）

类别	种类	数量
鱼类	草鱼、鲢、鳙、鲤、鲫、鲴、黄颡鱼、鲈（淡）	8
虾类	克氏原螯虾	1
合计		9

表 2　2022 年监测到发病的水产养殖病害汇总（种）

类别		病名	数量
鱼类	病毒性疾病	草鱼出血病	1
	细菌性疾病	淡水鱼细菌性败血症、溃疡病、赤皮病、细菌性肠炎病、柱状黄杆菌病、柱状黄杆菌病（细菌性烂鳃病）、打印病	7
	真菌性疾病	水霉病、鳃霉病	2
	寄生虫性疾病	车轮虫病、锚头鳋病、小瓜虫病、黏孢子虫病	4
	非病原性疾病	缺氧症、肝胆综合征	2
	其他	不明病因疾病	1
虾类	细菌性疾病	弧菌病	1
合计			18

除监测点数据外，通过调研部分科研院所专家了解到，四川省还监测到蛙虹彩病毒病、鲈虹彩病毒病、锦鲤疱疹病毒病、鳜传染性脾肾坏死病、鳟类传染性造血器官坏死、鲟海豚链球菌病、黄颡鱼和鲇拟态弧菌病、诺卡氏菌病、草鱼绦虫病等水生养殖动物疫病。

（二）病害流行情况

2022 年，各养殖品种中，平均发病面积率较高的是草鱼、鲫和鲢，分别为 35.4%、31.27% 和 26.54%，其余品种平均发病面积在 10% 以下（表 3）。从疾病的占比来看，危害最严重的为细菌性败血症，占比为 20%，其次为水霉病、细菌性烂鳃病、肝胆综合征和细菌性肠炎病等，占比在 8%～11%（图 1）。

表 3 2022 年各养殖种类平均发病面积率

养殖种类	淡水								
	鱼类								虾类
	草鱼	鲢	鳙	鲤	鲫	鲴	黄颡鱼	鲈（淡）	克氏原螯虾
总监测面积（hm²）	305.83	191.63	163.77	248.7	151.6	139.1	117.5	26.9	43.33
总发病面积（hm²）	108.27	50.87	15.2	26.47	47.4	2.13	4.27	0.333 3	0.67
平均发病面积率（%）	35.4	26.55	9.28	10.64	31.27	1.53	3.63	1.24	1.55

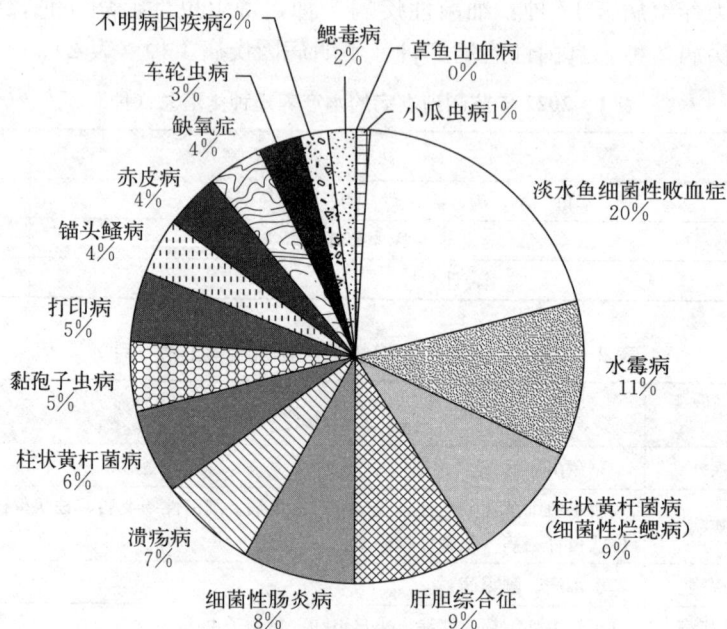

图 1 2022 年监测到的鱼类疾病比例

（三）疾病危害情况

四川省疾病平均发病面积比例为 8.89%，平均监测区域死亡率为 0.43%，平均发病区域死亡率为 7.84%。草鱼出血病发病面积最大，达到 38.46%，但监测区域和发病区域死亡率并不高；打印病、不明病因病监测区域死亡率超过 1%；溃疡病、细菌性烂鳃病、车轮虫病、缺氧症、不明病因病的发病区域死亡率超过 10%，发病死亡率较高（图 2）。

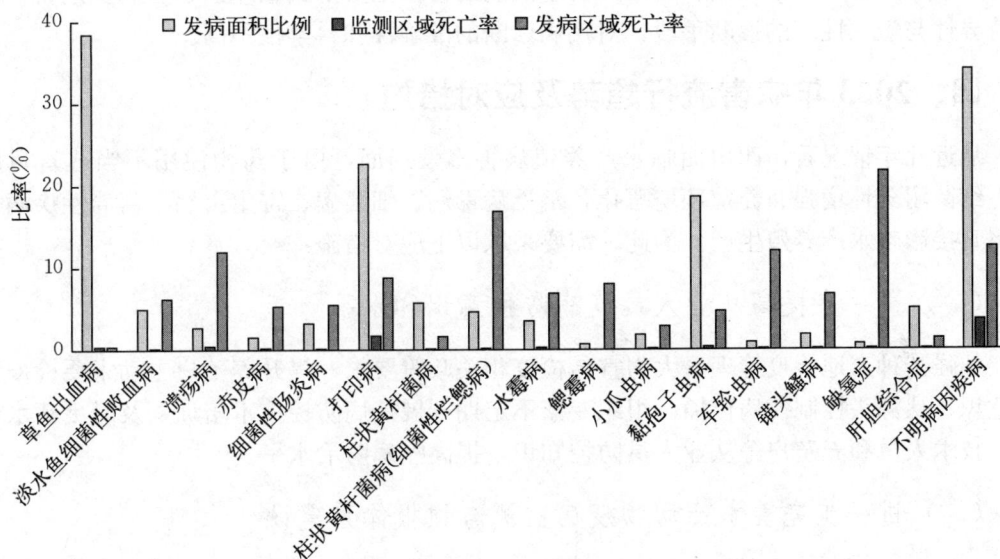

图 2　2022 年监测发病面积比例、监测区域死亡率、发病区域死亡率

三、疾病发生原因分析

根据 2022 年国家水生动物疫病监测和水产养殖动植物疾病测报结果来看，四川省水产养殖的病害威胁仍较为严峻，草鱼、鳙、鲢、鲤与鲫等大宗品种发病较多；同时，黄颡鱼、鮰与鲈等名特优品种发病也较为严重，并出现了一些病因不明的疾病，给养殖造成了较为严重的威胁，分析原因如下：

（一）健康养殖理念有待提升

部分养殖户过度追求养殖产量，高密度养殖环境导致疾病多发，疾病暴发后滥用渔药现象严重，达不到预期的治疗效果。

（二）基础设施和管理水平较差

部分老旧池塘改造空间有限，进排水等基础设施落后，加之养殖户技术能力、管理水平和疾病防控意识较差，导致养殖过程中疾病多发易发。

（三）良种推广应用上有待加强

部分养殖户为节约成本使用自繁自养或本地苗种，由于缺乏亲本更新交流，在种质资源上有一定的退化现象，与大型原良种场繁育的优良新品种在生长性能、抗病能力方面存在显著差异，养殖过程中更易暴发疾病。

（四）疾病准确诊断的能力不够

基层水产推广技术人员和养殖户对于疾病的诊断主要依据临床症状与病变进行，缺乏特异性与敏感性高的诊断手段，对疾病诊断的准确性和科学性不高。

四、2023 年病害流行趋势及应对措施

从近几年情况看，四川面临水产养殖病害多发局面，由于药物使用不当或盲目用药、细菌耐药性增强、养殖环境恶化，常见病毒病、细菌病、寄生虫病、营养性疾病等都将直接影响水产养殖生产。为此，需要采取以下应对措施：

（一）进一步提高从业人员疫病防控意识和水平

加强苗种产地检疫管理，大力宣传检疫相关政策要求，提升养殖户主动索要检疫证明意识，从源头控制疫病传播。组织专家不定期开展疫病防控技术培训，及时更新水产推广技术人员和养殖户等从业人员防控知识，提高疫病防治水平。

（二）进一步完善水产动物疫病监测与预报体系建设

加强疾病测报点管理，提高疫病监测准确性，摸清四川水产动物疫病流行的基本情况，为科学、有效开展疫病防控提供参考。

（三）积极指导规范用药，降低养殖损失

积极开展水产养殖减量用药行动和水产养殖规范用药科普下乡等活动，普及规范用药技术知识，减少因药物使用不当造成的耐药性增强，减少疫病损失。

（四）加强科研投入与疫病监测实验室体系建设

加大科研投入，开展重大疫病，尤其是新发疫病病原学与防控技术研究，为疾病的有效防控提供技术支撑；同时加强疫病监测实验室体系建设，提高疾病准确诊断的能力，为疾病的有效防控提供科学依据。

2022 年贵州省水生动物病情分析

贵州省水产技术推广站

（许劲松　温燕玲　熊　伟　冯　浪　安元银　罗　均　杨　曼）

一、水产养殖病害总体情况

2022 年贵州省水产养殖动植物病情测报点覆盖了全省 9 个市（州）的 56 个区（县），测报员 81 人，测报点 98 个。2022 年监测面积共计 10 834.043 3 hm²，其中淡水池塘 379.962 6 hm²、淡水工厂化 16.148 7 hm²、淡水网栏 24.350 0 hm²、淡水其他（含大水面生态养殖）10 413.442 hm²，半咸水工厂化 0.14 hm²（表 1）。

表 1　2022 年水产养殖病情监测种类及面积分类汇总

监测种类数量（种）				监测面积（hm²）				
鱼类	虾类	蟹类	其他类	淡水池塘	淡水工厂化	淡水网栏	淡水其他	半咸水工厂化
16	2	1	2	379.962 6	16.148 7	24.350 0	10 413.442	0.14
合计 21				合计 10 834.043 3				

2022 年疾病测报品种共 21 种，包括鲤、草鱼、鲢、鳙、鲫、鲟、大口黑鲈、鳜、青、黄颡鱼、鳟、乌鳢、裂腹鱼、鲇、鲴、泥鳅、凡纳滨对虾（淡）、克氏原螯虾、中华绒螯蟹、蛙、大鲵，涵盖了贵州省主要养殖品种。2022 年监测到发病的养殖种类有鲤、大口黑鲈、鲟、克氏原螯虾、中华绒螯蟹五个品种。监测到的病害有 18 种，其中鱼类的病毒性疾病有弹状病毒病和蛙虹彩病毒病，细菌性疾病有赤皮病、诺卡氏菌病、淡水鱼细菌性败血症、细菌性肠炎病和柱状黄杆菌病（细菌性烂鳃病），真菌性疾病有水霉病，寄生虫性疾病有车轮虫病、指环虫病和小瓜虫病，非病原性疾病有肝胆综合征、缺氧症和氨中毒症；虾类有肠炎病和蜕壳不遂症；蟹类有烂鳃病和不明病因疾病（表 2）。监测到养殖种类发病数量有 45 个，其中鱼类 40 个，虾类 3 个，蟹类 2 个（表 3）；细菌性疾病发病个数比例最高，占比 60%，非病原性疾病次之，各类疾病的发病数量及所占比例见表 4。2022 年监测到发生的 45 次鱼虾蟹类疾病中，细菌性肠炎病和赤皮病发病率最高，其次是柱状黄杆菌病（细菌性烂鳃病）（表 5）。

表 2　2022 年监测到的水产养殖病害汇总

类别		病名	数量（个）	占比（%）
鱼类	病毒性疾病	弹状病毒病、蛙虹彩病毒病	2	11.11
	细菌性疾病	赤皮病、诺卡氏菌病、淡水鱼细菌性败血症、细菌性肠炎病、柱状黄杆菌病（细菌性烂鳃病）	5	27.78

（续）

类别		病名	数量（个）	占比（%）
鱼类	真菌性疾病	水霉病	1	5.56
	寄生虫性疾病	车轮虫病、指环虫病、小瓜虫病	3	16.67
	非病原性疾病	肝胆综合征、缺氧症、氨中毒症	3	16.67
虾类	细菌性疾病	肠炎病	1	5.56
	非病原性疾病	蜕壳不遂症	1	5.56
蟹类	细菌性疾病	烂鳃病	1	5.56
	其他	不明病因疾病	1	5.56
合　计			18	—

表3　2022年监测到的发病种类比例

类别	鱼类	虾类	蟹类	总数
个数（个）	40	3	2	45
占比（%）	88.89	6.67	4.44	100

表4　2022年监测到的疾病种类比例

疾病类别	病毒性疾病	细菌性疾病	真菌性疾病	非病原性疾病	其他	合计
个数（个）	3	27	3	8	1	45
占比（%）	6.67	60	6.67	17.78	2.22	100

表5　2022年监测到的鱼虾蟹类疾病比例

疾病名称	细菌性肠炎病	赤皮病	水霉病	柱状黄杆菌病（细菌性烂鳃病）	缺氧症	氨中毒症	淡水鱼细菌性败血症	肝胆综合征	虹彩病毒病	诺卡菌病	车轮虫病	弹状病毒病	小瓜虫病	指环虫病	蜕壳不遂症（虾类）	肠炎病（虾类）	不明病因疾病（蟹类）	烂鳃病（蟹类）	合计
个数（个）	9	8	3	5	2	2	2	2	2	1	1	1	1	1	2	1	1	1	45
占比（%）	20.0	17.78	6.67	11.11	4.44	4.44	4.44	4.44	4.44	2.22	2.22	2.22	2.22	2.22	4.44	2.22	2.22	2.22	100

2022年国家水生动物疫病专项监测中，贵州省的任务是对草鱼出血病、鲤浮肿病进行专项监测，由中国水产科学研究院珠江水产研究所承担样品采样、检测任务。根据

贵州省水产养殖的特点及近年水生动物疫病监测情况，7 月 15 日省水产技术推广站协同中国水产科学研究院珠江水产研究所在清镇市抽取 5 个草鱼出血病样品，在锦屏县抽取了 5 个鲤浮肿病样品，检测结果均为阴性。

二、监测结果与分析

2022 年监测到的鱼类平均发病面积比例 11.67％，平均监测区域死亡率 0.345％，平均发病区域死亡率 12.291％。2022 年因病害造成的经济损失共计 110.18 万元，具体养殖品种的损失数如下：鲟 59.55 万元，大口黑鲈 48 万元，鲤 2.38 万元，克氏原螯虾 0.25 万元。2022 年经济损失 4 万元以上的发病具体情况请见表 6，发病严重的养殖品种主要是大口黑鲈和鲟，病害有蛙虹彩病毒病、弹状病毒病、诺卡氏菌病、柱状黄杆菌病（细菌性烂鳃病）、淡水鱼细菌性败血症、细菌性肠炎病、指环虫病。

表 6　2022 年经济损失 4 万元以上的发病具体情况

种类	监测面积（hm²）	病名	监测区域月初存塘量（尾）	发病区域月初存塘量（尾）	死亡数量（尾）	经济损失（万元）	发病时间
鲈（淡）	8.000 004	虹彩病毒病	1 200 000	150 000	50 000	15	08 月 15 日
鲟	1.000 000 5	柱状黄杆菌病（细菌性烂鳃病）	250 000	150 000	140 000	14	04 月 07 日
鲈（淡）	8.000 004	诺卡氏菌病	900 000	70 000	10 000	14	10 月 17 日
鲈（淡）	8.000 004	弹状病毒病	900 000	200 000	35 000	10	10 月 11 日
鲟	0.333 3	淡水鱼细菌性败血症	70 000	3 000	3 000	5	08 月 16 日
鲟	0.133 3	细菌性肠炎病	35 000	35 000	2 000	5	08 月 05 日
鲈（淡）	8.000 004	指环虫病	1 100 000	15 000	5 500	5	09 月 12 日
鲟	1.3	柱状黄杆菌病（细菌性烂鳃病）	400 000	100 000	30 000	4.5	04 月 20 日
鲈（淡）	8.000 004	虹彩病毒病	600 000	120 000	30 000	4	11 月 07 日

2022 年监测到养殖品种的发病情况：鲟有柱状黄杆菌病（细菌性烂鳃病）、赤皮病、细菌性肠炎病、淡水鱼细菌性败血症、水霉病、小瓜虫病、肝胆综合征、缺氧症、氨中毒症；大口黑鲈有蛙虹彩病毒病、弹状病毒病、诺卡氏菌病、指环虫病；鲤有赤皮病、水霉病、车轮虫病、肝胆综合征；克氏原螯虾有肠炎病、蜕壳不遂症；中华绒螯蟹有烂鳃病、不明病因疾病。鲟、大口黑鲈、鲤发生的病害较多。2022 年虽然没有发生严重疫情，但是一些病害不可忽视，如大口黑鲈的蛙虹彩病毒病、弹状病毒病、诺卡氏菌病及鲟的淡水鱼细菌性败血症等。

三、2023 年病害流行预测

2022 年细菌性疾病发生数是最多的，其次是寄生虫性疾病和非病原性疾病，预测 2023 年细菌性疾病发生频率也是最高的，要重点做好赤皮病、诺卡氏菌病、淡水鱼细菌性败血症、细菌性肠炎病、柱状黄杆菌病（细菌性烂鳃病）等的防控。病毒性疾病发病后由于没有有效药，只能以预防为主，要从无疫苗种场或国家及省级疫病专项监测的阴性养殖场中购入健康苗种，经检疫或检测合格；对于养殖中各环节实施生物安保管理措施，选择抗病优良品种，加强日常管理，一旦发生病毒性疾病，要保持水体环境稳定，防止水变、换水、拉网等造成应激过大；避免缺氧、气泡病等诱发疫病；通过少用药或不用药、少投饲或不投饲，增开增氧机等控制病情；在没有发病前或病情稳定后可投喂酵母多糖、三黄粉等免疫增强剂提高鱼体抵抗力。非病原性疾病要重点预防肝胆综合征、缺氧症、氨中毒症、蜕壳不遂症等。

2023 年要重点做好鲟、大口黑鲈、鲤、草鱼等主养品种的病害防控工作。2022 年因受新冠肺炎疫情影响，贵州省对东南亚国家的鲟出口量大幅减少，但鲟养殖规模还在增加，随着 2023 年存塘量增加，发生的病害也会逐渐增多，细菌性肠炎病、赤皮病、细菌性败血症、小瓜虫病等发生频率将呈上升趋势；贵州省大口黑鲈养殖产量也增长较快，要重点预防弹状病毒病、蛙虹彩病毒病、肿大虹彩病毒病、诺卡氏菌病、赤皮病、丝囊霉菌病及肝胆综合征等；鲤要重点预防鲤春病毒血症、锦鲤疱疹病毒病、鲤浮肿病等；草鱼要重点预防草鱼出血病、赤皮病、柱状黄杆菌病（细菌性烂鳃病）等；克氏原螯虾对水质环境要求高，溶解氧要求 4 mg/L 以上，对钙需求大，要重点预防缺氧症和蜕壳不遂症的发生。

四、建议采取的措施

（1）强化水产养殖日常病情测报、重大水生动物疫病专项监测及预警工作。提升病情测报工作质量，做好疫情的预警预报，做到早发现、早报告、早控制。建议各级单位要从思想上、行动上重视病情测报工作，稳定测报人员队伍；建议用财政资金给病害监测点配备显微镜、解剖器械、水质检测仪器等简易仪器设备；将此项工作纳入单位绩效目标考核，对工作做得好的地区、单位给予项目资金倾斜，对按时保质完成测报任务的测报员给予补助或奖励，提高他们的工作积极性和责任感。

（2）加快水生动物疫病防控体系硬件和软件能力建设。加快贵州省水生动物疫病监控中心实验室建设；为已建有水生动物防疫实验室的 6 个县级防疫站配备专业人员和运行经费，使这些实验室能正常运作，为水产苗种产地检疫和疾病检测提供技术支撑。2021 年贵州省首次参加了全国水生动物防疫系统实验室检测能力验证，现已获得了2022 年国家及省级水生动物疫病监测计划的草鱼出血病、锦鲤疱疹病毒病、鲫造血器官坏死病的检测实验室备选资格，2023 年将继续组织有条件的单位参加，提升贵州省水生动物疫病防控的软实力。

（3）加强水产苗种体系建设，自繁自育优质苗种减少病害发生。尽快建设一批特色鱼种繁育基地，加强良种繁育和苗种培育，提高水产苗种质量和良种覆盖率，满足本省养殖需求，减少染疫苗种跨区域流入的风险。

（4）加强引进水产苗种的检疫检测工作。加大水产苗种产地检疫合格证明的检查力度，加强对养殖单位的宣传培训。水产苗种生产单位在出售、运输、捕苗前要主动申报检疫，购买苗种时要向销售方索要水产苗种产地检疫合格证明。对一些没有纳入国家检疫范围的疾病，最好经过实验室检测，如大口黑鲈苗种携带弹状病毒病、虹彩病毒病的病原概率是很高的，从异地购入最好经过检测。

（5）鼓励有条件的养殖企业成立水产动物疾病诊疗实验室，能及时对须通过实验室检测的疾病进行确诊，开展药物敏感性试验筛选合适药物及确定使用量，做到准确诊断疾病，科学用药、减量用药。

（6）推广生态健康养殖模式，减少病害的发生。通过推广池塘工程化循环水养殖、工厂化循环水养殖、集装箱式循环水养殖、多营养层级综合养殖、稻渔综合种养、大水面生态增养殖等生态健康养殖技术模式，采取养殖尾水治理、用药减量行动等措施改善水体养殖环境，减少疾病的发生，提升水产品质量安全水平。

2022 年云南省水生动物病情分析

云南省渔业科学研究院

（王 静 熊 燕）

2022 年云南省渔业科学研究院继续开展重要水生动物疫病专项监测、区域性水产养殖疾病测报和预警工作，通过此项工作了解、掌握云南省水产养殖病害分布和流行态势，做到科学预防、合理用药和保障水产品食用安全。

一、工作开展情况

（一）重大水生动物疫病专项监测——传染性造血器官坏死病（IHN）监测工作

1. 监测基本情况 2022 年云南省 IHN 监测工作主要集中在 4 月开展。云南省渔业科学研究院在曲靖市会泽县大桥乡、迤车镇、金钟街道及钟屏渔洞街道的养殖场共采集了 5 份样品，监测品种为 IHN 易感品种：虹鳟鱼苗、金鳟鱼苗。采集的样品送至深圳海关动植物检验检疫技术中心进行检测。

2. 监测结果分析 深圳海关动植物检验检疫技术中心采用《传染性造血器官坏死病诊断规程》（GB/T 15805.2—2017）检测并通过"国家水生动物疫病信息管理系统"反馈，5 份 IHN 送检样品未检出阳性，均为阴性。

2017—2022 年云南省 IHN 监测情况如图 1 所示，结果显示 2017—2018 年阳性检

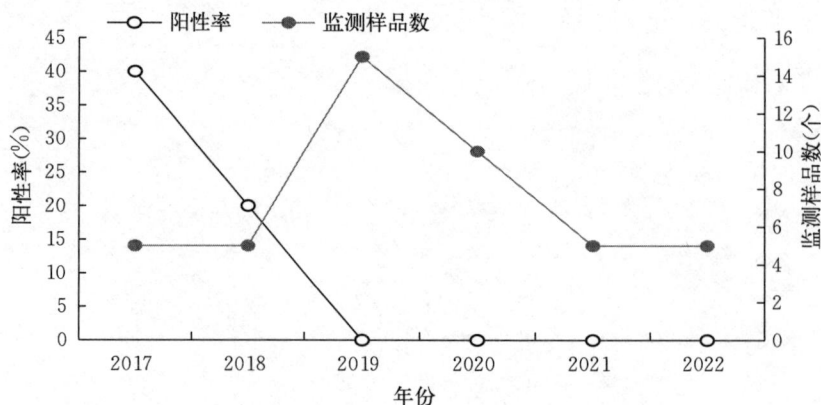

图 1 2017—2022 年云南省 IHN 监测情况

出率较高，2019—2022 年云南省均未检测出 IHN 阳性。出现此现象的原因主要有：一是云南省监测任务较少，采样点覆盖面不够广，数据不全面；二是一些养殖户养殖品种不固定，会根据市场需求选择养殖经济效益好的水产品种，虹鳟养殖量在减少；三是近两年受新冠肺炎疫情影响，多数养殖场虹鳟压塘严重，养殖户为降低损失减少养殖量；四是云南省境内养殖的三倍体虹鳟苗种均为来源于美国、挪威、丹麦、西班牙等的"发眼卵"，疫情暴发后虹鳟苗种引进受限，苗种量大大减少，养殖面积也相应减少。

（二）区域性水产养殖疾病测报

云南省根据《水产养殖动植物疾病测报规范》（SC/T 7020—2016）按照覆盖主要养殖方式、主要养殖种类的原则组织设立监测点，在全省重点养殖区域开展水生动植物疾病测报工作，认真分析测报数据，做到科学预警。按全国水产技术推广总站要求对辖区内重点养殖区域、主要养殖品种的发病趋势进行预测，按时将预报信息报送至总站。通过及时发布预测预报和预警信息，使养殖生产单位了解病害发生情况，控制病害流行，减少养殖生产损失。

二、病情分析

（一）病害流行情况及特点

（1）病害流行范围广，发病种类多，遍及各养殖区、各养殖种类。

（2）病害发生有明显的季节性。全年均有疾病发生，发病主要集中在 6—10 月，7—9 月最严重。不同种类和不同疾病的发病高峰期不同。

（3）病害种类多，同一种类多种疾病交叉感染。同一品种并发病毒、细菌、寄生虫等多种疾病的现象普遍。

（4）发病率与死亡率高，发病率与死亡率成明显的正比例关系。

（二）水产养殖病害病原种类

2022 年，云南省范围内受病害侵袭的水产养殖品种涉及鱼类、甲壳类、两栖类和爬行类水生动物等，病原体涉及细菌、病毒、真菌、原生动物、寄生虫和藻类等。同时，无病原烂鳃、营养代谢综合征等非病原性病害亦有发生。全省范围烂鳃病、赤皮病、肠炎病、竖鳞病、水霉病、白斑病及各种寄生虫疾病均有发生。

三、2023 年云南水产养殖病害流行趋势预测

根据对 2022 年监测数据进行汇总、分析，2023 年在鱼类、虾类、两栖/爬行类的养殖中，预测将发生不同程度的病害，疾病种类主要是细菌性、病毒性、寄生虫性疾病。

（1）鱼类　发病主要集中在 6—10 月，7—9 月最为严重。草鱼四病（肠炎病、赤皮病、烂鳃病、出血病）将继续在全省流行，鱼类寄生虫性疾病可能有上升的趋势，在

继续做好防治的同时，应加强管理和监测。

（2）鳖类　各中华鳖养殖场仍将可能发生各种类型的疾病（白点斑病、红脖子病、腐皮病等），应加强管理，做好防治工作。

四、应对措施和建议

（1）强化健全省防疫体系，加强基层防疫站建设，不断提升全省水生动物病害病原监测、病情预测报及病害防控能力。

（2）积极争取水生动物疫病防控经费投入，培养专业、精干的疫病防控人才队伍，提高基层专业技术水平。

（3）强化引进苗种检疫工作，从源头控制病害的发生。引种需挑选具有检疫合格证的苗种场家，并做好引种后的消毒、隔离观察和日常管理工作。

（4）加大绿色健康养殖技术、养殖模式等宣传力度，使广大养殖者牢固树立绿色、生态、健康养殖理念。

2022年陕西省水生动物病情分析

陕西省水产研究与技术推广总站

（夏广济 王西耀）

一、水产养殖疾病测报基本情况

2022年我们对陕西省18个主要水产养殖品种进行了全年的病害监测和预报工作，以农业农村部渔业高质量发展为目标，通过实施"五大行动"，有效防控渔病发生，减少病害造成的损失，促进了渔业高质量发展。

监测结果表明：2022年水产养殖品种发病率及死亡率较上年有所下降，全年无重大疫病发生，水产品质量安全水平得到提高。

（一）监测点设置

根据陕西省各地水产养殖生产实际，全省10个地级市共设置39个测报县（区），设置鱼类病情监测点136个（表1），监测水生动物18种，监测面积3 137.27 hm²（表2），覆盖了全省所有国家级健康养殖示范场。

表1 陕西省2022年度水产养殖病情测报县（区）分布（个）

测报区域	市名	测 报 县	测报点数
关中片区	西安	长安区、临潼区、蓝田县	9
	宝鸡	陈仓区、凤翔区、扶风县、眉县	10
	咸阳	兴平市、礼泉县	6
	渭南	临渭区、华阴市、合阳县、大荔县、蒲城县	15
陕南片区	汉中	汉台区、南郑区、城固县、西乡县、勉县、佛坪县	39
	安康	汉滨区、旬阳市、汉阴县、石泉县、紫阳县、岚皋县、白河县	18
	商洛	商州区、洛南县、山阳县、商南县、镇安县	15
陕北片区	铜川	耀州区	3
	延安	宝塔区、黄陵县、吴起县	9
	榆林	榆阳区、横山区、靖边县	12
合计	10	39	136

表 2　陕西省 2022 年水产养殖病情监测种类、面积分类汇总

省份	监测种类数量（种）				监测面积（hm²）			
	鱼类	虾类	其他类	观赏鱼	淡水池塘	淡水网箱	工厂化	淡水其他
陕西省	12	3	2	1	1 945.57	13.33	3.86	1 174.51
合计	18				3 137.27			

注：监测水产养殖种类合计数是剔除相同种类后的数量。

（二）测报内容

对草鱼、鲤、鲫、鲢、鳙、虹鳟、杂交鲟、罗非鱼、泥鳅、黄颡鱼、鲈、克氏原螯虾、凡纳滨对虾、澳洲龙虾、齐口裂腹鱼、大鲵、鳖、观赏鱼等 18 个养殖品种的 38 种病害（表 3）开展监测预报工作。

表 3　监测养殖品种和病情种类

养殖品种	病 害 种 类
草鱼、鲤、鲫、鲢、鳙、虹鳟、杂交鲟、罗非鱼、泥鳅、黄颡鱼、鲈、克氏原螯虾、凡纳滨对虾、澳洲龙虾、齐口裂腹鱼、大鲵、鳖、观赏鱼	1. 病毒性疾病：草鱼出血病、鲤春病毒病、传染性造血器官坏死症、传染性胰脏坏死病、病毒性出血性败血症、暴发性出血病（6 种） 2. 细菌性疾病：出血性败血症、溃疡病、烂鳃病、肠炎病、赤皮病、疖疮病、白皮病、打印病、竖鳞病、链球菌病、爱德华氏菌病、白头白嘴病（12 种） 3. 真菌性疾病：水霉病、鳃霉病（2 种） 4. 藻类疾病：楔形藻病、卵甲藻病、淀粉卵甲藻病、丝状藻附着病、三毛金藻病（5 种） 5. 原生动物病：黏孢子虫病、小瓜虫病、车轮虫病（3 种） 6. 后生动物病：三代虫病、复口吸虫病、指环虫病、中华鳋病、锚头鳋病、鱼鲺病（6 种） 7. 其他：缺氧症、中毒、脂肪肝、肝胆综合征（4 种）

二、监测结果与分析

2022 年陕西省监测点共向全国水产养殖病害监测数据库传送有效数据 815 条，其中无病上报 660 条，有病上报 155 条，可见在养殖周期内大部分时间、绝大部分养殖品种处于健康状态。部分养殖品种发生了疾病，监测出青鱼、鲢、鲤、鲫、鳖 5 个养殖品种发生疾病。其中鲤、鲫发病率较高，年均发病面积比率分别为 39.87% 和 39.05%；草鱼次之，年均发病面积比率为 34.92%；鲢、鳖发病率较低，年均发病面积比率分别为 2.62% 和 5.0%。其他养殖品种如泥鳅、黄颡鱼、鲈、罗非鱼、齐口裂腹鱼、青虾、克氏原螯虾、凡纳滨对虾（淡）、澳洲龙虾（淡）、鳖、锦鲤等 12 个品种因养殖规模小、数量少、监测点少，未监测出病害。

全年共监测出病毒性疾病（草鱼出血病）1 例、细菌性疾病 9 例、真菌性疾病 3 例，寄生虫病 3 例，非病原疾病（缺氧症、肝胆综合征）2 例、不明病因疾病 1 例和鳖

病 1 例。全年无重大疫情发生，渔业生产总体平稳。

2022 年陕西省水产养殖监测区域因病害造成的经济损失达 44 万元，其中自然灾害损失（持续大暴雨）13 万元。从养殖品种看，草鱼、鲤损失较大，分别为 18 万元和 17 万元，鲫、中华鳖损失较小，分别为 4 万元和 1 万元（表 4）。

表 4　2022 年养殖品种经济损失统计

品种	草鱼	鲤	鲢	鲫	中华鳖	合计
金额（万元）	18	17	4	4	1	44
比例（%）	40.91	38.64	9.09	9.09	2.28	100

注：本报表只统计水产养殖病害监测点损失，养殖品种价格以养殖场出塘价计，鲤、草鱼均价 12 元/kg，鲢 6 元/kg，鳖 120 元/kg。

（一）主要养殖品种病情分析

1. 草鱼　草鱼养殖期间发病率、死亡率较高，全年共监测出草鱼病害 15 例，分别为草鱼出血病、细菌性败血症、爱德华氏菌病、溃疡病、赤皮病、细菌性肠炎病、细菌性烂尾病、打印病、水霉病、锚头鳋病、缺氧症、肝胆综合征、不明病因疾病等疾病，其中爱德华氏菌病、细菌性肠炎病、溃疡病发病率较高。全年发病面积比最高出现在 9 月（图 1），为 0.99%。

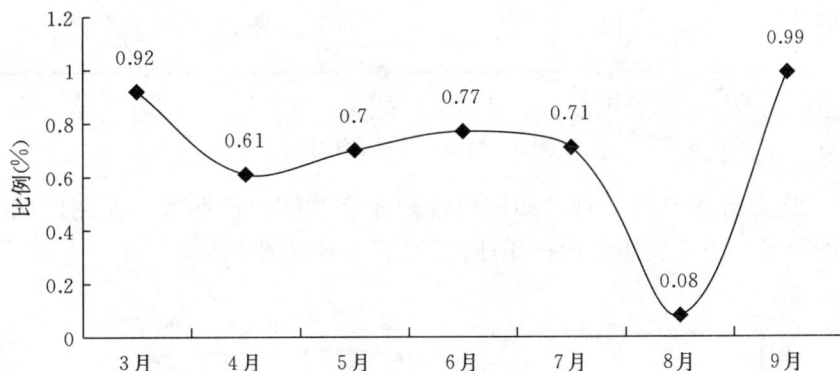

图 1　草鱼各月发病面积比

2. 鲤　全年共监测出鲤病害 15 例，分别为细菌性肠炎病、爱德华氏菌病、溃疡病、烂鳃病、疖疮病、烂尾病、柱状黄杆菌病、水霉病、小瓜虫病、车轮虫病、缺氧症和不明病因疾病。其中，烂鳃病、细菌性肠炎病危害较大。从时间上看，9 月发病率、死亡率最高，分别为 1.85% 和 0.03%（图 2）。

3. 鲢　共监测出鲢疾病 10 例，分别是烂鳃病、打印病、水霉病、中华鳋病、缺氧症和不明病因疾病。3 月发病率最高，为 0.26%，死亡率 0.03%。9 月发生发病率次之，为 0.19%，死亡率 0.02%，外伤是鲢发病和死亡的主要因素，鲢发病原因主要是拉网受伤（图 3）。

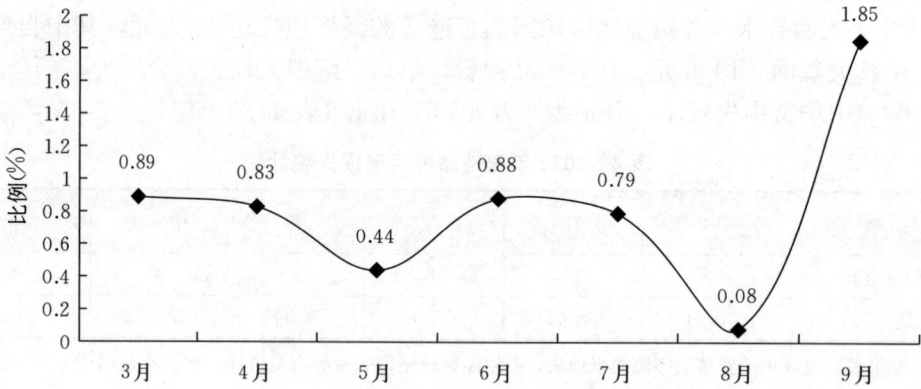

图 2　鲤各月发病面积比

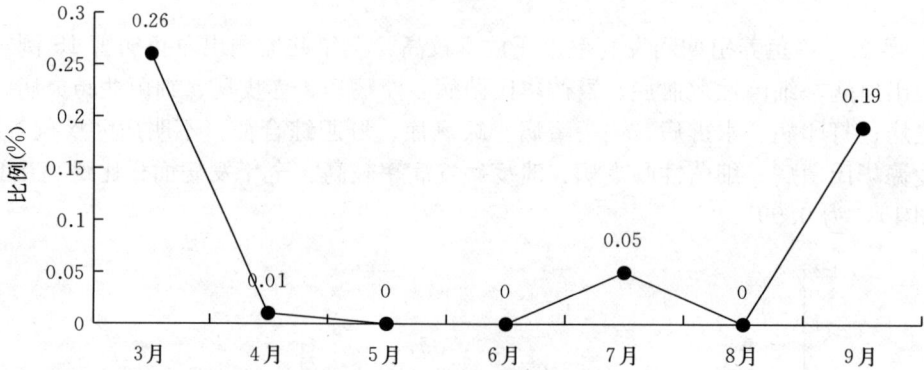

图 3　鲢各月发病面积比

4. 鲫　监测出鲫疾病 2 种，即细菌性败血症和细菌性肠炎，监测区域发病率为 1.18％和 0.55％。主要发病出现在 3 月、7 月和 9 月（图 4）。

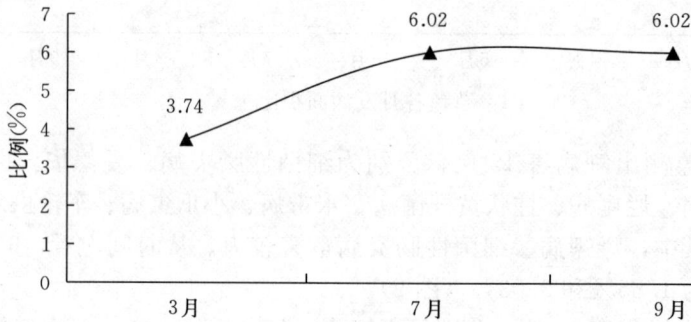

图 4　鲫各月发病面积比

5. 中华鳖　中华鳖监测到溃烂病 1 种，发病区域发病率为 2.5％，发病区域死亡率为零。

（二）疾病种类分析

全年共监测到水产养殖病害如草鱼出血病、细菌性败血症、赤皮病、肠炎病、车轮虫病等 20 种。经济鱼类病害中，病毒性疾病 1 种、细菌性疾病 9 种、真菌性疾病 3 种、寄生虫性疾病 3 种、非病源疾病 2 种、不明原因疾病 1 种。中华鳖病 1 种疾病（表 5）。

按疾病种类分：细菌性疾病占 48%，非病源疾病占 21%，真菌性疾病占 21%，寄生虫性疾病占 6%，其他类型占 10%。细菌性疾病、非病源疾病和寄生虫性疾病为主要病害。

表 5　2022 年水产养殖病害汇总（种）

类　别		病　　名	数量
鱼类	病毒性疾病	草鱼出血病	1
	细菌性疾病	淡水鱼细菌性败血症、爱德华氏菌病、鱼爱德华氏菌病、溃疡病、赤皮病、细菌性肠炎病、打印病、柱状黄杆菌病、柱状黄杆菌病（细菌性烂鳃病）	9
	真菌性疾病	水霉病、鳃霉病、流行性溃疡综合征	3
	寄生虫性疾病	锚头鳋病、小瓜虫病、车轮虫病	3
	非病原性疾病	缺氧症、肝胆综合征	2
	其他	不明病因疾病	1
其他类	细菌性疾病	鳖溃烂病	1
合　　计			20

1. 细菌性疾病　从疾病的种类看，细菌性疾病占 48.0%。监测到的有淡水鱼细菌性败血症、爱德华氏菌病、溃疡病、赤皮病、细菌性肠炎病、烂鳃病、赤皮病、柱状黄杆菌病等。其中，淡水鱼细菌性败血症、爱德华氏菌病、溃疡病、赤皮病发病率较高，溃疡病发病率较低。

（1）细菌性肠炎病　监测区域全年发病 15 次，占疾病比例 16.67%。病原为嗜水气单胞菌和豚鼠气单胞菌。主要危害草鱼，近年发现鲤、鲢、鳙也有少量发病。此病流行于 3—9 月，8 月达到发病高峰期，发病率为 4.49%，4—7 月为死亡高峰期，死亡率均为 0.04%（图 5）。

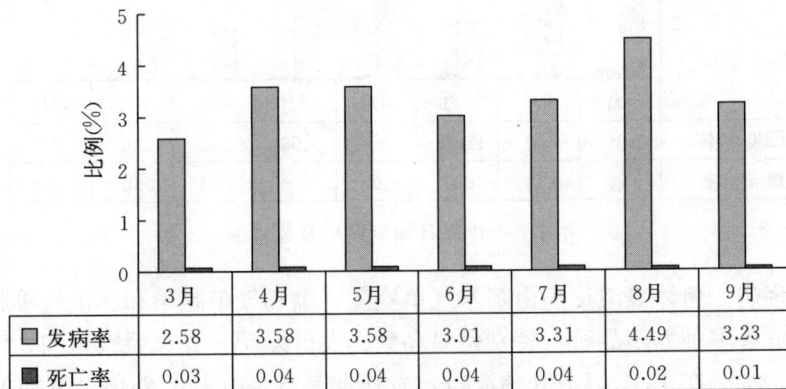

	3 月	4 月	5 月	6 月	7 月	8 月	9 月
发病率	2.58	3.58	3.58	3.01	3.31	4.49	3.23
死亡率	0.03	0.04	0.04	0.04	0.04	0.02	0.01

图 5　细菌性肠炎病月均发病率及死亡率

（2）细菌性烂鳃病　细菌性烂鳃病全年发病 8 次，占疾病比例 4.62%。9 月发病率最高达 14.28%，死亡率最高达 0.69%。烂鳃病主要危害草鱼、鲤和鲫（图 6）。

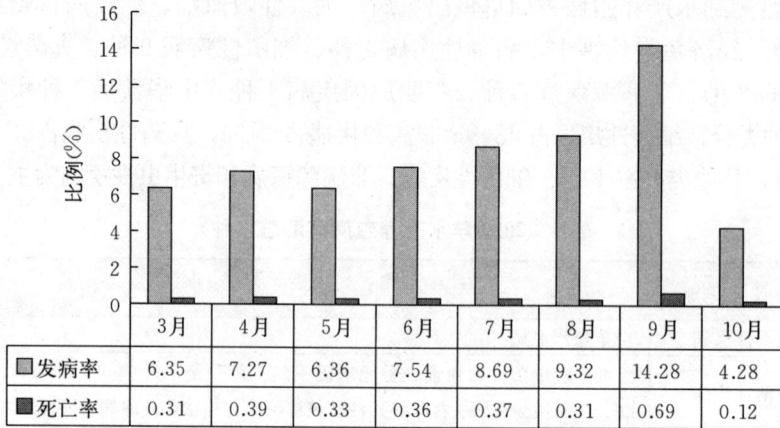

	3月	4月	5月	6月	7月	8月	9月	10月
发病率	6.35	7.27	6.36	7.54	8.69	9.32	14.28	4.28
死亡率	0.31	0.39	0.33	0.36	0.37	0.31	0.69	0.12

图 6　细菌性烂鳃病月均发病率及死亡率

（3）赤皮病　该病主要危害草鱼、鲤、团头鲂等多种淡水鱼类，水温 25～30 ℃时为流行盛期。2022 年陕西省鱼类赤皮病发病时间 3—9 月，全省监测到赤皮病 13 例，占疾病总数 7.51%，发生此病原因主要是拉网后鱼尾受伤。发病高峰期在 5 月，为 12.03%，死亡率高峰期在 3 月，为 0.25%（图 7）。

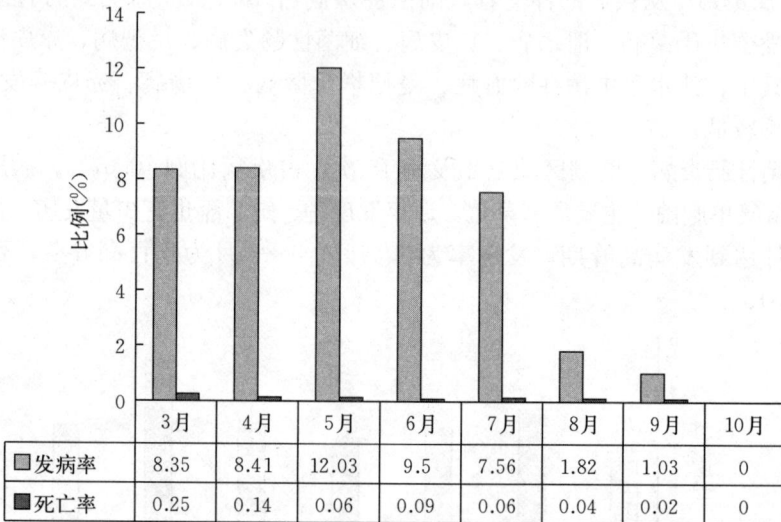

	3月	4月	5月	6月	7月	8月	9月	10月
发病率	8.35	8.41	12.03	9.5	7.56	1.82	1.03	0
死亡率	0.25	0.14	0.06	0.09	0.06	0.04	0.02	0

图 7　赤皮病月均发病率及死亡率

（4）溃疡病　鱼体表溃疡病由嗜水气单胞菌、温和气单胞菌和豚鼠气单胞菌等感染引起。此病危害多种养殖品种，特别是对乌鳢、大口黑鲈、齐口裂腹鱼和大口鲇等品种的危害较大，水温在 15 ℃以上开始流行，发病期是 3—10 月。外伤是本病发生的重要诱因。发病高峰在 9 月，为 16.83%，死亡率高峰在 3 月，为 2.18%（图 8）。

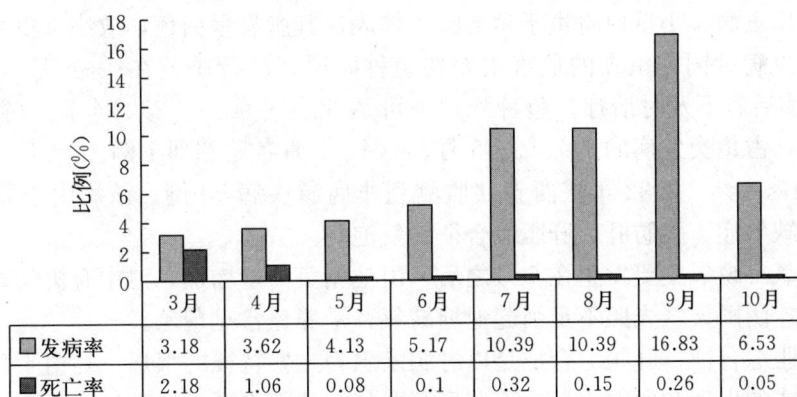

	3月	4月	5月	6月	7月	8月	9月	10月
发病率	3.18	3.62	4.13	5.17	10.39	10.39	16.83	6.53
死亡率	2.18	1.06	0.08	0.1	0.32	0.15	0.26	0.05

图 8　溃疡病月均发病率及死亡率

2. 真菌性疾病

（1）水霉病　各养殖品种均有发生，主要感染鱼体表受伤组织或鱼卵孵化时的死卵，形成灰白色如棉絮状的覆盖物，又称肤霉病或白毛病，是陕西省水产养殖鱼类主要的真菌性疾病，多发生在春季和秋季水温较低时。全年监测到 29 次，占疾病总数的 16.7%。

（2）鳃霉病　鳃霉病是鱼鳃感染了鳃霉菌而引发的一种疾病。3 月、4 月各监测到 1 例，占鱼类发病比例 1.16%。发病率为 0.5%，死亡率为 0.1%。

3. 寄生虫性疾病

（1）车轮虫病　车轮虫病是常见的一种寄生虫性疾病，监测区域全年发病 7 次，占鱼类发病比例为 5.2%。车轮虫可寄生在各种鱼的体表、鳃等各处。主要危害鱼苗和鱼种，严重感染时可引起病鱼的大批死亡。6 月发病率最高为 1.54%，死亡率为 0.09%。车轮虫以直接接触鱼体而传播，离开鱼体的车轮虫能够在水中游泳，转移宿主，可以随水、水中生物及工具等而传播。池小、水浅、水质不良、食料不足、放养过密、连续阴雨天气等均容易引起车轮虫病的暴发（图 9）。

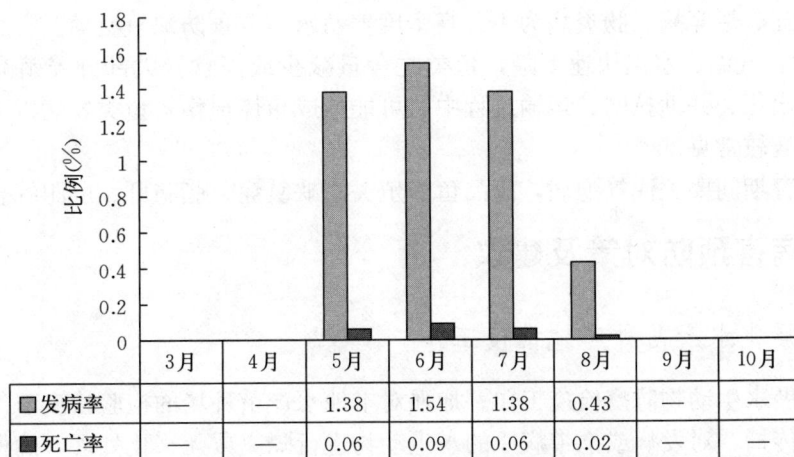

	3月	4月	5月	6月	7月	8月	9月	10月
发病率	—	—	1.38	1.54	1.38	0.43	—	—
死亡率	—	—	0.06	0.09	0.06	0.02	—	—

图 9　车轮虫病月均发病率及死亡率

（2）小瓜虫病 小瓜虫寄生于鱼的鳃、体表，其胞囊呈白色，故小瓜虫病又称为白点病。小瓜虫病对饲养鱼类的危害主要在鱼种阶段，流行季节在 4—6 月（水温 15～25 ℃），发病后若不及时治疗，鱼种死亡率可达 60％～90％。2022 年陕西省监测到小瓜虫病 3 例，占鱼类发病的 1.73％。5 月、6 月、9 月各监测到 1 例。

4. 非病源疾病 2022 年陕西省共监测到非病源疾病 90 例。该病由于管理不善引起，主要有缺氧症、脂肪肝、肝胆综合征、气泡病。

（1）缺氧 缺氧主要发生在 6 月之后，由池塘负荷量增加、池中有机物耗氧量增大所致，或者连阴雨天气光照不足引起池塘缺氧，是养鱼常见现象。

（2）肝胆综合征 肝胆综合征是以肝胆疾患为主要特征的疾病。是由于高密度、集约化养殖模式的出现和发展，导致养殖环境恶化，从而出现了这种病症。流行季节主要从 6 月开始一直到 10 月，尤其是鱼苗、鱼种发病率高，危害的对象主要是鲤、鲫、草鱼、斑点叉尾鮰、罗非鱼等。

（3）气泡病 气泡病是池水中溶氧量或其他气体过饱和，鱼苗的肠道出现气泡，或体表、鳃上附着许多小气泡，使鱼体上浮或游动失去平衡，此病多发生在春末和夏初，鱼苗和鱼种都能发生此病，特别对鱼苗的危害性较大，能引起鱼苗大批死亡。

三、2023 年病害流行预测

依据陕西省近几年来水产养殖病害监测数据，2023 年水产养殖病害发生以细菌性疾病、寄生虫性疾病和非病原性病害为主。随着季节水温变化，预计会出现以下病情：

1—4 月，水温在 18 ℃以下，水产养殖病害发生较少，病害以水霉病为主、细菌性烂鳃病、肠炎病、赤皮病也有一定危害。

5—6 月，随着水温上升，池塘有机质变多，各种病原开始大量滋生，赤皮病、烂鳃病、肠炎病等细菌病以及车轮虫病害开始流行，负荷量大的池塘开始出现缺氧风险。

7—9 月，气温、水温持续升高，养殖病害发病率、死亡率迅速上升，养殖疾病以细菌性败血症、烂鳃病、肠炎病为主。高密度养殖水域要预防缺氧泛塘。

10 月后，气温、水温快速下降，鱼类吃食量减少或停食。大部分养殖品种达到商品规格，在出售、并塘拉网、运输过程中有可能造成鱼体损伤，鱼类发病以赤皮病、溃疡病、竖鳞病较常见。

苗种培育期间要关注气泡病，商品鱼养殖关注缺氧症、脂肪肝、肝胆综合征等。

四、病害预防对策及建议

（一）强化水产苗种产地检疫工作

积极开展水生动物防疫检疫工作。加强对本地水产苗种场的检验检疫工作，从源头上控制疫病传播，对发病或携带病原的水生动物进行隔离或无害化处理，确保水产苗种健康流通，有效预防和控制水生动物疫病的发生和蔓延。

（二）深入实施水产绿色健康养殖"五大行动"

通过实施"五大行动"生态健康养殖模式，继续巩固和深化水产健康养殖示范场创建工作，大力宣传生态健康发展理念，减少病害的发生。推广池塘工程化循环水养殖、稻渔综合种养、大水面生态增养殖等生态健康养殖技术模式，采取用药减量行动等措施改善水体养殖环境，减少疾病的发生。

（三）加强病害监测及预警工作

积极组织开展相关技术培训工作，加大市县水产站技术人员培训力度，高质量完成采样检测，做好水生动物病情的持续监测工作，特别是重大疫病的监测，提升监测数据的准确性。

2022 年甘肃省水生动物病情分析

甘肃省渔业技术推广总站

（高文慧　康鹏天　邵东宏）

2022 年，按照农业农村部全国水产技术推广总站的安排部署，甘肃省认真组织开展了全省水产养殖动植物病情测报和水生动物疫病专项监测工作，现将甘肃省水生动物疫病情况分析总结如下：

一、基本情况

2022 年，甘肃省 12 个市（州）26 个县（区）设立测报点 68 个开展病害监测。测报品种 9 种（表 1），包括鱼类 8 种，测报面积 258.653 6 hm² （表 2）。其中，鱼类监测到 11 种养殖病害（表 3），有 2 种细菌性疾病、1 种病毒性疾病、2 种真菌性疾病、4 种寄生虫疾病、1 种非病源性疾病、1 种不明病因疾病；甲壳类中华绒螯蟹没有监测到病害。全年共完成病情月报表 9 期，预测预报 7 期，监测信息按时上报全国水产技术推广总站病防处，同时在省内疾病测报 QQ 群发布病害预警信息，指导做好病害防控工作。

表 1　2022 年水产养殖病害监测品种（种）

类别	品种	数量
鱼类	草鱼、鲤、鲫、鲢、鲑、虹鳟、鲟、罗非鱼	8
甲壳类	中华绒螯蟹	1

表 2　2022 年监测面积分类汇总（hm²）

淡水池塘	淡水网箱	淡水工厂化
254.086 7	1.406 9	3.16

表 3　2022 年水产养殖病害汇总（种）

类别		病名	数量
鱼类	细菌性疾病	赤皮病、细菌性肠炎病	2
	真菌性疾病	鳃霉病、水霉病	2
	寄生虫性疾病	锚头鳋病、指环虫病、小瓜虫病、车轮虫病	4

（续）

类别		病名	数量
鱼类	病毒性疾病	传染性造血器官坏死病	1
	非病源性疾病	肝胆综合征	1
	其他	不明病因疾病	1

二、监测结果与分析

2022 年全省监测到病害的养殖品种有草鱼、鲤、鲫、鲑、鲢、鳟、鲟、罗非鱼等 8 个品种。养殖病害平均发病面积比例为 5.196%，平均监测区域死亡率为 0.431%，平均发病区域死亡率为 2.214%。

（一）常规监测及结果分析

2022 年，监测 9 个月度，有 8 个养殖品种监测到 11 种病害。

1. 草鱼　监测面积 62.66 hm²。草鱼全年监测到鳃霉病、指环虫病、肝胆综合征、不明病因疾病 4 种养殖病害。其中，监测到 4 月发病比较严重，平均发病面积比为 1.05%。全年各种病害平均发病面积比例为 10.684%，平均监测区域死亡率为 0.040%，平均发病区域死亡率为 0.493%。详见表 4。

表 4　2022 年草鱼监测情况（%）

项目	鳃霉病	指环虫病	肝胆综合征	不明病因疾病
发病面积比例	12.5	12.5	12.5	0.22
监测区域死亡率	0	0	0	0.99
发病区域死亡率	0	0	0	6.78

2. 鲤　监测面积 58.86 hm²。监测到赤皮病、水霉病、锚头鳋病、肝胆综合征 4 种养殖病害，平均发病面积比例为 3.725%，平均监测区域死亡率为 0.028%，平均发病区域死亡率为 0.158%。详见表 5。

表 5　2022 年鲤监测情况（%）

项目	赤皮病	水霉病	锚头鳋病	肝胆综合征
发病面积比例	4.95	0.05	1.55	4.95
监测区域死亡率	0	0.11	0	0
发病区域死亡率	0	0.63	0	0

3. 虹鳟　监测面积 2.043 hm²。监测到水霉病和不明病因疾病 2 种养殖病害，平均发病面积比例为 10.400%，平均监测区域死亡率为 0.373%，平均发病区域死亡率为 1.217%。详见表 6。

表 6　2022 年虹鳟监测情况（%）

项目	水霉病	不明病因疾病
发病面积比例	30	0.6
监测区域死亡率	0.94	0.09
发病区域死亡率	1.88	0.89

4. 鲟　监测面积 2.065 hm²。监测到细菌性肠炎和不明病因疾病 2 种养殖病害，平均发病面积比例为 1.293%，平均监测区域死亡率为 0.720%，平均发病区域死亡率为 2.077%。详见表 7。

表 7　2022 年鲟监测情况（%）

项目	细菌性肠炎病	不明病因疾病
发病面积比例	1.55	0.78
监测区域死亡率	0.94	0.29
发病区域死亡率	2.12	2

（二）重要疫病专项监测及结果分析

1. 监测基本情况　2022 年，根据国家水生动物疫病监测计划，甘肃省主要开展传染性造血器官坏死病和传染性胰脏坏死病专项监测工作，5 月在永靖县、临夏县抽检 5 份样品，品种为虹鳟、金鳟、七彩鲑。

2. 检测结果及分析　抽检的 5 个样品中刘家峡水库虹鳟 IPN 阳性、刘家峡水库金鳟 IHN 阳性、文祥生态渔业有限公司三文鱼（三倍体虹鳟）IPN 阳性。

全省虹鳟 IHN 和 IPN 发病情况仍然比较严重。有的养殖场虽然没有监测出阳性，但疫病隐患依然存在。传染性造血器官坏死病和传染性胰脏坏死病仍然严重威胁着全省的鲑鳟养殖业，疾病防控工作依然不能放松。

三、2023 年水产养殖病害发展趋势预测

根据甘肃省历年水生动物病害监测数据，2023 年水生动物病害以真菌性、细菌性、病毒性和非病原性疾病为主。随着季节水温变化，2023 年病害预测如下。

1—3 月，水温较低，大宗淡水鱼水生动物病害较少，主要以水霉病、竖鳞病为主；鲑鳟要重点预防传染性造血器官坏死病和传染性胰脏坏死病。

4—5 月，各地气温逐渐回暖，越冬鱼类体质较弱，抗病能力差，重点防范水霉病、赤皮病、竖鳞病的发生，鲑鳟要重点预防传染性造血器官坏死病和传染性胰脏坏死病。

6—8 月，气温、水温持续升高，养殖病害发病率、死亡率迅速上升，主要病害有细菌性烂鳃病、竖鳞病、赤皮病、肠炎病和锚头鳋病、车轮虫病等。

9—10 月，水温开始下降，水生动物病害发病水平开始下降，但是池塘水质较肥，

要加强日常管理，预防病害发生，同时做好休药期管理，主要病害以传染性造血器官坏死病和传染性胰脏坏死病为主。

11—12 月，水温迅速下降，病害减少，仍要重点防范水霉病、烂鳃病、肠炎病、传染性造血器官坏死病和传染性胰脏坏死病。

四、对策及建议

（1）强化水产苗种产地检疫。加强对养殖主体的宣传培训，在购买、运输前主动索要水产苗种产地检疫合格证明。水产苗种生产单位在出售、运输、捕苗前要主动申报检疫，从源头上控制疫病传播。

（2）继续实施水产绿色健康养殖技术推广"五大行动"。通过推广生态健康养殖模式，开展养殖尾水治理、用药减量等措施改善养殖水体环境，减少病害发生。

（3）加强病害预测预报，开展重大疫病专项监测，强化基层专业技术人员队伍，提高病害防控能力。

（4）进一步发挥甘肃省水生动物疫病监测中心实验室作用，提升病害防控能力和水平。

2022年青海省水生动物病情分析

青海省渔业技术推广中心

（赵　娟　龙存敏　蔡　赟　火兴民　王明柱　马苗苗）

一、水产养殖动物疾病总体情况

2022年对全省24个监测点1个水产养殖品种（虹鳟）开展了疾病监测工作，监测到发病品种1种（虹鳟），监测面积19.96 hm²。监测到水产养殖动物疾病5种，其中真菌性疾病2种，细菌性疾病1种，寄生虫性疾病2种（表1）。5种疾病中，真菌性疾病占40.00%，细菌性疾病占20%，寄生虫性疾病占40%。

表1　2022年监测到的水产养殖动物疾病种数统计结果（种）

类　别		鱼　类	合　计
水产养殖动物	真菌性疾病	2	2
	细菌性疾病	1	1
	寄生虫性疾病	2	2
合　计		5	5

2022年水产养殖动物发病率5月最高，为30.40%；6月次之，为8.16%；11月最低，为0.70%；2～3月、7—8月、12月未发病。水产养殖动物死亡率11月最高，为0.90%；4月次之，为0.62%；1月最低，为0.05%；2～3月、7～8月、12月未死亡。月平均发病率为4.77%，月平均死亡率为0.18%（表2）。水产养殖动物发病率、死亡率春秋季比较高，且受病原侵袭力强弱、水环境恶化等因素的影响。

表2　水产养殖动物月发病率、月死亡率（%）

项目	1月	2月	3月	4月	5月	6月	7月	8月	9月	10月	11月	12月	月均
发病率	2.20	0	0	5.00	30.4	8.16	0	0	7.16	3.56	0.70	0	4.77
死亡率	0.05	0	0	0.62	0.07	0.30	0	0	0.11	0.08	0.90	0	0.18

注：月发病率均值＝监测期月发病面积总和÷监测期月监测面积总和×100%；月死亡率均值＝监测期月死亡尾数总和÷监测期月监测尾数总和×100%。

2022年青海省水产养殖动物表现出以下发病特点：水产养殖动物疾病主要流行于4—6月和9—11月，4月、5月和11月危害较重。各种疾病中，真菌性疾病和寄生虫性疾病的危害范围广。

二、虹鳟疾病发病情况

监测时间 1—12 月，监测面积 19.96 hm²。2022 年共监测到虹鳟疾病 5 种，其中真菌性疾病 2 种，细菌性疾病 1 种，寄生虫性疾病 2 种（表 3）。主要疾病的发病情况见表 4。

表 3　虹鳟疾病（种）

疾病类别	疾病名称	种 数
真菌性疾病	水霉病、鳃霉病	2
细菌性疾病	疖疮病	1
寄生虫性疾病	小瓜虫病、三代虫病	2
合 计		5

表 4　虹鳟主要疾病发病情况（％）

病种	项目	1 月	2 月	3 月	4 月	5 月	6 月	7 月	8 月	9 月	10 月	11 月	12 月	月均
水霉病	发病率	0	0	0	3.55	0	0	0	0	0	0	0	0	0.296
	死亡率	0	0	0	0.48	0	0	0	0	0	0	0	0	0.040
鳃霉病	发病率	0	0	0	0	0	0	0	0	0	0	0.70	0	0.058
	死亡率	0	0	0	0	0	0	0	0	0	0	0.90	0	0.075
疖疮病	发病率	0.20	0	0	0	0	0	0	0	0	0	0	0	0.016
	死亡率	0.03	0	0	0	0	0	0	0	0	0	0	0	0.002
小瓜虫病	发病率	0	0	0	0	0.45	0	0	0	0	0	0	0	0.037
	死亡率	0	0	0	0	0.01	0	0	0	0	0	0	0	0.001
三代虫病	发病率	2.00	0	0	1.00	30.5	8.16	0	0	7.16	3.55	0	0	4.373
	死亡率	0.02	0	0	0.00	0.07	0.30	0	0	0.10	0.08	0	0	0.049

三、病情分析

2022 年，对养殖虹鳟危害较严重的疾病有水霉病、鳃霉病、三代虫。从疾病的流行分布来看，水霉病、鳃霉病、三代虫病主要分布于龙羊峡水库。2022 年养殖虹鳟发病较严重的月份集中在 4—6 月和 9—11 月，其中 11 月死亡率最高，达为 0.9％。从历年月平均发病率、月平均死亡率来看，发病率和死亡率呈逐年上升趋势，月平均发病率由 2016 年的 0.30％上升到 2022 年的 30.40％，月平均死亡率由 2016 年 0.06％上升到 2023 年的 0.90％；疾病对鱼类的危害呈上升趋势，应引起广大从业者的高度重视。以上疫情分析结果表明，青海省网箱养殖鱼类疫情防控形势依然严峻。从应对策略方面看，应加强对真菌性疾病、寄生虫、细菌性疾病、病毒性疾病的防控，病毒性疾病应采取强化苗种检疫、疾病检测，加强对发病鱼和发病池塘的隔离管控等措施，防止疾病传播。

四、2023 年水产养殖病害发病趋势预测

根据历年青海省水产养殖病害监测结果，2023 年全省水产养殖过程中仍将发生不同程度的病害，疾病种类主要为真菌性疾病、细菌性疾病、寄生虫病和病毒性疾病。

1—4 月天气寒冷，气温、水温偏低，病害发生相对减少，重点防范水霉病。在生产操作过程中，要尽量避免人为操作不当造成鱼类机械损伤，导致水霉病发生。做好网箱遮盖工作，防止鸟类侵害网箱及其中的鱼。

5—10 月随着气温、水温的上升，鲑鳟进入生长旺盛期，容易发生三代虫病、小瓜虫病、传染性造血器官坏死病、传染性胰脏坏死病、疖疮病等。在养殖过程中，加强生产管理，开展水产苗种产地检疫，严格按照《青海省虹鳟网箱养殖技术规范》中的投饵率和鱼类生长情况及时调整投喂量，并做好水质监测，水体和工具的消毒工作，根据实际情况及时清洗网衣，保证网箱内外水流正常交换，并做好汛期和水电站泄洪期间的防范工作。

11—12 月随着气温、水温下降，鲑鳟的病害发生率也将降低，但易发生水霉病，仍然不能放松生产管理，及时分箱，尽量减少对养殖鱼类的人为刺激和干扰。

2022 年宁夏回族自治区水生动物病情分析

宁夏回族自治区水产技术推广站　宁夏回族自治区鱼病防治中心

（王　灏　杨玉芹）

一、基本情况

（一）常规水生动物疾病病情监测

2022 年，宁夏回族自治区常规水生动物疾病病情测报区域覆盖银川、石嘴山、吴忠、中卫 4 个地级市的 12 个水产养殖重点县（市、区），共设置水产养殖动植物病情测报点 41 个（表 1），重点对产量占总产量 5％以上且在监测区域内的养殖种类进行常规监测，计划监测的养殖种类有鲤、草鱼、鲢、鳙、鲫、鲴、鲇、鲈、中华绒螯蟹、凡纳滨对虾等 10 种，监测的病害类别主要包括病毒性疾病、细菌性疾病、真菌性疾病、寄生虫性疾病以及非病原性疾病，监测面积 2 158.11 hm²。其中，池塘 2 038.11 hm²，其他类型 120.00 hm²。监测面积占总面积 22 717 hm² 的 9.50％。

表 1　水产养殖病害监测点分布统计（个）

地市级	县（市、区）级	监测点
银川市	兴庆区、西夏区、永宁县、贺兰县、灵武市	20
石嘴山市	大武口区、惠农区、平罗县	7
吴忠市	利通区、青铜峡市	4
中卫市	沙坡头区、中宁县	10
合计	12	41

全年开展常规水生动物疾病病情测报 9 次。其中，1—3 月为 1 个监测月，4—10 月期间每月监测一次，11—12 月为 1 个监测月。监测数据通过全国水产技术推广总站的"智能渔技综合信息服务平台"及时上传。

（二）重要水生动物疫病专项监测

重点监测《水生动物检疫疫病名录》中的 2 种淡水鱼病毒性疫病，分别为鲤春病毒血症（SVC）和草鱼出血病（GCRV），监测品种为鲤和草鱼，由中国水产科学研究院珠江水产研究所抽样检测，抽样场点涉及 4 家省级原良种繁育场和 1 家普通养殖场，全年专项抽样检测样品 10 份。

二、常规水生动物疾病监测结果及分析

（一）监测结果

宁夏监测区域内全年共测报发病淡水养殖种类 6 种，分别为草鱼、鲢、鳙、鲤、鲫和中华绒螯蟹。其中，鱼类病害年平均发病面积比例 1.067%，平均监测区域死亡率 0.431%，平均发病区域死亡率 10.185%；蟹类病害年平均发病面积比例 33.330%，平均监测区域死亡率 0.090%，平均发病区域死亡率 0.280%。

全年测报水产病害 4 类 9 种。其中，细菌性疾病 5 种，占 55.56%；寄生虫性疾病 2 种，占 22.22%；真菌性疾病 1 种，占 11.11%；不明原因疾病 1 种，占 11.11%（表2）。细菌性疾病依然是宁夏地区水产养殖的主要病害，表现为多季节普遍发生、传染性较强、死亡率较高。

表 2　水产养殖鱼类病害监测情况统计

疾病类别	病　害　名　称	数量（种）	占比（%）
细菌性	细菌性败血症、赤皮病、细菌性肠炎病、疖疮病、柱状黄杆菌病	5	55.56
寄生虫性	车轮虫病、锚头鳋病	2	22.22
真菌性	水霉病	1	11.11
不明原因	不明原因性疾病	1	11.11
合　计		9	100.00

在监测区域内，全年累计测报水产养殖病害 9 种，发病次数 37 次，发病次数占比在 10% 以上的主要病害有 3 种，分别为：细菌性肠炎病累计发病 9 次，占 24.32%；疖疮病累计发病 5 次，占 13.51%；水霉病累计发病 9 次，占 24.32%。细菌性疾病和真菌性疾病发病频次最高，与往年情况基本相符。水产养殖病害发病次数比例见图 1。

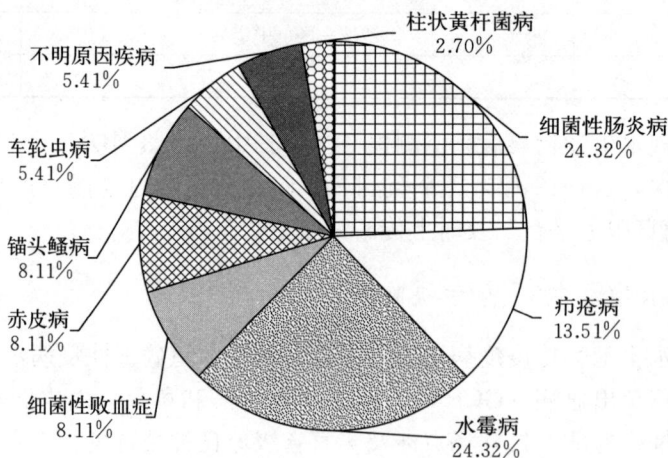

图 1　水产养殖病害年发病频次

从发病时间上来看，3 月、4 月、7 月和 8 月发病频次最高，分别为 12 次、9 次、5 次和 6 次，占全年病害发生总数的 32.43%、24.32%、13.51% 和 16.22%，与往年发病季节特征基本一致。分析原因：3 月、4 月由于春季气温回升冰面解冻，水质易变，越冬鱼体质弱，造成病害易发；7 月、8 月主要是高温天气和投喂量增加，水质较差、微生物大量繁殖易发病害。各月水产养殖病害发病次数见图 2。

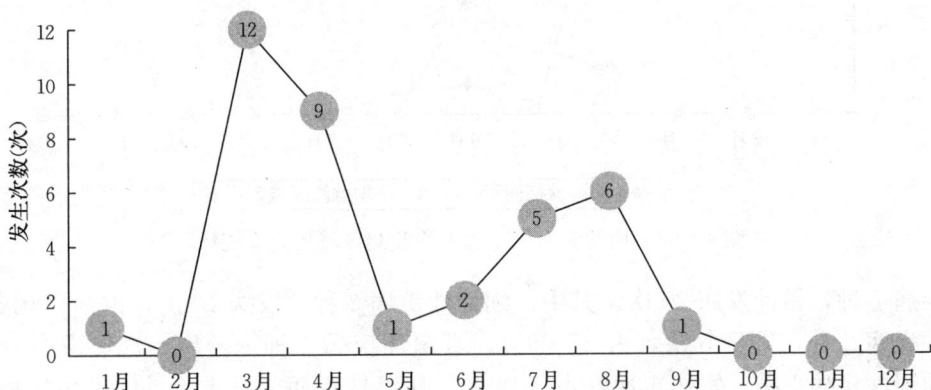

图 2　2022 年水产养殖病害发病次数

（二）鲤、草鱼发病情况监测分析

1. **鲤**　鲤是宁夏地区最主要的水产养殖种类，产量约占总产量的 40%，位列第一。全年共测报疾病 5 种，累计发病 10 次。其中，细菌性疾病 4 种，发病 5 次，占总发病频次的 50.00%；真菌性疾病 1 种，发病 5 次，占总发病频次的 50.00%。具体发生疾病种类比例见图 3。

按照平均发病面积率和平均监测区域死亡率的百分比统计分析，2022 年 12 个月的平均发病面积率为 2.21%，对比 2021 年（5.39%）降低 3.18 个百分点，发病时间主要集中在 3 和 4 月，

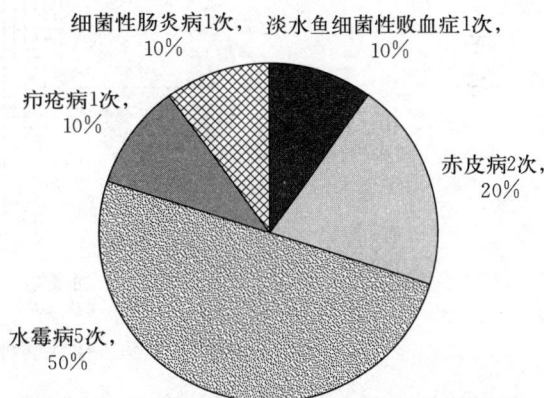

图 3　鲤发生疾病种类比例图

整体发病时间分布与 2021 年基本一致。全年 12 个月平均监测区域死亡率为 0.20%，对比 2021 年（0.04%）升高 0.16 个百分点，死亡高峰期出现在 4—6 月，尤其 6 月平均监测区域死亡率最高，主要为小范围细菌性赤皮病导致。各月具体统计数据情况见图 4。

2. **草鱼**　草鱼在宁夏水产养殖品种中位列第二，产量约占总产量的 32%。全年共

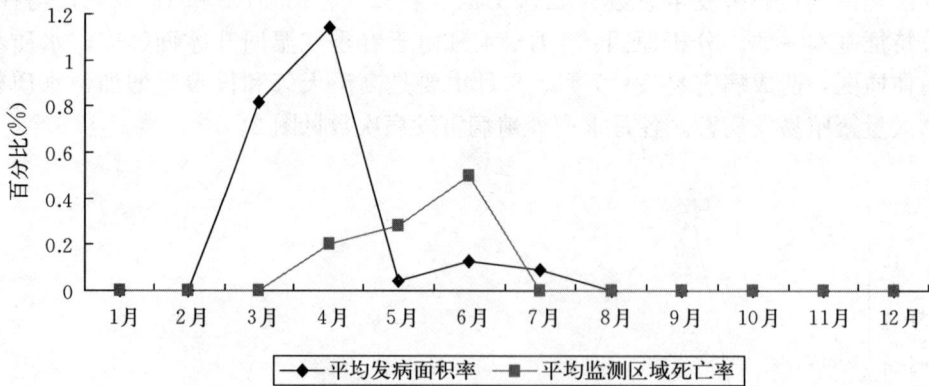

图 4　鲤平均发病面积率和平均监测区域死亡率统计

测报疾病 7 种，累计发病 20 次。其中，细菌性疾病 2 种，发病 10 次，占 50.00%；寄生虫性疾病 2 种，发病 5 次，占 25.00%；真菌性疾病 1 种，发病 4 次，占 20.00%；不明原因性疾病 1 种，发病 1 次，占 5.00%；病毒性疾病未发生。具体发生疾病种类比例见图 5。

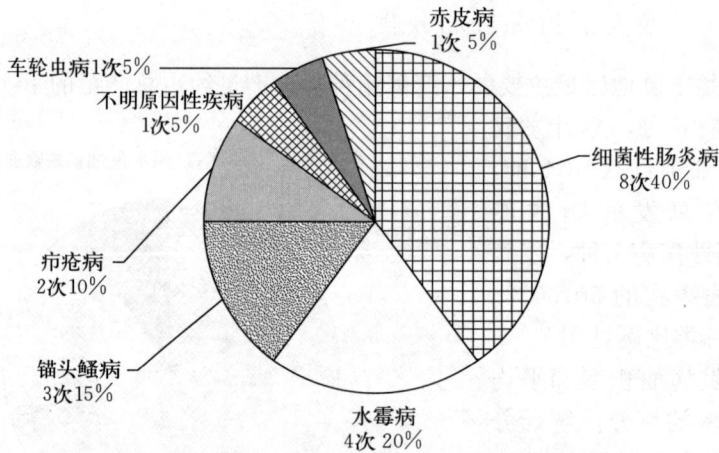

图 5　草鱼发生疾病种类比例

　　按照平均发病面积率和平均监测区域死亡率的百分比统计分析，2022 年 12 个月的平均发病面积率为 9.73%，对比 2021 年（10.28%）降低 0.55 个百分点，发病时间主要集中在 3 月、4 月、7 月和 8 月，其中 3 和 4 月平均发病面积率较高，整体发病时间分布与 2021 年基本一致。全年 12 个月平均监测区域死亡率为 0.60%，对比 2021 年（0.08%）升高 0.52 个百分点，死亡高峰期出现在 1 和 7 月，基本符合历年宁夏地区草鱼发病死亡趋势，其中 7 月平均监测区域死亡率较高主要为小范围细菌性肠炎病导致。各月具体统计数据情况见图 6。

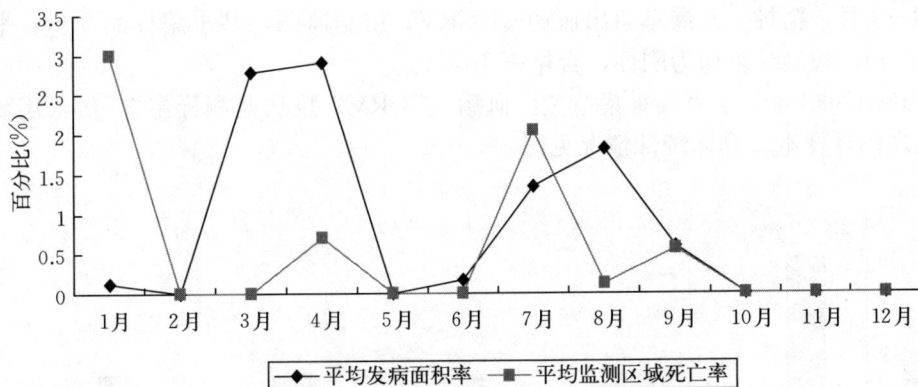

图 6　草鱼平均发病面积率和平均监测区域死亡率统计

三、重要水生动物疫病监测情况

（一）鲤春病毒血症（SVC）

2022 年，根据《2022 年国家水生动物疫病监测计划实施方案的通知》（农渔技疫函〔2022〕39 号）精神，开展鲤春病毒血症（SVC）疫病监测，共采集样品 5 份，监测种类为鲤，平均规格 3～5 cm。检测结果均为阴性，合格率 100％。

2018—2022 年，宁夏共采集鲤春病毒血症（SVC）疫病监测样本 30 份，连续 5 年的鲤春病毒血症病毒（SVCV）检测，共发现阳性样本 4 份（2018 年采集样品 10 份，阳性 3 份；2020 年采集样品 5 份，阳性 1 份），5 年内的阳性检出率 13.33％。具体情况见图 7。

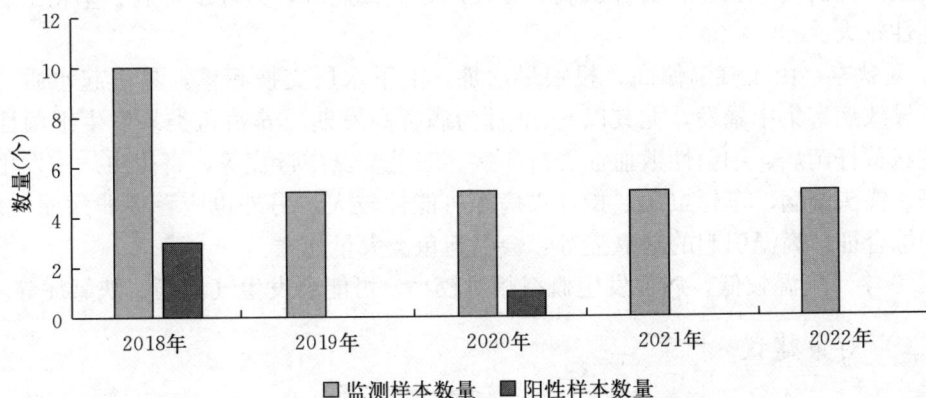

图 7　鲤春病毒血症（SVC）监测情况

（二）草鱼出血病（GCRV）

2022 年，根据《2022 年国家水生动物疫病监测计划实施方案的通知》（农渔技疫函

〔2022〕39 号）精神，开展草鱼出血病（GCRV）疫病监测，共采集样品 5 份，平均规格 5～7 cm，检测结果均为阴性，合格率 100％。

2018—2022 年，宁夏共采集草鱼出血病（GCRV）疫病监测样本 30 份，连续 5 年均未发现阳性样本。具体统计情况见图 8。

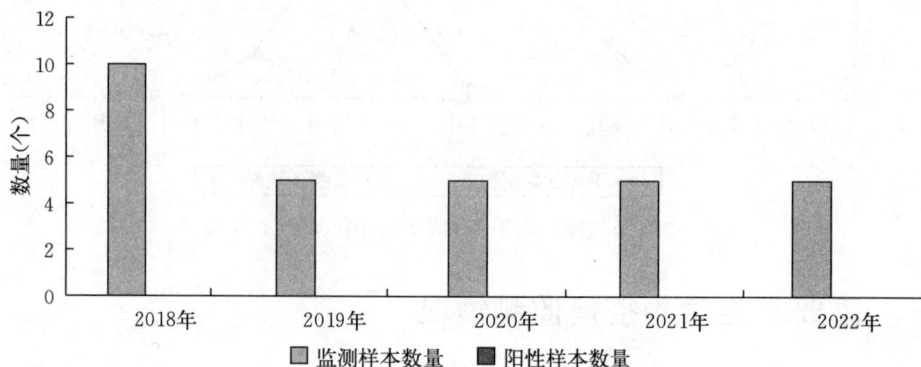

图 8　草鱼出血病（GCRV）监测情况

四、2023 年水产养殖病害发病趋势预测

（一）病害发病预测

根据往年宁夏养殖水产病害的监测结果、发病特点和流行趋势，结合宁夏地区水产养殖特点，预测 2023 年水产养殖病害流行趋势情况如下：

1. 春季　由于冰层融化，气温回升，水质易变，越冬鱼体质弱，易发生细菌性疾病，如细菌性肠炎病、柱状黄杆菌病、赤皮病、竖鳞病等，另外水霉病、车轮虫病发生的可能性较大。

2. 夏秋季　由于气温偏高，投喂量增加，上下水层交换频繁，易引起水质、藻类变化，导致病害集中暴发，尤其以 6—9 月为病害高发期。养殖鱼类易发生细菌性肠炎病、柱状黄杆菌病、细菌性败血症、打印病、三毛金藻中毒症等，寄生虫病中发生黏孢子虫病、锚头鳋病、车轮虫病、指环虫病等可能性较大，另外也应警惕非病原性疾病，如肝胆综合征，高温引起的缺氧症等，会引起鱼类大量死亡。

3. 冬季　气温较低，病害发生概率相对较小，可能会发生气泡病、缺氧症等。

（二）对策建议

1. 坚持"以防为主、防治结合"的鱼病防治原则　做好优良苗种选育工作，加大苗种产地检疫力度，提升养殖企业自觉报检意识，加强水产苗种体系建设和苗种检疫宣传，从源头上控制疫病传播。

2. 继续实施水产绿色健康养殖"五大行动"　大力推广新型健康养殖模式。利用池塘工程化流水槽循环水养殖、稻渔共作、大水面生态增养殖、工程化循环水养殖等生态养殖模式，结合养殖尾水治理、用药减量行动等措施，促进养殖水体环境优化，减少病害的发生。

3. 加强日常监测　注重调控水质，定时监测养殖水体 pH、溶解氧、氨氮和亚硝酸盐等，发现异常及时调控。规范养殖生产管理，根据天气变化灵活调整投喂计划，针对夏季高温季节易发生缺氧症的情况，适时增氧，减少发病率和死亡率。积极开展常规病害药物敏感性试验，精准用药、减量用药，促进水产养殖绿色发展。

4. 注重监测点日常管理　加强各基层疾病测报点日常病害监测，完善日常病害的监测报告制度，对于重大疫病做好监测和防控预案，重视预警预报工作。同时加快宁夏回族自治区水生动物疫病监测能力体系建设，加大各级技术人员专业能力培训力度，丰富各级水生动物疫病监测实验室的监测手段和方法，保证实验室能够正常运行；出现疫情时，可及时准确出具检测结果并针对结果给予合理防控建议，降低损失。

2022 年新疆维吾尔自治区水生动物病情分析

新疆维吾尔自治区水产技术推广总站

（韩军军　陈　朋）

一、新疆水生动物疫病监测基本信息

2022 年新疆维吾尔自治区水产技术推广总站在全自治区 12 个地（州、市）37 个县（市、区）开展了水产养殖动物病情监测工作。年度设置监测点 65 个，较 2021 年增加了 6 个，测报员 51 人，监测鱼类 11 种、虾类 2 种、蟹类 1 种。监测总面积 2 386.71 hm²，其中淡水池塘监测面积为 342.66 hm²，淡水工厂化监测面积为 2.52 hm²。

二、2022 年新疆养殖鱼类疾病监测结果

（一）新疆养殖鱼类疾病发生情况

根据新疆水产养殖动植物病情测报结果，2022 年监测到发病的养殖种类有 8 种，其中鱼类 7 种、虾类 1 种（表 1）。未监测到发病的养殖种类 6 种，其中鱼类 4 种、虾类 1 种、蟹类 1 种。

表 1　2022 年度发病养殖种类（种）

类别	种类	数量
鱼类	草鱼、鲢、鲤、鲈（淡）、罗非鱼、鲟、白斑狗鱼	7
虾类	凡纳滨对虾（淡）	1

（二）主要疾病

2022 年监测到鱼类疾病 12 种、虾类疾病 1 种。按类别可分为细菌性疾病 5 种、真菌性疾病 3 种、寄生虫性疾病 2 种、非病原性疾病 3 种（表 2）。

表 2　2022 年度发病种类汇总（种）

类别		病名	数量
鱼类	细菌性疾病	淡水鱼细菌性败血症、细菌性肠炎病、打印病、柱状黄杆菌病	4
	真菌性疾病	鳃霉病、水霉病、流行性溃疡综合征	3
	寄生虫性疾病	锚头鳋病、车轮虫病	2
	非病原性疾病	脂肪肝、肝胆综合征、缺氧症	3
虾类	细菌性疾病	急性肝胰腺坏死病	1

2022 年度共上报疾病 19 次，其中鱼类疾病 18 次，虾类疾病 1 次。按疾病类别分类，细菌性疾病上报次数最多，共 6 次，占疾病上报的 31.58%；其次是寄生虫性疾病，上报 5 次，占比为 26.32%；真菌性和非病原性疾病各 4 次。按疾病种类分类，上报疾病次数最多的为锚头鳋病，共 3 次，占上报疾病的 15.79%；其次是水霉病、车轮虫病、打印病和脂肪肝，各上报 2 次，占比均为 10.53%（图 1）。所有发病种类中上报种类数最多的是草鱼，共 6 种，其中细菌性疾病 2 种、非病原性疾病 2 种，真菌性和寄生虫性疾病各 1 种；其次是鲤，共 5 种，其中细菌性和寄生虫性疾病各 2 种，非病原性疾病 1 种。最少的是鲢、鲈、罗非鱼、鲟和凡纳滨对虾，均为 1 种。

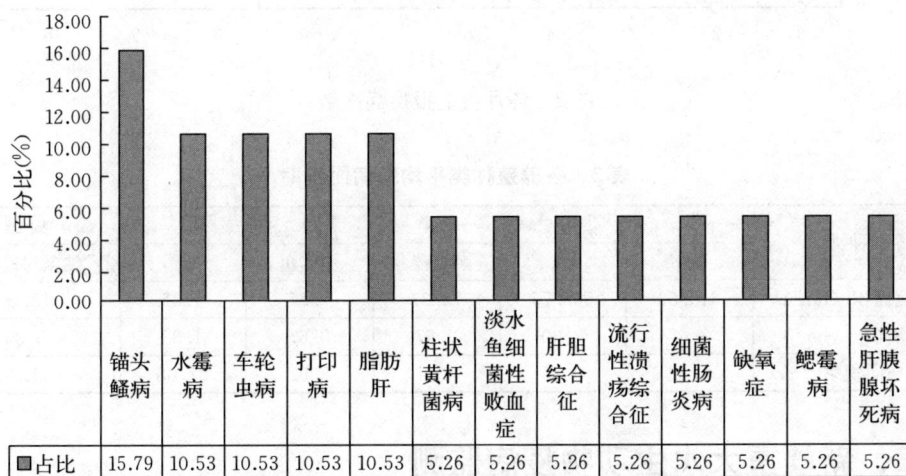

	锚头鳋病	水霉病	车轮虫病	打印病	脂肪肝	柱状黄杆菌病	淡水鱼细菌性败血症	肝胆综合征	流行性溃疡综合征	细菌性肠炎病	缺氧症	鳃霉病	急性肝胰腺坏死病
■占比	15.79	10.53	10.53	10.53	10.53	5.26	5.26	5.26	5.26	5.26	5.26	5.26	5.26

图 1　疾病发生种类百分比

（三）主要养殖鱼类疾病监测结果

根据上报时间，10 月上报疾病频率最高为 7 次，发病鱼类 6 种，其中白斑狗鱼上报疾病 2 种，水霉病上报 2 次。8 月上报疾病 5 次，其中鱼类 4 次，草鱼和鲤各 2 次；虾类中凡纳滨对虾上报疾病 1 次。7 月上报疾病 2 次，发病鱼类为草鱼和鲤，均为锚头鳋病。疾病发生主要集中在 7—10 月，共上报疾病 16 次，占上报疾病比例为 84.21%（图 2）。

监测鱼类中草鱼发病面积最大，为 8.67 hm²，占草鱼总监测面积 1.42%；其次是鲤，为 2 hm²，占鲤总监测面积的 0.35%。鲟发病面积为 1.33 hm²，占鲟总监测面积的 97.08%。虾类中凡纳滨对虾发病面积为 5.33 hm²，占凡纳滨对虾总监测面积的 41.00%（表 3）。2022 年鱼类平均发病面积比例为 23.83%，平均监测区域死亡率为 12.57%，平均发病区域死亡率 16.72%。草鱼平均发病面积比例 1.02%，平均监测区域死亡率 0.13%，平均发病区域死亡率 0.13%。鲤平均发病面积比例 21.26%。平均监测区域死亡率 15.873%，平均发病区域死亡率 16.66%。鲈平均发病面积比例 100.00%，平均监测区域死亡率 40.00%，平均发病区域死亡率 66.670%。

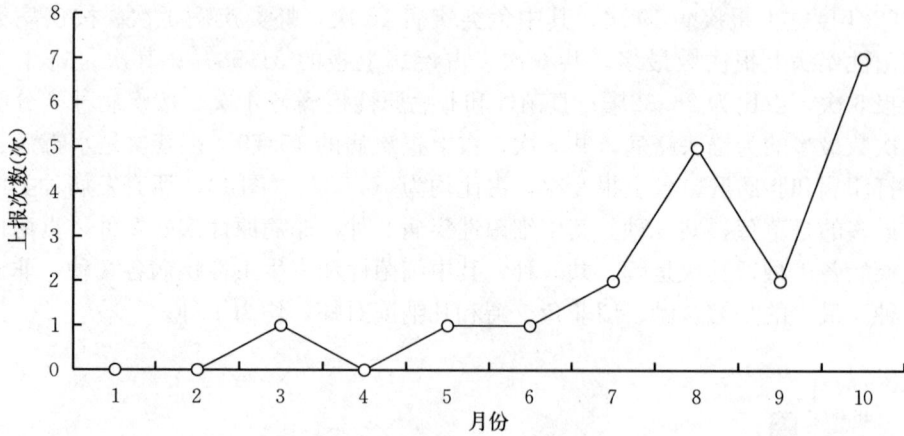

图 2　各月份上报疾病次数

表 3　各养殖种类平均发病面积率

养殖种类	鱼类					虾类
	草鱼	鲤	鲈（淡）	罗非鱼	鲟	凡纳滨对虾（淡）
总监测面积（hm²）	610.03	569.75	73.33	7.77	1.37	13.00
总发病面积（hm²）	8.67	2.00	0.67	0.67	1.33	5.33
平均发病面积率（%）	1.42	0.35	0.91	8.62	97.08	41.00

三、新疆重大水生动物疫病监测

（一）监测区基本情况

2022年新疆选定乌鲁木齐等6个地（州、市）的9个县（市、区）的13个养殖单位作为监测点，其中省级原良种场6个，苗种场4个，成鱼虾养殖场4个。采集样品40个，鲤样本5个，鲑鳟5个，凡纳滨对虾样品30个。包含鲤春病毒血症（SVC）5份样品、传染性造血器官坏死病（IHN）5个样品、白斑综合征（WSSV）10个样品、虾肝肠胞虫病（EHP）10个样品、十足目虹彩病毒病（DIV1）10个样品。

（二）检测结果

2022年监测5种疫病40个样品检测结果均为阴性。其中SVC连续3年未检出，IHN 2020年检出1例，WSD、DIV1历年监测一直未检出，EHP连续4年未检出。

四、存在问题和建议

（一）存在的问题

一是测报员能力水平不足。随着新疆基层农业推广机构的改革和合并，县级测报管理人员和测报员多为非水产专业人员，对水产养殖的病害监测和病害防治工作不熟悉，不能有效开展病情测报工作。

二是无病上报的比例偏高。各监测点养殖户参与度不高，主要是因为怕上报疾病对自身养殖、生产和销售造成影响而漏报、瞒报；再加上基层测报人员对水产养殖情况不甚了解，只能无病上报。

（二）建议

一是加强对测报人员的培训，提升测报人员能力和水平。积极组织开展疾病测报、疫病防控、科学用药等技术培训，不断提高基层技术服务能力和测报水平。

二是加强病害监测和预警工作，提升新疆病情测报和渔业病害防治能力。加大水生动物疫病防控经费投入，提升基层病害监测能力建设，进一步完善测报网络，及时掌握病害发生情况，提高水产养殖疾病测报数据的准确性，切实为全自治区养殖户带来帮助，进而转变养殖户观念，促使他们积极参与病情测报工作。

五、2023 年水产养殖病害预测及应对措施

根据历年新疆水产养殖疾病测报结果，2023 年发生的疾病种类仍将是以细菌病、病毒病和寄生虫病等生物源性疾病为主：

3—5 月，养殖鱼类经历漫长的越冬期，更易导致体质瘦弱，秋季并塘、春季分塘等易导致鱼体出现机械性损伤，以及越冬前投喂饲料品质不佳，易暴发越冬综合征。开春尽早开食，投饲高质量饲料，循序渐进增加投喂量，同时做好改底、调水。

6—9 月，属于养殖中期，加强日常管理工作，密切关注天气变化；科学投喂，坚持"四定"原则，定期投喂保肝护胆、提高免疫力的药物；做好水体消毒工作，定期调节水质或加注新水，保证养殖水质良好。

10 月开始存塘鱼种要做好越冬准备，延长投喂期，投喂优质饲料，增强体质；做好杀虫、改底、调水，营造良好越冬环境；拉网并塘和消毒时避免鱼体损伤，引起继发性感染；加强日常管理，注意天气变化，勤巡塘，观察水质变化；越冬池塘一定要做好水质调节工作，并塘越冬鱼类要严格做好鱼体消毒和池塘消毒工作；对越冬鱼类投喂时适当补充维生素 C 等免疫增强剂等，增强越冬鱼类体质，提高越冬成活率。

2022年新疆生产建设兵团水生动物病情分析

新疆生产建设兵团水产技术推广总站

（艾　涛）

2022年新疆生产建设兵团（以下简称"兵团"）水生动物疫病防控工作坚持"预防为主，防治结合"的原则，结合开展水产绿色健康养殖技术推广"五大行动"，加大健康养殖技术推广力度，推进水产健康养殖用药减量行动，加强投入品监管，全年没有发生重大水生动物疫情。各级测报人员克服新冠肺炎疫情带来的影响，积极工作，较好地保障了兵团所辖渔业水域水产养殖疾病测报各项工作任务的顺利完成。现将2022年兵团水产养殖病情分析报告如下：

一、测报点分布及测报面积

2022年，兵团11个师市共设立测报点69个，测报品种涉及鱼类8种、虾类2种、蟹类1种，测报面积32 552.15 hm²，其中淡水池塘686.13 hm²、淡水其他（坑塘、水库等）31 866.02 hm²。

二、常规大宗淡水养殖鱼类病情

随着生态健康养殖技术的推广应用，大大降低了鱼病的发生概率，且兵团渔业对于常规鱼的养殖已积累了丰富的经验，苗种投放、饲料投喂、水质调控、鱼病预防等各个环节均做得比较到位且具有较高的水平。因此，2022年兵团渔业水域常规大宗淡水养殖鱼类基本没有发生危害较大的病害。

三、名特水产养殖鱼类病情

为提高水产养殖效益，兵团持续推进养殖品种结构调整，名特水产品在水产品总量中的比例逐年攀升，凡纳滨对虾、中华绒螯蟹、罗非鱼、武昌鱼、黄颡鱼、大口黑鲈、乌鳢、斑点叉尾鲖等内地引进品种和丁鱼岁、河鲈、白斑狗鱼等新疆土著品种的养殖产量不断增加，但由于许多品种新疆本地养殖和鱼病防治技术尚不成熟，养殖病害时有发生。2022年7月，凡纳滨对虾就发生了养殖病害，造成了一定的经济损失。因此，虾病仍是兵团名特水产养殖目前面临的主要瓶颈问题。

四、2023年鱼病流行趋势

综合考虑兵团渔业水域近几年鱼病的发生情况，2023年春季化冰后（3月中下旬至

4 月初），在分塘、放苗等操作时，鱼体容易受伤，以预防水霉病为主；夏季水温高，投饲量大，养殖水体内鱼类生长迅速，但水质易恶化，易发生烂鳃病、肠炎病等细菌性鱼病，要通过增氧、换水、消毒和投入益生菌等措施改善水质，防止鱼病发生；秋季水体鱼载量大，水质大多处于老化阶段，要及时换水和增氧，防范缺氧泛塘；冬季鱼池表面封冰，在做好扫雪、打冰洞曝气等日常管理的同时，还要坚持定期监测水质变化情况（特别是溶解氧浓度的变化），发生异常时及时采取措施，避免因水质变化造成病害或缺氧死亡。

五、存在的问题

一是水产专业人才短缺。兵团各级农业农村部门许多承担水产工作的人员为非专业人员，相当一部分负责水产养殖疾病测报的人员不能识别常见鱼病，许多鱼病没有及时发现和上报，因此急需引入水产专业人才。

二是测报人员素质有待提高。近年来，兵团水产养殖业发展迅速，养殖品种不断增多，新的养殖病害也不断出现，疫病防治已是广大养殖户面临瓶颈问题之一。测报人员必须加强鱼病防治知识专业学习、规范测报，不断提高鱼病诊治水平，在保障测报数据的科学性和准确性基础上，科学指导养殖户防治鱼病。

六、下一步工作思路

针对 2022 年兵团水产养殖疾病测报工作中存在的问题，一是要继续加强协调，在稳定原有测报人员队伍的基础上，争取尽快引入水产专业人才，增强测报人员队伍力量；二是要继续加强测报人员培训，不断提高测报人员鱼病诊断、防治水平；三是不断完善测报工作所需设备和材料，确保测报数据的科学性和准确性，更好地完成 2023 年兵团渔业水域水产养殖疾病测报工作任务。

图书在版编目（CIP）数据

2023 我国水生动物重要疫病状况分析 / 农业农村部
渔业渔政管理局，全国水产技术推广总站组编 . —北京：
中国农业出版社，2023.11
　　ISBN 978 - 7 - 109 - 31270 - 8

　　Ⅰ.①2…　Ⅱ.①农…　②全…　Ⅲ.①水生动物－动物
疾病－研究－中国－2023　Ⅳ.①S94

中国国家版本馆 CIP 数据核字（2023）第 195641 号

2023 我国水生动物重要疫病状况分析
2023 WOGUO SHUISHENG DONGWU ZHONGYAO YIBING ZHUANGKUANG FENXI

中国农业出版社出版

地址：北京市朝阳区麦子店街 18 号楼
邮编：100125
策划编辑：王金环　　责任编辑：肖　邦
版式设计：王　晨　　责任校对：周丽芳
印刷：中农印务有限公司
版次：2023 年 11 月第 1 版
印次：2023 年 11 月北京第 1 次印刷
发行：新华书店北京发行所
开本：787mm×1092mm　1/16
印张：25
字数：562 千字
定价：130.00 元